发电厂热工自动化技术丛书

燃气轮机发电机组控制系统

丛书主编／孙长生　主编／章素华　主审／吴革新

中国电力出版社
CHINA ELECTRIC POWER PRESS

内容提要

本丛书由电力行业热工自动化技术委员会组织编写，共11册，内容包括燃煤、燃气、核电机组的整个热力系统、热工过程控制设备与系统、设计与安装调试、运行维护与检修、热工技术与监督管理、故障分析处理与过程可靠性控制等多方面。

本书为《燃气轮机发电机组控制系统》分册，由国内长期从事燃气轮机自动化专业的专家精心编撰而成。书中简明扼要地介绍了燃气轮机的主设备、燃气轮机辅助系统、燃气轮机发电机及电气系统和燃机测量技术，以GE公司燃气轮机控制系统技术为主，详细编写了MARK-Ⅵ控制系统的主控系统、伺服控制、顺控系统、保护系统、操作界面和控制程序修改，最后介绍了燃气轮机联合循环和余热锅炉控制技术，以及从日常工作中搜集的燃机控制系统故障分析处理案例等内容。以帮助读者快速了解和学习被控对象的测量与控制原理，掌握实用燃气轮机控制系统技术。

本书兼顾燃气轮机技术的基础知识和工程实践，是一本实用的工程技术类图书，可供从事燃气轮机电厂设计、安装调试、运行维护的工程技术人员使用，也可作为大专院校热能动力与自动化专业的教科书和燃气轮机发电厂热工自动化专业的培训教材。

图书在版编目(CIP)数据

燃气轮机发电机组控制系统/章素华主编. —北京：中国电力出版社，2013.5（2018.8重印）
（发电厂热工自动化技术丛书/孙长生主编）
ISBN 978-7-5123-2884-6

Ⅰ.①燃… Ⅱ.①章… Ⅲ.①发电厂-燃气轮机-发电机组-控制系统 Ⅳ.①TM621.3

中国版本图书馆CIP数据核字(2012)第058555号

中国电力出版社出版、发行
（北京市东城区北京站西街19号 100005 http://www.cepp.sgcc.com.cn）
三河市百盛印装有限公司印刷
各地新华书店经售

*

2013年5月第一版 2018年8月北京第三次印刷
787毫米×1092毫米 16开本 30.25印张 719千字 1插页
印数4001—5000册 定价**88.00**元

《发电厂热工自动化技术丛书》
主 编 单 位

丛书主编单位　浙江省电力公司电力科学研究院、
中国电力企业联合会科技发展服务中心

各分册主编单位

第一册　《热工自动化系统及设备基础技术》
——华北电力科学研究院有限责任公司

第二册　《汽轮机热力过程控制系统》
——神华国华（北京）电力研究院有限公司

第三册　《锅炉热力过程控制系统》
——湖南省电力公司科学研究院

第四册　《单元机组及厂级控制系统》
——广东电网公司电力科学研究院

第五册　《脱硫、脱硝、公用及辅助控制系统》
——广东电网公司电力科学研究院

第六册　《燃气轮机发电机组控制系统》
——中国华电集团电气热控技术研究中心、
浙江省电力公司电力科学研究院、
江苏华电戚墅堰发电有限公司等

第七册　《压水堆核电站过程控制系统》
——大亚湾核电运营管理有限责任公司

第八册　《热工自动化系统安装调试技术》
——浙江省火电建设公司、
浙江省电力公司电力科学研究院

第九册　《热工自动化系统检修维护技术》
——浙江省电力公司电力科学研究院、
浙江浙能嘉兴发电有限公司

第十册　《热工过程技术管理与监督》
——浙江省电力公司电力科学研究院

第十一册　《热控系统典型故障分析处理与预控》
——浙江省电力公司电力科学研究院

《发电厂热工自动化技术丛书》
审 委 会

编 委 会

《燃气轮机发电机组控制系统》
编 审 人 员

主 编 章素华

副主编 章 真 齐桐悦 孙长生

参 编 陈福湘 章 禔 张建江 刘 骅 吴书泉

陆红英 庞 军 丁永君

主 审 吴革新

序

热工自动化系统在发电厂机组安全稳定运行中的地位已不言而喻。热工自动化专业技术从主体上涉及热控系统设计、安装、调试、运行维护、检修和技术管理方方面面。因此不断提高发电厂热工专业人员的技术素质与管理水平，是发电企业的一项重要工作。

热工专业人员既要有扎实的专业理论基础，又要有丰富的专业实践经验，同时还要求有一定的热力系统知识。因此，热工专业知识的掌握，应该是基础理论联系实际经验、热力过程结合控制系统设备的渐近过程。随着技术的发展和新建机组的不断增加，新老电厂的热工专业人员都面临着专业知识和技术素质再提升的需求。

为了给热工专业人员提供系统、完整、实用、可操作、案例丰富的教材，推动热工专业培训工作的深化，造就业务精湛娴熟的专业人才队伍，电力行业热工自动化技术委员会根据专业知识的要求，组织编写了本套《发电厂热工自动化技术丛书》。丛书汇集了一批热爱自己的事业、立足岗位、善于吸取前人经验、勤于钻研、勇于实践的行业资深前辈、热工专家和现场技术人员的集体智慧。尤其可贵的是，在专业技术竞争激烈的今天，他们将自己长期用心血与汗水换来的宝贵经验，无私地奉献给了广大读者，相信本套丛书一定会给广大电力工作者和读者带来启发和收益。

希望本套丛书的出版，能推动热工专业运行、维护、检修及管理人员学习专业知识、深入技能培训。进而提升专业人员技术水平和解决生产过程实际问题的能力，涌现出更多的热工专业技术人才。为强健我国热工自动化人才队伍，在保证发电机组安全稳定、经济、节能环保运行中发挥作用，为国民经济的增长与繁荣作出贡献。

中国大唐集团公司副总经理
电力行业热工自动化技术委员会主任委员　金耀华

二〇一二年五月二十日

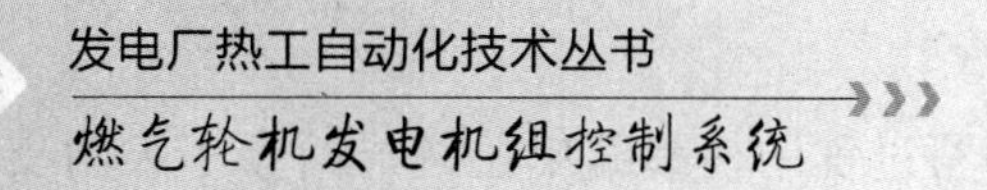

前　言

随着科学技术的发展、机组容量不断增大，热工技术日新月异，热工自动化系统已覆盖到发电厂的各个角落，其技术应用水平和可靠性决定着机组运行的安全经济性。同时，热工自动化技术及设备的复杂程度不断提高，新工艺、新需求、新型自动化装置系统层出不穷，对热工专业人员掌握测量和控制技术提出了更高要求。新建机组数量的不断增加伴随着对热工人员需求的不断上升，又对热工专业人员的专业知识和运行维护能力提出了更高层次的要求。因此提高热工自动化系统的技术水平与运行可靠性，以人为本，通过加强热工人员的技术培训，提高热工人员的技术素质，是热工管理工作中急需的，也是一项长期的重要工作。

为了推动热工培训和技能竞赛工作的开展，协助各集团做好热工专业的技术培训工作，提供切合实际的系统培训教材，根据金耀华主任委员的意见，由电力行业热工自动化技术委员会主持、浙江省电力公司电力科学研究院和中国电力企业联合会科技服务发展中心牵头，华北电力科学研究院有限公司、神华国华（北京）电力研究院有限公司、湖南省电力公司电力科学研究院、广东电网公司电力科学研究院、中国华电集团电气热控技术研究中心、大亚湾核电运营管理有限责任公司、浙江省火电建设公司、江苏华电戚墅堰发电有限公司、华电杭州半山发电有限公司、浙江浙能嘉兴发电有限公司、浙江萧山发电厂、浙江浙能金华燃机发电有限责任公司等单位参加，编写了本套丛书，这套丛书主要有以下特点：

(1) 热工自动化系统及设备与热力系统融为一体，便于不同专业人员的学习，加深学习过程中的理解。

(2) 由浅入深，内容全面，包含了燃煤、燃气、核电机组，概括了火力发电厂的整个热力系统、热工过程控制设备与系统、安装调试与检修运行维护、热工监督与管理和故障分析处理技术。

(3) 按主设备的划分进行编写，适合发电厂热工专业因分工不同而开展的培训需要。

本丛书主要从应用的角度进行编写，作者均长期工作在电力建设和电力生产的第一线，不仅总结、提炼和奉献了自己多年来积累的工作经验，还从已发表的大量著作、论文和互联网文献中获得许多宝贵资料和信息进行整理并编入本丛书，从而提升了丛书的科学性、系统性、完整性、实用性和先进性。我们希望丛书的出版，有助于读者专业知识的系统性提高。

在丛书编写工作的启动与丛书编写过程中，参编单位领导给予了大力支持，众多专家在研讨会与审查会中提出了宝贵的修改意见，使编写组受益良多，在此一并表示衷心感谢。

最后，特别感谢浙江省电力公司电力科学研究院和中国电力联合会科技发展服务中心，没有他们的支持，也就没有本套丛书的成功出版。

《发电厂热工自动化技术丛书》编委会

2013 年 2 月

编者的话

2010年初，电力行业热工自动化技术委员会提出编写《发电厂热工自动化技术丛书》，将《燃气轮机发电机组控制系统》列入其中。

由于燃气轮机相对燃煤发电机组存在较大差别，热机和热力系统自成体系，积木块式紧凑安装，具有其独特的一面。虽然以燃气轮机为主构成的燃气蒸汽联合循环，其余热锅炉和汽轮机的测量控制原理与常规火电站相近，但燃气轮机本体在测量控制方面与燃煤机组存在差异，因此本书编写时，着重于燃气轮机的测量仪表、测量方法、信号处理、控制原理、保护原理等技术，注重了一般与特殊的关系、设备与控制关系、燃气轮机与联合循环的关系，在编写形式上与丛书其他分册有所不同。

在电力行业热工自动化技术委员会的组织下，搭建了《燃气轮机发电机组控制系统》编写组。经过斟酌，决定打破常规、取长补短，按照热工专业惯例编排测量、主控、顺控、保护、联合循环、故障分析等章节内容。为了帮助读者更好地理解燃气轮机测点布置、测量方法、控制目的及控制策略，书中第二章和第三章分别简要介绍了GE公司燃气轮机主设备和辅助系统。就燃气轮机主体设备而言，不同制造厂的燃气轮机主设备不同，导致各家的测量和控制方法也有不同。就燃气轮机控制思想本质而言，具有异曲同工的特征，可以举一反三。因此本书以美国GE公司的MARK-Ⅵ控制系统为主，按照热工专业技术划分进行介绍，读者可从中了解到GE公司的燃气轮机控制原理和实现方法，以燃气轮机为主构成的联合循环发电厂的测量控制技术，本书仅就差异部分做较详细的介绍。

编写组精心编撰了燃气轮机发电厂控制系统故障分析处理案例，主要涉及国内运营的燃气轮机发电厂控制系统出现的故障内容，部分案例采集于燃气轮机控制专家发表的论文改编而成。虽没有覆盖燃气轮机各种故障的分析与处理方法，但具有一定的代表性，可供读者参考。

本书是在学术造诣精深、经验丰富的两位燃气轮机资深专家吴革新先生和陈福湘先生提供的MARK-Ⅵ燃气轮机资料并指导把关下编写而成。章素华女士负责主编，确定全书框架和各章节内容，组织编排、裁剪完善，以及书稿的校核。全书共分十四章，第一章由张建江主编，陈福湘、刘骅、吴书泉、庞军参编；第二章、第三章由陈福湘提供主要资料，刘骅、章真、齐桐悦负责整理和编写；第四章由章真主编，吴书泉参编；第五章由章素华主编，吴革新、刘骅等参编、第六章～第十二章由吴革新提供主要资料，章素华、章真、齐桐悦负责编写，章禔、张建江、吴书泉、陆红英、丁永君参与整理；第十三章由章禔主编，陆红英参编；第十四章由章禔主编，章素华、孙长生、陆红英、刘骅、庞军参编；吴革新先生负责全书技术内容的平衡把关；孙长生先生负责组织编写单位和参与统筹协调参编任务，主持全书结构框架和书稿的讨论和审查；章禔、孙长生先生对全书进行了校核和文字把关。

本书由吴革新先生主审。

本书编写过程中，得到了各参编单位领导的大力支持，参考了大量的学术论文、研究成果、规程规范和网上资料，电力行业热工自动化技术委员会及丛书审委会的专家们在审查中提出了许多宝贵意见，在此一一表示感谢。

最后，感谢所有参与本书策划和幕后工作人员。不足之处，恳请广大读者和专家批评指正。

《燃气轮机发电机组控制系统》编写组

2013 年 3 月

目 录

第一章

燃气轮机和控制系统概述

第一节 概　　述

燃气轮机是近几十年迅速发展起来的热能动力机械，除了广泛应用于航空领域外，还广泛地应用于船舶、拖动和发电领域。是继汽轮机和内燃机问世后，吸取了两种热机之长而设计出来的热能动力机械。

20世纪50年代，燃气轮机出现在航空推进领域，基于燃气轮机技术的航空发动机等，渐渐被广泛用于地面的各个工业领域，作为压缩机和发电设备的动力源，70年代舰用燃气轮机迅速发展，美、英、苏、德、日等国建造的大、中、小型水面舰艇的主动力，绝大部分采用全燃气轮机动力装置或柴油机-燃气轮机联合动力装置。

1955年燃气轮机装舰总功率仅为20万马力，1965年为240万马力，1978年为2366万马力，1987年为3800万马力，在30年跨度中燃气轮机装舰总功率竟增加了200倍。同期，燃气轮机进入电力工业领域。

20世纪80年代，重型燃气轮机从高温材料、工艺等方面普遍采用了航空发动机的技术，出现了一批大功率、高效率的燃气轮机，既具有重型燃气轮机的单轴结构、寿命长等特点，又具有航空发动机的高燃气初温、高压比、高效率的特点，透平进口燃气温度达1100～1300℃，简单循环发电效率达36%～38%，单机功率达200MW等级以上。

20世纪90年代后期，大型燃气轮机开始应用蒸汽冷却技术，使燃气初温和循环效率进一步提高，单机功率进一步增大。透平进口燃气温度达1400℃以上，简单循环发电效率达37%～39.5%，单机功率达340MW。这些大功率高效率的燃气轮机，主要用来组成高效率的燃气-蒸汽联合循环发电机组，由单台燃气轮机组成的联合循环最大功率已达530MW，供电效率达60%。

随着燃气轮机及其联合循环技术日臻成熟，世界范围内天然气资源的开发及人类环境保护意识的增强，燃气轮机发电不仅用作紧急备用电源和尖峰负荷，还作为清洁能源、分步式能源和基本负荷向电网输送电力。时至今日，燃气轮机依然在发电领域不断成长和迅猛发展。

一、燃气轮机技术发展趋势

基于世界燃油/天然气资源，燃气轮机及其联合循环具有污染低、供电效率高、负荷范围宽和调整迅速等特点，为满足经济发展战略和国际竞争的需要，许多国家都把先进的燃气轮机技术作为本国科技重点发展领域之一。其中，最有代表性的是美国的先进透平动力系统计划（ATS）和综合先进推进器发展计划（IHPTET），美国和欧洲合作的先进燃气轮机合作计划（CAGT），欧共体的EC-ATS计划，日本的“新日光”计划和“煤气化联合循环动力系统”等项目。

竞争使得世界上著名的燃气轮机制造商研制成功一系列性能先进的机组。如 GE 公司 9FA，西门子公司的 V94.3A，ABB 公司的 GT26 和西屋公司 701F 等。这些机组单机功率在 200MW 以上，燃气初温达到 1260 ～1300℃，压比高达 10～30，简单循环效率为 35%～39%，组成联合循环后效率可达 55%～58%。它们吸收了轻型燃气轮机的结构特点，叶片采用了超级合金材料并实施了保护涂层，先进的空冷技术，低污染燃烧和数字式微机智能控制系统。

更为先进的燃气轮机不久将会面世，其参数特征为单机功率在 280MW，燃气初温达到 1427℃，压比 20～30，简单循环效率为 39%～40%，组成联合循环后效率可达 60%。正在研制的新一代燃气轮机将采用更为有效的蒸汽冷却技术，高温部件虽然仍以超级合金材料为主，但将采用先进的冶炼工艺如定向结晶、单晶叶片等，进一步改善合金性能，部分静止部件采用陶瓷材料等。

伴随燃气轮机主设备的技术不断进步，燃气轮机的控制系统将会采用更加智能分散、更加安全可靠的计算机网络控制系统。

二、中国燃气轮机发展近况

我国燃气轮机技术的研发工作起步于 20 世纪 50 年代，20 世纪 60～70 年代初，上海汽轮机厂、哈尔滨汽轮机厂、东方汽轮机厂和南京汽轮电机厂都曾以产学研联合的方式，自行设计和生产过燃气轮机，其透平进气初温为 700℃等级，与当时的世界水平差距不大。

改革开放以后，经济发展迅猛地区由于电力需要的急切，建设了一批燃气轮机电厂，从国外引进了一批中小型燃气轮机发电机组，包括美国 GE 公司的 6B、瑞士 ABB 的 GT-13D 以及美国普惠的 FT8 燃气轮机，以柴油、原油或重油为燃料，绝大多数采用燃气-蒸汽轮机联合循环方式发电。

“十五”期间，为了推进大型燃气-蒸汽联合循环发电技术的应用，积极发展我国的燃气轮机产业，国家发展和改革委员会确定“组织国内市场资源，集中招标，引进技术，促进国内燃气轮机产业发展和制造水平提高”的战略目标，实施以市场换技术的重大举措。对规划批量建设的燃气轮机电站项目进行“打捆”式设备招标采购，同时引进先进的大型燃气轮机制造技术。从 2002 年起，有 25 个电站项目的 59 台燃气轮机发电机组进入中国，并分别从国外三家著名燃气轮机制造商引进 F 级燃气轮机技术合作生产。

（1）上海电气（集团）总公司与西门子公司合作，生产 V94.3A 型燃气轮机。

（2）哈尔滨动力设备股份有限公司与 GE 合作，生产 PG9351FA＋e 型燃气轮机。

（3）东方电气集团与三菱公司合作，生产 M701F 型和 M701D 燃气轮机。

另外还有：

（4）南京汽轮电机（集团）有限公司合作生产 PG9171E 和 PG6581B 型燃气轮机。

（5）杭州汽轮机股份有限公司合作生产 M251S 型燃气轮机。

我国从合作制造开始，三大企业均分别与各自的合作伙伴成立合资公司，为燃气轮机提供维修和现场服务，生产燃气轮机的部分高温部件和相当数量的辅助部件，例如燃烧系统的火焰筒过渡段、各个气缸、进排气系统等，逐步增加了国产化率。

2000 年随着我国经济建设的快速发展，我国提出了新的能源结构发展规划，其中利用燃气发电是国家 2000 年以来鼓励发展的一个新的发电方式。随着国家西部开发西气东输项目的完善，西气东送的天然气使得沿海经济发达地区，综合利用燃气发电成为可能，成为解决电力能源日夜负荷相差巨大的一个新措施。

2002 年 10 月国家 863 计划能源技术领域燃气轮机重大专项，以“产学研联合体”的形式重点开展 R0110 重型 114.5MW 燃气轮机核心部件及关键技术的研发。“十一五”期间实施《863 计划先进能源技术领域微型燃气轮机重点项目》、《863 计划先进能源技术领域重型燃气轮机关键技术及系统重大项目》，逐步缩小我国重型和微型燃气轮机技术与国际先进水平的差距，掌握重型和微型燃气轮机设计、制造、试验关键技术，在燃气轮机的自主研发方面取得有效的进展。

燃气轮机自动化控制系统对机组的安全、高效、可靠运行至关重要，针对国产自动化控制系统的研究，虽然不断有专业厂家涉足问津，由于其控制系统的重要性和特殊性，至今没有形成与燃机主设备齐头并进的产业局面。

三、燃气轮机市场状况

据统计，目前全世界从事燃气轮机研究、设计、生产、销售的著名企业有 28 家，到 1998 年累计销售各种工业和船用燃气轮机 34 000 台（到 1997 年累计为 33 000 台），1998 年当年共销售 1000 台。根据预测机构 DMS 的预测，1999～2008 年将生产销售各种工业和船用燃气轮机 39181 台，销售收入 1672.99 亿美元。其中：

生产销售发电用燃气轮机 36257 台，销售产值 1538.91 亿美元；

生产销售船舶用燃气轮机 1101 台，销售产值 56.11 亿美元；

生产销售机械拖动燃气轮机 1823 台，销售产值 77.95 亿美元。

燃气轮机沿着两条技术道路发展，一条是以罗罗、普惠、GE 为代表的航空发动机公司用航空发动机改型而形成的工业和船用轻型燃气轮机。一条是以 GE、西屋、西门子、阿尔斯通公司为代表，遵循传统的蒸汽轮机理念发展起来的重型燃气轮机，主要用于大型电站。世界范围燃气轮机市场主要由 GE 公司、西门子/西屋、阿尔斯通、索拉公司、罗罗公司、三菱和俄罗斯的企业提供。

第二节 燃气轮机主要机型

经过长期的市场竞争和技术不断进步，目前生产发电用重型燃气轮机制造厂商主要有美国通用电气公司（GE）、西门子（Siemens）、日本三菱重工、阿尔斯通（Alstom）以及俄罗斯列宁格勒金属工厂（ЛМЗ）等几家。占据了世界重型燃气轮机的绝大部分市场，技术先进，综合效率高，代表了国际工业用燃气轮机的最高水准。

一、美国 GE 公司燃气轮机

美国通用电气公司（GE）的工业燃气轮机始于 20 世纪 40 年代中期，以 TG180 航空喷气发动机为母型，试制成功 MS3002、MS1002 型燃气轮机。GE 公司是目前世界上生产燃气轮机规模最大、产量最多的厂家，除 GE 公司本部外，还有多个厂家采用 GE 技术制造燃气轮机，在世界燃气轮机市场中占有绝对多的份额。

经过几十年的开发和改进，目前 GE 公司仍然在生产的发电用重型燃气轮机，主要机型包括 PG5371PA、PG6581B、PG6111FA、PG6591C、PG7121EA、PG7161EC、PG7241FA、

PG9171E、PG9231EC、PG9351FA、PG9371FB、MS9001H 等。

1955 年开始设计新型压气机，以美国宇航局 NACA65 系列翼型为基础，在第四级和第十级后增加了抽气口，开始发展 MS5000 系列燃气轮机。再以 MS5001M 压气机为基础，增加零级，并对前三级重新设计，增加可转导叶（IGV），形成 MS5001N 和 P 型燃气轮机。

1970 年再模化放大形成 MS7001A，进而发展为 MS7001B。重新设计前四级，演变成 MS7001C 和 E。

1980 年在 MS7001E 基础上，设计成适用于 50Hz 电网的 MS9001E 型燃气轮机。1992 年定型为 PG9171E。

1987 年制成首台 60Hz 电网的 MS7001F 型燃气轮机发电机组，1994 年定型为 PG7241FA 机组。同时 GE 公司与 GEC Alstom 公司联合开发，以 MS7001F 为基型，模化放大 1.2 倍，制成适用于 50Hz 电网的 MS9001F 型机组，负荷 212.2MW，发电效率 34.1%，第一台机组于 1991 年制造成功并投入商业运行。1996 年定型为 PG9351FA 机组。

图 1-1 为 GE 重型燃气轮机压气机系列型号的演变。

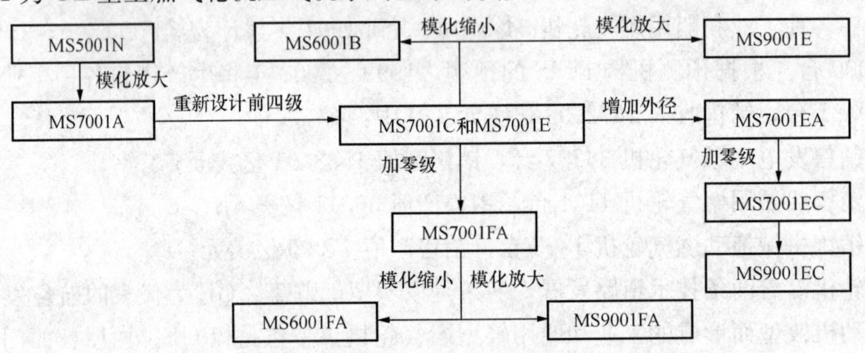

图 1-1　GE 重型燃气轮机压气机演变过程

GE 重型燃气轮机设计的特点可以归纳为：

（1）进化的设计观念。以先进的航空发动机为基础，对压气机、透平进行模化设计、改型设计，逐步完善。

（2）压气机和透平的几何比例设计。在相似准则的基础上进行模化放大，发展系列化产品。例如 MS6000B 的模化比例为 1.0，7EA 为 1.42，则 9E 的模化比为 1.70。

（3）模块化设计和规范化的研制开发。最大限度的采用积木式的模块化设计，在每一新型系列的开发过程中，都经过设计分析、高技术加工、严密的试验和来自现场经验的反馈，不断地改进、优化。

GE 公司的重型燃气轮机是在航空发动机的基础上发展起来的，其气缸形状、转子结构、燃烧室形式等许多方面保留着航空发动机的特点。如燃气透平初温高，采用分管型燃烧室，转子为多根轴向螺栓连接的鼓盘结构。气缸为有水平中分面的铸钢结构，在压气机进出口、透平进出口及扩压器进口等处有垂直中分面，以便于维护和检修。在总体布置上为整体快装式机组，出厂前整机安装在一个刚性底盘上。

1992 年开始美国能源部资助进行 ATS（Advanced Turbine Systems）计划，开发研制更高性能的燃气轮机。ATS 的目标是简单循环热效率达 40%，联合循环热效率达 60%，排

放控制 NO_x 小于 9×10^{-6}（V/V）。

第一台 9H 机组于 1998 年在工厂内进行了全速空载试验，2000 年在英国安装，2002 年建成联合循环电厂并进行全负荷特性试验，推向商业运行。压气机 18 级，压比 23，空气流量 680kg/s，初温 1427℃，联合循环出力为 480MW，热效率约 60%。高温部件全部采用蒸汽冷却（包括喷嘴、动叶），冷却蒸汽由专门装在排气管道中的蒸汽发生器供给，联合循环采用余热锅炉供给蒸汽，燃烧系统采用 DLE 和催化燃烧系统。

GE 公司重型燃气轮机经过 40～50 年时间，使单机功率从 20MW 增大到 256MW，效率从 26%提高到 37%。最大功率的 9H 型机组，联合循环出力达 520MW，联合循环的热效率达到 60%水平。

二、德国西门子公司燃气轮机

德国西门子公司自 1948 年自行开发第一台 1000℃水冷型燃气轮机以来，随着技术的发展，形成了三种尺寸功率大小的 V64、V84（60Hz）、V94（50Hz）燃气轮机系列。这三种系列的几何尺寸分别按 0.67：1：1.2 比例模化。随着技术的发展进步，这三种机型自 20 世纪 70 年代以来不断地更新换代，分别出现第二代、第三代以及改进的“3A”系列。1999 年兼并美国西屋后，其 W501F、W501G 产品以及优异的性能在 60Hz 领域的北美市场处于领先地位。

西门子第二代技术的燃气轮机相当于 GE 公司的 E 级产品，目前投入市场的为 50Hz、164MW 的 V94.2 机型及相应 60Hz 的 V84.2 机组，其进口温度达到 1100℃。西门子燃机的主要结构特点为：

（1）采用双轴承转子，没有中跨度轴承。

（2）压气机为带中心拉杆的转盘结构，只有一个中心螺栓，转盘靠径向齿校准，径向齿还承担转矩传送。

（3）冷端驱动、轴向排气。

（4）预混式的低 NO_x 燃烧器，燃用天然气时 NO_x 排放浓度达到 9×10^{-6}（V/V）的水平。

（5）两个单管圆筒式燃烧室，使叶片不受火焰直接辐射。

1990 年开始第三代 V94.3、V84.3 及 V64.3 机组，采用外部冷却装置改善叶片的冷却，其燃气温度进一步提高到 1300℃的水平，流量及功率均增大。燃烧室仍为单管圆筒形，但由垂直布置改为水平布置。

为了进一步提高功率和效率，减少排放，降低成本，从 1990 年开始西门子与普惠公司签订长期合作开发协议，将航空发动机技术应用到西门子的燃气轮机产品设计中。1994 年联合研制出 V84.3A 型燃气轮机，随后按模化比例开发出 V94.3A 和 V64.3A 机组。这种“3A”系列的技术特点为：

（1）基本保持了西门子原有的传统技术：转盘式转子、双径向轴承、压气机冷端负荷、预混式的低 NO_x 燃烧器、透平轴向排气等。

（2）“3A”系列最大不同在于以环型燃烧室取代原来圆筒形单管燃烧室，使结构更加紧凑，在 V94.3A 中共配置了 24 个预混式燃烧器，保证使燃烧室出口温度场更加均匀、阻力损失更小、排放低。在燃用天然气时，NO_x 排放能达到 20×10^{-6}（V/V）的要求，V84.2

机组能够达到 5×10^{-6}（V/V）。

（3）以普惠航空技术为基础，按三元流动理论设计的压气机叶栅具有可控扩压的速度分布特性，这种型线减小了过高的局部速度，较为均匀的减速抑制了边界层的发展和防止气流分离。

（4）燃气透平为西门子传统的 4 级结构，同样为采用 CFD 设计的弯扭三维叶片。

另外，为了帮助读者能够全面了解西门子燃机型号变化，下面专门列写了西门子燃机型号新老对照和说明。在德国是 SGT-1000F，SGT5-3000E/4000F/8000H，SGT＝SIEMENS GAS TURBINE，后面的数字代表功率：

3000 的相对于 E 级；

4000F 代表 F 级；

8000H 代表 H 级；

5 代表 50Hz。

原以 Vnn. n 命名的燃机代号分别对应新的代号如下：

50Hz 燃机：

V64. 3A＝SGT-1000F

V94. 2＝SGT5-2000E

V94. 2A＝SGT5-3000E

V94. 3A＝SGT5-4000F

60Hz 燃机：

V84. 2＝SGT6-2000E

W501D5A＝SGT6-3000E

V84. 3A＝SGT6-4000F

W501F＝SGT6-5000F

W501G＝SGT6-6000G

新命名规则中，所有产品名称在最前面增加字母“S”以表示西门子品牌，其次是前缀代表产品。例如：

SGT 代表西门子燃气轮机

SST 代表西门子汽轮机

SGen 代表西门子发电机

SPPA 代表西门子电站自动化

STC 代表西门子透平压缩机

SFC 代表西门子燃料电池

三、法国阿尔斯通公司燃气轮机

1928 年阿尔斯通有限公司（ALSTHOM LTD.）在法国成立。公司致力于各种工业、电气设备的生产以及电力的供应输配。

1989 年法国阿尔卡特-阿尔斯通集团（ALCATEL ALSTHOM）与英国通用电气公司（GEC）合资成立控股公司，组建了通用电气阿尔斯通公司（GEC-ALSTHOM），两家集团各占 50％的股份，总部设在荷兰，下设法国通用电气阿尔斯通公司和英国通用电气阿尔斯通公司。

1999年7月，阿尔斯通与ABB公司合并各自的发电业务，成立各占50%股份的合资公司ABB-阿尔斯通电力公司。同时，阿尔斯通将其采用GE技术生产的重型燃气轮机业务（即EGT-欧洲燃气轮机公司）出售给美国的通用电气公司。

2000年5月，阿尔斯通收购了ABB-阿尔斯通电力公司中ABB所持的50%股份，从此，该公司更名为阿尔斯通电力部，作为阿尔斯通公司的一个新业务部门由阿尔斯通（ALSTOM）拥有全部资产。

ALSTOM与ABB的动力部门经过重组后，目前的ALSTOM继承了原ABB的所有燃气轮机。其中重型燃机有GT11N、GT11N2、GT13D2、GT13E、GT13E2、GT24、GT26等型号，以GT26最为先进，是当前世界上最大的燃机之一，其单机额定出力为280MW。这里主要介绍GT13E2、GT24、GT26等主流机型。

（1）GT13E2机型。该型号为50Hz重型燃机，ISO条件下的额定负荷为164.3MW，简单循环热效率为35.7%，联合循环热效率为55.5%，它的一个新型环形燃烧室采用了ABB公司的干式低NO_x燃烧器，使得GT13E2在燃用天然气时，就能把NO_x排放减少到低于$15V\times10^{-6}$（V/V）。

该燃机具有21级压气机的压比为15∶1，质量流量525kg/s，涡轮进口温度为1100℃，与早先的ABB的重型燃机比较，设计的主要差别是它采用了单环形燃烧器，此设计方案首先是缩小了燃烧器的尺寸，从而减少了冷却其表面所需要的空气量，燃烧室装有72个EV双锥、5个预混燃烧器，形成4个同心环对称布置。贫燃干式低NO_x技术能保持燃烧温度比传统扩散燃烧器系统的燃烧温度约低500℃。第二个优点是燃烧区域热燃气的分布均匀，降低了最高温度区域的温度，增加了平均温度，同时降低涡轮叶片的热负荷，燃气平均温度的增加转化成更高的负荷和效率。如果不增加燃气平均温度，则预期燃气流通部件可获得更长的使用寿命。

（2）GT24/26机型。GT24型号为60Hz重型燃机，ISO条件下的额定负荷为165MW，简单循环热效率为37.5%，联合循环出力为251MW，热效率为58%。GT26型号为50Hz燃机，ISO条件下的额定负荷为265MW，简单循环热效率为37.8%。KA26-1联合循环的出力为393MW，热效率为57.9%。

ABB在延续了BBC公司的基础上，继续发展先进的GT24和GT26燃气轮机期间，ABB始终将高效率和低排放作为首要目标。通过再热燃烧（有定义为顺序燃烧），新的燃气轮机放弃了为获得高效率而采用的传统策略，即提高透平进口温度。带有附加透平级和第二燃烧器的最佳系统配置，是GT26设计的核心，它建立在ABB燃气轮机技术所证实的基础上。再热燃烧设计使燃气轮机呈现出高功率密度，同时因为其尺寸小，与具有相同出力的常规设计相比，降低了机械应力。例如，利用新的设计减少了作用在转子叶片上的离心力，低应力是延长叶片寿命的重要因素。高功率密度使常规转子设计可以只用两个轴承，这对于达到高功率密度是重要的，尤其是在最小可能的空间中容纳再热燃烧，用为ABB所证实的斜向预混燃烧室技术（EV型双锥燃烧室）使NO_x排放物大幅减少。

再热循环的GT26机组与一般其他外国公司机组相比有四个显著的特点，即再热循环，单缸压比达到30的基本亚音速高效率压气机，装备具有特殊结构燃烧器的环形燃烧室，以及整体焊接转子。这四项特点使 GT26 机组与世界上其他机组相比技术上显得非常突出。其中后两项也是 GT13E2 的显著特点。再热循环的两个燃烧室中，第一个燃烧室（高压燃烧室）依靠的是已有业绩的燃烧室的技术；第二个低氧预混自燃型燃烧室也是环形燃烧室，是在原有技术的基础上经过大量的研究及开发的产物。GT26 机组原则上按 GT24 模化而来，除燃烧器个数以外，其余主要部件都是几何相似的。

四、日本三菱公司燃气轮机

20 世纪 60 年代初，日本三菱向美国西屋公司（现被西门子兼并）购买了生产燃气轮机的许可证，1963 年开始生产第 1 台燃气轮机（M171），该机组透平初温只有 732℃，功率在 5000kW 左右，与我国东方汽轮机厂在 20 世纪 70 年代开发的燃气轮机同属一个水平。

三菱通过对引进技术的消化吸收，1984 年生产出当时世界上效率最高的 M701D 燃气轮机联合循环机组，透平进口温度为 1150℃。

1986 年又自主开始 1250℃等级的 MF111 型机组，功率为 15000kW，也是当时世界上透平进口温度最高的燃气轮机。三菱从此结束了引进模仿国外技术，走上自我发展的道路。

1989 年 1350℃等级 60Hz-M501F 机组，在三菱的高沙制作所完成了工厂试验，于 1992 年进入商业运行。50Hz-M701F 也相继投入市场，并于 1993 年首次进入商业运行。到 2001 年 12 月底，M701F 型机组累计销售了 43 台，其中 23 台已投入了商业运行，累计运行时间超过 40 万 h，启停次数达到 6000 次。

1997 年三菱开发出 1500℃等级的 M501G 型燃气轮机，并完成了首台样机的实际验证试验，1999 年投入了商业运行。目前三菱已经完成透平叶片全部采用蒸汽冷却的 M501H 型燃气轮机的研制工作，在工厂进行了满负荷的验证试验。三菱从 20 世纪 60 年代开始发展燃气轮机，用了 20 多年的时间从引进消化吸收到独立开发，进入了世界先进燃气轮机技术水平的行列，他们已将 1500℃级的 G 型燃气轮机推向市场。三菱和西屋生产的 F 型和 G 型燃气轮机性能比较，见表 1-1。

表 1-1　　三菱和西屋生产的 F 型和 G 型燃气轮机性能比较

燃机型号	501F		701F		501G		701G	
公司	三菱	西屋	三菱	西屋	三菱	西屋	三菱	西屋
首台年份	1989	1989	1992	1992	1997	1994	1997	
ISO 额定功率（MW）	185.4	177.1	270.3	252.5	254	235.8	334	
热耗率（kJ/kWh）	9738	9738	9422	9643	9295	9179	9105	
压比	16	14	17	15.6	20	19.2	21	
空气流量（kg/s）	453.1	446.6	650.9	659.2	567.0	553.4	737.1	
透平转速（r/min）	3600	3600	3000	3000	3600	3600	3000	
排气温度（℃）	607	599	586	567	596	597	587	

第三节　燃气轮机控制系统

不同燃气轮机制造厂生产的燃气轮机，控制系统具有各自的特征。这些特征是由燃气轮机热力性能和机械构造决定的。不论各家燃机和控制系统有多少特征差别，控制和保护一个完整热力循环机组的自动化设备，都必须具备严谨完整的测量、控制、顺控、保护四大功能，以及设备维护和故障诊断的分析判断功能。控制系统自身要具备适度冗余的高度可靠性、高度可操性。对于一套完备的自动化系统，还必须具备完善的测量方法和控制策略。

即便如此，一套完备的燃机自动化控制系统，由于热力系统设计差异、热机工艺和不同的耐高温材料，对控制系统会提出不同的测控配置需求。就控制系统本身而言，不同的硬件配置、编程方式、供电方案、制造工艺及安装调试等因素，都会使得控制系统配置和测控方法有所不同。就燃机电厂用户而言，对自动化高度需求和依赖程度不尽相同，不同水平的运维工程师，对控制系统的使用，维护效果以及故障应急处理都会有较大差别。

无论是燃机的主机还是自动化系统，伴随高科技的材料和技术进步，依然要不断创新不断技术进步，使得被控设备与控制系统高度贴合、协调默契、高度智能。本书是立足现有燃机、联合循环技术以及自动化背景而展开编撰的。

本章以 GE 公司、西门子公司、三菱公司、阿尔斯通四家大型燃气轮机控制系统为例，进行简单概要的介绍和不同角度的对比。在后续的章节中，重点围绕 GE 公司的 MARK-Ⅵ控制系统，给予深入详细的功能介绍，以讲述 GE 公司燃气轮机控制机理，读者可以由此举一反三。

一、美国 GE 公司燃气轮机控制系统

SPEEDTRONIC™是美国 GE 公司生产的燃气轮机控制盘的商标。GE 公司从 1966 年开始生产这种 SPEEDTRONIC™轮控盘，首先用在控制 MS5001 燃气轮机上。这种轮控盘技术逐步衍变成为大型控制系统，使用在各种用途的重型和航空改型机组上，到 20 世纪 90 年代初，已安装了 4500 台以上，累计运行时间超过 4000 万 h 以上。

采用 SPEEDTRONIC 轮控盘商标的控制系统，从 MARK-Ⅰ、MARK-Ⅱ、MARK-Ⅳ、MARK-Ⅴ发展到最近的 MARK-Ⅵ。从分列固态元件、常规仪表指示、继电器、灯型通报器（也称声光报警器）发展到冗余微处理机、微型计算机和输出继电器系统。通过轮控盘的不断改善使得整个燃气轮机的寿命、可靠性、可利用率、应用适用性和维护方便性方面都得到了不断的改善和提高。

燃气轮机控制系统的雏形是 1948 年最初生产的燃料调节器，后用在 MS3001 发电机组和列车机组上而逐步发展起来的。MARK-Ⅰ 控制系统是 1965 年采用了当时最新的电子电路技术开发的，并于 1966 年首次投入美国市场使用。其控制系统、保护系统、顺控系统均集成在轮控盘内，采用模拟电路和固态元器件技术，约 50 块印刷电路板，采用继电器型顺序控制和输出逻辑。

MARK-Ⅱ在 1973 年开始使用。其改进主要是采用了固态逻辑电路和集成电路技术，局部采用了智能芯片，改善了燃气轮机启动的热过渡过程。其对控制盘的环境温度要求也放宽了，因而 MARK-Ⅱ的生产量猛增。在 MARK-Ⅱ 的基础上，GE 公司对燃气轮机排气温度测量系统的补偿、剔除、计算等进行改型，在 20 世纪 70 年代后期生产出 MARK-Ⅱ＋ITS，即增加了一套集成温度系统，对于已损坏的排气热电偶能够实现自动剔除。图 1-2 为 GE 公司制造的 MARK-Ⅱ的外形照片。

MARK-Ⅳ的出现是在1982年，它在原来Ⅰ型、Ⅱ型基础上做了较大的改进。首先，是采用冗余的微处理机控制和大规模集成电路，以计算机的控制算法代替以往的运算放大器为核心的模拟运放电路，以计算机逻辑算法代替以往的继电器为核心的逻辑电路。MARK-Ⅳ的薄膜开关操作面板直观简洁，黑白CRT显示器显示控制器内部状态，实时观察机组的运行数据、报警信息、诊断信息等。运行数据由手工抄表改由打印机按要求的时间和内容列出数据表。MARK-Ⅳ设置了辅助显示器，作为主CRT的后备。MARK-Ⅳ还设置了远程通信接口，可以与远方的控制室实现遥控操作。从此开始了计算机数字化自动控制新阶段。图1-3为1983年GE公司生产制造的MARK-Ⅳ机柜。

图1-2　MARK-Ⅱ机柜

图1-3　MARK-Ⅳ机柜

MARK-Ⅳ主控制器可以单机配置，也可以三冗余配置。对于三冗余配置的控制系统而言，其主要控制功能由<R>、<S>、<T>三个冗余微机控制器来完成。三个控制器同时输出模拟量控制信号（燃料流量命令），去三线圈的电液伺服阀叠加驱动。三个控制器的逻辑控制信号，通过3取2表决后再执行开关量控制。这样即大大提高了控制系统整体可靠性。

此后，出现改进型MARK-Ⅳ PLUS，在硬件方面做了改进，应用软件和控制常数的关键存储器由依靠电池支持的BRAM更新为非易失的EEPROM，避免了用户很多的麻烦。在操作接口方面能够以阶梯图形式在屏幕上显示出各信号之间的逻辑关系图和相关逻辑的实时状态。为运行、维护带来了很多便利。

1991年投入使用的MARK-Ⅴ进一步完善了三重冗余的微处理机系统，采用IBM PC兼容的INTEL 80386/80486计算机和彩色CRT标准键盘作为上位机。容错方式由MARK-Ⅳ的硬件方式改用SIFT的软件容错技术，提高了运行可靠性，减少了强迫停机的概率，并且为在线维修提供了更多的方便。此外，还改进了控制柜的保护系统，引入<X>、<Y>、<Z>三冗余微处理器组成的<P>保护模块，提高了安全可靠性。从MARK-Ⅴ开始，轮控盘不仅可以用于燃气轮机的控制，也可以用于各种不同功率蒸汽轮机控制。

MRAK-Ⅴ主操作接口包括主机、彩色显示器和键盘，显示器显示现场运行的各种参数。MARK-Ⅴ控制系统具有检测故障的自诊断功能，可以在线更换有故障的现场设备和控制系统硬件。设有密码保护以防非专职人员误操作，自动按时间顺序打印报警和报警复位。图

1-4 是 GE 公司生产的 MARK-Ⅴ轮控盘机柜。

MARK-Ⅴ可靠性达 99.982%，平均无故障时间（MTBFO）为 28 000h，平均维修时间(mean-time-to repair）为 7h。1997 年 MARK-Ⅴ系统中依然保留了级间链的 ARCNET 总线，但是采用了另外一种在市场上易于采购的网卡。更换了称为<I>接口计算机代之以 HMI 人机接口机。后者采用了当时的主流型的奔腾计算机和 WINDOWS NT 或者 WINDOWS2000 操作系统。在 HMI 中使用了 GE 公司下属 FANUC 公司开发的 CIMPLICITY 图形软件。配备了 HMI 的 MARK-Ⅴ克服了当时<I>接口机的一些问题和困难，也就成为未来 MARK-Ⅵ的一种过渡产品。

1999 年 GE 公司推出 MARK-Ⅵ控制系统，该控制系统传承了之前控制系统的优点，内部网络采用多层冗余以太网架构。既适合于集中控制，又可以适应于分散控制。

与常规分散控制系统类似：硬件部分包括计算机及其外设、控制柜、各种 I/O 卡件及端子板、通信网络及相应设备、现场传感器及连接电缆等。支持软件除了 WINDOWS2000 或者 WINDOWS XP 和 CIMPLICITY 图形显示系统外，增加了 GE 公司自己的 TOOLBOX 组态软件。克服了 MARK-Ⅴ在组态和文件、程序修改过程中的缺陷。对用户来说更加友好了。图 1-5 是 1999 年 GE 公司的 MARK-Ⅵ控制机柜。

图 1-4 MARK-Ⅴ机柜

图 1-5 MARK-Ⅵ机柜

MARK-Ⅵ 控制系统主要控制功能有启动控制、加速控制、转速控制、停机控制、排气温度控制和压气机运行极限控制。主要的伺服随动控制系统有进口导叶（IGV）控制、燃料控制；进气加热控制，以及常规的发电机励磁电压控制、同期控制和排放控制等。

MARK-Ⅵ主要保护功能有超速保护、危急遮断保护、熄火保护、燃烧监视保护、振动保护、排气超温保护、火灾保护、润滑油温度保护和发电机同期保护等。GE 公司 SPEEDTRONIC^{TM}轮控盘的发展状况，见表 1-2。

MARK-Ⅵ是通过网络来互联各个独立的节点设备的，这些网络把不同的通信对象按照特定的功能分成若干个功能组。这些功能组是从设备的 I/O 测量点开始延伸到 I/O 模件、控制器和 HMI 界面，通过操作员接口 HMI 全面监控燃气轮机设备，每个层次的网络使用标准的部件和协议，改善整体网络的可靠性和维护性能。

表 1-2　　SPEEDTRONIC™轮控盘的发展状况

系列型号	MARK-Ⅰ	MARK-Ⅱ	MARK-Ⅱ+ITS	MARK-Ⅳ	MARK-Ⅳ+	MARK-Ⅴ	MARK-Ⅴ+HMI	MARK-Ⅵ	MARK-Ⅵe
生产时间	1966	1973	1976	1983	1985	1991	~1997	~1999	~2009
数量	850	1825	356	562	1100	—	—	—	—
顺控	继电器	分列固态元件		三重冗余微处理机		三重冗余微处理机		三重冗余微处理机	
控制	分列元件	集成电路	集成电路及微处理机	三重冗余微处理机		三重冗余微处理机		三重冗余微处理机	
保护	继电器	继电器和固态电路	集成电路和固态电路	三重冗余微处理机		三重冗余微处理机		三重冗余微处理机	
强制方式	跨接线	跨接线		软件逻辑强制		软件逻辑强制		逻辑量模拟量均可以强制	
显示	模拟表计	模拟和数字表计		CRT 和 LED		CRT（IDOS 操作系统）	CRT（Windows NT/2K 系统）和 CIMPLICITY 图形显示	CRT（Windows2K/XP 系统）和 CIMPLI CITY 图形显示	Windows XP 系统和 CIMPLICITY 图形显示
报警	光字牌继电器声光通报器	光字牌继电器声光通报器		音响提示独立报警页面		音响提示复合报警页面		Toolbox 独立配置的三重复合报警	Toolbox ST 独立配置的三重复合报警
输入方式	按钮和手把式开关			薄膜式按钮开关		微机键盘		标准键盘	标准键盘
容错方式	手动剔除		自动剔除	硬件		SIFT 软件		SIFT 软件	SIFT 软件

这些层次分别称为企业层、管理层、控制层和 现场层（又称现场 I/O 层）。GE 公司燃机 MARK-Ⅵ控制系统网络架构如图 1-6 所示。

企业层、管理层、控制层、现场层网络均支持网络上各种冗余等级的控制设备，包括第三方控制系统/控制设备，共同组成完整的一套机组自动化控制系统。

1. 企业层

企业层承担全面的设备管理和人机交互。这个层面的计算机装置一般由 DCS 卖方或者用户自己提供，网络设备数量一般是由用户根据需求确定，设备的数量可以包括局域网（LAN）或者广域网（WAN）。企业层通常要通过路由器与其他的控制系统隔开，路由器就可以分离该接口两端的通信量。在机组控制设备需要与设备或 DCS 进行通信的场合，GE 使用 Modbus 接口或者众所周知的 GE 标准信息（GSM）的 TCP/IP 协议。

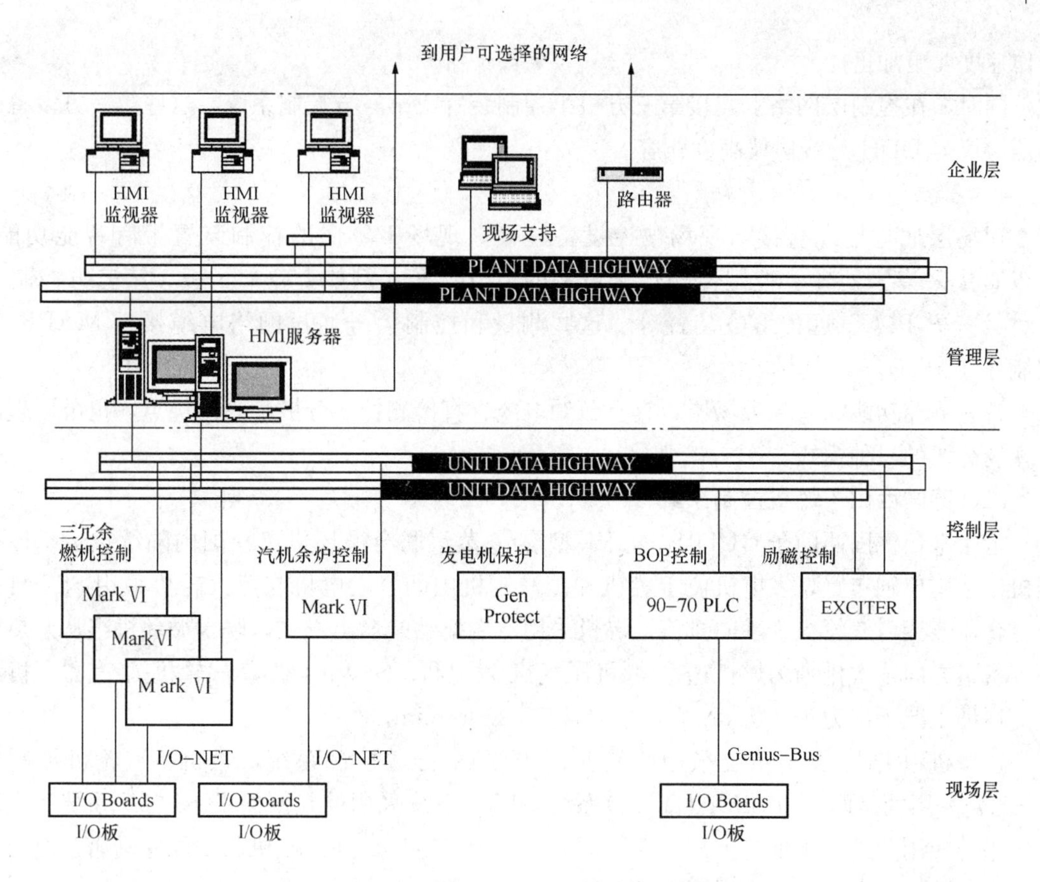

图 1-6 GE 公司燃机 MARK-Ⅵ控制系统网络架构

2. 管理层

管理层提供了操作员接口的功能，诸如 HMI 浏览器和服务器节点，以及历史数据采集（Historian-历史计算机）、远程监视和振动分析等。

这个层面采用共享双重配置的以太网，它提供了冗余的以太网开关和电缆。这样就可以防止如果单个配置出现故障，而不会导致整个网络的中断。

这个网络称之为电厂数据总线（PDH），起到承上启下的数据管理和数据传输作用。

3. 控制层

控制层提供了发电设备的连续运行保障。在这个层面上的控制器要高度协调才能维持不间断地连续运行。

这种同步方式是以称为帧速的一种基本速率来运行这个控制网络的。在每一帧期间，该网络上所有的控制器把它们内在的状态传送到所有其他的节点去。以太网全局数据（EGD）以 25Hz 的额定帧速，提供各个节点之间的数据交换。

控制层上的冗余很重要，它确保了任何单一元件的故障不至于引起轮机的遮断。这是利用了共享双重网络配置来实现的，也就是众所周知的单元机组数据总线（UDH）。

在控制层直接连接 GE 公司极具特色的三重冗余的控制器，通过<R>、<S>、<T>三台功能一致的主控制器协同工作，构成三重冗余配置的高可靠性主控制核心。为了确保机组保护的快速性，MARK-Ⅵ配置了三重冗余的保护控制器<X>、<Y>、<Z>，保护控制器与主控制器同时监管机组的紧急跳闸等保护功能，不同的是<X>、<Y>、<Z>的动作速度要更加迅捷。

同时，在控制层网络上连接第三方机组控制装置或第三方控制系统，这些第三方设备的通信协议与UDH总线协议高度兼容。

4. 现场层

现场层通过电缆直接与现场被控设备连接，现场I/O层的控制装置带有智能功能，可以直接采集、处理、控制传输现场设备的I/O数据，例如I/O端子板、第三方控制装置、第三方PLC、远程I/O装置等。这些测量和控制信号通过网络电缆接入MARK-Ⅵ控制系统。

智能测控功能深入到现场层，具有节约电缆、直接测控、分散度高等优点，也可以理解为现场总线的一种模式。

二、德国西门子燃机控制系统

近年来，德国西门子GUD1S. 94. 3A型燃气-蒸汽联合循环机组在国内陆续投运，该类型机组采用单轴布置，发电机位于燃机和蒸汽轮机中间，发电机与蒸汽轮机采用SSS自同步离合器连接，汽轮机为轴向排汽。燃机采用冷端拖动的输出方式，联合循环机组从余热锅炉到机组方向依次排列为燃机透平-燃机压气机-发电机-SSS离合器-蒸汽轮机-凝汽器。机组性能保证工况下出力为387. 3MW，额定转速3000r/mim。

该型机组DCS控制系统采用的是西门子TXP分散控制系统，燃机、汽轮机控制器（DEH）采用的是西门子SIMADYN D系统，ETS系统采用的是西门子S5-95F系统。在国内机组的应用业绩，主要有上海华能石洞口、萧山发电厂、郑州燃机、中原驻马店、厦门东亚电力、上海临港电厂、中海油电厂等。

（一）Teleperm XP分散控制系统

Teleperm XP分散控制系统（简称T-XP）是从西门子Teleperm ME基础上改进而成的，其在硬件及软件分配上并不完全以DAS、MCS、SCS及FSSS来设立子系统，而是以被控对象以及功能区来设立子系统，如燃机系统、汽轮机系统、给水系统、旁路系统等。这样的分配方案面向现场工艺过程，使得一个设备的控制，包括输入/输出、报警、连锁等相对集中在一块或几块模件，一个子系统的控制集中在一个CPU中，提高了单一对象处理的独立性，减少了DCS系统内部信号的通信量。

T-XP系统可分为AS620自动系统，OM650操作与监视系统，ES680工程实施系统和SINEC H1总线系统。控制级别分为现场级、单项控制级、成组控制级、处理级及操作和监视系统，见图1-7。

AS620自动系统实现信号采集、开闭环控制、机组协调功能，提供现场设备接口，担负成组控制及单项控制任务。它从过程中采集测量值和状态量，完成开环和闭环控制，并把产生的命令送往过程。并将OM650过程控制信息系统所需信息从过程传送到操作和监视系统，同时把OM650所发出的命令传送给现场级。

OM650过程控制和信息系统是控制室中在系统与操作员之间的人机接口。这个过程高度符合人机工程学的窗口，能使过程被集中地监视和控制。此外，此系统还提供了为记录过程和存档数据所需要的全部功能，包括OT（操作员站）、PU（处理单元）、SU（服务单元）和XU（数据交换单元）。

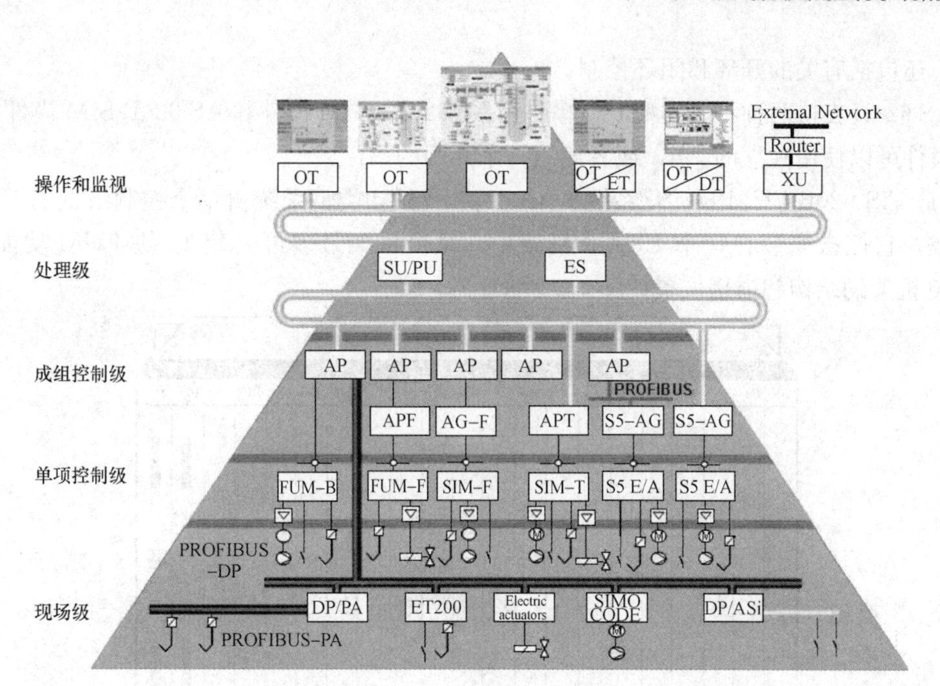

图 1-7　T-XP 系统组成部分及控制系统总貌

ES 680 工程系统是 Teleperm XP 的中央组态系统。可使用 ES 680 来组态 AS 620 自动化系统、OM 650 过程控制和信息系统、SINEC H1 FO 母线系统和必要的硬件。ES 680 对每个目标系统提供了一个组态包。ES 680 在中央管理着所有组态数据（即数据只能一次进入）。

SINEC H1 总线系统的网络结构可使过程控制系统的各个子系统之间进行通信。这个总线系统符合国际标准，并随后提供开放式通信的先决条件。分为终端总线和工厂总线。AS620，OM650 以及 ES680 子系统之间的通信任务由工厂总线来承担。OM650，ES680 系统及操作终端 OT 之间的通信任务由终端总线来承担。

1. AS 620 自动化系统概述

AS 620 自动化系统完成电厂过程的自动化任务。AS 620 从过程获取测量的数值和状态，进行开环和闭环控制功能，并传递产生操作变量数值、校正数值及对过程的命令。AS 620 传递来自 OM 650 操作员通信和显示系统的命令至过程，从过程读出 OM 650、ES680 或 DS670 诊断系统所需要的信息，并传递这个信息到上游操作员通信和显示层。

根据不同的要求，AS 620 自动化系统分为不同类型，主要有基本型 AS 620B 和故障安全型 AS620F。AS 620 自动系统还作为其他子系统的通信接口。

AS 620B 是基础系统，用于一般的自动化任务、系统和设备保护、闭环控制。中央结构和使用总线的分布式布置两者都是可能的。AS 620F 用于保护和控制的任务是故障安全类型，例如燃烧器控制，它需要 TUV 审批。

2. AS 620B 自动化系统的配置

AP 自动化处理器是 AS 620B 和 AS 620F 自动化系统的中央组件。它是基于大功率的 SIMATIC S5 CPU（中央处理器）948/CPU 948R。所有的次要 AS 620 组件用系统总线通过此 AP 进行联系。系统和设备控制、保护功能在此自动化处理器 AP 中进行处理。除基本操作外，还包括有关的开环和闭环控制。

AS 620B支持两种不同类型I/O模件：AS 620B-FUM模件和AS 620B-SIM模件，两种类型模件可以使用独立的AP，或者使用一个共用的AP。

（1）AS 620B-FUM自动化系统。AS 620 B-FUM类型系统由单个控制级别的FUM模件组成，它们被安装在一个EU910机架中，每个机架最多可安装19块FUM功能模件，EU910机架的结构和插槽位置如图1-8所示。

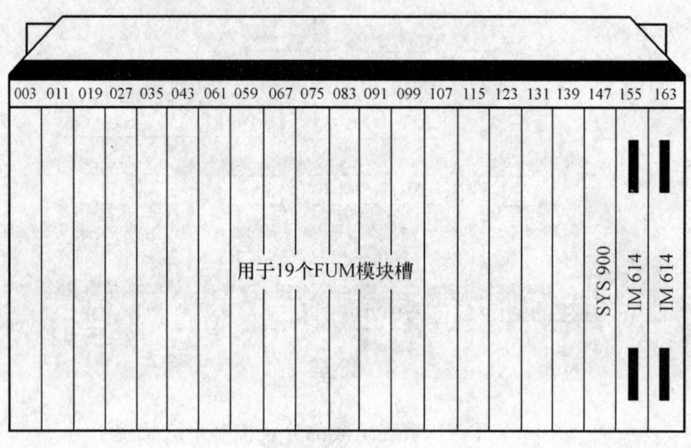

图1-8　EU910机架示意

此机架占有两个完全独立的底板总线，底板总线为各个FUM模块之间提供了连接。AP中的一块IM 304接口模块和在EU910机架中的一块IM 614接口模块通过一根总线电缆连接。

（2）AS 620B-SIM自动化系统。通过SINEC L2-DP总线连接到AP的单个控制，是由SIMATIC S5分配的ET200M输入/输出系统的站和有关的SIM-B模块（信号模块）组成的。ET200M站可以集中安装在Teleperm XP柜中，或就地呈分布结构安装在设备附近。系统结构如图1-9所示。

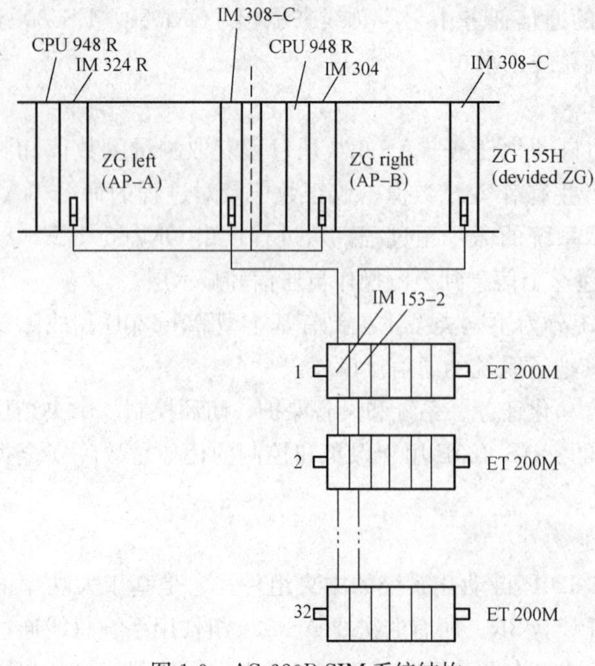

图1-9　AS 620B SIM系统结构

AP通过IM 308-C和IM 153-2模件连接到ET200M站，能够连到一个总线链路上的工作站的最大数量是32个。ET200M由一个IM153接口模块和最多达8个SIM模件组成。这个工作站用有效的总线模块来构筑，SIM模件可以做在线插入和拔出操作。

IM 308-C被安装在冗余AP的扩充单元中。在中央处理器与扩充单元之间的连接也是通过成对的IM 304和IM 314R接口模块件来建立的。如果主AP故障时，备用AP接管，下挂的

ET 200M 站连接就会自动切换到新的 AP 进行工作。

3. AS 620F 自动化系统

带有 APF 功能的 AS 620F 自动化系统，由多达 7 个故障安全 APF 单元与一个在成组控制级别的 AP 自动化处理器组成。AP 完成更高层次的安全自动化功能，具有 TELEPERM XP 过程控制系统的操作通信与显像系统的接口。带有冗余 APF 功能的 AS 620F 的基本架构见图 1-10。

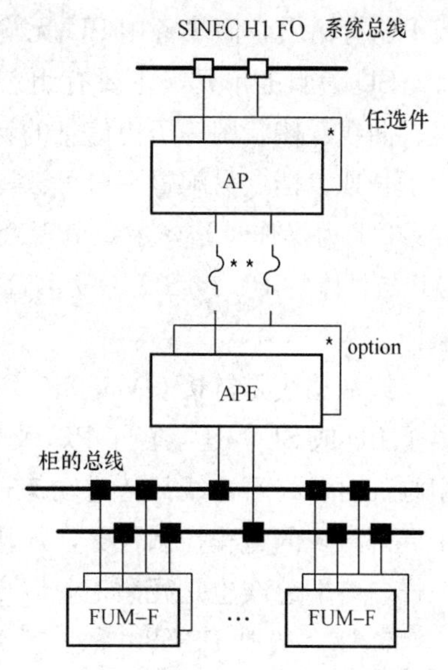

图 1-10 冗余 APF 的 AS 620F 的基本结构

AP—自动化处理器；APF—故障安全的自动化处理器；FUM-F—故障安全功能模块

一层 APF 机架包含有两个冗余的 APF 故障安全自动化处理器，两个 CPU 处理器运行相同的程序，以 2 取 1 方式运行。每个 APF 的内部均采用 2 取 2 的硬件配置，具有相同的时钟脉冲，由 2 取 2 配置的比较器进行位奇偶校验。若比较器发现内容不一致，APF 将立刻自行关闭，保证机组的安全状态。两个 APF 含有相同的用户程序，通过刷新接口，以周期同步的方式相互通信。与冗余的 AP 一样，两个 APF 根据主从原则运行，一个 APF 处于主状态，另一个 APF 处于备用状态，并可随时实现无扰切换。

APF 机架中可安装 12 块 F 型功能模件，根据所配置模件的多少，可在机柜中相应增加 FUM-F 机架，每层 FUM-F 机架可安装 18 块 F 型功能模件。

4. 操作与监视 OM650 系统

OM650 过程控制和信息系统是装置和控制室人员之间的界面。它是一个过程的窗口，该系统大部分根据人体工程学的诸多原理设计。OM650 系统可对全厂设备进行中央控制、监视和保护。此外，该系统提供过程事件发生的全部记录和数据归档所需的全部功能。OM650 系统分为四大部分，即 PU、SU、OT 及终端总线，如图 1-11 所示。

PU 为处理单元，主要负责过程控制。为了提高系统的的可用率，PU 采取了 1∶1 冗余

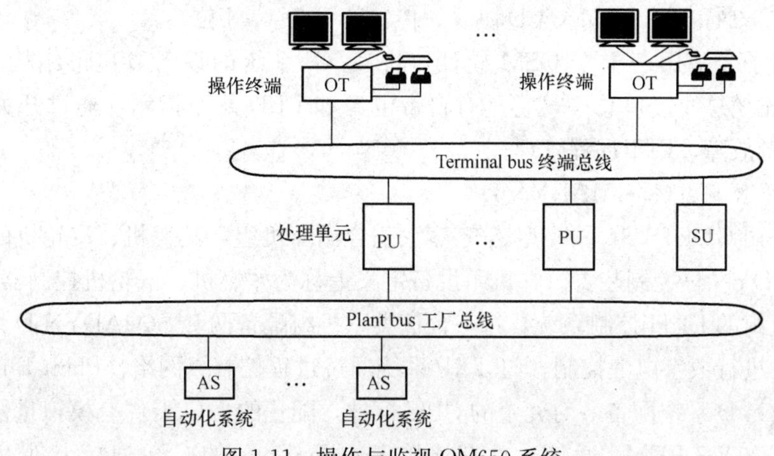

图 1-11 操作与监视 OM650 系统

配置，即每台 PU 均有热备用。它们同时运行相同的程序，执行相同的任务，区别仅在于在线 PU 有输出，而热备用 PU 无输出，在线与备用 PU 之间进行数据动态更新。

SU 为服务单元，主要有组态数据库和历史数据库，负责过程信息机过程管理，如报表、曲线、棒状图等历史信息的计算、处理、显示及打印。同样，SU 也实行 1∶1 的冗余。为了长期存档，另配置一台可读写磁光驱 MOD，可对历年的数据进行存档及查阅。

OT 为操作员站，主要负责人机接口。操作员通过 OT 对生产过程进行监视控制，每台 OT 与具体的 PU 或 SU 不发生直接指派关系，在 OT 上可以对所有功能区或对象进行监控操作。

终端总线是链接 OM650 的 PU、SU 及 OT 的高速数据总线，它不仅使 OT 在物理上脱离了 PU 或 SU，还减轻了 PU 及 SU 的负荷。所有用户画面及系统画面都存储在 OT 中，调用画面时，终端总线只传递动态过程信息。终端总线分解了 PU 和 SU 的功能，使 PU 专用于局部区域的过程控制任务，加快了控制速度，提高了系统对现场的响应能力。与电厂总线一样，终端总线也是冗余工业以太光缆总线。

5. 工程设计 ES 680 系统

ES 680 工程设计系统是一个由数据库支持的全图形系统。采用国际上成熟的标准化软件，如 UNIX 和关系数据库。为了使控制系统的操作快速、安全、方便，采用了统一的现代化的图形系统 OSF-MOTIF 和用户接口 X/Windows。

ES 680 工程设计系统为高性能系统，是该 DCS 系统各个子系统的设计接口，可为各个子系统组态，包括总线系统。除了在设计调试阶段使用，还应用于系统的运行优化和扩展阶段，保证了工程设计和系统维护阶段数据的统一性。该工程设计系统为图形界面，无需编程语言。自动生成代码及自动下载代码。系统不仅可以利用 OM650 进行故障分析，还可以利用 ES680 进行系统故障跟踪分析。

6. 总线系统 SINEC H1 FO

SINEC 总线系统担负 DCS 各子系统间的通信任务，以及与其他外部系统的通信。与外部系统通信采用基于 ISO/OSI 的七层结构建立起来的国际标准通信协议。总线系统由工厂总线和终端总线组成。工厂总线用于 AS 620、OM 650 和 ES 680 之间的通信。终端总线用于 PU、SU、OT 和 ES 之间的通信。该总线结构是通过使用光缆的局域以太网建立起来的，采用 IEEE 802.3 标准的 CSMA/CD 协议。传输速率为 10M 位/s。

通常西门子会采用若干个 OSM 模件，将 T-XP 系统的设备以星形结构连接在一起。OSM 模件为光缆总线接口总站，它具有自带电源和 LED 诊断指示，通过开关量信号报告 OSM 状况或者故障，用于远程管理。

（二）透平控制系统 SIMADYN D

西门子公司 GUD1S. 94. 3A 型燃气-蒸汽联合循环机组，其燃机、汽轮机的控制系统都是采用 SIMADYN D 控制装置。在机组设备定义上称为“燃机、汽轮机控制器”。它的作用类似于燃煤机组的 DEH 控制系统，每一台该类型机组配备两套 SIMADYN D 系统，分别对燃机及汽轮机进行数字电液控制，与 TXP 系统通过过程控制级网络（Plant Bus）通信。

SIMADYN D 系统配备一对冗余的 CPU 模件，配置的 I/O 卡件有模拟量及开关量采集卡 EM11 卡、ADD7-FEM，通信卡件有连接 Profibus bus 的 CS7 通信卡件、连接 SINEC

H1总线的CSH11卡件，这些卡件和CPU一样都是冗余配置。正常工作时，主控制器运行，副控制器处于备用状态，但一样采集I/O信号并进行运算，主控制器故障后自动切换至副控制器工作，主/副控制器之间的冗余靠CS11、CS12通信卡配对完成。

SIMADYN D系统组态不同于TXP系统，它必须使用PG机工作站，一种类似于笔记本电脑的装置。通过数据线与SIMADYN D系统CPU的COM端口相连接，进行相应的组态和数据读取。目前所使用的PG机工作站有两种型号，一种是PG740，一种是FIELD PG，这两种PG机都由西门子公司随机组控制系统一同配套供货。

PG机一般安装两个操作系统，一个是SCO-UNIX，一个是WINDOWS 98。对应操作系统安装两种应用软件，一种是STRUC G V4.2.7A，一种是IBS。进入SCO-UNIX系统，使用STRUC G V4.2.7A软件进行相应的硬件设置及逻辑控制宏的定义，然后产生代码并传送至Flash卡，Flash卡需插在CPU中。通过windows 98进入IBS模式，可以在线读取或强制各逻辑块端口参数，机组正常运行期间，一般较多使用IBS应用程序，用以分析、判断机组运行参数及情况。

1. SIMADYN D燃机控制器

燃机控制器主要控制功能有燃机排气温度控制、启动控制、燃料控制、负荷限制控制、超速控制、压气机进口压力控制等。根据不同的运行阶段输出燃料供给基准，通过燃料基准的改变，控制机组的转速与负荷。通过改变压气机进口可转导叶，控制汽轮机排气温度以及防止压气机喘振。

控制器就地控制主要设备是燃机液压系统，由液压供油系统、液压伺服系统、跳闸电磁阀等组件构成。液压伺服系统中，有一套两位操作型伺服机构（即控制天然气紧急切断阀），三套连续操作型伺服机构，分别为天然气先导控制阀、扩散控制阀、预混控制阀。

（1）基本控制功能项目。燃机控制回路主要有转速控制、负荷控制、出口温度控制、燃机冷却空气流量控制、氢气温度控制和发电机定子水温控制。

（2）主要完成控制任务。

燃机低应力启动和停机；

速度/负荷控制；

极限负荷控制；

排气温度控制；

压气机压力比极限值控制；

冷却空气极限值控制；

进口导叶温度控制；

压气机进口导叶位置控制；

同期并网；

燃机加负荷；

一次调频；

防止压气机过载；

阀门开度控制；

甩负荷；

蜂鸣（振动）检测及保护；

自动调整故障和异常工况；

控制燃烧运行模式（扩散燃烧、混合燃烧、预混燃烧运行）；

余热锅炉吹扫；

压气机清洗控制；

燃机各系统顺序启停；

故障保护。

2. SIMADYN D汽轮机控制器

汽轮机控制器控制从高、中、低压调节阀进入汽轮机的蒸汽流量。根据运行要求，调节各运行阶段需要调整的变量，这些变量是汽轮机转速，汽轮机进汽量，高、中、低压蒸汽压力。同时执行下述特定的任务：

用转速调节器从汽轮机的盘车速度开始控制汽轮机的启动；

监测汽轮机的热应力并防止汽轮机在临界转速范围内停留；

汽轮机转速与燃气轮机匹配；

用进汽调节器从无负荷状态开始对汽轮机加载，同时采取许可的加载速率；

当锅炉故障或超过了负荷指令，通过极限压力调节器节流汽轮机的进汽量；

进汽调节至滑压控制的转换（负荷根据滑压运行）；

在甩负荷工况下，控制汽轮机转速低于超速跳闸设定点，防止汽轮机超速。

（三）透平保护系统S5-95F

西门子公司GUD1S. 94. 3A型燃气-蒸汽联合循环机组配备两套S5-95F系统，即燃机、汽轮机危急遮断保护装置。它接收来自机组TSI系统信号和燃机、汽轮发电机组其他报警或停机信号，进行逻辑处理判断后，输出灯光报警信号和燃机、汽轮机危急遮断信号。

S5-95F就是西门子公司的S5系列可编程控制器（S5-PLC），一套故障安全型PLC系统包括两个基本单元A、B。两个基本单元用光纤连接进行通信，同时也可连接扩展I/O部分。A、B两基本单元在逻辑上实现两重冗余功能，所有的I/O信号都同时进入A、B基本单元，两个基本单元同时运行。S5-95F的两个基本单元提供了多种输入输出通道，这些输入输出通道称为主板输入输出。可根据需要扩展故障安全型I/O与S5-100U的I/O。

为了访问这些输入输出端口，必须给这些I/O指定相应的地址。主板上的I/O地址是固定不变的，扩展I/O地址是根据插槽而定的。当把一个扩展I/O插入总线单元的插槽时，该I/O模件便立即由系统分配一个固定的插槽号与位地址。

S5-95F的组态及信号读取，也需要使用PG机工作站，使用的应用软件为STEP 5 (7.1)，通过联机可以看到个逻辑支路信号的状态，信号为“1”，则逻辑支路显示绿色，信号为“0”，则逻辑支路显示白色，从PG机上可以一目了然地看到各信号的状态，逻辑触发变化，比较直观。

（四）燃气-蒸汽联合循环控制系统

西门子公司提供的燃气-蒸汽联合循环电厂控制系统，采用通用的DCS平台，即Teleperm XP系统（TXP）。联合循环电厂余热部分DCS包括余热锅炉（HRSG）、辅助工艺系统（BOP）的控制系统，也采用 Teleperm XP 系统配置。全厂控制系统网络结构简洁，技术难度和备件一致。其全厂一体化控制系统总貌如图 1-12 所示。

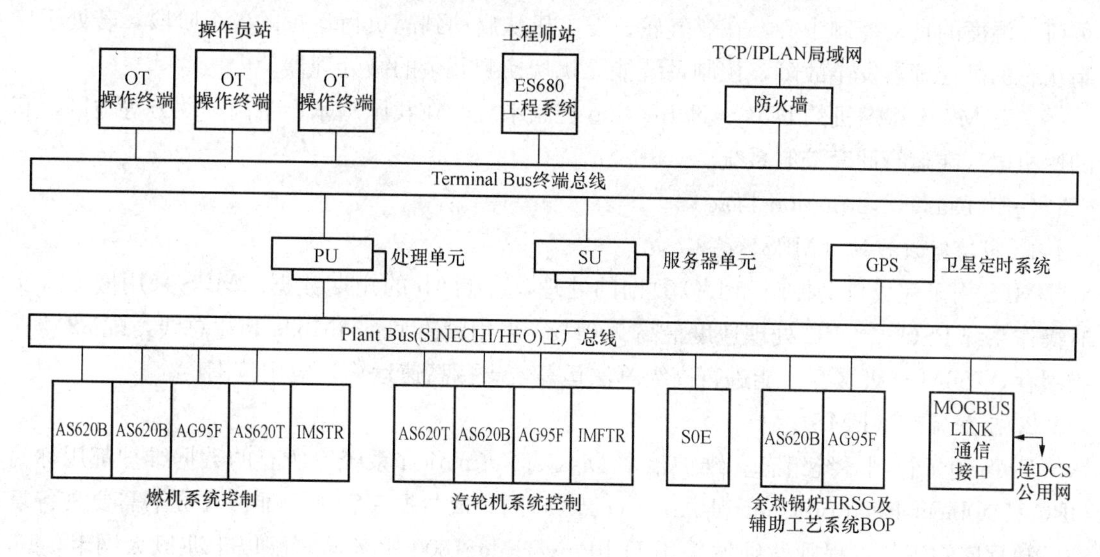

图 1-12　西门子公司 Teleperm XP 联合循环集成系统总貌

主控制系统中 PU 为处理单元（Processing Unit），SU 为服务器单元（Server Unit），一般控制采用 AS620B 基本型控制系统。燃机和汽轮机都采用 AS620T 透平控制系统，AS620T 也就是 SIMADYN D 系统，需要采用 PG 机单独组态，它由冗余的透平自动处理器 APT 和专用模件 SIM-T 组成，通过双通道结构实现两个相同闭环控制器以主从方式同时运行，既保证快速响应又保证透平控制的高可靠性。

联合循环一体化控制系统增加了特殊控制功能单元，即 IGV 控制装置、燃烧室翁鸣（振动）分析装置、机械保护系统 MPS 等自动装置。MPS 用于燃机、汽轮机主轴和壳体机械状态参数监测，具有热应力检测计算和寿命消耗管理等 TDM 功能，该系统采用 Vibro-Meter 公司的 VM600 系列产品。

透平跳闸保护系统设计采用 S5-95F 故障安全型控制系统，它在 AP 控制器下用两对 AG95F 故障安全型控制模块，组成二取二比较故障安全可靠回路，如图 1-13 所示。这一设计符合德国国家标准要求。

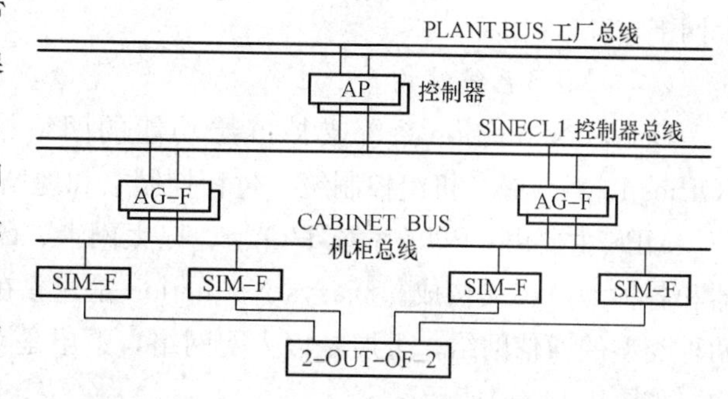

图 1-13　TXP 系统故障安全型二取二比较原理

西门子公司设计的燃气-蒸汽联合循环机组控制系统，不需要设置就地控制室或就地操作员站，采用自动启停程序，在不多于 2 个断点的情况下实现燃机、汽轮机的自动启停操作。

三、三菱公司燃机控制系统

三菱公司 M701F 燃机采用三菱重工的 Diasys Netmation 控制系统，是 Disays 系列的第三代过程控制系统。M701F 燃机控制主要由燃机控制系统 TCS、燃机保护系统 TPS 和高级燃烧压力波动监视系统 ACPFM 三大块组成。

M701F 燃气轮机控制系统的微处理器是基于数字控制器的双冗余系统，是燃机速度、负荷、温度的自动控制中心。在燃气轮机发电机从启动到满负荷运行的各个阶段，若处于控制状态的微处理器发生故障，控制系统能无扰切换到冗余的微处理器。

三菱 M701 型燃机的 Diasys Netmation 控制系统，在我国广东、番禺和北方等地区，有的燃机电厂在运行此套控制系统。

（一）Diasys Netmation 构成

1. 多功能过程站（MPS）

MPS 用于完成自动控制和 I/O 数据的处理，存储 1h 的短期数据。MPS 采用嵌入式实时操作系统 PSOS，CPU 处理速度最高 700Hz，采用紧凑型 133Mb/s PCI 总线，配 32M 一级缓存，256M 二级缓存，能进行高级算法运算，支持高速运算，应用范围广。

2. 工程师站（EMS）

EMS 用于控制系统组态和维护整个 Disays Netmation 系统。所有的数据维护都用称为 ORCA（Object Relation Control Architecture）的集成数据库管理，维护人员不需要具备复杂的数据库知识。工程师站硬件采用 DellPowerEdge1800 服务器，配以千兆以太网卡，1G 内存。EMS 软件采用 DIASYS-ⅠDOL^{++}，包含组态工具（FLIPPER）、画面组态工具（MARLIN）、文档组态（CORAL）和操作面板组态工具（SCALLOP）。

3. 操作员站（OPS）

OPS 是用于监控和操作电厂设备的人机接口，它采用基于 Windows 系统的 WSM（Work Space Manager）软件，使得操作员监控设备运行很容易。操作员站硬件采用 Dell Power Edge1800 服务器，用以实现生产过程画面及实时数据显示、操作窗口显示及实时操作、实时及历史趋势显示、报警显示、报表制作及显示和事故追忆等功能。

4. 历史数据站（ACS）

ACS 能周期性地实时采集 MPS 中的数据，并存储、管理大量的历史数据和外部设备如打印机等。ACS 也起着服务器的作业，硬件采用 Dell Power Edge1800 服务器，配以千兆以太网卡，1.5G 内存。

（二）MPS 系统结构

Diasys Netmation 系统支持五层功能的网络结构，分别是 Internet 级、办公局域网（Office LAN）级、机组控制级、过程控制级和现场控制级。

MPS 主要由 CPU、系统 I/O 卡、以太网卡、Control Net 卡、Control Net 网络、适配器和各种 I/O 模块构成。Diasys Netmation 是建立在以太网基础上的分散控制系统，它包括两种类型的通信网络，上层是以太网网络，下层是 Control Net 网络，采用双冗余总线型架构，如图 1-14 (a)所示。

以太网用于 MPS 和 OPS、EMS、ACS 之间的通信，MPS 的 CPU 通过 C-PCI 总线与以太网卡相连，再与 OPS、EMS 和 ACS 进行数据交换。Control Net 网络用于 MPS 内部网络的连接，MPS 的 CPU 通过和 ControlNet 卡相连，与 I/O 模块通信。实时数据采用双冗余网络结构，包括 P 通道和 Q 通道，P、Q 通道以总线式网络拓扑结构连接各站，实现各站间的数据共享。

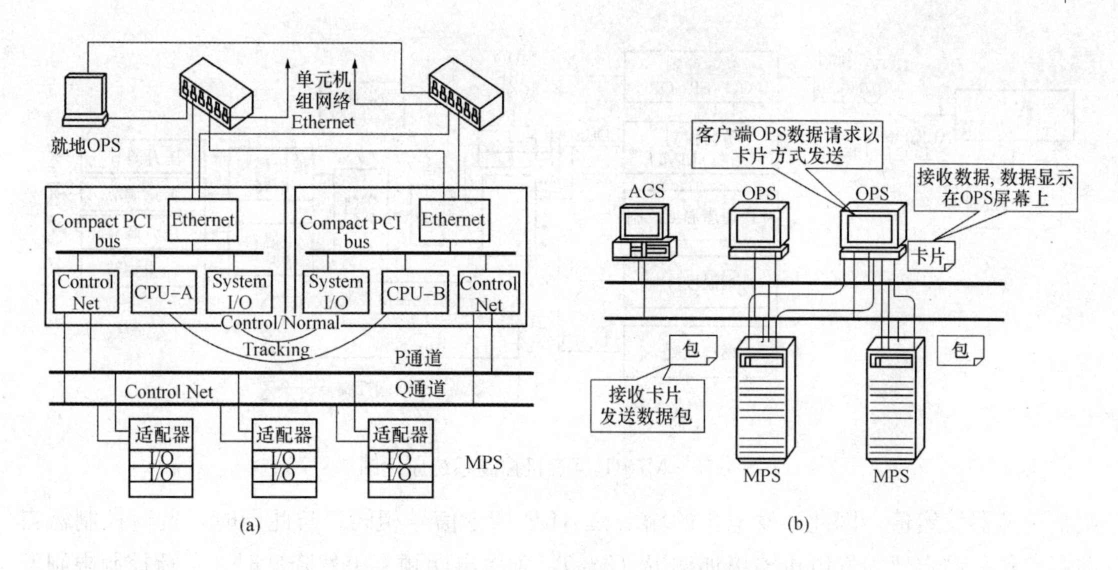

图 1-14　MPS 系统结构和数据通信系统图

（三）Diasys Netmation 系统通信

1. MHI CARD 通信系统

MHI CARD（Agent-oriented communication architecture）通信系统是一种通信协议，通过 Internet 或者 Internet 给 Diasys Netmation 提供了高效的通信手段。它用于通过单元网络交换过程数据和使用 Browser OPS 通过 Internet 或者 Intranet 交换数据。由于它使用微软 DCOM 组件技术和标准的 TCP/UDP/IP 通信协议，任何时候可从任何地点获取需要的数据。由于通信负荷低，使得它支持远程监控效果很好。

2. MHI CARD 通信系统协议

MHI CARD 系统通信协议数据传递过程如图 1-14 (b)所示。MHI CARD 系统使用两种分别称为卡片和包的信息包进行通信。

任何时候客户端 OPS 发送数据请求，MHI 卡片写入数据请求指令，通过网络进行广播。数据请求指令卡片通过机组网络、Internet 或 Intranet 被 MPS 获取。MPS 生成一个包含所请求数据的包，并通过网络以广播方式响应，显示在客户端 OPS 的屏幕上。由于传输的仅是所请求的数据，因此网络上的负荷可以保持到最小。

（四）M701F 燃机控制功能

三菱 M701F 燃机的主要控制功能与西门子 V94.3 燃机基本相同，其 TCS 燃机控制系统具有如下控制功能：负荷自动调节（ALR）、速度控制、负荷控制、温度控制、燃料限制控制、燃料分配控制、燃料压力控制、燃气温度控制、进口导叶控制和燃烧室旁路阀控制及 RUNBACK控制等。M701F 型燃机控制系统原理图，见图 1-15。

1. 负荷自动调节（ALR）

在负荷自动调节 ALR 的 ON 模式下，燃气轮机控制器自动改变调速器设定值或负荷设定值，运行方式选调速器控制或者负荷控制。

（1）调速器控制模式。

当选择 ALR 的 ON 和调速器模式时，燃气轮机控制器接收 ALR 指令信号，并且自动

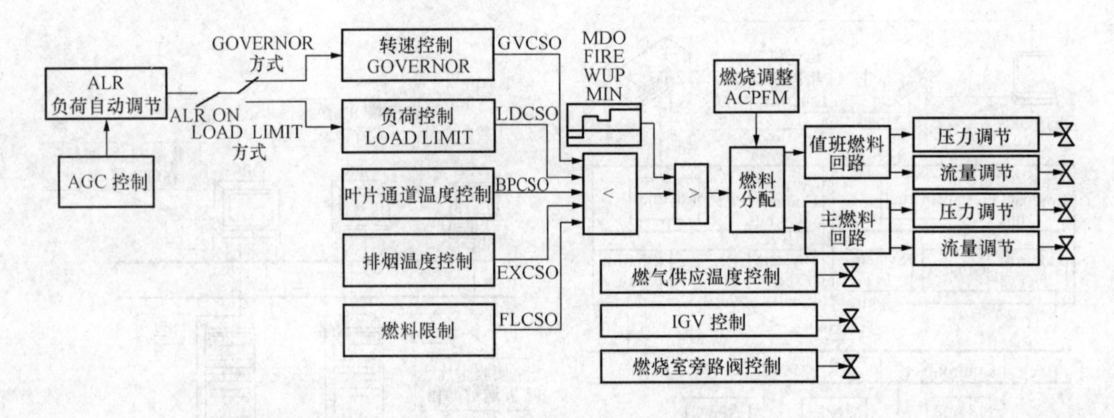

图 1-15　M701F 型燃机控制系统原理图

调整调速器设定值，因此，发电机的输出和 ALR 指令信号相同。与此同时，负荷控制器自动调整负荷设定值为发电机输出加偏置（5%），确保电网频率突然降低时，负荷控制限制发电机输出的速度增加。

（2）负荷控制模式。当选择 ALR 的 ON 和负荷控制模式时，燃气轮机控制器接收 ALR 指令信号，并且自动调整负荷设定值，因此，发电机的输出和 ALR 指令信号相同。与此同时，调速器控制器自动调整调速器设定值，以使调速器控制信号输出等于控制信号输出加偏置值 5%。

2. 速度控制

速度控制用于发电机同期调节和发电机并网前空载的转速控制。转速基准信号可通过手动增减转速或同期装置来调整。在升速和升负荷阶段，通过自动同期或手动按钮来改变基准值。在带负荷情况下选择调速器控制模式时，如果选择 ALR ON 运行模式，速度基准信号（SPREF）将根据来自 DCS 的 ALR 负荷设定指令信号来改变；如果选择 ALR OFF 运行模式，速度基准信号将根据操作员的手动增减指令而改变。速度控制功能比较实际的发电机转速和 SPREF，经 PI 计算后输出负荷控制信号输出 LDCSO。

3. 温度控制

温度控制用于防止过高的透平进气温度。M701F 的温度控制分为两类：叶片通道温度控制和排气温度控制。M701F 燃气轮机设置了 BPT 和 EXT 两组温度测点，叶片通道温度测点 20 个和排气温度测点 6 个，都是环型均匀布置，这样就提高了测量和控制的可靠性。

4. 燃料压力控制

M701F 燃机压力控制的目的是根据 CSO 的变化，保持值班燃料流量控制阀和主燃料流量控制阀前后差压的稳定，进而调整燃料总流量。气体燃料流量控制由值班流量控制阀和主流量控制阀分别根据 MFMCSO 和 MFPLCSO 来实现。由于压力控制阀前后差压为一个定值，气体燃料流量与流量调节阀的开度就成正比，通过控制气体燃料流量调节阀的开度来控制流量，压力控制阀则通过 PI 控制方式对差压进行控制。

5. 负荷控制

负荷控制信号适用于带负荷运行工况下的负荷控制。若在带负荷工况下选择了 ALR ON 模式，负荷基准（LDREF）自动根据 ALR 指令信号改变。若 ALR 运行模式为 OFF 并

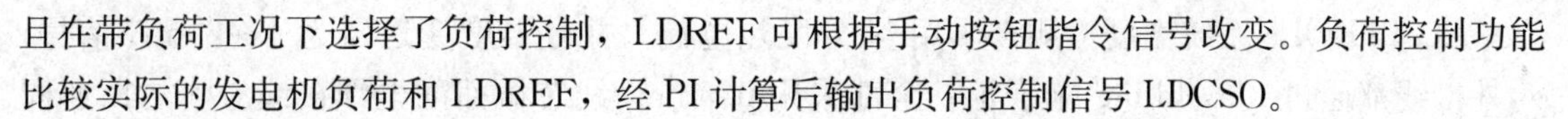

且在带负荷工况下选择了负荷控制，LDREF可根据手动按钮指令信号改变。负荷控制功能比较实际的发电机负荷和LDREF，经PI计算后输出负荷控制信号LDCSO。

6. 进口导叶控制

在启动期间，通过控制进口导叶IGV角度，能有效防止燃机喘振，IGV在部分负荷运行时保持关到最小开度（空气流量约70%），随着燃气轮机负荷的增加开度逐渐增大，目的是为了提高排烟温度，获得较高的热效率。IGV开度是根据预设的排气温度进行控制的，其开度的大小直接影响着排气温度，进而影响热通道部件的寿命。

7. 燃烧室旁路阀控制

燃烧室旁路阀调整燃烧室的空气流量，目的是保证燃烧过程中火焰的稳定。因此，燃烧室旁路阀能调整燃料/空气比。燃烧室旁路阀控制信号输出BYCSO，由发电机输出函数、燃烧室壳体压力、压气机入口温度和速度决定。BYCSO控制燃烧室旁路阀的位置进而影响排气温度和叶片通道温度。

8. RUNBACK控制

为了保护燃烧器不受损坏，在出现下列情况时M701F燃机将快速减负荷：燃烧压力波动大；叶片通道温度偏差大；叶片通道温度趋势变化大；发电机绕组温度高；燃气压力低；燃气温度异常。

（五）TPS系统和ACPFM系统

1. TPS保护系统

三菱M701F型燃机保护系统TPS，主要包括超速、超温、振动大、灭火、燃烧监测、润滑油压低、润滑油温度高、凝汽器真空低、DCS硬件故障等保护功能。每台机组配有2套TPS系统，每套TPS系统配双冗余CPU。保护系统是独立于控制系统的，在控制系统故障或失效的情况下仍可安全停机。保护的关键参数和保护模块采用三重冗余结构，控制逻辑为3取2表决，保护停机信号输出后通过切断燃气轮机进气阀达到安全停机。每套保护系统到跳机电磁阀的输出DO都是冗余的。

2. ACPFM燃烧状态监测系统

M701F燃机有20个燃烧室，为了监测燃烧室燃烧情况，M701F燃机装有20个燃烧室压力波动速度传感器（每个燃烧室一个）和4个燃烧室压力波动加速度传感器（3、8、13和18号燃烧室），传感器测得的信号经过傅里叶变换送到ACPFM系统进行控制。ACPFM可对燃烧室燃烧状况数据采集和分析，并对燃烧状况进行动态修正。燃烧室出现燃烧状况异常时，ACPFM系统会发出报警或向TPS系统发出跳机指令。

四、法国阿尔斯通燃机控制系统

法国阿尔斯通（ALSTOM）公司提供的机岛控制系统，分别是EGATROL8（专用于燃机控制）和TURBOTROL，它们都是基于ABB公司ADVANT分散控制系统的专用装置，系统可用率承诺达99.9%，其系统总貌如图1-16所示。

燃机-汽轮机启动可以完全自动，也可以人工设定执行程序步（断点）。若中央控制室相距较远，还可以设置就地操作员站。汽轮机具有热应力检测和限制，燃机没有热应力检测计算，但有运行数据计算器软件ODC，可以等效计算出寿命消耗。TSI和TDM采用本特利(Bently)公司产品。

EGATROL8系统温度检测都采用N分度热电偶，并且温度变送器为4～20mA信号，对外接线都通过Marshlling端子柜，全部采用0.5mm^{2}线芯截面的电缆接线。阿尔斯通同样可以提供燃气-蒸汽联合循环电厂一体化控制系统。

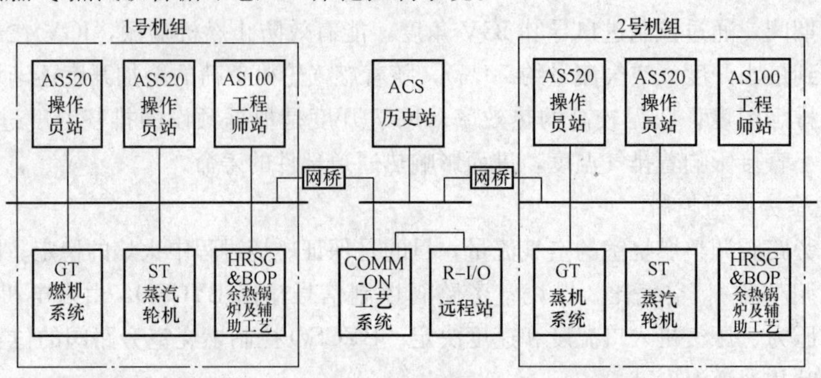

图1-16　EGATROL8燃气-蒸汽联合循环电厂一体化控制系统总貌

五、燃机控制系统技术数据

1. 控制系统整体结构

综上所述，燃机控制系统均采用微处理器为基础的分散控制系统，通信网络采用多层架构，通信速率为10～100Mb的以太网，机组测控系统与保护系统分别设置，机组的轴系测控均采用专业公司提供的产品，使用了各具特色的自动装置和远程I/O单元。有的控制系统可以通过采集数据和专业软件，直接进行设备应力计算和故障诊断，进行寿命损耗管理。

2. 系统可靠性

各家控制系统的电源、总线、控制器、重要模件等都采用了冗余措施，包括对重要信号的三重冗余采集处理。GE公司的MARK-Ⅵ系统控制器采用三冗余配置，专业性、可靠性相对较强。这些控制系统可以图形组态、在线维护，透平保护设计为故障安全型，控制系统的平均无故障时间均能够满足机组要求。

3. 系统功能

控制系统首先必须满足燃气轮机机组自身的控制需求，在此基础上配置成为燃气-蒸汽联合循环机组控制系统，系统功能包括采集、控制、顺控、报警和保护等，都具有自动启动/停止顺序功能，都具有汽轮机热应力计算回路。GE的系统还具有燃机热应力计算。三菱和阿尔斯通没有燃机热应力检测，但通过运行数据可以计算出寿命消耗。

4. 远程测控功能

远程I/O功能是指通过总线将I/O接口延伸到现场，使得数据采集在现场完成，大大节约了信号电缆，增加了可靠性和可维护性。GE和ALSTOM在现场要设置电子设备间，三菱提供有现场集装式电子设备小室，西门子采用ET200远程机柜放置在现场动力控制中心。

5. 自动装置

在各家燃机控制系统中，均保留了少量专用自动装置，自成体系，与DCS系统紧密相连。最为典型的是透平转速调节装置DEH。这些自动装置均具有智能化专家系统特征，成熟的算法是特殊的硬件指标，其独特算法和功能指标不能被 DCS 所替代。一般自动装置具有多路输入输出通道，独立的智能 CPU 和人机界面，与主控制系统通信连接。例如，各家的 DEH 装置、保护装置、西门子的 Argus 装置、三菱公司的 ACPFM 燃烧状态监测系统。

随着科学技术进步，DCS 硬件指标大幅提升，控制算法被人们逐步诠释，就如同早年的单回路调节仪表一样，这些自动装置终将会被溶入大型自动化系统中。另一类自动装置将会逐步走向现场仪表，具有现场总线的智能化特征。

6. 系统扩展能力

DCS 系统本身具备积木块拼搭扩展功能。一般网络架构采用以太网为控制系统骨干网络，可以不断扩展。这些控制系统具备较强的第三方通信接口，可以方便地接入第三方仪器仪表。

在燃气轮机控制基础上，可以扩展成多机联合循环控制系统，构成全厂一体化的自动化控制系统。GE 的 MARK-Ⅵ是三冗余控制器系统，也可以用于 ICS 全厂一体化集成控制方案。

7. 控制系统技术指标比较

这里，我们将国际上四个典型燃气轮机制造企业，为燃气轮机配套的控制系统技术参数列表对比，如表 1-3 所示。可以看出，燃气轮机自动控制已经全部采用分散式控制系统 DCS 技术，以 DCS 为骨干网络，配置智能专用自动装置、一次仪器仪表、远程测控装置。

表 1-3　　燃气轮机控制系统技术参数对比表

系统功能	美国通用电气（GE）	德国西门子（SIEMENS）	日本三菱（MITSUBISH）	法国阿尔斯通（ALSTOM）
控制系统名称	MARK-Ⅵ	Teleperm XP	DIASYS	EGATROL 8
控制系统特征和指标				
操作员站	HMI	UNIX-PC	OPS	AS520
工程师站	HMI	ES680	DIASYS-ⅠDOL	AS100
历史存储站	一对带 MOD（CDRW）的 SU	数据在 SU 中	用 HMI 实现	专用 ACS
通信总线	UNIT DATA HIHGWAY	SIMATIC NET、PROFIBUS DP、SINEC L1 BUS	以太网	MASTERBUS 300
操作系统	WINDOWS NT	UNIX	PSOS	OSF/Motif
对外接口	ETHERNET TCP-ⅠP GSM	MODBUS	100Mb 以太网	MODBUS
控制器	<R>、<S>、<T>	AP、AP-T	MPS 控制站	AC450，AC160
字长（位）	32	32	32	32
主频（MHz）	850	32	>32	>32
内存（M）	32	128	>128	>128
模拟量周期（ms）	<250	<400	<250	<250
开关量周期（ms）	<125	<160	50～125	50～125

续表

系统功能	美国通用电气（GE）	德国西门子（SIEMENS）	日本三菱（MITSUBISH）	法国阿尔斯通（ALSTOM）
可用率	基本达100%	＞99.9%	＞99.9%	＞99.9%
I/O输入输出通道				
4～20mA输入	20点	8点	8点	16点
TC输入	24点	4点	5点	用温度变送器
RTD输入	16点	2点	7点	用温度变送器
4～20mA输出	4点	4点	8点	16点
DI输入	48点	16点	16点	32点
DO输出	24点	16点	16点	32点
A/D配置	每AI模件一个	一对一	八对一	每AI模件一个
D/A配置	每AO模件一个	一对一	一对一	每AO模件一个
SOE速度（ms）	1	1	1	1
火焰探测	紫外型	紫外型	紫外型	红外型
通道故障诊断	卡件级、通道级	卡件级、通道级	卡件级、通道级	卡件级
智能自动装置				
DEH装置	含在MARK-Ⅵ	SIMADYN D	专用模件	专用模件
燃烧状态监测	软件算法	Argus	ACPFM	不详
紧急保护装置	三冗余保护模件	S5-95F、AG95F	继电器硬接线	继电器硬接线
TSI监测装置	Bently	VM600	Bently	Bently
TDM功能	System 1	WIN-TS	Bently	Bently
远程I/O装置	I/O端子板	ET200	不详	不详
轴系一次仪表测点				
振动	有	有	无绝对振动	有
膨胀	有	无	有	有
偏心度	有	为计算值	有	无
轴向位移	有	有	有	有
辅助部分				
室内机柜防护	IP10	IP20	IP42	IP21
室内机柜防护	IP65	IP54	IP65	IP65
通信电缆	专配	专配	专配	专配

注 TDM有两种解释：①Turbine diagnostic management system 透平诊断管理系统；②Transient data management system 瞬态数据管理系统。

采用先进的、可靠的、分散式控制系统技术，已成为燃机领域发展趋势。随着计算机、高速网络、智能模件、远程I/O、自动装置、监控软件、组态软件、高级算法等技术不断发展，燃气轮机控制系统也会不断升级换代，专用智能自动装置功能将会更加完善，也会以更加合理的方式融合在控制系统中，逐步走向现场总线和控制系统总集成的分散式智能化格局。

第四节 燃机功率和频率控制

电力系统运行的主要任务之一，就是监视和控制电网的频率。燃气轮机发电机组的一次调频功能对维持电网频率稳定至关重要。它与普通火力发电机组一次调频功能类似，当电网频率偏离额定值时，发电机组控制系统自动调整该电网的各个发电机机组有功功率的增加（频率下降时），或各个发电机机组有功功率的减小（频率升高时），从而使发电机组改变有功功率来弥补电网频率的变化，共同为电网频率的稳定作出贡献。

1. 燃机的一次调频功能

发电机组一次调频功能是本身应该具备的功能。对于并网运行机组来说，一次调频功能是很重要的，一次调频贡献率是由机组特定的调节特性决定的，一般无法人为干预。

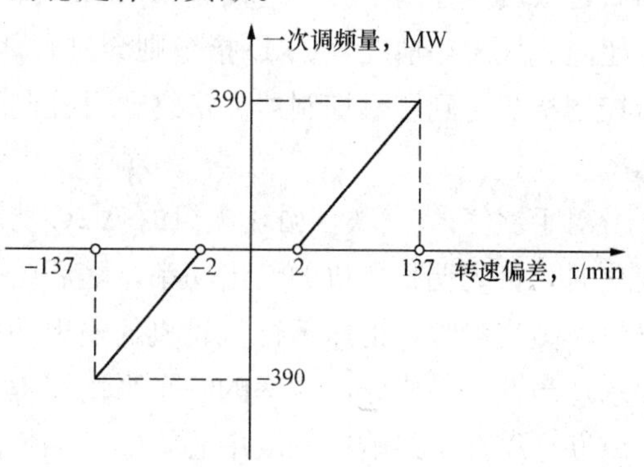

图 1-17 西门子燃机一次调频曲线

每台发电机组并网之后，机组的频率时刻与电网频率同步，发电机组负荷不等率特性决定机组承担的发电负荷大小，如图 1-17 所示。当发电机组为调频之需把负荷调整到基本负荷后，就无力继续为电网提供出力了。所以，为了参与电网的一次调频，在正常情况下机组必须留有备用负荷量；但是也不能过低，以免预混燃烧模式发生切换，不仅严重降低机组效率还将影响高温部件的使用寿命。

以西门子天然气燃机发电机组为例，其一次调频负荷计算偏差量在 GT SIMADYN D 算法中完成。负荷偏差量直接参与天然气调节阀门的控制，使得机组尽早参与快速响应负荷变化需求。同时将负荷偏差计算量送至 DCS 机组负荷控制单元，增加至 SIMADYN D 的 GT 负荷设定值。从而有效避免负荷被拉回，增加电网频差出现后的积分电量。

燃机一次调频中，负荷响应的特点是明确的，但是此作用亦不能过于强，因为负荷计算量的作用使燃机进气量快速增加，由于此时 IGV 的调节特性相对较慢，排气温度的增加会有一定的惯性，如果进气量突然加大，排气温度的上升也是必然的，排气温度的快速上升有导致机组跳闸的风险，因此需要确认相关的速率限制相关回路。在本机组中，一次调频回路中负荷变化速率限制值为 96MW/min，该整定值经过制造厂家的确认。

GT SIMADYN D 侧设置要保证顺利实现机组快速响应一次调频负荷的需要，设定转速与电网转速的偏差调整范围及一次调频曲线，如图 1-17 所示，逻辑中设置一次调频的限幅为±26MW，对应的最大转速偏差约为±11r/min。

注意 DCS 设置要有效避免一次调频响应被 CCS 调节指令消除，从而造成一次调频能力被削弱的情况，提高机组在一次调频动作时快速平稳过渡的能力。

2. 燃机的自动发电控制（AGC）

燃机自动发电控制（AGC，Automatic Generation Control ），是并网燃机发电厂对电网提供的有偿辅助服务之一，发电机组在规定的出力调整范围内，跟踪电力调度交易机构下发的指令，并且按照一定速率实时调整输出功率，以满足电力系统频率和联络线电功率的需求。燃气-蒸汽联合循环机组 AGC 控制原理与普通燃煤机组基本相同。

或者说，燃机自动发电控制（AGC）对电网部分机组出力进行二次调整，以满足用电负荷的需求；其基本功能为负荷频率控制（LFC）、经济调度控制（EDC）、备用容量监视（RM）、AGC 性能监视（AGC PM）和联络线偏差控制（TBC）等。以达到其基本的目标：保证发电输出功率与负荷平衡，保证系统频率的稳定使净区域联络线潮流与计划相等，最小区域化运行成本。

在 AGC 模式下，机组负荷管理中心接受电网调度的指令，经过本地负荷速率、区间限制后送入负荷控制中心，进而生成 ULD 指令（机组负荷指令）。如果机组状态异常，如发生超温、超压等情况，ULD 指令则会进行闭锁负荷的增减。从负荷控制中心给出的机组负荷控制指令送到燃机控制器。最终通过控制天然气阀门开度调整燃料流量满足发电机的输出功率要求。

对于燃气-蒸汽联合循环机组的 AGC 功能，负荷调节直接对象为燃机。当负荷需求发生变化时，首先调整燃机的输出功率，随后由于烟气流量及温度的变化，进而影响余热锅炉产气量及蒸汽参数，滑压运行汽轮机的输出功率也会逐渐发生变化。那么又需要根据总负荷的要求适当调整燃机输出功率的一个平衡过程。

联合循环机组响应调度中心 AGC 负荷指令，第一时段是燃机快速发出的电负荷，第二时段是蒸汽轮机发出的电负荷。虽然它响应调峰负荷会有大约 1/3 的汽轮机电负荷滞后20～60min（蒸汽轮机电负荷滞后原因是设备冷热状态不同），但是，它还是会比启动普通燃煤汽轮发电机组较为迅速。作为余热利用的电负荷属于环保电量，应该优先接入电网，同时机组的启停频度较高。一般电力调度与发电厂之间典型常用 AGC 交互信号表，如表 1-4 所示。

表 1-4　　电力调度与电厂之间的 AGC 交互信号表

序号	信号名称	序号	信号名称
1	机组实时有功	8	机组具备 AGC 控制条件
2	机组可调上限	9	机组处于 AGC 方式
3	机组可调下限	10	AGC 指令
4	机组负荷调节速率允许值	11	负控指令
5	机组接收 AGC 指令返回值	12	人工指令
6	机组有功高限越限告警	13	机组 AGC 实发指令
7	机组有功低限越限告警	14	备用

3. 燃机的自动调压控制（AVC）

自动电压无功调节（AVC，Automatic Voltage Control）控制，将发电机母线电压的调整由人工调整变成由远程调度自动调整。具有以下意义：

（1）提高稳定水平。网内电厂全部投入装置后，通过合理分配无功，可将系统电压和无功储备保持在较高的水平，从而大大提高电网安全稳定水平和机组运行稳定水平。

（2）改善电压质量。电压合格率得到大幅度提高。

(3) 消除了人为因素引起误调节的情况，有效降低了运行人员的工作强度。

AVC通过在发电侧增设一套电压无功自动调节系统，与调度中心共同组成AVC系统。主站和子站系统之间利用现有数据采集系统及数据通信网完成信息交换。发电侧AVC子站通过远动专线接收调度AVC主站发的电厂侧母线指令。中控单元在充分考虑各种约束条件后，计算出对应的控制脉冲宽度。以通信方式发送到AVC执行终端。由执行终端向励磁系统发出增减磁的命令（或输出至DCS），调节机组无功功率。

发电机无功功率与机端电压受其励磁电流的影响。当励磁电流发生改变时，发电机的无功输出与机端电压也随之增减，并通过机端变压器进一步影响到母线电压的高低。励磁电流的增减可通过改变励磁调节器（AVR）给定值实现。所以系统的无功电压控制通过励磁系统来实现。自动电压调控系统AVC是通过改变发电机AVR的给定值来改变机端电压和发电机输出无功的。

为确保机组运行的平稳和安全，AVC采取了几道预防措施。当用于判别和限制的模拟量采样出现错误时，AVC将保持当前目标值并自动退出运行，发出警告信号，在处理后可以人工再次投入。当新的指令值超出AVC调整范围或者与当前目标值比较的结果出现较大波动时，新的指令值将不被接受，仍将保持原目标值不变。

此外，AVC程序可以通过软件开关实现“投入”和“退出”的操作。为便于调试，还设置有控制最终输出到调节级的硬操作“投入”和“退出”开关。

AVC的详细功能可以参考本书第四章相关内容。

4. 燃机自动准同期和并网控制

众所周知，发电机准同期并列是电厂电力自动化的一项重要内容。在并网的瞬间，由于发电机和电网两个系统存在电压、频率、相位的偏差，将会引起冲击电流。这种冲击对发电机及电网系统都会产生危害。这些差值的大小也就决定了冲击和危害的大小。因此必须把偏差严格限制在允许范围内。

准同期并列就是为了减小并网时冲击电流所带来的危害采取的有效并网措施，自动合上并网断路器的并网方法称为自动准同期。为了控制的目的而规定了允许的偏差标准。达到准同期必须满足下列条件：

(1) 并网断路器两侧的相序相同；

(2) 并网断路器两侧的电压相等，最大允许相差在20%以内；

(3) 并网断路器两侧电压的相位角相同；

(4) 并网断路器两侧电源的频率相同，发电机比电网的频率高0.15Hz。

由上可知，理想情况下合闸瞬间两侧的电压差、相位差、频率差都为零，此时对发电机的冲击为零。如果并网时电压和频率存在差值就会导致两侧出现冲击电流。无论对系统侧或电网侧都将构成一定程度的冲击，当然两侧也都会有一定的冲击承受能力。因此，为了快速并网，缩短怠机时间，不必对压差和频差精确限制。同时频率差的存在也是相位角差为零的条件。如果相位角的差值偏大，并网的时候在机组的主轴将出现一个巨大的扭矩，强迫转子旋转一个角度。而且这个过程是瞬时完成的，所以对转子轴系及发电机的机械应力很大，可能导致破坏性的伤害。因此准同期系统的重要任务是确保相位差为零（接近零）时完成并网合闸动作。

燃机自动准同期条件准备和过程，与常规燃煤机组的情况类似，主要有：

（1）当燃机机组启动达到 3000r/min 保持相对稳定时；

（2）励磁系统投入；

（3）励磁调节器调节励磁电流满足发电机定子机端电压要求；

（4）燃机转速控制进行调速满足频率要求；

（5）同期系统再对并网两侧相位进行跟踪；

（6）定位同期点；

（7）计算导前时间。

自动准同期各项指标和条件均满足要求后，自动发出合闸指令完成并网操作。

第二章

燃气轮机主设备

燃气轮机热力循环，包括航空发动机同类型机组，属于热力学布雷顿（Brayton）循环原理。图 2-1 给出了燃气轮机热力过程流程图，图 2-2 给出燃气轮机热力学布雷顿循环原理图。图 2-1、图 2-2 上所示圆圈数字表示一一对应的热力过程状态点。

燃气轮机是一种高速回转动力机械，它将空气压缩后，在燃烧室中加入燃料燃烧产生高温燃气，继而在燃气透平中膨胀做功，将热能转换为机械能。它由压气机、燃烧室、透平、控制系统和基本的辅助设备组成。它的输出功用来驱动发电机、泵、压缩机、螺旋桨或车轮等负荷。

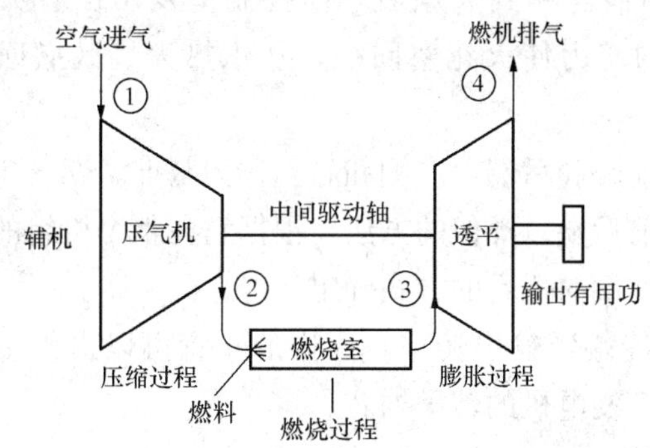

图 2-1　燃气轮机热力过程流程图

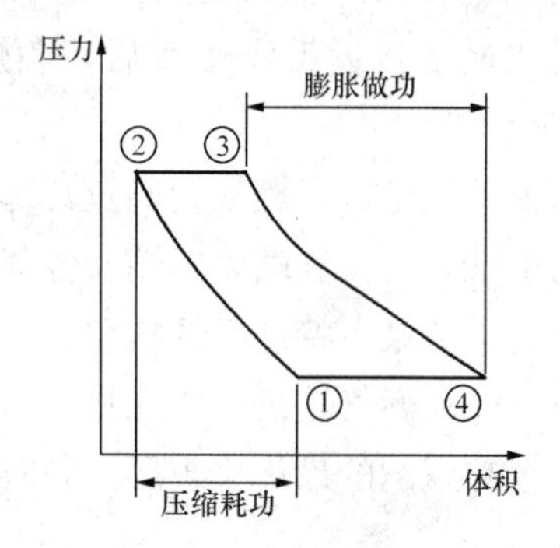

图 2-2　燃气轮机热力学布雷顿循环原理图

本章重点介绍用于拖动发电机的燃气轮机主设备装置，第三章我们还要学习维系燃气轮机热力循环的辅机 BOP 系统，这些都是学习燃气轮机控制系统与保护系统的基础知识，对被控对象的了解是掌握控制原理的必经之路。

GE 公司在 F 级燃气轮机的开发，将飞机发动机的先进技术和部件移植到工业和发电用的燃气轮机上，从而使其性能大幅度提高。例如，由于应用了飞机发动机的先进冷却技术和材料，使透平的进气温度提高了 167℃，使 PG9351FA 机组的燃气初温高达 1318℃。该机组是当今世界“F”级先进燃气轮机的主要代表性机组。下面以 F 级机组为例讲述燃气轮机主设备的结构。

图 2-3 为 GE 公司 PG9351FA 机组的纵剖面图。

来自压气机的压缩空气逆流进入布置在压气机排气缸外围的环状布置的 18 个干式低污染燃烧室（DLN）。在燃烧室内，燃料气经预混燃烧产生高温高压的燃气。高温高压的燃气流经过渡段后流入三级透平，发出功率，其中约 2/3 用于拖动压气机，1/3 作为负荷，拖动发电机。

其中有两个燃烧室装配有火花塞，有四只火焰监测器分布在四只燃烧室上，各个燃

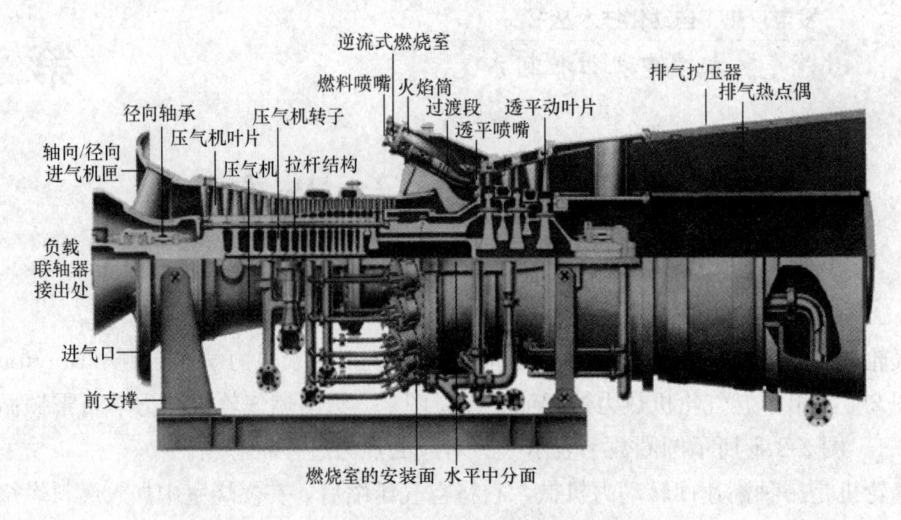

图 2-3　PG9351FA 机组的纵剖面图

烧室之间有联焰管相接。在装配有两个火花塞中的一个或两个燃烧室被点燃的瞬间，由联焰管将火焰传播到各燃烧室。当火焰监测器监测到火焰后，向控制室发出已着火的信号。在透平转子接近工作转速后，燃烧室的压力使火花塞回缩，从炽热火焰区撤回它们的电极。

按习惯的规定，以燃气轮机及其部件的前端和后端，左侧和右侧作为基准。燃气轮机的进气端为前端，而排气端为后端。各部件的前后端以类似的方法，根据它在整个机组的定向来确定。透平或某一特定部件的左、右侧按前端向后看的方式确定。

PG9351FA 燃气轮机在压气机端或称“冷端”输出功率。这样的布置可以提供轴向排气，简化余热锅炉的最优化布局。同时又便于发电机的转子抽芯。

第一节　压　气　机

做高速旋转运动的动叶片和固定在气缸上的静叶片是轴流式压气机的两个主要组成部件。在轴流式压气机中，气体工质是在圆柱形回转面上沿着轴线方向流动的。工质在动叶流道中获得从外界输入的机械功，转换成提供压缩空气所需的力，使气流加速，然后在扩压的静叶流道中，逐渐改变气流的流动方向，并使气流减速，由此达到增压的目的。一个动叶列加上位于其后的静叶列就组成压气机的一个级。多级压气机则是由许多个彼此串联在一起工作的级组合而成的。对于轴流式压气机来说，一个级的增压比只有 1.15～1.35，因而，轴流式压气机必然是多级的。

PG9351FA 机组的压气机是一台 18 级轴流式、压缩比 15.4∶1、空气质量流量为 623.7kg/s 的多级轴流式压气机。它由压气机转子和封闭的气缸组成。装在压气机气缸内的有进口可转导叶、十八级转子、静叶和两排出口导向叶栅。每相邻的动叶和静叶组成一级，在第一级前有一列进口可转导叶，头两级为跨音速级。压缩空气从压气机排气缸出来进入燃烧室。从压气机级间抽出的空气用作透平喷嘴、轮间或轴承的冷却和密封空气用，在启动过程中抽气可以防止压气机喘振。

一、压气机转子

压气机转子是一个由16个叶轮、2个端轴和叶轮组件、拉杆螺栓和转子动叶组成的组件。图2-4为压气机转子分解图。

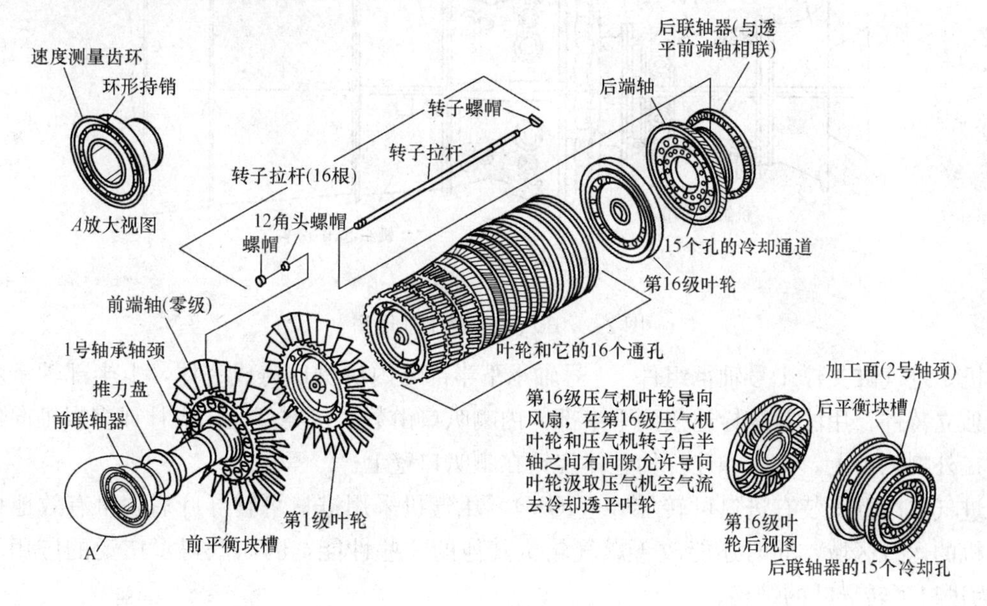

图2-4　压气机转子分解图

压气机转子前端轴装有零级动叶片，后端轴装有第17级动叶片，16个叶轮各自装有从第1级至第16级动叶片。第16级压气机叶轮后端面上有导流片。在第16级压气机叶轮和压气机转子后半轴之间有间隙，允许导向风扇汲取压气机空气流，并将空气引向压气机转子后联轴器上的15个轴向孔，流到透平前半轴与压气机转子后联轴器相应的15个轴向孔，去冷却透平叶轮。

每个叶轮和前、后端轴的叶轮部分都有斜向拉槽，动叶片插入这些槽中，在槽的每个端面将叶片冲铆在轮缘上。为了控制同心度，各叶轮之间或者端轴与叶轮之间，用止口配合定位，并用拉杆螺栓固定。依靠拉杆螺栓在叶轮端面间形成的摩擦力来传递扭矩。压气机每级叶轮装上叶片后，都应做级的动平衡。当压气机转子与透平转子装配在一起后，需再次进行动平衡。压气机前端轴被加工成具有主、副推力面的推力盘和径向轴承的轴颈以及1号轴承油封。

压气机的0～8级动叶片和静叶片，以及进口导叶的材料为C-450（Custom 450），是一种抗腐蚀不锈钢，未加保护涂层。其他级的叶片应用加铌的AISI 403＋cb不锈钢，同样未加保护涂层。气缸用球墨铸铁铸造，叶轮和转子分别为CrMoV和NiCrMoV钢制造。零级动叶有32片，静叶46片；末级静叶片（第17级）108片，后两列导向叶片EGV1＝108片，EGV2＝108片。零级动叶片高度为503.56mm，末级动叶片高度为147.17mm。

二、压气机静子

压气机静子由进气缸、气缸和排气缸组成。从图2-5中可以看到它们之间的相互关系。它们各自依靠水平和垂直中分面的法兰螺栓紧固。

压气机进气缸位于燃气轮机的前端，位于进气室内。它的主要功能是将空气均匀地引入

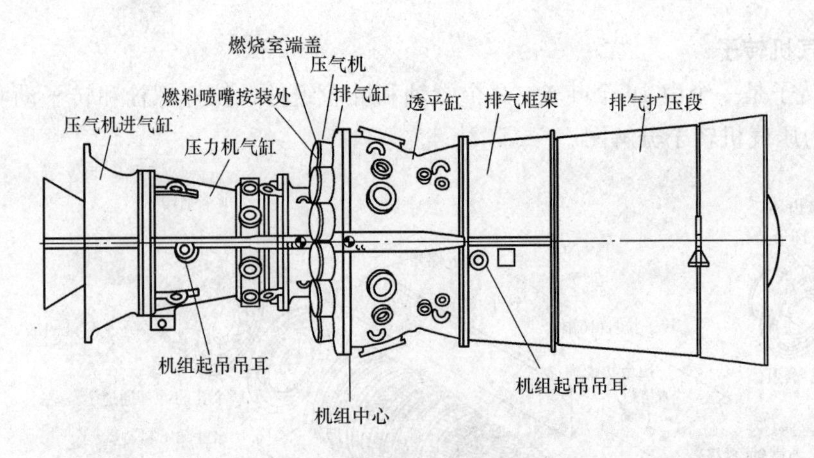

图 2-5　压气机和静子外形图

压气机。进气缸支撑 1 号轴承组件。1 号轴承下半部与内喇叭口铸成一体，上半部轴承座是一个独立铸件，用法兰螺栓连接到下半部。内喇叭口由数个机翼型径向支柱或多根轴向连杆固定在外喇叭口上。支柱和连杆均整体浇铸在喇叭口壁上。

进气缸内壁安装有进口可转导叶（IGV），压气机采用进口可转导叶后，可有效地扩大压气机的运行区域，同时还能改善燃气轮机其他的一些性能，因而获得了广泛的应用。图 2-6 为进口可转导叶的结构。

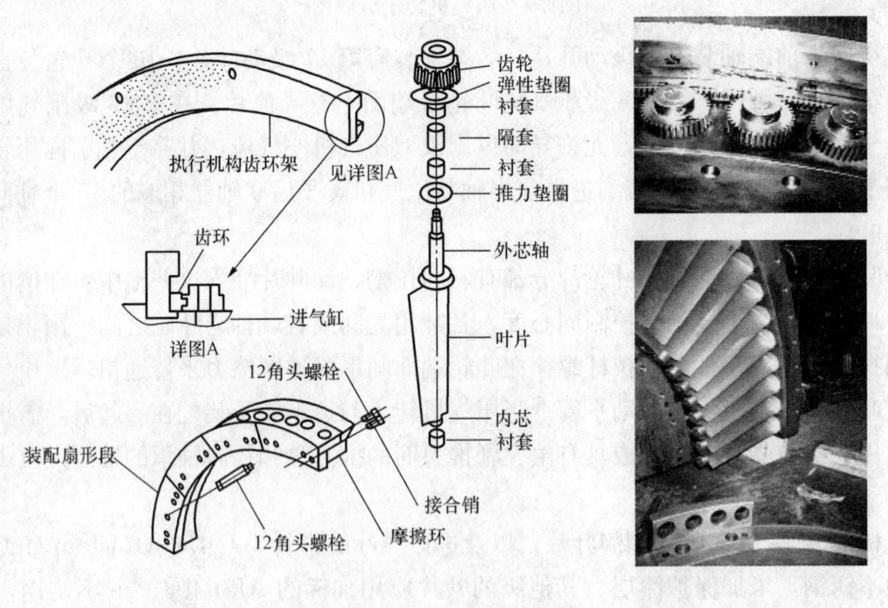

图 2-6　进口可转导叶结构

每只导向叶片的两端都加工有轴芯，它们与轴套相配合，轴套采用耐磨的青铜材料。两端轴芯与轴套紧密配合，既能保证导叶灵活转动，又能防止气流从端部间隙泄漏。导向叶片的转动，是依靠旋转齿环带动装在导向叶片上的小齿轮旋转，导向叶片就随之转动；由于进口可转导向叶片较长，故应设置内环。显然，按图 2-6 中的结构状况内环不能采用半环结构，因为这样将无法装入导向叶片的轴颈，只有把内环分为多个扇形段，才可能装入。由于有内轴套与轴颈相配合，只有做成一组静叶一个扇段才好装入，待内环扇段全部装好后，再装入固定环用螺栓紧固在进气机匣上。同一列导向叶片的转动角度应一致，这是靠联动机构来实现的，要求它转动时既灵活，又无松动的间隙。环形齿条与小齿轮啮合，油动机带动环形齿条转动，共同组成联动机构。

压气机气缸内壁装有0～12级静叶片，压气机排气缸内壁装有第13～17级静叶和两列出口导向叶片，它们共同组成压气机静子。压气机排气缸的功能除能容纳压气机的后五级外，还构成压气机排气通道的内、外壁，同时为第一级喷嘴组件提供支撑、与透平气缸连接、并支持DLN燃烧室外壳。

气缸上有两处抽气孔，允许抽出第9级和第13级前的空气。这部分空气除用于冷却第三级和第二级透平喷嘴外，还可在启动和停机时将抽气排放掉，防止发生压气机喘振。压气机排气室的抽气为燃料系统提供吹扫空气源，为进气加热提供气源，还为压气机防喘阀提供控制气源。燃气轮机的前支承腿位于压气机气缸的前喇叭口处。

压气机静叶在气缸上有下列两种固定方式：

1. 直接装配的静叶

在气缸上加工有叶根槽，静叶一片片地装入叶根槽中。叶根槽的形式有多种。在PG9351FA燃机中，第5～17级静叶片和出口导叶，有一长方形基面的T型叶根，直接插入机壳的周向环槽内，然后插口用锁块封口，如图2-7(a)所示。

2. 静叶环装配的静叶

在第零级至第四级的静叶，采用装配式静叶环，静叶片先插入有类似于燕尾槽的环形块内，再将环形块装入压气机前机壳的周向槽道中，封口用锁键固定，如图2-7(b)所示。为便于装配，通常把静叶环分为数个扇形段，然后一个个地装入，这样摩擦阻力大大减少，使静叶环在槽中易被推动。

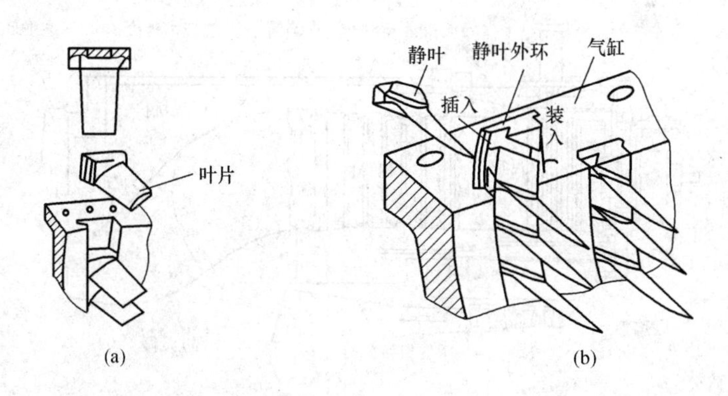

图2-7 压气机静叶在气缸上的两种固定方式

(a) 直接装配的静叶片；(b) 装配式静叶环

第二节 燃 烧 室

燃气轮机燃烧室是一种用高温合金材料制作的燃烧设备。在整台燃气轮机中，它位于压气机与燃气透平之间，它肩负着三项最基本的功能：

(1) 使燃料与由压气机送来的一部分压缩空气，在其中进行有效的燃烧。

（2）使由压气机送来的另一部分压缩空气与燃烧后形成的燃烧产物均匀地掺混，将其温度降低到燃气透平进口的初温水平，以便送到燃气透平中去做功。

（3）控制 NO_x 的生成，使透平的排气符合环保标准的要求。

因此，燃烧室必须保证提供工质所需要的高温，同时可以在近乎等压的条件下，把燃料中的化学能有效地释放出来，使之转化成为高温燃气的热能，为其在燃气透平中的膨胀做功准备好条件。由此可见，燃烧室是燃气轮机中一个不可缺少的重要部件。

从结构上来看，燃烧室通常有单管圆筒型、分管型、环管型和环型之分。GE 公司的重型燃气轮机均采用分管型结构。按照其控制 NO_x 的生成程度又可分为标准型和干式低 NO_x 燃烧室两种不同的组织燃烧方式。

一、标准型燃烧室和它的扩散燃烧方式

来自压气机出口的压缩空气，逆流进入导流衬套与火焰筒之间的环形腔，因受火焰筒结构形状的制约，将分流成几个部分，逐渐流入火焰筒，以适应空气流量与燃料流量的比值，比理论燃烧条件下的配比关系大很多的特点。

其中一部分空气称为“一次空气”，它分别由喷嘴的顶盖与空气旋流器，雾化空气切向槽孔及开在火焰筒前段的三排一次射流孔，进到火焰筒前端的燃烧反应区内。在与由燃料喷嘴喷射出来的燃料进行混合和燃烧，转化成为 1500～2000℃ 的高温燃气。这部分空气约占进入燃烧室的总空气量的 25%。

另一部分称为“冷却空气”，它通过许多排开在火焰管壁面上的冷却射流孔，逐渐进入火焰筒的内壁部位，并沿着内壁的表面流动。这段空气在火焰管内壁表面形成一层薄膜，冷却高温的火焰筒壁，使它免遭火焰烧坏。图 2-8 为标准型燃烧室结构总成图。图 2-9 则是与之相配的双燃料喷嘴。

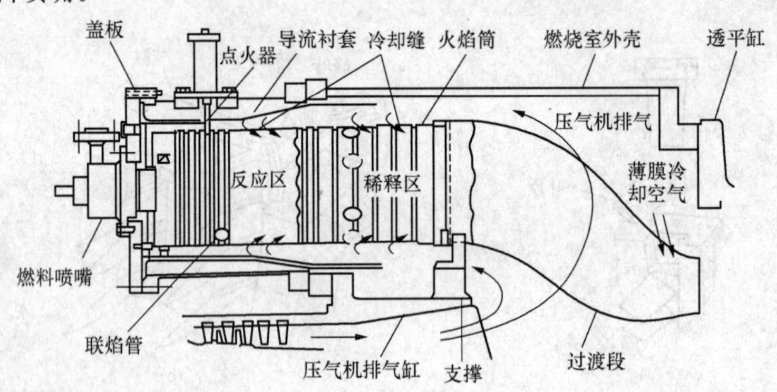

图 2-8　标准型燃烧室结构

剩下来的空气则称为二次空气或掺混空气，它由火焰筒后段的混合射流孔，喷射到由燃烧区流来的 1500～2000℃ 的高温燃气中去，使其温度比较均匀地降低到透平前燃气初温设计值，该区称为稀释区。

图 2-9 所示的是一种双燃料喷嘴，它既能向燃烧室的火焰筒头部供给天然气，又能供给液体燃料。为了增强液体燃料的燃烧速度，专门用雾化空气来帮助液体燃料雾化成为 100μm 左右的细雾滴，这种细雾滴在进入高温燃烧区后，就会逐渐蒸发成为气相燃料，通过扩散和旋流的湍流混合作用，逐渐与燃烧区内的新鲜空气掺混，在过量空气系数 $\alpha_f = 1$ 的

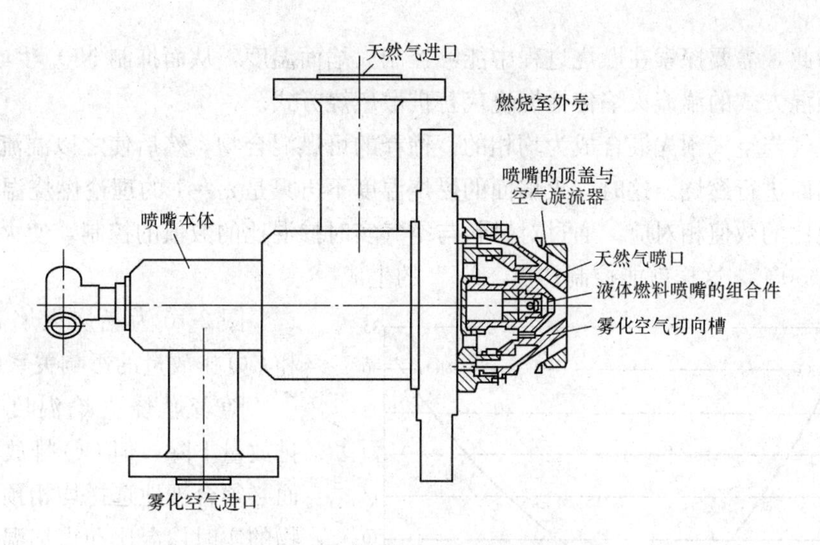

图 2-9 标准型燃烧室上采用的双燃料喷嘴

空间范围内起燃，形成一个高达理论燃烧温度的火焰。过量空气系数定义为：燃料燃烧时，实际空气量与理论空气量之比。而理论空气量则定义为：单位质量的燃料在它完全燃烧时理论上所需的空气量。

这种燃料与空气没有预先均匀混合，而是依靠扩散与湍流交换的作用，使它们彼此相互掺混，进而在 $\alpha_f=1$ 的火焰面上进行燃烧的现象，称之为“扩散燃烧”。这种燃烧现象的一大特点是，火焰面上的 $\alpha_f=1$，其温度甚高，因而按这种方式组织的燃烧过程必然会产生数量较多的“热 NO_x”污染物。为了解决这类燃烧过程中 NO_x 排放量超过环保要求的问题，通常采用在高负荷条件下，向扩散燃烧的燃烧室中喷射一定数量的水和水蒸气，借以降低燃烧火焰的温度。对于燃料为天然气的燃气轮机，在当地环保有较高要求时，毫无例外地采用预混燃烧室。

二、预混燃烧室及其预混燃烧方式

GE 公司 1990～1991 年研究成功 DLN-1 型串联式的预混稀释态的 DLN 燃烧室，应用于 6B、7E、9E 系列燃气轮机。1993～1994 年成功发展了 DLN-2.0 型并联分级预混燃烧室，应用于早期的 FA 级燃气轮机。1996 年更新为 DLN-2.6 和 DLN-2.0＋并联分级预混燃烧室。PG9351FA 燃气轮机机组则配备 DLN-2.0＋型燃烧室。

天然气或液体燃料，含尘量极低，因而燃气轮机排气中烟尘含量极少。燃气轮机的排气污染主要有未燃烧的碳氢化合物（UHC）、一氧化碳（CO）、氮氧化物（NO_x）、易挥发的有机污染物（VOC）和硫氧化物（SO_x）。天然气中的硫含量极微，不存在 SO_x 污染。又由于目前燃烧技术已很成熟，燃烧室结构也很完善，燃气轮机燃烧室的燃烧效率几乎近 100%，因此排气中的 UHC 和 CO 也是极其微小，可以满足环保要求。但由于燃烧室中的火焰温度比较高，要高于空气中的 N_2 和 O_2 起化学反应生成 NO_x 的起始温度 1650℃。因此燃气轮机排气中 NO_x、CO、VOC 含量成为主要的污染物。

在燃烧过程中若能使燃烧火焰面上的反应温度始终低于生成 NO_x 的起始温度 1650℃，那么，燃烧产物中 NO_x 的含量必然会很低。扩散燃烧方式的火焰面温度总是与 $\alpha_f=1$ 相当的理论燃烧温度一致，它不会因燃料与空气的总掺混比的变化而异，因而 NO_x 的排放总是很高的。为此，需要探索在燃烧过程中能够控制火焰面温度，从而抑制 NO_x 生成的新途径，改用均相预混方式的湍流火焰传播燃烧代替扩散燃烧方式。

把天然气与空气预先混合成为均相的、稀释的可燃混合物，然后使之以湍流火焰传播方式通过火焰面进行燃烧。这时，火焰面的燃烧温度不再只是 $\alpha_f=1$ 的理论燃烧温度了，它将和实时掺混比的数值相对应。通过对燃料与空气实时掺混比的数值的控制，使火焰面的温度永远低于 1650℃，这样就能控制“热 NO_x”的生成。

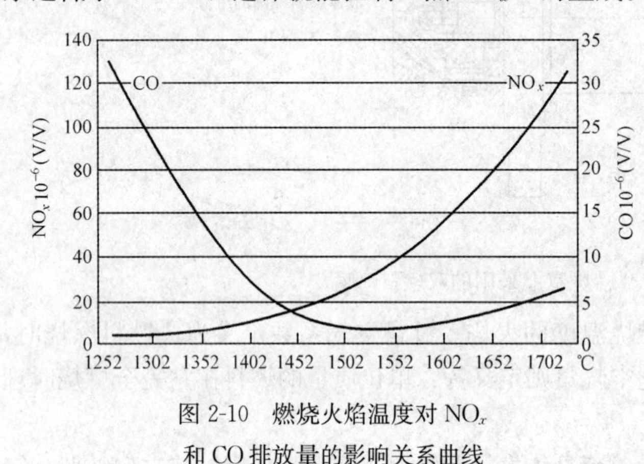

图 2-10　燃烧火焰温度对 NO_x 和 CO 排放量的影响关系曲线

图 2-10 为燃烧火焰温度对 NO_x 和 CO 排放量的影响关系曲线。

随着燃烧火焰温度下降，NO_x 排放量下降，但 CO 排放量增加，因而必须合理地选择均相预混可燃混合物的实时掺混比和火焰温度。对天然气来说，实验表明，按火焰温度为 1430～1530℃这个标准来选择燃料，空气的混合比是比较合适的。这样才有可能使燃烧室的 NO_x 和 CO 的排放量都比较低。

但是，均相预混可燃混合物的可燃性极限范围比较狭窄，而且在低温下的火焰传播速度比较低，CO 排放量又会增大。在设计干式低污染燃烧室时，应充分考虑防止熄火和适应燃气轮机负荷变化范围很广的特点。因此，除了要合理地选择均相预混可燃混合物的实时掺混比和火焰温度外，通常还采用串联分级燃烧和并联分级燃烧的方式。DLN-1.0 属于串联分级燃烧，DLN-2.0、DLN-2.0＋、DLN-2.6 属于并联分级燃烧。

三、PG9351FA 燃气轮机使用的 DLN-2.0＋燃烧室

DLN-2.0＋燃烧室起源于 DLN-2.0 燃烧室。为了适应 9FA＋e 型燃气轮机循环过程流量增加的要求，在保留 DLN-2.0 基本结构的基础上，DLN-2.0＋增加了大约 10％的空气和天然气流量去燃烧系统。另外，该型号是特意用燃烧热值范围大约为天然气 70％～100％的气体燃料。为达到此目的，和 DLN-2.0 燃烧室相比，所作的改动主要集中在燃料喷嘴和燃烧盖组件上，它扩大了燃料喷嘴，以增加燃料的体积流量。另外，该燃料喷嘴，为进一步防止火焰回流，减少了火焰受阻的阻力，减少了压力降，提高了扩散火焰的稳定性。

图 2-11 为 DLN-2.0＋燃烧室的总成图。此燃烧室主要由燃料喷嘴和燃烧端盖组件、燃料喷嘴外缸（前缸）、火焰筒、过渡段、导流衬套、后缸、联焰管等组件构成。各组件均可以单独拆卸。

压缩空气由压气机的排气缸流出，首先对过渡段形成冲击冷却，再逆流向前，流过火焰筒与导流衬套之间的环形空间，流向燃烧室头部组件。其中，有少量空气用于冷却火焰筒和罩帽，其余空气经喷嘴上的旋流器进入预混合室，与由燃料喷嘴喷出的燃料气进行预混合。燃料与空气混合物经预混合管流入火焰筒，被位于两只上部燃烧室上的高能点火器点燃，火焰起始于喷嘴出口端面与顶盖形成的平面上，并被限制在火焰筒内。燃烧产物经过渡段进入透平第一级喷嘴环。各燃烧室之间用联焰管连接，未安装点火器的燃烧室靠联焰管联焰而着火。

图 2-12 为 DLN-2.0+燃烧室燃料喷嘴布置图。图 2-13 为 DLN-2.0+燃料喷嘴剖面图。

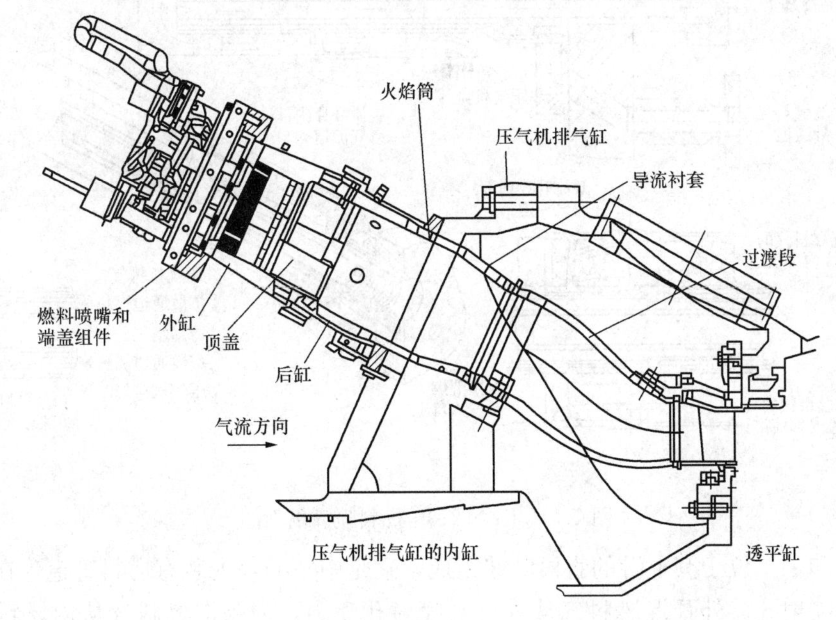

图 2-11　DLN-2.0+燃烧室总成图

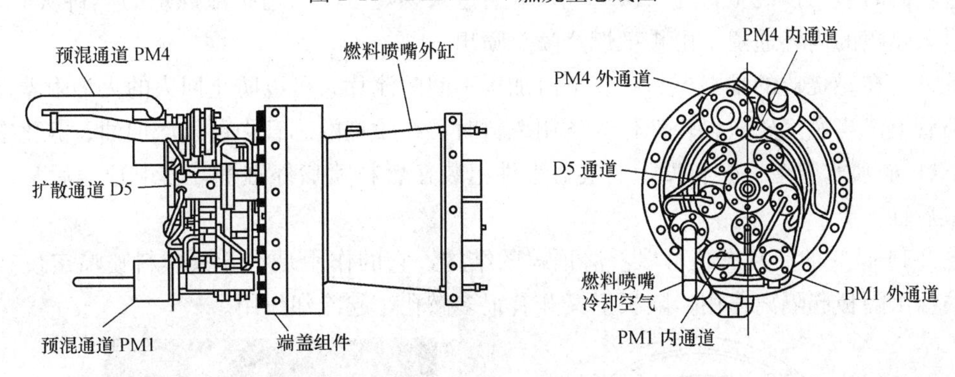

图 2-12　DLN4-2.0+燃烧室燃料喷嘴布置图

每个燃烧室的端盖上均匀布置有五只燃料喷嘴。每只燃料喷嘴内都有扩散燃烧和预混燃烧的供气通道。燃料气分别来自 D5、PM1 和 PM4 三根环管。其中，来自 D5 供气环管的供气，流入各燃烧室，通向五只喷嘴的扩散通道供气总管，再分配到每只燃料喷嘴的扩散燃烧通道。来自 PM1 环管的供气，流入各燃烧室，通向一只喷嘴的预混燃烧供气总管，分流到这只喷嘴的内通道和外通道。来自 PM4 环管的供气，流入各燃烧室，通向四只喷嘴各自的预混燃烧供气总管，分流到四只喷嘴的内通道和外通道。

来自每只燃烧室外缸的压气机排气进入每只燃料喷嘴的冷却空气总管，分流到五只燃料喷嘴的中心去冷却燃料喷嘴。图 2-13 示出了每只燃料喷嘴的内部结构。

来自 PM1 或 PM4 环管的气体燃料，分别从外、内预混燃料气入口进入，通过布置在旋流器内流道的燃料喷孔喷入，与从旋流器外流道流出的空气流进行预混合。每个旋流器叶片

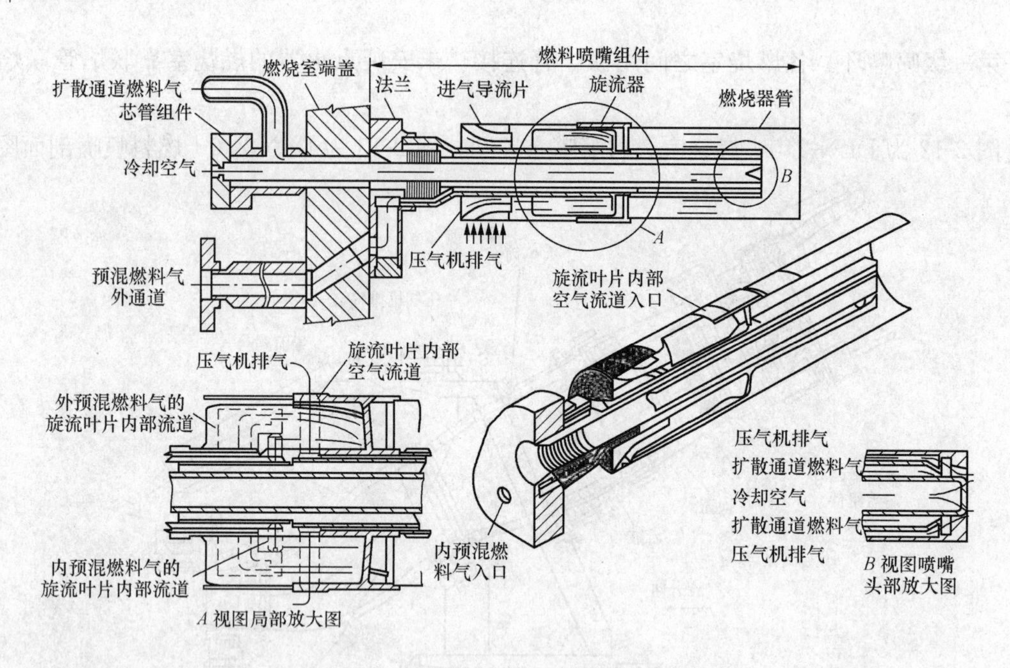

图 2-13　DLN-2.0+燃料喷嘴剖面图

由旋流叶片和一个位于其上游的直段叶桨组成，它是中空的，内装有燃料管道，在管道上开有许多燃料喷射孔。外预混燃料气从外燃料喷射孔喷出，内预混燃料气从内燃料喷射孔喷出。它们同时喷入预混室，与一次空气掺混后进入燃烧区。参与扩散燃烧的燃料从 D5 供应环管进入喷嘴的内环通道，由扩散燃烧喷头喷出。

此外，在燃烧器的预混燃料喷管下游加了一圈整流片，可以防止回火的火焰附着在预混燃料喷管上。当燃气轮机以轻油作为备用燃料时，在喷嘴的芯管中可以增加油、雾化空气和抑制 NO_x 的喷水管道。燃料喷嘴和端盖组件组装在燃料喷嘴外缸上，套上顶盖后整体装入燃烧室后缸。

图 2-14 是它的后视图，可以看清顶盖的结构，它的作用是将 5 只燃料喷嘴定位在外缸上，防溢出隔板起隔离作用，隔板上又开有很多微孔，起冷却作用。

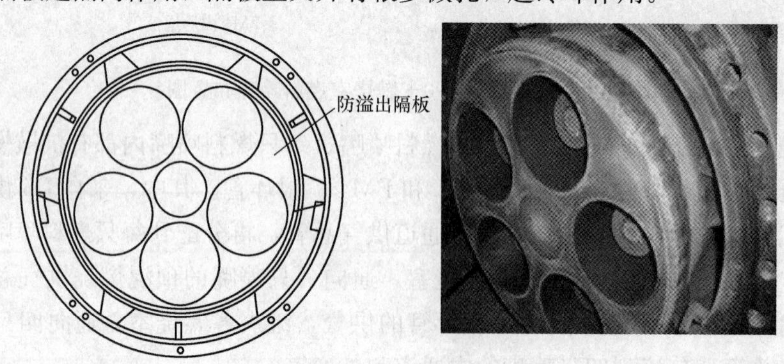

图 2-14　燃烧室顶盖组件后视图

PG9351FA 机组，在压气机排气缸的外缘，沿周围布置着 18 个逆流分管式 DLN -2.0+燃烧室。在 2 号和 3 号燃烧室各自配备有高能火花塞点火器，如图 2-15 所示。15～18 号燃烧室各自装有火焰探测器，如图 2-16 所示。

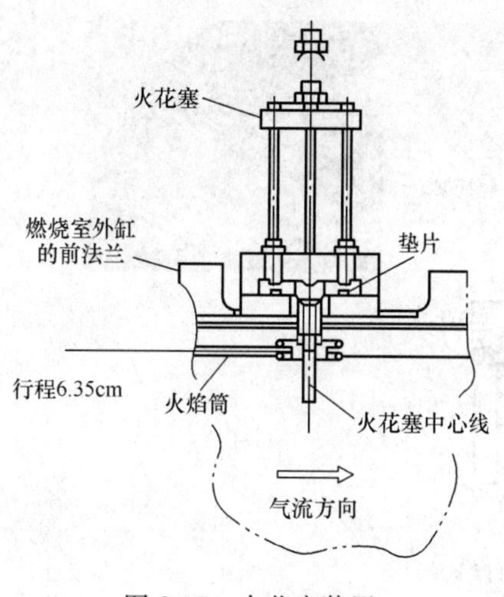

图 2-15　火花塞装置

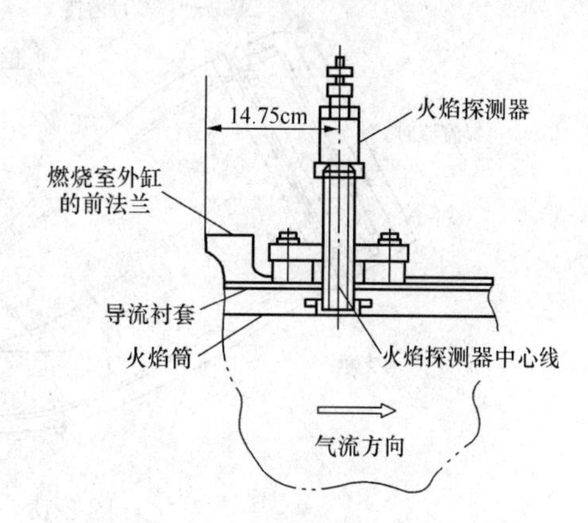

图 2-16　火焰探测器装置

火花塞可以伸缩，当点火后机组加速时，火花塞被燃烧室中升高的压力压回，以免被烧坏。停机后，火花塞又被弹簧压进燃烧室，以便下一次点火启动。火焰探测器装置的紫外线探头被冷却水套冷却，在证实燃烧室着火后，它会发出信号。每个燃烧室上还装有一个脉动压力探头，用来监测燃烧的脉动。这些开孔也可以作为孔窥仪的进口。它们都经燃烧室后缸，插入到火焰筒内。

火焰筒从头部到过渡段进口带有一定锥度。在空气侧，利用不连续的肋片（扰流片）来强化冷却。在燃气侧，加隔热涂层。火焰筒的后部有一双层的圆柱段，在其周围有多条轴向冷却槽道。冷却空气由导流套流入该槽道，冷却后排入火焰筒下游。该结构能以小的冷却流量获得高冷却效果，其结构如图 2-17 所示。

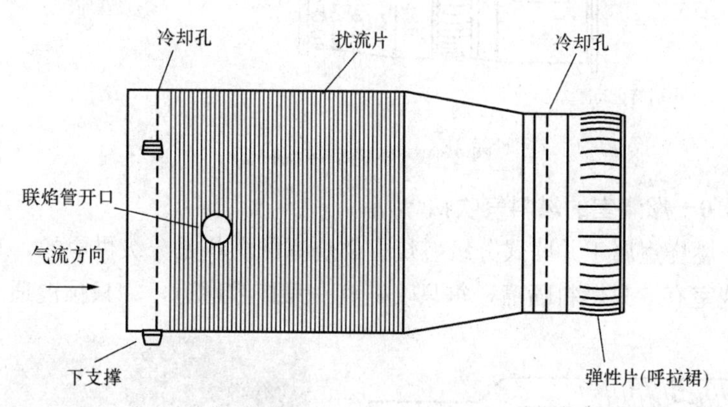

图 2-17　DLN-2.0＋燃烧室的火焰筒

该机组采用有冲击冷却效果的过渡段结构，如图 2-18 所示。它是双壳体结构，内过渡段被一个形状相似的、钻有许多小孔的外套（称为冲击冷却衬套）所包围，从压气机出口流来的压缩空气可以通过小孔，形成射流去冲击冷却内过渡段，该多孔外壳是用 AISI-304 不锈钢制成的，内过渡段用 Nimonic 263 制作，尾部壳体用 FSX-414 铸成，并在其表面喷涂 TBC 隔热涂层，以尽量降低金属温度和温度梯度。过渡段与透平第一级喷嘴环之间用浮动的金属密封连接。最近，又采用金属布密封，改进了密封功能，减少磨损，提高了可靠性。

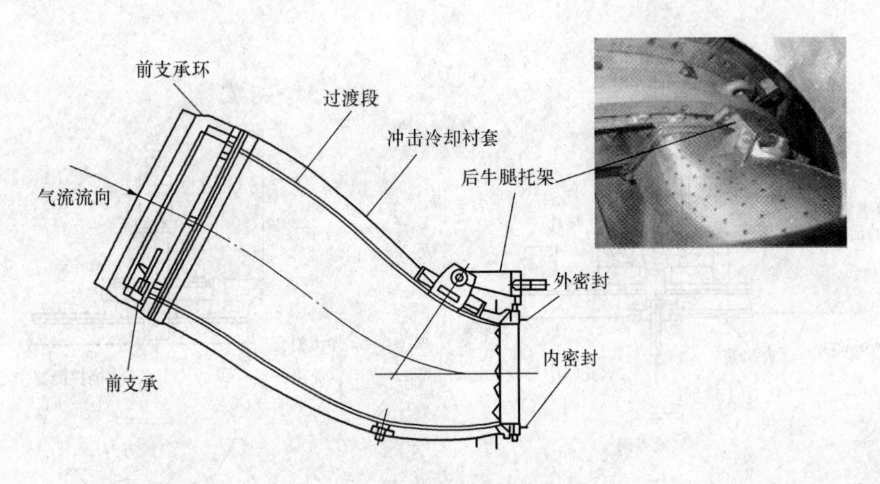

图 2-18　过渡段结构

图 2-19 为燃烧室导流衬套示意。它一头嵌接在后缸法兰内，另一头通过浮动密封环与过渡段嵌接。各燃烧室之间都装设有联焰管，使每个燃烧室的燃烧空间彼此串通起来，未安装点火器的燃烧室依靠联焰管传递火焰而着火。联焰管由内套、外套、弹性支架和密封件等组成。弹性支架将联焰管的阴、阳内套卡住，如图 2-20 所示，其装配图如图 2-21 所示。

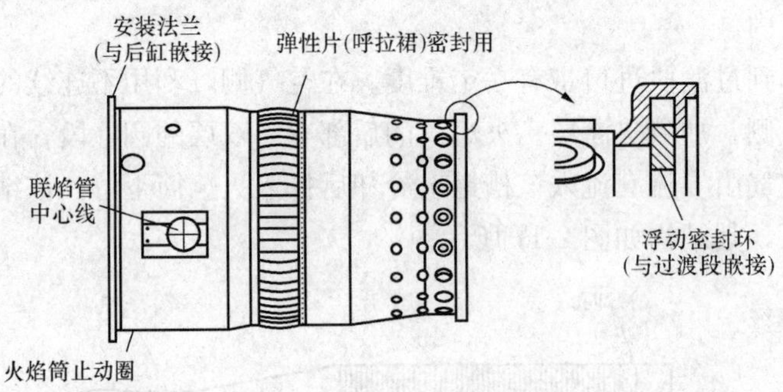

图 2-19　燃烧室导流衬套

四、DLN-2.0＋燃烧室的燃料气吹扫

DLN-2.0＋燃烧室属于并联式分级燃烧，燃烧室的燃料是分级供应的，其控制系统比较复杂。每只燃烧室有 5 只燃料喷嘴，每只喷嘴有一只扩散通道，一只预混通道。

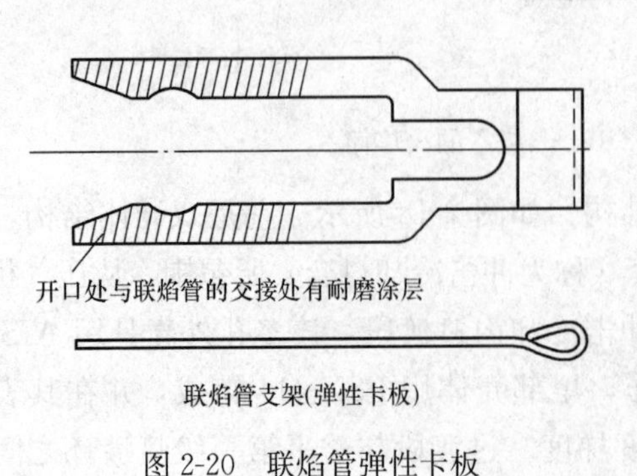

图 2-20　联焰管弹性卡板

图 2-21　联焰管弹性卡板装配图

当气体燃料喷嘴通道没有燃料气通过时，为了保证通过燃料喷嘴内仍然有一定的空气流量，要求有吹扫系统。当吹扫系统有故障时，将会损坏燃烧系统的部件。

当燃气轮机在运行时，要向那些不用的燃料支管提供一个正向的吹扫。吹扫气的压力是机械设定的，可用管道或孔板尺寸调节其有效通道面积来设定。通常吹扫空气取自压气机排气，其压力值 CPD 要大于燃烧室内的压力 P，以防止气流的回流。扩散燃烧时，$P/CPD=0.98$，预混燃烧时（PM1 和 PM4 支管），$P/CPD=0.95$。需吹扫的支管要安置吹扫气接口。D5 管路的出口吹扫阀打开的速度是可控的，其余吹扫阀则应在 35s 内打开。

五、PG9351FA 的改进型燃烧

DLN-2.0＋燃烧系统在运行实践中，由于 PM1 喷嘴配置不当，在临近该喷嘴的火焰筒处出现鼓包，影响火焰筒寿命。该缺点在尖峰负荷或半基本负荷的机组中尤为明显。另外，启动时有黄色 NO_x 排放污染，并维持时间较长。GE 公司在 DLN-2.6 的基础上，结合 FB 级机组的先进冷却技术，设计了 DLN-2.6＋燃烧系统。并于 2005 年在 9FA＋e 现场成功完成对 PG9351FA 的改进型燃烧系统的升级，同时于 2007 年正式用于 9FA 新机型中。

DLN-2.6＋燃烧系统如图 2-22 所示。该系统除主要对燃料喷嘴的配置做了改进外，还采用了新型火焰筒、导流衬套、过渡段，同时燃料输送管路也作了相应的改动。

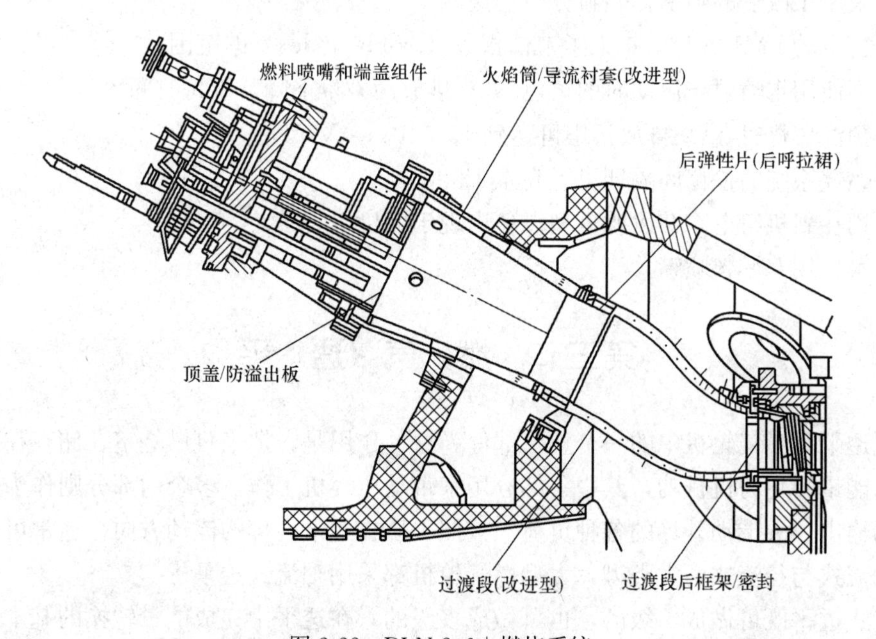

图 2-22 DLN-2.6＋燃烧系统

图 2-23 是 DLN-2.6＋燃料喷嘴配置图。将 PM1 燃料喷嘴移至中心位置，去掉中心位置的 D5 扩散通道。将周围的五只燃料喷嘴的预混通道分为两组，其中一组称为 PM2，由两只燃料喷嘴的预混通道组成，另一组称为 PM3，由三只燃料喷嘴的预混通道组成。这五只燃料喷嘴的 D5 扩散通道组成 D5 燃料管。和 DLN-2.0＋燃烧系统相比，燃料输送管路由三路改为四路，并且 PM1 支管容量加大，因此升级改造时要更换为新的燃料小室。图 2-24 为 DLN-2.6＋燃料喷嘴后视图。

图 2-23　DLN-2.6＋燃料喷嘴配置图

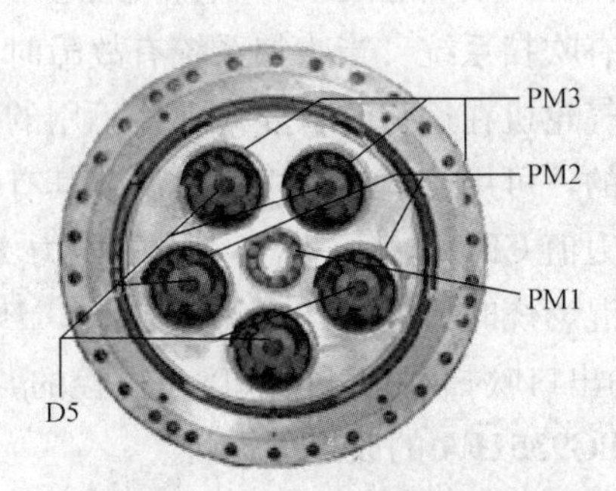

图 2-24　DLN-2.6＋燃料喷嘴后视图

DLN-2.6＋型燃烧室由扩散燃烧、亚先导预混燃烧、先导预混燃烧、亚预混燃烧和预混燃烧等阶段组成。和 DLN-2.0＋燃烧系统相比，增加了亚预混燃烧，并且在 30％负荷时就开始进入亚预混燃烧，在 40％负荷时开始进入预混燃烧。扩大了预混燃烧工作区间，可减轻启动时的黄色排放污染。

升级后的燃烧系统，具有下列特点：

（1）火焰筒、导流衬套的冷却、材料、涂层完善，增强了过渡段的冷却和密封。

（2）采用了改良的喷嘴，燃料分级输送。

（3）富足的 PM1 容量，扩大了韦伯指数（wobbe index）的范围。

（4）不使用水喷射，启动时的黄色 NO_x 排放污染量下降，维持时间短。

（5）预混燃烧时 NO_x 排放污染可达到 15×10^{-6}（V/V）。

（6）燃烧系统的检修间隔期可提高至 12 000h。

（7）用在新机组上，并以改进型设备出现于旧机组。

（8）可选用双燃料喷嘴。

第三节　燃　气　透　平

燃气透平是燃气轮机中的一个重要部件。它的作用是，把来自燃烧室、储存在高温高压燃气中的能量转化为机械功，其中一部分用来带动压气机工作，多余的部分则作为燃气轮机的有效功输出，去带动外界的各种负荷。按照工质在透平内部的流动方向，通常可以把透平区分为轴流式与径流式两大类型，大型燃气轮机都采用轴流式透平。

轴流式透平既可做成单级的，也可做成多级的。在透平中完成能量转换的基本单元是单级透平，称为级。级由一列喷嘴和一列动叶串联组成。多级透平则是由各个单级按气流流动方向串列构成。装有动叶片的工作叶轮通过转动轴，与压气机轴和燃气轮机所驱动的负荷轴相连接。

喷嘴流道是收敛型的，即出口截面的面积做得要比进口截面的面积小，当高温高压的燃气流过喷嘴时，气流得以加速，相应的燃气的压力和温度则有所下降。这意味着喷嘴中燃气的部分焓值转化成动能，当这股具有相当速度的燃气以一定的方向流向动叶片时，就会推动工作轮旋转，并使燃气流速下降。在这一过程中，燃气就把部分能量转交给工作叶轮，使叶轮在高速旋转中对外做功。

燃气透平的结构所涉及的问题较多，除一般的机械问题外，还要考虑高温问题。除要采用耐高温的合金材料外，其中最突出的是采用合理的热通道部件的冷却措施，以使各高温部件的工作温度在其材料允许的范围内。

PG9351FA 的燃气透平是三级轴流式透平。每个透平级由喷嘴和动叶片组成。透平部分包括透平转子、透平气缸、喷嘴、护环、排气框架和排气扩压段。

一、透平转子

透平转子采用贯穿螺栓结构，由透平前半轴，一、二、三级叶轮，级间轮盘，透平后半轴及拉杆螺栓组成，图 2-25 是燃气透平转子结构平面图。

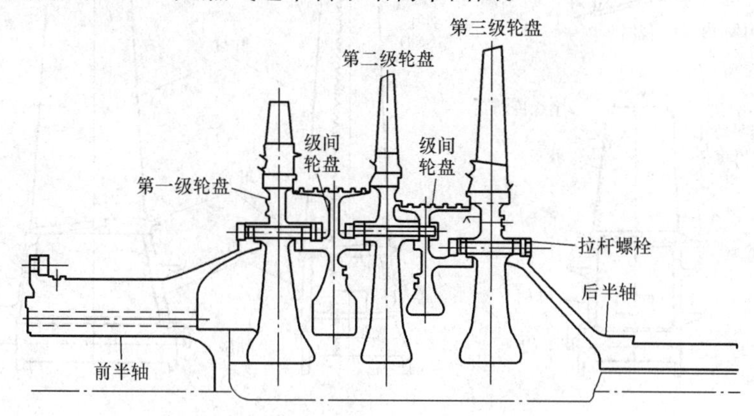

图 2-25 燃气透平转子结构平面图

透平转子的前半轴与压气机转子刚性连接，它的后半轴与负荷联轴器连接。两只级间轮盘为各叶轮提供轴向定位。叶轮轮盘和级间轮盘上的配合止口控制各部件的同心度。用三组贯穿拉杆螺栓分别将各部件压合在一起。后半轴由 2 号轴承支承。除 MS9000E 燃气轮机转子采用三只轴承支撑外，其他系列燃气轮机转子均采用两只轴承支撑。级间轮盘设置有隔板密封齿，级间轮盘的前端面有用作冷却空气通道的径向缝。

图 2-26 是 1～3 级动叶片的视图。动叶片的尺寸由第一级（叶高 386.69mm）到第三级（叶高 519.6mm）逐级增高，因为每一级的能量转化使得压力减少，要求环形面积增加以接收燃气的流量，保持各级的容积流量相等。

燃气透平中采用带有枞树形叶根的长柄式动叶片。长柄式叶片是指在叶片平台和叶根之间，通过较长的，断面为工字形的叶柄来连接的动叶片结构。在枞树形叶根的底平面上均开设有小孔，可以通入冷却空气，使叶根和叶身得以冷却。这样，减少了叶片对轮盘的传热，在通入冷却空气后，可以使叶根齿和轮缘的温度显著下降，并且改善叶根齿中第一对齿的承载条件和叶根应力的不均匀程度。

PG9351FA 燃气轮机的燃气初温已高达 1318℃。为了提高燃气轮机初温，人们从改善高温合金材料的性能和提高叶片冷却效果这两方面入手，取得了显著成绩。透平转子的装配工艺设计，在不拆下叶轮、级间轮盘和转轴组件的情况下，能够更换动叶片。透平转子部件选材如下。

转子轴：Inconel 706。

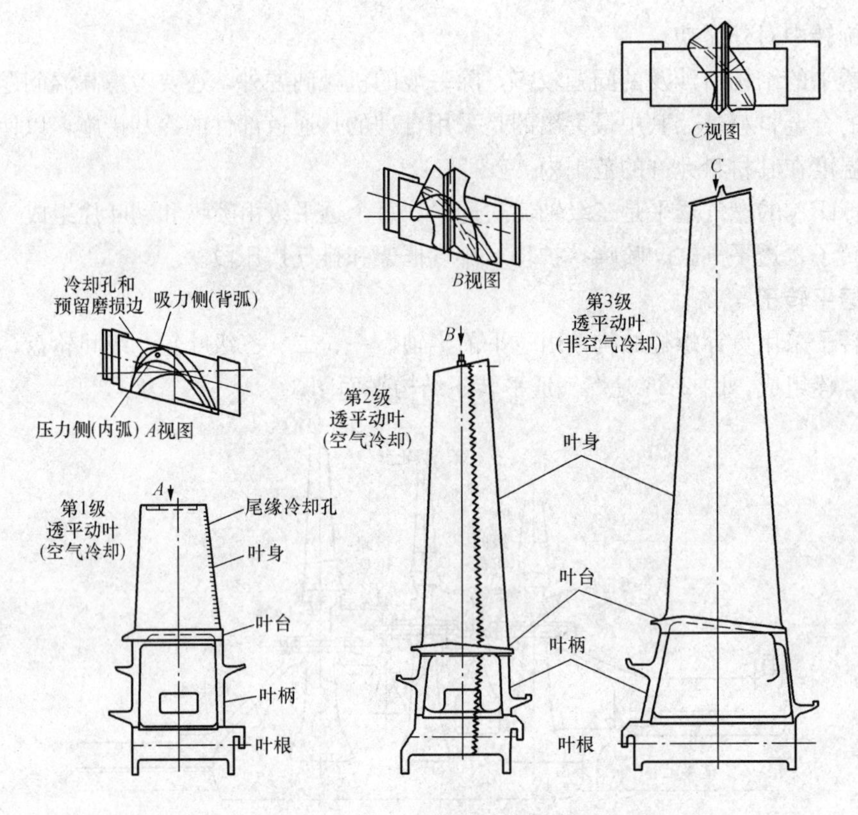

图 2-26　1～3 级动叶片视图

轮盘：Inconel 706。

第一级动叶：定向结晶 GTD-111，表面有真空等离子喷涂 Co-Cr-Al-Y 涂层，空气冷却叶片。

第二级动叶：GTD-111，表面有真空等离子喷涂 Co-Cr-Al-Y 涂层，空气冷却叶片。

第三级动叶：GTD-111，用 Pack Process 工艺渗入高铬保护层。

非空气冷却叶片。

图 2-27 所示为第一级动叶的冷却结构。

它除了有对流冷却外，在头部有冲击冷却，还有多处气膜冷却。为了增强对出气边的冷却，在冷却通道内还铸有多排针状的肋条，以增强冷却效果。该叶片的冷却结构是模拟航空发动机 CF-6 上的精铸动叶片结构。

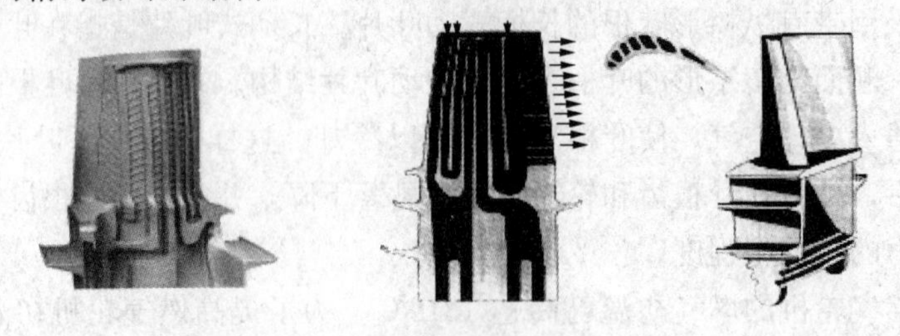
图 2-27　第一级动叶片的内部冷却通道

图 2-28 所示为透平第一、二、三级动叶的顶部结构。第二级动叶片自枞树形叶根底面至叶顶布置有多孔动叶冷却用的纵向空气通道。冷却空气从枞树形叶根底部的冷却孔引入，流向叶尖，并从那里流出。这些叶片尖部由“Z”型围带封装，构成叶尖密封的一部分，这

(a)

(b)

图 2-28　MS9351FA 机组中透平动叶的顶部结构

(a) 第二级动叶；(b) 透平动叶的顶部结构

些围带在各叶片间连锁以阻尼振动。

第三级动叶无内部空气冷却。这些叶片尖部，像第二级动叶一样，由“Z”型围带封装，构成叶尖密封的一部分，这些围带在各叶片间连锁以阻尼振动。

二、透平静子

透平气缸、排气框架以及安装在气缸上的透平喷嘴、护环、支承在排气框架上的 2 号轴承和排气扩压段共同组成了透平静子。

1. 透平气缸

透平气缸为铸造结构，一般用耐热铸钢或球墨铸铁制成。采用双层结构和有空气冷却。在采用双层结构后，气缸作为承力骨架，承受着机组的重量、燃气的内压力和其他作用力。内层则由喷嘴持环和动叶护环组成，它们的工作温度高而受力小，主要承受热负荷。在内、外层之间接通冷却空气，这样就能有效的降低气缸的工作温度，不仅使气缸能用较差的材料，同时还能减少气缸的膨胀量和热应力，减少对气缸的热冲击，有利于机组快速启动和加载，有利于控制动叶顶部径向间隙在运行中的变化等。

图 2-29 是透平气缸示意图。透平气缸控制着护环和喷嘴的轴向和径向位置，因此它控制着透平的间隙，以及喷嘴、动叶的相对位置。而该定位对透平的性能至关重要。

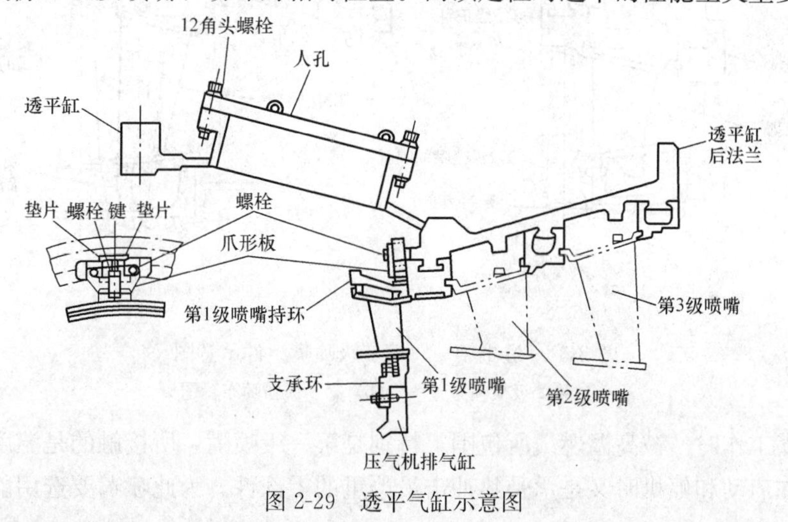

图 2-29　透平气缸示意图

透平气缸的前法兰用螺栓连接到压气机排气缸的后端壁上。缸体后法兰用螺栓与排气框架相连。耳轴浇铸在缸体外表面两侧，可用来起吊燃气轮机。

2. 透平喷嘴

燃气透平有三级喷嘴，它们引导经过膨胀的高速燃气流向透平动叶，使转子转动。由于气流通过喷嘴时产生的高压降，在喷嘴的内外侧都安装有气封，以防止由泄漏引起的系统能量损失。这些喷嘴工作在热气流中，它们除了承受燃气压力负荷外，还要承受巨大的热应力。图 2-30 是透平第一级喷嘴及其组件示意图，设计成两只叶片一组的铸造喷嘴段，周向滑入气缸，共 24 组，48 片。

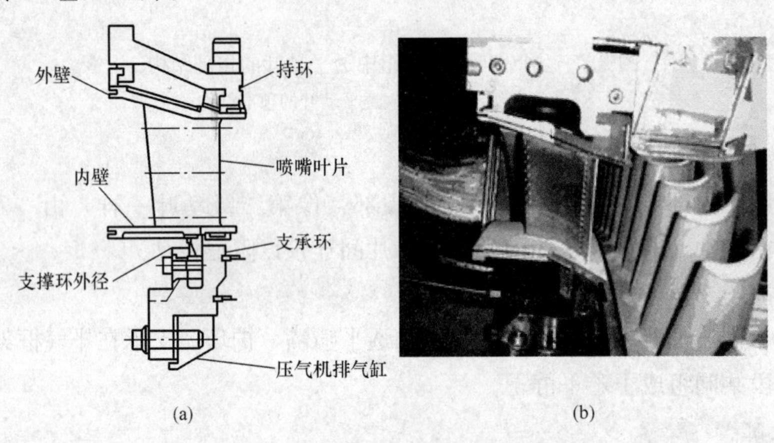

图 2-30　透平第一级喷嘴及其组件示意图

(a) 透平第一级喷嘴；(b) 透平第一级喷嘴组装照片

图 2-31 为透平第二级和第三级喷嘴组件示意图。第二级设计成两只叶片一组的铸造喷嘴段，周向滑入气缸，共 24 组，48 片。第三级喷嘴设计成三只叶片一组的铸造喷嘴段，共 20 组，60 片。

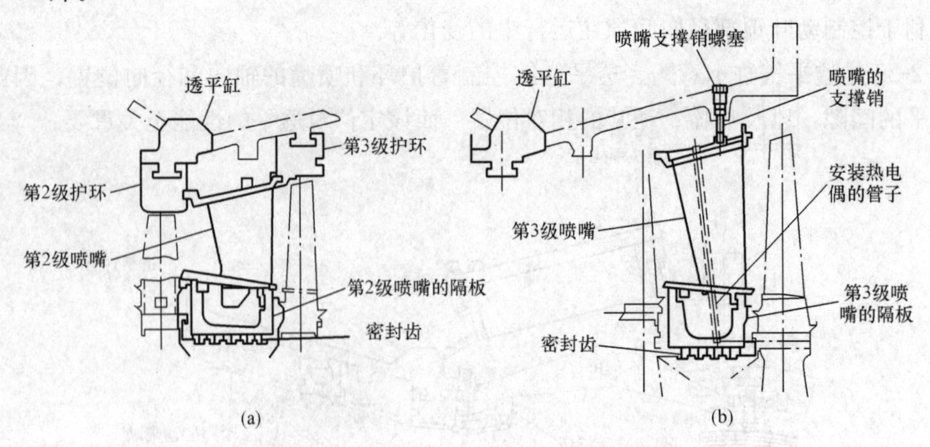

图 2-31　透平第二、第三级喷嘴组件示意图

(a) 第 2 级喷嘴布置图；(b) 第 3 级喷嘴布置图

透平喷嘴工作时，被高温燃气所包围，特别是第一级喷嘴，所接触的是温度最高且不均匀的燃气，在启动和停机时又是承受热冲击最严重的零部件。为此喷嘴要选用能耐高温和耐

热冲击的耐热合金，广泛应用钴基铸造合金，精密铸造而成。

PG9351FA 机组燃气透平第一级喷嘴采用 FSX 414 精铸，并用真空等离子体喷涂保护层；第二级喷嘴采用 GTD222 镍基合金精铸，用 Pack Process 工艺渗入保护层；第三级喷嘴采用 GTD222 镍基合金精铸，应用堆积涂层保护。

三级喷嘴全部有空气冷却，其冷却结构采用薄膜冷却（在气道的表面处）、冲击冷却和对流冷却（在叶片和侧壁范围内）的复合冷却。图 2-32 是喷嘴复合冷却叶片的示意图。第三级喷嘴的冷却通道只有对流冷却。

图 2-32 喷嘴复合冷却叶片的示意图

(a) 叶片横断面；(b) 冷却喷嘴组

3. 隔板气封

连接在第二级或第三级喷嘴段内径处的是喷嘴隔板。在隔板的内径上加工有迷宫式密封齿，它们与转子上相对的密封面相配合，阻止喷嘴内壁和转子间的空气泄漏。静止部分（隔板和喷嘴）和转动的转子之间具有最小的径向间隙是保持级间低泄漏的关键，它可使透平有较高的效率。

4. 护环

与压气机叶片不一样，透平动叶叶尖不是直接相对于一个完整的机加气缸面旋转，而是相对于被称为护环的环形弧段。护环最主要功能是为减少叶尖间隙泄漏而提供一个圆柱形面。其次的功能是在热燃气和较冷的气缸之间提供一个高热阻。凭借这个功能的实现，气缸冷却负荷急剧减少，气缸直径得到控制，圆形度得以保持，使具有重要意义的透平间隙得到保证。来自气缸的径向销，把护环块保持在周向位置上。护环弧段之间的接口以键销密封。图 2-33 为第一级护环原有结构和更新结构的对比。

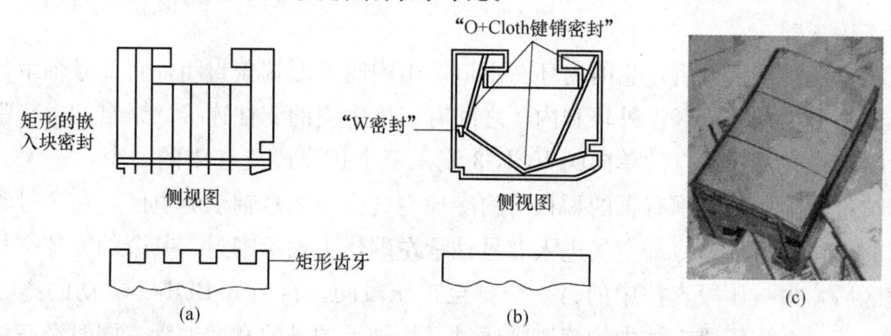

图 2-33 第一级护环原有结构和更新结构的对比

(a) 底视图（原有结构）；(b) 底视图（更新结构）；(c) 更新结构照片

这种改进型的一级护环在表层材料上选用了一种特殊的铁-镍-铬合金，即 HR-120 合金，以取代原先的 310SS，改善了护环块表面强度，可耐更高温度，并延长低循环疲劳寿命。

在护环块之间和护环块与第一级喷嘴持环之间的气封作了改进。在护环块之间，以所谓“Q+Cloth 键销密封”代替原先呈矩形的嵌入块。以一种耐磨性能较优的 L605 金属线编织成所谓的“Cloth”，然后再包裹并点焊在 X750 金属键销密封片上。经此改进后，键销密封的柔韧性较好，可灵活抵消由于受热或气流因素造成护环块之间间隙改变。

在护环块与一级喷嘴之间密封的改进则采用所谓的“W 密封”，见图 2-33（b），即在护环块迎气流方向的键槽中嵌入一截面呈“W”形的金属薄片，利用其弹性力来抵消一级喷嘴持环和一级护环块之间的间隙改变。

图 2-34 是第二级、第三级护环的更新结构。它们采用了蜂窝式密封结构，使动叶片的叶尖部燃气泄漏减至最小，提高了机组热效率。

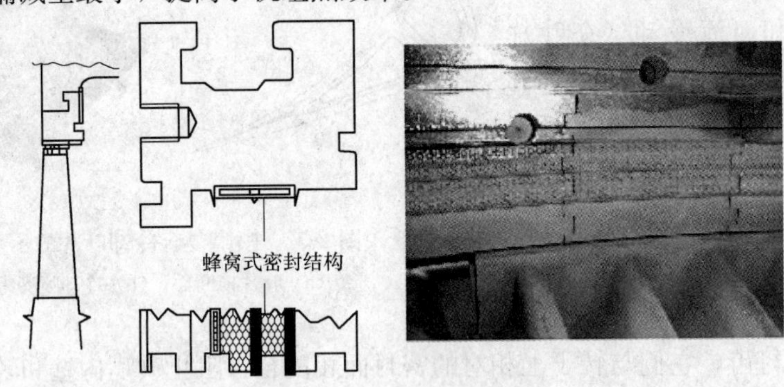

图 2-34　第二级、第三级护环的更新结构

5. 排气框架和扩压段

结构上，框架之间用径向支柱连接的内外圆柱体组成。排气框架径向支柱穿过排气流。为了控制转子相对于静子的中心位置，支柱必须保持在均匀的温度下，因此支柱制成空心的，即支柱外加一层金属包壳，安装在排气框架中，使支柱与热燃气隔离。同时，这个包壳也为冷却空气提供了一个回路，来自排气框架冷却风扇的冷却气流在冷却透平缸以后，向内经过金属包壳与支柱之间的空间，以保持均匀的支柱温度。

如图 2-35（a）是排气框架和扩压段在外环的连接视图，图 2-35（b）是排气框架和扩压段在内环的连接视图。

扩压段紧随排气框架后，它的内环在出口端由内筒锥形端盖封闭，将 2 号轴承封闭在内环里，形成 2 号轴承隧道区。外环和内环之间有三根中空的支柱连接。来自 88BN 驱动的离心风机的冷却空气经过各自的单向阀 VCK-3 流入三个扩压段支柱中的一个，进入 2 号轴承隧道区。被过滤除去对轴承有害的颗粒后的冷却空气进入 2 号轴承隧道区，在 2 号轴承回油真空吸力的作用下，部分冷却空气进入 2 号轴承左端作为轴承密封。其余的冷却空气在冷却轴承隧道区后，由扩压段支柱中的另一个排至扩压段间，再由 88BD1/2 驱动的离心风机排至厂房外。第三个扩压段支柱内的流道则通过 2 号轴承的进油和回油管，同时经三级叶轮后外侧测温热电偶（TT-WS3AO1/02）的引线引出。

三、燃气透平内部的冷却

目前使用的燃气轮机，由于燃气初温已高于高温合金所能承受的水平，为了保持合理的运行温度，从而保证透平有效的使用寿命，燃气透平内部必须进行冷却，冷却的方式可以是空气冷却，也可以是蒸汽冷却。F 级以下的燃气轮机都采用空气冷却，即从压气机中抽出部分空气，用作透平的冷却。图 2-36 是 PG9351FA 燃气透平内部冷却示意图，它是由多股强制性的冷空气完成的。

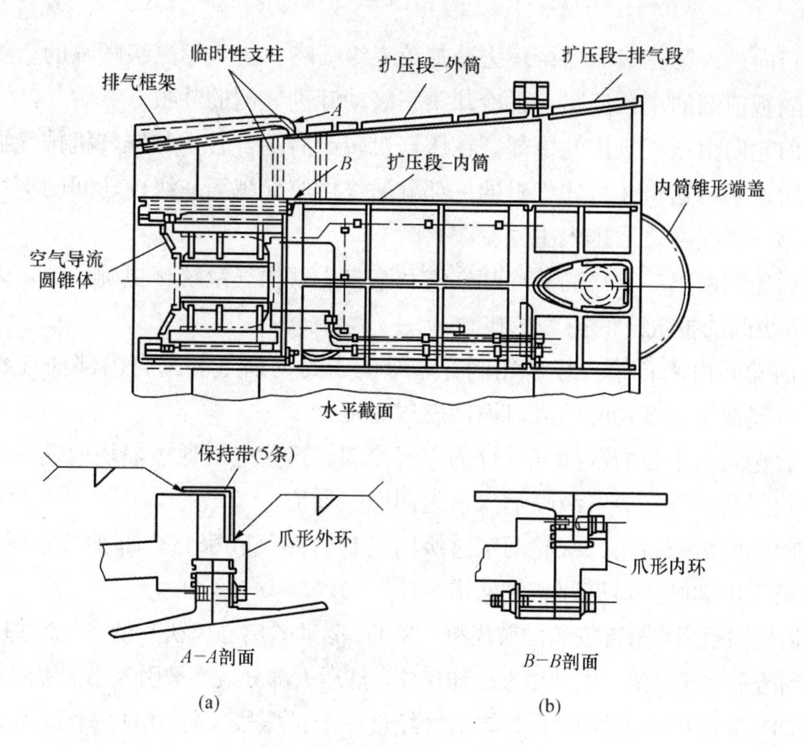

图 2-35　排气框架和扩压段

（a）排气框架和扩压段在外环的连接；（b）排气框架和扩压段内环的连接

如图 2-36 所示，来自压气机出口的压缩空气，从上下分两股流入第一级喷嘴内部的冷却通道，在冷却喷嘴后，从喷嘴叶片表面的小孔中排至主燃气流中。由压气机第 13 级抽气进入第二级喷嘴持环去冷却第二级喷嘴。流入第二级喷嘴的空气在冷却叶片后，有一部分从叶片尾缘的小孔中排至主燃气流，另一部分则从喷嘴内环前端的小孔流出，与来自第 16 级压气机抽气会合，去冷却第一级动叶出气侧的叶根和第二级动叶进气侧的叶根。来自压气机

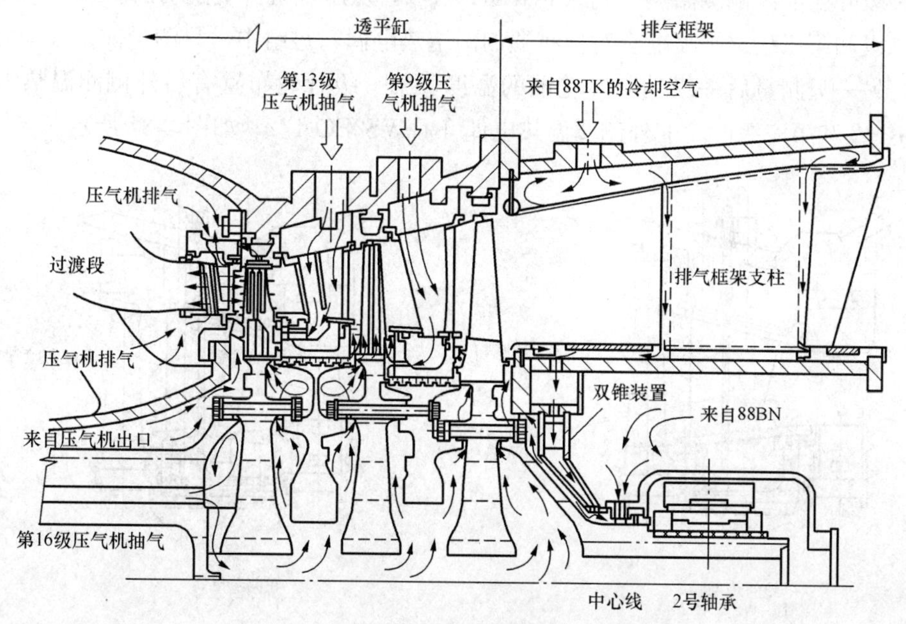

图 2-36　PG9351FA 燃气透平内部冷却示意图

第 9 级抽气径向进入第三级喷嘴持环去冷却第三级喷嘴。流入第二级喷嘴的空气在冷却叶片后，从喷嘴隔板前端的小孔流出，去冷却第三级动叶进气侧的叶根。

第一级前轮间由压气机排气冷却。在压气机转子后端，转子和压气机排气缸内筒之间有一个高压气封。来自这个迷宫式气封的一部分漏气供应穿越第一级前轮间的空气流。这股冷却空气流在第一级喷嘴之后排入主气流。

第一级后轮间由第二级喷嘴的冷却空气和来自内部抽气系统（更确切地，来自压气机第 16 级和第 17 级间的抽气）的空气冷却。

第二级前轮间由来自第一级后轮间穿越级间密封的漏气和来自内部抽气系统的空气冷却，这两股空气在第二级动叶的入口返回燃气通道。

第二级后轮间由来自内部抽气系统的空气冷却。这股空气通过隔块前端面上的缝进入轮间。来自该轮间的空气在第三级喷嘴入口返回燃气通道。

第三级前轮间由来自第二级轮间穿过级间气封的漏气和来自内部抽气系统的空气冷却。这股空气在第三级动叶入口返回燃气通道。

第三级后轮间由来自外部安装的鼓风机（88TK 驱动的离心风机）的空气冷却。这股冷却空气由管道接到透平排气框架，先被用来冷却支柱，然后大部分最终被引入第三级后轮间空腔。

来自 88BN 驱动的离心风机的冷却空气经过三个扩压段支柱中的一个进入 2 号轴承隧道区。在 2 号轴承回油真空吸力的作用下，部分冷却空气进入 2 号轴承左端作为轴承密封。其余的冷却空气在冷却轴承隧道区后，由扩压段支柱中的另一个排至扩压段轮机间，再由 88BD1/2 驱动的离心风机排至厂房外。

四、轮间温度热电偶的布置

为了检测燃气透平内部的冷却状况，在叶轮间安装有轮间热电偶，共有 12 支轮间热电偶。当温度达到它们的整定值时，会发出报警。

第一级叶轮前内侧测温热电偶 TT-WS1FI-1/2，从压气机排气缸引出。

第二级和第三级透平喷嘴有对称布置的两组热电偶，每组中一只测量前一级动叶叶轮后的温度，另一只测量后一级动叶叶轮前的温度。第一级叶轮布置有后外侧测温热电偶 TT-WS1AO-1/2 和第三级叶轮前外侧测温热电偶 TT-WS2FO-1/2，如图 2-37 所示。

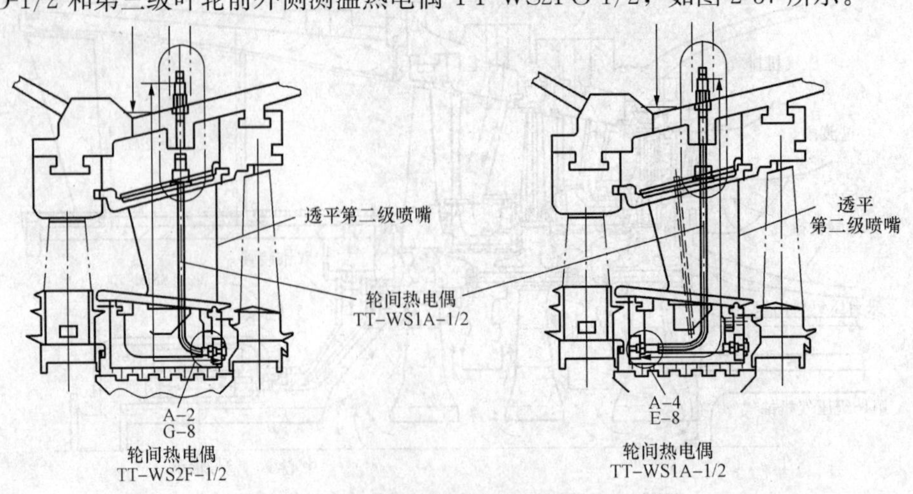

图 2-37　第二级喷嘴轮间热电偶安装示意图

同样，第二级叶轮布置有后外侧测温热电偶 TT-WS2AO-1/2 和第三级叶轮前外侧测温热电偶 TT-WS3FO-1/2。这些热电偶的引线从喷嘴持环经气缸的开孔引出。第三级叶轮后外侧测温热电偶 TT-WS3AO-1/2，从排气扩压段内支承孔引出。

轮间温度的测量对燃气轮机运行监测是很重要的。在燃气轮机运行时它反应动静叶片和叶轮的冷却效果，有无超温，冷却通道有无阻塞。停机后，轮间温度值可以作为盘车何时可以停止、水洗程序可否开始的依据。

当温度达到它们的整定值时，只发出报警，但不会停机或跳机。轮间热电偶通常都是金属铠装热电偶，它们拆卸比较麻烦，通常都是在热通道检查或大修时才更换。

第四节　孔窥仪测孔布置

在燃气轮机的透平和压气机的气缸上都设置有供孔窥仪探头出入用的观察孔，用来对压气机中间的一级或数级、透平第一级、第二级、第三级动叶片和喷嘴叶片进行观察。它由穿过气缸和里面的透平护环的径向对准的孔组成，允许在燃气轮机停机时，孔窥仪贯穿进入到流道区域内。孔窥仪可在不拆掉压气机气缸和透平气缸的情况下，检查机器内部的零件。图 2-38 为窥视孔的圆周位置和窥视孔能观察到的区域。

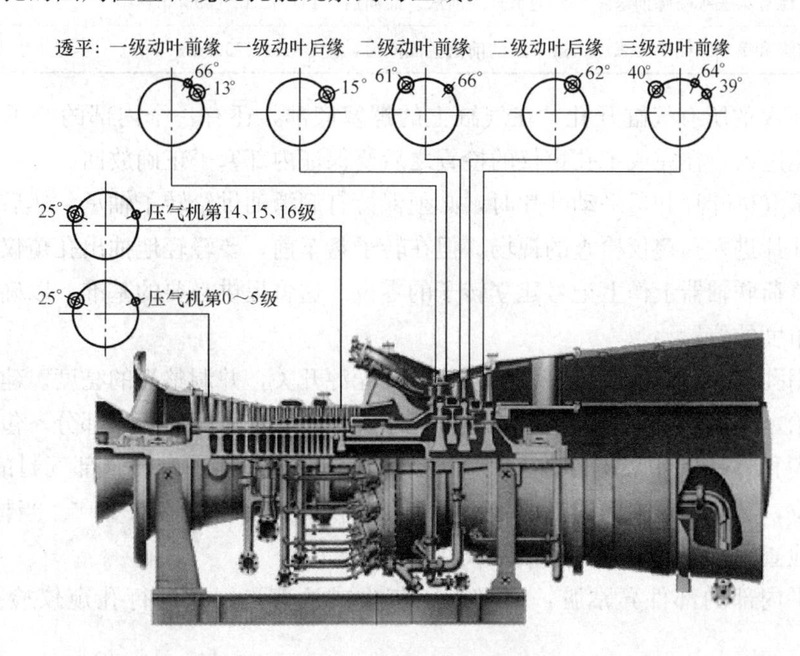

图 2-38　窥视孔的圆周位置和窥视孔能观察到的区域

表 2-1 列出了观察孔的位置、距气缸前端面或后端面的尺寸，以及每一位置上的孔数。

孔窥仪能以最短的停机时间、最少的人力和最小的生产损失迅速地检查轴流式压气机、透平部分、燃烧系统等区域。检查前，燃气轮机必须停机，在孔窥仪插入前，透平的轮间温度应不高于 82℃（180 ℉）。孔窥仪暴露在较高温度的环境中会永久性地损坏光缆内部的玻璃纤维束或摄像头。通常气缸上的检查孔都有“B. S”标记，如果要做常规的孔窥仪检查，只需拆除标有 B. S 标记的观察孔堵塞即可。

表 2-1　　MS9001FA 检查用孔的位置

标　记	位　置	孔　数
第 0 级压气机	距压气机气缸的前法兰面向后，38cm（15.07in）	2
第 1 级压气机	距压气机气缸的前法兰面向后，73cm（28.87in）	2
第 2 级压气机	距压气机气缸的前法兰面向后，99cm（39.12in）	2
第 3 级压气机	距压气机气缸的前法兰面向后，126cm（49.48in）	2
第 4 级压气机	距压气机气缸的前法兰面向后，148cm（58.15in）	2
第 5 级压气机	距压气机气缸的前法兰面向后，167cm（56.76in）	2
第 14 级压气机	距压气机排气缸的前法兰面向后，25.19cm（9.91in）	2
第 15 级压气机	距压气机排气缸的前法兰面向后，37.42cm（14.7in）	2
第 16 级压气机	距压气机排气缸的前法兰面向后，50.02cm（19.7in）	2
第一级动叶前缘和第一级喷嘴后缘	距透平缸的前法兰面向后，85.93cm（33.8in）	2
第一级动叶后缘和第二级喷嘴后缘	距透平缸的前法兰面向后，105.08cm（41.37in）	1
第二级动叶前缘和第二级喷嘴后缘	距透平缸的前法兰面向后，140.55cm（51.33in）	2
第二级动叶后缘和第三级喷嘴前缘	距透平缸的前法兰面向后，151.16cm（59.5in）	1
第三级动叶前缘和第三级喷嘴后缘	透平缸的前法兰面向后，191.9cm（75.5in）	3

MS9001FA 的所有气缸开孔，在气缸上的螺塞底部，还有一个内部的塞子，必须拿掉两个塞子才能进入。在完成了孔窥仪的检查之后要保证内部塞子正确放回。

在检查压气机叶片和透平动叶片时，必须保持有润滑油供给转子轴承，然后慢慢盘动转子，使每个叶片进入孔窥仪检查的视场。但在转子盘车前，要轻轻地抽出孔窥仪，以防损坏设备。应在负荷联轴器上作上记号建立转子的零位。这将提供必要的基准，以确定转子转了一圈或中间角度的位置。

在检查用孔打开后，孔窥仪可以插入，打开光源开关，并调整光的亮度。建议检查工作从压气机开始，继而通过每个透平级。检查程序应包括所有可见的静子部分，包括压气机静子、透平喷嘴和每一个可见级的动叶片。从根部到顶部，包括平台和顶部气封的直观检查。为了实际定位，转动目镜下面的光源接头可使孔窥仪头部的物镜移动 180°。当检查完成时，确保孔窥仪检查用孔处的所有密封堵塞放回并上紧。

如果透平内部的部件异常脏，如吸入了灰尘或油蒸汽，在进行孔窥仪检查前应清洗机组。

第五节　轴承及其支承体系

轴承是支承转子并允许转子高速转动的承力部件，机组运行时，轴承受到转子的径向及轴向作用力，再经过轴承座传至气缸上或直接传至底盘上。重型燃气轮机机组毫无例外的都采用滑动轴承，因为滑动轴承具有承载能力强、工作寿命长、减振性能好等优点。滑动轴承可分为支承和止推两种。径向轴承承受径向力，起支撑作用；推力轴承承受轴向力，起承受轴向推力作用。

GE公司系列的燃气轮机除MS9001E有三个径向轴承、一个推力轴承外，其余均为两个径向轴承和一个推力轴承。

MS9001FA燃气轮机有两只径向轴承用以支撑燃气轮机转子。有一只推力轴承以保持转子与静子的轴向位置。对于单轴联合循环机组，燃气轮机、蒸汽轮机和发电机共用一只推力轴承。

轴承及其密封安装在两个轴承座中，一个在进气端，另一个在排气框架中心线上。

1号轴承是复合轴承，它包括一个四可倾瓦自整位型径向轴承和有正副推力瓦的推力轴承。2号轴承是一个四可倾瓦自整位型径向轴承。这两个轴承由润滑油系统供应的流体进行压力润滑。润滑油通过支管流进每一个轴承座的入口。当润滑油进入到轴承座入口后，流入环绕轴承轴瓦的一个环形通道，流体从这个环形通道，穿过轴瓦上的机加孔流入轴瓦表面。

每一个轴承座上的挡油圈和径向表面共同构成迷宫式密封。在密封挡油圈和径向表面之间仅留有一个很小的间隙，防止润滑油沿着透平轴渗漏。同时，本机组的润滑油箱有较高的负压，有较大的抽吸作用，所以只用油封，没有再使用气封。

一、1号轴承组件

1号轴承组件位于压气机进气缸组件的中心，包括主推力轴承、副推力轴承和径向轴承。此外，它有一个“浮动型”环状油封、两个迷宫式油封和一个用来安装轴承的轴承座。轴承座的底部是进气缸的一部分。轴承座的上部是一个独立的铸件，用法兰和螺栓固定到下半部。图2-39是1号轴承的剖面图。

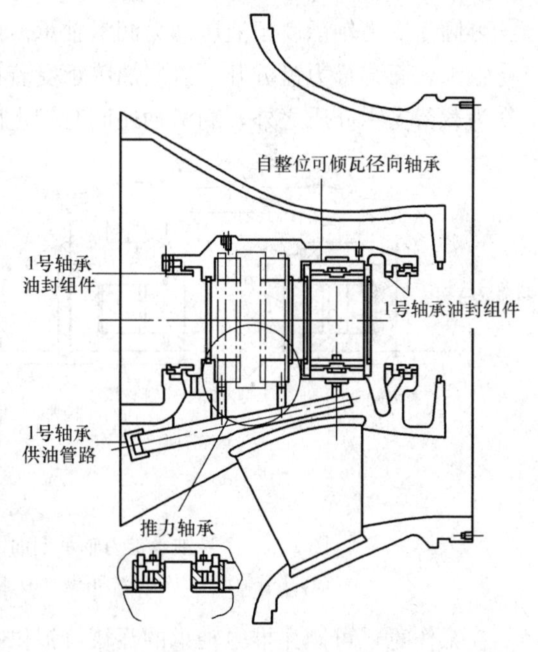

图2-39　1号轴承的剖面图

推力轴承腔前端的“浮动型”环状油封充有润滑油，限制空气进入腔内。推力轴承组件由一个被称为“推力盘”的轴部件和一个被称为“轴承”的静止部件组成。推力轴承用来承受燃气轮机在转动时形成的推力负荷。加到这个轴承的推力负荷是沿转子轴向作用在转子组件上的力的代数和。例如，该机组的轴流式压气机的推力和由驱动它的透平，包括燃气透平和蒸汽透平合成的推力负荷，具有与压气机内气流的相反方向去推动转子组件的趋向。

在燃气轮机正常运行过程中，转子组件的推力负荷是单方向的。然而，在启动和停机过程中，推力负荷的方向通常相反。因此，为了承受加在两个方向上的推力负荷，在一个转子轴上装有两个推力轴承。承受正常运行中的推力的轴承称之为“主”或“承载”推力轴承，而承受启动或停机过程的推力的轴承称之为“副”或“不承载”推力轴承。

图2-40是1号轴承推力轴承剖面图以及推力轴承圆周方向展开图。推力轴承的工作是

可倾瓦自位型的。这种轴承类型能够承受高负荷并能允许轴和轴承座的对中偏差。可倾瓦自位推力轴承的主要零件包括推力盘、推力瓦、均衡板和座环等。“推力盘”作为转子轴的一个整体部分，是可以随轴转动的。推力瓦由两排被称为“均衡板”的淬硬钢调整杠杆支承。瓦块和均衡板装在座环中，且整个组件支承在轴承座内，并用销钉销住，防止其转动。轴承瓦块形状就像环的扇段一样，它的表面镶有巴氏合金，每个瓦块都有一个称为瓦块支点的淬硬钢凸球，它安装在瓦的背面，该支点允许瓦块在均衡板上向任何方向作轻微摇摆。

均衡板是带中心支点的短杠杆，它们的功能是调整好由它支撑的瓦块与推力盘的相对位置，并且在轴线有可能略微偏离正常状态的情况下，使瓦块均衡承受载荷。均衡板由销或螺纹定位在座环上，使它在它们的支点上自由摆动，通过推力盘传递给每一瓦块的载荷，使得瓦块压在紧跟其后的上均衡板上。每一块均衡板依次支承在两块相邻的下均衡板中的每块的一条棱边上，下均衡板的另一棱边则支持相邻的上均衡板。

这种布置的结果使得加在一块瓦块上的任何初始过量的推力，通过均衡板的相互作用立即被相邻的瓦块分担掉。这种相互作用和载荷分担沿着整个圆周分布，使得所有的瓦块自动地受到相等的载荷。

轴承组件的所有零件都由座环提供支承，并使这些零件处于正确的位置。

可倾瓦推力轴承属于液压动力润滑轴承。由轴承表面的相对运动形成和保持的润滑油薄膜将轴承表面与推力盘分开。这层油膜承受着推力载荷并防止轴承表面金属之间的接触。除了作为载荷支承介质之外，润滑油还同时带走因油膜剪切作用而产生的热量。

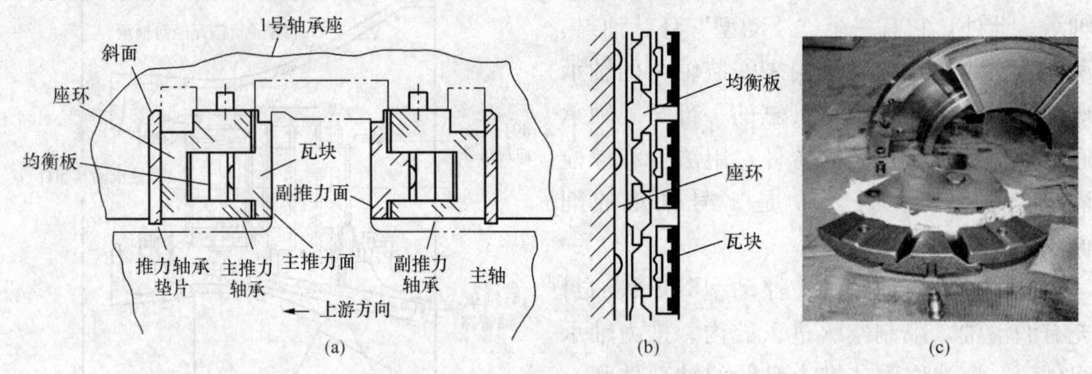

图 2-40　1 号轴承推力轴承剖面图以及推力轴承圆周方向展开图

(a) 1 号轴承推力轴承剖面图；(b) 圆周方向展开图；(c) 推力轴承照片

在工作时，可倾瓦推力轴承的瓦块可提供最佳的油膜，而这正是轴承在承受每个不同的载荷、转速、油的黏度和温度的综合作用时所要求的。

提供给可倾瓦推力轴承的润滑油，通过轴承座上的孔在压力作用下进入座环后的一个环形通道，然后，润滑油通过座环上的孔进入推力轴承腔内，在那里由转动的推力盘固有的泵送作用，将润滑油吸进并送到整个轴承的表面周围。润滑油在瓦块和推力盘的外表面离开，流出轴承汇集到一个大的环状腔室，并排放掉。环形排放通道和出口，通常是在轴承座上被铸造或机加工出来的。

1 号轴承的径向轴承是一只自整位轴瓦轴承，由四块可倾瓦组成。图 2-41 是典型的自整位四可倾轴瓦的视图。

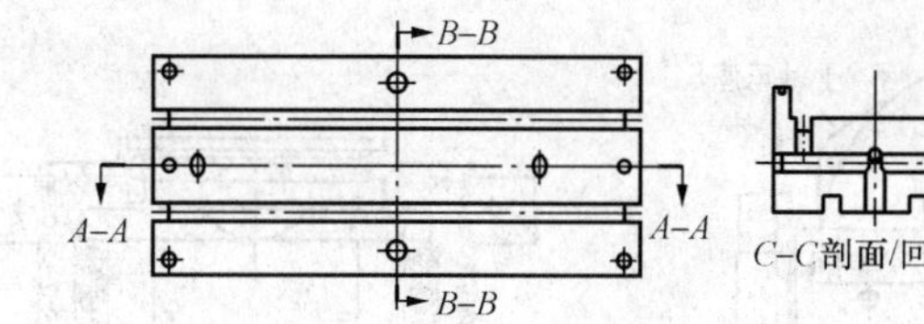

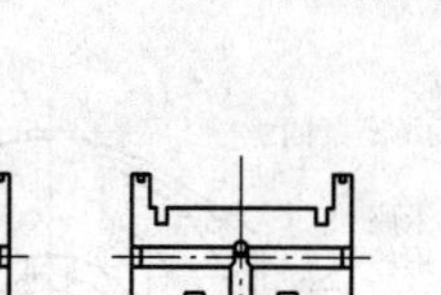

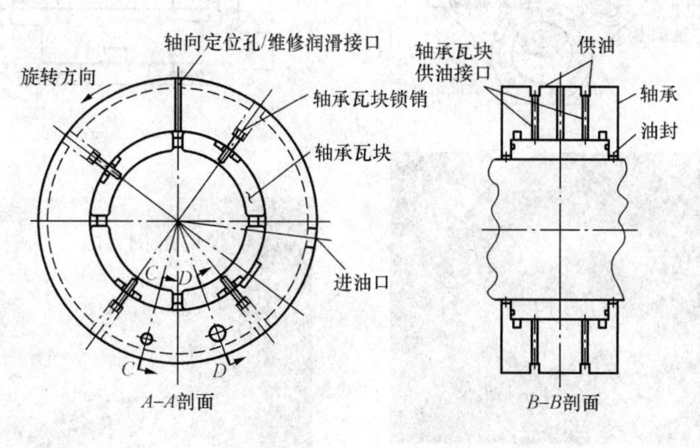

图 2-41 典型的自整位四可倾轴瓦视图

二、2 号轴承组件

和 1 号轴承的径向轴承一样，2 号轴承是一只自整位四可倾轴瓦轴承，它们有同样的结构，如图 2-42 所示。2 号轴承组件被支撑在排气框架的内缸中，位于排气框架中心线处。组件在水平中分面上有凸缘，在组件底部中心线有 1 个轴向键。通过这些与排气框架内缸相连接，当轴与缸由于温度不同而引起相对伸长时，轴承仍能保持在排气框架的中心线处。

2 号轴承组件由自整位可倾瓦轴瓦、迷宫式油封和轴承座组成，轴承上轴瓦以螺栓固定在轴承座下半部，是可拆分的。在轴承座每端设有迷宫式油封，防止润滑油沿着透平轴渗漏。

润滑油从进油管进入轴承底部，顺着周向布置的槽道从每个瓦块有一组（两只）油孔进入轴瓦，润滑轴颈后，从两边流出，汇流到回油管。

PG9351FA 燃气轮机的径向轴承下部的两块可倾瓦块中心各有一只顶轴油进油孔，在机组启动和停机时，顶轴油将顶起转子 0.05～0.075mm，以减少启动力矩。

三、支承体系

机组的支承与定位包括底盘的锚定、机组的支承和滑销系统。

通常燃气轮机的前支撑安排在压气机外法兰上，是一块具有弹性的板。后支撑轴向有两个垂直的支撑点，用冷却水冷却，不仅保证轴线的水平，并且轴向是固定的，即燃气轮机在这一点相对于基础的轴向位置是固定的，此位置称为机组的“绝对死点”。而转子相对于静子膨胀的固定点称为机组的“相对死点”，它位于燃气轮机前端的止推轴承的推力面上，如图 2-43 所示。在多轴联合循环装置中，燃气轮机和蒸汽轮机独立布置，它们各自有独立的确保自由膨胀的滑销系统。

在单轴联合循环机组中，机组的滑销系统取决于组成轴系的各轴之间的连接形式。若燃

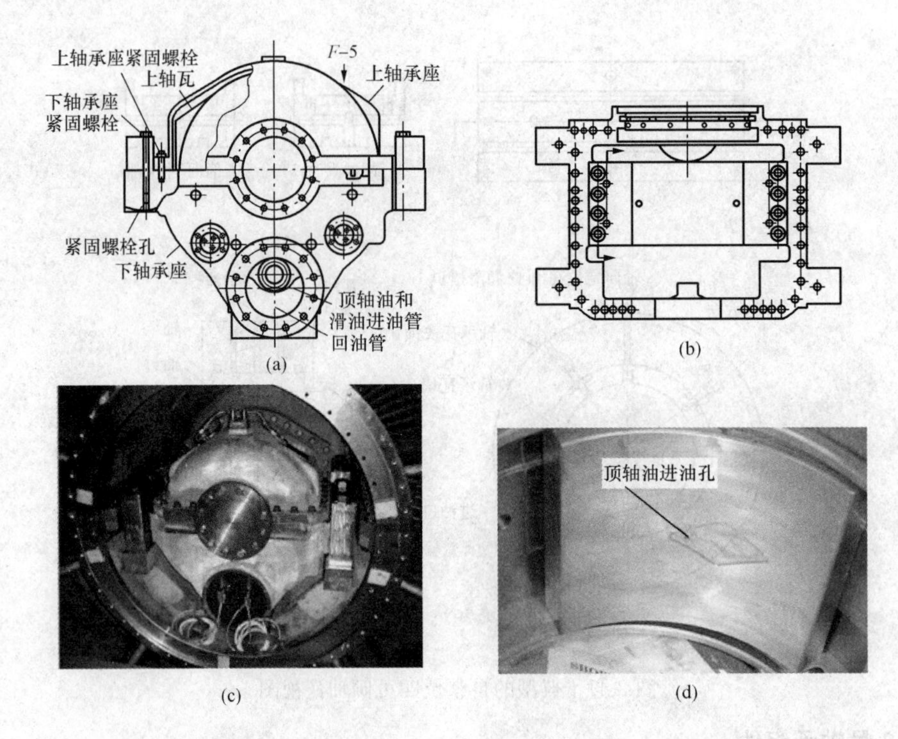

图 2-42　2 号轴承和轴瓦

（a）2 号轴颈轴承视图；（b）F-5 视图；（c）2 号轴承照片；（d）2 号轴瓦照片

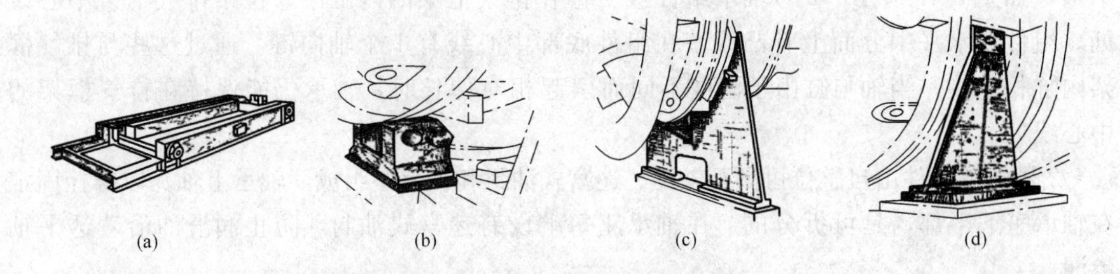

图 2-43　典型的燃气轮机底盘和支撑

（a）底盘；（b）凹字形楔和导向销；（c）前支撑；（d）后支撑

气轮机和蒸汽轮机用挠性联轴器连接，则它们各自有独立的确保自由膨胀的滑销系统。

如果组成轴系的各轴之间的连接像 S109FA 那样，都是刚性的，则它们只有单一的滑销系统。此时，燃气轮机支撑要做一些改动，如图 2-44 所示。它的前后支腿可微量移动，并且在压气机前气缸下部增加了复合导向键。在燃气轮机进气缸内筒和汽轮机的前机箱之间左右装有两根可调整的，自对中的轴向连接杆组件，将燃气轮机和汽轮机高压汽缸连接成一个整体。

如图 2-45 所示，径向轴承从燃气轮机端开始，T2 和 T1 为燃气轮机轴承，T3 和 T4 为高/中压汽轮机轴承，T5 和 T6 为低压汽轮机轴承，T7 和 T8 是发电机轴承。全机组有一只推力轴承布置在燃气轮机 1 号轴承座中，推力轴承的主推力面构成了本机组的“相对死点”。含有 3 号 轴承的高压前机箱，在 T3 轴承的中心线位置，用轴向和横向键，锚接到基础板上，并用地脚螺栓压紧，构成本机组热膨胀的“绝对死点”。

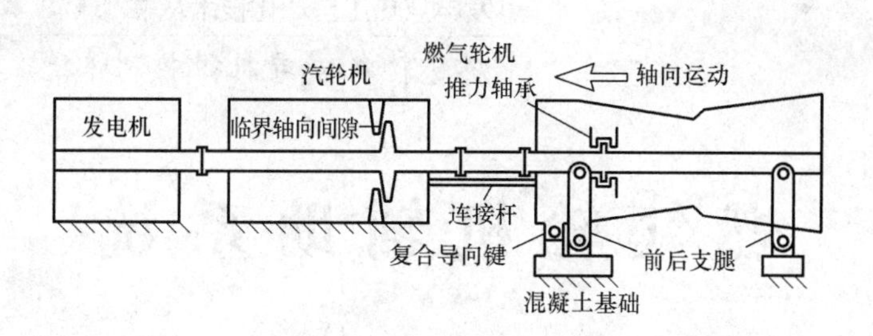

图 2-44 单轴联合循环机组中燃气轮机支撑的改动

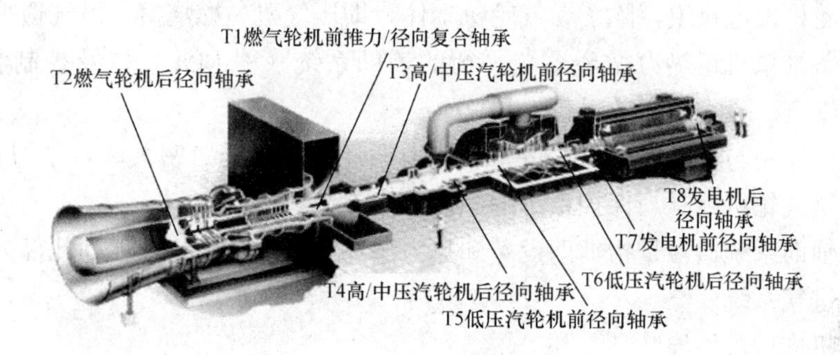

图 2-45 单轴联合循环机组本体轴承布置

汽轮机的高-中压段流道布置在同一个转子上，安置在同一汽缸中。高压和中压蒸汽，从中部向两侧相对流动，以减少推力。低压段是双分流的，内汽缸包含在排汽罩中。在正常运行中，机组的合成净推力朝向发电机。燃气轮机机座的轴向移动被“连接杆”和固定的高压透平前机箱束缚住，从而维持住设计的蒸汽轮机和燃气轮机的级间间隙。

高-中压透平汽缸前端（高压端）由高压端前机箱支撑并销住在固定的轴向位置上。汽缸的后端（中压端），由中机箱支撑，横向移动受到位于高-中压汽缸和中机架之间的轴向键的束缚，但在轴向可自由滑动以适应壳体的热膨胀。汽轮机 3 号径向轴承安放在高压前机箱中，4 号径向轴承则安放在中机箱上。

中机箱用螺栓固定在排汽罩壳体上的垂直机加工法兰上，然后密封焊接，成为排汽罩的整体部分。中机箱的底座可在其基础板上轴向自由滑动，由安装在底座和基础板之间的轴向键导向。

低压排汽罩支撑脚搁置在基础板上。排汽罩由横向中心线上的横向键作轴向定位，但能在这个固定的参考点附近作横向的自由移动，以允许热膨胀。T5 和 T6 低压透平径向轴承座是排汽罩机架的整体部分。排汽罩机架支撑着低压透平内汽缸，由一个导向的塞块和键系统维持着内汽缸和排汽罩的对中，允许它们之间有热膨胀。

四、联轴器

联轴器是连接两轴或轴和回转件，在传递转矩和运动过程中一同回转而不脱开的一种装置，有刚性联轴器和柔性联轴器之分。刚性联轴器由刚性传力件构成，各连接件之间不能相对运动，因此不具备补偿两轴线相对偏移的能力，只适用于被连接两轴在安装时能严格对中，工作时不产生两轴相对偏移的场合。刚性联轴器无弹性组件，不具备减振和缓冲能力，一般只适用于载荷平稳并无冲击振动的工况条件。通常，燃气轮机轴与发电机轴的连接采用刚性联轴器。

第三章 燃气轮机辅助系统

一台燃气轮机发电机组，除了燃气轮机本体，即压气机、燃烧室、燃气透平和发电机以外，还必须配备维系机组热力循环系统平衡的辅助系统（称 BOP）以及控制和保护系统，以确保机组能安全、可靠、高效运行。

燃气轮机的控制与保护系统与主设备和热力循环辅助系统紧密关联，学习这一章知识，便于读者掌握燃气轮机控制与保护系统的工作原理。

燃气轮机辅助系统通常是指辅助设备和热力循环管路系统。它由下列几部分组成：

（1）空气进气系统。

（2）压气机进口可转导叶。

（3）冷却和密封空气系统。

（4）通风和加热系统。

（5）润滑油和液压油系统。

（6）气体燃料及系统。

（7）液体燃料及系统。

（8）启动和盘车系统。

（9）火灾检测与保护系统。

（10）水洗系统。

下面以 PG9351FA 燃气轮机为例，简要介绍各辅机系统的工作原理。

第一节 空气进气系统

一、空气进气系统的作用和组成

燃气轮机的进口空气质量和纯净度是有效运行燃气轮机，提高燃气轮机性能和可靠性的前提。在空气进入燃气轮机前，需要对进入压气机的大气进行处理，滤除杂质。此外，进气系统还担负着消声的作用。

燃气轮机进气系统应以最小压降，将空气流从进口过滤室引入进气室。

如图 3-1 所示，进口过滤室包括进口滤网、除湿器和带自动过滤清洗系统的滤芯。在进口过滤室后，顺气流而下安装有进气加热母管。该管道将压气机抽气引入进气加热母管。它有助于防止压气机结冰，并用来减少 NO_x 排放污染。紧靠它们后面有一排消声器，用来降低来自压气机的低频率噪声。然后，弯管重新将空气向下引入进气室。弯管内有两层格栅式滤网，防止异物损坏燃气轮机。弯接头有助于现场安装，并将进气系统与燃气轮机隔离开。两个膨胀节，一个位于过滤室与进口消声器组件之间，另一个位于过渡导管与进气室之间。

过滤室上配置了过滤脉冲清洗系统，可以用它清洗进口过滤器滤芯。脉冲清洗系统提供压缩空气脉冲，它使空气暂时反向流过滤芯，驱除积聚在滤芯进气侧的积灰，从而延长滤芯的使用寿命，有助于保持过滤器效率。脉冲清洗系统使用的纯净干燥空气来自燃气轮机压气机排气，然后再经过空气处理单元冷却、净化和干燥得到。

PG9351FA 燃气轮机的进气系统设计额定流量为 31.598m^3/min，最大进气温度 80℃。当机组启动时，将由 MARK-Ⅵ控制系统来控制燃气轮机压气机的旋转，同时燃气轮机进气系统也开始运行。由 MARK-Ⅵ发出命令，机组将开始加速。空气将按压气机要求，开始流过进口过滤器。进口过滤器差压（63TF-1A）将随时受到监控，并将在 152.4mmH_2O（6.0inH_2O）时报警。若差压继续升高，差压开关（63TF-2A，63TF-2B）将使机组在 203.2mmH_2O（8.0inH_2O）时跳机。

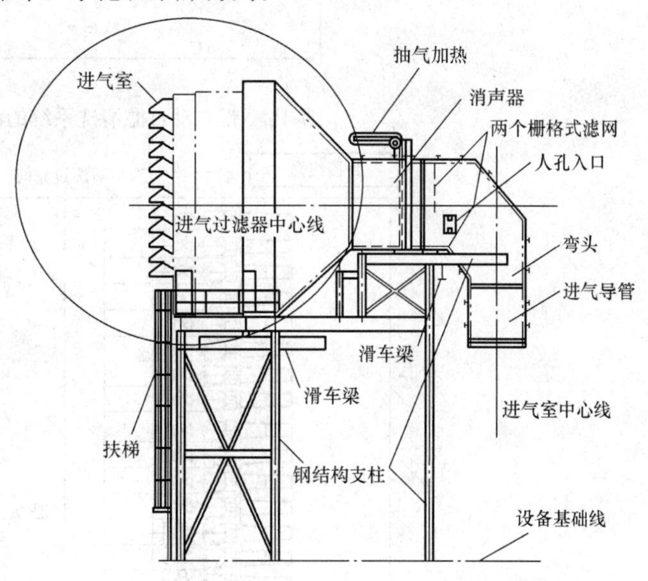

图 3-1 燃气轮机进气系统主要结构和管道

机组到达基本负荷之前，流过过滤器的空气流量将继续增大。空气流量仅受到机组负荷、环境条件和过滤器差压的影响。一旦机组达到基本负荷，进口空气流量将保持相对恒定。

二、进气过滤器的脉冲清洁

电站燃气轮机通常采用两种不同方式的进气过滤器，即三级惯性分离过滤装置和脉冲空气自清洗过滤装置。三级惯性过滤装置包括惯性分离器、预过滤器、精过滤器三部分。脉冲空气自清洗过滤装置的过滤组件为圆柱形过滤器、锥形过滤器或将它们串联使用，一般采用高效木浆纤维滤纸制造。

PG9351FA 燃气轮机采用脉冲空气自清洗过滤装置，将圆柱形过滤器、锥形过滤器串联使用，有 700 对滤芯，滤芯的结构见图 3-2。

当大气中的空气进入压气机进气滤网时，颗粒集聚在过滤器介质外层，滤芯两侧的差压增加。当达到最大差压设定点时，差压开关激活脉冲清洁系统运行。对进气滤芯进行反向脉冲吹扫，清除集聚在过滤器介质外侧的沙尘和污物。吹扫是分段分区进行的，因此可以在线进行吹扫。

图 3-3 是燃气轮机进气滤芯的脉冲清洁系统示意图。吹扫时，来自空气处理单元的纯净干燥空气，进入图 3-3 所示的吹扫母管对过滤器进行分段吹扫。

图 3-4 为燃气轮机进气滤芯反吹空气处理单元系统图。空气处理单元（APU）由隔离电磁阀 20AP-1、进气滤反吹压力调节阀 VPR67-1、双塔的干燥器、空冷器、气水分离器、凝

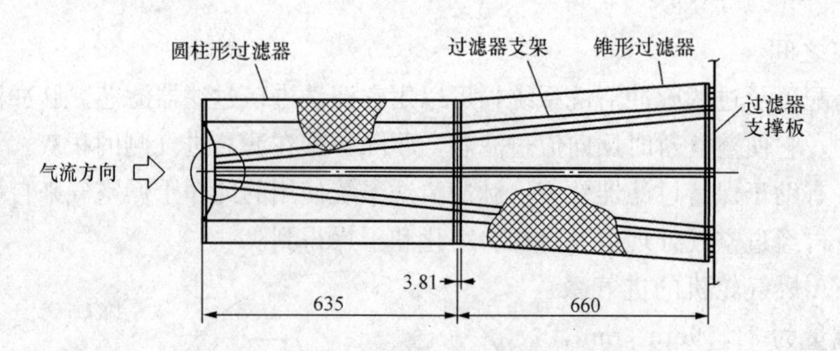

图 3-2 带自动过滤清洗系统的滤芯结构

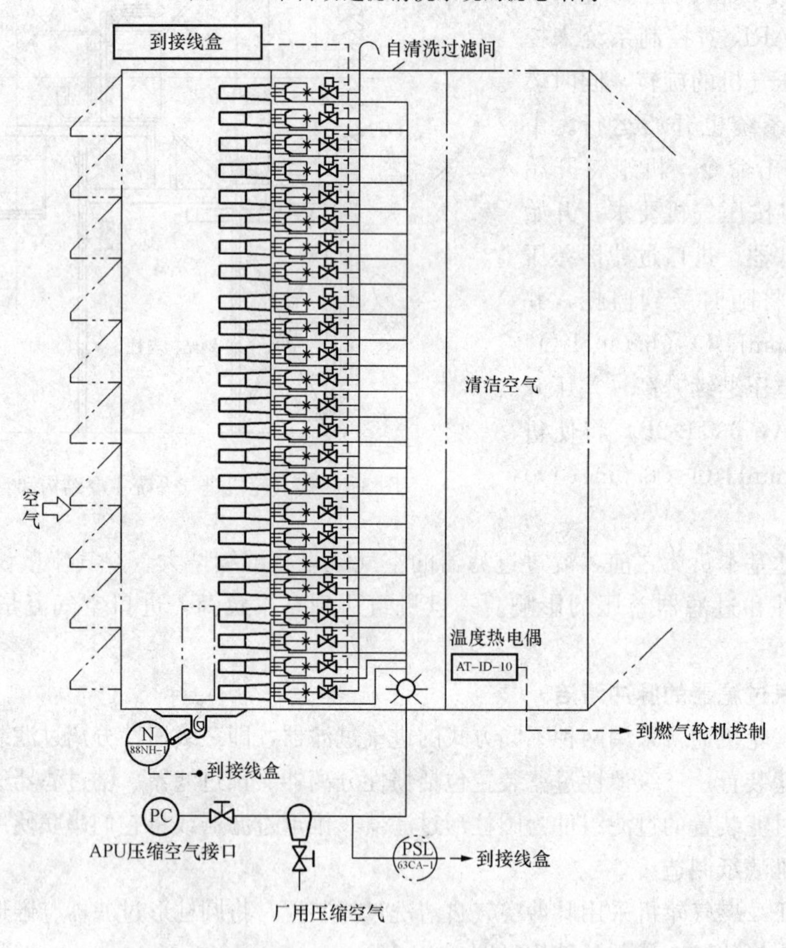

图 3-3 燃气轮机进气滤芯的脉冲清洁系统示意图

聚过滤器、除尘过滤器等组成。

来自压气机排气抽气口 AD-3 的压缩空气，经空气冷却器冷却、分离、过滤、除尘、干燥和调压后，向压气机进气过滤器的脉冲清洁管路提供纯净干燥空气。其压力为 5.9～7.6 bar，温度低于 61℃。现场脉冲选择开关可以选择连续模式、关断模式和自动/请求模式三种运行模式。自动/请求模式是透平运行时推荐的正常位置。可按以下三种情况下进行自动清洗。

首先，时钟控制清洗系统。由操作员安排每天的清洗时间，也可以为该时钟编程，控制器能够使过滤器执行正常的清洗循环。

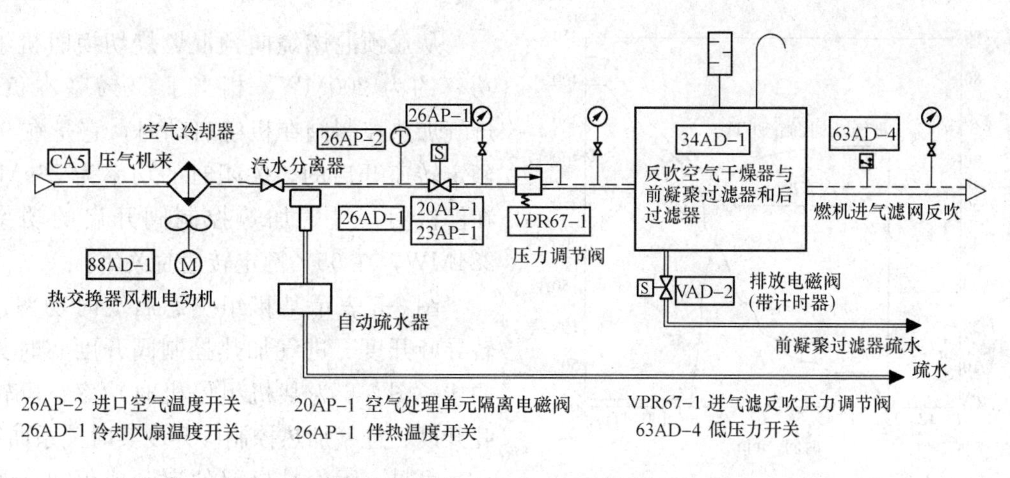

图 3-4　燃气轮机进气滤芯反吹空气处理单元系统图

其次，若相对湿度超过 80%，过滤器清洗系统将启动脉冲清洗，直至相对湿度下降方停止清洗。

最后，当进气过滤装置两侧的总差压达到仪表预设定的“高位”总差压时即启动自动脉冲。通常，高位差压选为 105mmH_2O。当差压大于该值时，将触发差压开关，过滤器脉冲系统将启动。脉冲屏初始向阀门的顶行发出脉冲信号。然后，在可调时间延迟之后（工厂设定在 30 s），脉冲触发阀门的下一行，并继续其脉冲顺序直至差压降到 105mmH_2O 以下方可停止工作。否则，过滤器脉冲系统在机组停机更换过滤器之前，将一直保持在连续脉冲模式。

三、进气抽气加热系统（IBH）

通常在寒冷的冬天，燃气轮机的进气加热是作为防止压气机进口结冰用的，该系统通过将少量压气机排气抽出，实现对压气机进气加热。

在带有 DLN-2.0＋燃料喷嘴的 PG9351FA 燃气轮机中，还有扩大 DLN-2.0＋燃烧室预混燃烧工作范围和限制压气机压比超限的作用。尤其是在压气机进口可转导叶的配合下，解决了干式低 NO_x 燃烧室预混燃烧工作范围狭窄的问题。同时，IGV 角度的减小，会引起较大的压降和空气流的总温下降，它将可能导致第一级静叶片在一定的环境温度下形成结冰。

在压气机设计时，考虑了采用低于 IGV 最小全速角来扩展预混燃烧范围，这样将导致压气机接近于喘振边界，因而从压气机抽取其总排气量的 5%，在压气机入口处与入口空气气流混合实现再循环。

1. 进气抽气加热系统（IBH）

进气抽气加热系统（IBH），由手动进口隔离阀 VM15-1、进气抽气加热控制阀 VA20-1、压力传感器 96BH-1/2 以及控制阀的气动控制回路组成。抽气加热控制阀由带有 I/P（电流/气动压力）转换器的气动执行机构 65EP-3 驱动，96TH-1 是远程位置调节器。仪表空气来自工厂压缩空气站，引入后经恒压阀 VPR41-1 将压力保持在 3.1×10^5Pa，当控制系统输出不同的电流时，经 I/P 转换后，控制阀在不同的气压作用下有不同的开度。进气加热系统的控制在 MARK-Ⅵ 中完成，其控制算法和气动回路，在本书后续相关章节介绍。

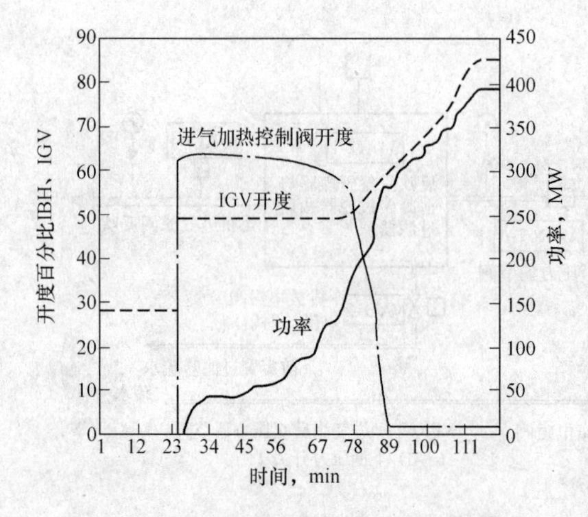

图 3-5　某机组热态启动时功率、可转导叶开度、进气加热控制阀开度关系曲线

从亚预混燃烧向预混燃烧切换时机组的功率约为 200MW，相当于 50%基本负荷。进气加热控制阀在机组启动时，它是在 95%额定转速开启的，关闭时的功率为 269MW。在停机时，进气加热控制阀开启的功率为 284MW，在 95%额定转速时关闭。

图 3-5 表示某机组热态启动时功率、可转导叶开度、进气加热控制阀开度实时关系曲线；图 3-6 为某机组停机时功率、可转导叶开度、进气加热控制阀开度实时关系曲线。

可见，无论是机组的启动或停机，进气抽气加热的关闭或开启都是在较高的负荷下进行的，这将会对机组效率有负面影响。

2. 进气加热在 DLN-2.0＋燃烧室预混燃烧中所起的作用

DLN 燃烧室采用预混燃烧的模式，只要控制燃料与空气的混合比，将火焰温度控制在 1430～1530℃之间，就有可能使燃烧室的 NO_x 和 CO 的排放量都比较低。

但是，均相预混可燃混合物的可燃性极限范围比较狭窄，在各种工况下，除了要合理地选择均相预混可燃混合物的实时掺混比和火焰温度外，通常还应采用分级燃烧的方式以扩大负荷的变化范围。如 GE 公司早期的 DLN-1.0 预混燃烧室就是串联式分级燃烧的，以扩大负荷的变化范围。但是，近期 GE 公司研制发展的 DLN-2.0、DLN-2.0＋和 DLN-2.6 都是并联式分级燃烧的。因为在实验研究中发现，为了扩大负荷的变化范围，只要在不同的负荷的变化范围内，变化进口可转导叶 IGV 的开度，控制住均相预混可燃混合物的实时掺混比和火焰温度，同样能达到目的。

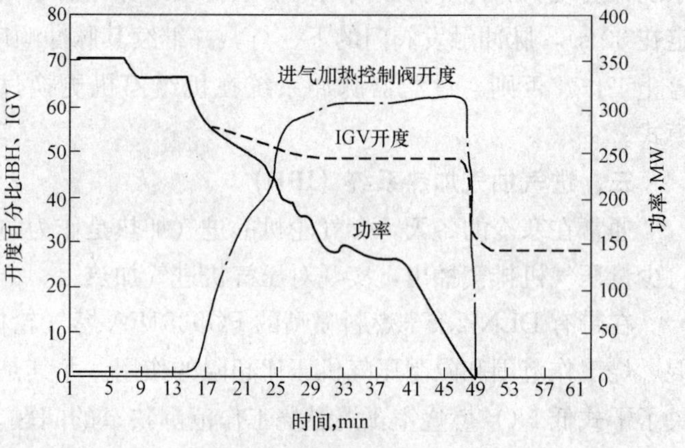

图 3-6　某机组停机时功率、可转导叶开度、进气加热控制阀开度关系曲线

在采用 DLN-2.0＋预混燃烧室后，受一次空气通流面积固定的影响，燃料与空气实时掺混比只能在一定的范围保持燃烧稳定。如果能在从扩散燃烧向预混燃烧过渡过程中，在各工况下减少进口可转导叶 IGV 的开度，压低空气流量，将燃料与空气实时掺混比控制在一个允许的范围内，即允许燃烧室运行在较高的预混气着火浓度上，以支持预混燃烧运行，保持燃烧稳定。

例如，PG9351FA 燃机使用 DLN-2.0＋燃烧系统，最小全速角从 55°减小到 49°，从亚预混燃烧向预混燃烧的过渡点将从 70%负荷工况点提前到 40%～50%负荷工况点，扩大了

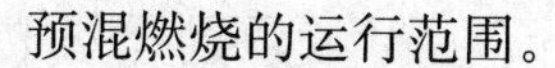
预混燃烧的运行范围。

但是，当以降低的 IGV 的最小全速角的设定值运行时，随着扩大预混燃烧模式到较低的负荷，必然会减少燃气轮机压气机设计的喘振裕度。同时 IGV 角度的减少，会引起较高的压力降，它将导致在一定的环境温度下，在第一级静叶片形成结冰，故需要通过使用再循环压气机排气来对进口空气加热。用这种对压气机出口压力卸压和增加进口空气流的温度的方法，即抽气加热进气的方法能防止因降低 IGV 的最小全速角的设定值运行可能带来的压气机失速，同时还能防止压气机第一级静叶片结冰。

3. 抽气加热 IBH 系统的防冰作用

环境温度低于 4.44℃（40.0 ℉），并且压气机进口温度和露点温度之差（过热度）小于 5.6℃（10.0 ℉），为了防止冰冻，将自动启动进口抽气加热功能。起初，防冰装置运行时，命令进口抽气加热控制阀抵达行程的 50%位置。为取得最佳的稳定防冰控制，采用了露点温度的比例积分闭环控制，以使进口空气温度保持在高于露点温度 5.6℃（10.0℉），以防止低于 0℃（32℉）时凝结水结冰。在露点传感器发生故障时，应将“环境温度偏置参考值”作为湿度传感器的反馈指令。

露点传感器位于进口管内进口过滤器下游。环境温度热电偶在进口抽气加热总管上游。差压开关（63TF-1）监控进口过滤器压降是否超出范围，压降过大说明已发生冻结，即触发一个报警，警告操作员有结冰现象。压气机抽气加热母管位于进口空气过滤器下游。在进口位置需要安装遮风雨装置以防雪防冻，使防冻系统更好发挥效能。

该系统还提供了手动控制方式，作为进口防冻抽气加热控制的一部分。通过 MARK-Ⅵ控制器，允许操作员手动发出升、降 VA20-1 控制阀的命令来启动进口抽气加热系统。

关于 IBH 的气动回路工作原理和控制原理，请读者阅读本书的第八章相关介绍。

第二节 压气机进口可转导叶

压气机进口可转导叶 IGV 系统由液压控制系统和可转导叶回转执行机构组成，控制回路含在 MARK-Ⅵ系统里（第八章有详细介绍）。压气机进口可转导叶工作状态，它对燃气轮机的启动、正常运行和工况调整非常重要。

一、可转导叶工作原理介绍

机组启停或运行中 IGV 角度的开和关都由 MARK-Ⅵ控制系统按照需求规律自动进行调整。图 3-7 是机组热态启动时，功率 DWATT、可转导叶开度 CSGV、进气加热控制阀开度 CSBHX 关系曲线。图 3-8 是某机组冷态启动时，转速和功率 DWATT、可转导叶开度 CSGV、进气加热控制阀开度 CSBHX 关系曲线。两组曲线决定了 IGV 动作角度的动作规律和控制策略的制定。压气机进口可转导叶 IGV 装置主要功能和作用如下：

（1）在机组的启动、停机过程中起防止喘振的作用。

（2）在燃气轮机联合循环的运行中，通过调节进口可转导叶的开度，调节燃气轮机的排气温度，实现 IGV 温度控制，以满足联合循环变工况时余热锅炉的温度要求，提高联合循环机组变工况的经济性。

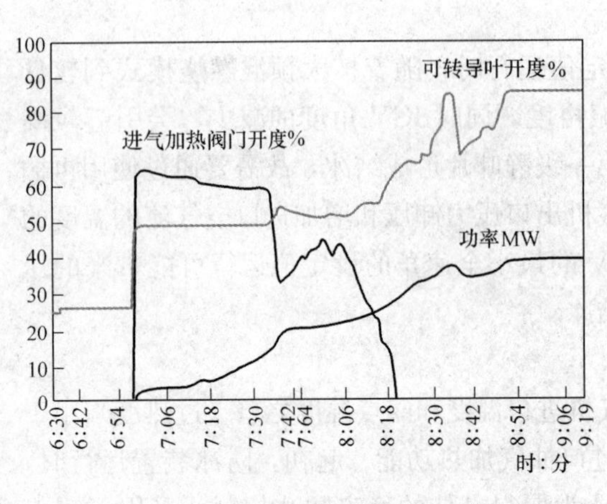

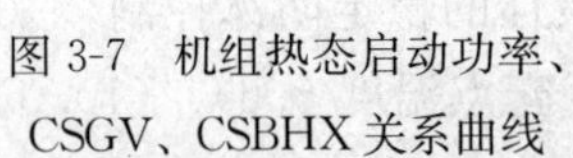
图 3-7 机组热态启动功率、CSGV、CSBHX 关系曲线

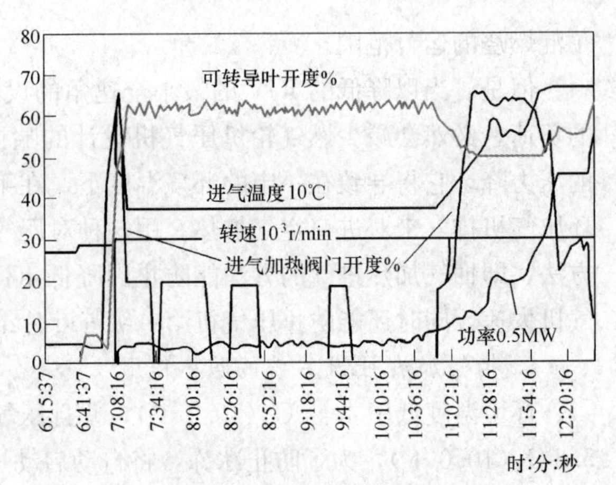

图 3-8 机组冷态功率、转速、TTXM、CSGV、CSBHX 关系曲线

(3) 在单轴联合循环机组的启动、停机过程中，通过调节进口可转导叶的开度，调节燃气轮机的排气温度，实现燃气轮机排气温度与蒸汽轮机汽缸温度的匹配。

(4) 采用干式低氧化氮燃烧室 DLN-2.0+的机组，在加负荷时用减小 IGV 的最小全速角的设定值运行燃气轮机，能够扩大预混燃烧的运行范围。但是当以降低的 IGV 的最小全速角的设定值运行时，需要通过使用再循环压气机排气去对进口空气加热。用抽气加热进气的方法能防止因降低 IGV 的最小全速角的设定值运行可能带来的压气机失速。

二、机组工况与可转导叶位置

S109FA 单轴机组的燃气轮机始终工作在联合循环方式，在启动和停机过程中，对可转导叶进行 IGV 温度控制，透平的排气温度保持在允许的最高水平，以提高联合循环在部分负荷时的热效率。

其控制方式是，在 14HS 动作前，IGV 保持在最小角度 28.5°，自 14HS 动作开始，IGV 开始从 28.5°开到 49°，IGV 开到 49°位置时，机组处于全速空载工作状态。随着机组并网加载，排气温度上升，受 IGV 温控的控制，IGV 开度保持不变。机组进入燃气轮机排气温度与汽轮机进汽室金属温度匹配程序。

燃气轮机排气温度与汽轮机进汽室金属温度匹配程序，在热态启动和冷态启动时采取的措施是不同的。在进行燃气轮机排气温度与汽轮机进汽室的金属温度匹配程序期间，燃气轮机排气温度在 371～566℃之间。

在机组热态启动时，为了获得较高的燃气轮机排气温度与汽轮机较高的进汽室金属温度相匹配，用 IGV 开度保持不变，维持在 49°，增加机组负荷的方法，获取较高的燃气轮机排气温度与汽轮机较高的进汽室金属温度相匹配。最大可加负荷至 80MW，如图 3-7 所示。机组到全速空载后并网加载，最大加负荷至 80MW 后，一旦燃气轮机排气温度与汽轮机进汽金属温度匹配程序完成，则进入汽轮机初始加负荷。当汽轮机初始加负荷完成，燃气轮机进一步加负荷，负荷带到额定负荷的 50%左右时，燃气轮机切换到预混燃烧工作状态，IGV 开度渐增至最大角度到 89.5°。

在机组冷态启动时，为了获得较低的燃气轮机排气温度与汽轮机较低的进汽室金属温度相匹配，用开大 IGV 开度的方法，获取较低的燃气轮机排气温度与汽轮机较低的进汽室金属温度相匹配。IGV 开度的大小取决于汽轮机进汽室的金属温度高低。如图 3-8 所示。机组到全速空载后并网至旋转备用负荷，开大 IGV 角度，一旦燃气轮机排气温度与汽轮机进汽室的金属温度匹配程序完成，IGV 开度将回到 49°，进入汽轮机初始加负荷程序。当汽轮机初始加负荷完成，燃气轮机进一步加负荷，负荷带到 50%额定值左右时，燃气轮机切换到预混燃烧工作状态。然后，随负荷进一步增加到额定值，IGV 开度渐增至最大角度到 89.5°。

对于 IGV 的液压系统工作原理和控制原理，请阅读本书后续相关部分，这里仅介绍机组对 IGV 转动角度的需求机理。

第三节　冷却和密封空气系统

一、概述

该系统从压气机抽出适量的空气，向燃气轮机转子和静子的各个部件提供必需的冷却空气，防止在正常运行过程中零部件过热，并防止压气机喘振。对某些燃气轮机型号，此系统也为透平轴承提供密封空气。但是，PG9351FA 机组有一处于真空运行状态的润滑油回油系统，降低轴承回油腔室压力，而不是依靠提高轴承密封腔的压力，为密封轴承提供必需的压差。因此不必为透平轴承提供密封空气。

燃气轮机运行时，从轴流压气机的第 9 级和第 13 级以及压气机出口抽取空气。基座外的离心式风机将空气送入透平排气框架和 2 号轴承区进行冷却。

二、系统组成与功能介绍

图 3-9 是冷却和密封空气系统图，它包括透平气缸中专门设计的气道、透平喷嘴和旋转部件、压气机抽气管道和各种相关的部件。用于此系统的相关部件包括：

（1）透平框架冷却风机（88TK-1/2 ）；

（2）2 号轴承冷却风机（88BN-1/2 ）；

（3）空气过滤器 FA6-1（配有多孔固体滤芯）；

（4）压气机防喘放气阀（VA2-1/2/3/4）；

（5）电磁阀（20CB-1/2）；

（6）压气机排气压力变送器（96CD-1A/1B/1C）；

（7）分流式止回阀（VCK7-1/3）；

（8）风机出口压力开关（63TK-1/2 和 63BN-1/2）；

（9）防喘放气阀的限位开关（33CB-1/2/3/4）。

系统提供的冷却和密封功能如下：

（1）压气机防喘保护。

（2）冷却高温部件。

（3）冷却透平排气框架。

（4）冷却 2 号轴承区。

（5）为气动阀提供操作用空气源（如用的话）。

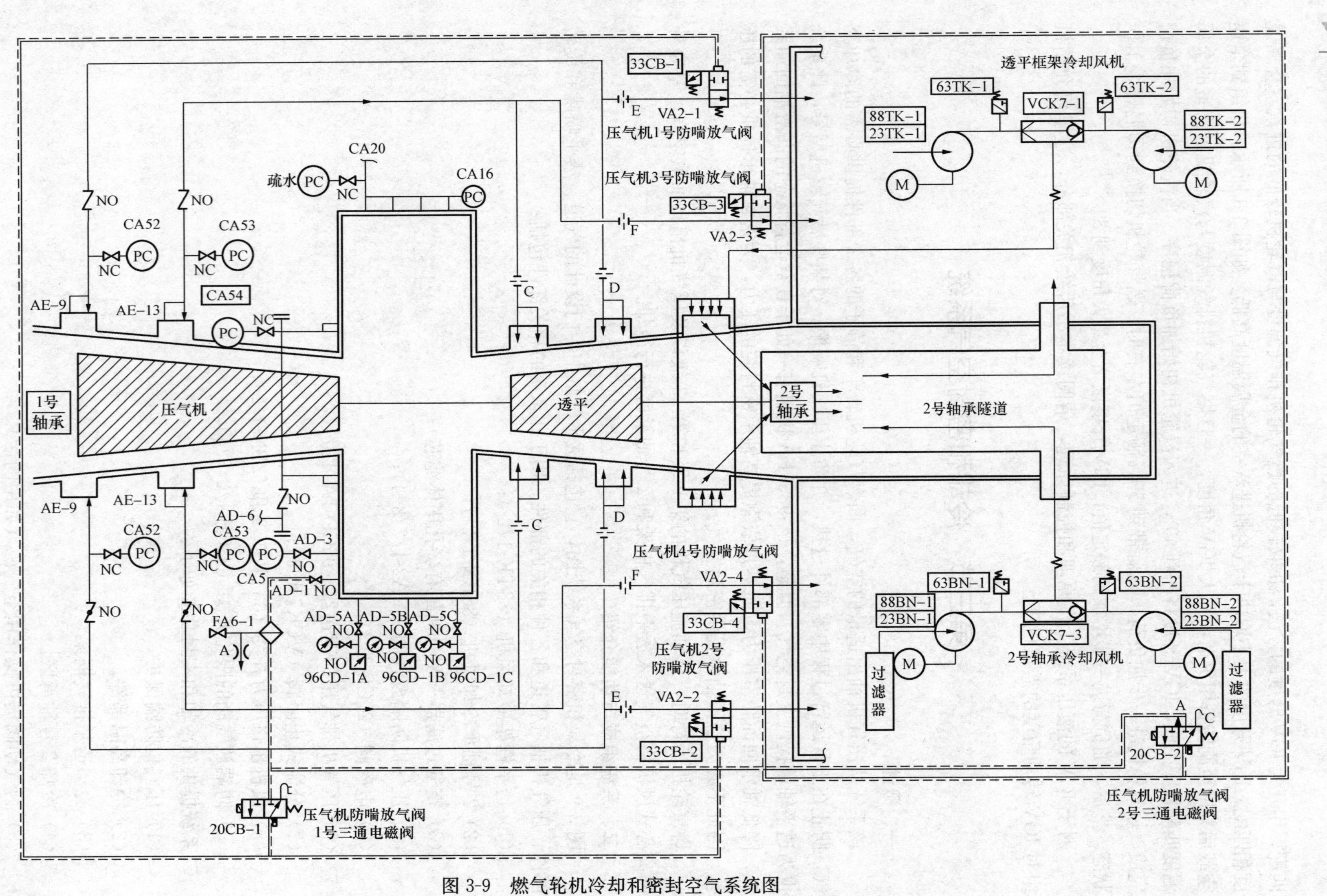

图 3-9 燃气轮机冷却和密封空气系统图

1. 带喘振保护的压气机抽气分系统

轴流式压气机的压力、转速和流量特性要求机组在启动过程的点火、加速时远离喘振边界线，防止机组发生失速喘振。在停机减速时，也要求机组有喘振保护。燃气轮机通常采用压气机抽气和变化可转导叶角度，作为防喘振措施。在压气机特性图中，压气机抽气增加了进入压气机的折合流量，使工作点远离喘振边界线；关小可转导叶角度可以使压气机喘振边界线左移，同样可使工作点远离喘振边界线。

如图 3-9 所示，PG9351FA 机组配备有气动控制的防喘阀（VA2-1/2/3/4），将第 9 级和第 13 级的抽气排放掉。这些阀门设计成能自动打开和关闭的。启动时，三通电磁阀（20CB-1 和 20CB-2）处于失电状态，各自的气路不通，防喘阀的气动执行机构与大气相通，它们是全开的。当需要关闭时，只要使电磁阀得电，打开各自的气路，从压气机排气抽气口 AD-1 获得气压（有的机组从仪表获得气压），接通防喘阀的气动执行机构，关闭防喘阀。VA2-1/2 从压气机第 9 级抽气，排入燃气轮机扩压段，由 20CB-1 电磁阀控制；VA2-3/4从压气机第 13 级抽气，排入燃气轮机扩压段，由 20CB-2 电磁阀控制。并网成功时防喘阀关闭。停机过程中，当解列时防喘阀打开。防喘阀的限位开关 33CB-1/2/3/4，提供启动程序的允许逻辑和保证在启动时是全开的，并且提供报警。

2. 透平喷嘴冷却空气供给分系统

在本书前面章节已经介绍过冷却空气在机内流动图。透平组件的冷却回路由内回路和外回路组成。第一级和第二级动叶、第一级喷嘴和第一级护环由内冷却回路提供冷却空气，而第二级、第三级喷嘴则由外冷却回路提供冷却空气。图 3-10 是 PG9351FA 机组空气抽气管道剖视图。图 3-11 是 PG9351FA 燃气轮机空气抽气管道轴测图。

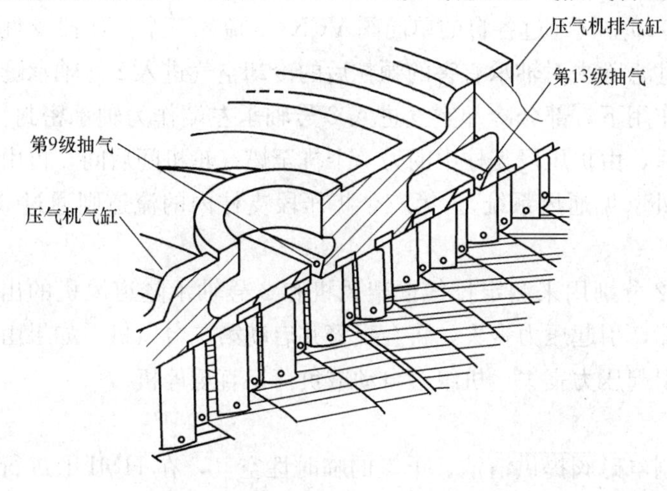

图 3-10 PG9351FA 机组空气抽气管道剖视图

内冷却回路的冷却空气分成两路，第一路来自压气机排气，自第一级喷嘴上下两端进入喷嘴冷却通道，冷却第一级喷嘴和第一级护环。第二路来自第 16 级和第 17 级级间的环形间隙，经过第 16 级叶轮内的导向叶轮，进入压气机转子后联轴节上的 15 个轴向孔，流到透平前半轴与压气机转子后联轴节相应的 15 个轴向孔。在 15 个轴向孔的出口处，即透平前半轴后端面有一只导向叶轮，冷却空气流过导向叶轮再经过透平叶轮中心孔，进入第一和第二级叶轮间的腔室，此回路也经过透平叶轮中心孔进入第二和第三级叶轮间的腔室去冷却叶轮轮间隔块，然后径向流入第一和第二级动叶的冷却孔。外冷却回路的冷却空气分别来自第 13 级和第 9 级压气机抽气，分别冷却第二、第三级喷嘴和护环。

3. 排气框架和 2 号轴承隧道区冷却风扇分系统

冷却排气缸和排气框架的空气来自安装在燃气轮机底盘外的两台电动机 88TK-1/2 驱

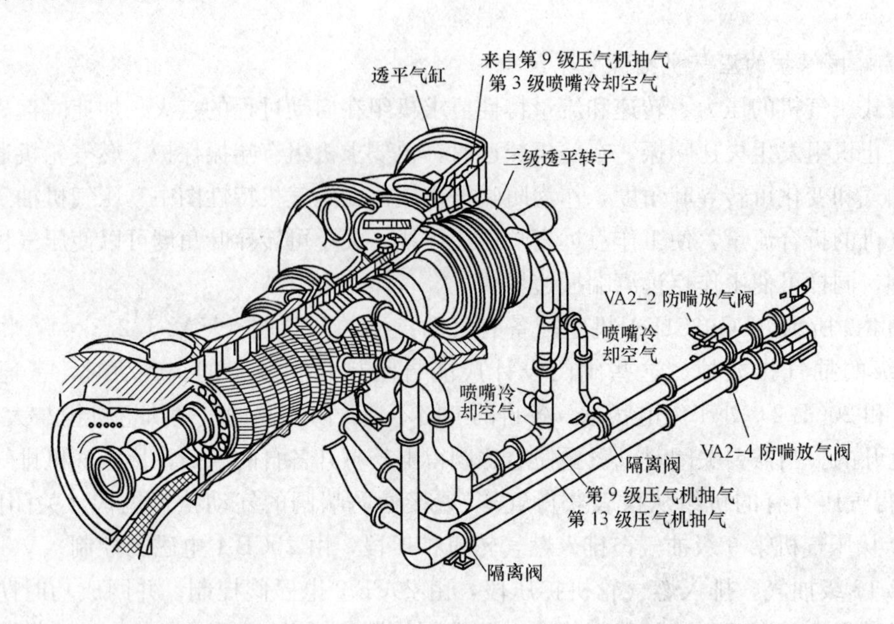

图 3-11　PG9351FA 燃气轮机空气抽气管道轴测图

动的离心风机。这些风机的进口带有滤网和消声器，排气经过各自的单向阀 VCK7-1 流入框架外环上的喷嘴去冷却排气框架，部分冷却空气从排气框架与第三级护环的交接处排出。其他冷却空气拐弯经过若干根排气框架支柱与其翼型之间形成的空间，流过双锥装置进入第三级透平叶轮后空间，冷却叶轮后汇入透平排气，同时阻止燃气从第三级透平叶轮后空间外泄。

来自 88BN 驱动的离心风机的冷却空气经过各自的单向阀 VCK7-3 流入三个扩压段支柱中的一个进入 2 号轴承隧道区。被过滤除去对轴承有害的颗粒后的冷却空气进入 2 号轴承隧道区，在 2 号轴承回油真空吸力的作用下，部分冷却空气进入 2 号轴承左端作为轴承密封。其余的冷却空气在冷却轴承隧道区后，由扩压段支柱中的另一个排至燃气轮机间后间，再由 88BD1/2 驱动的离心风机排至厂房外（见通风系统）。第三个扩压段支柱内的流道则通过 2 号轴承的进油和回油管。

压力开关 63TK1/2 和 63BN-1/2 分别用来测定排气框架风机和 2 号轴承隧道风机的出口压力。如果运行中的风机发生故障，引起压力丧失，将会报警并启动第二台风机。如果由于第二台风机或压力开关有故障，引起压力丧失，机组会自动减负荷，直至停机。

三、系统运行

启动前，要向防喘放气阀的控制电磁阀提供清洁、干燥的临时性空气，在 HMI 上进行压气机防喘放气阀测试。验证阀操作平稳、无卡涩，能在要求时间内开启。验证所有压气机防喘放气阀处于全开位置，即没有任何一个防喘放气阀触发启动闭锁信号。

启动时，一旦轮机达到 95% 的工作转速时，有一台排气框架冷却风机 88TK-1/2（主控风机）是在运行的。暖机结束后，一台 2 号轴承冷却风机 88BN-1/2（主控风机）是在运行。一旦机组已并网，压气机防喘放气阀（VA-1/2/3/4）关闭。

冷却和密封空气系统的正常运行情况应是所有压气机防喘放气阀（VA2-1/2/3/4）关闭，第 9 级空气通入第三级喷嘴冷却，第 13 级空气通入第二级喷嘴冷却。一台 2 号轴承冷却风机 88BN-1/2 和一台排气框架冷却风机 88TK-1/2 也应在线提供冷却空气。此外，应调整好空气流通通路，以保证过滤空气通过 20CB-1/2 维持压气机防喘放气阀 VA2-1/2/3/4 关闭，同时保证压气机排气正常，提供进气加热、燃料气吹扫及控制空气系统的用气。

正常停机时，当机组停机信号发出时，电磁 20CB-1/2 失电打开，压气机抽气经 VA2-1/2/3/4 排入排气扩压段，以防止压气机喘振。2 号轴承冷却风机 88BN1/2 在机组熄火后 24h 停机。排气框架冷却风机 88TK1/2 在机组降到全速 14HS 时停机。

当机组紧急跳闸时，电磁 20CB-1/2 就失电打开，压气机抽气经 VA2-1/2/3/4 排入排气扩压段，以防止压气机喘振。2 号轴承冷却风机和排气框架冷却风机，在不需要冷却时停止工作。

第四节　通风和加热系统

一、概述

配置通风和加热系统的目的有如下几方面：①使燃气轮机各间室保持在固定温度范围内，从而保证人员的安全和设备的防护；②燃气轮机各间室的通风系统还提供了稀释泄漏的烟气和燃料气等气体的功能，并且连续吹扫掉积聚在室内的泄漏气体；③燃气轮机各间室通风系统还具有保持气缸四周温度均衡，有助于维持燃气轮机动静叶片间隙的作用。通风和加热系统包括燃气轮机间（含燃料气模块小室）、负荷轴间，而燃气轮机间有一个间壁将后间与前间分隔，后间又称为扩压段间，可实现分段通风。

二、系统组成

1. 燃气轮机间前间

燃气轮机间采用轴流式负压通风系统。安装了两台风机（由 88BT-1/2 驱动的离心风机），一台运行，另一台备用，两台风机应定期切换运行，如图 3-12 所示。

在负压下，空气通过八个重力作用挡板，进入燃气轮机间前间。这些进口挡板的位置，两个在前机座侧，两个在后机座侧，两个在燃气轮机间侧，两个在燃料气模块小室前或后面。侧挡板用来减少停滞在隔间内的可能导致有害气体积聚的气穴。空气通过隔间顶部管道离开隔间。管道一分为二，每根管道连接单独的风机。

系统内使用了重力作用控制的进口挡板和 CO_2 锁闩出口挡板，从而在灭火系统动作时可自动保证隔间密闭。CO_2 卸压，使得锁紧杆松开，从而使 CO_2 出口挡板保持在打开位置。CO_2 排放时，施加在门闩上的压力迫使活塞顶住弹簧，松开门闩，推动锁紧杆，从而使出口挡板关闭。在正常运行恢复前，必须手动复位 CO_2 出口挡板。当检测到火灾并且 CO_2 排放后，CO_2 气体挡板将关闭，通风将终止。由于通风中断，将导致重力作用进口挡板关闭，使隔间封闭。

由 88BT-1/2 驱动的离心风机，在启动过程中当开始清吹时启动；随着停机，位于隔间前方的温度开关 26BT-1 控制着主风机的运行，当隔间温度低于 35℃（95℉）时关机；如果温度超过 46℃（115℉）启动风机；有火灾时关机；停机时出现危险气体浓度高时，开机。

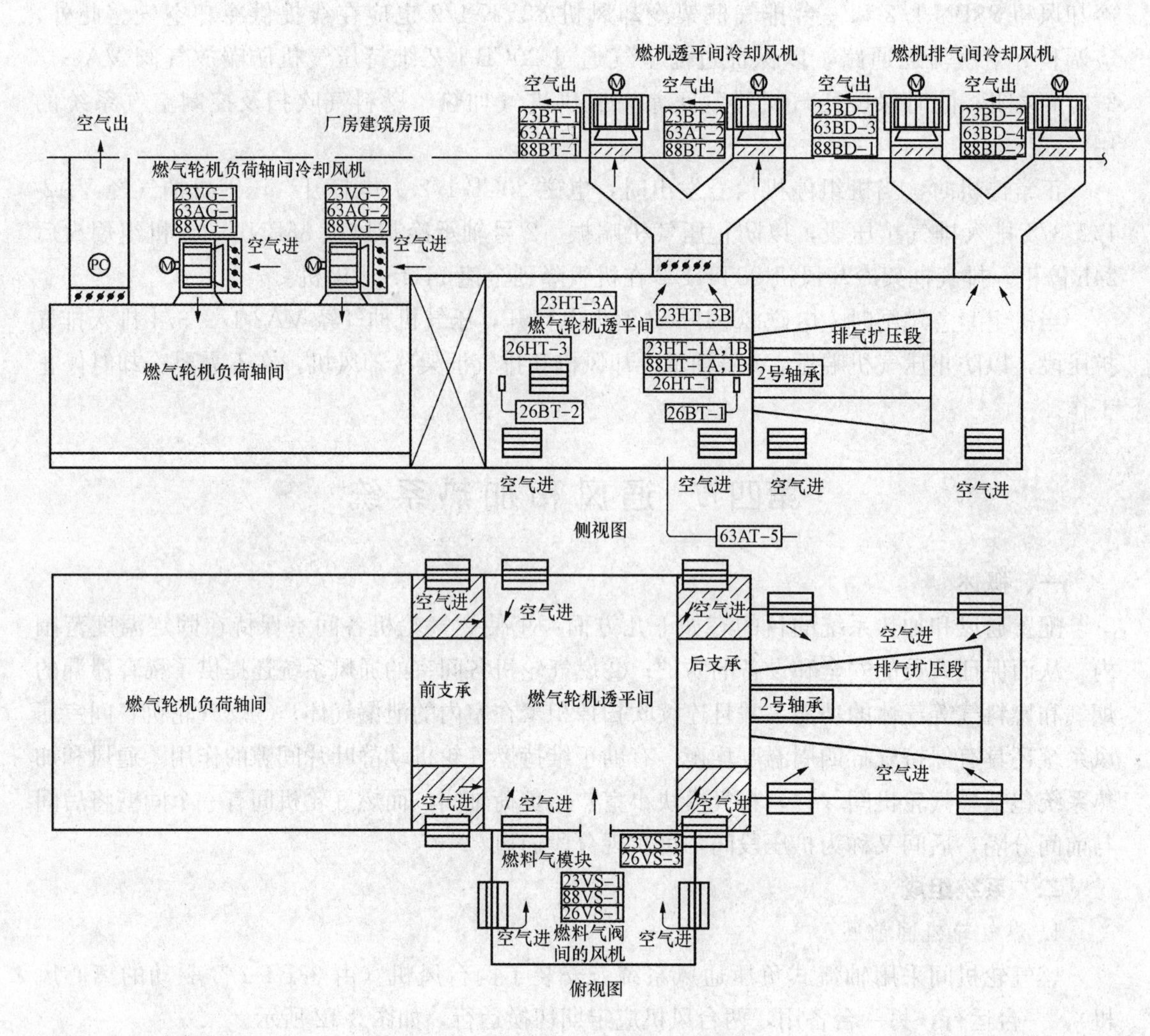

图 3-12 燃气轮机通风和加热系统

每台风机配有差压开关 63AT-1 或 63AT-2，监视并保持燃气轮机间的负压，若正在运行的风机差压开关低于设定点（10mmH_2O），则发送一个允许启动备用风机的信号。

若隔间温度高于设定点（176.7℃），最大隔间温度开关 26BT-2 即报警。该温度开关位于隔间透平上方，是用于保护隔间中的设备，防止过热。若隔间门打开，门开关即向控制室发送一个信号，门打开将影响通风系统的性能。

燃气轮机隔间空间加热器 23HT-3A/3B 用于控制湿度，由温度开关 26HT-3（降到 37.78℃开）进行控制。空间加热器 23HT-1A/1B 用于防冰冻，由温度开关 26HT-1（降到 10℃开）进行控制。

2. 扩压段间

扩压段间采用轴流式负压通风系统。安装了两台风机（由 88BD-1/2 驱动的离心风机），一台运行另一台备用，两台风机应定期切换运行。

在负压下，空气通过六个重力作用挡板进入扩压段间，四个在前下方，两个在后下方。每个挡板使用了重力作用控制的进口和 CO_2 门闩出口。空气从厢体下方的百叶窗挡板吸入，

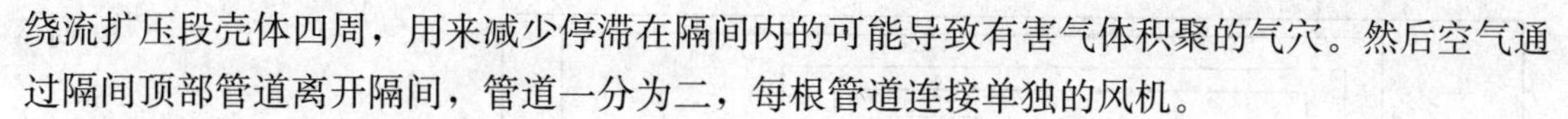

绕流扩压段壳体四周，用来减少停滞在隔间内的可能导致有害气体积聚的气穴。然后空气通过隔间顶部管道离开隔间，管道一分为二，每根管道连接单独的风机。

由 88BD-1/2 驱动的离心风机，其启停与 88BT 同步。

每台风机配有一个差压开关 63BD-3 或 63BD-4，监视并保持扩压段间的负压，若正在运行的风机差压开关低于设定点（10mmH_2O），则发送一个允许启动备用风机的信号。

3. 负荷轴间

负荷轴间使用两台由 88VC-1/2 驱动的离心风机。与燃气轮机间的通风不同，负荷轴间使用正压通风，不设火灾检测与保护系统，因此未配置 CO_2 气体挡板。负荷轴间配用风机电动机、电动机加热器和风机压力开关，它们的功能与燃气轮机间和扩压段间风机的相同。

由 88VC-1/2 驱动的离心风机，只要无火灾、机组转速大于或等于 14HT（允许投盘车转速）就运行。

4. 燃料气模块小室

燃料气模块小室包括两个空间加热器，23VS-1 用于防冰冻，23VS-3 用于控制湿度。23VS-1 加热器包括一台轴流风机，它为隔间加压并使空气通过出口挡板流入燃气轮机隔间。然后，由 88BT 抽出排到厂房外。

当燃气轮机火灾保护系统动作时，重力作用挡板的进口和出口自动关闭，使模块隔间密闭。

第五节　润滑油和液压油系统

对于多轴联合循环发电装置，燃气轮机、蒸汽轮机是单独布置的，它们组成联合循环装置，只是热力学上的结合。燃气轮机、蒸汽轮机均设置有各自独立的润滑油/液压油系统。通常，液压油来自润滑油，由液压泵增压和进一步过滤后提供。

在单轴联合循环发电装置中，燃气轮机、蒸汽轮机与发电机同轴串联排列，共同组成一个轴系。它们组成联合循环装置，除了热力学上的结合外，机械上也是结合在一起的。它们有共同的润滑油/液压油系统，而且润滑油和液压油是相互独立的模块，选用不同的油种。不一定在所有的机组上都设置有顶轴油，如在 S109FA 单轴联合循环发电机组，只有燃气轮机设置有顶轴油，而在 9E 多轴联合循环发电机组，则只有发电机设置有顶轴油。这是因为，不同制造厂生产的机组其整体布置各不相同，使用的轴承有差别等因素影响。

下面的论述都是针对 S109FA 单轴联合循环发电机组而言的，可供其他机组参考。

一、润滑油系统

设计润滑-顶轴油系统的目的是向燃气轮机、蒸汽轮机、发电机的各轴承提供润滑油；向主轴联轴器和盘车装置提供冷却油；向燃气轮机提供顶轴油；并且向氢冷发电机提供密封油。

图3-13是机组的润滑油、顶轴油和密封油管路系统图。润滑油模块提供的润滑油经供

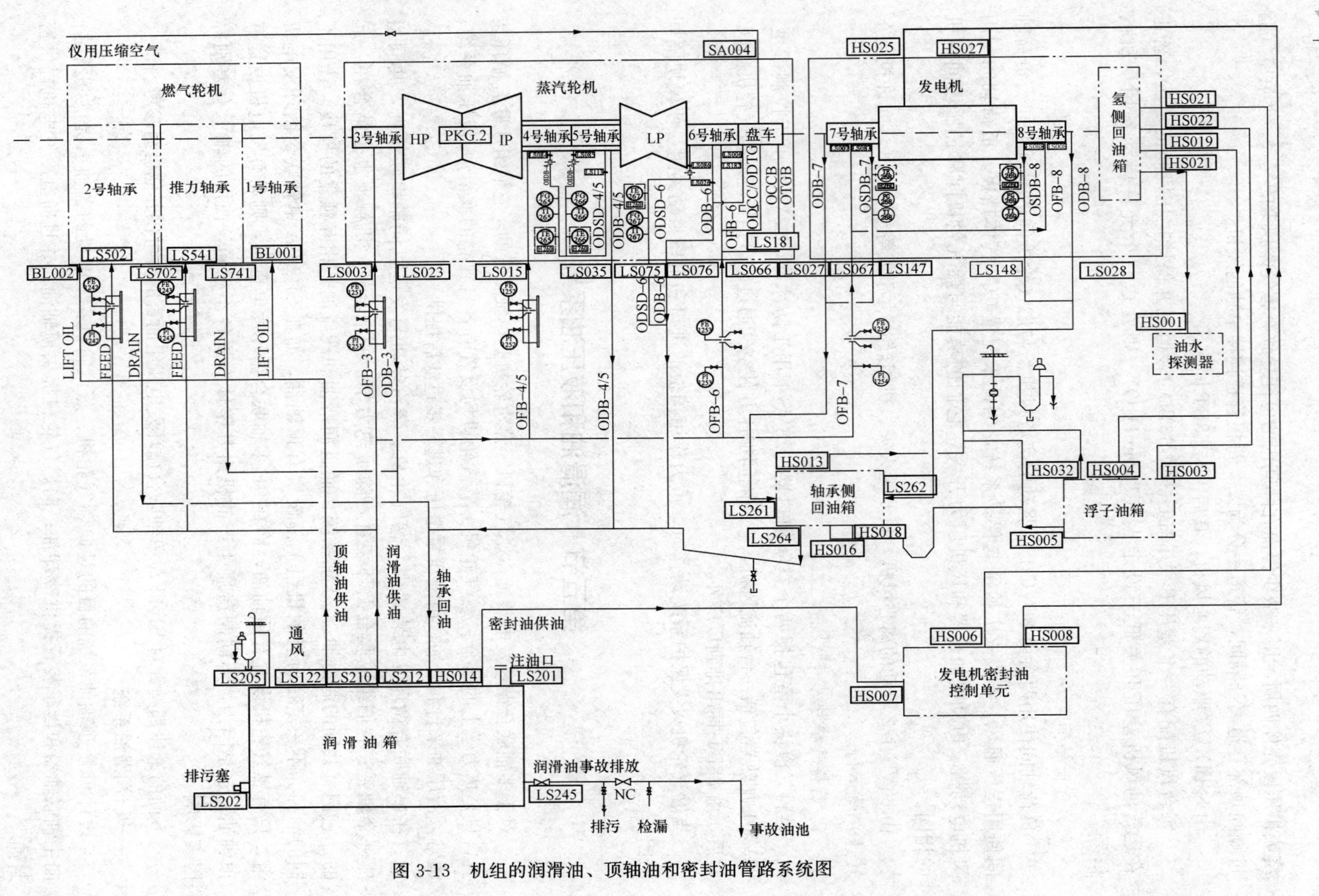

图 3-13 机组的润滑油、顶轴油和密封油管路系统图

油管向燃气轮机、蒸汽轮机、发电机的各轴承提供润滑油。润滑油带走轴承在运行中产生的热量后，经过回油管回到油箱。顶轴油泵在启动或停机过程中向燃气轮机提供顶轴油。润滑油模块向氢冷发电机提供氢气密封油，其回油则经过发电机浮子油箱初步分离氢气，进而引入辅助氢气分离器再次分离，分离后的密封油回到油箱。

图 3-14 为机组的润滑油和密封油供油系统，图 3-15 为顶轴油供油系统，图 3-16 则是润滑油自洁系统。它们都组装在润滑油模块内。所以，润滑油模块包括机组内的润滑油和密封油供油系统、顶轴油供油系统及润滑油自洁系统。

1. 润滑油模块组成

润滑油和密封油供油系统由润滑油箱、交流润滑密封油泵（BPM-1、BPM-2）、直流润滑油泵（EBPM）、冷油器（HX-1、HX-2）、滤油器（FITER1 号、FITER-2 号）、冷油器切换阀（FV-19）、冷油器/滤网注油阀、润滑油压调节阀（FV-17）、润滑油箱排烟风机（VXM-1 与 VMX-2）、油雾消除器及各类仪表组成。

顶轴油供油系统由顶轴油泵（88QB-1 与 88QB-2）、油滤（FH13-1）、顶轴油泵进口压力允许启动开关（PS-63QB-4）、A 或 B 顶轴油泵进口压力允许启动开关（PS-63QB4A/4B）、顶轴油供油压力开关（PS-63QB-1）等组成。

润滑油自洁系统由润滑油循环泵、加热器、分离/自动排放过滤器及“加热允许”流量开关组成。

2. 润滑油系统工艺流程

润滑油模块是整装式的、再循环的。润滑油经过润滑并且把热量从旋转设备中带走以后，返回到润滑油箱，再使油在冷油器中冷却，并经过滤器过滤，回到旋转设备。在系统中设计了各种传感设备，以确保油压、油温和油位的正常。

在图 3-13 中，油箱容积 126.8m^3（含停机时 11.89m^3 回油），润滑油经过浸没在油箱中的油滤，从润滑油箱中抽出，并使润滑油增压。正常情况下，润滑油系统由两台交流润滑/密封油泵提供润滑/密封油，互为备用。当交流电源中断时，分别由直流润滑油泵和直流密封油泵提供润滑和密封油。当润滑密封油泵出口压力下降至 PS-265A/B 的设定压力时（下降至 0.765MPa），备用润滑密封油泵启动。当润滑密封油泵出口压力下降至 PS-266A/B 的设定压力时（下降至 0.655MPa），直流润滑油泵和直流密封油泵启动。增压后的润滑油经一组双联的冷油器（HX-1 或 HX-2）和滤网组件冷却和过滤，再分为两路，主流经润滑油压调节阀（FV-17）调压后进入主润滑油母管。润滑油的正常参数为 0.21MPa/48.9℃/5155L/m。润滑油母管压力应高于 0.172MPa，当压力低于 0.069MPa 时报警；当压力低于 0.041MPa 时报警并跳机。另一路经止回阀进入密封油系统，密封油供油参数为 0.56MPa/48.9℃ /121L/m。

运行时要检查轴承集油母管的压力，它要大于最小值，即 0.172 MPa（25 psig）。确保盘车运行时油温为 26.66～32.22℃（80～90℉）。在额定转速时，油温为 42.2～44.44℃（108～112℉）。操作员应当通过改变 TCV-260 的设定点，控制进入冷油器的冷却水量以保持上述温度。

交流泵在启动程序中是辅助设备中最早运行的，在停机后，这些交流泵在整个长时间冷却期间继续运转，又是辅助设备中最后停用的。如果失去交流电源，直流油泵将运转，直到

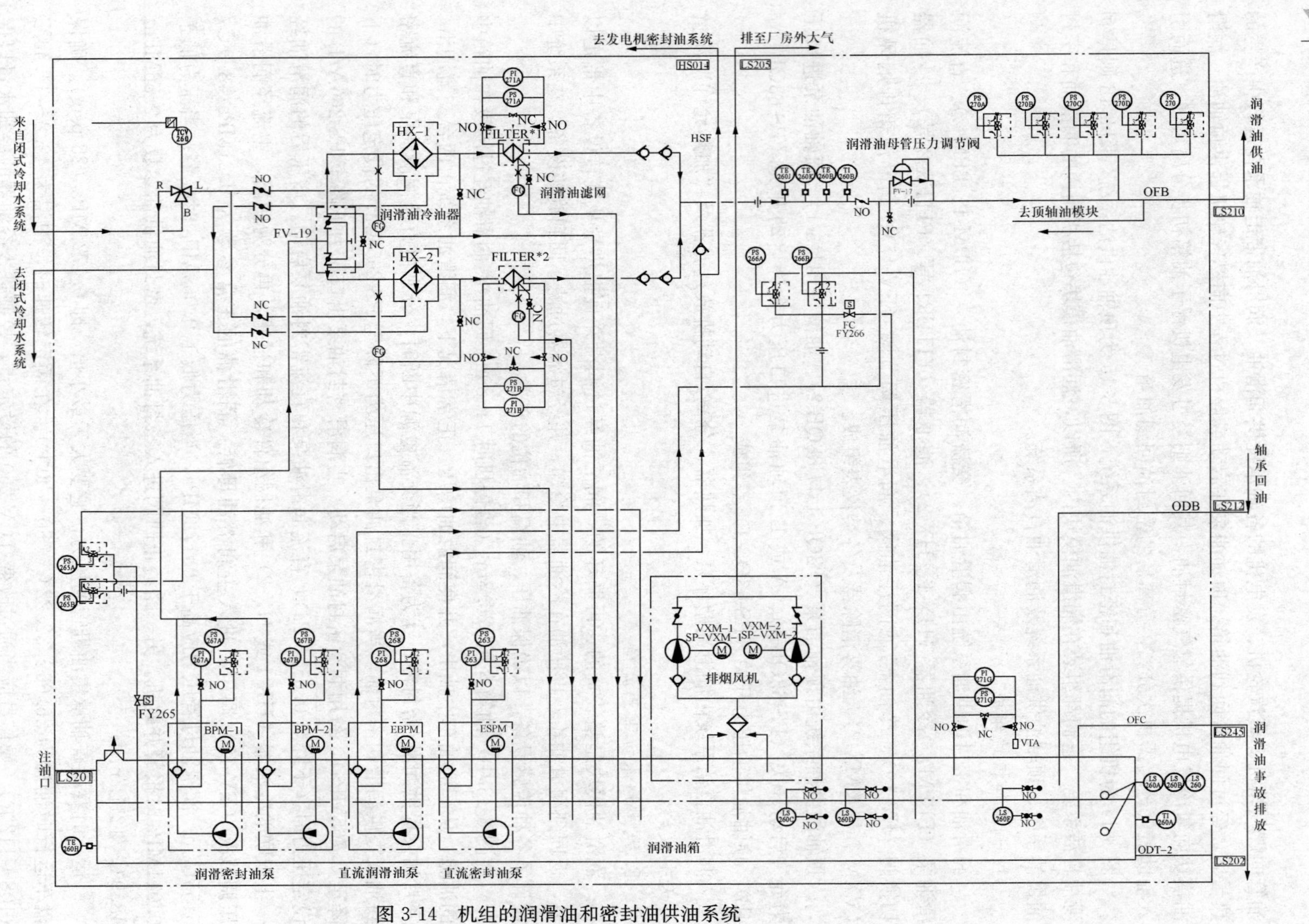

图 3-14 机组的润滑油和密封油供油系统

零转速为止，并且按要求循环，使轴承冷却。初次启动时，应短暂地运转直流泵，检验运行是否正常。

为了进行常规泵备用试验，要将润滑密封油泵试验电磁阀 FY-265 通电。该电磁阀动作时，它就使压力下降，启动备用泵。为了进行常规泵备用试验，要将直流润滑和直流密封油泵试验电磁阀 FY-266 通电，该电磁阀动作时，它就使压力下降，启动直流油泵。

油雾消除器有两台排烟风机 VXM-1/2 和空间加热器 SP-VXM-1/2，抽取油箱内的油雾，保持油箱有一定的真空度（102—152mmH_2O/71℃/14160L/m）。9FA 燃气轮机的油箱真空度要高于其他燃气轮机机组，这是因为大多数燃气轮机轴承使用了压气机抽气密封，润滑油在润滑冷却轴承同时，还和热的密封空气接触，所受到的热氧化作用十分激烈。为了避免润滑油的热氧化作用，9FA 燃气轮机提高了油箱真空度，取消了燃气轮机轴承使用的压气机抽气密封，只留下轴承油挡，靠油箱的负压防止润滑油外泄。

3. 顶轴油系统工艺流程

如图 3-15 所示，两台顶轴油泵（88QB-1 与 88QB-2）从主润滑油母管吸油增压过滤后送到顶轴油供油管，向燃气轮机轴承供应顶轴油。

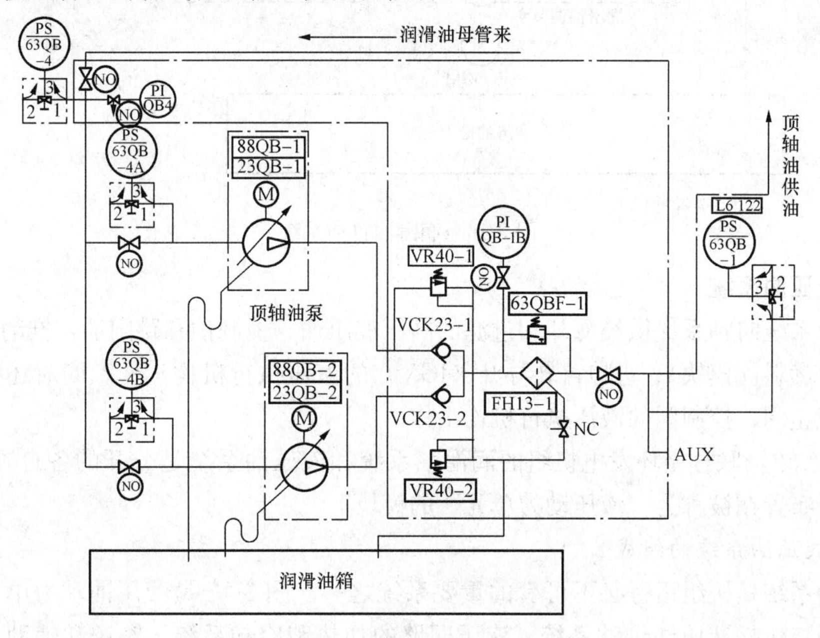

图 3-15　顶轴油供油系统

顶轴油参数为 19.33MPa/48.9℃/30L/m。在停机时只要润滑油系统在运行它就运行，当机组启动转速上升到 50%额定转速时，停止转动。当机组停机转速下降到 50%额定转速时，恢复工作。

4. 润滑油自洁系统（润滑油调节器）的工艺流程

由于蒸汽轮机轴承的回油含有水蒸气，通常在润滑油系统工作时要启动润滑油自洁系统。该机组由润滑油调节器模块完成该任务。图 3-16 为润滑油自洁系统图，它是一套独立的系统，由电动机 OCM 驱动的单向电动泵、加热器 OC-HTR-1/2/3/4、带分离/自动排放过滤器的调节器和“加热允许”流量开关组成。调节器拥有去除水分和颗粒的凝聚过滤器以及分离组件，能自动清除空气和水分。润滑油经循环泵增压，流过加热器进入调节器的凝聚过滤器以及分离组件，能分离出 5μm 的小水滴，小水滴在凝聚成大水滴后，在重力的作用下积聚在容器的底部，送到浮子开关，在电磁阀操作下排放掉。一只累计流量计记录从该系统放掉的油流量。只有流量计检测到有足够的油流过时才允许加热。调节器的额定流量为 94.8 L/m。

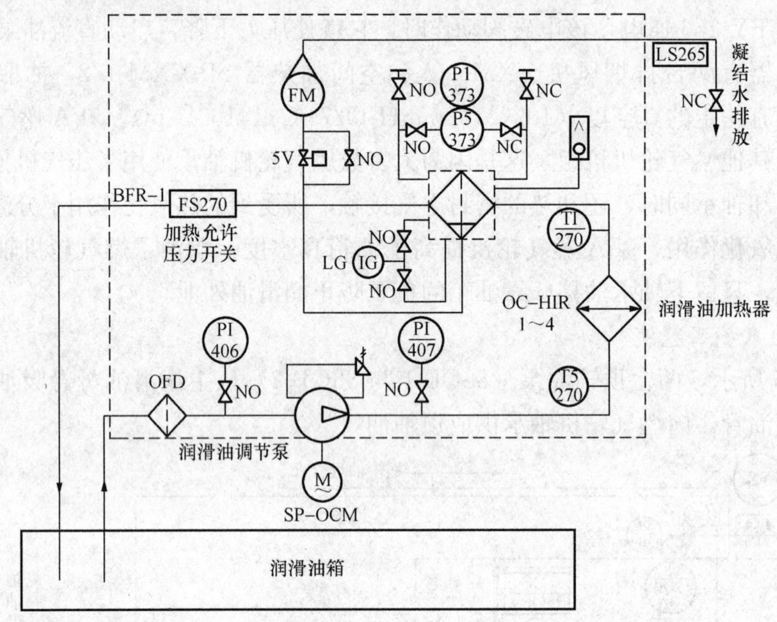

图 3-16 润滑油自洁系统

二、液压油系统

液压油系统向轴系提供经冷却和过滤的高压液压油、控制油和跳闸油，推动燃气轮机的燃料气阀（燃料气模块）、进口可转导叶（IGV）的液压执行机构工作。同时还推动蒸汽轮机的蒸汽截止阀、控制阀的液压执行机构工作。

S109FA 单轴联合循环发电机组的润滑油系统和液压油系统是分开的各自独立的系统。液压油系统布置在被称为“液压动力单元”的模块上。

（一）液压油系统的组成

液压油系统是机组运行必不可少的重要系统之一。图 3-17 是液压油动力单元与测量控制工艺流图。包括液压油供油系统、液压回路的加热和冷却系统、输送和辅助过滤器系统（TAFS）。

液压油供油系统主要由液压油箱、高压液压油泵、高压液压油母管、试验程序模块、主液压油泵出口过滤器、充氮蓄能器、有关控制和监视仪表等设备组成。向控制系统提供液压油、控制油和跳闸油。液压回路的加热和冷却系统主要由液压油循环泵、冷却风机、有关控制和监视仪表等设备组成。输送和辅助过滤器系统（TAFS）主要由滤油泵、磨料过滤器、凝聚过滤器、有关控制和监视仪表等设备组成。

（二）液压油动力单元

1. 液压油供油

液压油箱容积为 946L，正常运行容量为 625L。液压油泵 HFPM-A 或 HFPM-B 从液

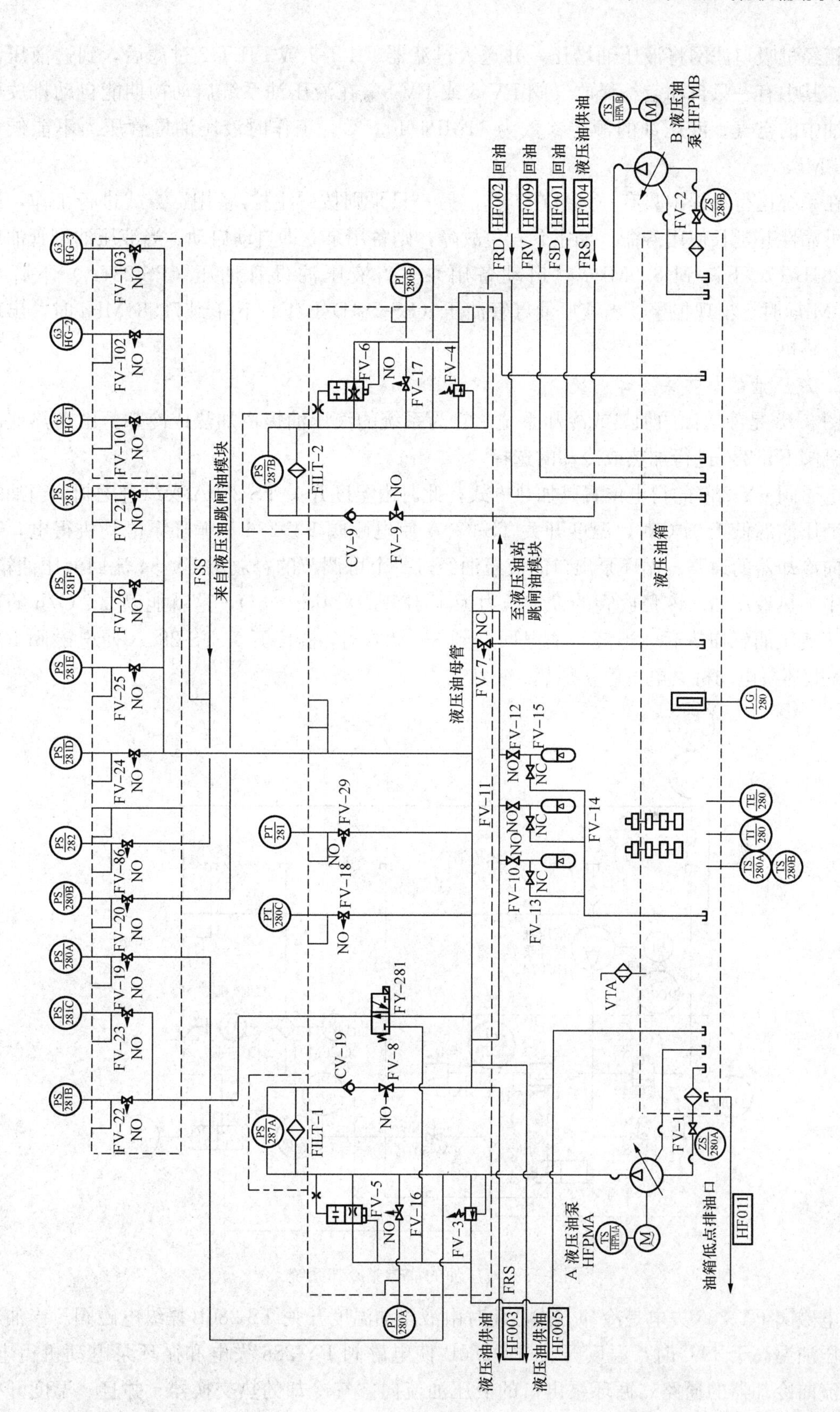

图 3-17 液压油动力单元与测量控制工艺流图

压油箱经过吸口滤网将液压油增压，并送入过滤器 FILT-1 或 FILT-2 过滤后，到达液压油母管。其中有一只自动空气释放气阀 FV-5 或 FV-6，在液压油系统启动初期能自动排放积存于油中的空气。液压油的额定参数为 11MPa/40.5℃。工作时液压油母管压力不能低于 10.65 MPa。

在系统运行过程中只有一只泵在工作，另一只泵则按“主控/备用”方式进行工作，以增加可靠性并延长使用寿命。如主泵发生故障，则备用泵立即自动启动。当液压油母管油压（PS-281B/C）下降到 8.9MPa 时启动备用泵。当液压油母管油压（PS-281A）下降到 8.963MPa 时，出现报警。当液压油母管油压（PS-281D/E/F）下降到 7.584MPa 时，出现报警并跳机。

2. 液压油的加热或冷却系统

图 3-18 是液压油的加热或冷却系统。它为系统的液压油提供加热或冷却。由加热或冷却电磁阀 FY-286 进行加热或冷却的选择。

电磁阀 FY-286 的得电位置是加热方式，此时由温度开关 TS-280A 操纵电磁阀。当油箱内的液压油温低于 31℃时，温度开关 TS-280A 使电磁阀 FY-286 和循环泵电动机得电，阻塞流向冷却器的通路。循环泵出口的液压油经过一个可调节的释放阀 FV-34 流回液压油箱，循环中加热液压油。该释放阀的设定压力为 1.4MPa（14kg/cm²），这就能以 2.8℃/h 的速度加热液压油。加热后，当液压油温回升到 36.39℃时，温度开关 TS-280A 使电磁阀 FY-286 和循环泵电动机失电，停止加热。

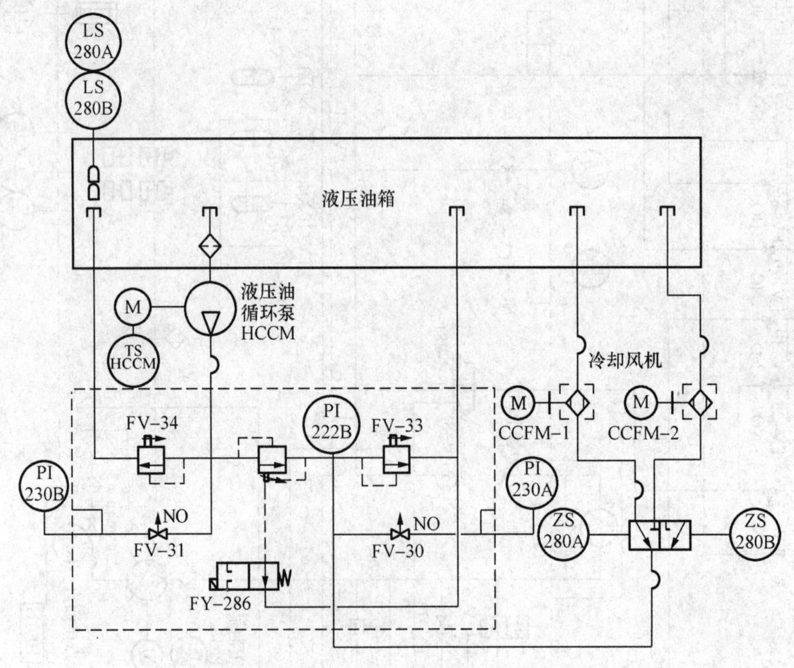

图 3-18 液压油的加热或冷却系统

电磁阀 FY-286 失电是冷却方式，此时由液压油温度开关 TS-280B 操纵电磁阀。当油箱内液压油温高于 49℃时，温度开关 TS-280B 使电磁阀 FY-286 失电和循环泵电动机得电，接通流向冷却器的通路。循环泵出口的液压油流向空气冷却的热交换器。并且，温度开关

TS-280B 在启动循环泵的同时也启动了冷却回路上的风扇，对液压油进行冷却。冷却回路的支路上有一只释放阀 FV-33，它的工厂设定压力为 0.4MPa，在有一只空冷器 CCFM-1 或 CCFM-2 阻塞的状况下，直接使液压油回到油箱。冷却过程中当液压油温回到 43.33℃时，温度开关 TS-280B 使电磁阀 FY-286 得电和循环泵电动机失电，停止冷却。

3. 辅助过滤系统（AFS）连续过滤回路

图 3-19 是辅助过滤系统（AFS）连续过滤回路图。辅助过滤系统的目的是清洁和处理液压油（3-芳基磷酸酯）。它由一只电动齿轮泵、串联连接的凝聚过滤器和 1μm 磨料过滤器组成。它有一个手动控制系统，揿动就地控制按钮 ON/OFF 即可启/停该系统。

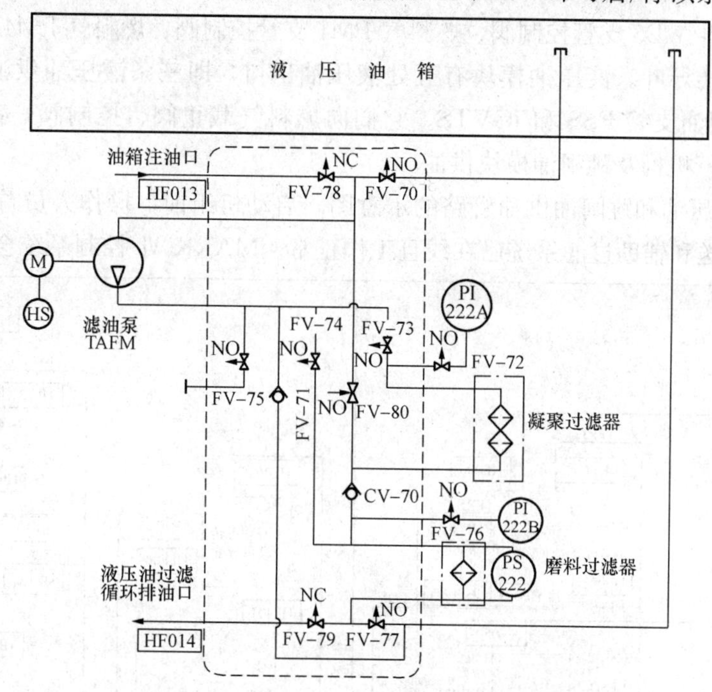

图 3-19　辅助过滤系统（AFS）连续过滤回路图

只要实施隔离阀的不同组合、对液压油进行导向就能实现不同的功能：

（1）注入液压油到液压油箱，确保清洁度。注入 208L 的 3-芳基磷酸酯，需要注油时间为 1.5h。此时，液压油的流动路径为：油箱注油口-FV-78-油泵-FV-74-磨料过滤器-FV-77-液压油回油。

（2）检修维护油箱时，将液压油泵出油箱。此时，液压油的流动路径为：FV-70-油泵-FV-74-磨料过滤器-FV-79-油箱过滤循环排油口。

（3）运行时，通过采样接口允许周期性的从系统采样。此时，液压油的流动路径为：运行时打开 FY-75 采样。

（4）提供液压油的自洁回路。用泵将液压油从油箱泵出，经串联连接的凝聚及分离组件过滤器和 1μm 磨料过滤器清洁和处理后，回到油箱。不断循环清洁液压油。此时，液压油的流动路径为：液压油出油管 FV-70-油泵 FV-73-凝聚过滤器 CV-70-磨料过滤器 FV-77 液压油回油管。

（5）在凝聚过滤器维修时，可以将它旁路，继续使辅助过滤系统工作（打开旁路阀 FV-

74）。

（6）打开 FV-80、FV-74 和 FV-77 阀，可使凝聚过滤器排空液压油，并将该液压油用 TAFM 泵回到液压油箱。

（三）液压油和跳闸油供油管路

在该机组内，受液压油控制的有下列阀门和组件：

（1）截止阀。包括主蒸汽截止阀、再热蒸汽截止阀（左）、再热蒸汽截止阀（右）、低压蒸汽截止阀、燃料气速比截止阀。

（2）控制阀。包括主蒸汽控制阀、再热蒸汽控制阀（左）、再热蒸汽控制阀（右）、低压蒸汽控制阀、燃料气 D5 支管控制阀、燃料气 PM1 支管控制阀、燃料气 PM4 支管控制阀。

（3）IGV 可转导叶。液压油模块有五处液压油出口，即三条液压油供油支管 FRS1～FRS3 和两条跳闸油支管 FSS 和 IGVTS。它们向燃料气截止阀、控制阀，各蒸汽截止阀、控制阀，IGV 执行机构及跳闸油模块供油。

图 3-20 是液压油和跳闸油供油管路的示意图。启动机组前，操作人员首先验证加热和冷却系统以及输送和辅助过滤系统已在线且工作正常。MARK-Ⅵ 控制系统会确定一只泵为

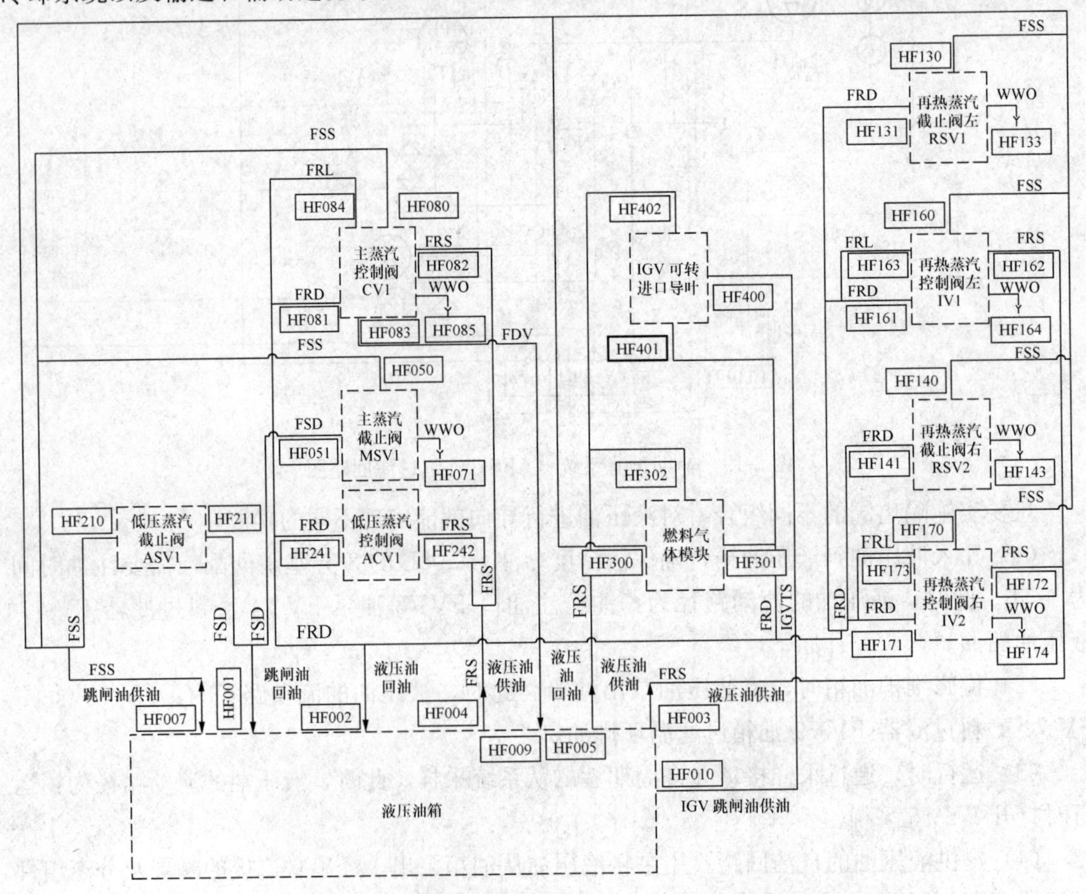

图 3-20 液压油和跳闸油供油管路的示意图

FRS—液压油动力供油管路；FSS—跳闸油供油管路；FRD—液压油动力回油管路；

FSD—跳闸油回油管路；FTS—IGV 跳闸油供油管路；FRL—液压油泄漏排油；

FDV—液压油回油；WWO—阀杆漏气（油和水）

“主”泵，并使之处于在线自动模式。当系统、压力趋于正常时，系统中泵出口压力报警会消失，控制系统会使相关的电磁阀（FY-5000，FY-5010 和 FY-5040）得电，并使液压油流入控制阀和燃气轮机进口导叶。这些阀及其电磁阀，受来自 MARK-Ⅵ的电气控制信号控制。

在正常停机程序中，只有液压油控制系统完成其规定的冷却循环后，液压油控制系统才会自动停用。

（四）跳闸油模块

1. 电子跳闸装置

图 3-21 是跳闸油模块的系统图。该系统有四个回路。

（1）FSS，跳闸油供油。它取自液压动力单元跳闸油支管 FSS。当机组正常运行时，紧急跳闸电磁阀得电，跳闸导向控制阀处于右边的“复位”位置，如果闭锁导向控制阀处于左边的“复位”位置，则 FSS 对跳闸油总管充压。当跳闸程序时，FSS 通道使跳闸油总管泄压。

（2）FTS，IGV 跳闸油供油。它取自液压动力单元 IGV 跳闸油供油管，并且是导向控制阀 DCV5000、DCV5010、DCV5001、DCV5011、DCV5040 及 IGV 遮断阀的动力源。

（3）FED，跳闸油排油。当跳闸程序时，跳闸油排油将加压的跳闸油 FSS 通过止回阀回到油箱，提供 FSS 安全释放的返回通道，同时将 FTS 总管及 IGVTS 的跳闸油排掉。

（4）FPD，液压油排油。通过它，将导向阀的动力油排回到油箱中去。

该机组有两套并联的电子跳闸装置 ETD-1 和 ETD-2，其中任一套动作都会引发跳机，互不干扰。正常时两套同时引发跳机，比单套电子跳闸装置更可靠。

机组启动时，主保护投入使紧急跳闸电磁阀 FY5010 和 FY5000 得电，当机组转速达到 14HT 时，IGV 紧急跳闸电磁阀 FY5040 得电、该电磁阀居上位，使 IGV 紧急跳闸电磁阀的导向控制阀处于右位，接通 FTS 油路，使跳闸油执行模块内的 FTS 总管充压。这将导致紧急跳闸电磁阀 FY5010 和 FY5000 各自的导向控制阀处于右边的“复位”位置，如果跳闸试验闭锁电磁阀失电，处于非试验状态，FTS 总管接通跳闸试验闭锁电磁阀导向控制阀的左端，处于“复位”位置，则 FSS 对跳闸油管路充压。此时，各截止阀全开，控制阀处于伺服回路控制，机组处于正常工作状态。

当执行跳闸程序时，紧急跳闸电磁阀 FY5010 和 FY5000 失电，使它们居下位，两个导向阀右侧的动力油与 FPD 管路接通，被排回到油箱中去。同时 IGV 紧急跳闸电磁阀 FY5040 居下位，来自液压油站的跳闸油 FTS 使 IGV 紧急跳闸电磁阀的导向控制阀处于左位，切断 FTS 油路，使 IGVTS 和跳闸油执行模块内的 FTS 总管泄压。两个导向阀左侧由于 FTS 总管泄压，被排回到油箱中去。跳闸电磁阀的导向控制阀在弹簧力的作用下处于左位，如果闭锁阀也处于左边的“复位”位置，则来自 FSS 的跳闸油经过导向阀 DCV5010 和 DCV5011（或 DCV5000 和 DCV5001）由 FED 被排回到油箱中去。跳闸油总管的泄压将引发机组跳机。

跳闸油总管的泄压，引起跳闸油回路的压力骤降，迅速切断燃料气截止阀、控制阀及各蒸汽截止阀、控制阀。同时，三冗余压力开关 PS-281D/E/F 感知骤降的压力，经 GT-MARK-Ⅵ三取二表决通过，执行其他跳机程序。

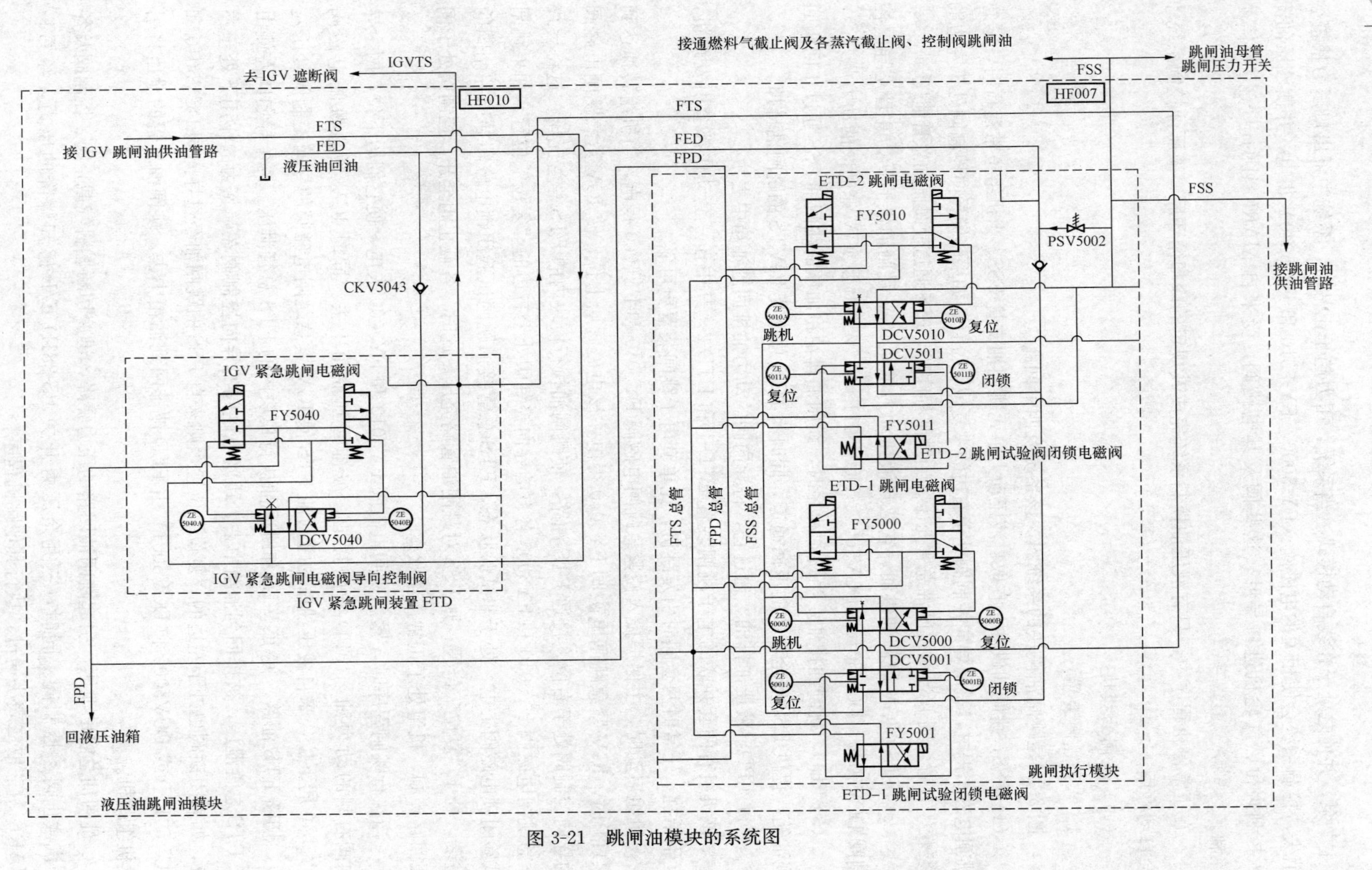

图 3-21 跳闸油模块的系统图

2. 电子跳闸装置ETD的离线试验

机组启动前必须完成ETD离线试验。该试验不仅能使两个ETD分别单独失电检查它的运行状况，也可对整个跳闸系统进行演习。如果ETD或其他的跳闸系统部件动作迟缓或有故障，则在问题得到修正以前不能启动机组。

电子跳闸装置ETD的离线试验只有在发电机断路器已断开时才完成，电子跳闸装置ETD的离线试验将使机组跳机。如果发电机断路器已闭合，机组处于暖机工况，或是主蒸汽管线正在加压或主蒸汽室要求暖管时，则不允许进行该项试验。

试验时，先复位机组，然后在HMI页面选定“ETD Off-line Test”页面，选定ETD试验按钮即可。

3. 有液压闭锁的ETD在线试验

ETD在线试验是指有液压闭锁装置的ETD在线试验。在机组不跳机的状况下，使每只ETD单独地失电，以检查它的正确运行能力。试验时，用一只闭锁电磁阀，使在ETD试验时隔离跳闸油回路，阻止跳闸油管路压力的丧失。在某一时间内，只能试验一只ETD，所以在进行试验时，如有必要，另一只没有进行试验的ETD仍然能使机组跳机。

在每组（共两组）跳闸电磁阀（FY5000/FY5010）和闭锁电磁阀（FY5001/FY5011）的导向控制阀DCV5000/DCV5010和DCV5001/DCV5011的两端都有一只非接触式开关作为位置反馈，它们指示着导向控制阀的位置：跳闸/复位和复位/闭锁。这个非接触式开关可以提供一个故障报警指示。在初次试验时，它们必须处于非报警状态。

试验可以在发电机断路器闭合或断开时完成。

在试验时和试验后要观察各相关阀门，任何一个阀的运动不正常，会指示该阀有问题。如果ETD的操作信号有滞后或运行有故障，则机组应停下来修理。如果机组一时不可能停下来修理，则应每天对这只ETD做一次试验。用这样的试验演习ETD的重复性，将会改善它的滞后性能。如果两只ETD都有这种故障或滞后性，则必须卸负荷正常停机，不要使机组在带负荷时跳机。

4. IGV紧急跳闸装置

图3-21的左边是IGV紧急跳闸装置的系统图。机组正常运行时，IGV紧急跳闸电磁阀得电，液压油总管FTS向导向控制阀右边充压，使其处于右边的“复位”位置，则FTS对IGVTS油管充压，使IGV遮断阀处于工作状态。

当IGV紧急跳闸电磁阀失电时，导向控制阀右边的液压油被排回到油箱中去，而来自FTS的液压油供油被引入导向控制阀左边的“跳闸”位置。这样一来，IGVTS油管的液压油经过DCV5040和止回阀CKV5043被排回到油箱中去，IGVTS油管泄压，将会使IGV角度关到关闭位置。

第六节　气体燃料系统

一、概述

气体燃料是以气体燃料的热值来分类的。按热值自高到低可分为天然气和液化天然气、液化石油气、气化气、流程气等。

为了使燃气轮机能更有效地无故障运行，在气体燃料规范中，规定了用户接口（FG1处）的物理性能、组分和对污染杂质的允许范围。燃气轮机用户必须严格执行。

F级大型燃气轮机组毫无例外的都使用天然气和液化天然气作为燃料。同时可选用轻柴油作为第二种燃料，此时应选用双燃料DLN燃烧室。

通常，天然气的热值范围为30～45MJ/m^3。实际热值取决于天然气中碳氢化合物和惰性气体含量的百分比。天然气储藏在地下，抽取的“原始天然气”可以不同程度地含有氮、二氧化碳、硫化氢及盐水等杂质。天然气的供应商在配气之前经处理要除去这些组分或杂质。天然气供应给燃气轮机前必须完成气体分析，以确保满足规范要求。

液化天然气（LNG）是经干燥、压缩，并冷却至1个大气压、－162℃的天然气产物。该产品在液态下运输，并且在升压、升温至大气温度后输送。它的组分中已没有惰性气体和水分，可以按高质量的天然气对待。

供应的天然气应该是100%没有液态的。燃料中存在的任何液态碳氢化合物，当到达透平的燃烧系统后，形成阻滞而引起暂时过热，引起输入热量的巨大变化，造成燃气轮机操作失稳，管道变冷（液体蒸发引起）。严重时，未蒸发的燃料液滴在燃烧室中使火焰超出正常的火焰区而危及燃烧室和热部件。在天然气中，水化物有时会覆盖和阻塞控制阀，造成难以平稳的控制燃料气流动。因为天然气流经控制阀的节流作用，如果压力高，水的含量高而温度又低，则有可能形成一种冰状水化合物的固体结晶，这种物质的沉淀有可能引起堵塞。所以要保持低的水含量，使气态水化合物的形成最少。

设计燃料气体输送系统，要防止固体颗粒进入燃气轮机。其措施不仅限于过滤固体颗粒，还应从过滤器出口到燃气轮机入口那段管道选用无腐蚀的不锈钢管。在燃气轮机投运之前或修理后，要对气体燃料管路系统做好清洁、冲洗和维护。

通常，天然气来自供气管线。如果供气管线的压力低于燃气轮机所要求的进口压力时，有必要建立增压站并经调压后进入燃气轮机；如果供气管线的压力已满足燃气轮机要求的进口压力时，也要建立调压站，经调压后进入燃气轮机。

天然气调压站主要由计量系统、过滤系统、调压系统、智能压力控制系统、电气仪表系统及相应的照明、充氮、接地等辅助系统组成。还包括相应的调压站外管道，如自厂区交接点至调压站入口前的一根母管和调压站出口至每台燃气轮机前置模块入口前的管道。

二、天然气的供应压力和温度

1. 天然气的供应压力

供气压力取决于燃气轮机的型号、压气机的压比、燃烧系统的设计、燃料的气体分析和机组特定的现场条件。图3-22是燃气轮机供气压力随转速和输出负荷的关系曲线。

对于一台正在运行的燃气轮机，最大可达到的输出功率是在最低环境温度条件下，由供气压力决定的。燃料气体供应压力要允许在最低的现场环境温度时，经过所有阀门、管道和燃料喷嘴进入燃烧室的燃料流量为最大流量。这就保证了燃料控制系统将不会限制燃气轮机的负荷控制。因为此时，燃料控制阀门位置在最大阀杆行程和最小压力上，同时燃气轮机处于最大流量和最低环境温度条件下。

表3-1显示了在两个最小环境温度下，供应燃气轮机最小和最大的供气压力。由于在干式低NO_x燃烧系统使用了分流用的附加的分流阀门来控制分级燃烧过程，这时要求的供气

压力比标准型燃烧系统要略高一些。

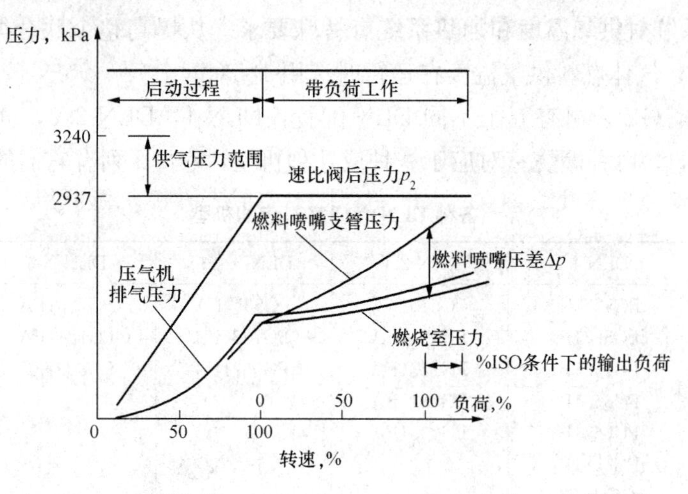

图 3-22　燃气轮机供气压力随转速和输出负荷的关系曲线

表 3-1　　需要的最小和最大供气压力

燃气轮机机组系列	供气压力 kPa（psig*）				
	要求的最小值				允许的最大值
	标准型燃烧室		DLN1 型燃烧室		
	15℃（59 ℉）	−17.8℃（0 ℉）	15℃（59 ℉）	−17.8℃（0 ℉）	
MS3002J	793（115）	896（130）			1413（205）
MS5001R	1000（145）	1103（160）			1551（225）
MS5002B	1551（225）	1551（225）			1896（275）
MS6001B	1655（240）	1862（270）	1965（285）	2069（300）	2413（350）
MS7001EA	1793（260）	2102（305）	2000（290）	2137（310）	2413（350）
MS7001FA	2137（310）	2379（345）	2413（350）	2551（370）	3103（450）
MS9001E，7 只阀	1896（275）	2206（320）	2241（325）	2413（350）	3103（450）
MS9001E，9 只阀	1723（250）	2102（305）	2069（300）	2241（325）	3103（450）
MS9001F	2069（300）	2275（330）	2275（330）	2379（345）	3103（450）
MS9001FA	2172（315）	2448（355）	2413（350）	2551（370）	3103（450）

*　1psig＝6.895kPa。

2. 天然气供气温度

为了确保燃料气体供给到燃气轮机时100％没有液滴，要求气体燃料供气温度有一定的过热度。所谓过热度就是燃料气的温度和它自己的露点之间的温差，它取决于碳氢化合物（烃）和湿气的浓度。要求的过热度是这样规定的，当燃料气经过气体燃料控制阀膨胀时，它所下降的温度应该得到足够裕度的补偿。此外，还要考虑燃料气通过控制阀的膨胀比。综合考虑过热度可以用燃料进入控制系统的压力的函数来表达。

对于具有标准型燃烧系统的GE燃气轮机机型，通常考虑以上因素就可以了。此时，天然气的供气温度高于供气压力下碳氢化合物的露点温度至少15℃，最高不超过70℃。

3. GE 带有干式低 NO_x 燃烧系统（DLN）机组气体燃料供气温度

DLN 燃烧系统对供气温度和加热系统有特殊要求。从提高整个联合循环效率出发，为了充分利用余热，气体燃料供气温度在运行时选用 185℃。

到目前为止，GE 公司有五个不同 DLN 配置：DLN-1，DLN-2.0，DLN-2.0+，DLN-2.6 和 DLN-2.5H。每种燃烧室对应于一种或几种机型，表 3-2 列有它们的对应关系。

表 3-2　　各种 DLN 燃烧室对应的机型

燃烧室型号	DLN-1	DLN-2.0	DLN-2.0+	DLN-2.6	DLN-2.5H
应用机型	PG5271R PG5371P PG6541B PG6561B PG6571B PG6581B PG7111EA PG7121EA PG9171E	PG6101FA PG7221FA PG7231FA PG9311FA PG9331FA	PG9351FA PG7251FB PG9371FB	PG7231FA PG7241FA PG9231EC	PG7371H PG9441H

这些设计有不同的硬件配置和运行方式，因此要求的加热系统和燃烧的供应温度调节都有所不同。S109FA 单轴联合循环机组采用 DLN-2.0+型燃烧系统。下面就该燃烧系统对加热燃料气体的要求加以阐明。

如图 3-23 所示，运行时，既有冷加热（燃料气加热温度至小于等于 120 ℉/48℃）又有热加热。在热加热区（燃料气加热温度至 365 ℉/185℃），燃料气体的温度必须满足设计的当量韦伯指数规定范围。

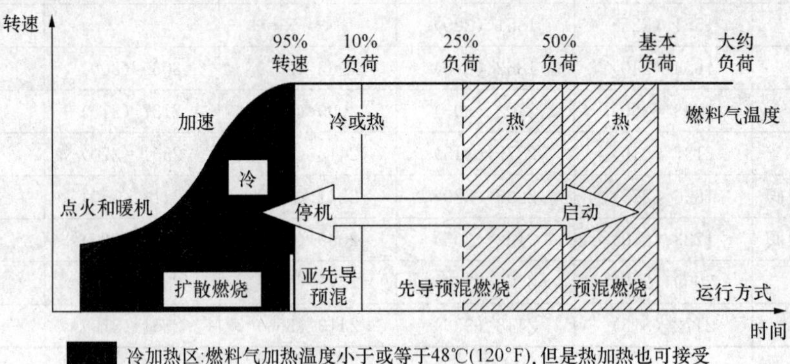

图 3-23　DLN-2.0+（PG9351FA）燃料气体加热运行的要求

从点火和暖机直至加速至 95％额定转速，燃烧室处于扩散燃烧，一般只需冷加热燃料气就可以；从 95％额定转速，经全速空载至约 10％额定负荷，燃烧室处于从扩散燃烧向先导预混燃烧过渡，可以采用冷加热也可采用热加热的加热方法；额定负荷从 10％～25％额定负荷区段，燃烧室处于先导预混燃烧，也可采用冷加热或热加热方式，但是必须满足当量韦伯指数要求的温度限值。从 25％～50％额定负荷区段，仍然是先导预混燃烧，此时热加热温度必须成功地控制当量韦伯指数在限值上。50％～100％额定负荷区间，是预混燃烧阶

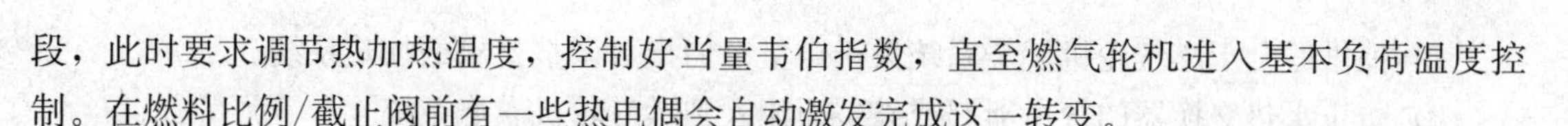

段，此时要求调节热加热温度，控制好当量韦伯指数，直至燃气轮机进入基本负荷温度控制。在燃料比例/截止阀前有一些热电偶会自动激发完成这一转变。

三、PG9351FA燃气轮机气体燃料系统的主要运行参数

该装置的气源来自天然气管线，经管线调压站调压后送入。厂内天然气供应系统由调压站调压，气体燃料前置供应系统过滤/分离和加热后进入燃气轮机燃料气系统。它们的主要运行参数如下。

1. 调压站的主要运行参数

（1）调压站进口天然气压力：3.9MPa。

（2）调压站进口天然气温度：环境温度。

（3）调压站出口天然气压力：3.33MPa。

（4）调压站出口天然气温度：满足GE公司GEI41040G中对烃露点及水露点的要求，出口天然气温度应大于露点温度+5℃。

（5）燃气轮机基本负荷与暖机负荷天然气流量变化范围：50∶1。

（6）调压器的调压精度：±1%内。

（7）过滤精度及过滤效率：在天然气温度小于15℃、滤芯阻力小于2500Pa情况下，对5μm以上的颗粒要求清除效率达到100%；当颗粒为3～5μm时，除尘效率应不小于99.9%；当尘粒在2～3μm范围时，过滤效率应不小于99.1%；当尘粒在1μm时，过滤效率应不小于99%。

2. 气体燃料前置系统的主要运行参数

在启动时，当燃料气还未达到最低过热度要求的温度时，通过电加热器保证燃料气的过热度，燃料气最小加热温度为27.8℃，通常该温度为48℃或更高一点。燃料气进入性能加热器模块，用中压省煤器出口的锅炉给水加热气体燃料至185℃，具有最佳效果。对于使用干式低NO_x燃烧系统的燃气轮机，为了该系统的安全稳定燃烧，要求在整个运行范围内，保持或控制当量韦伯指数的变化在5%范围内，保持各工况下运行稳定和高效率。过滤精度为，去除直径在0.01～4μm的雾滴。

3. 燃气轮机气体燃料系统的主要运行参数

系统进口天然气供气压力正常为3240kPa，最大为3447kPa，最小为3150kPa。供气压力的最大偏离应限制在每秒1%/s的偏离或者5 %的瞬态变化步长，并且在5s内最多只有一个5%的瞬态变化步长。燃料气的温度变化率最大为2 ℉/s。

在启动时从点火到全速，速比阀后控制阀前的p_2控制压力呈线性变化，点火时p_2为41.4kPa，当转速在100%时p_2为2937kPa，此时控制阀的开度保持不变（40%开度），依靠速比阀慢慢地打开升压。在此后的升负荷过程中，速比阀维持p_2压力不变（2937 kPa），由控制阀的开度增减负荷。

四、燃气轮机天然气前置系统

该系统由下列组件组成：一套双联前置过滤器、一套串联的性能加热器、一套启动用电加热器、一套终端过滤器、流量计和变送器（96FM-1）及各单元的系统控制等。燃料处理系统设计成在适当的压力、温度和流量条件下将燃料气输送到燃气轮机的燃烧组件，以满足燃气轮机启动、加速和负载要求。该系统是按下列设计原则进行标准设计的：

1）提供适合于燃气轮机燃烧系统关于当量韦伯指数调整要求的加热系统。

2）防止水热交换器的管道泄漏或破裂而流入到燃气轮机燃烧系统。

3）提供热交换器管道故障指示。

4）当热交换器有故障时防止燃料气进入给水系统。

5）去除燃料气中的颗粒。

6）对燃气轮机气体燃料加热系统的管道和组件进行过压保护。

7）当燃气轮机运行和停机时，确保水的压力高于燃料气的压力。

（1）气体燃料前置系统流程和功能阐述。

来自调压站的燃料气首先经过燃料气过滤模块，它由两只100%容量的并联前置过滤分离器，垂直布置，用来除去燃料气中的液滴和颗粒。图3-24为天然气前置模块处理单元的P&ID图。

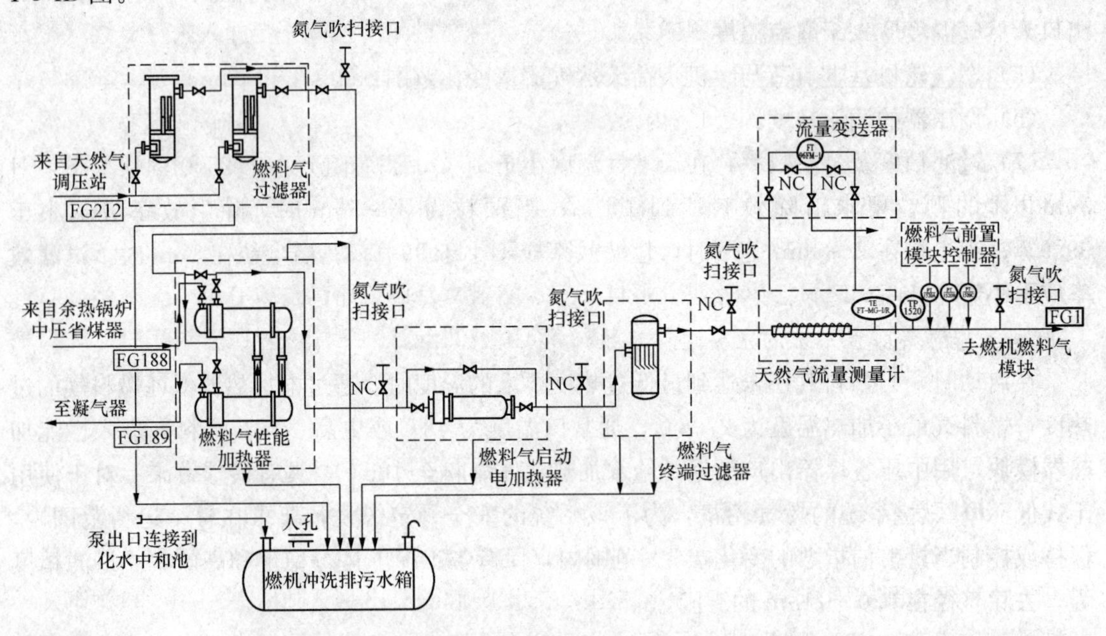

图3-24　天然气前置模块处理单元P&ID图

第一级用惯性分离除去较大的液滴和颗粒，第二级是一只聚凝式过滤器，燃料气从内侧经过，外侧流出，聚凝在过滤器外侧的液滴在重力作用下收集到收集箱，可去除直径在0.01～4μm的雾滴。

从前置过滤器出来，燃料气进入性能加热器模块。该模块由两台壳—管式热交换器串联而成。燃料气从壳侧流过，而管内则是给水通道。在壳侧最低点有液滴收集室，安装有液位指示，用来提供泄漏或管束破裂的早期预报，并且自动控制疏液阀。当液位达到高液位时发出报警，并打开疏液阀；当液位达到高—高液位时除报警外，切断加热器的水源；当液位达很高液位时，除报警外，燃气轮机跳闸。有一条旁路管线，在燃烧系统要求提供“冷加热燃料气”时，性能加热器可以退出工作。

性能加热器的控制由MARK-Ⅵ完成。压力变送器向MARK-Ⅵ控制系统提供入口给水和气体压力的信号。温度变送器向MARK-Ⅵ控制系统提供燃料气和给水的进出口温度信号。模块具有阀门限位开关和各种控制阀的其他控制部件，以便通过 MARK-Ⅵ使阀门得到控制。

性能加热器的下游，安装有启动用电加热器。在机组启动时，当燃料气还未达到最低过热度要求的温度时，通过电加热器保证燃料气的过热度，通常该温度为 27.8～48℃或更高一点。当性能加热器的换热能力超过这一过热度要求的温度（48℃）时，切断电加热，投入性能加热器。启动加热器为工业电加热器，它由就地控制屏控制，可以在流量在 10%～100%范围时保持所设定的温度。控制屏报警信号可以向 MARK-Ⅵ输出，MARK-Ⅵ在燃料气温度超出范围时将向操作员报警。

最后，被加热的燃料气进入燃料气终端过滤器。终端过滤器是一只“干式”洗涤器，它的作用有两个：提供燃料气进入燃气轮机前的最后一级颗粒过滤并去除燃料气中带入的小水滴。

干式洗涤器由多路惯性分离器去除液态或固态物质，效率很高。洗涤器有两个液位指示计监测下部的液位。高液位开关执行报警和自动打开排放阀。高—高液位开关三取二表决探测系统的严重泄漏，并发出跳机信号。

燃料气“干式”洗涤器下游管路上，安装有燃料气流量测量管。由孔板、两只差压变送器、三只测温组件和一只压力传感器组成。燃气轮机控制系统读出信号提供给这些仪表计算出经压力和温度补偿的燃料流量。

性能加热器由余热锅炉中压省煤器出口的水作为加热介质。燃料气出口温度由位于热水进口管道上的温度调节阀控制。

电加热器出口温度，由可控硅整流器（SCR）控制。所有排出的液滴经汇集后排至前置模块水凝槽。

（2）切换燃料气过滤器，更换滤芯。

当系统差压超过 0.103 MPa（15psig）时，应监控并切换过滤器更换滤芯。切换燃料气过滤器前的检查：确认备用过滤器的进出口阀关闭，其余阀门按阀门要求操作到位；确认废水排放系统的校准状态已满足备用过滤器要求。

备用过滤器加压：确认所有过滤器的通风阀和疏水阀已关闭。确认备用过滤器出口阀关闭后，慢慢打开备用过滤器进口阀。监控过滤器出口压力表上显示的过滤器压力。继续将燃料气排入过滤器，直至过滤器压力与系统压力相等。检查过滤器，验证过滤器未发生泄漏。验证系统过滤器压力是否仍保持恒定。若未保持恒定，应停止切换过程并确定产生压力波动的原因。所有检查完毕，状态正常应缓慢打开过滤器进口阀，直至全开位置。

将备用过滤器投入使用：确定过滤器出口压力表所显示的系统压力。缓慢地打开过滤器出口阀。验证在过滤器切换期间，系统压力是否仍保持恒定。将出口阀慢慢地打开到全开位置，随阀的打开，监测系统的压力。

将污染的过滤器停用：验证所有状态正常，过滤器运行时，未出现系统报警。慢慢地关闭污染过滤器出口阀。过滤器停止工作时，应监控系统压力。若系统压力下降，应停止关闭出口阀。出口阀关闭后，再关闭过滤器进口阀。进口和出口阀关闭后，在阀上挂牌准备更换滤芯。再慢慢地打开过滤器通风阀，泄压到零。应注意在更换滤芯或检修任何危险气体管道及设备前，在关闭进口阀和出口阀并打开通风阀后，要送氮气置换出危险气体，并确认安全，方能进行更换或检修。

关于气体燃料的内容，在本书第八章中还有相关内容介绍。

第七节 液体燃料系统

一、概述

F级大型燃气轮机组使用气体燃料作为燃料。也可选用液体燃料，如轻柴油作为第二种燃料。此时要选用具有双燃料的DLN燃烧室，同时还要增设包括轻柴油储罐、燃料油前置系统，如燃油输送泵、过滤器、加热器，必要时为了提高燃烧效率，燃油喷嘴的设计结构，还要加装雾化空气系统。通常在DLN燃料喷嘴中，燃油和雾化空气通道被安置在中心部位。

机组在启动过程中要经历点火、暖机、加速三个阶段，机组所要求的燃料量是不同的，是随时变化的。根据电负荷的需求情况，机组的负荷随时变化，这就要求随时改变送入机组的燃料量。在用气体燃料时，如第八章所述，采用速度比例截止阀和气体燃料控制阀串联的方式去控制进入燃烧室的燃料量。而在切换到轻柴油时，采用的则是用控制燃油旁路回油量的方法，完成控制送入燃烧室的燃料量。在双燃料系统中，还应加装控制两种燃料比例的装置。为了降低燃用轻柴油时的氮氧化物NO_x的排放量，在机组使用轻柴油时要往燃烧室喷射水或水蒸气。对于双燃料系统的控制有如下要求：

（1）按照用户的需求在需要时从一种燃料切换到另一种燃料，满足各种运行工况的要求。

（2）能实现混合燃料的运行。

（3）在切换燃料时，应有一定的时间让即将使用的燃油管道充满燃油。

（4）在燃用气体燃料时，对液体燃料喷嘴进行吹扫。

二、双燃料系统的典型液体燃料系统的组成

如图3-25所示（见文后插页），来自轻柴油储罐的燃油，经燃料油前置系统输送泵、过滤器、加热器，达到燃油规范的要求后，进入燃气轮机液体燃料系统。首先在定排量的燃油泵PF1-1中增压达到燃气轮机所要求的压头。流入VC3-1燃油流量控制阀组件，分两路，其中一路经VS1-1燃油截止阀、FF2高压油滤器、FD1-1燃油流量分配器、VA19-1三通阀、各个燃料喷嘴的燃油通道进入燃烧室。另一路经燃油伺服阀65FP-1控制的燃油流量控制阀的旁路返回到燃油泵的入口，形成旁路循环。进入燃烧室燃油量的多少，按照控制系统的要求由65FP-1伺服阀执行。VH4-1滑阀控制VS1-1燃油截止阀的运行，当机组跳闸时，跳闸油丧失，滑阀自动切断机组的燃油供应，同时打开VS1-1燃油截止阀的旁路，使燃油返回到燃油泵的入口，形成旁路循环。位于控制阀和截止阀之间的旁路循环管路上有一只止回阀，防止控制阀出来的回油倒流入截止阀的旁路。

GE公司6FA机组有6只燃烧室，每只燃烧室有一条燃油通道，共六路。燃油进入流量分配器后分成六股流量均等的支流。每条支流在燃油进入燃烧室前要经过一只代号为VA19-3的三通滑阀，它由仪表气控制，当充压时，接通进入燃料喷嘴的燃油通道，当泄压时，接通吹扫气，对处于不工作状态的燃料喷嘴的燃油通道进行吹扫。

在燃油泵前有一只压力开关 63FL-2。在燃料截止阀 VS1-1 后，有一燃油再循环回路，该回路上有一只 VA70-1 压力调节阀，保持进入燃料喷嘴的燃油压力恒定。3 只压力传感器 96LFSP-1A、1B、1C 向控制系统提供燃油压力指示。

三、各组件的功能

1. 压力开关 63FL-2

它位于燃油泵的上游，当燃油压力低于规定的安全水平时，会使燃油泵由于进口压力低而产生气蚀现象，会使燃油泵受到损坏。在这种情况下 63FL-2 压力开关动作，遮断机组。

2. 燃油泵 PF1-1

它是一只电动的定排量三螺杆泵。在其出口安装有一只 VR4-4 过压保护阀。当出口压力超过它的设定值时，开启该阀泄压；当出口压力恢复常态时，自动关闭。3 只差压传感器 96LFSP-2A、2B、2C 向控制系统提供燃油泵进出口的差压指示。

3. 燃油流量控制阀组件 VC3-1

它包括控制阀的驱动油动机、液压伺服阀 65FP-1 及其液压回路。液压油流经液压供油过滤器 FH3-1 过滤后，进入伺服阀，由控制系统操作的伺服电流控制阀门的开度，用控制旁路回油量的方法，达到控制进入燃烧室的燃油量的目的。

4. 燃油截止阀组件 VS-1 组件

它包括截止阀的驱动油动机、滑阀 VH4-1 及其液压回路。液压油流经液压供油过滤器 FH4-1 过滤后，进入滑阀。滑阀由跳闸油控制，当选用液体燃料时，在启动过程中，当跳闸油压建立时，将滑阀驱动在左位，接通液压油至油动机的油路，打开截止阀。当 VS-1 打开时，与它联动的位置开关 33FL-1 的触点闭合发出信号，使燃油泵的驱动电动机带电，燃油泵投入工作。而在机组接到停机信号，无论是正常停机或事故停机时，由于跳闸油被泄掉，燃油截止阀在弹簧力的作用下，切断机组的燃油供应，同时使燃油经旁路回油，在完全切断机组燃油供应时，33FL-1 的触点打开，停燃油泵。

5. 高压油滤 FF2-1

用来保证进入流量分配气的燃油是干净的。

6. 流量分配器组件 FD1-1

它的作用是将燃油平均分配给每个燃烧室。燃油分配器有一个进油口，燃油经它进入燃油分配器后，经母管分别流过 6 个泵元件，被精确地分成六等份后，经各个泵元件的出口送入相应的燃烧室。6 个泵元件是 6 对齿轮。每对齿轮的主动轮（共 6 个）是同轴的，因此，6 个泵元件的转速是相等的。泵元件在启动时由驱动电动机 88FM-1 带动外，它的正常工作是靠流过泵元件的燃油本身的压力使其转动的。在它的两端装有磁性探头 77FD-1，2 用来测量泵元件的转速，因为流过泵元件的燃油量与泵元件的转速成正比。这两个磁性探头测得的信号 FQ1 是作为燃油流量的反馈信号来使用的。

7. 燃油压力选择阀 VH17-1

在流量分配器的出口，装有一个通常有 12 个位置的选择阀和压力表组件。位置 1～10 用来监测各个燃油喷嘴前的燃油压力。另两个位置用来监测高压油滤 FF2-1 后与流量分配器 FD1-1 前的压力。

8. 燃气轮机间燃油再循环和燃油管道吹扫组件

它包括滑阀 VA19-3 和配送阀。滑阀 VA19-3 由阀前燃油压力信号、仪表气压力信号以“或”的方式组合而成，这两个条件中只要有一个存在就会引起滑阀动作。此时，滑阀处于上位，接通燃油通路，将燃油经配送阀送往燃烧室。相反，这两个条件不具备时，机组处于燃用天然气状态。此时，滑阀处于下位，接通吹扫气，对燃油通道进行吹扫；燃油则接通再循环管路，回到油箱。燃油再循环回路设有 VA70-5 切断阀，它由切断电磁阀 20LF-SP-5 操作（图中未显示）；吹扫气回路设有 VA70-6 切断阀，它由吹扫电磁阀 20LF-SP-6 操作。

第八节　启动机与盘车装置

一、概述

燃气轮机在正常运行过程中，透平做功量的约三分之二用来拖动压气机，三分之一用于输出，拖动发电机发电或驱动其他机械。所以燃气轮机是不能自行启动的热机，它需要在外部启动机的帮助下完成它的启动过程。启动机拖动转子从零转速开始升速，当升速到点火转速时，压气机将适合点火过程的、具有适当压力和流量的空气送入燃烧室，进行点火。点火成功后，启动机继续驱动转子升速，随着进入燃烧室的空气的流量和压力相应增加，送入燃烧室的燃料量也相应地增加，使转子的转速升到自持转速。这时压气机的耗功与透平做功相等，达到功率平衡。在达到自持转速之前，透平的做功始终小于压气机的耗功。在自持转速以后，透平的做功开始大于压气机的耗功，多出的透平做功量能使转子继续升速；当转速达到脱扣转速时，停掉启动机，随着透平做功量的进一步增加，燃气轮机升速到运行转速，直到发电机并网带负荷到旋转备用负荷，完成燃气轮机发电装置的启动过程。发电机并网后能带的最小负荷量，称为旋转备用负荷。通常机组的脱扣转速要略大于自持转速。

启动与盘车通常是联系在一起的。由于要使转子从静止状态转动起来，需要克服很大的转子惯性力和摩擦力，耗费的启动机功率甚大。为了减小启动机的功率，通常除了启动机以外，所有的机组都配备有盘车装置。当机组转动之后，在转子的转速增大到超过盘车转速时，盘车装置将自动脱离啮合。如果不能脱离啮合，则应关断盘车电机的电源。

当然，盘车装置还有它的第二个功能，即作为机组停机后的冷机盘车设备。停机后冷机盘车的目的是，使主机转子能够均匀冷却。停机后机组上缸壁温受气缸上部热气（或热蒸汽）的影响高于下缸壁温。上下缸的温差将导致转轴出现弯曲。盘车装置能减少这种弯曲的产生，因此盘车装置将连续运行直到机组冷却完成。这就避免了转子的主轴因受热或冷却不均匀而产生弯曲变形，导致机组再次启动时产生强烈的振动，而使机组受到损坏。

燃气轮机可以选用柴油机、电动机、压缩空气或蒸气驱动的膨胀透平等动力装置作为启动机。盘车机构可以选用电动机直接驱动的连续盘车装置，也可以选用液压棘轮间接盘车装置。

二、启动机

启动机是启动系统的核心设备。选用不同的启动机，就有与启动机相应的启动系统，它们是截然不同的。通常要求它有足够的功率和良好的扭矩特性。所谓良好的扭矩特性是指启动机在低速条件下具有较大的扭矩，这样才能将静止的转子从盘车转速启动并加速。通常，燃气轮机装置启动机的功率约是主机额定功率的2%～5%。目前燃气轮机发电装置常用的启动机有以下几种。

(1) 柴油机或电动机在液力变扭器的帮助下通过燃机辅助齿轮箱拖动的。

液力变扭器就是我们常说的油涡轮。它的输入和输出轴之间是靠液力连接的，在启动时，电动机只带着工作轮（输入轴）转动，油涡轮轴（输出轴）可以静止不动，所以两根轴处于不同的转速状态；输出轴的转速状态和变扭器中的液体压力密切相关，慢慢地增大变扭器中的液体压力，就能使输出轴转速增加、输出扭矩加大。这样一来，就可以选用具有较小启动扭矩的启动机，去适应燃气轮机的扭矩特性。这种启动系统常出现在功率相对较小（小于150MW）的机组。

(2) 用负荷整流逆变器（LCI）和主发电机启动，也称为静态启动系统。

众所周知，同步发电机作为交流电动机使用。因此，可以给主发电机接入交流电，使其用作交流电动机去驱动燃气轮机转子。但是交流电动机的转速难于调节，当接入交流电源后升速很快，不仅不易点火成功，而且难以利用燃气轮机在升速过程中的自发功率。如果增设负荷整流逆变器与交流电源相连接，改变输给主发电机的交流电的频率，使其从低频逐渐过渡到50H_Z的工频电流。这样，犹如直流电动机一样，交流电动机的转速就可以调节。随着大功率负荷整流逆变器的研制成功，这种启动方式已经在大功率燃气轮机装置和单轴燃气-蒸汽联合循环装置中使用，如F级以上的燃气轮机发电机组中都已经使用这种形式的启动系统。详见第四章第二节。

(3) 膨胀透平。

在有蒸汽或压缩空气源的现场可以使用这种启动方式。

三、盘车装置

1. 盘车的方式和类型

盘车装置的工作方式可分为连续盘车和间歇盘车两种。

(1) 间歇盘车。在机组停机后，间隔一定的时间使主机转子旋转一定的角度，达到均匀的冷却机组的目的。如6B系列燃气轮机的液压棘轮盘车系统，它的机组盘车就属于间隙盘车。盘车时，每次转过的角度是47°，每隔3min盘车一次。

(2) 连续盘车。在机组停机后。由盘车电动机带动主机转子连续旋转，达到均匀的冷却机组的目的。此时，转子只要慢慢地转动即可，通常每分钟4～6r即可。用小功率的盘车电动机就行，此时需配备传动比很大的传动装置或采用多级传动装置。

通常，盘车电动机的功率输入都由传动比很大的单级或多级传动装置减速后，经由主传动轴，或负荷齿轮箱传动轴，或辅助齿轮箱传动轴上的齿轮带动。在转子的转速增大到超过盘车转速时，盘车装置将自动脱离啮合，这一功能可由液压棘轮离合器，或3S离合器，或气动啮合装置完成。盘车齿轮可安装在辅助齿轮箱或减速齿轮箱或单轴联合循环机组的汽轮机输出端。

下面介绍的电动盘车装置是S109FA单轴联合循环机组所使用的一种盘车系统。

2. 典型的电动盘车装置

如图3-26所示，盘车由立式电动机驱动，啮合电动机在上，盘车电动机在下，由同一根轴驱动，功率通过链轮和减速齿轮组件传送到转轴上的齿轮。它的主要部件包括减速齿轮组件、盘车电动机、啮合电动机、用来使盘车驱动的小齿轮和与其相匹配的转轴大齿轮、自动啮合的气动气缸及盘车控制装置组成。

图 3-26　盘车装置

电动盘车装置单独安装在汽轮机低压缸后轴承之外、接近汽轮机与发电机联轴器的位置，以便与转轴大齿轮啮合，转轴大齿轮固定在汽轮机与发电机联轴器之间。盘车由立式电动机驱动。啮合电动机在上，盘车电动机在下，由同一根轴驱动，功率通过多级减速后传送到转轴大齿轮，带动整个轴系转动。

减速齿轮组件包括：链轮和伞齿轮传动、行星齿轮传动和两级减速直齿轮传动。两级减速直齿轮传动的第 1 级由小齿轮和大齿轮组成的减速直齿轮传动；第 2 级传动由小齿轮、惰轮（即啮合齿轮）和机组转轴上的大齿轮组成。小齿轮和惰轮的支架可以摆动，它的摆动中心是小齿轮的芯轴。通过摆动使惰轮与转轴上的大齿轮啮合。用来使啮合齿轮（即惰轮）与相匹配的转轴大齿轮自动啮合的是气动气缸及盘车控制装置。

图 3-27 是摆架传动机构，在需要啮合时，电磁阀得电，接通仪表气气路，推动气缸推杆移动，经上下两根接杆推动摆架转动，实现齿隙和齿顶配合。于是气缸推杆的位置开关反馈信号接通啮合电机，啮合电机转动，使减速齿轮组件带动惰轮与转轴上的大齿轮啮合到位。10s 后，啮合马达自动切断电源，盘车电动机启动将机组带入盘车转速。同时电磁阀失电切断仪表气气路。

盘车装置的供油来自润滑油母管，没有隔离阀，无论什么润滑油泵运行，都可以向盘车

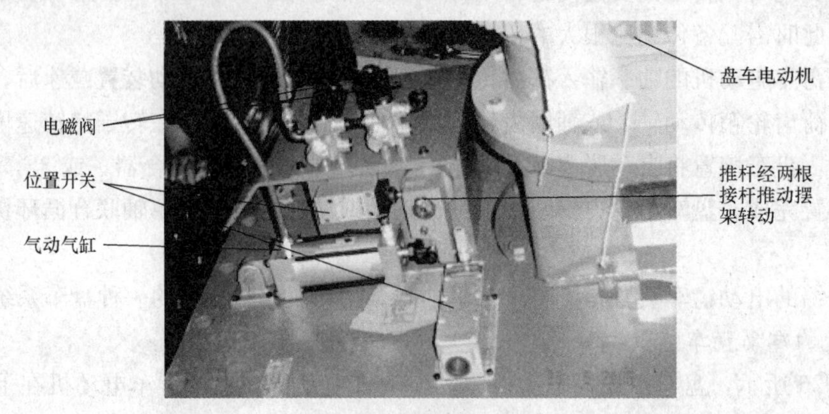

图 3-27　摆架传动机构

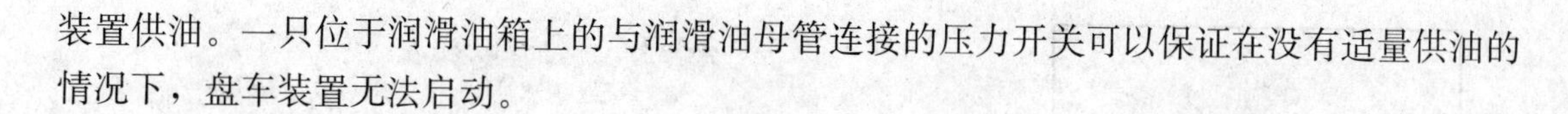

装置供油。一只位于润滑油箱上的与润滑油母管连接的压力开关可以保证在没有适量供油的情况下，盘车装置无法启动。

第九节　火灾检测与保护

一、概述

火灾检测与保护由火灾检测系统和灭火系统两部分组成。

燃气轮机灭火采用的办法是，将机组隔间内空气中的氧含量从21%的大气正常体积浓度降低到制止燃烧所必需的浓度，通常为15%以下。为了将氧含量减到15%左右，要将浓度大于或等于隔间容量的34%的二氧化碳（CO_2）输入受保护的隔间内，并且在排放开始后1min之内要达到此浓度。考虑到暴露于高温金属上的易燃物具有潜在的复燃危险，还要设置CO_2的持续排放装置，以使灭火浓度能长期保持。

燃气轮机灭火系统可以采用高压二氧化碳灭火系统，也可以采用低压二氧化碳灭火系统。它们的区别在于CO_2储罐的储气压力不同。大型机组常采用低压二氧化碳灭火系统。一旦发生火情时，它将CO_2从低压储罐输送到所需的燃气轮机隔间。此低压储罐位于机组底盘外的模块上，储罐内装有饱和二氧化碳。通常控制盘装在该模块上。与机组互连的管道将CO_2从模块输送到燃气轮机隔间，接入底盘内的CO_2管道，并通过喷嘴排放。

该系统有两个独立的分配系统：一个是初始排放，一个是持续排放。触发后的一段时间内有足够量的CO_2从初始排放系统流进燃气轮机隔间，以迅速地集聚起灭火所需的浓度(通常为34%)。然后由持续排放系统逐渐地添加更多的CO_2以补偿隔间泄漏，保持CO_2浓度（通常为30%）。二氧化碳的流量由每个隔间的初始和持续排放管的管径和排放喷嘴的喷口尺寸控制。初始排放系统的喷口大，可迅速排放CO_2，以便快速达到上面提到的灭火浓度。持续排放系统的喷口较小，允许有较慢的排放速率，能长时间地保持灭火浓度，以减少火情重燃的可能。

二、系统组成及功能

图3-28是火灾检测与保护系统的系统图，它由下列组件组成：

1. CO_2喷嘴和管道(A/B/C/D/H/G)

每个要求防火的隔间都配置有初始排放管道、持续排放管道和喷嘴。喷嘴位于每个隔间的上部空间，不妨碍设备，不影响CO_2在隔间内的均匀地分布。CO_2从排放管道流入。喷嘴置于T形的支管上，T形管的端头用管盖封口，管盖可拆卸，必要时可拆除管盖，用压缩空气清除积在管子里的污物。

2. 火灾探测器（45FT-1A/1B -2A/2B -3A/3B；45FA-6A/6B-7A/7B；45FT-20A/20B-21A/21B)

需防火的隔间都配用有火灾探测器，可及时探测火情。火灾探测器均匀地分布在每一隔间，能及时探测到火情。每一探测器的线路都连接到消防控制盘上，必须使A和B两只探测器都已通电闭合时才能排放CO_2。PG9351FA机组划分为两个独立的火灾保护区域。燃气轮机间和燃料气模块间为Ⅰ区，2号轴承隧道为Ⅱ区，在一个区内通电闭合的火灾探测器不

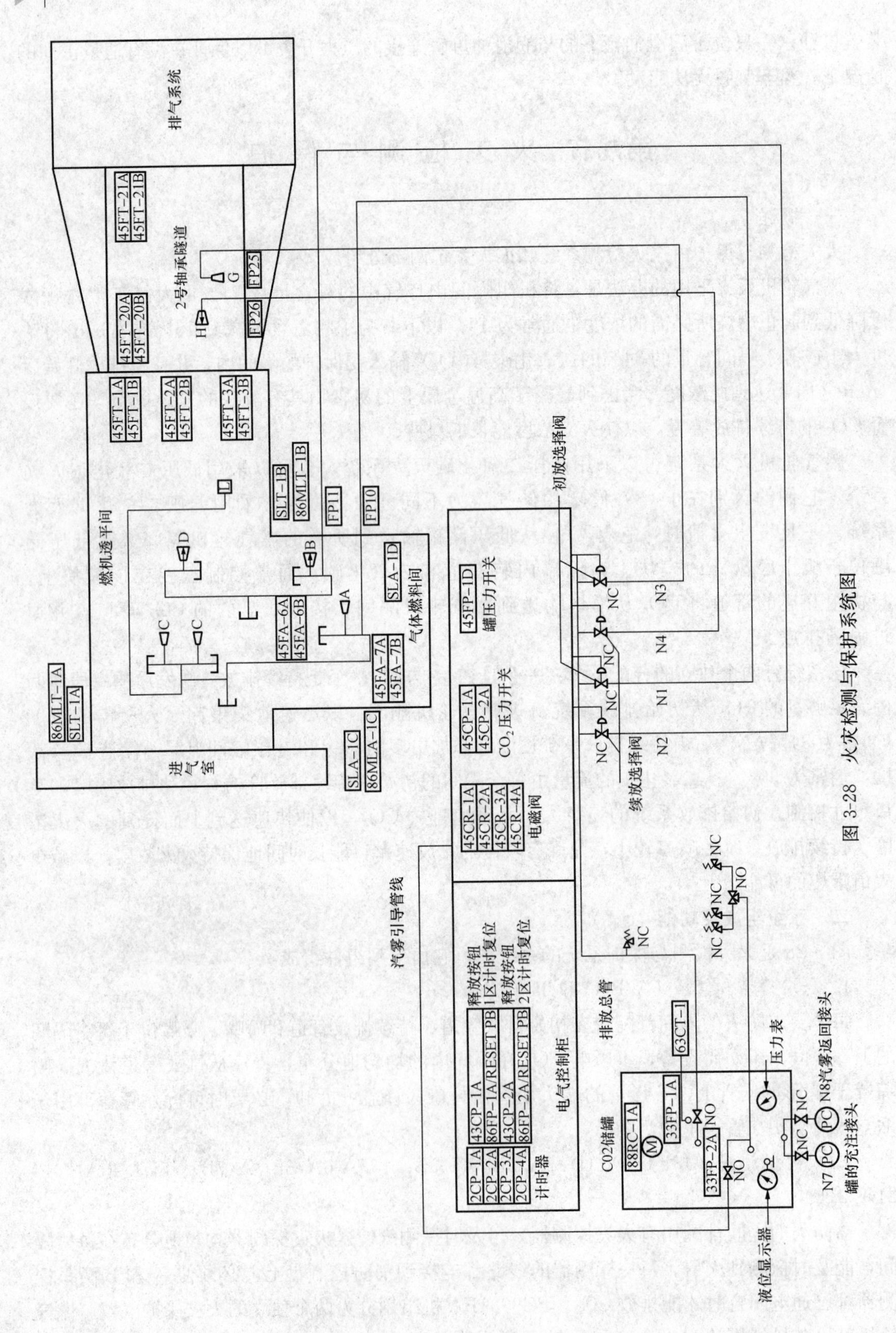

图 3-28 火灾检测与保护系统图

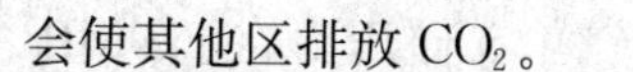

会使其他区排放CO_2。

3. 频闪装置和报警器（SLA-1A，SLA-1B，SLA-1C，SLA-1D）

频闪装置和报警器装在隔间各部位都易于看到和听到的地方。频闪装置和报警器的接线应使它们能协调一致地运行。这些频闪装置通电后，会在排放CO_2前警告人们在经短暂的延时会有火情。

4. CO_2驱动的挡板门闩

每个需防火的隔间都配有挡板门闩，由CO_2驱动。挡板门闩的CO_2驱动管道与初始排放管的T形管相接。挡板门闩与隔间通风风扇相配合协调工作，当出现火灾时隔间通风风扇自动停机，挡板门闩就会自动闭合。一旦CO_2已排放完毕，需手动复位门闩。

5. 释放电磁阀（45CR）

初始排放和持续排放管路都配有释放电磁阀45CR。当释放电磁阀带电时，接通CO_2汽雾引导管线，于是打开装在排放总管上的选择阀，先打开初放选择阀，后打开续放选择阀。每只电磁阀与排放计时器2CP连接，由它控制释放时间。初始排放电磁阀自动地受控于来自热敏感的火灾探测器电信号的作用，这些探测器固定在燃气轮机组各间隔舱室的要害处。对于PG9351FA机组，初始排放设定时间为1min，Ⅰ区持续排放设定时间为30min，Ⅱ区持续排放设定时间为60min。

6. 手动释放按钮（43CP-1A/2A）

每个排放装置都配有手动释放按钮。手动释放按钮的功能与电磁辅助控制阀的功能一样。手动释放按钮位于电气控制柜上，贴有标记，说明其排放区及开启排放的持续时间。它可以是手动拨动开关也可以是手动引导阀，用来手动接通CO_2汽雾引导管线，打开装在排放总管上的选择阀。

7. 压力开关（45CP）

45CP位于每个区的排放支管上。当排放支管有CO_2压力出现时，它们会送一个信号到马达控制中心（MCC）或MARK-Ⅵ上，执行紧急停机程序和关停通风机等操作。

8. 辅助控制柜

辅助控制柜内装有电磁阀、手动释放按钮或是手动引导阀、压力开关、计时器及计时器复位开关等。

9. 低压储罐

低压二氧化碳储罐提供保持在2.069MPa（300 psig）的标称压力上（相对于约−17.8℃/0°F的温度）的液态二氧化碳，由冷冻压缩机维持。

10. 电源

供电来自马达控制中心（MCC）的120V AC电源以及20V DC蓄电池电源。

三、系统运行

机组启动前，要准备好电气系统，验证就地消防控制盘上无报警，如有问题，及时给予纠正。验证通风挡板已复位。验证CO_2储罐内的液位和压力。CO_2系统是允许启动燃气轮机的先决条件，只有允许启动条件满足后才能启动燃气轮机。

正常运行期间，不管机组是否在运行，通常火灾保护系统始终是通电的。不需要操作员采取什么措施，只要监控各系统的参数，监测有无会触发超出极限的报警异常运行情况。冷

冻压缩机会在 CO_2 储罐压力开关 63CT-1 触发时开动，以维持 CO_2 存储压力在 2.0MPa（20.00 bar）和 2.31MPa（21.37 bar）之间。

CO_2 低压火灾检测与保护系统已配有停用顺序逻辑，它能控制该系统如何以及何时停用才是安全的。该系统正常停用时，操作员不需要采取什么措施，只要监控各系统参数，监测有无会触发超出极限的报警异常情况。

第十节 水 洗 系 统

一、概述

当压气机吸入空气时，被吸入的空气可能含有灰尘、粉尘、昆虫和碳氢化合物烟气。它们中的很大一部分在进入压气机前已被进气过滤器除去。有少量的干性污染物及湿性污染物，如碳氢化合物烟气，会通过过滤器沉积在压气机的通流部件上。污染物在内部零件上的沉积会造成燃气轮机性能损失。

在燃气轮机运行一段时期以后为了恢复它的性能，要求定期对通流部件进行清洁。一些油性的污染物，如碳氢化合物烟气，必须用含有洗涤剂的水溶液将它们清洗掉。

对于烧重质油的燃气轮机机组，燃气透平的结垢物主要是重质油的残渣，如重油中的灰分、积炭、水溶性组分、不溶解的灰尘和腐蚀性介质。如果发生了叶片腐蚀，腐蚀介质将助长沉积并使其稳定。所以必须在水洗压气机的同时对燃气透平进行清洗。

对于烧天然气的燃气轮机机组，只配备有压气机水洗装置。

压气机水洗装置由含喷嘴的水输送管路及压气机水洗模块组成。

通常可采用两种水洗方法，在线水洗和离线水洗。机组在接近基本负荷、IGV 全开时，将水喷向压气机进行清洗的方法称在线水洗。当机组以冷拖方式运行，向压气机喷射清洗液进行清洗，则是离线清洗。在线水洗的优点是可以在不停机的状态下完成，但它的效果没有离线水洗好，因此在线水洗不能替代离线水洗。水输送管路有两条分支，即在线水洗管路和离线水洗管路，它们由各自的进口控制阀及分布于压气机进气喇叭口的喷嘴组成，包括：

（1）在线水洗管路、孔板、喷嘴和带 20TW-6 电磁阀的进口阀 VA16-3。

（2）离线水洗管路、孔板、喷嘴和带 20TW-4 电磁阀的进口阀 VA16-1。

水洗模块装置具有“自动在线清洗”、“轮间温度报警”和“水箱温度控制”三个控制电路。接线盒控制面板用于支持与最多 4 台燃气轮机控制系统进行通信。逻辑功能由位于电气控制中心内的可编程控制器（PLC）完成。

水洗模块装置具有两种操作方式，即自动在线清洗方式和手动离线清洗方式。模块的操作由中央控制室进行控制。

二、水洗模块

水洗模块是已组装好并经过测试过的、全封闭式的流体系统。

水洗装置在燃气轮机的某种清洗模式下进行操作。当燃气轮机需要用水或洗涤剂进行清洗时，操作员启动水泵并操纵水洗装置上的相应控制阀门，则清水或带洗涤剂的水溶液即从水洗装置泵送到燃气轮机中。燃气轮机上的喷嘴对水流量进行控制。水洗离心泵按其特性曲线运作，以满足水洗喷嘴的需要。进入水流的洗涤剂流量通过文丘里管的

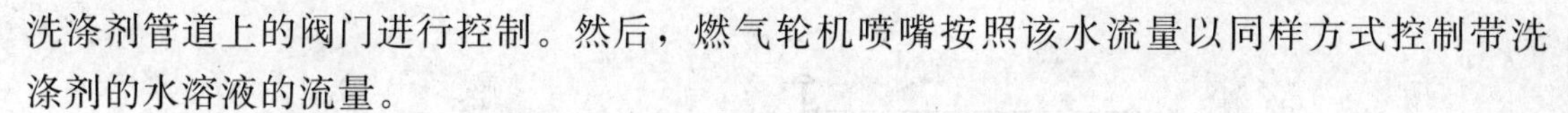

洗涤剂管道上的阀门进行控制。然后，燃气轮机喷嘴按照该水流量以同样方式控制带洗涤剂的水溶液的流量。

图 3-29 是与 PG9351FA 燃气轮机配套的压气机水洗系统图。水洗模块由水洗箱、加药箱、单级离心泵 88TW-1、水加热器 23WK-1、文丘里喷射器、Y 向粗滤器、电动机控制柜、具有可移动顶盖的模块外壳、外壳通风扇、仪表、阀门等主要部件组成。

三、压气机水洗的基本要求

（1）水质、洗涤剂质量符合要求。

（2）水洗周期。

离线水洗的周期推荐为：当压气机的性能由于阻塞而下降或机组在基本负荷的条件下经大气温度和压力修正后的输出负荷下降 10%或更大时，在两次离线水洗的间隔期内，可穿插数次在线水洗，每次在线水洗时间不要超过 30min。

（3）允许水洗条件。

在线水洗时压气机的进气温度，轮控盘上大气温度 CTIM 必须大于 10℃，以防止 IGV 进口和压气机进口结冰。CTIM 的测量必须是在切断进气抽气加热状态下的数据。

当投入进气抽气加热系统时，不能进行在线水洗。同时不能为了立即进行在线清洗，而强制切断进气抽气加热系统。

CTIM（进气温度）小于 4℃ 时不能在冷拖工况下进行离线水洗。

（4）水洗设计条件。

表 3-3　　燃气轮机在离线水洗和在线水洗时对情况介质的压力和流量要求

项目	压力（MPa）	流量（L/min）
在线水洗	0.7（7kg/cm^2）	144
离线水洗	0.6（6kg/cm^2）	221

通过压力指示器监视水泵出口压力。水泵出口压力应平稳并处于 0.63～0.84MPa（6.3～8.4kg/cm^2）的范围之内。

（5）水洗模块的备用状态。

水洗前水洗模块水箱水温>24℃（75 ℉），如水温达不到要求，应检查水箱加热器；水箱水位升至 3/4。在满足该条件后，应对输水管线进行暖管，打开压气机水洗进水管管道总阀，即打开压气机水洗电磁阀 20TW-4 和 20TW-6 前端排放阀，使二位三通阀处于旁通。全开水洗泵进水阀，手动启动水洗泵 88TW-1，全开水泵出水阀，冲暖供水管段，直到有热水流出为止（约 1min），手动停止水洗泵 88TW-1，将入口三通阀转到正常阀位。

四、压气机的手动离线水清洗

在离线水清洗前，燃气轮机要处于停机状态，停机前 2～3h 做机组热力性能计算。轮机必须充分冷却，第二级轮间温度值不得超过 150 ℉（65.6℃）、水质和洗涤剂质量符合要求、燃气轮机要做好水洗隔离措施，然后，手动启动透平排气框架冷却风机和 2 号轴承隧道冷却风机、同时 MARK-Ⅵ选择水洗状态，方可进行压气机的离线水清洗。水清洗分下列几个阶段进行：

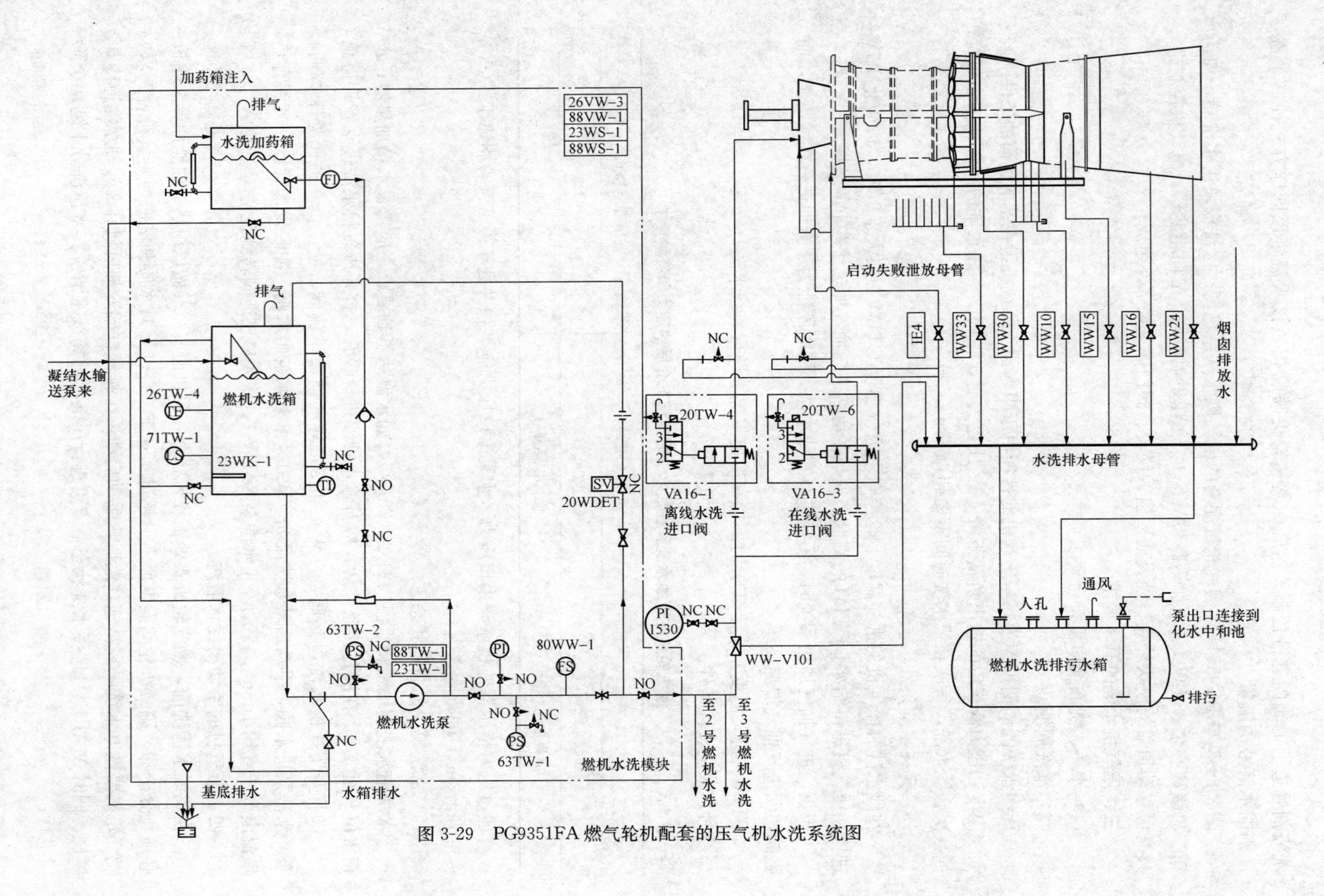

图 3-29 PG9351FA 燃气轮机配套的压气机水洗系统图

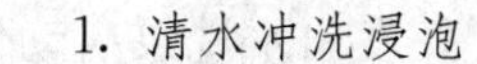

1. 清水冲洗浸泡

在 GT MARK-Ⅵ上选定离线水洗，使机组按冷拖方式运行，可转导叶 IGV 自动达开度最大角度，开始清水冲洗，喷射 60s。

2. 加洗涤剂清洗

在完成清洗液置换后，在 GT MARK-Ⅵ的水洗页面中点击“Initiate Wash（初次水洗）”，打开压气机离线水洗电磁阀，加洗涤剂清洗开始，它将总共有 8 次清洗喷射。

第 1 次清洗液喷射发生在冷拖转速（18%）时，在完成第 1 次喷射后，机组将进入清吹转速（14.5%）。在第 1 次结束后，经 4min 延时将开始第 2～6 次喷射。每次喷射持续 60s，每次喷射之间有 4min 间隔时间。第 6 次喷射完成后，经 2min 延时，将 LCI 切断，机组开始惰走到盘车转速。在第 6 次喷射完成 3min 以后，正当机组惰走时，将进行第 7 次喷射。这次喷射至少持续 1min，再延时 3min，开始第 8 次喷射。第 8 次喷射持续到慢转速盘车开始继电器（L14HT）失电时为止。然后，在慢转速盘车转速下浸泡 20min。在压气机的手动离线加洗涤剂清洗时，须关闭再循环管线球形阀以防止洗涤剂进入主水箱。

3. 漂洗

浸泡期间完成清水置换。在完成清水置换后，在 GT MARK-Ⅵ上离线水洗页面中点击“Initiate Rinse（初次漂洗）”，打开压气机离线水洗电磁阀，进入漂洗阶段。随着选择漂洗，机组开始加速到 14.5%水洗转速，漂洗循环开始。将会激发 30 个漂洗脉冲，引发 30 次水喷射（包括漂洗前的 1 次循环）。每次喷射 60s，每次喷射前有 3min 的时间间隔。在漂洗周期内，水洗泵再循环回路打开，部分水再循环回到水箱。

在初次漂洗完成后，可按下增加漂洗循环开关“5 Extra Rinse（5 次额外的漂洗）”或结束漂洗循环开关“End Rinse（结束漂洗）”。如选用“5 Extra Rinse”开关，则漂洗程序继续进行，直到认为漂洗干净时，按下“End Rinse”开关，漂洗程序结束。

在漂洗循环完成以后，在 GT MARK-Ⅵ的 HMI 上选择“Stop（停机）”。发出“Stop”令机组停机，机组将惰走到盘车转速，排除机组内残留的水。最后在 GT MARK-Ⅵ水洗页面上选择“Off line Water Wash OFF（停止离线水清洗）”。

4. 盘车和冷拖

盘车 0.5h，在此期间拆下 D5 、PM1 和 PM4 环管低点疏水堵头。再选择 CRANK 冷拖 0.5h，检查 D5 、PM1 和 PM4 环管低点疏水口及排污口已完全干燥后，停机。

5. 水洗隔离措施的恢复

恢复水洗隔离措施。最后在燃气轮机主控显示页面上，选择“OFF”按钮。24h 内启动燃气轮机至全速空载烘干 5min。

五、压气机的自动在线水清洗

在线水清洗一般不推荐使用洗涤剂，其水质要符合要求。机组必须运行在全速，并且在在线水洗过程中不能停机。压气机进气温度 CTIM 必须大于 10℃。在进气加热系统工作时，不能进行在线压气机清洗。也不要为了进行在线清洗，而中止进气加热系统。

启动前在水清洗模块的控制盘上，要做好在线水清洗前的准备。机组应在基本负荷附近运行。在线水清洗是自动进行的，一旦许可条件满足，操作员选定在线水清洗投入按钮，机组应卸负荷约 3%，稍低于基本负荷，使燃气轮机从温度控制过渡到转速控制。当水洗循环时将阻止机组进入尖峰负荷运行。机组控制器打开在线水洗进口阀，并发出水洗泵启动信号。如果"允许"条件满足，在线水洗将开始，并且持续30min。在在线水洗循环末了，机组将自动选择停止水洗，操作员可在任何时候选择中止在线水清洗。在停止或中止在线水洗后，操作员选择基本负荷或预选负荷运行，使机组回到正常运行状态。

第十一节　天然气调压站

一、概述

燃气轮机电厂的天然气处理系统是改善天然气品质，使之符合燃气轮机进气要求的重要设备。天然气处理系统一般分为天然气调压站和天然气调压站。本节仅介绍天然气调压站的系统组成、检测、调压等技术内容。

二、调压站的组成

天然气调压站主要由计量系统，过滤系统，调压系统，智能压力控制系统，电气仪表系统及相应的照明、充氮、接地等辅助系统组成，还包括相应的调压站外管道（包括自厂区交接点至调压站入口前的一根母管和调压站出口至每台燃机前置模块入口前的管道）。下面以典型的天然气调压站为例予以介绍。

图3-30是典型的天然气计量系统图。图3-31是典型的天然气调压站系统总图。

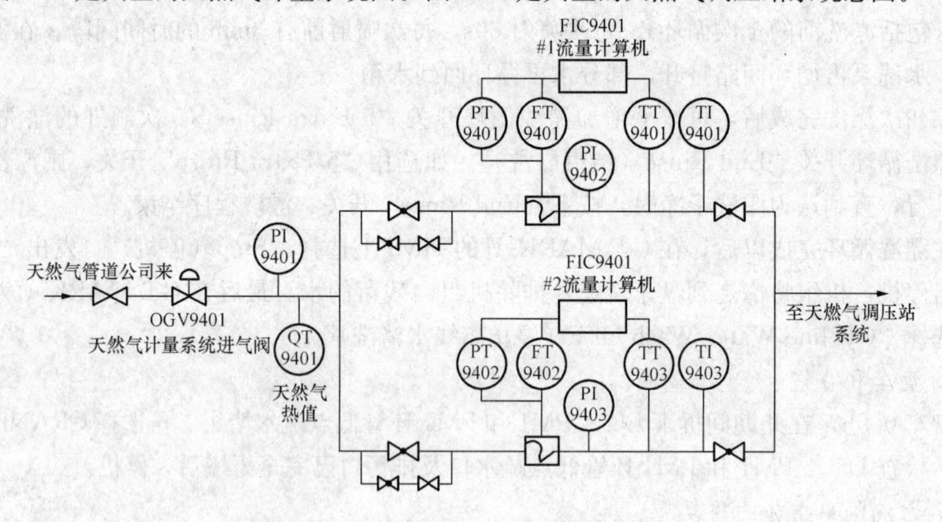

图3-30　天然气计量系统

三、计量系统

1. 天然气组分检测

计量系统通常配备有由气相色谱（GC）控制器操纵的气相色谱分析仪。它是一套高速的天然气组分检测分析系统。气相色谱分析仪包括三个主要部分：分析设备、GC控制器和采样调节系统。

通过安装在流程线路中的采样探头将需要进行分析的气体从流体中采样。样品气体通过采样线路到达采样调节系统并在那里得到过滤或其他形式的调节。然后，样品将流向分析仪进行分离和气体成分的检测，然后计算出天然气热值。

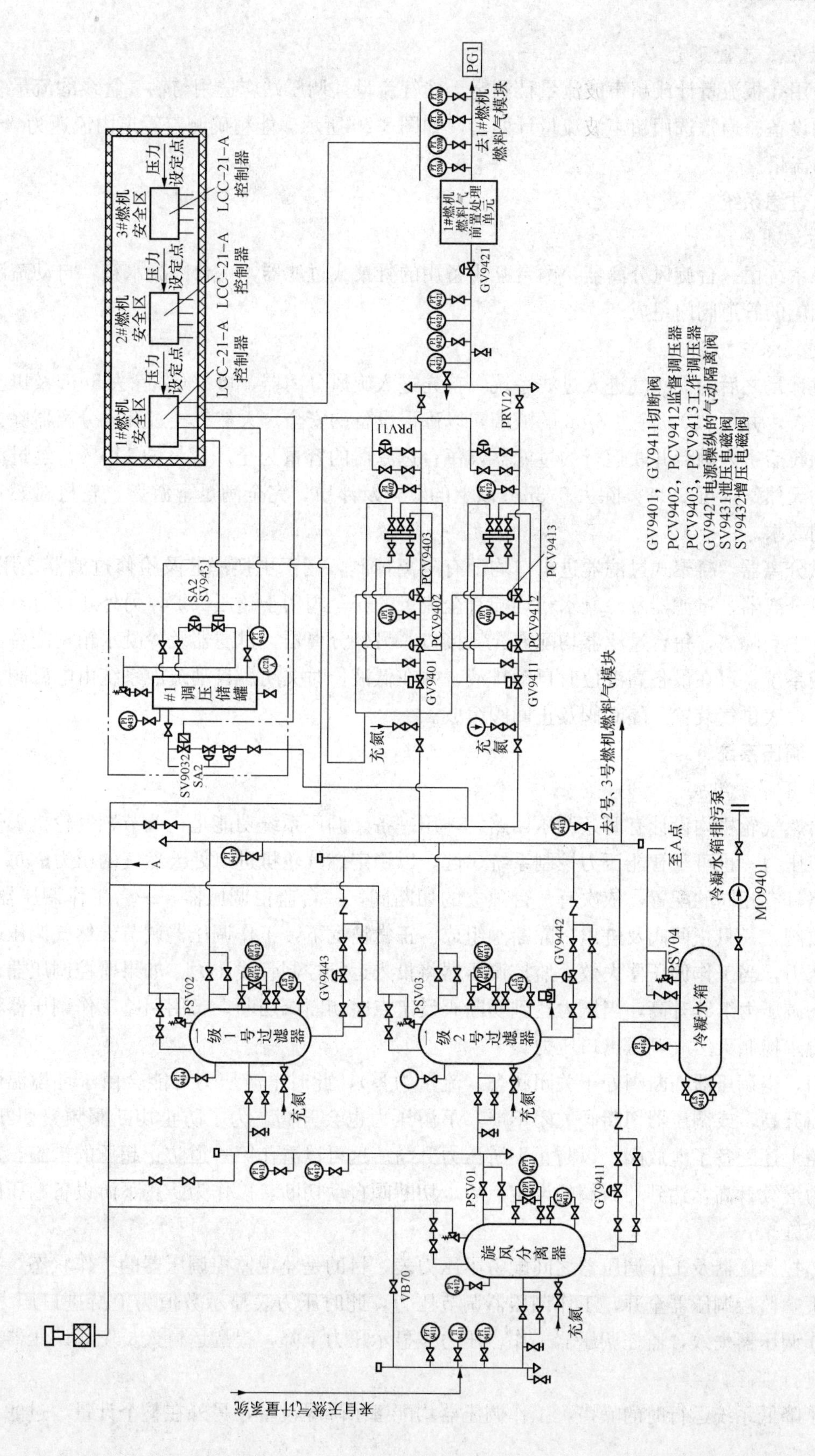

图 3-31 天然气调压站系统图

2. 天然气流量测定

可以用孔板流量计或超声波流量计测定天然气流量。调压站应选用与输气管线的流量装置一致的设备。通常选用超声波流量计两套，如图 8-20 所示。能精确测定管道内流速为 0～30m/s 的流量。

四、过滤系统

1. 过滤系统组成

过滤系统由一台旋风分离器，两台互为备用的凝聚式过滤器，一台冷凝水箱，自动疏液系统及相应的管道阀门组成。

2. 过滤系统功能描述

经过计量之后的天然气进入过滤系统，首先进入旋风分离器，可 100%除去 5μm 及以上的固体颗粒，并可 100%除去 8μm 的液滴，以确保设备的安全。天然气经过旋风分离器除去液滴及颗粒后进入两台并联运行的过滤器，每台过滤器的容量为全厂容量的 110%，经过滤器过滤的天然气，可 99.8%除去 0.3μm 以上的颗粒及浮质，完全满足下游燃气轮机对燃料气质量的要求。

旋风分离器，凝聚式过滤器进出口均配有隔离球阀，用于更换滤芯及检修过滤器之用。每台旋风分离器，过滤器及冷凝水箱均配有全流量的安全阀用于超压保护，另外还设有双隔断阀用于手动隔离，每台过滤器均配有充氮接口。另外分离器，过滤器及冷凝水箱均配备了自动疏液系统，可在设备高液位时自动排液，并在低液位时关闭。自动疏液系统由电磁阀、气动阀、仪表供气装置、隔断阀及止回阀组成。

五、调压系统

1. 调压系统组成

每台燃气轮机均设计有两条调压回路，一用一备。调压系统功能是，调节燃气轮机天然气的进口压力，也可与智能压力控制系统一起，以稳定燃气轮机进口处天然气的压力。每个调压回路具有相同的配置，依次有一台独立的切断阀，一台监控调压器，一台工作调压器，一只泄放阀，一只止回阀及进出口隔断阀组成。正常情况下，工作调压器调节天然气调压站的出口压力，当工作调压器失效，监控调压器将投入运行控制管线压力，如果监控调压器也失效，下游压力继续升高，当压力达到切断阀设定点时切断阀切断。备用回路工作调压器将投入运行，控制天然气调压出口压力。

然而，当调压器切断阀处于关闭状态（流量为零），此时下游压力可能会由于环境温度的升高而升高，或调压器切断阀关闭不严，下游压力也会升高，为了防止切断阀频繁切断，调压管路上还配备了泄放阀，以防止下游压力升高。这可以看作第一道防止超压的措施，若下游压力继续升高，达到切断阀的设定点后，切断阀自动切断，以作为防止下游设备超压的第二道措施。

在监控调压器及工作调压器之间配备了压力表，目的是监视监控调压器的工作状态，正常工况下，监控调压器全开，工作调压器调节压力，此时压力表显示数值为上游进口压力，如果工作调压器失效，监控调压器工作，压力表显示压力下降，提醒运行人员工作调压器失效，要进行维修。

为了降低系统运行时的噪声，工作调压器均配备了降噪设备，另外在整个计量、过滤、调压站的进出口均配备了绝缘接头，以防止外部静电。

2. 调压回路自动切换原理及运行

调压系统主要是通过对各个调压器的压力设定的差异来达到自动切换的目的，以 9FA 燃气轮机配备的调压站为例，若主回路工作调压器压力设定在 3.33MPa，则监控调压器的压力设定要略高于主调压器为 3.46MPa，而备用调压回路的工作调压器压力设定点应略低于主调压回路工作调压器的压力设定点，为 3.25MPa，同样备用调压回路的监控调压器的压力设定点应略高于其工作调压器的压力设定点，为 3.46MPa。

在正常工况下，主调压回路的工作调压器负责压力的调节，出口压力为 3.33MPa，主调压回路的监控调压器保持全开状态。当主调压回路的工作调压器失效，工作调压器将处于全开状态，调压器出口压力将升高直至 3.46MPa，此时压力信号通过取压管反馈至监控调压器，监控调压器将开始负责压力的调节。若监控调压器也失效，下游压力将继续升高直至达到切断阀的设定压力 3.83MPa，此时主调压回路切断阀切断，主调压回路停止供气，但下游燃气轮机仍然在用气，此时调压站出口压力将下降，直至降至 3.25MPa，此压力信号将通过取压管反馈至备用调压回路的工作调压器，备用回路的工作调压器将开始工作，负责压力的调节。同样备用调压回路也配有监控调压器，即使在备用回路的工作调压器失效的情况下，此监控调压器也可负责压力的调节。

总之，通过各个调压器设定压力的不同，在故障发生的情况下，调压器或调压回路可自动切换，以保证下游设备的用气万无一失。

六、电气仪表控制系统说明

1. 电气仪表控制系统组成

电气仪表控制系统由现场仪表设备及安装在控制室内控制器两部分组成。现场仪表设备包括：压力变送器、温度变送器、差压变送器、液位开关、阀位开关、调压器阀位变送器、电动执行机构、电磁阀，可燃气体探测器及智能压力控制装置组成。

控制室内的控制器包括：可编过程控制器（PLC）、智能压力控制器、流量计算机、气相色谱分析仪控制器。当然，调压站的控制器也可安装在现场适当的位置。

2. 电气仪表控制系统功能

天然气调压站的仪控系统的功能为：监测天然气进口压力，天然气进口温度，天然气流量，燃气轮机入口压力，燃气轮机入口温度，过滤器差压，天然气泄漏监测，切断阀及隔断阀的阀位监测，调压器的阀位监测，远程控制电动执行机构及远程控制气动执行机构，远程控制调压器的压力设定以确保燃机入口压力满足技术规范书的要求。图 8-21 为天然气调压站系统图。

天然气调压站各撬体的远传仪表信号线连接至相应的现场防爆接线箱中，然后再由各防爆接线箱连接至控制室中的 PLC 柜，PLC 柜完成现场的数据采集工作，并通过通信模块与 DCS 通信，DCS 可实现对天然气调压站的监控。另外旋风分离器、凝聚式过滤器及冷凝水箱都配备有自动疏液控制系统，由高低液位开关，电磁阀，气动疏水阀及相应的仪表等组成。可实现这些设备的自动排液。

3. 智能调压系统

（1）系统组成及运行原理。

在有些调压站还配备有智能调压系统。如LCC-21智能调压系统，通常由两个主要部分组成：控制器及电-气执行机构。系统的主要功能是通过改变指挥器的压力设定来远程控制调压器的出口压力而无需运行人员现场改变调压器的压力设定。

LCC-21接收安装于压力控制点管道上的压力变送器传来的实际管线压力信号；LCC-21也接收来自DCS系统发出的管线所需要的压力信号，同时与实际管线压力信号作比较；如果实际压力值低于所需要的管线压力值，控制器将计算出其差压；然后控制器发出信号，打开电-气执行机构上的“充气”电磁阀；“充气”电磁阀的开启将导致储气罐压力升高，直接升高了至调压器指挥器的“指挥压力”；这将使作用在调压器指挥器膜片上的压力升高，从而升高了调压器的出口压力；随着调压器出口压力升高，管线控制点的压力也将升高，从而维持管线控制点所需要的压力。

(2) 主要功能描述。

在远程控制调压器上，除了弹簧作用在指挥器膜片上的压力外，LCC-21系统可导入气压进入指挥器，并作用在膜片上，导入的气压值决定调压器出口压力的变化。

调压器的出口压力设定通常由调节指挥器弹簧的压缩率来达到，即通过弹簧作用到指挥器膜片上的压力决定了调压器的出口压力。同样，调压器的出口压力的改变可以通过其他方法，只要改变作用在指挥器膜片上的压力，TARTARINI公司的LCC-21系统就是应用了这个原理。除了弹簧作用在指挥器膜片上的压力外，LCC-21系统可导入气压进入指挥器，并作用在膜片上，导入的气压值决定调压器出口压力的变化。

电-气执行机构由一个天然气压力储罐，两台调压器，增压电磁阀，泄压电磁阀，泄放阀，手动压力疏水阀，压力变送器，压力表及相应的隔断阀组成。

压力储罐作为调压器指挥器的“压力储备”，通常由一根直径为2in容器组成，最大允许压力为20MPa，通过信号管直接与指挥器相连，其中有一针型阀作为隔断阀，因此储罐内的压力与施加在指挥器膜片上的压力相同，储罐内的压力因此也可认为是指挥器的“指挥压力”。压力储罐的压力源来自调压器上游的天然气。这个来自上游的压力最高可至8MPa，并通过两个SA-2的减压阀减压。在上游压力进入压力储罐前，第一个SA2减压阀把压力减至储罐压力+0.06MPa。第二个SA2减压阀把压力减至比储罐压力高+0.6MPa。这就确保了储罐的充气压力始终比储罐的实际压力高0.06MPa (0.6barg)。存在这个微小但固定的差压足够可使压力储罐以可控的方式增压。这可避免上游压力过快的进入压力储罐而导致储罐超压。在第二个SA2减压阀之后安装了一个双向电磁阀SV9432，电磁阀通常处于“关”位，当电磁阀打开后，SA2之后的压力将进入压力储罐，储罐压力升高，同样至指挥器的“指挥压力”升高。为了对压力储罐泄压，储罐配备了一根出口放散管道与大气相通，它由TARTARINI公司的减压阀SA2及一台电磁阀（常关）SV9431组成。当储罐需泄压时，这台电磁阀打开，SA2将使出口压力减至0.02MPa并排放至大气。储罐的压力可通过安装在储罐上的一台1.6MPa的压力表PI9431观察，还可通过控制器监控由储罐上的压力变送器PT9431传来的压力信号进行控制。

为了避免储罐超压，储罐上方也配备了一台泄放阀，设定在1.6MPa，若发生故障，储罐内的压力升高至1.6MPa，泄放阀将动作，把多余的压力排放至大气中。

储罐配备了一台压力表及手动排放阀用于维修。

控制器为微处理器。控制器需 220～230VAC 电源供应，它通过降低或升高电-气执行机构的气体压力来改变指挥器的设定压力，为了达到远程控制的目的，控制器有 5 个外部接口，分别是：

1）由压力控制点管道上压力变送器传来的 4～20mA 模拟量信号，反映管道实际压力值；

2）由 DCS 系统发出的 4～20mA 的模拟量信号，反映所需要的压力值；

3）由安装在电-气执行机构储罐上压力变送器的 4～20mA 信号，反映指挥器“指挥压力”值；

4）由控制器发出的开关信号用于“充气”电磁阀的开关；

5）由控制器发出的开关信号用于“排气”电磁阀的开关。

作为天然气调压系统的主要设备，调压器由指挥器来控制其出口压力，保证出口压力的稳定，这可以看作为天然气调压系统的初步压力控制。当使用了 LCC-21 之后，调压器的指挥器将与电-气执行机构的储罐相连，储罐将施加给指挥器一个附加压力，此压力与所需要改变的调压器的设定压力成正比。

LCC-21 接收安装于压力控制点管道上的压力变送器传来的实际管线压力信号，也接收来自 DCS 系统发出的管线所需要的压力信号，同时与实际管线压力信号作比较。

如果实际压力值低于所需要的管线压力值，控制器将计算出其差压，然后控制器发出信号打开电-气执行机构上的“充气”电磁阀。“充气”电磁阀的开启将导致储气罐压力升高，直接升高了至调压器指挥器的“指挥压力”。这将使作用在调压器指挥器膜片上的压力升高，从而升高了调压器的出口压力。随着调压器出口压力升高，管线控制点的压力也将升高。

如果管线实际压力值比所需要的管线压力值高，控制器将计算这两个压力的差压，然后控制器将发出信号来开启“排气”电磁阀。“排气”电磁阀的开启将导致储气罐压力下降，将直接导致指挥器的“指挥压力”的下降，这将导致作用在指挥器皮膜上的压力下降，从而调压器出口压力下降。随着调压器出口压力下降，管线控制点的压力也将下降。

可见所需要的管线压力设定点，压力调节死区，压力调节速度等参数对调节压力非常重要。

七、照明系统

天然气调压站为半露天布置，照明系统的灯具可安装在调压站的顶棚上，照明系统由配电箱，灯具，插座，开关，电线电缆，穿线管及附件组成，因天然气调压站属防爆Ⅱ区，照明系统中所有设备均为防爆设备，照明系统施工也需按照防爆的要求。天然气减压站的照明系统主要是为了站内工作人员检修及巡视的需要，根据 GB 50034—1992《工业企业照明设计规范》天然气调压站内照度为 150lx。

八、接地系统

天然气调压站内的接地系统主要是有专用的接地线，专用接地端子组成，各撬体之间组成一个接地网络，与用户的总接地网连接。

接地系统主要用于天然气调压站设备防静电接地、屏蔽接地及用电设备保护接地。接地电阻不应大于 3Ω。

九、氮气系统

氮气系统由氮气瓶组、高压软管、及相应的阀门管件组成。氮气系统主要用于设备安装、调试、试运行期间保养、试压之用。

第四章 燃机发电机和励磁系统

燃气轮机发电机部分与常规火力发电厂的发电机技术相近，自成体系，本章重点介绍美国GE公司燃气轮机配套发电机和励磁机设备，介绍其构成和控制原理。

美国GE公司9F燃气轮机组成的单轴燃气/蒸汽联合循环所配套的发电机机型为390H，是GE公司1999年后推出的产品，发电机是采用全氢冷技术的发电机，效率超过99%，视在容量为468MVA，属同期世界先进水平的产品。其主要的技术特征：

(1) 结构简单、辅助设备少、安装维护方便。

(2) 适于启停频繁的工况，带负荷速度快。

(3) 运行可靠性高，运行和维护的费用低。

(4) 发电机与系统集成度高，结构设计紧凑。

在技术上，考虑设计的通用性，轴瓦、端盖、刷架等部件做成三维的样本设计，在不同的产品中尽可能通用和系列化，视同标准系列的紧固件一样。设计中应用有限元技术分析端部三维电磁场，充分预计各部分的损耗。CFD分析可以详细评估和预计风路各部分的流量和压降。使用CFD和风扇实物试验，准确预测风扇性能，并确定风扇结构变化的影响。在转子的设计中，通过有限元法预测转子及其支撑系统的动态特性，可以允许转子的临界转速接近运行转速。

第一节 氢冷发电机结构

一、发电机整体结构

GE公司S109燃气轮机机组配套的发电机是使用静态励磁、三相星形连接的390H型氢冷发电机。它的通风系统，包括气体冷却器和风扇，是完全封闭的。发电机设计成能连续运行，且要求能保持氢的内压和纯度恒定，需要配备外冷却水、润滑油和密封油。发电机整体结构如图4-1所示。发电机由定子、转子、轴承、轴封、端盖、壳体和壳体中对称分布的四个垂直的氢冷却器组成。

发电机的构造能承受得住所有正常运行工况、三相短路线路及其相关联的突加载荷的冲击。发电机壳体的设计成极限能承受瞬时氢爆炸给发电机壳体和内部零件所造成的破坏。

发电机座有四个安装脚，它们可以直接安置在基础上。发电机安装是在转子就位后整体安装的，转子每端由安装在端盖上的椭圆轴颈轴承支撑。

氢冷发电机全密封运行，以氢气为冷却介质。

通风系统包括气体冷却器和风扇是完全在发电机内部，从而防止湿气和脏物的进入。发

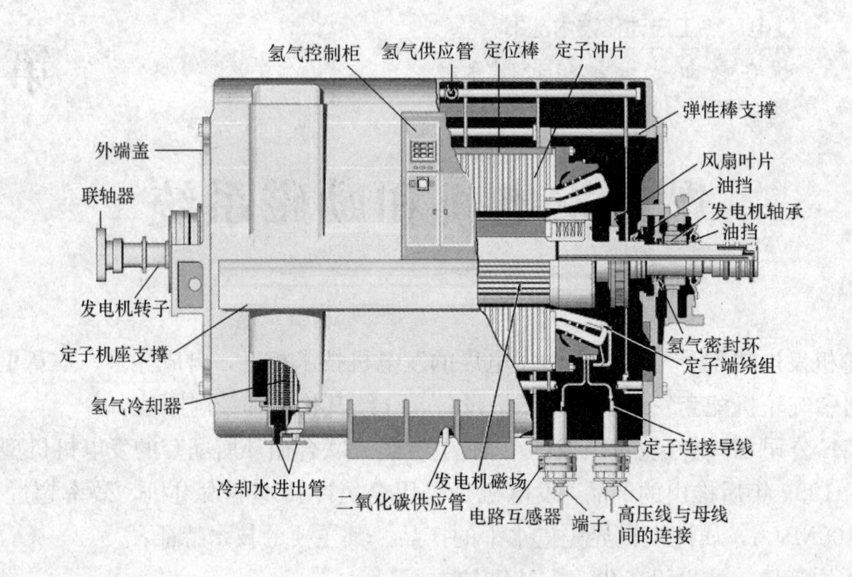

图 4-1　发电机整体结构示意

电机转子由透平驱动旋转，并由位于端盖处的轴承支撑，端盖安装在发电机框架上。

发电机采用自励的励磁系统，在启动过程中自持转速前励磁系统为 LCI 静态启动器提供励磁磁场。

该发电机设计为连续运行，从电枢终端发送电能，并带有独立维持氢气压力和纯度及冷却水和润滑油供给的结构部件。温度检测计和其他设备安装在机器内或与其相连，从而可以测量绕组和氢气温度，以及氢气压力和纯度。

该发电机可承受所有运行的正常条件，包括三相短路和突然加载而无危害。定子外壳制造异常牢固，以限制氢气爆炸对定子外壳和密封部件的毁坏。

二、发电机部件和辅件

1. 机座和弹性安装架

图 4-2 是定子座结构和它的弹性安装架，机座由焊接板结构的筒形壳体构成。在壳体内，径向用固定腹板作加强筋，轴向用弹性棒作加强筋，组成弹性安装架。

一组浮动辐板焊接在支撑定子铁芯的定位棒上，定位棒通过浮动辐板，两端固定在弹性棒上，弹性棒由固定腹板支撑，用弹性安装架来支撑定子铁芯，隔绝了来自外机座对定子磁场的径向和切向电磁振动，并使机座振动变小运行平稳。

铁芯的轴向位移量由弹性棒上的几个止动块来限位，定位棒两端有螺纹，用固定螺母给法兰施加拧紧力来固定定子铁芯冲片。

机座靠固定在机座底部的支脚支承在基础上，带发电机轴承的端盖用螺栓固定在机座两端。气体冷却器和外壳也支承在机座上，所有端盖、冷却器及探孔都要仔细密封，防止氢气从发电机中泄漏。

2. 定子铁芯

定子铁芯由扇形的退过火的绝缘冲压硅钢片［见图 4-2（a）中的定子冲孔片］堆叠而成。最好是用定向结晶的高质量硅钢，可以使电耗最小。

如图 4-2 所示，定子铁芯组件结构冲片背部的燕尾槽是用来将扇形块安装和锁定到定位棒上用的。这些冲片以径向交错的方式安装在定位棒上加工出来的键上，并由齿压板分成组，提供通风通道。冲片内端有冲出的开槽，放入电枢棒，用楔块保持电枢棒的定位。组装好的冲片，通过位于端部法兰内侧面的无磁性钢制成的齿压板，拧紧定位棒两端的螺母对端部法兰施加压力，将它们夹成一刚性的圆柱形铁芯。冲片采用一种热凝清漆用于绝缘。

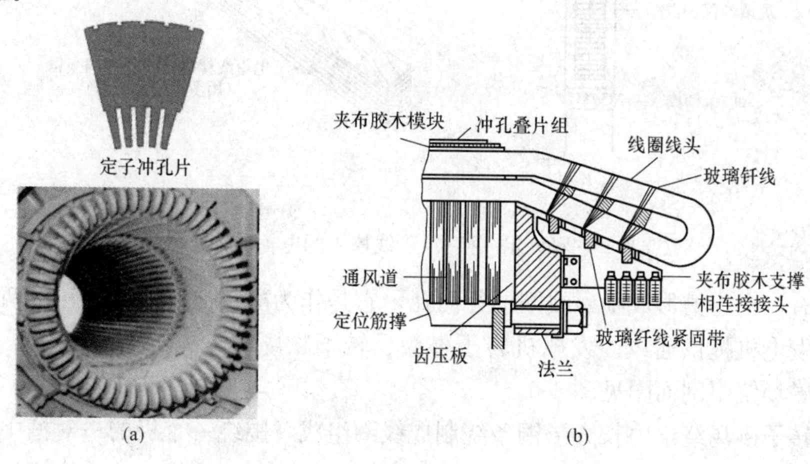

图 4-2　发电机定子结构示意

（a）定子绕组喉部线匝和连接；（b）定子铁芯组件结构

3. 定子绕组

“罗贝尔（换位）”线棒中的电枢导体组件图，定子绕组端部线匝和连接图见图 4-3。定子绕组是由装在定子槽中的绝缘线棒在端部连接后形成线圈，并通过集电环接成正确的相带而成的。在顶部和侧面用波状弹簧压紧嵌入槽中的线棒，确保在运行中线棒紧贴在线槽中。

线圈每 120°为一相。由绝缘的精炼铜线按“罗贝尔”方法换位组成的定子线棒，即为了沿线棒有相等的长度，每支线束占有线棒中的一个径向位置，这种布置可使环流损失最小，否则，在负荷状态下，线圈槽中会由于磁通量的分布而存在环流损失。

云母绝缘系统由几层半重叠式包在线棒上的云母带组成，然后在真空下烘干并浸渍环氧树脂，在线棒浸渍以后，再在压模中装夹到所需要的形状，放在烘炉中固结。云母绝缘系统是定子线棒绝缘的主“对底绝缘层”。由上述方法形成的产物，在整个运行温度范围内具有高的抗拉强度，是一种高密度、高绝缘强度的系统。

铁芯部分的线棒外包一层玻璃丝保护带，以保护线棒云母带绝缘层在槽中免受磨损。用一种弱导电性的物质浸透可防止槽部放电并减少电晕放电。线棒的端部线匝用玻璃纤维绑带紧紧捆牢，绑带支承在压制的夹布胶木支承上。玻璃纤维绑带、齿压板等都用热凝树脂黏结住。电枢导体组件由压到燕尾槽中的胶木楔块固定在线圈槽中。

4. 转子

转子由合金钢锻件经过机械加工而成的，为了保证锻件的物理和金相性能，它经过大量的试验。在转子上径向加工出来的纵向槽中装有磁场线圈，堆叠成绕组，用钢制的楔块使磁场绕组固定在槽中以克服离心力。这些钢制的楔块装配到转子槽口上的燕尾形开口中。在纵

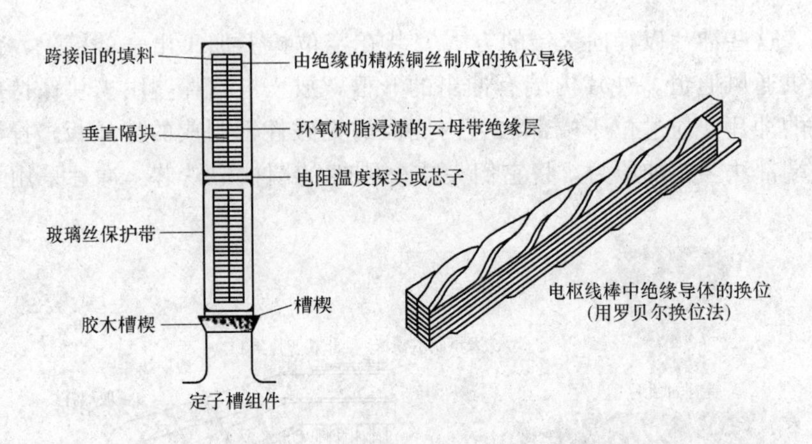

图 4-3 “罗贝尔（换位)”线棒中的电枢导体组件图

向槽下加工有一个小槽形成励磁线圈的径向孔，它是作为冷却孔用的。在转子两端各安装有一列风扇为发电机提供通风。发电机转子外貌、转子磁场绕组和组装后的转子，见图 4-4。发电机转子磁场绕组剖面图见图 4-5。

发电机转子磁场绕组由长方形铜条绕制成线圈组成，围绕一个极的一对槽中的几匝构成一个线圈，线圈每一个极组装的若干个线圈构成了绕组，各匝之间相互是绝缘的。线圈与槽壁之间的绝缘由模制的主绝缘或槽衬实现。为了最大限度地提供通风量和冷却效果，磁场线圈的端部除了匝间绝缘外是裸露的，在线圈和护环之间提供了一层较厚的环氧树脂层。端部绕组中的环氧树脂层起到隔离和支撑线圈的作用，同时限制了因受热和转动力所引起的位移。护环把端匝固定在适当的位置上，以克服离心力，护环是由高强度耐腐蚀合金钢锻件经机加工而成的，用键和红套的方式装在本体转子上。

图 4-4 发电机转子外貌、转子磁场绕组和组装后的转子

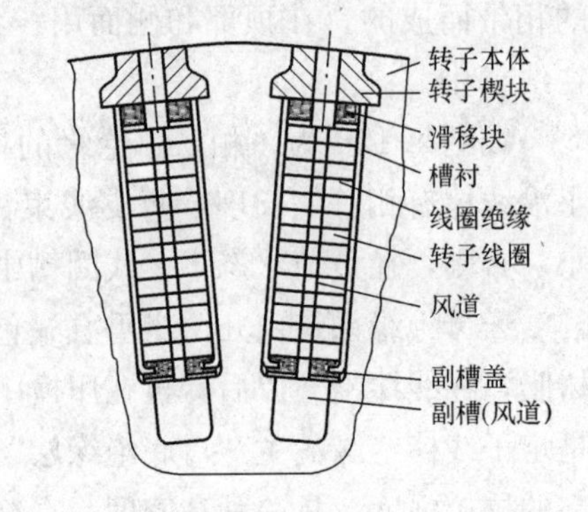

图 4-5 发电机转子磁场绕组剖面图

5. 集电环

转子电流通过集电环输送到转子绕组。集电环与绕组的连接是经装在转子锻件开口腔中的绝缘铜棒以电气方式连接到磁场绕组。在铜连接棒的一端，装在转子轴径向孔中的终端杆或螺柱把绕组和铜棒连接在一起。在另一端，铜棒与集电环相连接。带有螺旋槽的集电环是经过热处理的锻钢，并热套在发电机轴上的非金属环上，该非金属环把集电环与轴隔开并绝缘。

6. 电刷和刷握

如图 4-6 和图 4-7 所示，刷握采用了等压型刷握，通过使用螺旋弹簧，使电刷在受到磨损时，在电刷的顶部保持着一个均匀的压力。螺旋式弹簧永久性地附着在后板上，构成一个后板和弹簧组件。

滚轮和夹子组件组装成螺旋弹簧。螺旋弹簧定位在电刷顶部的凹槽里，而滚轮夹子固定在电刷铆钉孔上。为了拆卸和组装电刷后板及弹簧组件，配备了一个单独的绝缘手柄。此手柄用于刷握所有电刷。不用时，手柄应从电刷后板和弹簧组件中拆掉，存放在安全和易拿的地方。

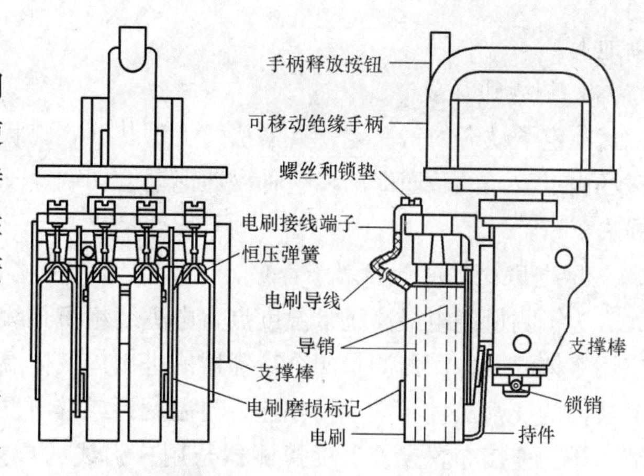

图 4-6 电刷的顶部保持着一个均匀的压力示意

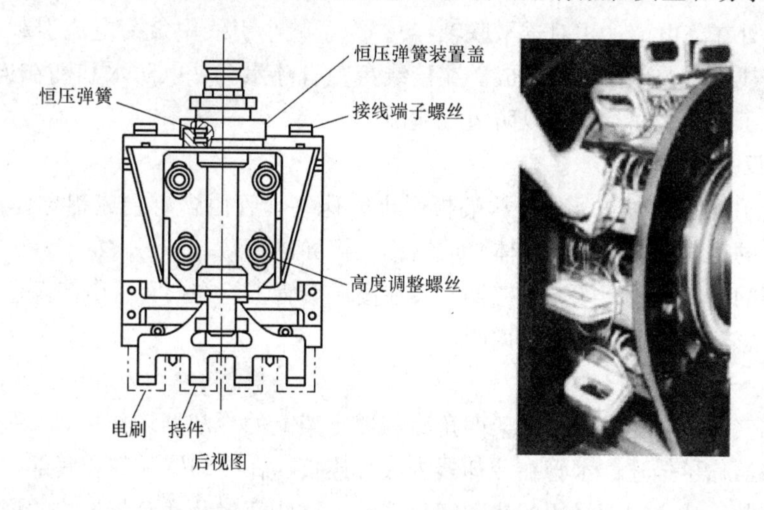

图 4-7 电刷和刷握视图

7. 轴接地电刷

为防止通过轴承油雾引起的轴承损坏，机组上安装有轴接地轴承电刷，因为在有静态励磁系统的机组上会出现轴对地电压。三相桥式全波整流器的输出不纯粹是直流，它包含有明显幅度的脉动。在一定的条件下，此脉动可以产生电流，流过由励磁绝缘、轴承油雾及励磁系统变压器和整流器的分布电容组成的容性电路。

轴接地电刷提供了一条接地低阻抗通道，这样由于静态励磁电压脉动引起的电流会无害地流向大地，将轴承旁路。

接地电刷组件由一带有两个以上恒压刷握的磁轭组成，位于发电机轴的驱动端。为了防止发电机定子磁路轻度不对称产生的环流，发电机上的集电环端轴承必须同地面严格隔离。因此，接地电刷决不能放在发电机集电环端。

用于接地组件中的电刷同集电环上的电刷是相同的。刷握弹簧产生一个较高的压力，这样在低电流下必然在轴承油膜上的电压也是极低的。此磁轭应连接到同发电机座相同位置的接地上。

8. 铜磁通屏蔽

在定子铁芯的每一端，夹紧法兰上都装配有碟状铜法兰，其目的在于减小从定子铁芯向磁场内定位环的磁通泄漏，这种磁通泄漏会切割定子绕组端部。从而减少了定子绕组端部的损失。

9. 电阻式温度计和端子排

为了测量绕组最高正常温度点，电枢绕组每相线圈之间安装有电阻式温度探测器，此外应用气体温度探测器测量四个冷却器的进出口气体温度。这些温度探测器的引线穿过发电机框架内的气密法兰与端子排相连，与温度计或继电器相连。电阻式温度探测器的位置、温度端子排的连接布置，及温度探测器与用户引线的连接细节显示在外形的连接图中。在端子排，电阻式温度探测器中有探测器端子排的说明。

10. 发电机终端和接线盘

电枢主引线穿过发电机接线盘从发电机框架底部引出，在此处与外部相连。在大多数发电机中，连接处在集电端（相对透平联轴器）。为了减小引线中负荷电流引起的感应电流损耗及加热，接线盘由非磁性材料做成。在接线盘中有疏水孔，以防水和油在连接周围积累。在连接盘与定子框架之间有垫圈以防氢气泄漏。

11. 高电压套管和电流互感器

电枢导线用气密、高电压套管从端板引出。这些套管由含有铜或铝导体的绝缘磁片组成。套管两端的接线端镀银（铜导体）或镀锡（铝导体）。

如果应用的话，套管型电流互感器安装在高压套管上。在“套管电流互感器”说明中给出了对这些互感器的描述以及安装说明。

12. 气体冷却器

发电机和气体冷却器安装在框架四角冷却器支架上的冷却器塔体内，“垂直冷却器”部分对这些冷却器作了描述。水管在冷却器内底部连接。在冷却器顶部和底部，氢气由位于发电机框架和冷却管片之间而受压的垫圈密封。有关这些密封及其安装方法的详细说明在维护部分中给出。

13. 定子通风

转子风扇提供了发电机通风所需的压力增加。这些风扇是轴流式的，叶片在接近转子端部连接到风扇中心，气体入口状况由风扇进口控制。定子通风线路见图 4-8。

氢气由风扇强行送入定子线圈间隙，并从后面绕过定子铁芯。定子由网状金属板轴向分隔成几个区，这样有些区域冷却器，从铁芯外通过线槽封盖间的径向气体通道送往气体间隙，在另一些区域它从气体间隙通过径向气体通道流向铁芯外。冷却气体经管道或通道引向一定的区域，热的气体则送回冷却器。热量被吸收后冷却气体回到转子内由风扇再次进行循环。这种进出气流的交替布置使得定子铁芯线圈得到充分均匀的冷却，从而防止了局部过热并减小温差引起的应力。

14. 磁场线圈与定位环

磁场线圈由长方形铜线棒构成的线圈或边缘向外弯曲形成的线圈组成。围绕一极在一堆槽中数匝导体形成一个线圈。数个线圈围绕每一极装配形成绕组。各匝之间相互绝缘。线圈

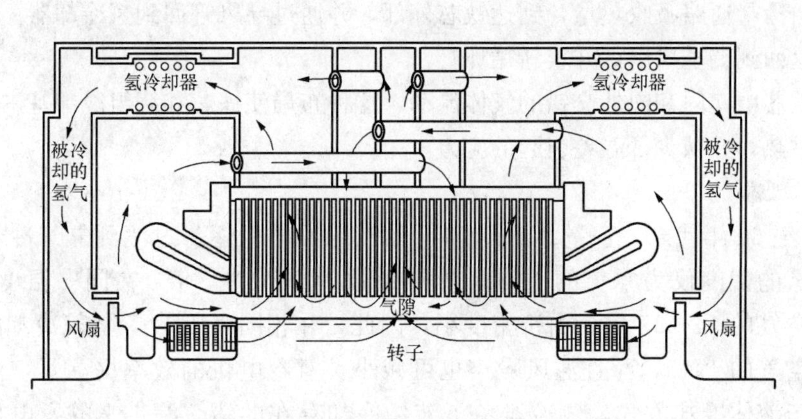

图 4-8　典型氢冷发电机通风循环系统示意图

在本体部分通过槽衬垫与槽壁绝缘。为了提供最大的通风与冷却，除了轮换匝处的匝绝缘，磁场线圈的端部分是裸露的。在线圈定位环之间用铸模环绝缘，在线圈顶部用环氧玻璃垫块以分割支撑线圈并限制其在因温度和转动力产生的压力下的移动。

匝端部由重的定位环相对离心力定位。定位环由高强度、热处理的合金钢锻造体加工而成，它收缩并紧固在转子体上。

15. 集电器和集电器的连接

电流通过无刷励磁机或集电环供给磁场线圈，集电环通过安装在转子锻体孔中心的经绝缘处理过的铜棒与磁场线圈相连，安装在转子径向孔中的终端螺栓在连接铜棒的一端将铜棒与绕组相连，在轴端这种连接用集电螺栓或用绝缘处理过的柔软的金属叶片来完成，集电端连接处用一种弹性密封系统来保持氢气压力。更加详尽的集电环说明和维护说明在“电刷装配和集电环”中。

16. 端盖与轴承

发电机转子轴承、氢气转轴密封及用于供油给这些部件的油路，都包容在端盖之内。这些端盖水平中分以便于拆开移走，两串端盖之间的连接和端盖与定子框架的连接处，都有装密封物的槽以密封机器中的气体。

转子轴承中有球座以保证轴承和转子轴颈表面的精确定位，参见制造厂说明书目录中的独立说明。

轴承端盖用于轴密封，防止氢气沿轴泄漏，这种布置使得不需要移除氢气就可检查发电机轴承。集电环的轴承和轴密封套与发电机框架相互绝缘以防转子电流。内部端盖位于电枢绕组端部之间，外部端盖分隔从风扇的排气和风扇进气。连接在内部端盖的气体密封环，防止风扇排气漏入风扇进口。

17. 通风系统

转子风扇使发电机内的氢气循环。风扇是轴流式的，风扇叶片装载在发电机转子两端的风扇叶轮上。图 4-8 显示了氢冷发电机的通风循环，风扇迫使氢气进入气体通道，并在定子铁芯端绕流。

定子由腹板和外壳轴向分成几部分，迫使有一部分被冷却的气流通过铁芯外部，穿过轴向气体管道和定子径向冷却通路，流向中间气隙。而其他部分被冷却的气流则通过气体间隙，穿过径向冷却通路吸收热量，到达铁芯外部，并通过导风管回到氢冷却器。在热量除掉后，冷却气返回到转子风扇，并重新循环。

在定子铁芯中向内和向外交错的气体流动，这种布局使铁芯和绕组冷却基本均匀，因而避免了局部过热，并减少了温差引起的应力。

18. 氢冷却器

从 20 世纪 30 年代末，容量大于 50MW 的汽轮发电机逐步过渡到氢气冷却。氢气的比重小，纯氢的密度仅为空气的 1/14，导热系数为空气的 7 倍，在同一温度和流速下，放热系数为空气的 14～15 倍。由于密度小，因此，在相同气压下 ，氢气冷却的通风损耗风磨耗均为空气的 1/10，而且通风噪声也可减小。氢冷电机的效率提高了，温升明显下降；而相对于液体冷却方式，氢冷避免了液体冷却存在的堵、漏带来的发电机绕组漏水漏电，烧毁绝缘的故障。但由于电机内氢气必须维持规定的纯度，为此必须额外设置一套供氢装置，给设计和安装带来了困难。另外，密封防爆问题始终是氢气冷却电机安全运行的一个隐患。

GE 公司 S901F 机组的四个氢冷却器垂直安装在发电机座四个角处的冷却塔内部的冷却器支撑轨内。氢冷却器为矩形壳-管式冷却器。每个氢冷却器由一对水室、管板、带鳍片的圆管组成。冷却水来自机组闭式冷却水系统，以并联的方式流过对称分布的四个冷却器。在每只冷却器中，冷却水通过冷却器时是回流式的，见图 4-8，被冷却的氢气从矩形壳体的两侧面流进流出，并且在水出口通道流进的是热气，而在水的进口通道流出的是热冷气。垂直冷却器的上管板，在延长的边缘处支撑冷却器，并在冷却器和发电机座之间提供氢气密封。它的下管板由冷却器的下水室支承，并坐落在冷却器座上。

为了防止氢气旁通，在冷却器侧边安装橡胶导流片，迫使氢气流经冷却器的带翅表面。对于正常性能的冷却器，旁通的氢气量必须最小。

19. 发电机轴承和端盖

转子由安装在发电机端盖中的椭圆形轴颈轴承支承并在其中转动。轴颈轴承是球座型的，由中分环式轴承座组成。轴承由球座型的轴承座支承。

轴承和轴承座水平中分，便与组装和拆卸。它们安装在发电机端盖上，发电机集电环端的轴承和轴密封罩、发电机座之间是绝缘的，可防止发电机定子磁路轻度不对称产生的环流。图 4-9 有椭圆形轴颈轴承是如何安装在发电机端盖中的，它和油挡、密封油环的相互关系等。

发电机转子轴承、氢气轴密封、油挡和到轴承的供油通道都在外端盖里。为了便于拆卸，端盖沿水平中心线分开。端盖上下半之间、端盖与机座之间的连接是相配的，并提供有凹槽供塞入密封物质，将发电机内的氢气密封。为了把风扇排出的气体同进风扇的气体分开，在电枢绕组和外端盖之间设计了一只内端盖。为避免风扇排出的气体漏回风扇进口，在内端盖上也设计了密封环。

如图 4-9 和图 4-10 所示，通过固定在每个外端盖上、轴承内侧处的轴密封来防止发电机中的氢气沿轴外逸。这种布局允许不排掉发电机中的氢气就进行发电机轴承检查。为了避免轴电流流通，发电机集电环端的轴密封环与发电机座之间也是绝缘的。

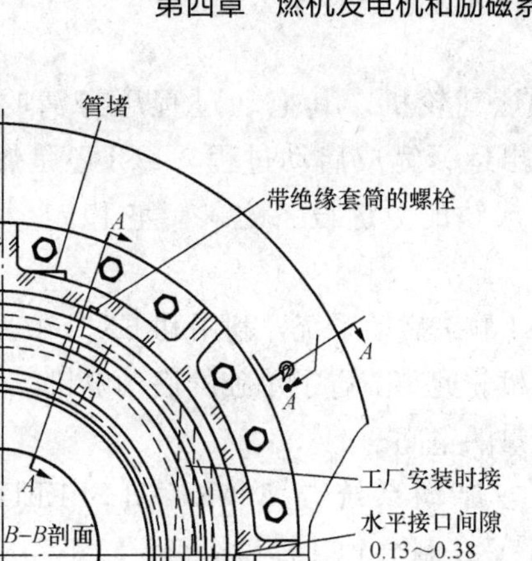

图 4-9　发电机绝缘轴承视图

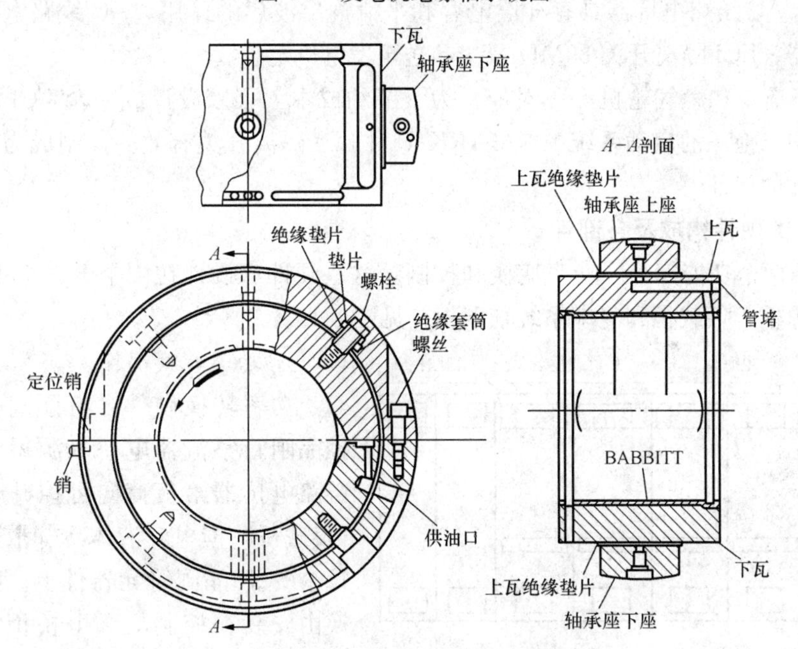

图 4-10　发电机椭圆形轴颈轴承视图

第二节　启　动　系　统

一、启动系统概述

现有燃气轮机机组启动模式有几种：一种利用电动机拖动燃气轮机，达到要求的转速后点火启动；另一种变频启动装置配合发电机励磁作为燃气轮机的启动设备，此种模式能完成控制系统比较复杂的转速变化要求。

燃气轮机机组的启动方式，它采用静态变频装置 LCI 和励磁系统将发电机作为电动机拖动燃气轮机，其拖动过程历经清吹、惰走、点火、加速等过程后到达 90%转速，LCI 退出运行完成启动过程，LCI 还是燃气轮机水洗的动力源，因此 LCI 是燃气轮机机组不可或缺的关键设备之一，它稳定、可靠的运行是燃气轮机机组发电、调峰的先决条件。

LCI 静态启动系统，利用和 EX2100 励磁系统的配合将发电机变换为燃气轮机机组的启动电动机。此举节省了单独的启动电机，转矩变换器和相关电气硬件，同时也为透平基础节约了大量的空间。

静态启动系统与 MARK-Ⅵ SPEEDTRONIC 系统和 EX2100 数字励磁系统结合。MARK-Ⅵ控制给 LCI 提供运行，转矩和速度设置点信号，LCI 按闭环控制方式运行，给发电机定子提供变频电源。EX2100 受 LCI 控制，在启动期间调节励磁电流，通过控制励磁电流和 LCI 输出电流，控制发电机加速和减速至同步速度。

LCI 断路器的合分由 MARK-Ⅵ系统来控制。LCI 由 3 相 12 脉冲整流器和 3 相 6 脉冲逆变器组成。整流器和逆变器通过 DC 链路电抗器连接在一起。LCI 逆变器的输出连接到 AC 线路电抗器。AC 线路电抗器具有补偿电容和平滑输出波形的作用。AC 线路电抗器输出通过快速熔断器、LCI 隔离开关 89MD、89SS 送至发电机定子。

LCI 并不需要和燃气轮机一一对应，为了节约成本，可以设计成一台 LCI 对应多台燃气轮机，其中二拖三的启动系统中。MARK-Ⅵ对 LCI 隔离开关有效的控制成为启动阶段安全性和可靠性的保证。

二、LCI 的硬件构成及各部件

LCI 包括两个功能部分：功率变换和控制。这些硬件都设计在 4 个电气柜中，分别为：控制柜、电源柜、负载柜和冷却系统辅助柜，见图 4-11。

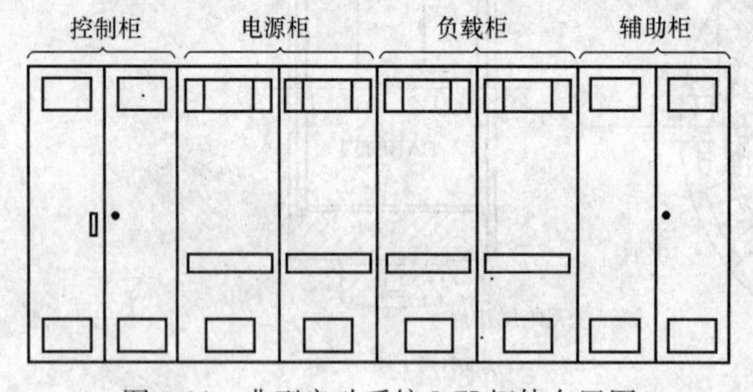

图 4-11　典型启动系统 LCI 柜体布置图

1. 功率转换部件

功率转换硬件含有隔离变压器，相控晶闸管整流器电桥（源桥）通过直流链路电抗器给负荷向可控硅整流器电桥（负载桥）馈电。液体冷却散热片安装在每个 SCR 晶闸管元器件上。整个功率转换由安装在控制柜和电桥柜（源桥、负载桥）内的基于微处理器的可编程电子设备控制。

2. 控制部件

LCI 的主要控制功能由 VME 机架中的印刷电路板模块提供。这种电路板装有可编程的微处理器，内部存有驱动软件，见图 4-12。

三、LCI 功能及原理

LCI 是静态变频驱动系统，它使用专用的基于微处理器的软件控制同步电机的转速（电动机或发电机）。基本 LCI 是由两个功能部分组成的 6 脉冲配置：功率变换器组件和控制组件。

图 4-13 是单通道 LCI 的简化单线图。下面介绍所示部件的功能和 12 脉冲配置。

（1）功率转换。

LCI 功率转换器由整流器、直流链路电抗器和逆变器组成。隔离变压器将 LCI 和厂用交流系统隔离，并通过整流器端给 LCI 提供合适电压的电能。隔离变压器的内部阻抗也大大限制了当交流系统母线故障带来对 LCI 的影响。

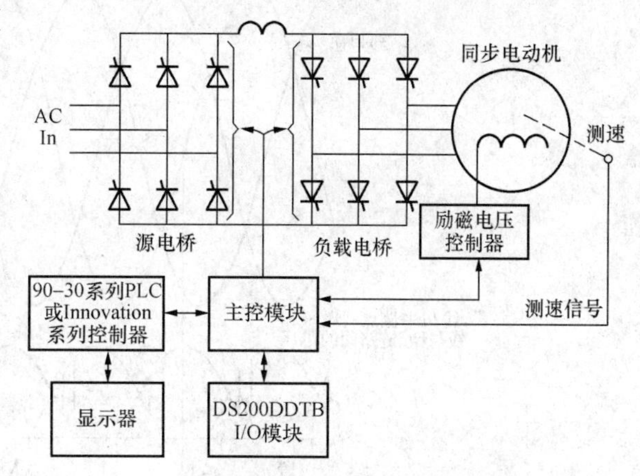

图 4-12　LCI 系统部件图

整流器是线路换向的相控晶闸管整流电桥，具有源转换器的功能。其微处理器控制的选通可以向直流链路电抗器提供可变直流电压输出。电抗器对电流进行修正并在整个系统的工作范围上保持连续。

电抗器输出至逆变器，它就是负载换向晶闸管逆变电桥。逆变器也由微处理器所控制，并且具有负荷换向逆变器的功能。逆变器向同步电动机定子接线端提供变频交流输出。

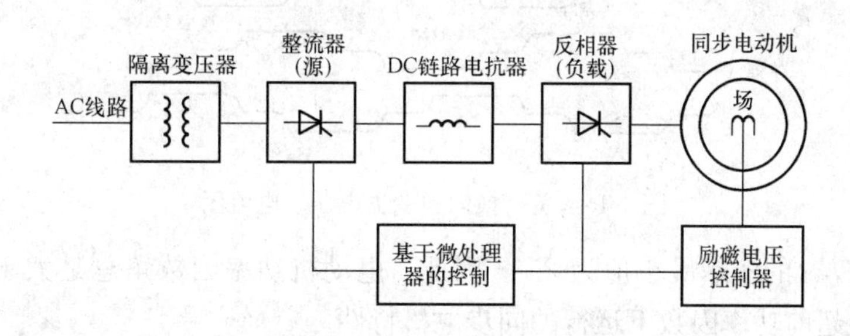

图 4-13　单通道 LCI 系统单线图

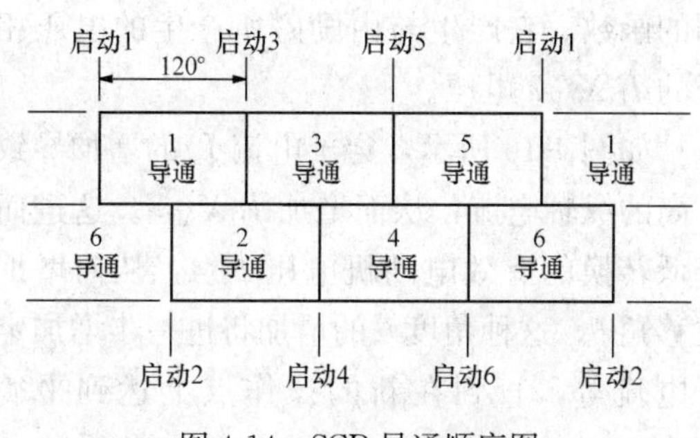

图 4-14　SCR 导通顺序图

功率电桥为 6 脉冲、2 路型。SCR 按照编号次序来启动，见图 4-14SCR 导通顺序图。

图 4-15 显示了 SCR 导通切换形成的电动机/反相器电流过程。这种原理适用于整流器电桥和反相器电桥。这种相控制切换以下列两种可控硅整流器特性为基础：

（2）当通过可控硅整流器的电压为正值时，可以触发导通。

（3）不允许电流反向流动。因而，在交流电压电路中，可控硅整流器的导电停止，当电流变为零时，开始出现反向电压。

必须在电压与正裕量角交叉之前完成电流换向。此角必须具有足够的裕度，允许在施加正向电压之前，先前导电的支路可控制整流器恢复到闭锁状态。这就是为什么电流的基本分量必须超前反相器/电动机电压，但滞后于整流器/源电压的原因。

为了成功地换向，角度“$\alpha=180^\circ-\beta=180^\circ-\mu-\gamma$”必须小于 180°，实际限制为 155°。

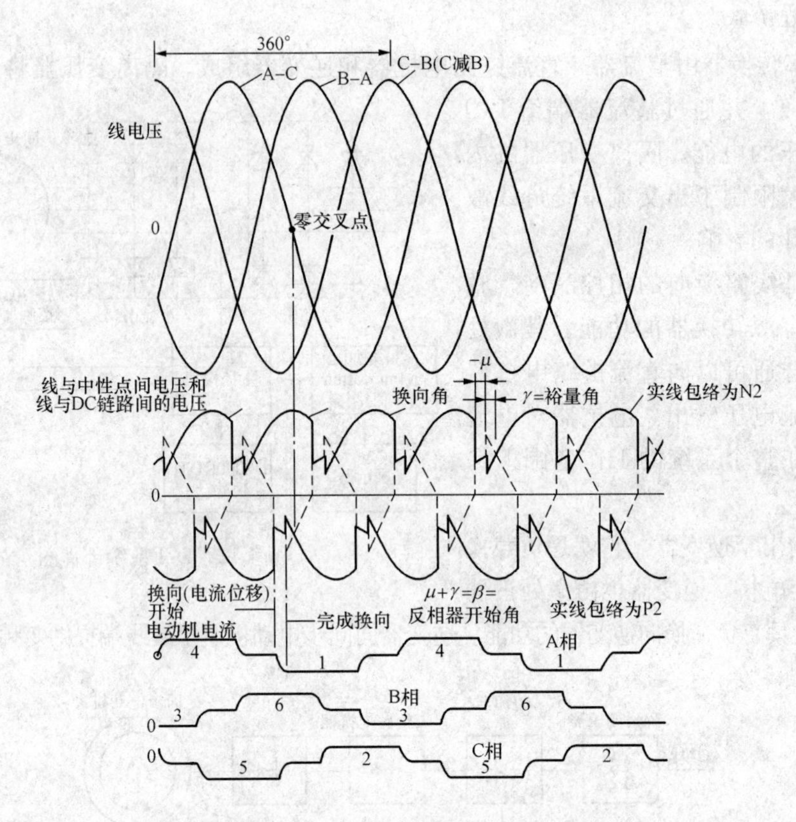

图 4-15　负荷换向逆变器电压、电流图

对于反相器电桥，β 的实际最小值为 25°。因此，电动机功率因数角总是大于 0°。LCI 控制系统必须符合在超前功率因数下运行的同步电机特性。

图 4-16 显示了在超前功率因数下工作的同步电机相量图。对于固定量励磁，电机电压特性主要是转子励磁 E_{F1} 纵轴电流轴去磁作用的函数。它产生与由励磁所产生的电压相反的 $I_D X_{AD}2$ 电压。

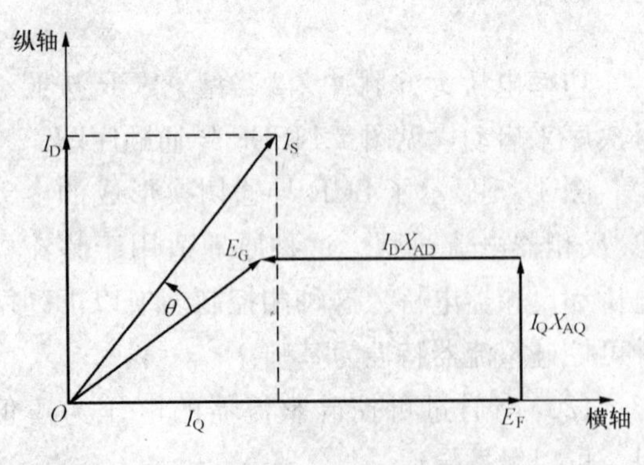

图 4-16　LCI 驱动的同步电动机相量图

如图 4-16 所示，定子电流 I_s 的增加导致较高的纵轴电流，从而增加 $I_D X_{AD}3$。这进而降低转换的有效电动机电压 E_G4，从而增加位移角 θ。这种角度 θ 的增加将进一步增加定子电流等，直到在新的操作点上达到平衡为止。

在实际应用中，电动机现场励磁固定到约 0～10％的速度范围内。控制这个范围将在高速下产生想要的电动机通量类型。

在高于 10％的速度下，LCI 在通量调节模式下工作。这将调节静态励磁机电压控制器（AVC）的输出，从而保持电动机通量达到想要的级别。

（4）控制过程。

1）同步化。

在任何模式下运行，电子控制必须同步化源电路桥和负荷换向逆变器的启动。这将把这些分别和交流相线和同步电机电压同步，使用衰减元件到接地信号作为其主反馈。控制器把这些输入组合，从而产生两个转换器的相至相模拟电压。

而后在同步锁相回路启动两个转换器的控制中使用通量信号的零交叉。低速下，在锁相回路负载侧生效之前并且没有启用触发位置模式，使用零交叉标志作为时间基准，在强迫操作中启动。强制换向触发模式图，见图 4-17。

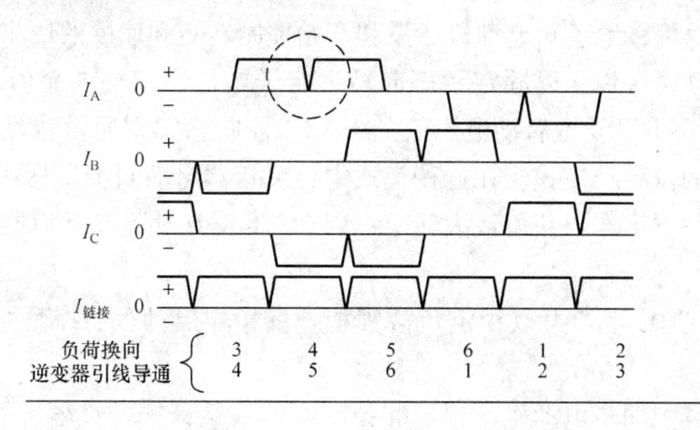

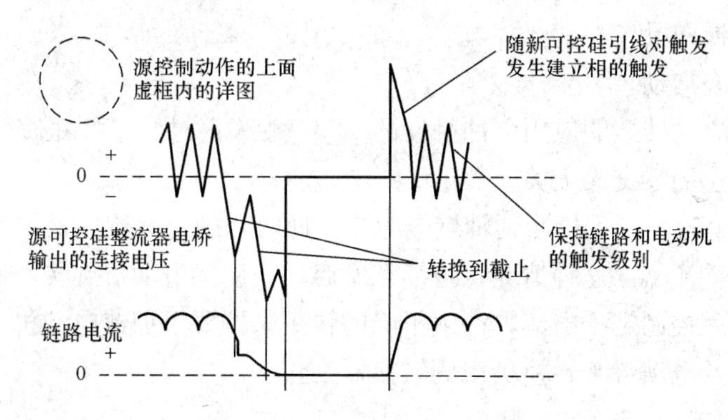

图 4-17 强制换向触发模式图

2）换向。

LCI 源侧转换器总是操作相换向。因此，交流相电压从一个可控硅整流器传导到下一个。负载侧转换器可以运行强迫换向或者负荷换向，换向与电动机速度和通量值有关。

当同步电机的转子旋转时，近似正弦的磁通量切割定子绕组。这将在定子中产生一组三个正弦电压。这种正弦电压在相角上具有 120°相位。这种感应电动势与速度和场强度成比例。

在低速下，感应的电动力不足以在载荷侧转换器中转换可控硅整流器。因此，在这种模式中，载荷转换器必须操作强迫换向。

3）强迫换向操作/模式。

在下列情况下使用强迫换向操作：当从零开始启动同步电动机时；在低速运转时直至电动机反电动势足以进行负荷换向。

在强迫换向操作中，直流电抗器电流为零之前确定源转换器定位到转换极限，停止负荷换向逆变器的传导。因此，直流电流截波到马达频率（相角）的 60°宽段中。有多种强迫换向工作模式。可以分成两种类型：

①使用数字脉冲转速表跟踪转子位置的模式。

②不使用转速表的模式。

在 LCI 初始启动（调试）期间，在完成初始操作检查之前取消触发选择。

(a) 没有转速表的启动。

在这种模式中，启动电流必须大到足以在一个或两个反相器启动中加速马达到约 0.5Hz。这是 LCI 可以可靠地感知电动机通量和开始控制转矩和速度的最小频率。

当开始从静止启动时，LCI 以固定频率向马达定子施加固定的电流值。调节 STFREQ 设置频率，调节 CRSTART 设置启动电流值。当 LCI 控制感知到通量达到足够幅值时，将转入到强制换向操作的段启动模式。在这种模式中：反相器启动同步到马达通量的交点；电动机的统一的功率因数下工作，获得最大转矩；以 30°步长或段调节反相器启动；速度调节器变得有效。

在近似 5%电动机速度下，可以锁定负载锁相，反相器启动分辨率增加到 0.35°，结束段启动模式。

强迫换向操作持续到同步电动机达到足够频率来转换载荷侧转换器为止。在这个时候，控制将变化到负荷换向操作。

(b) 装有转速表启动。

对于使用较高启动转矩的应用脉冲触发的 LCI，触发脉冲将继续跟踪转子的位置。从静止开始的启动和马达的零交叉无关。

LCI 提升定子电流，直到检测到轴旋转为止。此时，固定电流并根据触发计数确定的转子位置启动可控硅整流器。这种情况，持续几次启动，确保电动机旋转，而后启用速度调节器。速度调节器而后控制定子电流，产生正确的转矩来按要求加速电动机。强迫换向操作持续到足够的电动机及电动势来转换负载侧转换器为止。

4) 负荷换向模式。

负荷换向运行（模式）要求电动机在超前功率因数下工作。可以确保负荷换向逆变器的转换。LCI 控制保持电动机的功率因数，以及每安培的转矩值尽可能高。尽可能接近转换极限来启动负荷换向逆变器可实现上述目标，同时保持具有足够的裕量成功地从一个晶闸管整流器转换电流到下一个。

对于成功的换向，要求的伏特-秒数值与负载电流和电动机电抗的乘积成比例。LCI 通过处理下列 3 个数值来控制换向和触发时间：

电动机（负载）电流。

电动机换向电感（保存在微处理器系统存储器中的常数）。

来自积分电动机线间电压的有效伏特-秒。

使用电流和电感，控制将计算要求的换向伏特-秒数值。控制而后使用这个数值和最新的有效伏特-秒计算值确定最新的可能启动时间。图 4-18 显示了系统电压、电流和通量波形的关系。

A-C 相线之间标有的转换“凹槽”在幅值上等于 B-C 电压上的同时转换“冲击”。A-B 电压中相应的凹槽等于两倍幅值（A 和 B 是此刻一起转换的两根相线），凹槽区为每相的转换电感和电流的两倍。当使用晶闸管整流器引线临时连接相线时，转换点上电压在转换期间实际为零，相线之间电压只是可导晶闸管整流器引线上的正向电压降。

电动机上具有高载荷时，电源可以“看到”的表观功率因数增加。这是源转换器启动角超前（减小）获得更多电流。转换凹槽导致的电流谐波和引起的电压谐波将减小。

基本的控制策略是增加电动机电流来对负载转矩增加作出响应，而后增加源侧的直流链路电压，上升电动机电流，从而保持电动机速度恒定。

5）转矩控制。

将过程控制器的速度基准与积分电动机电压或可选转速表的速度反馈进行比较。结果用来向速度调节器发出速度误差输入，输出转矩命令。LCI 调节原理框图见图 4-19。

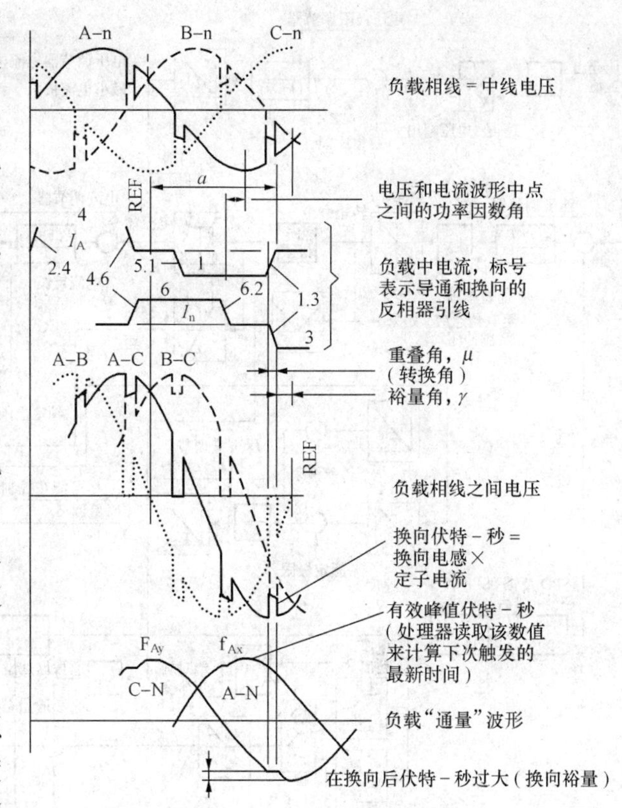

图 4-18 负荷换向模式中的负荷电压和电流图

转矩命令信号适用于源侧和负载侧控制。由于电动机转矩是通量，电流和它们之间相角的函数，所以可以使用两种方法控制转矩：①在固定负载启动角下调节源侧定子电流幅值；②保持恒定电流，改变负载侧的位移角（触发滞后角）。

然而，在任何时候，只能使用一种方法控制转矩。源侧控制的转矩命令适用于最大和最小电流极限器。设置最小电流级别来保持直流链路中的连续电流。通常在 0.2 个单位额定直流电流下设置最小电流。

当速度调节器产生的转矩命令小于最小电流极限时，最小电流极限也影响负载启动角（从而影响电动机功率因数）。在这种情况下，负载启动角作为转矩命令的函数而变化（以及电动机功率因数），而定子电流保持稳定。因此，当转矩命令低于最小电流极限时，调节电动机功率因数控制转矩。

电压限制调节器的动作也可以动态增加最小电流极限。这种调节器同时增加电流和降低功率因数来降低定子电压。在大部分固定现场励磁的应用场合中使用电压限制调节器。

当转矩命令大于最小电流极限时，负载启动角的功能如下：

①如果电动，则负载启动角位于其转换极限上。

②如果再生（止动），则负载启动角位于整流极限上。

当电动模式时，负载控制尽可能晚地调节触发滞后角，保持固定的转换安全裕量（通常为 20°）。这种尽可能晚的触发控制适用于定子电流和电压的变化，保持裕量角恒定。

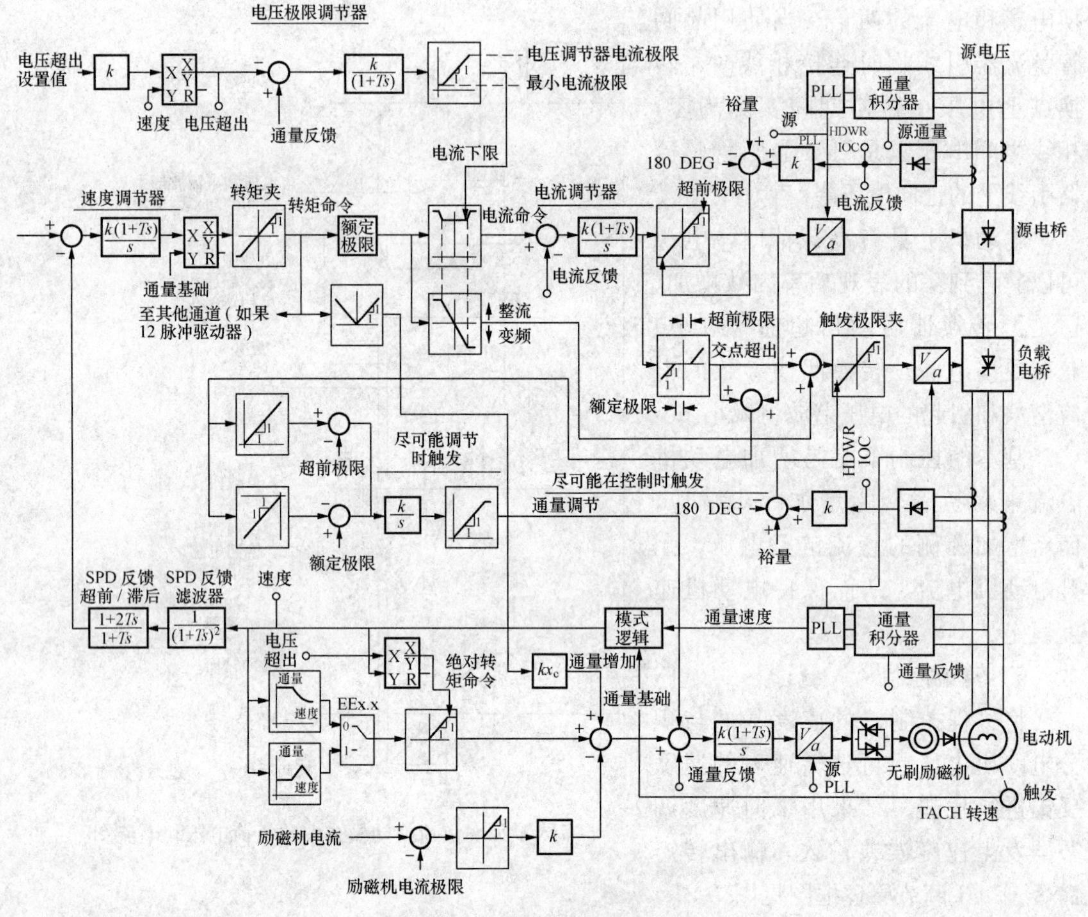

图 4-19　LCI 调节原理框图

对于再生驱动器，负载侧可控硅整流器全超前启动，图 4-20 中的点“X”。此时，源侧通过反向直流电压来控制电流到与整流后的电动机电压匹配。

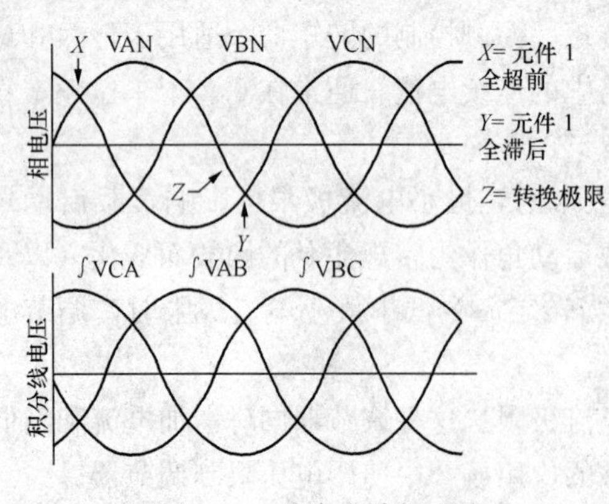

图 4-20　磁波形零交叉图

驱动电流命令是转矩命令绝对值（来自速度调节器）和最小电流极限之间的较大者。电流命令和电流反馈命令进行比较，误差作用于电流调节器上。

电流调节器控制源转换器（整流器）中可控硅整流器的启动。因此，源控制调节产生驱动负载所需电流和转矩所要求的直流链路电压。

③双通道 12 脉冲配置。

双通道 12 脉冲 LCI 使用来自公共源操作的两个独立相同 6 脉冲驱动器组成。这允许两个电动机组合到一个框架中，减少电动机和安装成本。双通道 12 脉冲 LCI 原理图见图 4-21。

两台电动机使用同一个磁架和公共磁场。这导致两个驱动器通道之间的载荷侧转换器电压幅值和频率相等。

载荷侧电动机的定子绕组分成两个独立的绕组，但相互绝缘并且相角差 30°。这会在转矩脉冲频率增加的同时减小转矩脉冲幅值。这种结果是等电流下更光滑的转矩。

通道间通信允许一个通道为主通道，而另一个通道为伺服通道（也称为从属通道）。伺服通道使用来自主通道的转矩基准，允许两台电动机绕组电流平衡。因此，通道驱动器具有相等功率，使用相同的电流，并在相同的相对启动角下启动。

④串联 12 脉冲配置。

12 脉冲转换器包括两个串联的相同 SCR 电桥。每个电桥在近似一半电动机电压下操作。从三角形和 Y 形变压器二次绕组中给两个电桥供电，在相角上具有 30°位移。12 脉冲配置替换了具有 5 倍和 7 倍谐波的 6 脉冲系统。图 4-22 是串联 12 脉冲 LCI 原理图。

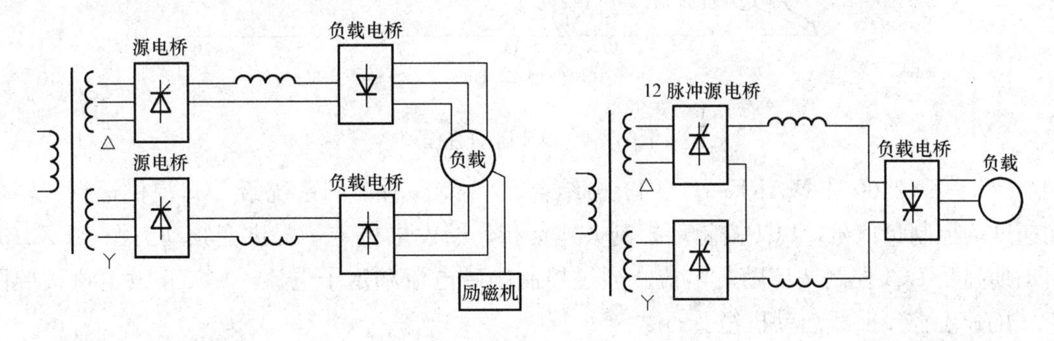

图 4-21　双通道 12 脉冲 LCI 原理图　　　　图 4-22　串联 12 脉冲 LCI 原理图

四、LCI 控制系统

GE 单轴联合循环机组的启动采用变频器 LCI 启动，一般是二拖二（两台燃机配两台 LCI），或二拖三（三台燃机配两台 LCI）启动系统的配置模式。图 4-23 显示的是二拖三系统的接线图。

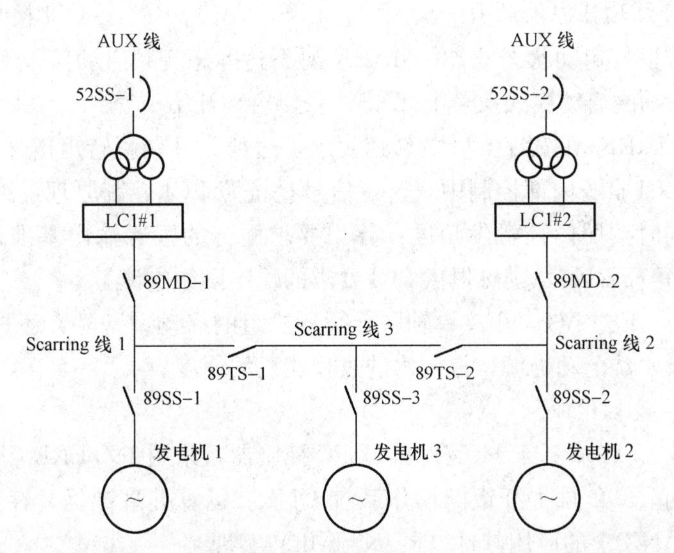

图 4-23　LCI 二拖三单线图

这里对二拖三系统展开研究和分析，通过不同闸刀的分合，可以起到任何一台发电机和任何一台 LCI 对应连接的目的。GE STAG 109FA 单轴联合循环机组的启动要经过启动、轻吹、点火、定速暖机、加速和脱扣等一系列过程，LCI 则必须按照燃机的特定启动过程给予配合，提供其需要的转速要求，图 4-24 为 LCI 启动过程图。

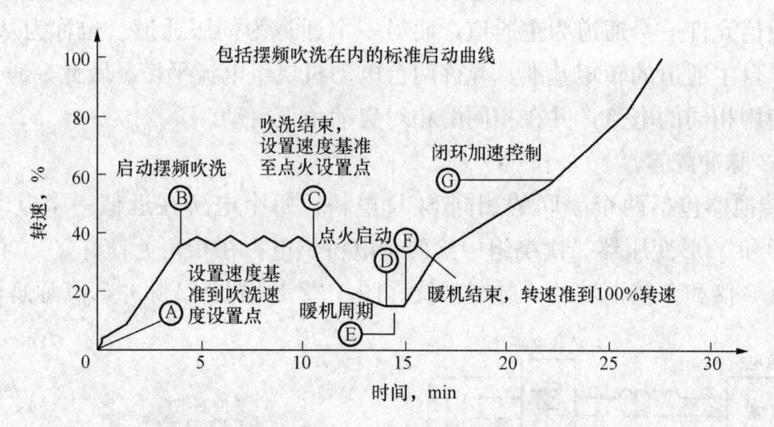

图 4-24　LCI 启动过程图

LCI、EX2100 和 MARK-Ⅵ之间充分结合。MARK-Ⅵ控制系统给 LCI 提供运行、转矩和速度等控制量信号，LCI 按闭环控制方式运行，给发电机定子提供变频动力源。EX2100 启动期间受 LCI 控制调节励磁电流。通过控制励磁电流和定子电流，LCI 将发电机按照图 4-24 的速度控制曲线启动机组。

MARK-Ⅵ下达至 LCI 的主要信号：静态启动器启动信号 L4SSRUN、启动转矩信号 L4SSTORQ、启动模式激活信号 LSS _ ACTV、启动装置动力源供应信号 LSS _ PWR、速度基准信号 LSS _ REF _ OUT。MARK-Ⅵ达至 EX2100 的主要信号：励磁启动模式信号 L4EXSS。LCI 传送至 EX2100 的主要信号：励磁输出基准信号 EX _ REF _ OUT。

启动时，运行人员选择好机组和 LCI 的启动对应，首先 LSS _ PWR 置 1，LCI 隔离变压器高压开关合闸为 LCI 提供动力电源；之后 LSS _ ACTV 置 1，LCI 接收到信号，控制范围内闸刀按照要求摆好启动状态准备；MARK-Ⅵ下达静态变频启动信号 L4SSRUN=1，同时下达给 EX2100 励磁启动模式信号 L4EXSS=1，启动开始。

启动过程中 MARK-Ⅵ按图 4-24 的转速要求，达到 LCI 装置转矩信号量 L4SSTORQ 和速度基准量，在 LCI 自身内部控制中，转矩信号量按照 LCI 控制原理最终转化为晶闸管的门控触发角度。同时按照门控触发角度计算出要求配合的励磁输出基准信号 EX _ REF _ OUT，信号传送至 EX2100，励磁提供 LCI 要求的输出励磁电流。

LCI 除了作为 GESTAG109FA 单轴联合循环机组的启动设备外，还具有另外的一个功能是作为燃机透平水洗的动力源，控制水洗过程燃机的速度。

1. 控制系统的硬件组成

LCI 控制系统 LS2100 基于 UCVE 和 DSPC 控制器，采用 INTERL Celeron 300MHz 工业级微处理器。内嵌 GE 自主开饭的操作系统 QNX。运算处理数据，存储调用控制逻辑，算法等功能均由 ANX 上的应用软件（RUNTIME）实现。

DSPC 数字信号处理卡位于各机架的第一槽上，它通过 VME 上的 ISBUS 与 UCVE、FCGD 卡通信，将门控触发信号传送至 FCGD 卡，然后通过 FCGD 卡产生门控触发脉冲，去控制各个桥路的 SCR 导通状态，同时桥路上的电压、电流及导通情况也通过 FCGD 卡反送至 DSPC 卡。此卡具有串行口可以和移动 PC 或就地的控制盘连接，以完成一定的操作和参数的整定。安装在DSPC卡上的子卡ADMA（模-数模块子插件板），将外部I/O输入信号转换成数字信号输入到DSPC卡。

UCVE卡位于各机架的第二槽，它通过VME上的ISBUS与DSPC、FCGD卡通信。此卡通过EGD采集下位PLC开关控制和冷却系统控制的信息，并参与控制命令的下达，同时通过VersaMaxI/O采集到其他LS2100的信息（Versa Max I/O通过光缆和其他LS2100的Versa Max I/O连接），UCVE和UDH-机组高速网连接，完成与控制系统MARK-Ⅵ的信息交换和命令传送。

FCGD卡在LS2100系统中有三块，分别与两个整流桥和一个逆变桥连接，通过VME上的ISBUS与DSPC通信，FCGD卡从DSPC卡中得到触发信号的命令，并将命令传送到各个桥路上，同时将桥路上的状态反馈到FCGD，通过ISBUS，传回到DSPC卡上参与过程控制，同时UCVE卡也接收到FCGD反送的桥路各种状态信息，并将这些状态参数通过EGD送到MARK-Ⅵ控制系统。

2. LCI控制系统网络构架

整个LS2100处于MARK-Ⅵ的网络构架中，MARK-Ⅵ控制系统设置有三级通信网络：PDH网络、UDH网络和I/O Net网络。见图4-25。

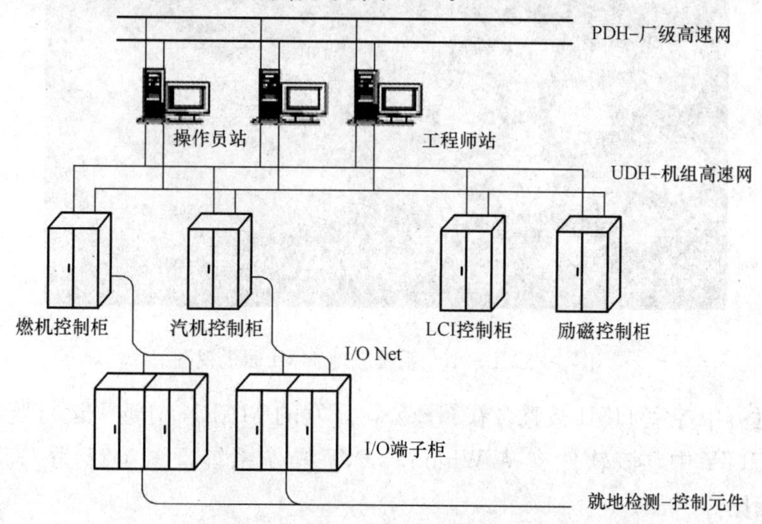

图4-25　LCI控制系统网络拓扑图

PDH（plant data highway，厂级网）是该系统和电厂内其他系统如DCS、NCS、ECS或者其他第三方系统之间进行数据通信的途径，它支持的通信协议有GE Standard Message，Ethernet TCP/IPModbus和RS232/485 Modbus。

UDH（unit data highway，机组网）基于以太网协议，负责现场数据采集、运算、交换。传输介质为100M以太网。它提供燃机控制器，汽轮机控制器、发电机励磁控制器、LCI控制器，励磁系统EX2100之间高速的对等通信，UDH网络使用的是基于广播消息的协议EGD（Ethernet Global Data），它支持UDP/IP标准协议的多个节点之间的信息共享。

I/O Net网络是联接控制器与I/O端子板之间的通信网络、一般通信协议不开放。

3. LS2100的HMI界面

LS2100系统存就地的HMI和远方（中控室）HMI两种。

此 HMI 与 DSPC 卡的串行口连接，用于显示 LCI 运行的各种参数：转速、输出电流、输出电压、直流电抗器电压、负荷控制。

同时显示 LS2100 系统通信状态、运行状态和报警。

HMI 上存在控制按钮和菜单显示按钮，控制按钮实现对故障复归、冷却系统备用泵切换、切换风扇的控制，附加对冷却系统状态页面的切换按钮，菜单显示按钮实现对 LS2100 系统内部控制的各项参数的显示和更改、对故障报警清单的显示和复归等一系列功能。

LS2100 系统就地 HMI 见图 4-26，远方 HMI 见图 4-27。

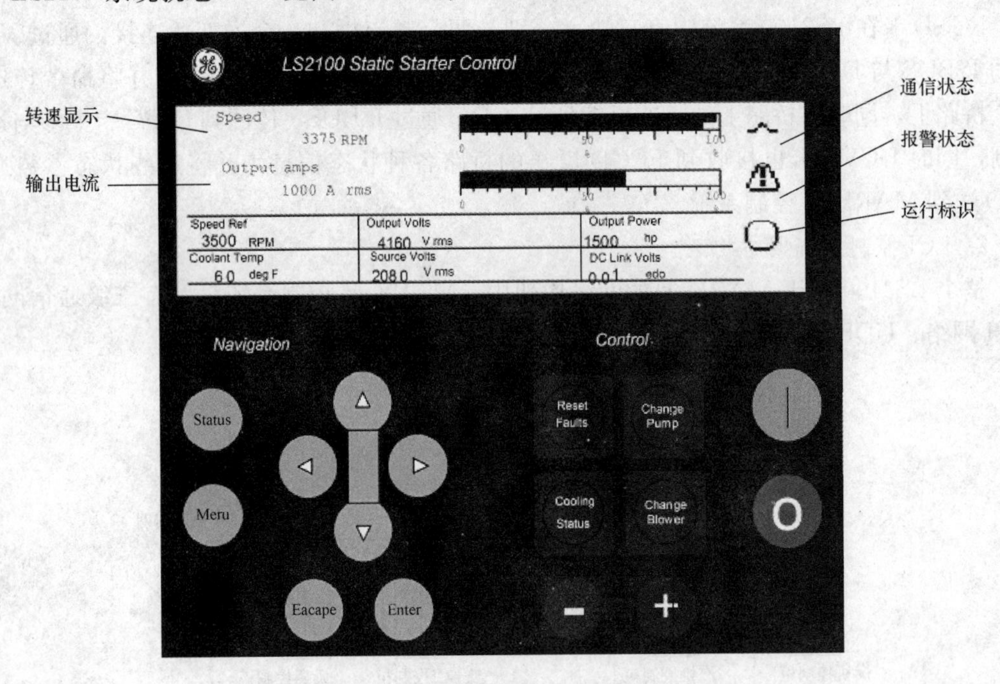

图 4-26 LS2100 系统就地 HMI 面板视图

LS2100 远方中控室 HMI 被整合在 GE 公司开发的 MARK-Ⅵ透平运行监视图形化界面软件 CIMPLICITY 中，该软件支持 Windows NT 操作系统，图 4-27 为 LCI 远方集控量 HMI 操作界面图。

安装有 CIMPLICITY 软件的工作站，均能实现对 LS2100 系统的监视和实现对其被控对象的控制。

UDH 上任何一台 HMI，操作员均可以利用任一 LCI 界面对其机组进行启动的操作，并监视，当 LCI 发生报警时，任何一台 HMI 都能正确显示。

4. *LCI 的典型启动*

完成启动前检查，燃气轮机及其所有系统符合启动运行条件，在主启动页面点击 AUTO+START，MARK-Ⅵ接受燃气轮机启动命令，燃气轮机开始启动。LCI 接受来自 MARK-Ⅵ的启动命令，按照既定的程序启动，带动燃气轮机开始转动，当燃气轮机转速（TNH）大于盘车转速（5～7r/min）时，SS 离合器与盘车装置脱离，当 TNH＞L14HT1（1.5%）时，盘车装置停止运行，88TG-1 自动停止运行，在 10s 后，顶轴油供给阀 L20QB1 自动关闭，液压油泵出口压力调节阀自动整定为控制油压力。

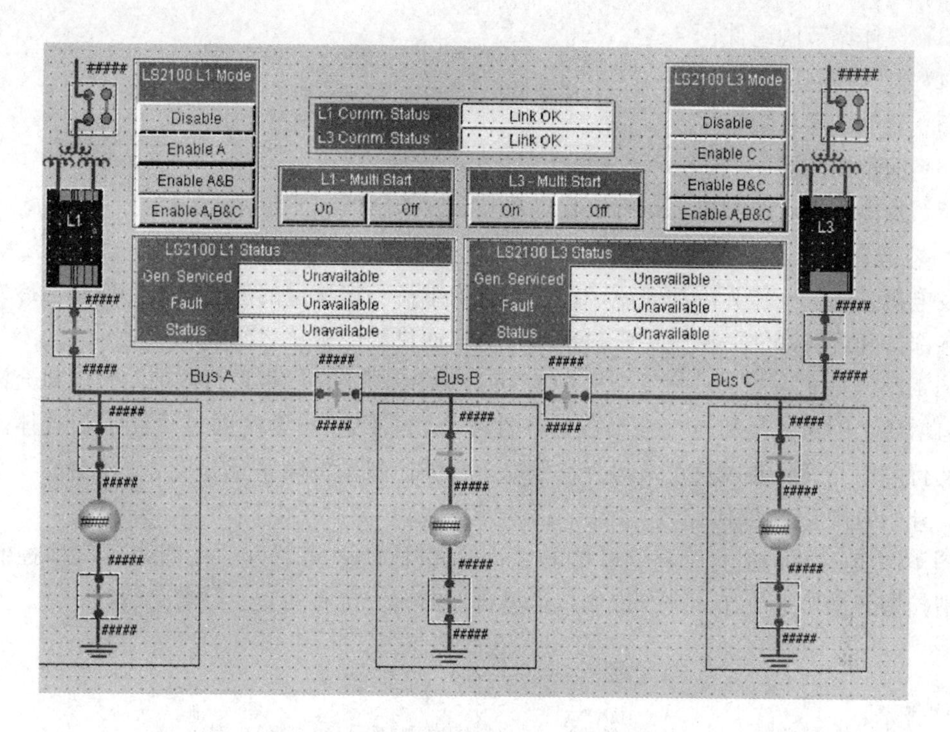

图 4-27 LCI 远方集控室 HMI 操作界面图

燃气轮机继续升速，TNH＞L14HM1（13.5%）时，燃气轮机进入清吹程序，清吹计时器开始计时，12min 后，清吹完成。燃气轮机开始降低转速，当 TNH＜L14HM1（14%）时，燃气轮机进入点火程序、暖机程序、加速、自持，LCI 脱开、自动励磁、全速容载。

第三节 发电机 H_2/CO_2 系统

一、系统介绍

发电机内部构件通过对流进行冷却惰性气体二氧化碳（CO_2）被用作中间气体，从而发电机内空气和氢气不会混合。按照发电机的吹扫程序导入 CO_2 以替代空气，然后氢气引入以取代 CO_2。再用 H_2 给发电机增压，用调节阀自动保持压力。只要发电机密封油系统保持运行，即使轴没有连接在盘车装置上，短暂停机期间也可以维持发电机的 H_2 压力。打开发电机进行维修以前，氢气被卸压，导入 CO_2 以取代 H_2。然后引进空气以替换 CO_2，才可以打开端盖。吹扫期间，手动操作气体调节阀以控制气体。

用氢气作为发电机内的冷却气体的缺点是爆炸危险。必须小心谨慎地处置氢气以防灾害性氧化，气体调节阀提供了安全处置氢气的手段。

二、系统组成和功能介绍

1. 系统组成

发电机 H_2/CO_2 系统包括下述主要构件：

（1）发电机（带气体接管）；

（2）气体管路和关联阀门；

(3) 气体调节阀组件；

(4) 氢气控制屏；

(5) 氢气干燥系统；

(6) 液位探测器；

(7) 发电机铁芯监测器、热解物收集器和湿度传感器。

2. 功能介绍

发电机采用氢气作为冷却介质，在发电机内维持一定流量的氢气、作为冷却氢冷发电机的传导部件和旋转部件。用压盖密封来防止氢气通过轴与机座之间的间隙泄漏。

图 4-28（见文后插页）为发电机 CO_2 和 H_2 系统图，在机组运行以前，发电机充满氢气并用氢增压。因为氢气和空气会形成爆炸性混合物，CO_2 作为中间过渡性清扫气体。在所有的运行阶段充气、通风及正常运行，发电机气体控制系统确保氢气和空气不会在发电机内混合。开始时用 CO_2 取代空气，然后用氢气替代 CO_2 充满发电机。

图 4-29 是这两套主要管路组件的布置图。图 4-29 中间下方的框图表示气体控制阀单元，清扫期间操作人员在此进行操作。这里自左向右安排有两套主要管路组件。

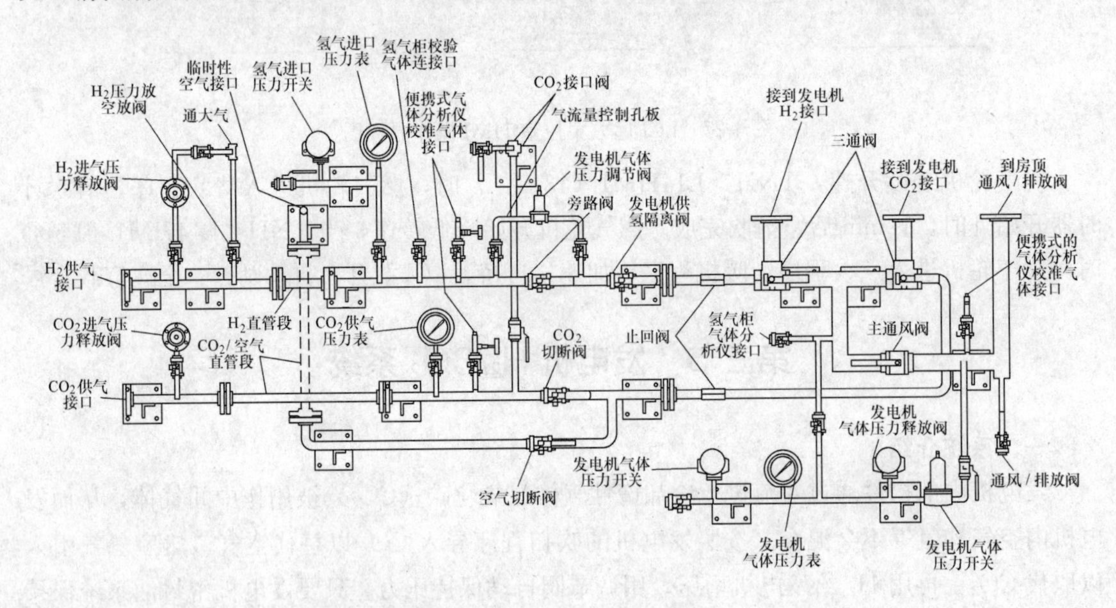

图 4-29　气体控制单元两套主要管路组件的布置图

H_2 流经顶部管道组件进入发电机，而 CO_2（或空气）流经底部管道组件进入发电机。每套组件都配置直管段。它们不能互换，但可以互相在机械上闭锁。这种闭锁可以防止操作人员在安装氢气直管段供给氢气时，再安装 CO_2/空气直管段供给空气。这样就确保操作人员能正确实施通风和清扫程序。这样也可以避免在发电机充满氢气时，操作人员误操作，让空气进入发电机，反之亦然。这套组件还包括两个会协作运作的三通阀。每个三通阀的顶部接口直接连通发电机，左边的接口连通氢气，右边的接口连通 CO_2，而内部孔连通主通风管路。当这两个三通阀手柄都取垂直位置时，CO_2 管路组件会连通发电机。当这两个三通阀手柄都取水平位置时，H_2 管路组件会连通发电机。

为了维持氢气的纯度高于 98%，采用了顶盖密封系统。让少量氢气持续地通过，将透平端和集电器端的氢气分离器中被分离的氢气持续地分别引入氢气控制屏，经过气体分析仪及其回路持续地测量纯度后“清除”并排到大气。

氢气控制屏包括两套独立的发电机气体分析仪及其回路，用来控制“清除”速度，以维持气体高纯度。每台气体分析装置持续地监控发电机冷却气体并实时显示气体纯度。万一气体纯度下降到警戒或报警水平，会发出直观指示并触发报警信号触点。氢气将不断地由PCV2935调压阀得到补充。此外它们还在进行清扫时显示气体的纯度，并且为CO_2中的氢气或CO_2中的空气，提供相应的输出。

经人工切换手动阀后，在操作员页面上，还可以测出发电机机壳内氢气的纯度。

位于发电机底部的氢气分离器，它安装有油水探测器，接至发电机的低点。如果冷却水或密封油泄入发电机，会流向发电机底部，油水探测器就会发出报警。报警包括：高位报警和高高位报警。高位报警预示液体可能正缓慢地漏入发电机外壳，应该及时进行处理。高高位报警预示有快速泄漏，如果不能立即确定和矫正快速泄漏源，则应该将发电机停机以免发电机内涌入液体。

除发电机风扇产生的差压形成氢气在整个系统中的循环外，还配备了一套BAC-50氢气干燥系统。该机组选用了双塔式全自动连续运行氢气干燥系统。安装在干燥器内部的鼓风机，驱动氢气完成氢气的体外循环。

BAC-50定时循环包括对每座干燥塔8h吸附和8h再活化。如1号塔吸附，2号塔再活化。在再活化的8h中，有4h加热、4h冷却。加热过程释放出在吸附期间被干燥剂捕获的水分。含有水分的气体流经加热器、冷却器和分离器，清除了水分。4h以后，干燥剂将进入第二步骤。在此步骤，加热器断电，气流继续流经干燥塔以冷却干燥剂。冷却4h以后，两只塔交换运作，干燥剂将吸附于2号塔和再活化1号塔。

图4-30是发电机供氢系统图，氢气站坐落在远离厂房的建筑内，用管道送到现场，站内有氢气检测、消防、阻火器等安全措施。

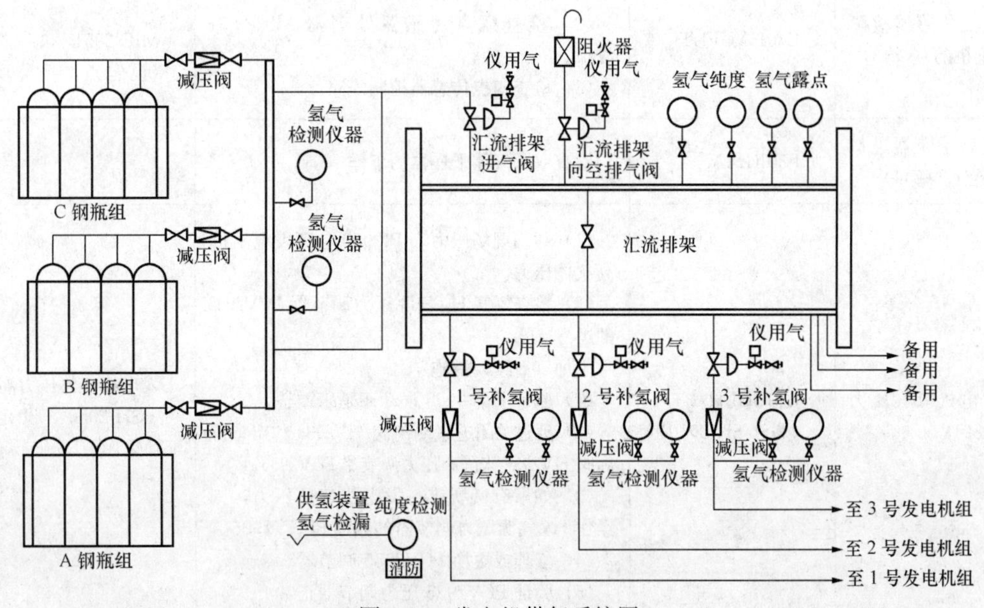

图4-30　发电机供氢系统图

三、发电机 H_2/CO_2 系统报警

发电机 H_2/CO_2 系统报警和报警后应采取的措施，见表 4-1。

表 4-1　　发电机 H_2/CO_2 系统报警和采取措施一览表

现　象	报　警	措　施	设 定 值
氢气纯度低-增加净化（727）	L30H2PUR _ LA	机壳气体纯度低： （1）验证两台气体分析仪都在报警，以验证气体纯度低。 （2）检查风机压差显示（PDI-292）。 （3）检测必要时减少发电机负荷以维持安全的发电机气温。 （4）检查并纠正气体纯度低的原因。 （5）如果机壳气体纯度难以维持在低-低纯度值报警以上，发电机停机。 （6）用 CO_2 吹扫发电机的 H_2	氢气分离器氢气纯度低或发电机壳体氢气纯度低 （设定点：两居其一，H_2 含量 95%）
		TE、CE 端气体纯度低： （1）验证两台气体分析仪都在报警以确认气体纯度低。 （2）验证氢气控制柜清除显示已增高。 （3）检查清除的流量。 （4）必要时增加清除流量以维持发电机气体纯度在期望的设定值与低位报警之间。 （5）如果即使清除流量最大仍难以维持纯度在期望的设定值与低位报警之间，停机。 （6）用 CO_2 置换发电机的 H_2。 （7）调查并纠正气体纯度低的原因	
1 号或 2 号气体分析仪发生故障（729 或 730）	L30H2TRBL1A/2A	（1）检查 1 号气体分析仪接线及工作。 （2）检查 1 号气体分析仪控制线路	
露点传感器故障（发电机的）（743）	L30HYGFLT _ A	（1）检查露点传感器 ME-2951 故障。 （2）检查露点传感器处理器 MIC-2951 故障。 （3）检查露点传感器控制线路	发电机 H_2 露点传感器故障 MIC-2951 （设定点：报警增至 32 ℉）
气体干燥器进口湿度超过（744）	L30IGMA	检查双塔气体干燥器的工作	
发电机氢气压力高（891）	L63GGPHA （表计 SH-2950）	（1）利用现场压力表 PI2950 验证发电机的高气体压力。 （2）检查氢气 H_2 气源压力调节器 PCV2935 的运行情况。 附加（后续）措施： （1）验证 PCV2935 误动还是未调整。 （2）通过关闭进口隔离阀 HV2933 和出口隔离阀 HV2934 来隔离压力调节器 PCV2935。 （3）如果有必要维持发电机气体压力，则操作 H_2 气源压力调节器的旁通阀 HV2935。 （4）修理或更换 PCV2935 调节器。 （5）验证 PCV2935 压力调节器正常	发电机气体压力高 PSH-2950（设定点 4.1MPa）(41bar/65psig)

续表

现　　象	报　　警	措　　施	设 定 值
发电机氢气压力低（892）	L63GGPLA（表计 SL-2950）	缓慢降低时： （1）降低发电机的负载。 （2）利用现场压力表 PI2950 验证发电机的低气体压力。 （3）检查氢气 H_2 气源压力调节器 PCV2935 的运行情况。 （4）利用现场压力表 PI2930 检查 H_2 气源压力是否合适。 （5）验证 PCV2935 是误动作还是未经调整。 （6）通过关闭进口隔离阀 HV2933 和出口隔离阀 HV2934 以隔离压力调节器 PCV2935。 （7）如果有必要维持发电机气体压力，则操作 H_2 气源压力调节器的旁通阀 HV2935。 （8）重新确定发电机负载。 （9）修理或更换 PCV2935 调节器。 （10）验证 PCV2935 压力调节器运行正常 快速降低时： 发电机立即停机，查找原因	发电机气体压力低（缓慢降低）PSL-2950（设定点 0.4MPa）（4.00bar/58psig）
氢气供气压力低（935）	LH2SPLA	（1）验证现场仪表 PI2930 供氢压力。 （2）更换空的氢气钢瓶	设定点 0.758MPa（7.58bar/110psig）
干燥器失灵 开关失灵报警灯（阀门不能正常运行 10s 后）	ZS-3 或 ZS-4	（1）确认两座塔都离线，以及干燥器不能工作。 （2）监控发电机氢气系统湿度直至修复。 （3）调查并纠正塔不能转换的原因	
干燥器加热器失灵 加热器失灵报警灯（在继电器不带电 10s 以内）	IT-1	（1）验证两台加热器都离线，并且两台加热器都无电流。 （2）监控发电机氢气系统湿度，直至修复。 （3）调查并纠正加热器失灵的原因	
干燥器鼓风电动机失灵 电动机失灵报警灯（在电动机启动保护器跳闸 10s 后）	MSP	（1）验证两台电动机都离线。 （2）监控发电机氢气系统湿度，直至修复。 （3）调查并纠正电动机失灵的原因	
凝结水容器满，凝结水容器满报警灯（在 LSH-3310 关闭 5s 以后）	LSWH-3310	（1）验证凝结水容器液位。如液位高，人工排放。 （2）监控发电机氢气系统湿度，直至修复。 （3）调查并纠正容器高液位的原因	

续表

现　象	报　警	措　施	设 定 值
吹扫失灵 失去吹扫报警灯		（1）验证吹扫流已经停止或流量已跌落到需要的流量极限以下。 （2）监控发电机氢气湿度，直至修复。 （3）调查并纠正失去吹扫流的原因	
失电 干燥器失灵报警灯	CR-1	（1）验证干燥器已断电。 （2）监控发电机氢气湿度，直至修复。 （3）调查并纠正断电原因	

第四节　发电机密封油系统

一、系统介绍

发电机密封油系统是将氢气密封在发电机内，防止它沿着发电机转轴漏出。发电机端盖与转轴的间隙易使氢气从发电机中逸出进入大气，因此作为一种阻碍，将恒定流动的密封油注入间隙，将氢气密封在发电机内。

该恒定流动的油经过密封组件时，它将携带少量的氢气气泡，必须将气泡清除，随后再返回主润滑油系统，安全地再循环。因此，密封油系统包括了控制油流量和驱除油中氢气的各种设备。

二、系统组成

图 4-31 说明了发电机密封油系统与滑油系统的关系，密封油是从滑油母管调压阀前引入。

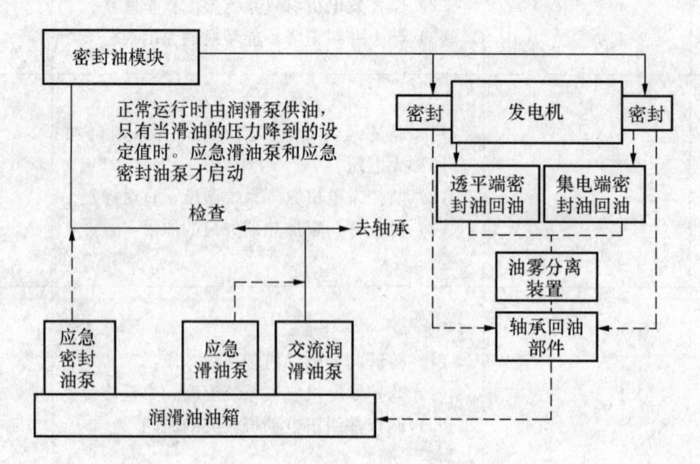

图 4-31　发电机密封油系统与滑油系统的关系图

正如图 4-32 和图 4-33 所示，发电机密封油系统主要由下列部件组成：

1. 发电机密封油控制单元

（1）氢气分离器（透平端与集电器端各一个）。

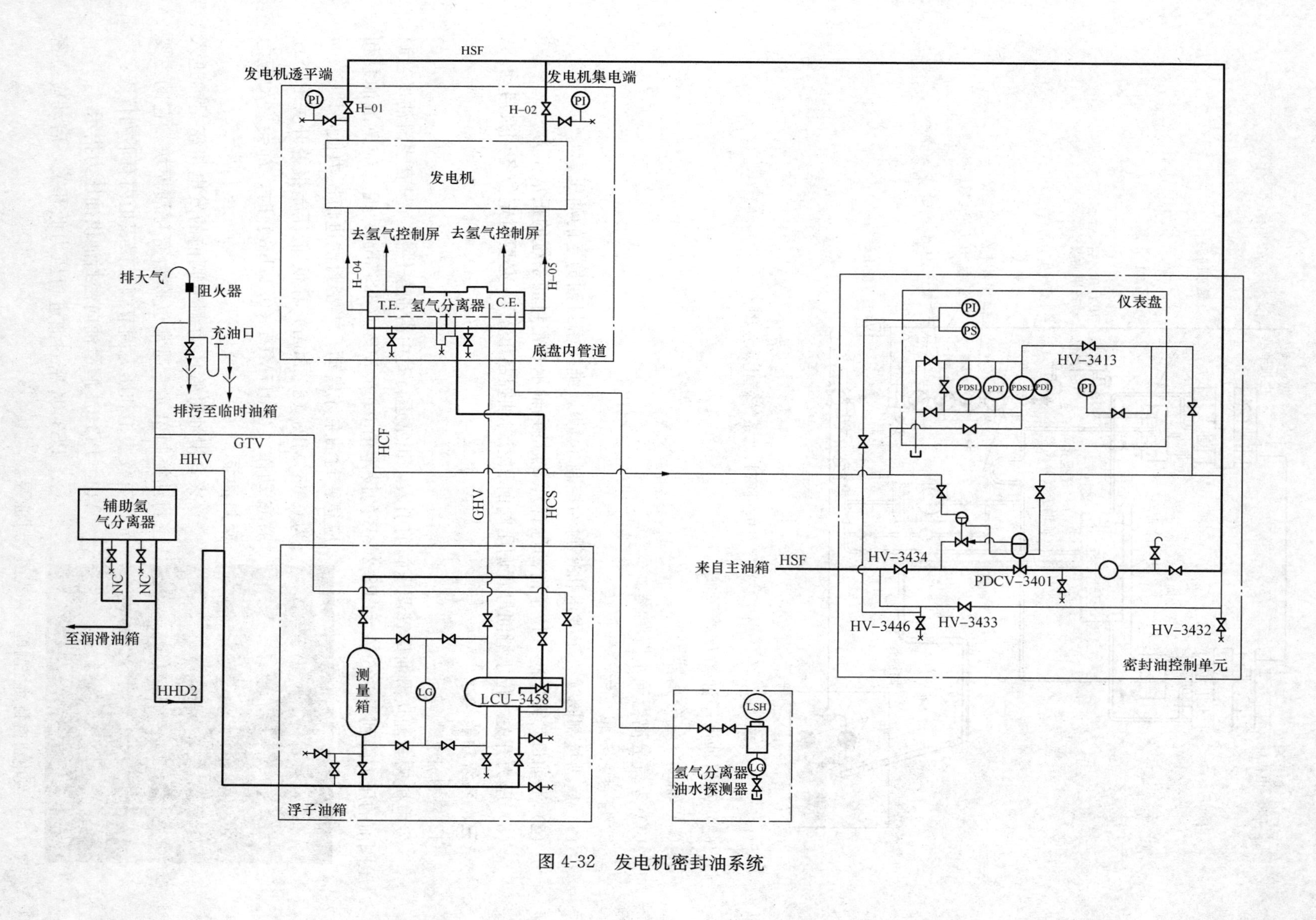

图 4-32　发电机密封油系统

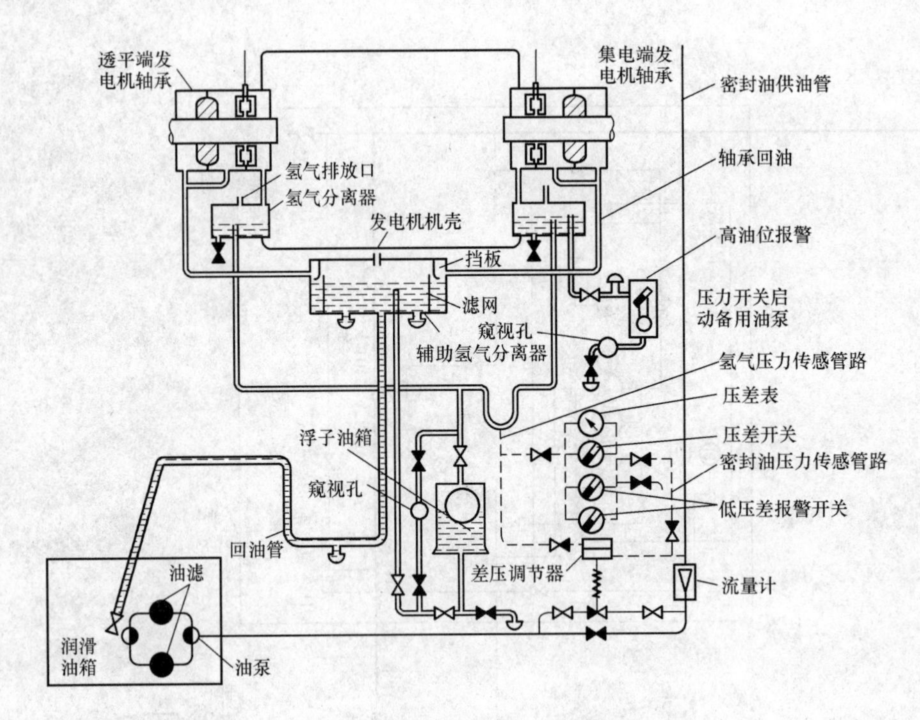

图 4-33　发电机密封油系统简化示意图

(2) 密封油浮子油箱及浮子阀。

(3) 辅助氢气分离器。

(4) 氢气分离器油水探测器。

2. 密封系统相应的控制仪表

(1) 压力控制阀（位于发电机密封油控制单元），维持密封油稳定的油压。

(2) 滑油母管调压阀（位于滑油母管），维持到轴承和密封油系统的正常压力。

(3) 压力开关（位于滑油母管调压阀前和密封油控制单元），必要时定位备用泵启动。

三、系统功能

1. 密封油控制单元

发电机密封油从滑油母管调压阀前引入，正常运行时由滑油泵供油，只有当滑油母管调压阀前的压力降到 PS-266A 和 PS-266B 的设定值 0.655MPa（6.55bar）时。应急滑油泵和应急密封油泵才启动。当密封油进口压力低，PS-3404 为 0.655MPa（6.55bar）和低-低压差报警开关 PDSL-3406 动作＜0.017MPa（0.17bar）时，都会启动应急密封油泵。

图 4-34　发电机密封油控制单元外观图

来自滑油母管压力调节阀前的发电机密封油进入密封油控制单元。通常也称为密封油模块。它的主要元件有仪表柜和压力调节阀。仪表柜内有下列仪表：

(1) PI3404 润滑油向密封油供油压力指示。

(2) PS3404 密封油进口压力低开关，启动应急密封油泵。

(3) PDI3402 压差指示（H_2 压力与密封油压力的比较）。

(4) PDSL3402 低压差报警开关。

(5) PDT3402 压差变送器。

(6) PDSL3406 低-低压差报警开关。

(7) PI3401 密封油出口压力指示。

为了密封氢气，密封油压力必须适当大于氢气压力，因此用一只压力调节阀 PDCV-3401 感受密封油压力与氢气压力的比较。安装它的目的是用它去调节密封油供油压力，并且提供一定量的密封油，送到发电机去密封氢气。该调节阀维持密封油压力高于氢气压力恒定在 0.037MPa（0.37bar）。

2. 密封装置

如图 4-35 所示，发电机的端密封由支撑在端护罩上的密封室组成，在密封室内有两只密封环，每只由四段组成。密封环的内径略比轴外径大，它被一只环形的大弹簧径向地集拢在一起。在两只密封环间弹簧径向压住密封环。密封环径向可以移动，周向不能转动。

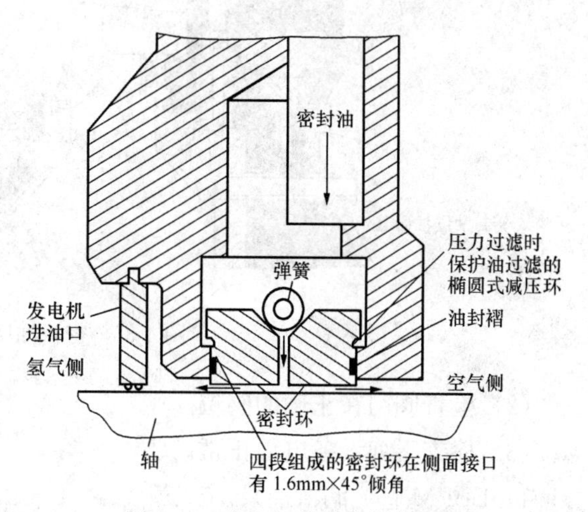

图 4-35 发电机的端密封装置图

密封油从端护罩上方引入，密封油压力大于氢气压力，流入密封环间并轴向向两个方向流出。由于有较大的间隙，大半密封油流向空气侧。这样，在密封环和轴之间形成的油膜，像一堵油幕，阻止氢气沿轴向向外泄漏。

两个轴封流向氢气侧的总流量大约为 7.57L/min，而流向空气侧的总流量则是它的几倍。流向空气侧的大流量也起到冷却的作用。图 4-36 是密封油回油通道视图。

3. 密封油浮子油箱及浮子阀

密封油经过密封装置后向两个方向流动。气侧排到密封油浮子油箱，在油箱内膨胀分离出氢气排到厂房外，油则继续流到辅助氢气分离器进一步分离出氢气排到厂房外，然后再回到润滑油箱。空气侧的密封油则和发电机轴承回油一起回到辅助氢气分离器分离出氢气排到厂房外，然后再回到润滑油箱。

四、系统运行

当发电机停机并经吹扫和检修后，再次启动机组前需要启动密封油系统。检修后发电机重新投入运行时，首先应启动密封油系统，在可以用 CO_2 吹扫发电机以前就提供一个油阻，然后再充入氢气。正常启动步骤如下：

1. 启动前的准备

按发电机密封油系统要求，校准电气系统。

按发电机密封油系统的运行要求，校准仪表装置和控制系统。

大修后检查：

(1) 确认是否已拆除所有设备的挂牌标签。

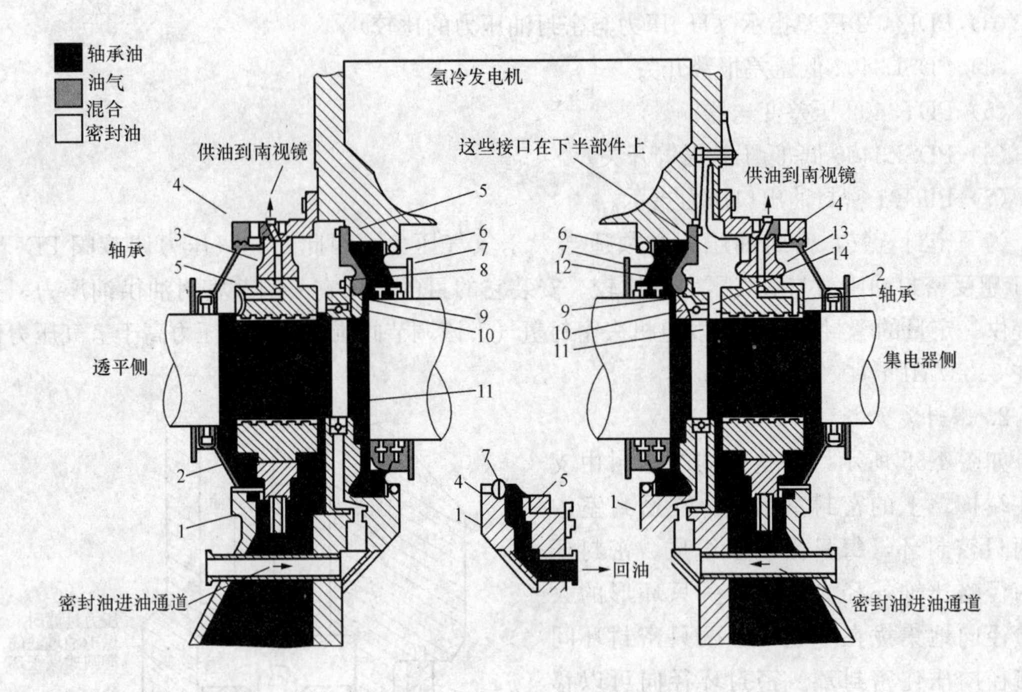

图 4-36　密封油回油通道视图

（2）检查阀门在正确的阀位。

（3）检查下列设备电源正常。

1）EBPM 直流润滑油泵。

2）ESPM 直流密封油泵。

3）BPM-1/2 润滑密封油泵。

（4）检查确认润滑顶轴油系统已正常运行。

（5）在机组 MARK-Ⅵ上检查相关地报警状态。若需要，应校正报警状态。

2. *启动*

（1）确认上述启动前的准备工作已就绪。

（2）投入密封油系统。

（3）打开压力调节器进口隔离阀，对密封油系统加压。也可以用调节器手动旁路管使系统投入运行。

（4）监控密封油浮子油箱的液位。在启动密封油系统期间，因缺少气压（背压）将导致油位升高。为了防止密封油回溢至发电机，应手动调节浮子阀旁路阀，以维持浮子油箱的油位。

（5）监控系统压力和流量。用 CO_2 为发电机加压时，应自动调整压力调节器以保持密封油差压。随着发电机压力增加大于 0.037MPa（0.37bar），应关闭浮子阀旁路阀。

3. 正常运行

正常运行期间，除了应对检测任何异常运行状态的系统参数加以监控外，不要求操作员干预。在设备例行检查期间，应监控密封油浮子油箱的油位、密封油差压、油温和流量。

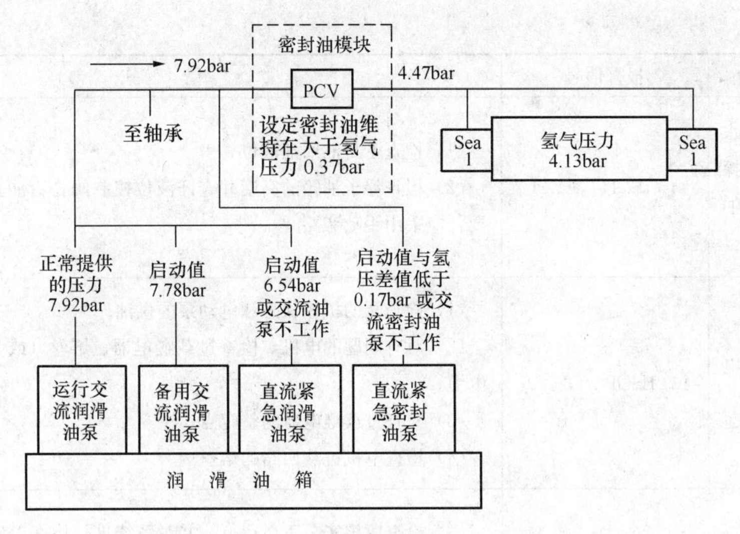

图 4-37　密封油系统正常运行时的系统油压视图

4. 正常停机

注意，发电机充氢时，必须保持密封油系统的运行。停止密封油系统工作之前，必须按标准的 H_2/CO_2 吹扫步骤要求，吹扫发电机。

密封油系统应一直处于运行状态。只要发电机中仍存在氢气，就不能停用发电机密封油系统。若因维护的需要而要求停用发电机或密封油系统，则只能在将发电机中的所有氢气全部驱除的情况下，才能停用发电机密封油系统。

在停机过程中，操作员降低透平机转速并将机组投入盘车状态。在机组的冷机循环完成后，只要发电机内仍充有氢气，润滑密封油泵就必须运行。在发电机减压并排除所有氢气后，润滑、密封油系统才可以安全停用。

5. 应急运行

紧急停机时，除了应对检测任何异常运行状态的系统参数加以监控外，不要求操作员干预。若交流油泵失电，直流油泵将自动启动。在机组惰走时，直流润滑油泵和直流密封油泵将保持密封油系统的压力。当交流电源恢复时，应重新投入交流油泵运行，停直流油泵。

五、发电机密封油系统故障报警及处理措施（见表 4-2）

表 4-2　　发电机密封油系统故障报警及处理措施一览表

现象（报警号）	报警信号	措　施
密封油差压低（888）	L63DSA-LA	（1）检查密封油压力，验证是否存在问题。 （2）验证润滑油油泵是否在运行。 （3）若需要，手动启动直流密封油泵增加压力。 （4）检查系统是否存在堵塞、隔离阀部分关闭、发生泄漏等故障。 （5）检查压力调节器是否在正常运行。若需要，开启旁路阀。 （6）若不能保持足够的密封油差压，应停机并吹扫发电机

续表

现象（报警号）	报警信号	措　施
氢气分离器油水探测器 LSH3401 探测到密封油回油油位高（912）	L71SDH _ ALM	（1）检查密封油回油液位。 （2）检查浮子油箱的高度并查证液位控制阀是否能正常工作。如有必要，应采用手动旁路
直流密封油泵电机过载（918）	L72ESOP _ OL _ A	（1）检查泵的机械状态和电动泵的供油。 （2）对有问题的电机，检查过载继电器、熔丝（或 CB）、电机、连同电缆。 （3）检查过载继电器的整定点。 （4）检查电机过载回路的熔丝
直流（应急）密封油泵在运行中（919）	L72ESOP _ R _ A	（1）检查以核实泵正在运行，并对系统进行检查以确定其原因（检查压力、泄漏、节流等）。 （2）检查压力调节器是否正常工作。如有必要，应采用旁路。 （3）如果不能维持充足的密封油差压，则应让发电机停机并进行吹扫。 （4）如果系统只依靠直流泵来维持压力，则为了安全，应让发电机停机并进行吹扫（无备用设备用）
发电机液位探测器高（930）	LH2LLDHA	（1）检查密封油回油膨胀箱的高液位报警。 （2）验证窥视镜 LG-2990 液位。 （3）调查高液位原因并加以纠正。 （4）检查和排清排液支管的回油
发电机液位探测器高高（931）	LH2LLDHHA	（1）立即鉴别泄漏源，并加以纠正。 （2）如果泄漏原因不能立即鉴别和纠正，则应让发电机停机
密封油差压低-停机	L63ST	（1）检查密封油系统压力，验证是否存在问题。 （2）验证润滑密封油泵是否在运行。 （3）若需要，手动启动直流密封油泵以增加压力。 （4）检查系统是否存在堵塞、隔离阀部分关闭、发生泄漏等故障。 （5）检查压力调节器是否在正常运行。若需要，可以开启旁路。 （6）若不能保持足够的密封油差压，应停机并吹扫发电机

六、保护和自动设备的例行试验

定期手动切换润滑密封油泵（先启动备用泵，检查其运行正常后，停原运行泵）。

也可以执行在线试验以验证备用交流润滑密封油泵的自动启动性能。一般先进行检查以确保下列油泵已处于正确调整状态（断路器投入、控制电源接通、阀处于调整的正常状态、控制器在自动启动状态），随后执行试验：

（1）备用润滑密封油泵。

（2）直流润滑油油泵。

（3）直流密封油油泵。

将运行中的润滑油油泵跳闸，备用润滑油油泵应自动启动。为了安全，运行人员可以留在配电设备旁，在备用泵自动启动失败时手动合上其开关。

第五节　发电机轴电压监视器

发电机组在运行过程中，会在发电机轴上产生电压，如果没有对其关注并采取措施，任其恶化发展，当轴电压大到足以击穿轴与轴承（包括推力轴承）之间的油膜时，便会发生放电，反复的放电和灭弧将会导致轴承表面起凹点并变得粗糙，最终加速机械磨损，严重时还会导致轴瓦烧坏。所以，电站运行和检修人员应对轴电压产生的机理有必要了解，并对其进行监测和防护。

一、产生轴电压的原因

1. 透平发电机组轴电压主要有三个来源

（1）沿轴高速流动的湿蒸汽会在低压透平叶片和静止部件之间建立直流静电，末级叶片越长，越容易建立较高的静电电压。该电压随着运行工况的不同而变化，在极端的情况下可能达到DC 120V以上。如果不采取措施将这部分静电电荷放走，它将会在轴承油膜上聚集并最终在油膜上放电导致轴承损坏。

（2）励磁系统在透平和发电机轴上产生的交流耦合电容电压。如果励磁系统采用的是静态励磁系统，则励磁系统将交流电压通过静态晶闸管整流输出直流电压工作，因此不可避免地会在励磁系统的输出中有脉动电压。该脉动电压通过发电机的励磁绕组和转子本体之间的电容耦合而在轴对地之间产生交流电压。

（3）发电机组内部磁通不对称而在发电机两端产生交流电压。磁通的不对称产生主要是发电机本体出现问题。如：定子铁芯局部磁阻较大（定子铁芯的锈蚀导致局部磁阻过大）；定子和转子之间气隙不均匀造成磁通不对称；分数槽电机的电枢反应不均匀，引起转子磁通的不对称。

该交流电压比（1）轴和（2）轴电压能量大，破坏大。一般交流电压有AC 1～30V，如果在发电机两端通过地提供了回路，则该电压将在转子的一端通过轴承到外壳或地再到另外一端上产生非常大的轴电流。因此大轴电流的出现标志着交流轴电压对轴承破坏的开始。

2. 现有的轴电压的防护

针对不同轴电压产生的原因，在发电机轴及轴承上采取一定的措施抑制过高的轴电压及有害的轴电流的产生。

（1）轴接地碳刷的使用。

上述介绍的前两种轴电压，其能量都比较弱，一旦提供合适的回路使电荷释放，电压会迅速衰减。因此，现代发电机组都在驱动端（即发电机汽侧）安装了接地碳刷，从而抑制了直流静电电压和交流耦合电容电压的建立。

（2）轴承绝缘的加强。

上述第三种的轴电压能量较强且在发电机的两端建立，因此必须切断回路以防止流过转子及轴承的轴电流产生，在发电机组中往往采用将发电机励磁端的轴承、励磁机和副励磁机的落地式轴承对地加强绝缘的方法，采用带绝缘层的轴瓦。

二、轴电压、轴电流的在线监测

在燃机机组上装有轴电压（流）监测装置，此装置的监测功能由燃机 MARK-Ⅵ控制系统来实现。在 MARK-Ⅵ控制系统中可以在线实时监测电压并可以给出报警和跳闸信号，燃机发电机，励磁采用静态励磁系统，双通道互为备用，采用 GE 公司轴电压电流监测装置。

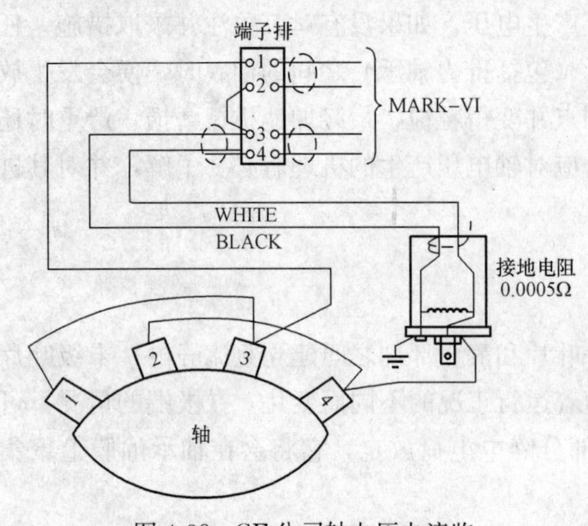

图 4-38　GE 公司轴电压电流监测装置接线原理图

该装置包括在驱动端轴上安装了四个碳刷，其中 2、4 碳刷并联通过一个 0.005Ω 的电阻接地，装置在该接地电阻两端测量电压从而间接得到接地电流的信号，若该电流瞬时值超过设定值，说明发电机的轴承油膜可能被击穿导致轴电流增加，装置将发出报警或跳闸信号，以便及时检查发电机。另外 1、3 碳刷并联作为测量轴对地电压，如轴电压发生报警，则说明 2、4 接地碳刷接触不好或存在较高的轴电压。

1. 轴电压检测器的工作原理

监视回路监视的轴电压取自图 4-38 的 1 和 2 端子接入到 GE 控制系统 MARK-Ⅵ的轴电压电流监视卡件中，每次当轴电压幅值超过 5V（峰电压-超过＋5V 或－5V），电压报警监视回路就会产生一个脉冲，脉冲的宽度为 0.014s，一个 RC 积分器被用于对所产生的脉冲进行积分，以抑制噪声（频率低于 15Hz 的噪声将被抑制掉）当积分电容两端的电压超过给定的设定值，电压报警继电器动作报警。因此，从轴电压超过 5V 开始到轴电压高报警信号发出之间有个小的延时。延时时间和轴电压信号的频率有关。

（1）通过原理分析，轴电压报警信号只会出现在下述两种情况：①轴电压信号是一个频率大于 15Hz 的直流脉冲信号；②轴电压信号是交流信号时，其报警频率可能小于 15Hz，大约在 8Hz 以上。轴电压监视回路在输入信号频率位于 15Hz～1MHz 之间工作。

（2）轴电压监测器参数设定：轴电压检测参数在 MARK-Ⅵ控制系统软件 TOOLBO 中设定。轴电压检测器的 DEVICETAG：96-VS-2，信号名：svacfreq，参数设定：①SYSLIM1ENBLE（报警设定 1 功能开放参数）：可选择 DISABLE（不开放）；ENABLE（开放）；②SYSLIM1LATCH（报警复归类型参数）：LATCH（报警锁存）；SLEF-RESET（报警自复归）；③SYSLIMIT1（报警值 1）：输入一个赫兹数，GE 公司推荐 10。

2. 轴电流检测器工作原理

输入此监测器的信号是接地电阻上的电压（通过图 4-38 的 3、4 端子接入），检测器接收到此电压信号后，内部软件将此电压值除以接地电阻的阻值 0.005Ω，得到轴电流的值，当轴电流值超过一个预设定值时，轴电流过高报警将被激活。

（1）轴电流的参数设定同样在 MARK-Ⅵ控制系统软件 TOOLBOX 中完成：轴电流检测器的 DEVICETAG：96-VS-1，信号名：svcurac，参数设定：①SHUNTOHMS：输入接地电阻阻值0.005Ω。②SYSLIM1ENBLE（报警设定1功能开放参数）：可选择DISABLE（不开放），ENABLE（开放）。③SYSLIM1LATCH（报警复归类型参数）：LATCH（报警锁存）；SLEF-RESET（报警自复归）。④SYSLIMIT1（报警值1）：输入一个电流值，GE公司推荐4A。

（2）轴电压、轴电流在线动态试验。在HMI页面TEST-SHAFT VOLTAGE中轴电压轴电流控制功能，可以进行两项动态试验。当点击Alarm Test时，进行交流试验。此时MARK-Ⅵ输入一个AC 5V、1kHz的信号到电压监测电路中，计数器应立即累计，数值显示在按钮左边的显示框中，计数到达整定值以上时发出轴电压高和轴电流高报警。

该试验的目的是试验MARK-Ⅵ监测硬件的完整性，如果不报警则说明硬件存在故障。当点击Sensor Test时，进行直流试验。此时MARK-Ⅵ通过接地电阻和分路电阻输入+5V直流信号，通过计算和比较接地电阻和分路电阻值判断该轴电压电流的传感硬件是否完好。如完好则显示框中“OK”。

三、针对GE公司轴电压、轴电流监测装置的建议

（1）轴电压高、轴电流高报警都是锁存性质的报警，必须通过对ST MASTE RRESET点击后才能进行复归。附注：由于在运行过程中ST MASTER RESET点击后，将会产生对疏水阀门等设备的复位，一般运行人员在机组运行中不采用MASTER RESET，所以一定要区分报警产生来自于轴电压的动态试验还是运行设备本身。

（2）当轴电压高报警，而无轴电流高报警，说明轴承的绝缘没有降低现象，运行人员应着重检查接地碳刷的接触情况，或更换接地碳刷。

（3）当轴电压、轴电流持续刷新报警，运行人员应建议停机，并进行相关的检查。

（4）当轴电压高报警，并对接地碳刷处理后，轴电压高报警及显示数值仍无改变，可以切换励磁通道，判断是否是由于励磁系统故障引起轴电压高。

接地碳刷通过弹簧压在轴上，此弹簧压力要求在0.48kPa（7psig）以上，当接地碳刷通过运行摩擦后将会变短，弹簧压力也会随之降低，在弹簧压力达不到要求时，对碳刷接触面进行磨砂处理，反而会破坏原有较好的接触面，造成接地真实阻值进一步恶化变大（运行中，在弹簧压力不足的情况下，碳刷的位置互换，同样会降低接触面面积）。

第六节　EX2100™ 励磁系统

一、励磁系统概述

（一）系统介绍

此励磁装置是灵活的模块系统，可以按要求组合。可以灵活设计励磁动力源、单桥整流还是多桥整流、热备用桥的数量，以及是简单控制还是冗余控制。汽轮发电机励磁系统的概况如图4-39所示。

励磁装置的电源可取自发电机机端，或取自厂用母线。发电机输出电流和电压都是励磁装置的主要反馈输入，而励磁输出电压和电流则是控制目标量。

装置的结构支持以太网LAN（单元数据高速）与其他GE公司的设备进行通信，如工具箱TOOLBOX、LCI静态启动器以及HMI。

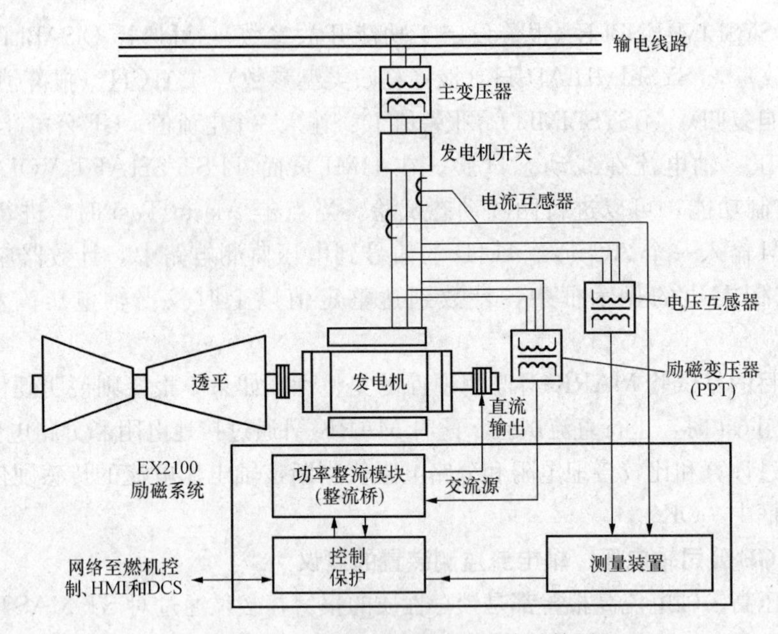

图 4-39　汽轮发电机和励磁系统的简图

图 4-40 是励磁装置的简化单线图，图中标示了功率源、发电机电压和电流的测量，控

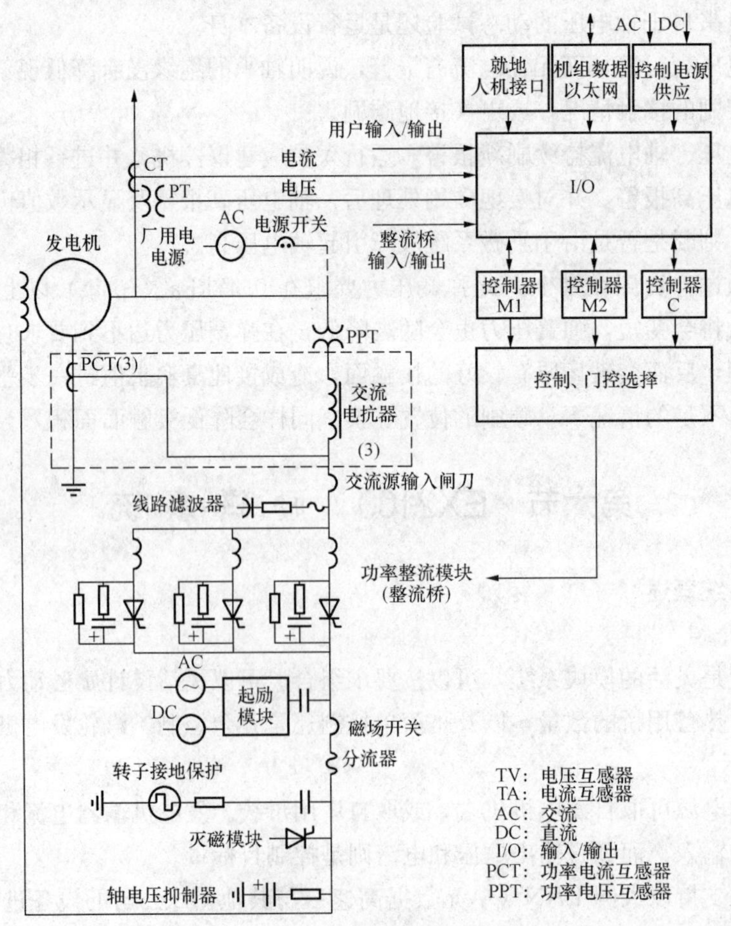

图 4-40　励磁装置单线图

制模块，功率整流模块（PCM），以及保护回路。在电压源系统中，PPT（功率整流变压器）的二次侧接到一个三相全波可逆晶闸管整流桥。当机组甩负荷和灭磁时，整流桥可逆向向 PPT 反向输出能量。

SCR（半导体可控整流桥）整流桥的控制是触发门控脉冲。SCR 的触发信号是由控制器中的数字调节器产生的。如图 4-40 所示，在冗余的控制选项中，M1 或 M2 都可作为主控制器，而控制器 C 监控控制器 M1 和控制器 M2，并有选择主控制器和备用控制器的权限。在运行过程中三个控制器都采集运行参数和计算输出的控制信号，控制器 C 将比较三个控制器所有的测量和控制信号，如出现一个控制器和其他两个控制器的相同信号有区别则认定信号有异的控制器为故障控制器。如 C 检测到 M1 或 M2 有故障，则 C 将强制切换主控制器。M1 和 M2 是两个独立的触发回路及独立整流桥路。采用备用控制器自动跟踪，保证了主、后备控制器之间的平稳切换。

（二）硬件简介

EX2100 的硬件包含在如下的三个柜中：

（1）控制柜，用于控制、通信和 I/O 板。

（2）辅助柜，用于启动励磁和保护回路，如灭磁和轴电压抑制。

（3）功率整流柜，用于功率 SCR 元件、冷却风机、直流接触器和交流隔离开关。

励磁装置的功率变换由桥式整流器，阻容滤波和控制回路等组成。各柜的外形如图 4-41 所示。其元件和整流桥的尺寸，随励磁系统的不同和所要求的负荷控制的不同而变化。

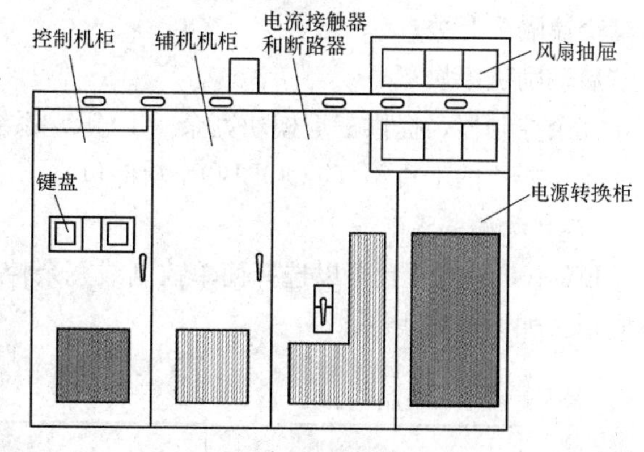

图 4-41　励磁控制柜视图

（三）软件简介

基于微处理器的控制器（ACLA 和 DSPX）执行励磁装置的控制代码。由模块（功能块）结合组成的软件形成所要求的系统功能。功能块的定义和配置参数都储存在快闪存储器中，而各种变量都储存在随机存取存储器（RAM）中。

励磁装置的应用软件模拟传统的模拟量控制的功能。它采用开式结构系统，带有一个现有软件功能块的库，可以用工具箱（TOOLBOX 软件）进行配置。各功能块单独执行特定的功能，例如逻辑门，比例积分（PI）调节器，函数发生器和信号水平检测器。控制选择二种方式之一，或者是发电机电压调节（自动调节），或者是直流控制（电压或电流，决定于应用要求）。发电机的保护功能都集成于控制中，包括过励限制、低励限制、电力系统稳定器和伏赫限制。

在励磁装置运行中，可以利用 MARK-Ⅵ工具箱（TOOLBOX 软件），对各种功能块进行查询。

二、硬件及功能说明

（一）励磁装置硬件

EX2100 励磁装置由下列基本元件组成：

功率整流模块（PCM）和冷却风机；

功率整流变压器（PPT）（与励磁装置分开安装）；

线电压滤波器；

轴电压抑制器；

灭磁模块；

诊断接口（Keypad）；

控制器和I/O板；

控制电源。

励磁装置可以增加的选项元件是：

暖后备整流桥配置；

大电流要求的多桥配置；

复合电源（与励磁装置分开）；

辅助电源（厂用母线供电）；

跨接器（Crowbar）模块（用于水轮机和其他特殊应用中）；

直流隔离开关；

励磁回路接地检测器；

电源的冗余交流电源；

交流隔离开关；

启动励磁模块；

冗余控制器，提供三重模块冗余（TMR）系统；

用于配置的工具箱（TOOLBOX软件包）。

（二）励磁装置配置

EX2100励磁装置可以选择简单控制或冗余控制，单整流桥或冗余整流桥。简单控制的不同形式如图4-42所示。

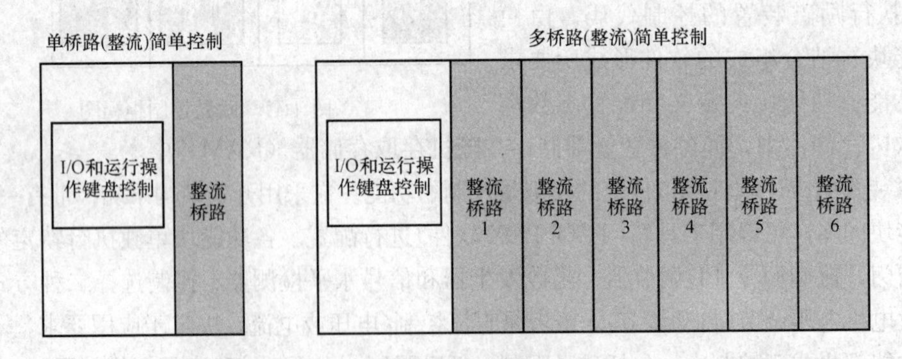

图4-42　单控制型的配置视图

双（冗余）控制型的励磁装置如图4-43所示。多PCM可以是单PCM，热备用PCM，或冗余的$n+1$或$n+2$（$n+1$或$n+2$总数为6）形式。

（三）功率整流柜

功率整流柜中包含有功率整流模块（PCM），触发脉冲放大器板（EGPA），交流断路器和直流接触器。PCM的三相电源来自励磁装置外部的PPT。交流电源通过交流断路器经过

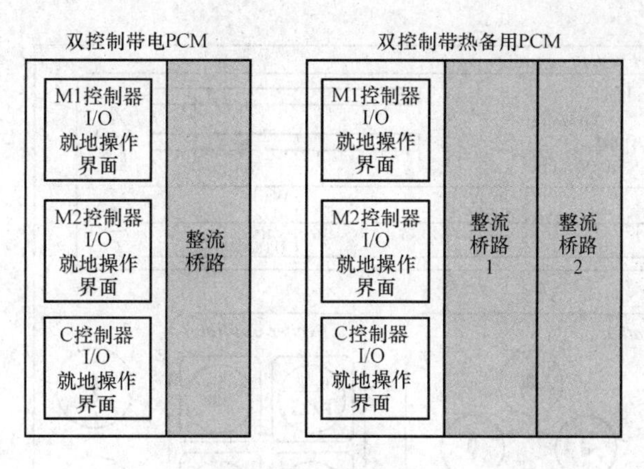

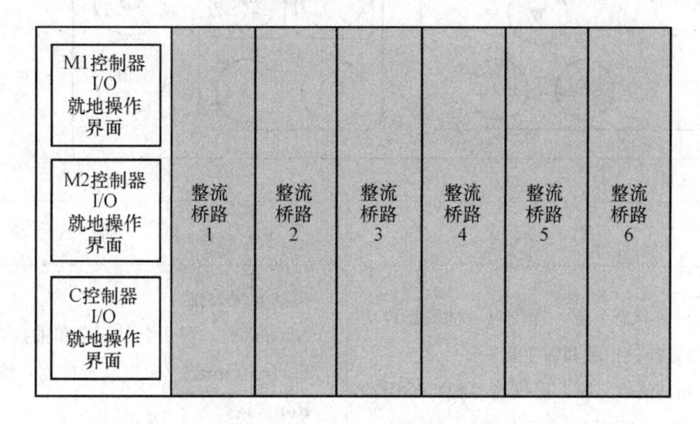

图 4-43　双（冗余）控制型的励磁装置示意图

辅助柜中的三相线电压滤波器后进入装置中。

（四）辅助柜

辅助柜布置在功率整流柜的旁边，它包含保护发电机的模块并提供启动励磁直流电源、交流电源的滤波、灭磁、轴电压的抑制、启动励磁等模块。

（五）控制柜

控制柜包括键盘控制架，控制配电模块以及 I/O 端子板。

1. 诊断接口（Keypad）

键盘是一种就地运行人员接口，它装在控制柜的门上。图 4-44 为键盘的外观，以及可用的运行操作和维修功能的概况。

启/停命令，调节器切换命令和调节器激活命令可以从键盘发出。该键盘也包括表计显示，系统的状态指示（例如发电机的 MW 和 MVAR，励磁电流和励磁电压，和调节器的平衡），诊断显示（例如报警历史显示提供关于维修和故障处理的系统信息）。

2. 冗余控制系统

一个冗余的控制系统有三个控制器和三个冗余的电源，每个电源各用于一个控制器。电源架也支持三个接地检测模块。图 4-45 中有三个 EDCF 板，如果需要，也可以配置三个 EPCT 板。

最多有两根以太网电缆连接到 ACLA 控制器（一根接到 M1，另一根接到 M2）用于和

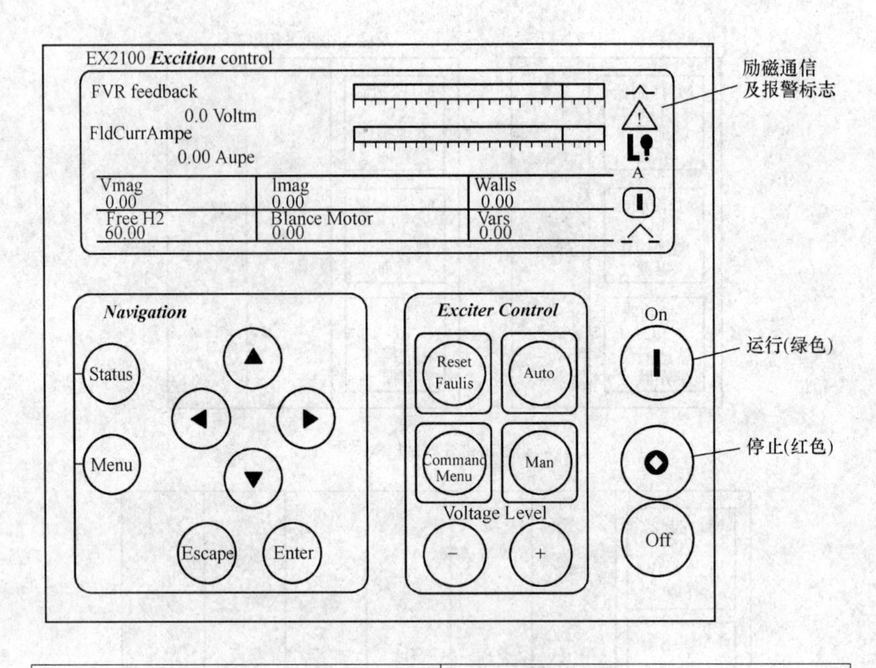

显　示	按　钮
Status（状态）屏，提供表示励磁装置功能和参数的模拟量和数字量。 Menu（菜单）屏，提供对参数、导引和故障的文本式访问。	按功能组编排 Navigation（导引）使用菜单的按钮 ExciterControl（励磁装置控制）按钮 Run（运行） Stop（停机）按钮

图 4-44　诊断接口-keypad（键盘）

汽轮机控制器、HMI 的通信的冗余。两个键盘在图中表示为连接到 M1 和 M2，两个键盘都可以访问控制器 C 中的信息。

三、控制器 C

励磁控制器 C 只用于冗余系统。它安装在控制架上，物理上与控制器 M1 和控制器 M2 是相似的，但它不负责整流桥的触发因此它不包含 ESEL 板和 ACLA 板。

控制器 C 接受与其他控制器相同的反馈电压和电流输入，并包含相似的软件。它的目的是监控工作的和后备的控制器（M1 和 M2），并在系统的状态超过规定的界限的事件中，启动适当的保护性响应。输入和输出信号在所有三个控制器中进行投票，并被连接到三重模块冗余（TMR）控制器配置中。

每个控制器包含最多 6 块板，通过底板相互连接，如图 4-46 所示。

四、励磁装置软件

励磁装置的软件从工具箱（TOOLBOX）下载和配置，并存储于控制器中。软件在工具箱的屏幕上以连接起来的表示信号流的功能块表示出来。图 4-47 是主控制功能的简化控制图，发电机励磁和定子的电流、电压反馈输入到控制系统中。

从 PT（电压互感器）和 PC（电流互感器）引出发电机的二次电压和电流，送至 EPCT

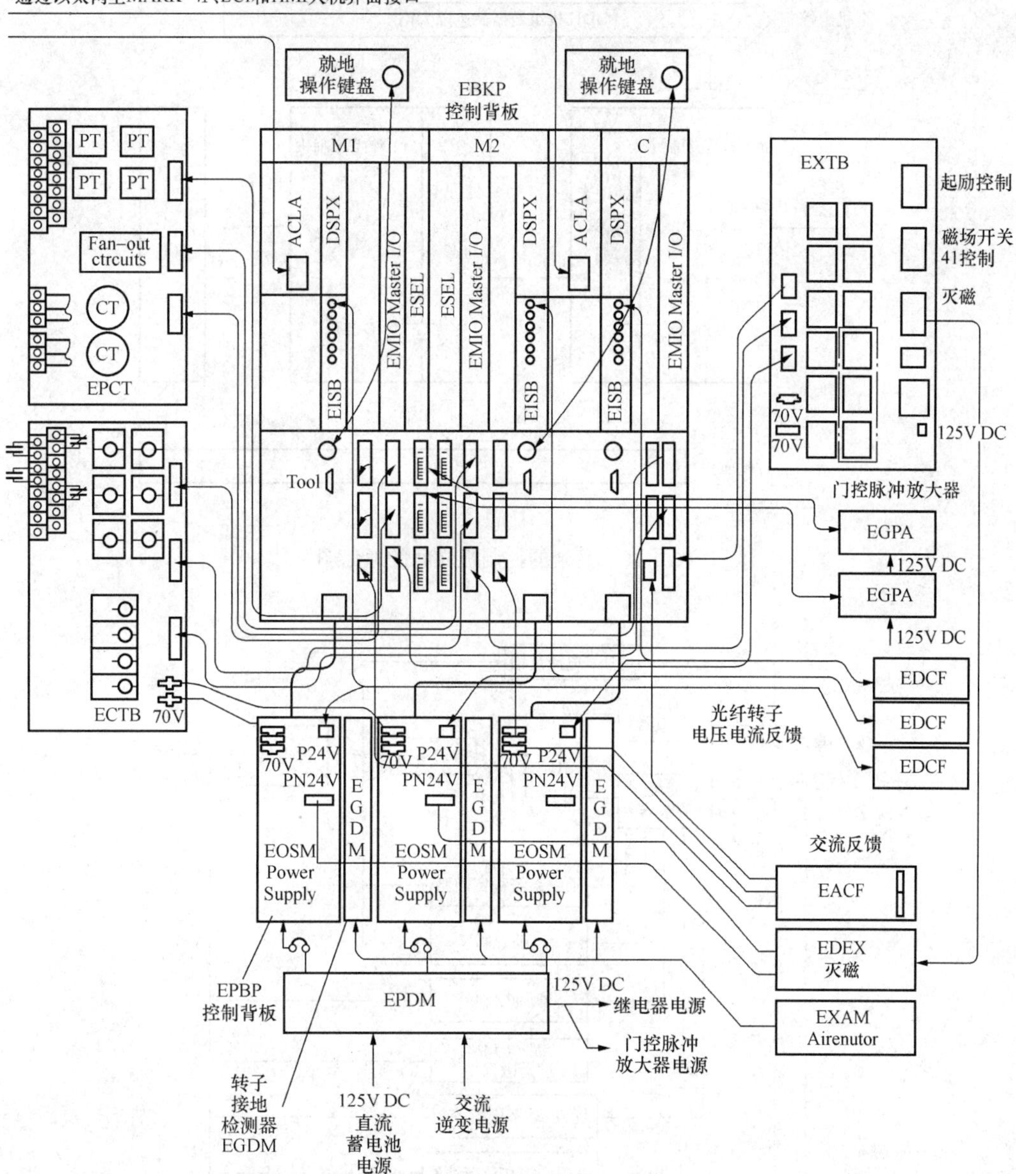

图 4-45 冗余控制系统的电缆连接图

板，EPCT 板的作用是对信号进行隔离和调整，调整后的信号被送到控制器。信号在控制器中通过软件变换算法计算出的各种变量，供调节器、限制器和保护功能使用。这些软件计算的输出包括以下各项。图 4-48 是励磁主控制功能块的简化软件功能块图。

从 PT 得出发电机的电压幅值和频率；

从 CT 得出发电机的电流幅值；

发电机的功率，P；

发电机的无功功率（VARs），Q；

从加速功率的积分计算出转子速度的变化，一般它是被用作可选的电力系统稳定器

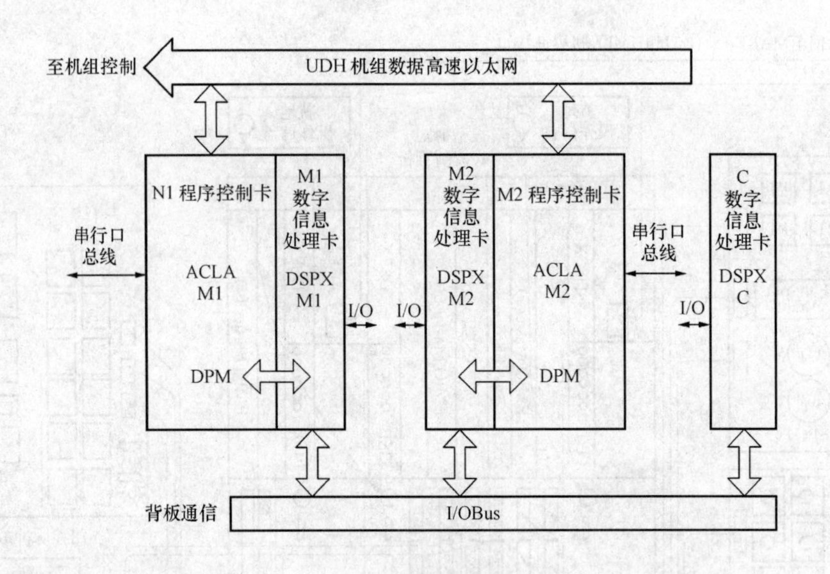

图 4-46　冗余的控制板之间的通信图

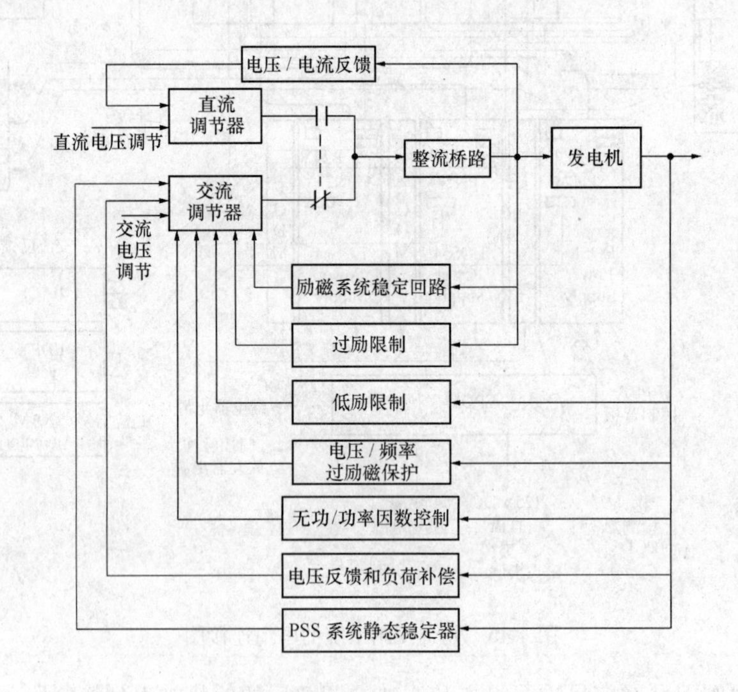

图 4-47　励磁控制方案图

(PSS) 的输入；

发电机的有功和无功电流；

发电机的磁通 (V/Hz) 值；

从线路 TV 得出线路侧的电压；

从线路 TV 得出线路侧的频率；

从发电机和线路 TV 得出的发电机与线路之间的相角关系。

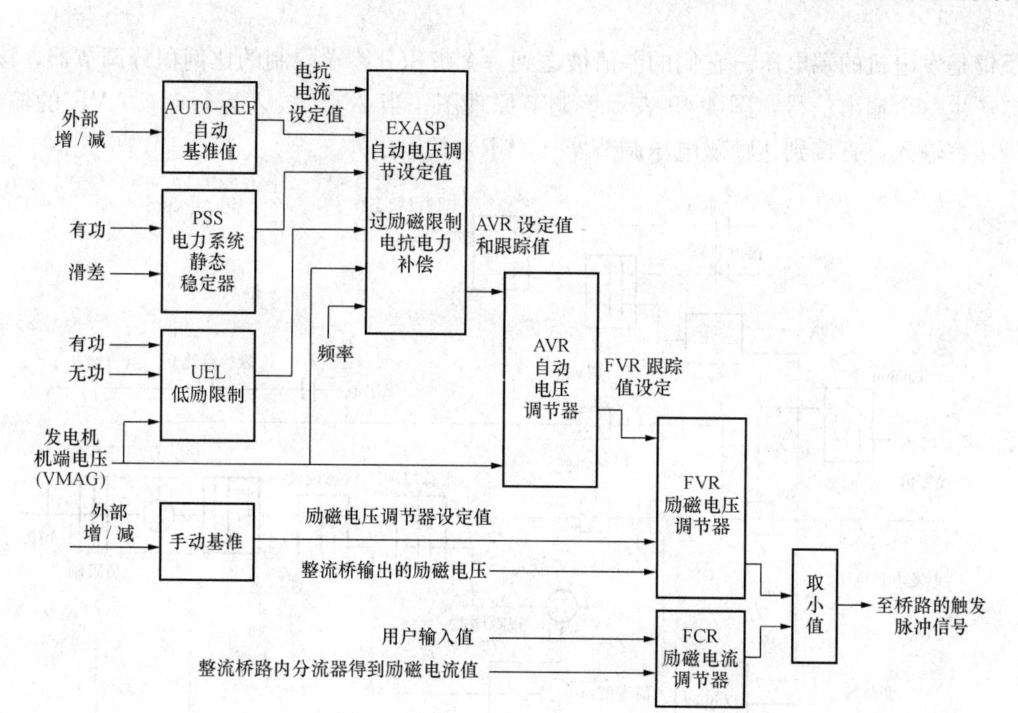

图 4-48　励磁软件功能块图

五、控制软件的输出

控制软件的输出是触发命令，它被送到整流桥以产生励磁电流。

六、自动基准值

自动基准值 AUTOREF 功能块，根据用户提供的参数和条件，为自动电压调节器（AVR）生成一个自动整定值。输入到 AUTOREF 的 Raise/Lower（升/降）信息来自数据高速网上的其他设备，例如汽轮机控制或 HMI。变化率积分器将生成在预先整定限值内的整定值输出。该整定值与 EXASP 功能块中的其他辅助的稳定和保护信号结合起来，形成 AVR 功能块的参考值。

七、AVR 整定点

AVR 整定点 EXASP 功能块综合一系列的功能，生成 AVR 的整定值（参考值输入）和跟踪值。EXASP 的输入为如下各项：

从 PSS 功能块来的稳定信号；

从 AUTOREF 功能块来的输出；

外部测试信号；

UEL 功能块生成的保护信号；

无功电流输入（反馈）；

电压幅值输入（反馈）；

频率输入（反馈）。

向 AVR 功能块输出的是 AVR 的整定值和跟踪值。

八、自动电压调节器

自动电压调节器 AVR 功能块保持着发电机的端电压。其整定值来自 EXASP 功能块，而反馈是发电机的端电压。它们的差值被送到一个带积分终端限制的比例积分调节器，该调节器产生一个输出信号，图 4-49 表示该调节原理图。当 AVR 投入运行时，AVR 的输出，穿越跟踪输入，直接到达励磁电压调节器（FVR）的输出。

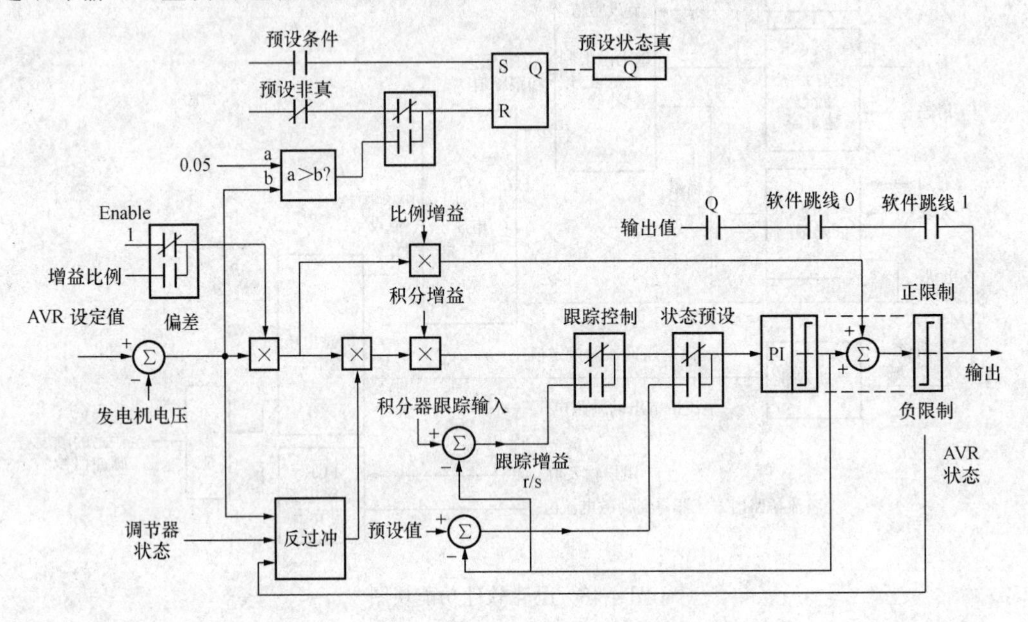

图 4-49 自动电压调节器功能块原理图

九、手动参考值

手动参考值 MANUAL REF 功能块，根据用户提供的参数和条件，为 FVR 或 FCR 生成一个手动整定值。输入到 MANUAL REF 的升/降信息，来自数据高速网上的其他控制设备，例如汽轮机控制或 HMI。

十、励磁电压和励磁电流调节器

励磁电压调节器（FVR）是典型手动调节器，它采用发电机励磁电压作为反馈输入。虽然 FVR 允许励磁电流作为励磁绕组电阻的函数而变化，但 FVR 使手动调节器完全独立于过励磁限制器。FVR 采用发电机励磁电压作为反馈，其整定值是从 MANUAL REF 功能块而来。带有积分终端限制的 PI（比例加积分）调节器生成其输出。在运行于 AVR 方式时，AVR 的输出，不带任何条件，直接送到 FVR 的输出。在发电机组运行在内部励磁电压调节器环路时，例如复励和某些高顶值电压励磁，FVR 从 AVR 或 MANUAL RER 功能块获取整定值。

励磁电流调节器（FCR）是手动调节的一种特殊应用，它用发电机励磁电流作为反馈输入。除了在发电机容量范围之内稳定运行以外，FCR 一般通过在高、低限之间切换其电流整定值以提供瞬时强励能力。一般情况下其整定值要比预期的励磁电流大一点，而且积分预定值是可选的。FCR 的输出被保持在顶值，直到 enable 变为 true，这使得其输出可以跟随 P+I（比例加积分）调节器。整流桥的触发命令取 FVR 和 FCR 输出中小值计算。当需要在励磁绕组温度变化时保持励磁电流恒定时，则 FCR 不作为标准的手动调节器。

十一、低励限制器

低励限制器 UEL 功能块是一种辅助控制，以限制自动电压调节器在低励磁时继续降低电流（无功功率）。UEL 防止发电机的励磁电流降低到超过静态稳定极限或定子铁芯端部发热极限的水平。UEL 由定值给定部分和调节部分组成，分别是发电机的端电压和有功功率。

十二、电力系统稳定器

电力系统稳定器 PSS 功能块为自动调节器提供一种附加输入，以改善电力系统动态性能。有多种不同量可用作 PSS 的输入，例如发电机轴的转速、频率，同步电机的电功率、加速功率，或以上各项的某种组合。该励磁装置采用的 PSS 是采用多输入，它采用同步电机电功率和内部频率（它近似于发电机转子转速），以得到一个正比于发电机转子转速的信号。它是由加速功率积分而得出的，并且对轴系扭振信号进行衰减。该输入信号完全是由发电机端测量的信号计算得出。

十三、运行人员界面

人机接口 HMI 可采用冗余网络。燃机控制与励磁装置共享人机界面 HMI。该 HMI 基于 Windows NT，具有 CIMPLICITY 运行人员显示软件和数据高速网的通信驱动。运行人员可以从 HMI 发布命令，并在 CIMPLICITY 图形显示上查看实时数据和报警信息。HMI 可以配置为一个服务器或浏览器，并可以包含工具和有用的程序。

第五章 燃气轮机测量与驱动技术

美国GE公司的燃气轮机测量和伺服驱动及控制技术自成体系，其测量方法、信号处理和伺服驱动处理方法，既遵循常规热工测量处理方法，又有一些独到的信号测量和算法处理之处。

这里收集了多项GE燃气轮机专用的测量和伺服驱动技术，将它们归纳在一起，作为燃气轮机控制系统的基础知识提供给读者，帮助读者正确理解MARK-Ⅵ的控制原理和方法很有帮助。

现代热力过程控制中，除了常规传感器、仪表和自动化系统外，还有为数不少的智能自动装置，它们具有自成体系的硬件和独特算法以及人机界面，例如DEH、远程装置、保护装置、励磁装置、TDM透平诊断装置、TSI轴系仪表等智能系统/装置，德国IFTA公司的ARGUS燃烧室振动检测诊断装置。它们很难被简单的归为一次仪表设备或者二次设备。从自动化系统网络架构角度看，可以被归纳在现场总线装置或者第三方系统中。

本章主要内容是基于GE公司燃气轮机一次测点布置和一次仪表测量技术进行的汇编整理，此外介绍了各种燃机TSI等装置的配置情况，部分测量信号和保护信号在控制原理中介绍，希望对读者有所帮助。

第一节 GE公司燃气轮机和汽轮机测点布置

一、9FA燃机本体测点布置

此处以GE公司9FA燃机机组测点布置为例，燃机测点分别设置在机组的右侧视图（见图5-1）、左侧视图（见图5-2）和透平排气端（逆气流方向的）视图（见图5-3）中。

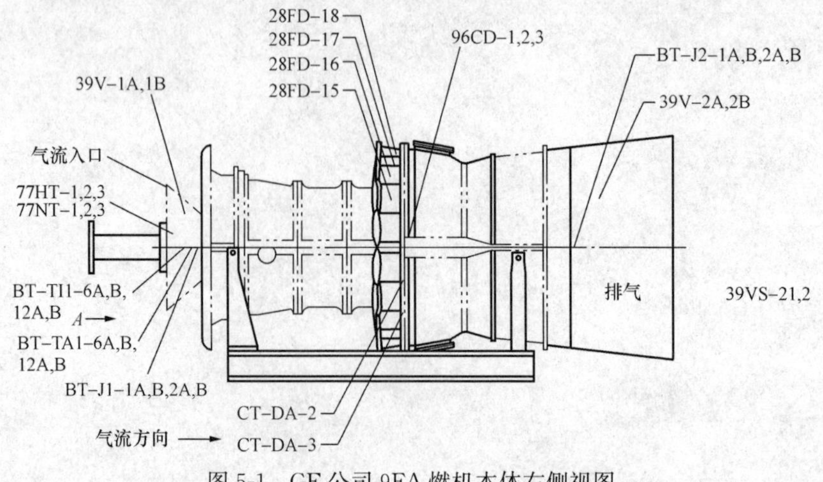

图5-1 GE公司9FA燃机本体右侧视图

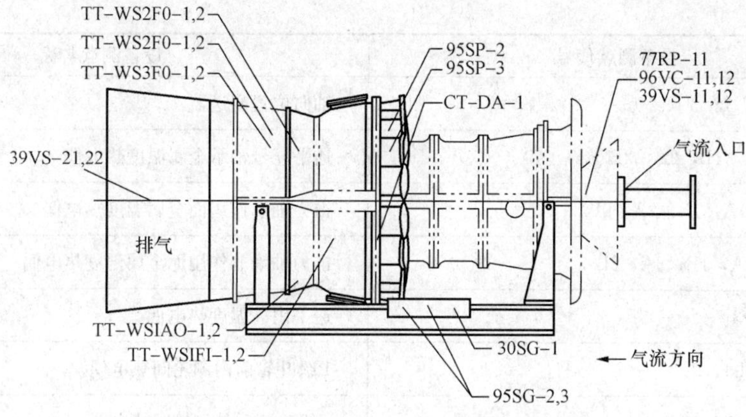

图 5-2 GE 公司 9FA 燃机本体左侧视图

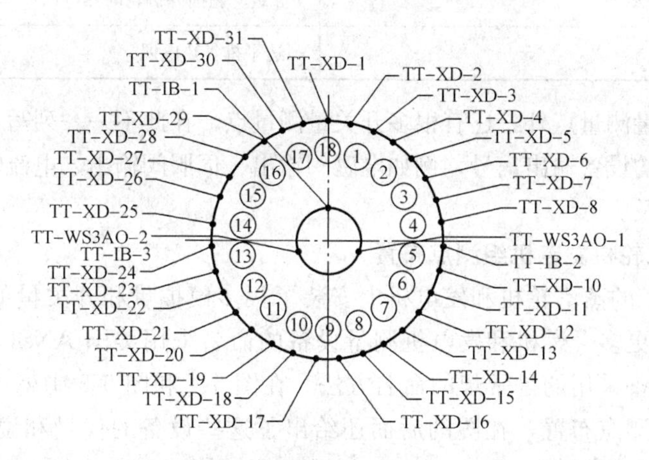

图 5-3 GE 公司 9FA 燃机透平排气端视图

在 GE9FA 燃气轮机机组上安装了很多模拟量和开关量的测量点，它们都是按照美国 ANSI 的国家标准命名的。在上述三张图中标注出的设备大部分都是模拟量测点。为了讨论方便，表 5-1 列出了图中大部分设备测量点的代号和说明。

表 5-1　　9FA 燃气轮机设备测点代号说明表

序号	设备测点代号	设备测点名称
1	28FD15～18	火焰检测器
2	30SG-1	点火激励器诊断检测开关
3	39V-1A，1B，2A，2B，…	速度型振动传感器
4	39VS-11，12，21，22，…	位移型振动传感器
5	77NH-1，2，3	转速传感器（控制）
6	77HT-1，2，3	转速传感器（超速保护）
7	77RP-11	键相传感器
8	95SG-2，3	点火激励器
9	95SP-2，3	火花塞
10	96CD-1，2，3	压气机排气压力

续表

序号	设备测点代号	设备测点名称
11	96VC-11，12	轴向位置变送器
12	BT-Jn-1A，1B，2A，2B...	透平 *n* 号轴承金属温度热电偶
13	BT-TA1-1A，1B，2A，2B...	推力轴承作用面金属温度热电偶
14	BT-TI1-1A，1B，2A，2B...	推力轴承非作用面金属温度热电偶
15	TTIB-1～3	透平内筒温度热电偶
16	TTWS1FI-1，2	1 级叶轮前内侧轮间热电偶
17	TTWSnAO-1，2	*n* 级叶轮后外侧轮间热电偶
18	TTWSnFO-1，2	*n* 级叶轮前外侧轮间热电偶
19	TT-XD-1～31	透平排气热电偶

除了上述模拟量测量点外，还有很多开关量测量点，在此不一一列写，但它们作为设备的输入信号和诸多的设备输出信号，例如电磁阀输出、伺服阀输出、电流输出信号等。将在后续章节会陆续提及。

二、S109FA 汽轮机发电机组测点布置

在GE公司生产的蒸汽轮机和发电机上安装了很多模拟量和开关量的测点，特别是蒸汽轮机的测点数量更多。燃机和发电机测量设备的命名采用美国 ANSI 的国家标准命名，而蒸汽轮机测量设备采用的是常规的命名方法。在图 5-4 和图 5-5 中列出了蒸汽轮机、盘车装置和发电机的测点布置，在图的后面还给出了这些设备的代号和说明表，见表5-2～表 5-4。

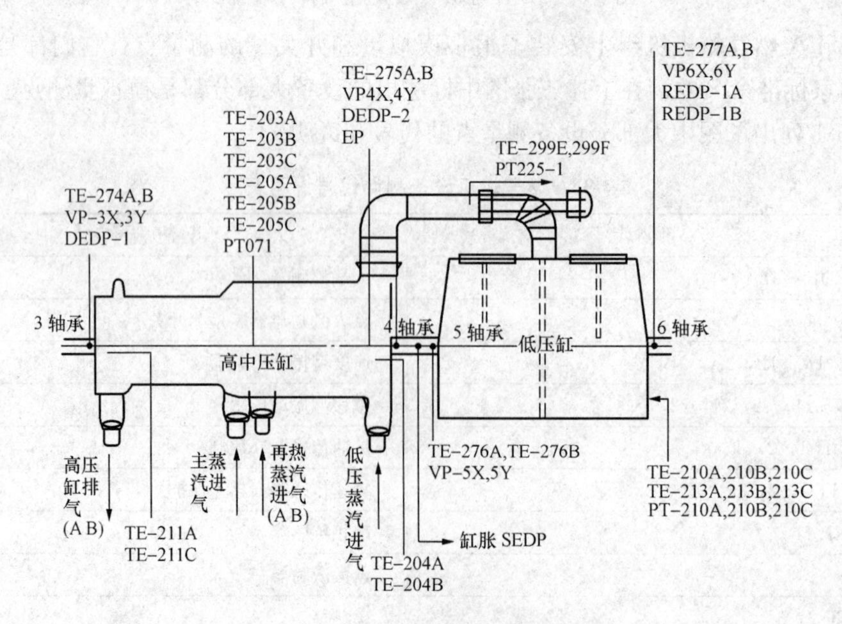

图 5-4　GE 公司蒸汽轮机测点布置图

表 5-2　　　　**S109FA 蒸汽轮机设备代号说明表**

序号	设备测点代号	设备测点名称
1	DEDP-1	1 号差胀检测器，位于 3 号轴承处
2	DEDP-2	2 号差胀检测器，位于 4 号轴承处
3	EP	转子旋转偏心率探头，位于 4 号与 5 号轴承间的检测盘侧
4	PT-071	第一级进汽室压力变送器
5	PT-210A/B/C	低压缸排汽真空度变送器
6	PT-225-1	连通管进汽压力变送器
7	REDP-1A，1B	转子膨胀探头（轴胀），位于 6 号轴承检测盘侧
8	SEDP-1A	缸胀检测器位于近 4 号轴承后汽缸侧
9	TE203A/B	第一级进汽室的上缸内壁金属温度
10	TE203C	第一级进汽室的下缸内壁金属温度
11	TE205A/B	再热段进汽室的上缸内壁金属温度
12	TE205C	再热段进汽室的下缸内壁金属温度
13	TE209E/F	连通管蒸汽温度
14	TE210A/B/C	低压缸排汽温度
15	TE211A/C	高压缸排汽上、下缸内壁金属温度
16	TE213G/H/J	低压缸末级排汽温度
17	TE240A/B	中压缸末级上、下缸内壁金属温度
18	TE-274A/B	汽轮机 3 号轴承金属温度
19	TE-275A/B	汽轮机 4 号轴承金属温度
20	TE-276A/B	汽轮机 5 号轴承金属温度
21	TE-277A/B	汽轮机 6 号轴承金属温度
22	VP-3X，3Y	3 号轴振动（位移型）
23	VP-4X，4Y	4 号轴振动（位移型）
24	VP-5X，5Y	5 号轴振动（位移型）
25	VP-6X，6Y	6 号轴振动（位移型）

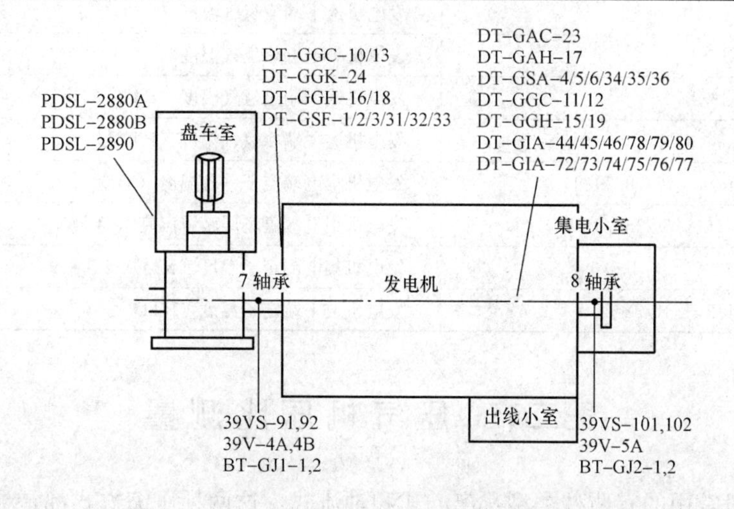

图 5-5　GE 公司汽轮机盘车室和发电机测点布置图

表 5-3　　**S109FA 盘车室设备测点代号说明表**

序号	设备测点代号	设备测点名称
1	FY-288A	盘车啮合电磁阀 A（气动）
2	FY-288B	盘车啮合电磁阀 B（气动）
3	G70FM-001	盘车室风机 A
4	G70FM-002	盘车室风机 B
5	PB-289	就地手动盘车按钮
6	PBM	盘车啮合电机
7	PDSL-2880A	盘车室风机 A 压差开关
8	PDSL-2880B	盘车室风机 B 压差开关
9	PDSL-2890	盘车舱室压差开关
10	SP-PBM	盘车啮合电动机加热器
11	SP-TGM	盘车电动机加热器
12	TGM	盘车电动机

表 5-4　　**S109FA 发电机设备测点代号说明表**

序号	设备测点代号	设备测点名称
1	39V-4A，4B	发电机 7 号轴承振动（速度型）
2	39V-5A	发电机 8 号轴承振动（速度型）
3	39VS-91，92	7 号轴振动（位移型）
4	39VS-101，102	8 号轴振动（位移型）
5	BT-GJ1-1，2	发电机 7 号轴承金属温度
6	BT-GJ2-1，2	发电机 8 号轴承金属温度
7	DT-GAC-23	发电机集电端热空气温度（RTD）
8	DT-GAH-17	发电机集电端冷空气温度（RTD）
9	DT-GGC-11/12	发电机集电端冷氢气温度（RTD）
10	DT-GGC-10/13	发电机透平端冷氢气温度（RTD）
11	DT-GGH-15/19	发电机集电端热氢气温度（RTD）
12	DT-GGH-16/18	发电机透平端热氢气温度（RTD）
13	DT-GGK-24	发电机透平端冷氢气温度（RTD）
14	DT-GIA-44/45/46/78/79/80	发电机集电端定子铁芯温度（TC）
15	DT-GIA-72/73/74/75/76/77	发电机集电端磁场屏蔽罩温度（TC）
16	DT-GSA-34/35/36/4/5/6	发电机集电端定子温度（RTD）
17	DT-GSF-1/2/3/31/32/33	发电机透平端定子温度（RTD）

第二节　压气机压比测量

压气机一般常用的有两种类型：离心式和轴流式，这两种压缩方式都是在气体连续流动的状况下进行的，它们不同于活塞式压缩方式。燃气轮机的压气机都采用轴流式。这里以轴

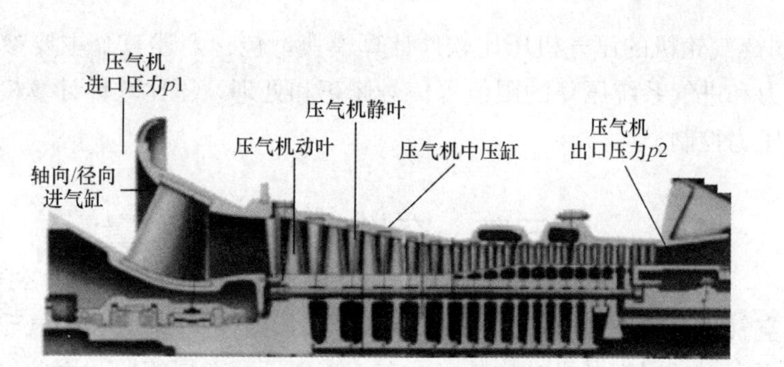

图 5-6　轴流式压气机剖面构造示意

流式压气机为例，说明压气机排气压力、压比的测量和计算方法。

1. 大气压力测量

大气压力 p_a 可用安装在压气机进口空气过滤器前的大气中的绝对压力变送器测量，测量误差应小于 33.3Pa，现代高精度大气压力计不确定度可达±20Pa，满足标准要求。也可以使用当地气象站同一时段的测量数据，根据试验场地与气象站的海拔高度差修正大气压力。

2. 压气机进气压力

压气机进气压力 p_1，通常是指压气机进口法兰处的总压力，当压气机没有进气管道、过滤器、消声器时，压气机进气压力就是大气压力。压气机介质通过进气道、过滤器、消声器等带来的压损统称为进气系统压降 Δp，那么压气机进气压力为：

$$p_1 = p_a - \Delta p$$

当用总压探针直接测量进气总压时，应注意测量截面速度分布不均对测量的影响。截面总压应取多点测量结果的平均值。总压力是由静压和动压两部分之和所构成。

静压是通过进气管道壁面测孔来测量的，静压测孔应与平滑的管道内壁面相垂直。当测量截面气流速度在 20m/s 以下时，可取一个静压测点；当测量截面气流速度在 20m/s 以上时，应在两个相互垂直的直径端点取四个静压测点；当测量截面管道内壁表面凸凹不平时，应采用静压探针直接在气流中测量静压。

动压头（ρC2/2）由气流速度来计算，测量截面平均气流速度可由空气流量和测量截面面积来计算。因为空气流量不易直接测量，通常是由热平衡计算获得，当机组运行工况偏离额定工况不大时，空气流量可取设计值。

3. 压气机排气压力

在压气机排气口有直接测量排气压力 p（或者表示为 CPD）的压力传感器，用于测量压气机排气压力 p。压气机压比是根据进出口压力直接计算的。

这样，在测量值的基础上可以计算出压气机压比，计算公式如下：

$$\varepsilon = p/(p_a - \Delta p)$$

对于轴流式压气机来说，一个压力级的增压比只有 1.15～1.35，而整台压气机的压比，假设忽略经过单级压气机的压缩空气容积流量所发生的变化，那么压气机的总压比是各级压比的乘积，由于空气容积流量随着压比的升高而下降，所以实际压气机的出口压力将会小于各级压比的积。

GE公司燃气轮机的压气机压比软件计算模块，包含上述三个主要参数，增加了对所采集的大气压力和进气系统压降的限值等信号修正和处理，压比软件计算模块参见主控一章中压气机排气压力控制。

第三节 空气流量测量

压气机空气流量的准确测量比较困难，这是因为发电用的大型燃气轮机体积大，其空气进气管道截面大，又因为燃机结构紧凑，在流道里不存在层流段，因此气流截面上流速分布很不均匀，加上用于测量大流量的大尺寸孔板无法做到足够准确。测量截面平均气流速度可由空气流量和测量截面面积来计算。由于空气流量不易直接测量，通常改由热平衡计算获得，当机组运行工况偏离额定工况不大时，空气流量可取设计值。

下面介绍几种测量压气机空气流量的方法。

1. 流量系数计算方法

在燃气轮机制造厂通常会提供压气机进气道的特制流量测量喷嘴，或专门标定的进气喇叭口来测量压气机空气流量，同时提供流量测量喷嘴或进气喇叭口流量系数，用于计算流入压气机的空气流量。

2. 截面网格积分法

通用的压气机空气流量测量方法，是在压气机进气道某个截面上，用若干个同心圆和和直径划分出若干面积相等的测量网格，或者在矩形进气道的某个截面划分出矩阵网格，每个网格的中心安放速度探针——皮托管，用于测量每个网格的平均空气速度，然后根据各个单元网格截面的通流面积、气流速度、空气密度进行积分计算，得出总空气流量参数。

对于燃气轮机排气流量，理论上，可以同样采用截面网格积分方法，在燃气通流截面上划分若干等面积的网格，用速度探针分别测量各网格截面中心点的流速，然后用积分方法计算出燃气流量。

这种测量方法是一种比较理想的做法，但是测量点数多，实施非常麻烦，工作量大，实践证明其准确度不够高，一般很少采用。

3. 热平衡比焓计算法

在燃气轮机试验中，测量相关热力参数，通过热平衡计算燃气轮机的进气/排气流量。需要说明，燃气轮机的通流通道从压气机进气到尾部烟道排气，如果忽略通道各个结合面的泄漏、压气机抽气、燃料燃烧后的体积，其气体流量参数就是同样的数值。同理，燃烧室的总进气流量与出口流量也是同样的参数，我们知道其中一个流量参数，通过补偿计算泄漏、抽气、燃料量，即可知道准确的进气/排气流量参数。

下面给出燃气-蒸汽联合循环中，测量进入余热锅炉的燃气比焓和汽水比焓及损失补偿，通过余热锅炉热平衡计算取得燃气轮机排气流量。

燃气轮机排气流量：

$$M=(Q_2-Q_1+L)/(h_1-h_2)$$

式中 M——燃气轮机排气流量，kg/h；

h_1——余热锅炉进口燃气焓值，kJ/kg；

h_2——余热锅炉出口燃气焓值，kJ/kg；

Q_1——余热锅炉输入工质汽/水热量，kJ/h；

Q_2——余热锅炉输出蒸汽工质热量，kJ/h；

L——余热锅炉制造商提供的余热锅炉热损，kJ/h。

注意，燃气轮机排气流量要扣除燃料输入量、加上泄漏和抽气等气量，就是压气机的总空气流量。同理，也可以通过燃烧室的热平衡计算，取得燃气流量，类推出压气机的空气流量。这种从锅炉－排气－进气流量反推的计算方法，具有一定的实用性，在实际燃气轮机性能试验时，一般并不采用。

4. 靠背管风量测量方法

大型风道风量测量靠背管装置是近年获得国家专利的成熟创新产品，在火电厂已经取得较多成功应用。在大型风道内安装靠背管取压探头部件，其风量测量原理与格栅风量测量原理相同，不同的是靠背管方法有效地解决了工业应用层面技术难题。

该测量装置主要应用在各类大型圆形管道、方形管道的风量的测量。如燃气轮机进气/出气的流量、火电厂冷/热一次风总风量、二次风总风量等1～10m直径风道测量场合。大型风道风量测量靠背管示意见图5-7。

当风道内有气流流动时，迎风面受气流冲击，在靠背管处气流的动能转换成压力能，因而迎风面取压管内压力较高，其压力称为总压。背风侧由于不受气流冲压，取压管内的压力为风管内的静压力，其压力称为静压。总压和静压之差称为动压。

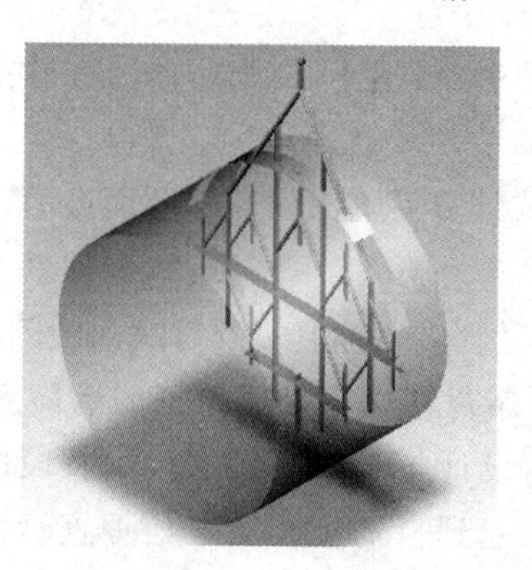

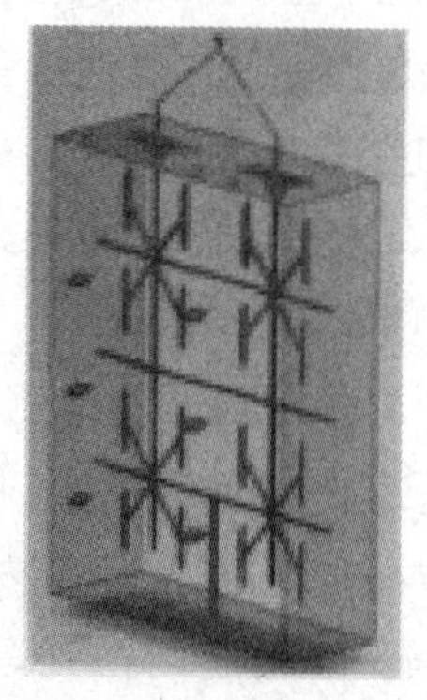

图5-7　大型风道风量测量靠背管示意图

根据伯努利方程可知，当流体速度发生变化时，有等式（5-1）存在（忽略 ρgh 项和压力损失项）：

$$P_1 + \frac{1}{2}\rho V_1^2 = P_2 + \rho V_2^2 \tag{5-1}$$

式中：P_1 为静压取压管取得的静压，单位为kPa；V_1 为管道风速，单位为m/s；P_2 为总压取压管取得的总压，单位为kPa；V_2 为总压取压管内风速，单位为m/s；ρ 为流体密度，单位为kg/m^3。采用靠背管测量方式，测量装置密封良好时，稳定状态下 $V_2=0$，公式简化可得：

$$\frac{1}{2}\rho V_1^2 = P_2 - P_1 \tag{5-2}$$

由式（5-2）可知，管道风速与动压的平方根成正比。因此，只要测量出动压的大小，就能相应地测出管道风速，在此基础上，通过与标定系数和管道截面积的计算可以得到管道风量。

对于大风道、直管段短的风道风量的测量，为解决单测点易造成测量不准的问题，在大风道截面上采用等截面多点测量技术，将多个测量探头有机组装在一起，正压侧与正压侧相连，负压侧与负压侧相连，对风道进行等面积划分出具有代表性的区域，分别测量出每个区域的压差，然后将所有的总压汇集到一起，同时将所有的静压汇集到一起，得到整个风道的平均压差，引至智能变送器，输出表示动压的标准信号至集散控制系统，再经过参数补偿和数学运算即可得到风量，也可以由智能变送器直接输出表示风量的标准信号，通过这种方案可以比较准确地反映出风道的流量。

差压风量测量的数学模型，考虑压力、温度、标定系数和管道截面积等因素后，风速测量装置的流量计算数学模型为：

$$Q_m = K_c \times f(\Delta P, P_x, t) \tag{5-3}$$

式中 K_c——测量装置总流量系数；

Q_m——空气质量流量；

ΔP——风速测量装置输出差压，kPa；

t——运行工况下空气温度，℃；

P_x——运行工况下空气压力，kPa。

风量监测系统由测量装置、微差压变送器、上位 DCS/PLC 或监测主机组成。测量装置取得的总压和静压通过各自的引压管与微差压变送器连接，微差压变送器输出的 4～20mA 信号由上位主机接收，通过组态好的公式计算后输出到监控画面显示，并由 DCS 逻辑实现调节、保护、连锁等功能。

对于带粉尘气流，要长期准确地测量管内风速，需要解决两大问题：一是测速装置的耐磨问题，二是测速装置的防堵问题。靠背管探头采用钢玉耐磨陶瓷，在 1850℃高温时与测量元件整体烧结而成。在靠背管内设计了自清灰装置，垂直段内悬挂了清灰棒，该棒在管内气流的冲击下作无规则摆动，起到自清灰作用，与垂直管连接的斜管，起到二次清灰作用。同时，斜管与垂直管间有节流孔设计，可以防止灰尘储留，引压管从斜管中引出。

靠背管风量测量方法具有以下优点：

（1）取压口采用特殊设计，具有高取压效能。

（2）特别设计的防堵元件借助测量介质的动能进行取压管道的实时清灰，适用于气固两相流气体的测量。

（3）采用等截面多点矩阵测量探头，保证在短直管段、流场紊流情况下的高精度流量测量。

（4）特别设计的结构使压损可以忽略不计。

（5）冷态标定和热态温度压力补偿技术有效提高了测量精度。

（6）适用于大管径（1～10m）风道流量测量，风量测量准确。

第四节　火焰检测原理

燃气轮机的燃料是含氢的燃料，其火焰光谱成分偏于紫外光，也就是说色温较高。火焰检测系统也就通常采用了紫外（UV）光谱较敏感的检测器；它比用可见光谱（即从紫光到红光范围）的检测更加可靠，所以一般都采用感受紫外线来判别燃烧室点火是否成功。图5-8为火焰检测器一个通道的测量电路原理图。

火焰传感器是一个铜阴极检测器，用以检测紫外线。因为它需要用350V的直流工作电压，所以电源先由振荡器将P28V的直流电压逆变为高压的交流电压，再经整流器将高压交流电整流滤波后产生350V的高压直流电以供给紫外线传感器作为电源用。值得特别指出的是紫外线传感器的正、负极性不能接反。图中黑色端子表示正极，白色端子表示负极，否则紫外线传感器将不能工作。

燃气轮机燃烧室有火焰时，紫外线传感器28FD就会探测到火焰，其铜阴极检测器呈现导通的状态（在没有火焰时，其呈断开的状态）。＋350V的直流电压经电阻和二极管给电容器C_2充电；当电容器上的电压足够高时，比较放大器的输出电压相应升高到足以使三极管Q_1导通，从而逻辑信号FL1转为“0”，指示出火焰已经存在。

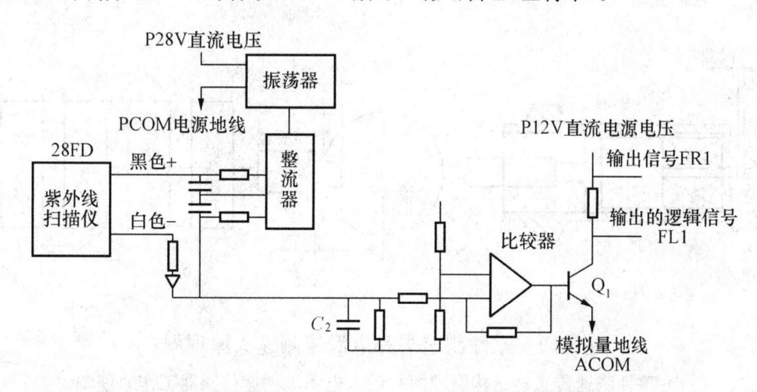

图5-8　火焰检测通道测量电路原理图

图5-9火焰检测通道测量电路是一种较新的火焰检测电路。＋335V DC电压由每一个三冗余保护卡件和高选卡件来供应。该直流电压通过电阻R给电容C充电。火焰传感器的击穿电压为紫外光强度的单值函数，给电容充电达到击穿电压值所需的时间与火焰强度成反比，一旦传感器连续导通，电容很快放电殆尽，由于传感器的两端失去了电压，导通状态也就中止。

供电电源再次向电容器充电，直至电容电压重新达到传感器的击穿电压。这种过程周而复始，于是产生出交替通断的频率信号。在每一个卡件上分别测量出这个频率值。当出现的频率高于由I/O配置文件中所设定的阈值，便确认火焰已经建立。

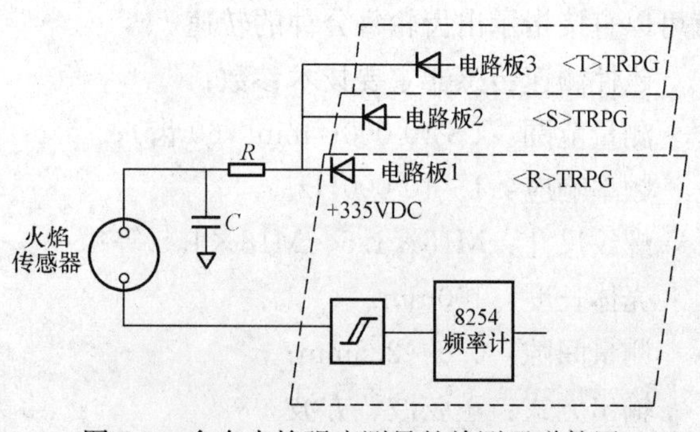

图5-9　含有火焰强度测量的检测通道简图

这两种检测方式主要区别，在于后者具备了频率测量系统。其频率的高低直接反映了火焰强度的大小。要注意的是，这一种检测电路中紫外传感器一旦出现短路或开路，频率计就测量不到交替充放电的周期变化，频率为零显示无火焰（NoFlame）信号。而前一种检测电路中，检测器只有在开路时才显示没有火焰信号；在短路时却显示有火焰信号。

第五节 转 速 测 量

燃气轮机和汽轮机的转速测量，一般采用磁性测速传感器，也可以称为磁阻测速传感器。转速测量还有电涡流式测速传感器、磁敏式转速传感器，均可简称为测速头，均为测速头与测速齿轮组合工作取得测速信号，其测速头的输出频率信号与转速成正比。

一、磁性测速传感器

磁性测速传感器外形和结构如图 5-10（a）所示。在旋转机械的轴系轴头处，设计一个 60 个齿的渐开线齿轮，正对齿轮齿顶的测速传感器安装在静子外壳上，大轴转动时测速头可以分辨转过检测面的每一个齿顶和齿谷，通过电路并将其脉动信号转换成方波。对应一组 60 个齿顶和齿谷，将有一个周期的方波输出。一般齿轮齿顶与测速头的检测距离为 0.5～3mm。

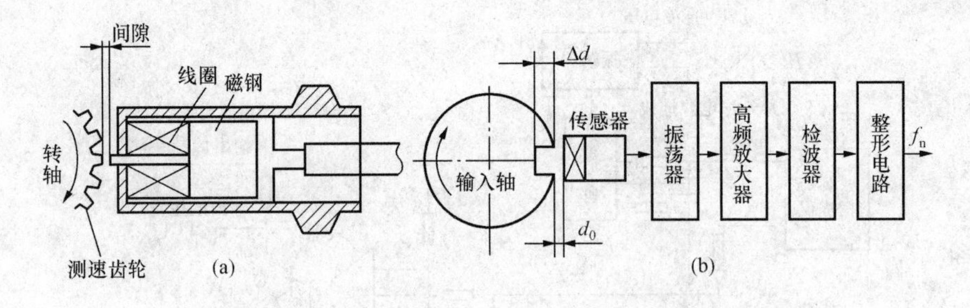

图 5-10　磁性测速头和电涡流测速头原理图

（a）磁性测速传感器结构原理图；（b）电涡流测速传感器工作原理图

该测速头无需外部供电，当齿轮的齿转过测速头磁钢时，由于磁阻的变化使得通过磁钢的磁通发生变化，因而在线圈中感应出交流电压，转速越高输出信号越强，适合测量高转速信号。交流电势的频率 f 与齿轮的转速 n 和齿数 Z 成正比，即 $f=n\times Z/60$。如果取 $Z=60$，则 $f=n$，这样就简化为交流电压变化的频率数等于齿轮每分钟的转数。只要用数字频率计就可以直接指示出齿轮每分钟的转速。

磁性测速传感器主要技术参数：

测量范围：1～10 000r/min（60 齿）；

频率响应：1～10 000Hz；

螺纹尺寸：M16×1.5、M18×1.5 等；

壳体长度：100mm；

测量间隙：0.5～2.5mm；

输出方式：正弦波、方波。

二、电涡流测速传感器

电涡流测速传感器工作原理图，见图 5-10（b）。在软磁材料制成的输入轴上加工一键槽，输入轴与被测旋转轴相连，在距输入轴表面 d_0 处设置电涡流传感器，当被测旋转轴转动时，测速距离发生 $d_0+\Delta d$ 的变化。同时产生电涡流效应，这种变化将导致振荡谐振回路的品质因素变化，使传感器线圈电感随 Δd 的变化也发生变化，它们将直接影响振荡器的电压幅值和振荡频率。因此，随着输入轴的旋转，从振荡器输出的信号中包含有与转数成正比的脉冲频率信号。该信号由检波器检出电压幅值的变化量，然后经整形电路输出脉冲频率信号 f_n，该信号经电路处理便可得到被测转速。

这种电涡流测速传感器需要外部供电，通常用于测量键相信号测量，可以测量低转速信号。可安装在旋转轴近旁长期对被测转速进行监视。该电涡流测量原理还被大量使用在轴向位移、偏心、胀差等小距离的测量场合。

三、磁敏式测速传感器

磁敏式测速传感器，兼有磁性和电涡流传感器两者优点，外形结构和使用方法与磁性测速头相近，其制造成本也相对偏高。能实现远距离传输，可测量转速、低转速、反向转速、角位移，以及相关设备的精确定位，产品可靠性高，坚固耐用。

磁敏式测速传感器需要外部供电，磁钢导磁体采用了新型材料，具有频响宽、稳定性好、抗干扰强特点。双路磁敏测速传感器，能输出两路有相位差的幅度稳定的方波信号，可以明确测量出转子的正、反转，在轴系的低速区也可以准确测量出转速值。

这种利用轴系齿轮和测速头进行转速测量的方法，不仅在燃气轮机里被使用，在现代工控领域中，也被广泛的应用在高速旋转机械风机、泵等转速测量中。某些汽轮机对转速测量要求比较高，往往一台大型汽轮机会配置大约 10 多个测速头，可以分别选用不同类型的测速头，分别用于多重性的转速测量、超速保护、紧急跳机等场合。

第六节　振　动　测　量

振动传感器分为：磁电式速度型振动传感器、位移型振动传感器和加速度型振动传感器。下面分别介绍它们的测量工作原理。

一、速度型磁电式振动传感器

磁电式传感器是一种利用磁电感应原理，把振动信号转换成电压信号，也称为地震式（Seismic）传感器。该电压正比于振动速度值，具有高信噪比、低输出阻抗的优点。它的种类很多，有可变气隙式（衔铁式）、动圈式（线圈在磁隙中运动）和动铁式（磁钢在线圈中运动）。图 5-11 所示为一种动圈式传感器。

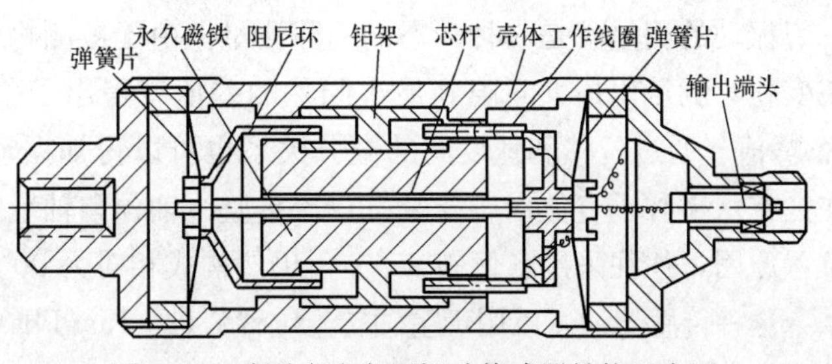

图 5-11　动圈式速度型振动传感器结构示意图

圆柱形的永久磁铁用铝架固定在圆筒形的外壳里，借助于外壳的导磁体形成一个磁路。在外壳与永久磁铁之间形成两个环形的气隙。工作线圈放在右边的气隙中，阻尼环放在左边的气隙中，它们用芯杆连接起来，用弹簧片和支承于外壳上。测量时将传感器固定在被测物体上，传感器的外壳便随着被测物体一起振动。

由于支承弹簧足够软，当振动频率超过一定范围后，由线圈、阻尼环和芯杆组成的可动部分近似地保持不动，这样，可动部分就与外壳产生相对运动，使线圈在工作气隙中切割磁力线而产生感应电动势。感应的电信号由输出端头送出，输送到测量电路中去。根据电磁感应定律，线圈中产生的感应电动势与切割磁力线的速度成正比。图 5-12 为该传感器的电路图。因此，这种传感器是速度传感器，其输出开路电压为：

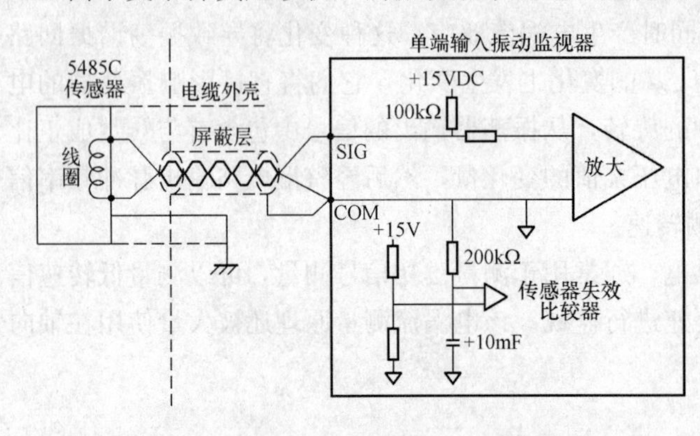

图 5-12　磁电式速度传感器电路原理图

$$e = BL_{\mathrm{av}}\frac{\mathrm{d}x}{\mathrm{d}t}10^{-3} = BL_{\mathrm{av}}WV10^{-3}(\mathrm{V})$$

式中　B——磁通密度，高斯；

L_{av}——线圈每匝平均长度，cm；

W——工作气隙中线圈的匝数；

V——线圈相对于磁铁的线速度，cm/s。

阻尼环是一个紫铜制成的短路环，当它在磁场中运动时，便在环中感生电流。带电流的金属环在磁场中运动时，又受到力的作用，此作用力的大小与环的相对运动速度成反比，而其方向则与运动方向相反，这便引起阻尼力，以便限制永久磁铁的运动范围。

二、位移型振动传感器

这是一种非接触式间隙测量传感器，也称接近度计（Proximeter）。典型的位移型振动传感器，其代表产品有本特利-内华达公司（B&N）的测量探头及其配套仪表。它是由激励电源产生高频电流在探头端头形成高频交变磁场，利用交变磁场电涡流原理测量涡流探头与被测金属表面之间的距离变化。被测物与探头距离越近，其涡流损失越大，反之越小。在一定的测量范围内，间隙的大小和涡流损失的大小成反比关系。

这种传感器可以静态测量间隙的变化，例如用于燃机 1 号轴承处推力轴承磨损情况引起位置变化的监视；测量转子的轴向位移。在汽轮机中测量汽缸的膨胀，以及汽缸和转子之间的胀差等，都是测量相对位置的位移量，或者说相互之间的距离。

振动的测量就是一种动态的间隙测量。由于被测物体存在振动，它与传感器之间的间隙在变化，测量出最大间隙到最小间隙的差值就得出了位移的变化量，这就是振动位移量的峰-峰值。通过位移和速度间的微分关系也可以得知振动的速度值。这种传感器测量振动时往往在水平和垂直方向各安装一只探头监视轴颈和轴承之间相对振动情况，实际上出于安装位置原因，往往采用各倾斜 45°夹角仍然构成相对为 90°的正交系统。

这种传感器还可以用于主轴转角位置矢量（Key Phasor 称为键相器）的测量。成为转子的轴编码器。有了 X 和 Y 两个方向的正交系统再借助于鉴相器的编码功能可以确定转子不平衡量和需要配重的位置。也就是说可以在现场完成动平衡工作。同时也就可以绘制出轴心轨迹。

GE公司的MS9001FA机组，在每个轴承座上安装了两个速度型振动传感器（39V-n）。在每个轴承处都以与水平成45°夹角正交安装两个位移型振动传感器（39VS-n）。在MARK-Ⅵ控制盘上，这些信号的输入和激励信号的输出都是通过TVIB端子板再分送到＜R＞＜S＞＜T＞的VVIB处理卡。

三、压电式加速度型振动传感器

工程振动量值的物理参数常用位移、速度和加速度来表示。由于在通常的频率范围内振动位移幅值量很小，且位移、速度和加速度之间都可互相转换，所以在实际使用中振动量的大小一般用加速度的值来度量。

压电式加速度振动传感器原理，是利用压电晶体的压电效应进行机电能转换的传感器，所用的压电材料有天然石英、人工极化陶瓷等，在受到一定的机械荷载时，会在压电材料的极化面上产生电荷，其电荷量与所受的载荷成正比。一般加速度振动传感器就是利用它内部的由于加速度造成的晶体变形这个特性，晶体变形会产生电压，只要计算出产生电压和所施加的振动加速度之间的关系，就可以将振动加速度转化成电压输出。

当固定在被测物体上的加速度传感器随物体运动时，其惯性质量块产生惯性作用力作用在压电晶体片上，压电晶体片产生与此作用力成比例的变形，由于压电晶体片的压电效应，产生与压电元件变形成比例的电荷，此信号由输出端引出，检测出输出的电荷量，根据标定的灵敏度数值计算出被测物体的加速度。可用公式表示为：

$$D=dma$$

式中　D——压电材料的电位移（单位面积电荷）；

d——压电常数；

m——质量块的质量；

a——加速度。

压电加速度振动传感器工作原理图，如图5-13（a）所示。其中，m为质量块的质量；c为阻尼系数；K为压电晶体片的刚度（$K=E\pi\varphi 2/8t$，E为压电晶体片的杨氏模量，φ为压电晶体片的直径，t为压电晶体片的厚度）；加速度传感器的绝对位移为$X(t)$，质量块m的绝对位移为$X_m(t)$，因此，质量块和传感器的相对位移为$X_m(t)-X(t)$。加速度传感器的固有频率可以通过计算获得，但是，计算公式相当复杂。一般加速度传感器的固有频率通过阻抗分析仪或激光扫频测振仪来获得。

压电传感器内阻很高，且信号微弱，特别是以石英晶体作为压电材料的压电传感器，信号极其微弱，其灵敏度只有几十f_c/g_n。当用电压前置放大电路信号时，其输出电压与传感器固有电容、接线电容、传感器绝缘电阻有关，这些参数对测量精度影响很大。

为克服这一缺点，需采用电荷放大器。电荷放大器是具有电容反馈、高输入阻抗，高增益的放大电路，如图5-13（b）所示。图中C_f为电荷放大器反馈电容；C_z为传感器电容；C_a为电缆电容；C_i为放大器输入电容；R_f为反馈电阻；A为放大器开环增益。在长时间历程冲击测量时，传感器残余电荷和外界干扰引起电荷放大器输出的零位漂移，零位漂移容易引起放大电路饱和，当放大器电源电压较低的情况下尤其明显。在对冲击加速度动态测量精度要求不太苛刻时，适当提高电荷放大器的低频响应，可减小电荷放大器输出的零位漂移。

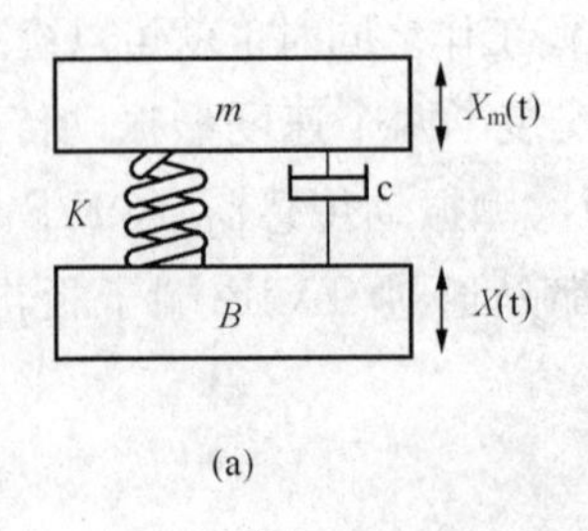

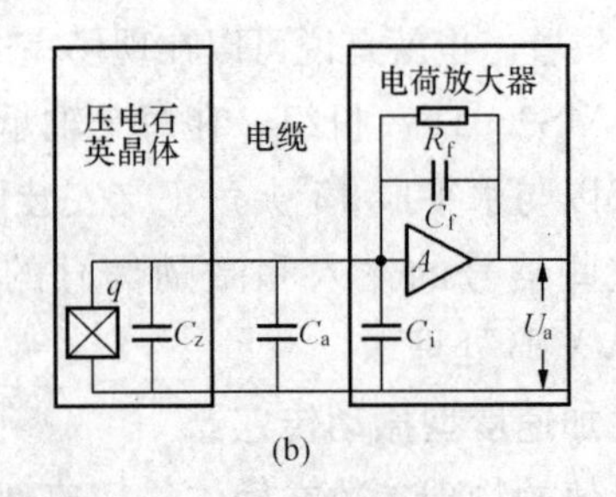

图 5-13　压电加速度传感器模型和电荷放大电路图

（a）压电加速度传感器模型；（b）电荷放大电路图

传感器的灵敏度与量程范围是传感器最基本指标之一。灵敏度的大小直接影响到传感器对振动信号的测量。不难理解，传感器的灵敏度应根据被测振动量（加速度值）大小而定，但由于压电加速度传感器是测量振动的加速度值，而在相同的位移幅值条件下加速度值与信号的频率平方成正比，所以不同频段的加速度信号大小相差甚大。最常用的振动测量压电式加速度传感器灵敏度：电压输出 IEPE 型为 50～100 mV/g，电荷输出型为 10 ～ 50pC/g。

加速度值传感器的测量量程范围，是指传感器在一定的非线性误差范围内，所能测量的最大测量值。通用型压电加速度传感器的非线性误差约 1%。灵敏度越高其测量范围越小，反之灵敏度越小则测量范围越大。一般情况下当传感器灵敏度高，其敏感芯体的质量块也就较大，传感器的量程就相对较小。同时因质量块较大其谐振频率就偏低这样就较容易激发传感器敏感芯体的谐振信号，结果使谐振波叠加在被测信号上造成信号失真输出。因此在最大测量范围选择时，也要考虑被测信号频率组成以及传感器本身的自振谐振频率，避免传感器的谐振分量产生。同时在量程上应有足够的安全空间，以保证信号不产生失真。

第七节　LVDT 位移测量

LVDT（Linear Variable Differential Transformer）是线性可变差动变压器的缩写，属于直线位移传感器。工作原理简单地说是铁芯可动变压器。它由一个初级线圈 A，两个次级线圈 B1、B2，铁芯，线圈骨架，外壳等部件组成。LVDT 剖面工作原理图见图 5-14。

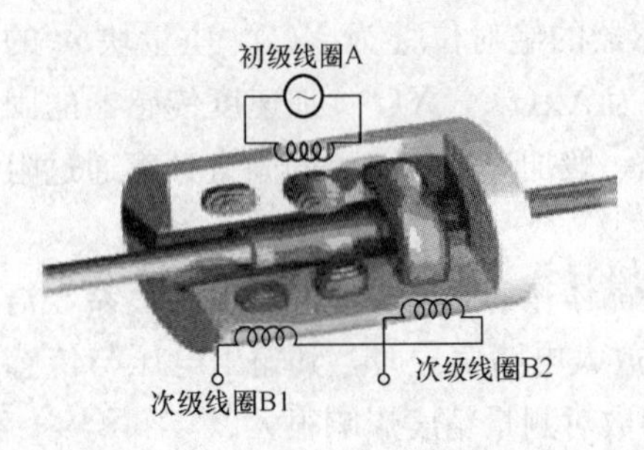

图 5-14　LVDT 剖面工作原理图

初级线圈、次级线圈分布在线圈骨架上，线圈内部有一个可自由移动的杆状铁芯。当铁芯处于中间位置时，两个次级线圈产生的感应电动势相等，这样输出电压为零。当铁芯在线圈内部移动并偏离中心位置时，两个线圈产生的感应电动势不等，有电压输出，其电压大小取决于位移量的大小。为了提高传感器的灵敏度，改善传感器的线性度、增大传感器的线性范围，设计时将两个线圈反串相接、两个次级线圈的电压极性相反，LVDT 输出的电压是两个次级线圈的电压之差，这个输出的电压值与铁芯的位移量呈线性关系。

LVDT 的工作电路称为调节电路或信号调节器。一个典型的调节电路应包括稳压电路、

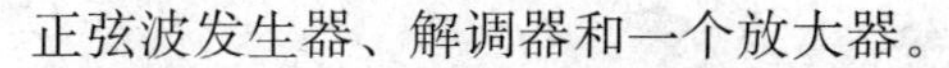
正弦波发生器、解调器和一个放大器。

正弦波发生器应具有恒定的幅度和频率，且不受时间和温度的影响。正弦可用文氏电桥产生，或用方波、阶梯波经滤波产生，也可用其他合适的方法产生。

解调器可以是一个简单的二极管结构，当LVDT二次绕组的交流输出大于1V时，使用简单二极管解调器；如果信号幅度低于此值，由于两个二极管正向电压的差异，会存在温度敏感问题，但对较大的信号电压，二极管误差的影响并不明显。也可以用同步解调器，在同步解调器中，两个场效应管交替地开关，其定时与为初级供电的正弦波同步。在初级与解调器开关间所需相移量取决于LVDT指标和LVDT与信号调节器间的导线长度。

最常用的有Philips出品的NE5521和ADI公司的AD598/698。此外，细间距封装的标准模拟和数字器件的出现，使电路设计更加简化，并可固定在LVDT外壳的内部。LVDT的技术参数见表5-5。

表5-5　　LVDT的技术参数表

技术名称	参　数	技术名称	参　数
工作电源	DC24V	频率响应	150Hz
负载阻抗	20kΩ	零漂	0.05%
满量程输出	1～5V或4～20mA	纹波	<1%
线性度	0.5%	使用环境	－25～70℃
重复精度	≤0.05%	相对温度	95%＋/－25℃

LVDT应用范围广泛，具有众多值得称道的优势和特点，列举如下：

（1）无摩擦测量。

LVDT的可动铁芯和线圈之间通常没有实体接触，也就是说LVDT是没有摩擦的部件。它被用于可以承受轻质铁芯负荷，但无法承受摩擦负荷的重要测量。常用于精密材料的冲击挠度或振动测试，纤维及其他高弹材料的拉伸、蠕变测试。

（2）无限的机械寿命。

由于LVDT的线圈及其铁芯之间没有摩擦和接触，因此不会产生任何磨损。这样，LVDT的机械寿命，理论上是无限长的。在对材料和结构进行疲劳测试等应用中，这是极为重要的技术要求。此外，无限的机械寿命对于飞机、导弹、宇宙飞船以及重要工业设备中的高可靠性机械装置也同样重要的。因此LVDT在航空发动机数字控制系统中，广泛用于对油门杆位置、油针位置、导叶位置、喷口位置等位移进行精确测量与控制。

（3）无限的分辨率。

LVDT的无摩擦运作及其感应原理使它具备两个显著的特性。第一个特性是具有真正的无限分辨率。这意味着LVDT可以对铁芯最微小的运动作出响应并生成输出。外部电子设备的可读性是对分辨率的唯一限制。

（4）零位可重复性。

LVDT构造对称，零位可回复。LVDT的电气零位可重复性高，且极其稳定。用在高损益闭环控制系统中，LVDT是非常出色的电气零位指示器。它还用于复合输出与零位的两个自变量成比例的比率系统。

（5）轴向抑制。

LVDT 对于铁芯的轴向运动非常敏感，径向运动相对迟钝。这样，LVDT 可以用于测量不是按照精准直线运动的铁芯，例如，可把 LVDT 耦合至波登管的末端测量压力。

（6）坚固耐用。

制造 LVDT 所用的材料以及接合这些材料所用的工艺使它成为坚固耐用的传感器。即使受到工业环境中常有的强大冲击、巨幅振动，LVDT 也能继续发挥作用。铁芯与线圈彼此分离，在铁芯和线圈内壁间插入非磁性隔离物，可以把加压的、腐蚀性或碱性液体与线圈组隔离开。这样，线圈组实现气密封，不再需要对运动构件进行动态密封。对于加压系统内的线圈组，只需使用静态密封即可。

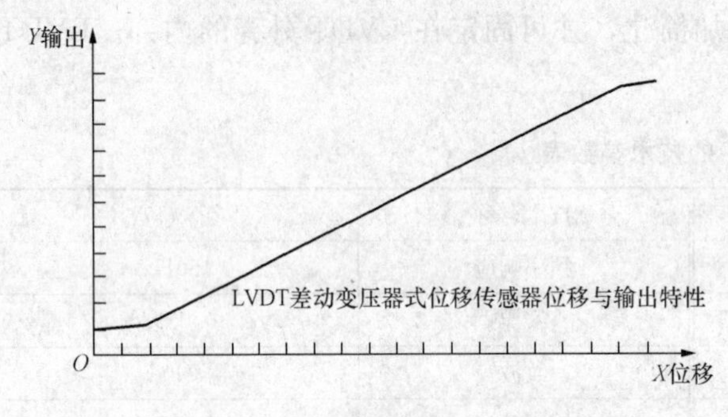

图 5-15　LVDT 输出特性曲线

（7）输入/输出隔离。

LVDT 被认为是变压器的一种，因为它的励磁输入（初级）和输出（次级）是完全隔离的。LVDT 无需缓冲放大器，可以认为它是一种有效的模拟信号计算元件。在高效的测量和控制回路中，它的信号线与电源地线是分离开的，见图 5-15。

虽然 LVDT 已问世多年，在燃机上最早采用了该项技术，但它仍不失为很多位置传感行之有效的解决方案。坚固的结构提供高可靠性，而其性能十分适合行程小于±100mm 的多数应用。LVDT 工作过程中，铁芯的运动不能超出线圈的线性范围，否则将产生非线性值，因此所有的 LVDT 均有一个线性范围。

LVDT 也可制作成旋转器件，工作方式与线性模型相似，只是加工后的铁芯沿曲线路径移动，这就是 RVDT。RVDT（Rotary Variable Differential Transformer）是旋转可变差动变压器缩写，属于角位移传感器。它采用 LVDT 相同的差动变压器式原理，即把机械部件的旋转传递到角位移传感器的轴上，带动与之相连的扰流片/铁芯，改变绕组中的感应电压/电感量，输出与旋转角度成比例的电压/电流信号。还有一些场合使用 LVDR（线性可变差动电阻式）位移传感器。

LVDT 直接用于伺服、比例等控制系统的位置信号测量，作为控制系统配套的位移信号反馈专用部件，作用至关重要。在 GE 燃气轮机的 IGV、IBH、液体燃料、气体燃料中都有 LVDT 的使用案例。

第八节　燃料流量测量

燃机流量测量分为液体燃料流量、气体燃料流量，各种介质流量测量方法很多，流量测量技术进步非常迅猛，近年还涌现出光学流量测量方法。下面仅介绍燃机常用的流量测量技术。

一、液体燃料流量测量

GE 燃气轮机的液体燃料通过由 n 个定量泵构成的燃料流量分配器与燃料流量分配器的转速信号计算得出。

流量分配器（flow divider）：液体燃料流量分配器将总的液体流量从燃料母管均匀地分给 n 个歧管（典型的 MS5001P 和 MS6001B 为 10 个，MS9001E 为 14 个，MS9001FA 为 18 个）然后进入各个燃烧室的燃料喷嘴。燃料流量分配器由 n 个同轴的定排量泵组成，在燃料流的驱动下转动，每个定排量泵对应一个燃料喷嘴。由于每个定排量泵尺寸完全相同，并同步转动，因此送到每个喷嘴的燃料流量都是相同的，不受喷嘴的安装位置高低差异等因素的影响。

燃料流量分配器的总流量正比于其转速。借助于 3 个转速传感器 77FD 测量燃料流量分配器的转速，经 TTUR 卡转换为 FQL1 模拟信号。这个信号就代表了液体燃料的流量 Q_{fl}。

$$Q_{\text{fl}} = a(q_1 + q_2 + \cdots q_n) \times N$$

式中　Q_{fl}——进入燃烧室的总液体燃料量；

a——流量系数；

$q_1 + \cdots + q_n$——每个定量泵的燃料流量；

N——流量分配器的转速。

一般工业应用领域，测量燃油流量采用涡轮流量计，由涡轮、轴承、前置放大器、显示仪表组合完成测量。当流体沿着管道的轴线方向流动，并冲击涡轮叶片时，便有与流量、流速和流体密度乘积成比例的力作用在叶片上，推动涡轮旋转。在涡轮旋转的同时，叶片周期性地切割电磁铁产生的磁力线，改变线圈的磁通量。根据电磁感应原理，在线圈内将感应出脉动的电势信号，此脉动信号的频率与被测流体的流量成正比。涡轮变送器输出的脉冲信号，经前置放大器放大后，送入显示仪表，就可以实现流量的测量。

被测量流体冲击涡轮叶片，使涡轮旋转，涡轮的转速随流量的变化而变化，即流量大，涡轮的转速也就高，再经磁电转换装置把涡轮的转速转换为相应电脉冲的频率，经前置放大器放大后，送入显示仪表进行计数和显示，根据单位时间内的脉冲数和累计脉冲数即可求出瞬时流量和累积流量。普通涡轮流量计外形和剖面图见图 5-16。

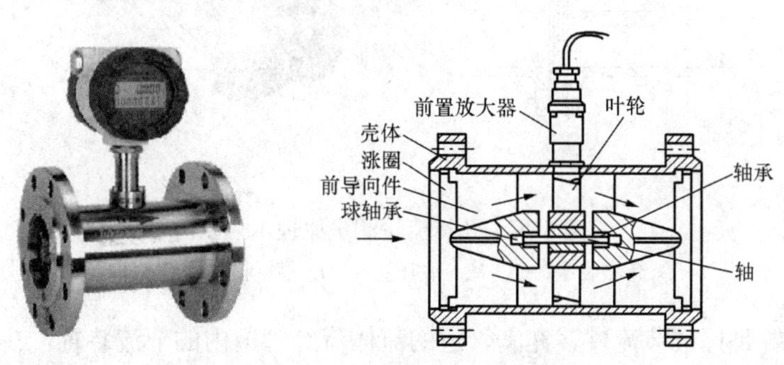

图 5-16　普通涡轮流量计外形和剖面图

上述的涡轮流量计与 GE 公司测量液体燃料的燃料分配器工作原理有相通之处，在燃气轮机燃料系统中也适用喷嘴、孔板、文丘里管等流量计进行测量。

现代燃气轮机使用的 Alfa-Laval 等公司燃油涡轮流量计，测量精度可以达到 0.125 级，是方便实用的液体燃料流量测量方法。

二、气体燃料流量测量

在工业应用中的气体燃料流量的测量可以采用孔板流量计，也可以采用涡轮式流量计、超声波流量计等。由于气体有可压缩性，所以在进行体积流量测量的时候必须同时测量温度和压力的参数，有时还要测量气体的实时密度或组分，对流经流量计的体积予以修正。注意，用于燃气轮机性能试验的流量计，必须进行严格的校验，这些流量计一般仅用于测量，不参与燃气轮机的控制。

不同形式的流量计，其质量流量的计算方法有所不同，涡轮式流量计测量气体燃料流量的计算公式为

$$Q_{fg} = G_a \rho_a$$

式中 Q_{fg}——气体燃料质量流量，kg/h；

G_a——气体燃料容积流量，m^3/h；

ρ_a——气体燃料密度，kg/m^3。

通常测量气体流量采用孔板流量计，又称为差压式流量计，是由一次检测件（节流件）和二次装置（差压变送器和流量显示仪）组成广泛应用于气体燃料、蒸汽和液体的流量测量。具有结构简单，维修方便，性能稳定，使用可靠等特点。

图 5-17 所示为孔板流量计测量原理示意图。

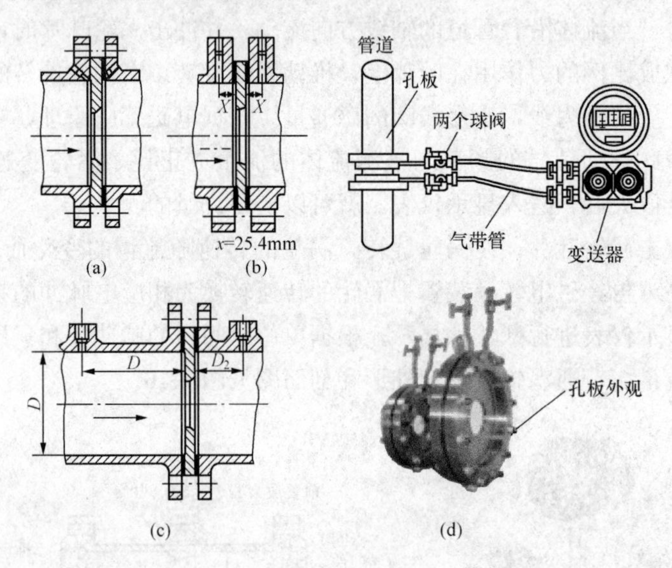

图 5-17 孔板流量测量原理示意图

(a) 角接收压；(b) 法兰收压；(c) $D-D_2$ 收压；(d) 外观

孔板节流装置是标准节流件，充满管道的流体流经管道内的节流装置，在节流件附近造成局部收缩，流速增加，在其上、下游两侧产生静压力差。在已知有关参数的条件下，根据流动连续性原理和伯努利方程可以推导出差压与流量之间的关系而求得流量。其基本公式如下：

$$q_m = \frac{C}{1-\beta_4} \varepsilon \frac{\pi}{4} d^2 \sqrt{2\Delta P \times \rho}$$

$$q_v = \frac{q_m}{\rho}$$

式中 C——流出系数，无量纲；

ε——可膨胀性系数，无量纲。

d——工作条件下节流件的节流孔或喉部直径；

β——直径比 d/D，无量纲；

q_m——质量流量，kg/s；

q_v——体积流量，m^3/s；

ρ——流体的密度，kg/m^3。

孔板流量计结构由节流装置组成：①节流件：标准孔板、标准喷嘴、长径喷嘴、1/4圆孔板、双重孔板、偏心孔板、圆缺孔板、锥形入口孔板等；②取压装置：环室、取压法兰、夹持环、导压管等；③连接法兰（国家标准、各种标准及其他设计部门的法兰）；④测量管。

节流装置适用范围及有关技术指标很多，需要提供以下数据：①被测介质；②最大、常用、最小流量；③工作压力、工作温度；④介质密度、黏度；⑤管道材质、内径、外径；⑥允许压力损失；⑦取压方式等。

孔板流量计安装时注意：①可水平、垂直或倾斜安装，应保证管内充满介质；②节流装置前，后直管段应是直的，无肉眼可见弯曲，同时应是“圆的”，内壁应洁净，无凹坑与沉淀物；③直管段长度要求及节流装置安装应符合 GB/T 26224—1993 有关规定；④引压管路安装应符合标准规定的规范。

气体流量通过孔板进行测量时，常与差压变送器、温度变送器及压力变送器配套使用，气体燃料随着压力、湿度的变化而变化的因素计入流量测量中，对体积流量的测量结果修正后，得出标准立方米的流量值。如果要获得质量流量值，还需对被测气体的密度予以换算。高量程比的差压流量装置，可测量气体、蒸汽、液体及天然气的流量，广泛应用于石油、化工、冶金、电力、供热、供水等领域的过程控制和测量。

第九节 电液伺服阀

电液伺服阀是经典的控制信号放大部件，常常被称为伺服驱动部件，它将微弱的电气控制命令通过伺服单元的转化，放大成具有一定推动力的初级液压信号，初级液压信号经过外部的液压部套的再次放大，产生具有一定作用力（行程）的控制动作。微弱的电气控制命令与最终的作用力（行程）是一比一的正比关系。可以说所有自动化控制回路的命令，最终都要转化为工艺管路的阀门行程增大或减少及允许流经工质的增加或减少，电液伺服阀起到电/液的转换和驱动放大作用。电液伺服阀的工作原理如图 5-18 和图 5-19 所示。

MOOG 阀和 ABEX 阀，是常见的电磁伺服阀，阀芯的偏移方法与利用液压油经过喷嘴的喷射的原理各有特色，但是他们的原理都是用于一比一放大电气命令。

永久磁铁和电枢铁芯组成力矩马达，把电流信号转变为铁芯的机械位移信号。电枢铁芯上绕有线圈，线圈电流产生的磁场与永久磁铁磁场相互作用，产生磁力。电枢铁芯可绕其转动轴偏摆。Speed Tronic 控制系统中的电液伺服阀电枢铁芯绕有三组线圈，<R>、<S>和<T>三个控制器的 VSVO 卡的三个输出分别连接到其中的一组线圈。三个控制器输出的电流通过线圈所产生的磁场叠加起来。任意一个电流信号发生改变时，都会改变电枢铁芯上

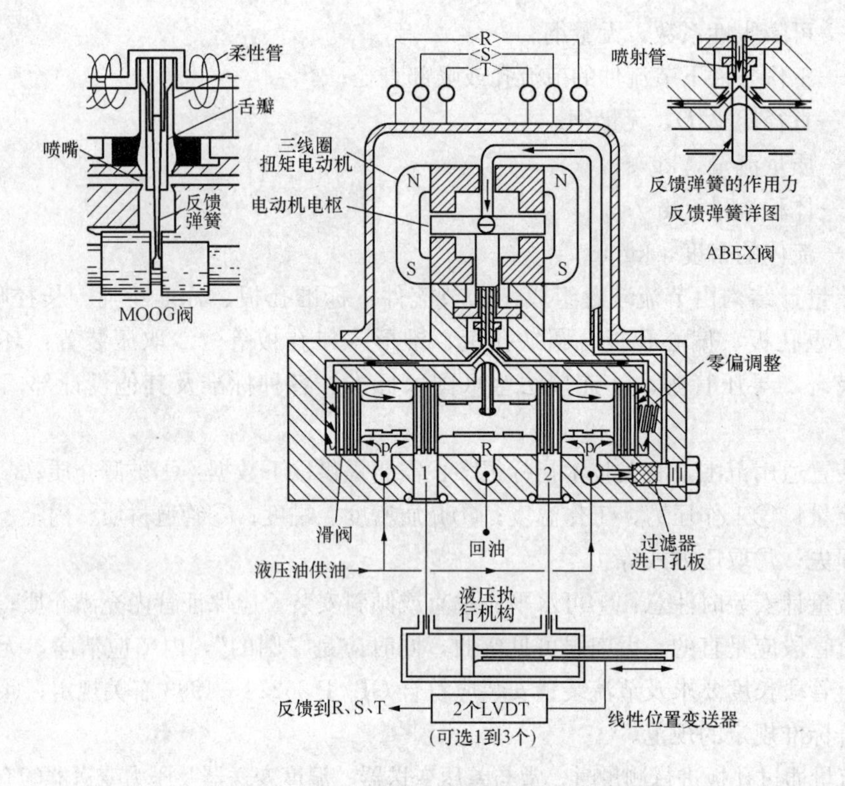

图 5-18　处于平衡位置的电液伺服阀剖面图

的电磁力，在电枢上产生不平衡力矩，导致电枢铁芯偏转，同时使反馈弹簧变形，产生反方向的力矩以抵偿原先不平衡力矩，最后在新的位置得到平衡。此时电枢铁芯的位置偏转一定是正比于电流信号的大小。

电枢铁芯上连接着第一级(液压油)喷射管，10.34MPa(1500psi)的高压油进入喷射管，由喷射管射出，为左右两侧通道(A和B)所接受，作用于A、B两通道第二级滑阀的两端面。当喷射管处于中间位置时，滑阀两端油压相等，滑阀保持在中间位置，保证了1和2两个油口处于关闭位置。1和2油口控制液压执行器油缸活塞两侧的进油和出油。它们都处于关闭位置时液压执行器活塞停止不动。若电枢铁芯带动喷射管左偏，则滑阀左端油压高于右端，滑阀将在压差下右移。同时通过力反馈弹簧带动喷射管向右，直到喷射管再返回(接近于)中间位置。此时滑阀两端压力又恢复相等。但是滑阀已在某个偏右的位置，力反馈弹簧给

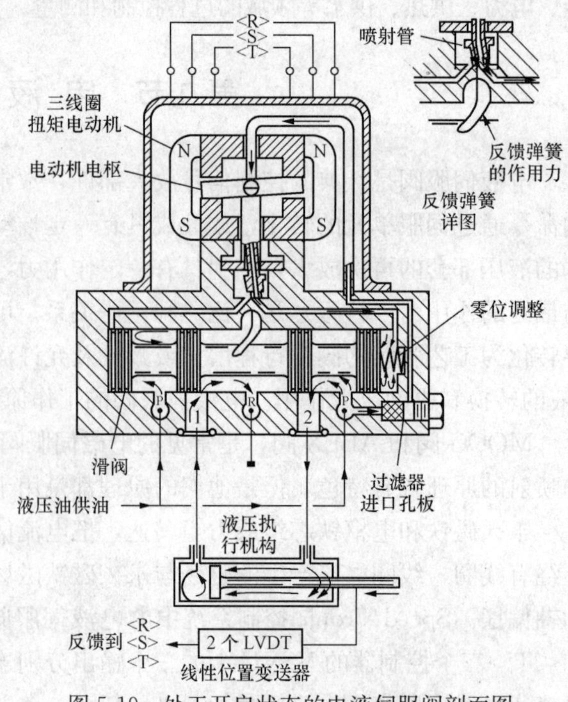

图 5-19　处于开启状态的电液伺服阀剖面图

电枢铁芯一个反时针方向的力矩，正好抵消引起喷射管起始左偏的不平衡顺时针方向的电磁力矩。这样，滑阀的位移将和输入线圈的电流信号的变化成正比。如果输入电流极性反向，则滑阀反向位移。这样滑阀决定了通过1和2油口中油流的方向和大小，从而控制液压执行机构活塞运行的方向和速度。当滑阀向左偏时，高压油经油口2进入液压执行器活塞右侧，活塞左侧经油口1与回油管相通。活塞在油压的推动下向左动作。滑阀偏移中间位置越多，油口开度越大，通过此处出入液压执行器的油的流量越大，活塞动作速度就越快。如果滑阀向右偏，活塞就向右移动。可见，一旦滑阀偏移，液压执行器就动作，动作方向取决于滑阀偏移的方向，动作速度正比于滑阀偏移的大小。稳态时液压执行器停止动作，滑阀一定回到了中间位置，喷射管也回到中间位置，此时输入电流信号也应为零。

电液伺服阀接受三组电流信号送到电液伺服阀的绕组，电液伺服阀叠加这三个电流使力矩马达偏转，推动滑阀。滑阀的移动改变了液压油的流向，从而控制着液压执行器的运动方向，最终拖动被控对象的调节阀动作。

对于具有零偏的伺服阀来说，存在一个偏置弹簧力，需要用一个很小的负电流来抵消这个弹簧的作用力，仍然使得伺服阀的滑阀维持在平衡位置。在燃机控制中一般都采用这种具有零偏的设计方案。

第十节 输入输出信号及其表决方式

随着DCS技术普及，热控系统的输入输出信号冗余技术也日渐深入，人们关注控制系统的可靠性，就必须高度注意输入输出信号的可靠性，除了硬件制造技术的提升，适度增加信号配置的冗余裕度，已经成为提高控制系统可靠性的常规做法。

在GE公司的智能化测控进程中，很早就采用了独特的多种信号表决方法，绝大多数输入测量信号及其表决都在＜R＞、＜S＞和＜T＞三个控制器中处理。模拟量信号处理和识别，常常采用由自身所生成的开关量信号。三重冗余控制器处理这些输入测量信号的方法归纳有以下几种：

(1)一个传感器对应一个I/O输入通道，它被三个控制器作为公用输入信号，直接使用而不予表决；

(2)一个传感器对应三个I/O通道，在三个通道中进行扇形输出，生成3×3个测量值，生成测量值有表决和不表决之分；

(3)三个独立传感器对应三个I/O通道，每个I/O通道做扇形输出，生成3×3个测量值，这些测量值在不同的控制器里进行比较和判断；

(4)三个独立传感器信号扇形输入I/O通道，同时在I/O通道板中进行三取一处理。Z/O板输出信号被生成3×3个测量值，输入给三冗余控制器处理。

图5-20～图5-24描绘了五种输入的比较和表决的方式。通过对这些量信号处理方式的对比，可以看出对于不同用途、不同类型的输入信号，可以采用不同冗余裕度传感器和不同冗余的处理方法，保证信号采集的合理、可靠、安全。

图5-25介绍了模拟量输入中间值算法。

图5-26～图5-28描绘了三种高度可靠的输出信号的处理方式，前者针对模拟量输出信

号，后者针对开关量输出信号。

1. 单传感器单信号输入方式

一个传感器信号经过 I/O 板测试信号状态极限，无需表决直接送给三个控制器，如图 5-20 所示，它用于一般的非关键性的信号输入，例如监视 4～20mA 输入、触点、热电偶和 RTD。

2. 单传感器“一送三”输入方式

一个传感器可以采用扇形输入送到三个 I/O 机架，如图 5-21 所示，在每个控制器里进行合格性计算判断，不超出允许误差范围为合格。之后将数据扇形送到表决器里表决，表决合格的传感器信号作为输出结果。典型的输入是 4～20mA 输入、触点、热电偶和 RTD。

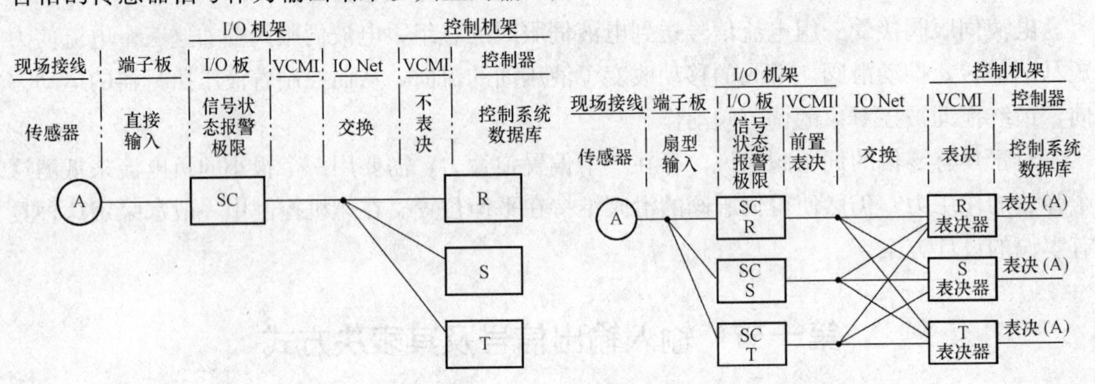

图 5-20　单传感器信号处理示意图　　图 5-21　单传感器扇形输入 I/O 板，三冗余控制器表决

3. 三个传感器直接输入方式

三个独立的传感器可以不经表决送到各个控制器，以便提供独立的传感器数据。经过 I/O Net 实现数据交换。按照需要，可以在控制器里选择中间值。图 5-22 所示这种配置，仅仅用于专门应用场合。

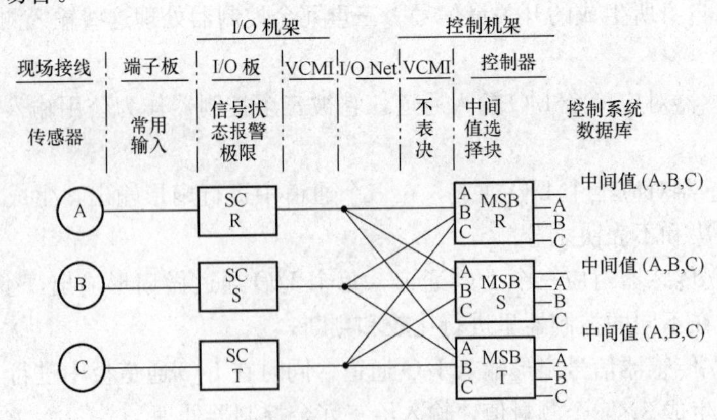

图 5-22　三冗余传感器直接输入和中间值输出

4. 三个传感器“三送三”输入冗余方式

图 5-23 所示为三个传感器，各自都是扇形输入到 I/O 机架，然后用 SIFT(Software Implemented Fault Tolerant 软件容错的独立制表方式)表决。这种方式用于电流 4～20mA 和触点输入信号，以及温度传感器信号，它提供了高可靠性的输入系统。

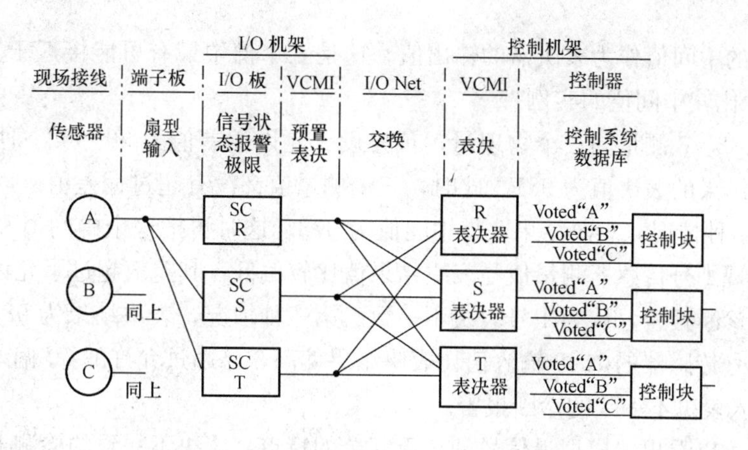

图 5-23　三冗余传感器扇形输入 I/O 板和表决器

5. 三个传感器“三冗余”输入方式

对于高度重要的转速信号输入处理，是采用专用的一对一输入方式，图 5-24 表示了这种配置。信号经过各自控制器的 SIFT 容错和表决处理，同样可以剔除故障信号。转速信号和超速信号输入不是扇形的，而是一对一直接输入控制器，它没有硬件的交叉相互连接，故障信号也不会蔓延。RTD(热电阻)、热电偶、触点输入和 4～20mA 信号都可以用这种方式配置，这种冗余传感器信号处理方式应用很多，简洁明了。可见传感器和采集信号的冗余裕度的设计，要以适度为好。

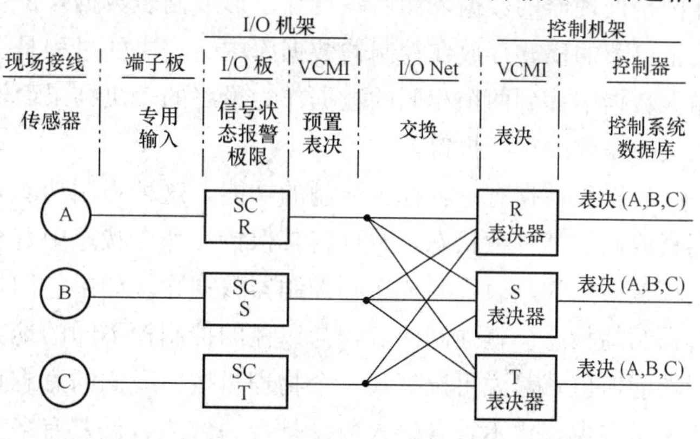

图 5-24　三冗余传感器扇形输入表决器

6. 三个传感器输入中间表决算法

模拟量的中间值表决的信号通过 I/O 接口板转换成浮点形式。在三个控制器模块(<R>、<S>和<T>)中各自进行表决。每一个模块需要接受来自另两个通道复制的数据。对于每一个表决后的数据点，模块就具有包括它自己在内的一共三个数值。中间值表决

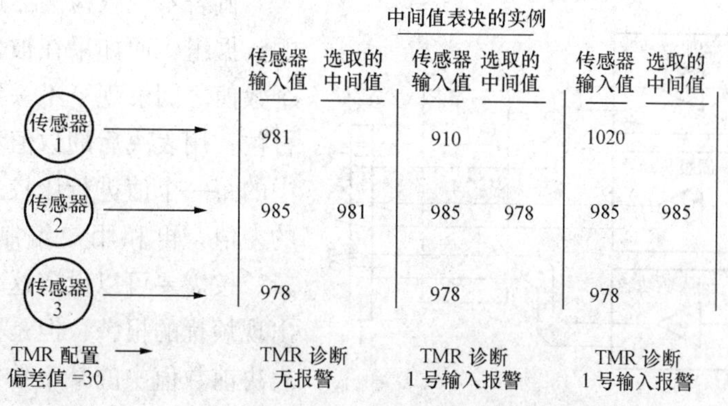

图 5-25　包含有不良信号的模拟量中间值处理示意图

器选取这三者的中间值作为表决器的输出值。这是三个值中最有可能接近于真实值的数据。图 5-25 表示了比较中间值的实例。

传感器 1、2、3 测量同一个物理量，预先设置允许偏差值为 30。第一种情况为正常状态。三个测量结果的表决值为 981。此时，三个测量值都没有超过偏差值。因此表决后的输出为 981。第二种情况，表决结果取得中间值为 978。这时再把这个中间值和各个输入值进行比较，就发现 1 号传感器测量值与表决结果值比较偏低，其差值超过了允许的 30 偏差值。因而发出一个诊断报警，认为 1 号表决不一致。第三种情况，表决结果为 985，而诊断检测的结果发现 1 号传感器的 1020 输入值比表决结果偏高，已超过允许的 30 偏差值。据此发出 1 号传感器输入表决不一致的诊断报警。

上述实例可以看出，模拟量信号的三重冗余的特点，表决不一致的检测器检查其信号的偏差。如果它们超出预先设置好的极限值，就出现报警。由此来确定哪个输入传感器或者通道存在故障。实时剔除故障传感器的同时给出诊断报警，以此增加了可靠性。

逻辑量的三取二表决器。正如上面所介绍的模拟量比较器一样，每个控制器分别获取另外两个处理器的数据，然后各自独立形成制表数据。逻辑量的数值按照每个逻辑量数值占用一个字节的格式存放在控制器数据库中。表决的过程是一个简单逻辑处理过程。它在这三个输入数据中找到两个相同的数据作为最终的表决结果而输出，而对另一个偏差信号发出一个表决不一致的诊断报警。

逻辑型数据有一种称为强制的功能，这种强制功能允许操作员把这个逻辑状态强迫转换到真或假的某一种状态，并且将其保持在那个状态中直至被解除强制状况为止。完整的输入循环包括接收、表决和传送到控制器数据库。如果它们是被强制的话，数据库就始终保留它被强制的状态。就强制而言，与以往的控制柜不同的地方是 MARK-Ⅵ可以对模拟量执行强制功能，也就是说可以把某一个物理量按照我们的意志转换到某个数值，而不管传感器的输入量是多少，也不管各输入数据是否一致或者偏差有多大。数据库的唯一值就是被我们强制输入的这个值。

三个输入回路表决后，给数据库提供表决结果，用以维持控制系统的正常运行。与此同时由于 MARK-Ⅴ和 MARK-Ⅵ设计了软件容错的 SIFT 功能，如果有一个信号出现故障，对所控制过程没有影响，有可能被 SIFT 掩盖。所以每一个输入值与表决后结果比较，一旦发现某个信号存在差异，作为诊断报警发出“表决不一致”通报，引起关注。

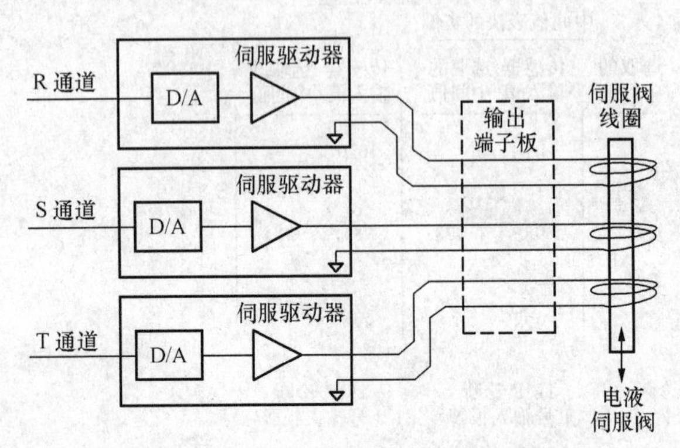

图 5-26　模拟量输出伺服电流迭加原理图

倘若不一致检测器连续地扫描表决前的数据组，而如果在被表决数据组中的三个数值之间发现了不一致，就生成一个报警位。用表决后的数值和三个表决前数值中的每一个值进行比较。对于每一个数值的差值，再和用户编制的极限值进行比较。按需要可以设定这个极限值，以避免出现烦扰的报警，但是要给予指示，指出表决前数值中的某个数值已经超出了正常范围。要求每一个控制器只把它自己的表

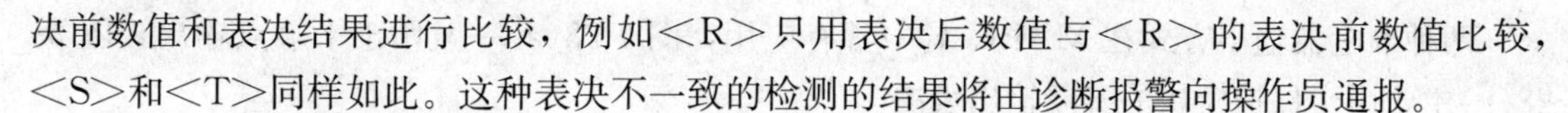

决前数值和表决结果进行比较，例如＜R＞只用表决后数值与＜R＞的表决前数值比较，＜S＞和＜T＞同样如此。这种表决不一致的检测的结果将由诊断报警向操作员通报。

7. 三线圈磁通迭加模拟量输出方式

对于伺服输出如图 5-26 中所示，三个独立的电流信号驱动三线圈伺服阀的执行机构，这个执行机构是用磁通量迭加的方法，实现三个输出电流量相加。

当某个伺服驱动器输出有故障，伺服阀获得的磁通量会有异常变化，燃料闭环回路，会自动补偿伺服阀输出电流，确保伺服阀的工作位置处于"正常"，不会引起机组的燃料量异常。此时，伺服驱动器或伺服线圈出现故障时(短线或者短路故障)，保护继电器触点会断开，发出伺服阀有故障信号，提示人们去消缺。同时伺服阀故障信号同样被送入保护系统，对机组予以保护。

8. 三个 4～20mA 模拟量输出方式

4～20mA 输出是通过 3 取 2 的电流共用电路实现，在输出端叠加了三个 4～20mA 信号，反馈电阻测量出反馈电流，通过检测和控制反馈电流，使得三个信号叠加后输出一个驱动输出信号。这个独特的电路确保了总输出电流是三个电流的比较的结果。一旦感测到某路 4～20mA 输出出现故障，会断开保护继电器的触点，切断该路的驱动输出信号，通过电流反馈回路的控制，自动补偿输出驱动电流。图 5-27 为模拟量 4～20mA 输出表决原理图。

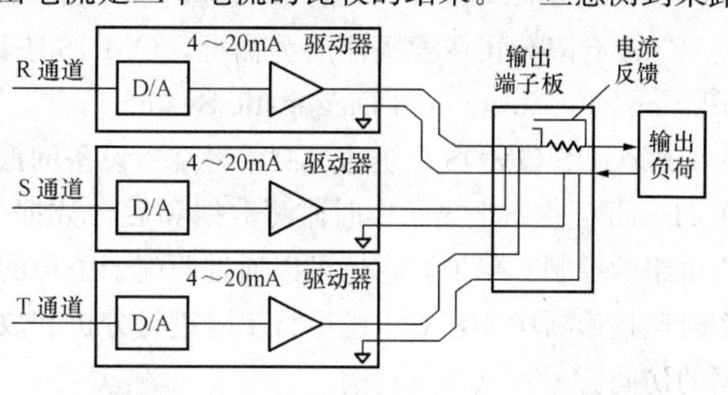

图 5-27　模拟量 4～20mA 输出表决原理图

9. 开关量继电器触点输出方式

MARK-Ⅵ的保护系统在系统故障确需遮断停机时，＜R＞＜S＞＜T＞三个输出信号要由三个独立的继电器的触点经适当的连接完成 3 取 2 的表决。即如果＜R＞＜S＞＜T＞中任何 2 个(或全部 3 个)单独要求"遮断"，就决定"遮断"。这个遮断功能可用如下逻辑关系表达：

$$R_{wn}=(RS+ST+TR)$$

在保护系统中采用 3 取 2 的硬件表决可以克服由于＜R＞＜S＞＜T＞控制器中的任意一个控制器(例如＜R＞控制器故障而发出遮断信号)出现故障而造成机组的停机，从而提高了燃气轮机发电机组的可利用率。两种开关量输出表决原理图，见图 5-28。

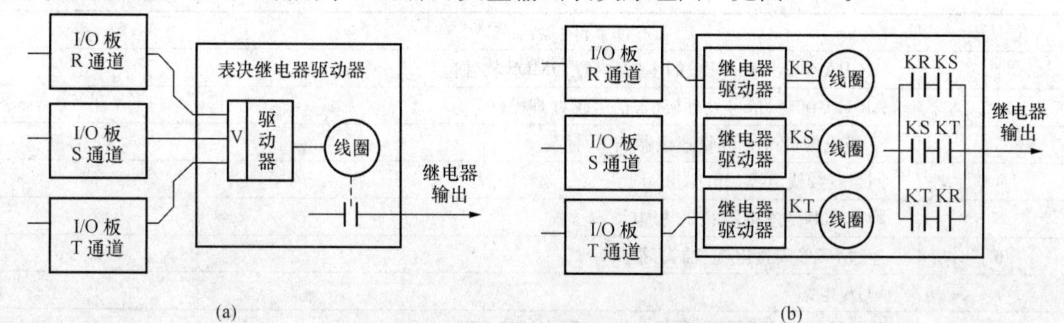

图 5-28　两种开关量输出表决原理图

(a)端子板，继电器输出；(b)端子板，高可靠性继电器输出两种继电器输出方式在 MARK Ⅵ中常有应用，图 5-28(a)一般用于干触点输出，图 5-28(b)主要用于保护模块的遮断输出表决。

第十一节 燃烧监测与诊断装置

西门子 V94.3A 燃气轮机的燃烧室配置了一套 ARGUS OMDS 应用系统，该系统是由专家软件和计算机硬件构成燃烧室振动监测与诊断产品。ARGUS OMDS 装置及其就地仪表，由燃机设备供应商 SEC—SIEMENS 供货。既用于 ARGUS OMDS 主机或远程工作站的实时监视和后台数据处理分析，又为燃机控制系统提供重要测点实时数据和分析数据。

换句话说，ARGUS OMDS 装置是对燃烧室振动和压力进行监视和数据深度分析，实现实时数据可视化频谱监视和实时分析诊断。ARGUS 在线应用功能在 Host-PC 主机和远程服务器上实时存储数据，也可以被其他计算机通过 Host 主机网络接口访问内存数据。

该装置采用了德国 IFTA 有限公司提供的振动监视和分析系统产品，是一款基于微软 NT4.0Windows2000/、XP 的 PC 计算机的实时性专业产品。ARGUS、OMDS 字符均被德国 IFTA 有限公司在德国注册为商标，OMDS 还具有振动监测和诊断的含义(OMDS，Oscillation Monitoring and Diagnostic System)。

ARGUS OMDS 系统通过测量燃烧室设备的振动加速度和燃烧室压力信号(嗡鸣)数据，在 Host-PC 主机上显示实时监测数据和后台数据分析的频谱。将数据上传至“DCS”进行燃机机组的控制和保护，它还可以通过西门子公司的远程诊断系统，将数据上传至西门子全球实时监控诊断中心，对机组运行工况进行分析和故障诊断。同时也接受其他计算机对内存数据的访问。

通常，人们会把 ARGUS 意译为“嗡鸣”，也可以想象为随着燃烧室压力不同会发出不同的嗡鸣声，所以，又会把测量燃烧室压力探头称为“嗡鸣测点”。

ARGUS OMDS 系统由 Host-PC 主机、信号预处理模件和振动加速度/压力传感器三大部分组成，这是一款典型的实时在线监测和诊断自动产品，其功能和部件介绍如下。

一、ARGUS 系统组成

西门子 V94.3A 燃机燃烧室配置的 ARGUS OMDS 振动监测和诊断系统，主要由以下部件组成，清单见表 5-6。

表 5-6　　ARGUS 振动监测和诊断系统装置清单

位 号	部 件 名 称	数 量
1	AR-BA-001：Host-PC 的主机(内置 OMDS 软件包)	1
2	AR-CA-001：信号处理架(含信号预处理模件)	1
3	37 极电缆(2m)Sub-D 连接器插口/插头	3
4	网络双绞线电缆(2m)RJ45	4
5	附有 Sub-D 连接器的 37 极电缆端子板	2
6	连通 PS/2 转接电缆(插头/插头)	1
7	VGA 电缆	1
8	外部计算机输入设备(鼠标或键盘)Y 型转接电缆	1
9	测量传感器(含前置器)	7

二、主要功能

ARGUS装置采用德国IFTA有限公司提供的振动监视和诊断系统产品。装置主要由内置ARGUS®OMDS®软件的工业PC机、信号预处理机架、信号调制模件组成。OMDS软件专门用于设备振动在线监测和诊断分析，OMDS被德国IFTA有限公司在德国注册。

如图5-29所示，装置的左上角商标字符为“ARGUS OMDS”，显示器左下角字符为“IFTA”，显示器部分为Host-PC主机，预处理机架中的模件是现场信号接口，完成采集信号转换及“模/数”转换预处理，再将预处理数据通信送至Host-PC主机，进行数据深度分析和实时频谱显示。其主要功能如下。

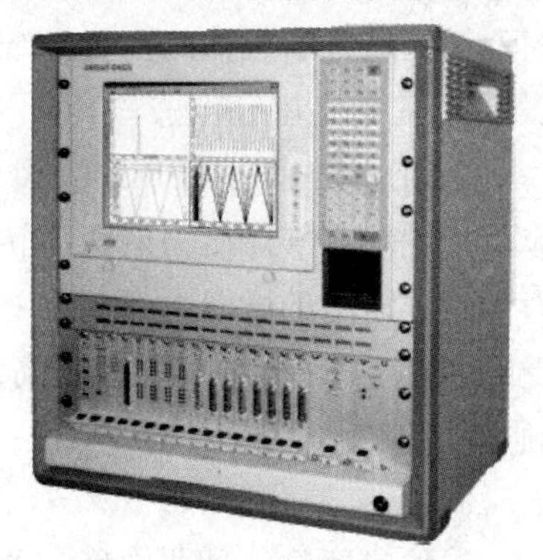

图5-29　德国IFTA公司的ARGUS检测装置

(1)数据采集：由信号处理模件完成信号数据采集、信号整理。

(2)信号预处理：主要完成信号的数字滤波和信号的标度转换。

(3)基本信号处理：时域分析(包括峰－峰值计算、RMS有效值计算、直流值计算)及频域分析。

(4)高级信号处理：即测量信号的频谱分析。

(5)监视画面：在就地显示器上显示实时信号和频谱信息。

(6)信号打包及压缩：用于提高通信效率，提高存储容量。

(7)信号传送：将存储在ARGUS OMDS计算机硬盘上的信息，通过网络传送至机组控制系统进行调节和保护；传送到机组的故障诊断系统(WIN-TS)进行设备分析；其他用户计算机也可直接通过ARGUS OMDS计算机网络接口访问其存储信息。

三、信号测量传感器

西门子V94.3A燃气轮机的燃烧室为环形燃烧室，燃烧室上安装了两种用于在线监测和分析的测量传感器，见图5-30。

(a)　(b)

图5-30　压电压力传感器和压电加速度传感器

(a)CP216压力传感器；(b)CP901加速度传感器

1. 压电式振动加速度传感器

采用瑞士VIBRO-METER公司的CA901型压电加速度传感器，利用人造压电材料的压电效应，把燃烧室振动信号转换为电荷变化信号。CP901型传感器温度承受范围－196～

700℃，信号传输方式为与壳体绝缘的 2 线制电荷输出，灵敏度为 10pC/g±5%，动态测量范围为 0.01～200g，频率响应区间为 3Hz～2800Hz±5%。

CA901 压电加速度型传感器，内置一个压对称的剪切模式的多晶体测量元件，内部壳体绝缘。适用于旋转机械的振动监测和测量分析，该加速度传感器配有一个被焊接在外壳上的不锈钢软管所保护的内置电缆。

2. 压电式压力传感器

采用瑞士 VIBRO-METER 公司 CP216 型压电压力传感器，利用人造压电材料的压电效应，把燃烧室气体压力的变化转换为电荷量的变化。配 IPC704 型前置放大器，将压电式压力传感器输出的微弱电荷信号按比例放大转换为相应的电压信号。CP216 型传感器温度承受能力在－70～520℃之间，高压承受能力为 35MPa(350bar)，灵敏度为 200pC/bar 额定，额定动态测量范围 0.000 05～25MPa(0.000 5～250bar)，频率响应区间(2～15 000)Hz ±5%。

该传感器是一种非常稳定的测量器件，适用于长期动态压力监测或科研试验，它内部安装了内置矿石的绝缘电缆(2 股导线)，其端部连接了一个 VIBRO-METER 的 Lemo 或高温连接器。

3. 信号放大前置器

压电式加速度振动传感器和压电式压力传感器均需要配置信号放大器，将传感器输出的微弱电荷信号放大。这里分别配置了 IPC704 信号放大前置器，将采集的弱电荷信号比例放大转换为相应的电压或者电流信号。该电流或电压信号通过标准的 2 线制或 3 线制传送电缆送到接收仪表/模件。IPC704 信号放大前置器如图 5-31 所示。

图 5-31　IPC704 电荷信号放大前置器

前置器的信号还可以采用电流调制技术，可以将信号传送至 1000m 以上，这种方式需要配置 GSI 电隔离器。

IPC704 中的电路为完全浮空设计，并封装在铝外壳内。该前置器内置了低通和高通滤波器和积分电路。另外，内置 RFI 滤波器可以避免无线电和其他电磁干扰。

IPC704 前置器需与 CA 系列振动传感器和 CP 系列压力传感器配套使用，其输入特性为动态范围 100 000pC；配加速度传感器时输入灵敏度为 10～200pC/g；配动态压力传感器时输入灵敏度为 10～2000pC/bar；其输出特性的动态范围最大为±5mA。

四、燃烧室测点布置

西门子 V94.3 燃机的环形燃烧室上为 ARGUS O MDS 系统安装了 7 个专用传感器，2 个燃烧室加速度振动传感器，5 个燃烧室压力测量传感器，又被称为嗡鸣测点，测点布置情况如图 5-32 所示，测点清单见表 5-7。

环绕 24 个环形燃烧室设备的一圈，均匀设置了型号和量程都是一样的 24 个燃气温度热电偶和 24 个点火电极，如图 5-32 所示。这些信号是直接进入燃机控制系统，与 ARGUS OMDS 输出信号一起，对机组进行控制和保护。

MBM10CY101/2 为燃烧室振动加速度监视测点，MBM11CP101/2 为燃烧室压力(或者称：嗡鸣)监视测点，四个测点采集的信号，首先送机组 VIBRO-METER 振动监视系统，

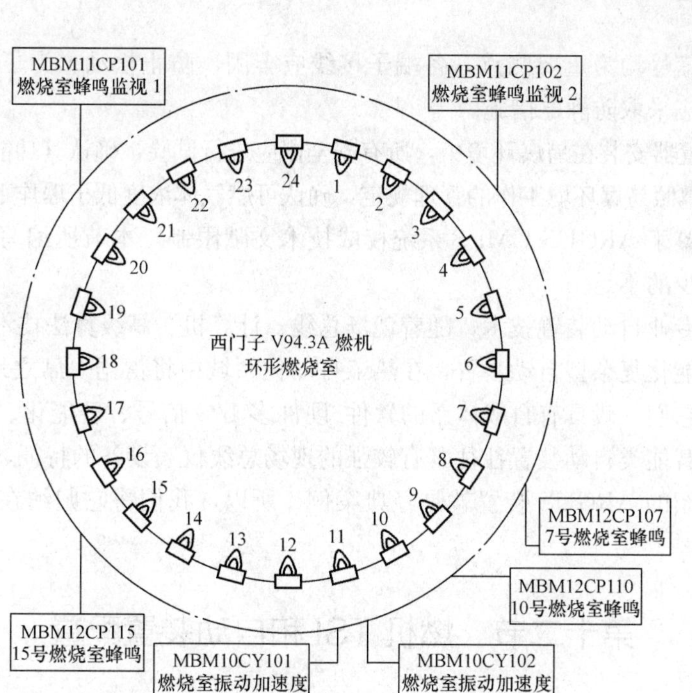

图 5-32 燃烧室在线监测的测点布置示意图

其转换后的 4～20mA 标准信号，送燃机调节器(APT)，用于燃机的燃烧控制和相关的跳闸保护。

同时，VIBRO-METER 振动监视系统的转换卡件(IOC-4T)将加速度、压力(嗡鸣)动态输出信号(RAW)送 ARGUS OMDS 分析系统，做后台深度信号分析处理。

MBM12CP107/110/115 压力/嗡鸣监视测点，分别监视 7、10、15 号燃烧室压力波动，其信号直接送 ARGUS OMDS 系统。

表 5-7　　燃烧室在线监测测点清单

序号	测点 KKS 码	中文描述	VIBRO METER（振动监视系统）	燃机控制	嗡鸣分析
1	MBM10CY101	燃烧室振动加速度 1	√	√	√
2	MBM10CY102	燃烧室振动加速度 2	√	√	√
3	MBM11CP101	燃烧室嗡鸣信号 1(上左)	√	√	√
4	MBM11CP102	燃烧室嗡鸣信号 2(上右)	√	√	√
5	MBM12CP107	7 号燃烧室嗡鸣信号			√
6	MBM12CP110	10 号燃烧室嗡鸣信号			√
7	MBM12CP115	15 号燃烧室嗡鸣信号			√

五、注意事项

ARGUS OMDS 系统的传感器均安装在燃烧室附近，靠近高温物体区间，环境中可能存在易爆气体，传感器安装必须符合易爆环境的特别要求。电缆引线应远离热源，防止电缆损坏。

在线监测的信号均为重要测点，各端子接线应牢固，防止松动。为了防止静电损坏模件，接触模件时应采取防静电措施。

传感器、前置器安装在易爆环境中，所有安全栅应进行试验，确认其功能正常。对传感器的检修、维护应遵照易爆环境工作的管理规定，确认可燃气体浓度低于爆炸下限，方可维修。

最后说明，鉴于 ARGUS OMDS 系统权威技术文献限制，本节所编写的内容可能存在原理深度介绍较少的不足。

热控领域的专业自动装置技术，随着现场总线、计算机、高级算法技术的发展，一些具有特定功能的智能化复杂型自动装置，在热工自动化领域中将占据一席之地，例如：DEH、ETS、ST1 等。它们一般具有自成体系的软件/硬件多 I/O 信号、智能化、算法固定、通信连接等特点。这智能类自动装置往往具有较强的现场总线仪表设备的特征，也可以归为第三方设备。这里介绍的 ARGUS 装置就是经典案例，所以，我们将它归纳在一次测量仪表设备里予以介绍。

第十二节　燃机 TSI 和自动装置配置

一套燃气轮机随机配置了多种智能自动装置和 TSI 仪表，这里无法将各个燃气轮机厂家的配置的产品详细罗列。我们汇总 GE、西门子、三菱、阿尔斯通几个燃机厂家配套情况，让热工自动化工程师可以俯览到世界燃机自动装置和 TSI 配套基本状况，见表 5-8。

表 5-8　　燃机 TSI 一次测点和仪器仪表配置

系统功能	美国通用电气（GE）	德国西门子（SIEMENS）	日本三菱（MITSUBISH）	法国阿尔斯通（ALSTOM）
控制系统名称	MARK-Ⅵ	Teleperm XP	DIASYS	EGATROL8
一次仪表和自动装置				
DEH 装置	含在 MARK-Ⅵ	SIMADYN D	专用模件	专用模件
TSI 监测装置	Bently	VM600	Bently	Bently
TDM 功能	Systeml	WIN-TS		
远程 I/O 装置	I/O 端子板	ET200	不详	不详
紧急保护装置	三冗余保护模块	S5-95F，AG95F	继电器硬接线	继电器硬接线
火焰探测	紫外型	紫外型	紫外型	红外型
燃烧状态监测	软件算法	Argus	ACPFM	不详
燃机轴系一次测量点设置				
振动	有	有	无绝对振动	有
膨胀	有	无	有	有
偏心度	有	为计算值	有	无
轴向位移	有	有	有	有

通过对表 5-8 分析，可以看出燃机配套的 TSI 和自动装置与我国常规燃煤电厂差不多。热力系统和旋转机械的专用仪器仪表，保留了传统做法，由最专业的厂家提供最专业的仪器仪表。近年，伴随 GE 公司收购了 Bently 公司商业模式，随着一些专业模块算法的解析和

普及，不久将来的专业仪器仪表，例如：单回路调节仪、可编程仪表等，将会融入在各个商家采用的大型自动化系统中，作为自动化系统中的一个算法功能块，更加合理可靠，经济实用。燃机TSI和自动装置的特征归纳如下：

(1)TSI基本上均配套Bently公司产品，以及瑞士Vibro-Meter公司VM600系列产品。

(2)紧急保护装置，在常规燃煤发电厂中被称为ETS，而燃机的紧急保护装置也可以称为ETS，是最早将保护系统与控制系统分别设计的典范，以及采用多重冗余配置。

(3)远程I/O装置，GE公司的I/O端子板就是在机柜I/O电子板基础上改进而成，西门子的ET200就是为了远程测控而设计，可见远程I/O是更为经济分散合理的测控技术。

(4)表5-8表明了各个燃机厂家TSI装置的配置情况。GE燃机一次测点布置详见图5-1～图5-5，详细表明了燃机轴系一次测点布置情况。

第六章 MARK-Ⅵ控制系统

1999年GE公司推出MARK-Ⅵ控制系统，它是一套具有三重冗余特点的分散控制系统，由现场层、控制层、监控层、企业层四个层次网络组成，适合于作为整个电站的集成控制，尤其适用于燃机/汽轮机联合循环电厂的一体化控制，它可以方便的接入第三方控制系统，与被集成的控制设备构成全厂自动化控制系统。

MARK-Ⅵ控制系统的硬件设计、网络接口、编程方式、页面显示都变得更加人性化，同样具备网络控制和远程故障诊断功能，使得现场维护和二次开发非常方便。MARK-Ⅵ同样传承了MARK-Ⅰ～MARK-Ⅴ控制设备的经典优点，例如：多种信号表决、三重冗余控制器、控制与保护功能、可组态编程环境、开放的通信接口等。

照片是1999年GE公司生产的MARK-Ⅵ控制机柜。下面几章将逐步深入分门别类地介绍MARK-Ⅵ控制系统。

第一节 MARK-Ⅵ主要控制功能

GE公司设计的SPEEDTRONIC™燃气轮机控制系统可靠实用，使得燃气轮机从盘车开始，主辅转速上升到清吹转速(约12%额定转速)、点火、再继续把转速提升到额定工作转速，然后控制发电机同期并网(如果用于驱动压气机或其他动力输出，控制系统要接受其他相应各种限制，然后把燃气轮机负荷增加到适当的工作点)，这一系列过程平衡、自动顺序完成，同时在执行控制程序时，合理地减小燃气轮机高温通道部件和辅助部件中的热应力，确保燃气轮机工作在安全、可靠、高效的状态下。

SPEEDTRONIC™控制系统设计了四个功能子系统：

(1)主控制系统；

(2)顺序(程序)控制系统；

(3)保护系统；

(4)电源系统。

在SPEEDTRONIC™控制系统的四个子功能系统中，主控制系统是燃气轮机最重要的控制中枢，主控系统必须完成四个基本控制项任务：

(1)设定启动和正常运行的燃料极限；

(2)控制轮机转子的加速度；

(3)控制轮机转子的转速；

(4)限制燃气轮机在燃烧区域内的温度。

燃气轮机的燃料流量控制，在每个时刻只能由一个基本控制项起作用。这几个基本控制项通过一个“最小值选择门”进行筛选，最小的一个控制量通过最小选择门而输出，它就是主控系统对燃料供应系统实施的控制。这样可以保证燃气轮机运行在精细化的安全状态下。下面介绍四个功能子系统的控制作用。

一、主控制系统

燃气轮机的主控策略比常规燃煤机组复杂。燃机主控除了常规的机组启动、转速/功率控制外，还增加了温度主控功能等，确保燃料燃烧正常又不会超过使用极限，维持燃机既处于高效运行状态又保证高温部件不出现过热超温状态。

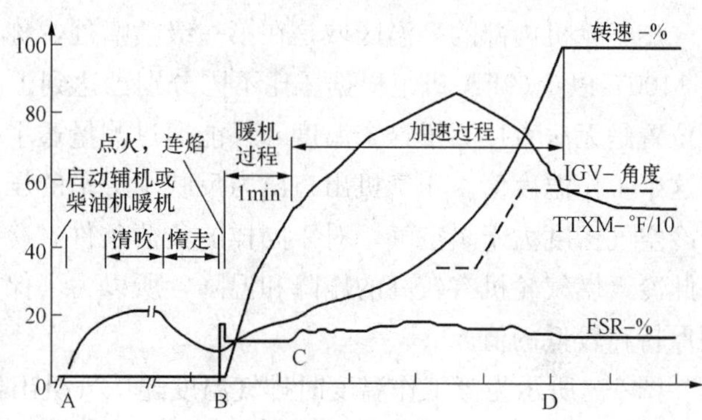

图 6-1　典型燃机启动控制曲线

1. 启动控制

在启动期间为了最佳的点火和联焰，以及避免过分的热冲击，燃气轮机控制系统设置了燃料限制。图 6-1 绘制了燃料行程基准(FSR)、转速(TNH)、排气温度(TTXM)和进口可转导叶(IGV)相对于时间的典型曲线。

启动控制设置了随转速和时间进程而变化的燃料最大极限值。一般在 10%～18%转速时，选择的燃料/空气比将在燃烧室内产生近于 1000 ℉的温升。

在检测到火焰后，燃料流量将从点火值减小到暖机值并保持 1min，以便对处于冷态的涡轮部件缓慢地加热。暖机周期完成以后，继续慢慢增加燃料流量使轮机进入工作转速。控制燃料缓慢增加是为了使热冲击减至最小。机组接近额定转速时，启动控制将迅速退出控制。

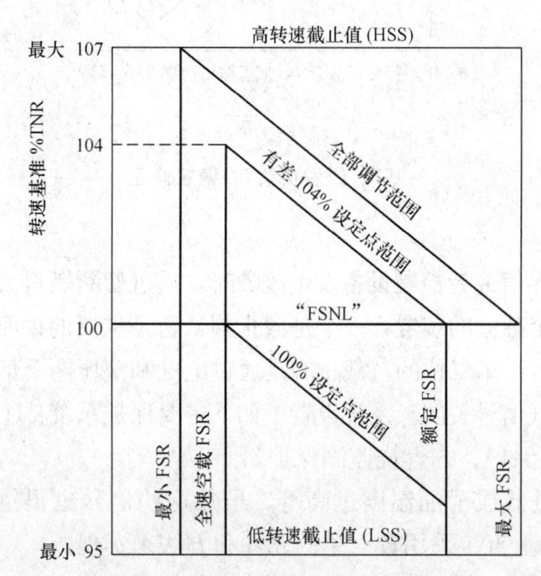

图 6-2　燃机有差调节控制曲线

2. 转速控制

燃气轮机可有两类转速调节器：有差控制或无差控制。有的机组设计有两种调节控制器。该项控制使得燃机具备在带负荷的情况下改变调节器类型的能力。有差调节器用在发电机驱动机上，要求有差调节器能够提供电网系统的稳定性。图 6-2 说明了有差调节器的工作控制曲线。

对于具有固定转速给定点的孤立运行机组，如果负荷由零增加到额定值，则轮机转速将下降 4%。这种有差转速调节器是由比例调节器提供的。这种调节器有一个可调设定点装置，它的最大设定点称为高转速停止(HSS)点；它的最小设定点称为低转速停止(LSS)点。

无差调节器提供了恒定不变的轮机转速，其转速和负荷的大小无关。这种调节器较多的用于机械驱动的机组。或许也可以用在小系统内的发电装置上。无差调节器用一族水平线来代替有差调节的斜线。无差控制是由比例积分调节器给出的。

为了避免由于系统扰动时引起的“熄火”，另外设置了最小燃料极限。正常停机时，最小燃料值提供了一个具有最小火焰的冷机下降周期，避免突然失去火焰也就可以尽量减小热冲击。如果火焰突然熄灭，强烈的热冲击将降低高温部件的使用寿命。

3. 温度控制

燃气轮机内部的高温区域是在第一级喷嘴处，称为工作温度。由于这里的温度长期维持在1100℃以上(9FA机组根据压比不同分别已达到了1318℃或者1328℃)，在第一级喷嘴入口位置是无法直接测量这个温度，只能通过测量透平的排气温度和压气机出口压力，计算得到这个工作温度值。压气机出口压力反映了透平的压力降，还要根据大气温度进行修正。由于冷空气密度大于暖空气，对于同样的负荷条件，冷天压气机出口压力将比温暖天气更高。因此冷天燃气轮机有较高的压降和温降，所以为了保持同样的工作温度，那么排气温度则必须保持在较低的值。

图6-3所示为等工作温度时排气温度随压气机出口压力变化的曲线。用燃料流量或负荷来代替压气机出口压力作为依据，可以得到类似的另一条曲线。见图6-4，它是作为备用的等工作温度控制曲线。

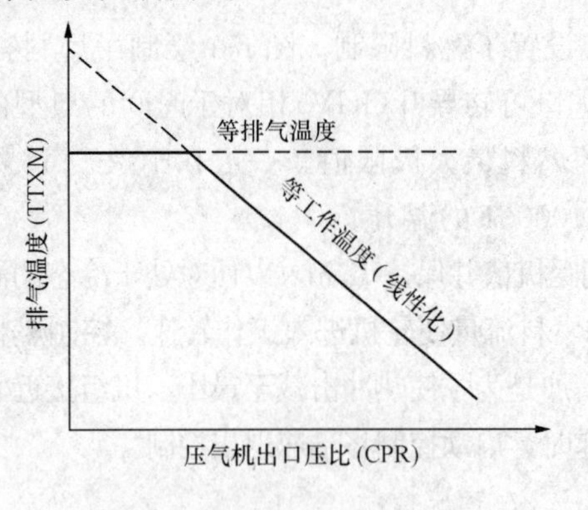

图6-3 排气温度对压气机出口压比的偏置修正

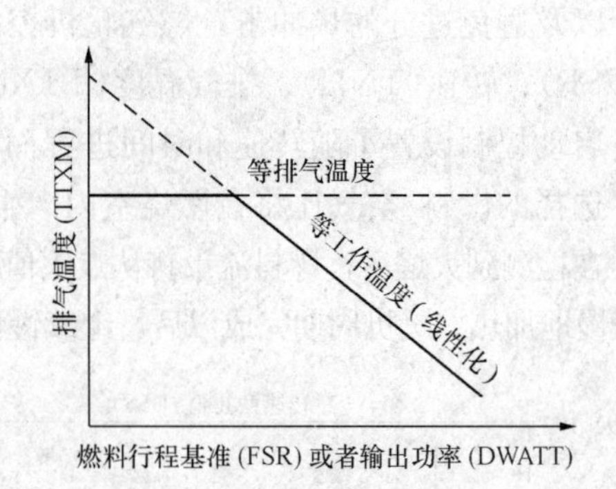

图6-4 排气温度对燃料行程基准(或者负荷)的偏置修正

二、保护系统

设计保护系统是当一些重要的参数超过临界值或者控制设备发生故障时，通过切断燃料流量遮断燃气轮机。切断燃料流量是同时通过两个独立的装置：一个是截止阀，这是主要的；而燃料控制阀(对于液体燃料还包括主燃油泵)，这是第二位的。截止阀是通过电气和液压两个信号来关闭的。控制阀和主燃油泵只通过一个电气信号关闭。系统设置了如下主要保护系统：①超温保护；②超速保护；③熄火保护；④振动保护；⑤燃烧监测保护。

此外还有一些保护功能，例如滑油压力过低或滑油温度过高等。虽然这些信号也很重要，同样危及机组的安全，但从保护系统结构上直接采用较简单的元件和方法来实现。

这些保护系统在启动和运行的整个过程甚至包括盘车过程，随时监视着轮机的状态。一

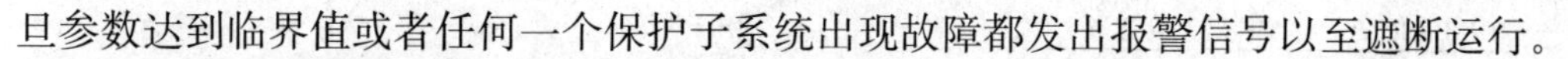

且参数达到临界值或者任何一个保护子系统出现故障都发出报警信号以至遮断运行。

三、顺序(程序)控制

顺序控制系统提供了启动、运行、停机和冷机期间，燃气轮机发电机组启动设备和辅机的顺序。顺序控制系统监测着保护系统和其他各个系统，如燃料系统和液压油、滑油系统等，并发出燃气轮机按预定方式启动和停止的逻辑信号。这些逻辑信号包括转速级信号、转速设定点控制、负荷的选择、启动设备控制和计时器信号等，它为主控系统和保护系统提供必要的机组逻辑状态依据。

燃机顺序控制引领了发电机组的"一键启动"功能，机组级顺控逻辑功能设计得严谨完备，确保了机组安全可靠。

四、电源系统

为保证整个控制系统的运作，控制系统的电源必须首先是可靠和稳定的。HMI 人机接口计算机无论是 Server 或者 Viewer 都采用交流电源供电。轮控盘选择直流和交流(交流电源还可以选择两路)供电方式，但必须保证由 125V 直流蓄电池作为控制用主电源。

当蓄电池给轮控盘供电的同时由厂用交流电源经整流以强充或浮充方式不断向蓄电池充电，以确保控制系统的供电不会间断。为保证机组安全，这些蓄电池还要作为部分泵的供电电源(如应急润滑油油泵等)。

连接到轮控盘的交流电源一般都从 UPS 提供。在轮控盘中再次整流和滤波以后引入电源模块。

需要具备黑启动能力的燃气轮机，因为交流 MCC(马达控制中心)可能处于完全无交流电源的状态。因此机组的启动拖动设备必须选择柴油机而不可能是启动电机，而且必须配备功率较大的蓄电池。在启动过程中由蓄电池的直流给柴油机的启动电动机、盘车用棘轮泵、直流应急润滑油泵等设备提供电力。而那些必须使用交流电源的少量设备，如点火器和接口计算机等则需要经过 UPS(或者其他 DC/AC 逆变器)提供有限的交流电源。

第二节 MARK-Ⅵ控制系统概貌

GE 公司的 Spead Tronic 控制系统经过多代的技术升级和创新，使得该系列控制系统日趋完善、颇具特色。从 MARK-Ⅳ轮控盘开始数字化，将传统的控制、顺控、保护、监控、编程等功能采用了数字化技术平台。从 MARK-Ⅴ控制系统开始就不再是一个简单的控制盘，引入了先进的 IT 技术和网络技术平台。MARK-Ⅵ控制系统的智能化功能更加完善，各种智能化的子系统可以完成各种电站功能，具有先进的智能分散控制系统和现场总线技术特征。它们包括各种类型的机柜、网络、操作员接口、智能控制器、智能 I/O 板、端子板以及保护模块、组态软件、监控软件等。

典型的 MARK-Ⅵ控制系统的网络拓扑，见图 6-5 典型燃气轮机 MARK-Ⅵ集成系统示意图。

图中右下方虚线框为第三方控制设备，图中采用了 GE Fanuc 公司的 90—70PLC。现行引进的 S109FA 联合循环机组较多地采用了西屋公司生产的 DCS 设备 Ovation 控制系统或者其他相应设备。用以执行对锅炉和电站辅助支持设备的控制，以及与燃机 MARK-Ⅵ和汽轮机 MARK-Ⅵ的协调运作。

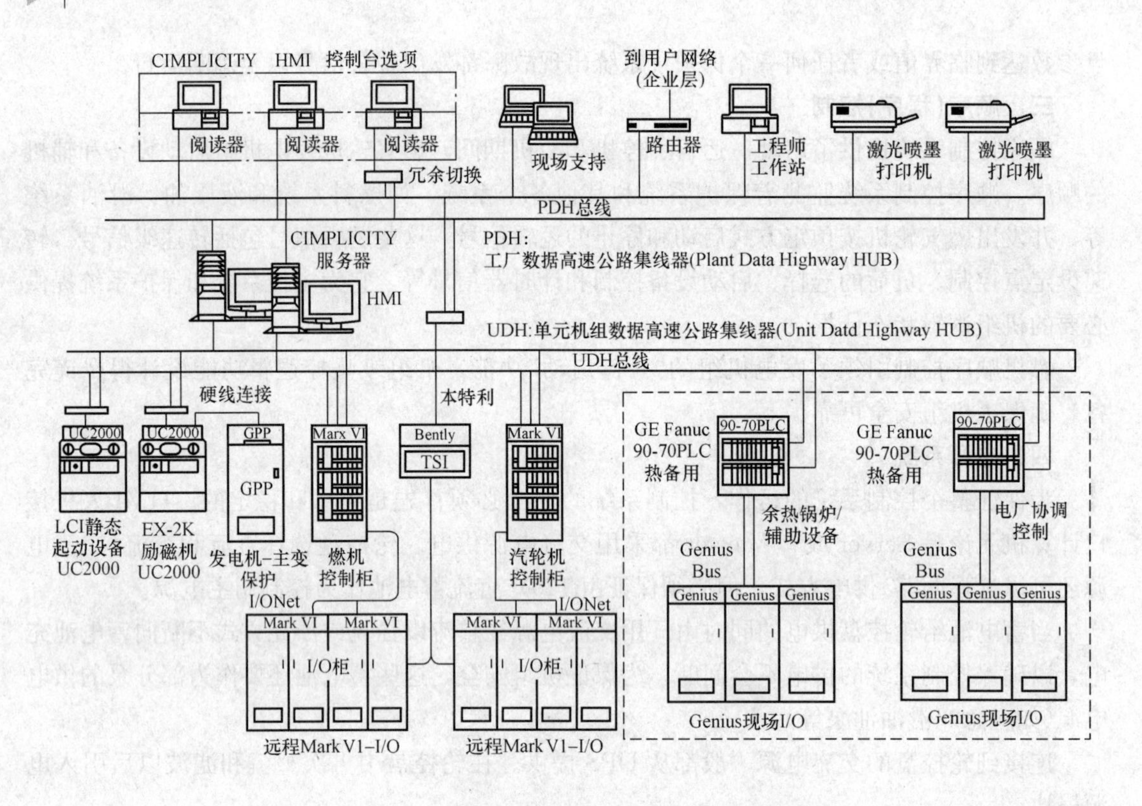

图 6-5 典型的 MARK-Ⅵ集成控制系统图

CIMPLICITY 阅读器和 CIMPLICITY 服务器都可以进行画面阅读和操作，通常采用 CIMPLICITY 服务器作为机组操作员站，CIMPLICITY 服务器连接在 PDH 和 UDH 冗余总线之间。MARK-Ⅵ控制系统不仅是一套燃气轮机专用控制系统，它同样也可以用于一套完整的联合循环电站控制系统，它的一体化控制集成能力非常强大，软件功能块一应俱全。采用单一品牌控制系统完成电站控制，将会使得电站的控制系统网络简洁，生产数据管理便利，数据传输流畅。MARK-Ⅵ控制系统用于联合循环电厂一体化控制的工程案例很多，这里不再展开。

一、主控制柜

MARK-Ⅵ控制柜有两种结构模式：三重冗余型(TMR)和简化型(Simplex)，它们的区别用于控制处理器的配置。三重冗余型结构由 3 套微处理器模块组成，因此这种结构就需要采用三个(对于简化型的 Simplex 则只需要一个)称为 I/O—Net 的高速 I/O 网络链接到它们的远程 I/O 上，通过这些控制器的以太网端口连接到 UDH 单元机组高速公路上。见图 6-6。

二、I/O 柜

I/O 机柜包括有单个或者三个 I/O—NET 通信接口模块两种形式。现场的 I/O 信号通过各种专用信号电缆连接到端子板，各块端子板再通过 I/O—Net 通信模块连接到各个控制器。这些端子板都布置在 I/O 机柜靠近接口端子模块的地方。

一般来说低电平信号的 I/O 都是连接到左侧的 I/O 机柜，而右侧机柜都连接高电平信号的 I/O，同时框内包含了供电电源模块。见图 6-7 和图 6-8。

三、机组数据总线(UDH)

UDH单元机组网络总线支持Ethernet Global Data(EGD—以太网全局数据)协议，作为用于其他MARK-Ⅵ、HRSG、励磁机、静态启动设备和电厂协调(BOP-Balance of Plant)控制的通信。

UDH把MARK-Ⅵ控制盘和HMI或者HMI数据服务器连接在一起。网络的介质可以是UTP或者光纤以太网。如果提供了作为可选择项目的冗余电缆，那么即使一根电缆出现了故障，机组的连续运行依然不受影响。双电缆的网络仍然是由一个逻辑网络组成。PDH为独立供电的网络切换以及光纤通信。

UDH的数据被复制到所有的三个控制器。该数据由主通信控制器卡(VCMI)读取然后传送到其他几个控制器。只有指定的这一台处理器来传送UDH数据。

支持工厂级设备通信和外部上层通风连接。与UDH网一样具有冗余配置功能。见图6-5。

四、人机接口(HMI)

典型的HMI是运行Windows NT®的PC计算机，它安装了用于数据总线的通信驱动程序以及CIMPLICITY操作员显示软件。操作员从实时图形显示启动这些命令，就可以在CIMPLICITY图形显示上查看轮机的各种实时数据和报警。详细的I/O诊断和系统的配置，可以使用在浏览器或者独立的PC计算机中的Control System Toolbox(控制系统工具包)软件。可以灵活的把某台HMI配置成为服务器(Server)或者阅读器(Viewer)，将指定的HMI装上各种工具软件和各种实用程序软件。

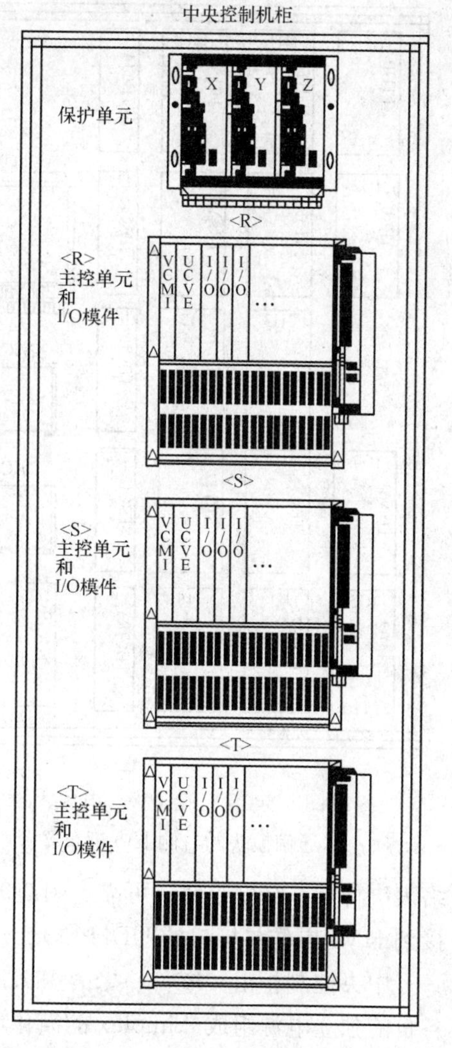

图6-6 中央控制机柜的布置

把HMI链接到一个数据总线，抑或使用冗余开关把HMI链接到两个数据总线上以便

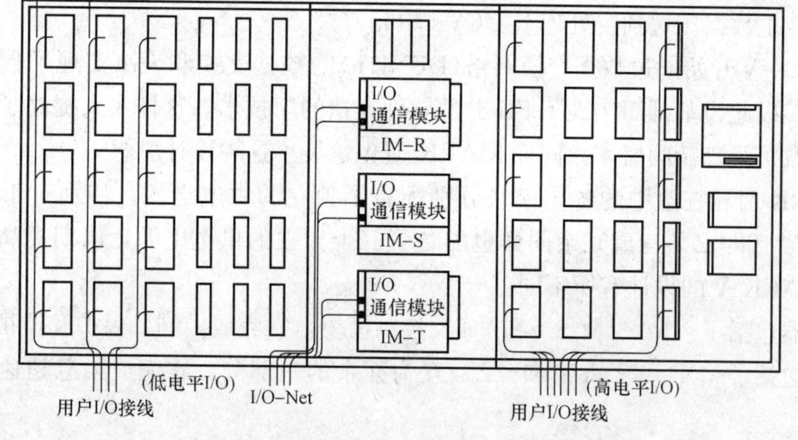

图6-7 典型的I/O机柜配线和布缆图

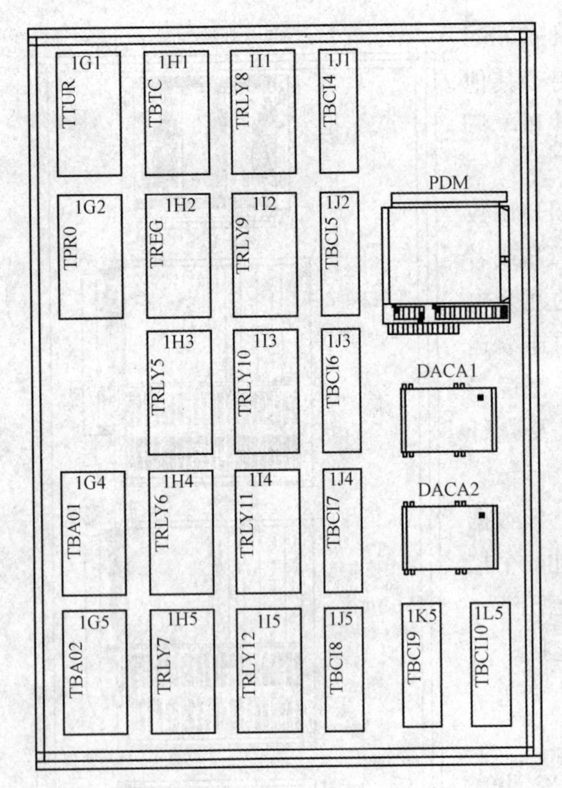

图 6-8　含有端子板、电源、的通信模块的右侧 I/O 柜布置图

提高可靠性。HMI 可以安放在任意一个控制台或者某个桌面上。参见图 6-5 典型的 MARK-Ⅵ控制系统网络结构图。

CIMPLICITY 服务器可以采集 UDH 中的数据并使用 PDH 实现与阅读器的通信。如果使用两台服务器，其中作为主服务器的一台还需要将同步数据发送到备用服务器，该备用服务器在配置中称为主冗余服务器。

五、计算机操作员接口软件(COI)

计算机操作员接口软件(COI)是由一套产品和特定的操作应用显示软件组成，它运行在安装了 Windows NT 操作系统的小型 PC 机(10.4 或者 12.1 英寸触屏显示器)上。对于特定应用，它仅仅使用了所需的操作系统部分。因此，在 Windows NT 所有功能和开发方面的优势只用了很少的一部分。要满足研发、安装或者修改则需 GE 公司的控制系统工具包(Control SystemToolbox)。

六、三冗余控制器及其模块

GE 公司三冗余控制器具有三重冗余网络表决特点，高度容错、可靠。图 6-9 展示了中央机柜的配置和基本功能，同时还包括了连接到 HMI 操作员接口的 UDH 单元。

中央控制柜由＜R＞、＜S＞和＜T＞三台控制处理器、＜P＞保护处理器和输入模块及各自的独立电源组成(Simplex 的简化型仅采用一套控制处理器，以及三重冗余的＜P＞保护处理器)。控制柜使用交流 120/240V(和/或直流 125V)电源转换为直流 125V 给模块供电。

MARK-Ⅵ和 MARK-Ⅴ不同，它取消了通信数据处理器＜C＞，而在＜R＞、＜S＞和＜T＞控制模块分别都包含了专门的通信卡 VCMI。由这块通信卡完成数据网络的数据交换和数据表决，把数据传送到主处理卡 UCVx 单元。

从 MARK-Ⅴ开始通过数据交换网络(DENET)的数据交换和表决实现了数据独立制表和独立表决，以此为基础而实现了 SIFT 的软件容错的新技术。这样大大提高了由于一次元件故障而导致机组遮断的概率。同样 MARK-Ⅵ也承袭了这种设计思想。

在 MARK-Ⅵ轮控盘中的各个模块分别配备了独立的供电电源。特别对于保护模块的＜X＞、＜Y＞和＜Z＞三重冗余同样也配备了三个独立的供电电源，以期提高可靠性。在这点上与 MARK-Ⅴ的设计有所不同。

主控制器包括了＜R＞、＜S＞和＜T＞控制模块，它完成控制、保护和监视的功能。备用保护模块包括了＜X＞、＜Y＞和＜Z＞互为冗余的三部分，它完成紧急超速和同期检查的保护功能。

MARK-Ⅵ与其他各个控制单元都是通过 UDH(机组数据总线或称单元数据总线)与服

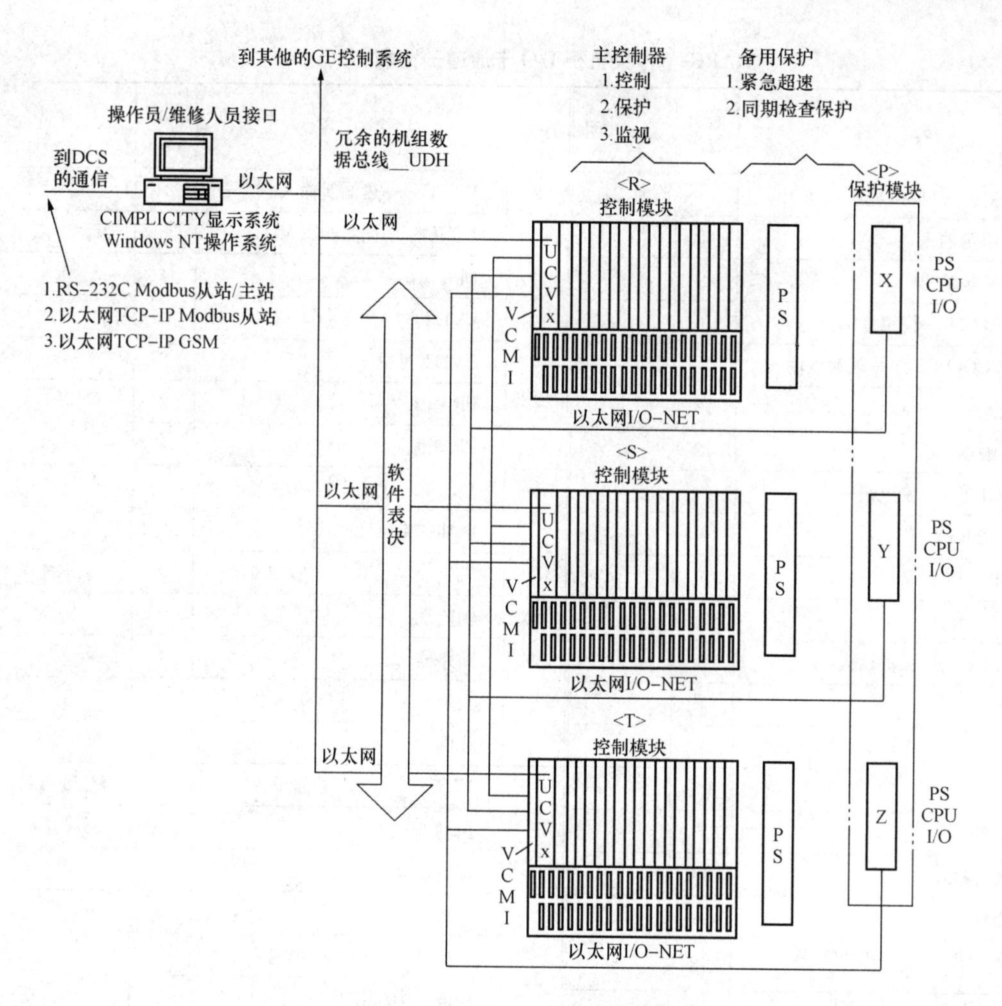

图 6-9 MARK-Ⅵ中央机柜配置和功能图

务器通信。整个 MARK-Ⅵ系统和 DCS 的通信可以采用多种方式：如采用 RS—232 Modbus 通信，以这种方式通信时 MARK-Ⅵ既可以作为从站也可以作为主站方式。或采用以太网 TCP—IP MODBUS 协议通信，但它只能作为从站进行配置。还可以使用以太网 TCP—IP GSM 方式，该通信网络称之为 PDH(工厂数据总线)。无论是 UDH 还是 PDH，其共同点都采用双重冗余方式来保证通信的可靠性，通常采用最后一种通信方式居多。

第三节 MARK-Ⅵ硬件配置

控制模块<R>、<S>和<T>都采用了 21 槽口标准的 VME 型机架。中央机柜部分自上而下分别为<P>、<R>、<S>和<T>。见主控制机柜布置图 6-6。

MARK-Ⅵ中央机柜内所有 I/O 卡的连接方式又从 MARK-Ⅴ采用带状电缆和通用接插组件改为母板和卡件直接接插的形式。所有的 I/O 卡都连接在 VME 板上。

每个控制模块最左侧为通信卡 VCMI，第二块为主处理卡 UCVx。随后可以选择性采用各种 I/O 信号处理卡。这里共有 11～12 种 I/O 卡可供选择，它们包含的各种信号以及通道数量见表 6-1。

表 6-1　　　　**MARK-Ⅵ中央机柜 I/O 卡通道一览表**

序号	名　称	通道数量	说　明	序号	名　称	通道数量	说　明
1	VAIC——模拟量输入(输出)		合计 24 点	8	VTCC——热电偶输入	24	
	模拟量输入	20		9	VSVO——伺服阀/LVDT		合计 28 点
	模拟量输出	4			伺服输出	4	
2	VAOC——模拟量输出	16			LVDT 输入	12	
3	VCCC(VCRC)——触点输入		合计 48 点		LVDT 激励	8	
	线圈	12			PR 输入	2	
	干触点	12			PR 激励	2	
4	VGEN——发电机输入		合计 10 点	10	VTUR——透平控制输入		
	4～20mA	4			脉冲速率	4/12	
	PT	3			PT	2	
	TA	3			轴监视	2	
5	VPRO——保护输入				断路器	1	
	脉冲速率	3/9			火焰检测	16	
	PT	2			线圈	6	
	CT	3/9		11	VVIB——振动/位置输入		合计 26 点
	线圈	6			振动	8/16	
	触点输入	14			接近度显示	8/16	
	紧急停机	1			接近度基准	2	
6	VPYR——pyrometer 高温计输入	2(8)		12	VAMB——声波监视输入		
7	VRTD——RTD 输入	16			声波压力(振动)	2	

MARK-Ⅵ的端子板分为两种形式。一种标准的端子板用于三冗余配置 TMR，当然也可以用于单配置 Simplex 系统。另外有一种小型端子板则专门用于单配置系统 Simplex。MARK-Ⅵ标准端子板共有 18 种。表 6-2 分别列出端子板名称和所含信号通道数量。

表 6-2　　　　**MARK-Ⅵ标准端子板一览表**

序号	代　号	名　称	通道数量	说　明
1	TBAI	模拟量输入（输出）端子板		
		模拟量输入端子通道	10	
		模拟量输出端子通道	2	
2	TBAO	模拟量输出端子板	8	
3	TBCI	触点输入端子板	24	
4	TGEN	发电机输入端子板		
		4～20mA	4	
		PT	3	
		CT	3	

续表

序号	代　号	名　　称	通道数量	说　明
5	TPRO	保护输入端子板		
		脉冲速率	3/9	
		PT	2	
		CT	3/9	
		4～20mA	3	
6	TPYR	pyrometer 高温计输入端子板		
		高温计	2	
		鉴相器	2	
7	TREG	紧急遮断输入端子板		
		线圈	3	
		触点输入	7	
		E——停机	1	
8	TREL	紧急遮断大型汽机输入端子板		
		线圈	3	
		干触点	7	
9	TRES	紧急遮断特定的输入端子板		
		线圈	3	
		干触点	7	
10	TRLY	继电器输出端子板		
		线圈	6	
		干触点	6	
11	TRPG	主遮断输入端子板		
		火焰检测	8	
		线圈	3	
12	TRPL	主遮断大型汽轮机输入端子板		
		电磁线圈驱动	3	
		紧急停机	2	
13	TRPS	主遮断特定的输入端子板		
		电磁线圈驱动	3	
		紧急停机	2	
14	TRTD	RTD 输入端子板	16	
15	TSVO	伺服阀/LVDT 端子板		
		伺服输出	2	
		LVDT 输入	6	
		LVDT 激励	4	
		PR 输入	2	
		PR 激励	2	

续表

序号	代 号	名 称	通道数量	说 明
16	TBTC	热电偶输入端子板	24	
17	TTUR	透平控制输入端子板		
		脉冲速率	4/12	
		PT	2	
		轴监视	2	
		断路器接口	1	
18	TVIB	振动/位置输入端子板		
		振动	8，4	
		接近度显示	4，8	
		接近度基准	1	

对于单配置小端子板命名形式和上述相类似，共有 9 种。由于它们只能用于简化型结构，在现有燃气轮机的机组中不常使用，端子板名称见表 6-3。

表 6-3　　MARK-Ⅵ小端子板一览表

序 号	代 号	名 称	点 数	说 明
1	DTTC	热电偶输入端子板	12	
2	DRTD	RTD 输入端子板	8	
3	DTAI	模拟量输入端子板	10	板上 24V 电源
		模拟量输出端子	2	20mA/200mA
4	DTAO	模拟量输出端子板	8	4～20mA
5	DTCI	触点输入端子板	24	外接 24V 电源
6	DRLY	触点输出端子板	12	干触点
7	DTRT	VTUR 和 DRLY 转换		
8	DTUR	脉冲速率输入	4	
9	DSVO	伺服输出	2	
	LVDT	位置反馈	6	
		脉冲速率输入	2	

第四节　状　态　检　测

在 MARK-Ⅵ的主要电路板上都设置了各种用于状态指示的发光二极管。它们为用户的排故检查提供了许多方便。

一、I/O 板

在每块 I/O 板上都安装了发光二极管，它用于指示电路板所处的各种状态。分别用绿色、橙色和红色表示。其含义分别如下：

1. 绿色——表示正常运行

正常运行期间，在电路板的前面板上所有的 Run LED（运行发光二极管）都一齐闪烁绿光。所有的电路板和所有的机架绿色发光二极管应该都是同步地闪烁。如果有一个发光二极管次序不一致那么就应该对这个同步有问题的板进行分析和检查。

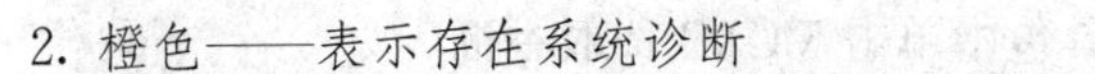
2. 橙色——表示存在系统诊断

如果在某一块电路板上的橙色 Status LED（状态发光二极管）发光了，这就表示这块电路板存在 I/O 或者系统诊断状态。这并不一定是 I/O 电路板的故障，但是很可能是传感器有问题。

通过选择 View Diagnostic Alarms（查看诊断报警），显示出诊断报警表。它将以表格形式显示出下列数据：

产生诊断的时间

故障代码

是否仍然处于报警状态

报警的文本简短说明信息

这个诊断屏幕是一种快照式页面，而不是实时信息。但是可以选择 Update（更新）命令来查阅新的数据，根据这些报警和 I/O 的数值，可以确定问题是存在于端子板还是存在于传感器。如果在某块板上的所有的 I/O 点都出错，就可能是这块板有故障、或者电缆连接件/接线松了，还有可能是这块板根本没有经过配置。如果只有几个 I/O 点出错，那么可能这些 I/O 点故障或者端子板局部故障。

3. 红色——表示该板没有运行

如果线路板的红色的 Fail LED（故障发光二极管）发光，就表示电路板不在工作。需要对电路板或者电源及其元件进行检查，甚至可能要更换该电路板。

二、控制器

在 UCVE 控制器上也有三个状态指示发光二极管。分别指示：电源状态、运行状态（闪烁）和 VME 总线系统故障。如果控制器出现故障，前面板上的闪烁的绿色发光二极管就停了。检查通信卡 VCMI 和控制器诊断队列中的故障信息，至少需要重新引导。如果重新引导以后控制器仍然有故障，就可能需要更换了。

如果几个 LED 都停止闪动，这就表示运行时出错，这种情况通常是引导或者下载的问题。在 Toolbox 工具包中，控制器的 Runtime Errors Help（运行时出错帮助）屏幕页面中，还会显示出所有运行时的出错以及建议的处理方法。在有一些型号的控制器还有 8 个 LED 的列阵，它们以十六进制编码表示了所发生的出错类型。

如果控制器或者 VCMI 板有故障，那么在这个通道中的 I/O Net 就停止发送和接收数据。这将驱使故障通道的各个输出都处于一种自动防故障的状态。该故障并不影响其他两个 I/O Net 通道，它们仍然维持正常运行状态。

在以太网通信端口上也有状态指示。如果在闪烁表示正常通信，而持续发光则为无效状态。这一点与我们常用计算机的指示方法是相同的。

三、电源分配模块故障

PDM 电源分配模块本身是一个很可靠的模块，因为它不包含任何可调元件。但它有熔丝和回路开关，而且偶尔还会发生电缆连接和接插件的问题。大部分的输出都有指示灯来指示跨接的供电回路电压正常与否。打开 PDM 模块正面的门就可以观察到指示灯、开关和熔丝。该模块与 MARK-Ⅴ使用的＜PD＞模块完全相同。

PDM 诊断信息是由 VCMI 进行采集的，包括 125V 直流母线电压和输送给继电器输出电路板熔断丝的状态。可以在 Toolbox 工具包中单击 VCMI 选取查询。

第五节 可靠性和可利用率

系统可靠性和可利用率可以用各个部分的故障率来计算。这个数据对于确定什么时候用 Simplex 系统或者 TMR 系统是很重要的。在线维护方面 TMR 系统具有明显的优势。

一、TMR 系统在线维修

TMR 系统所具备的高可用率是来自于能够在线修理的结果。它能够关掉某一个模块进行修理而仍然允许三个一组以全表决方式进行表决，这种方式有效地掩盖了缺失（断电）模块的那些信号。当然，毕竟还有一些需要格外注意的限制和特殊情况。

许多信号是简单地采用单个的用户接线连接在端子板上的，因此拆卸这种端子板就要暂时断开这些接线。各种类型的端子板必须对于其相关的应用程序和该信号类型进行判断。在某些用户的配线上存在着超过 50V 的电压。如果有故障的信号被表决器掩盖着，任何时候都只能更换某一个控制器通道中的那些端子板。对于其他的端子板，例如继电器输出，可以单独地更换继电器而无须断开端子板。

对于从只有一块 I/O 板中发来的一些单个信号，是没有冗余来掩盖的。它们通常是用于非关键性的功能，例如泵的驱动，其控制输出信号的丢失仅仅会影响泵的连续运转。应用软件的设计者务必在关键性回路里避免使用这种类型的单个信号。TMR 系统是专门设计的，因此三个控制器中任何一个都可以发送这些单个信号的输出，即使指定的发送控制器出了故障，仍然可以保持这些功能的运作。

要尽可能快地修理好有故障的模块。虽然 TMR 系统能够经受得住某几个故障而不会强迫停机，但是在还没有修理好第一个故障以前，还有可能存在潜伏的故障问题。在同一个模块内出现几个故障不会影响在线修理，因为全部故障都会被其他的表决器所掩盖。可是，一旦在相同的模块组中出现第二个与前一个不相干的故障，那么任何一个故障模块都与已经断电的这一部分同处于一个三信号组之中，从而引出了双重故障，这样就会导致停机。

二、可靠性

可靠性是用平均故障停机间隔时间（Mean Time Between Forced Outages，MTBFO）表示的。在简化型 Simplex 系统中，控制器或者 I/O 通信的故障也可能导致强迫停机。关键性 I/O 模块的故障将导致强迫停机，但是有些非关键性的 I/O 模块，它们也可能出故障，而不需停机更换。MTBFO 是用各个元部件公布的事故率来进行计算的。

可利用率是系统运行时间的百分比数，再考虑故障的维修时间。可利用率按如下进行计算：

$$\frac{\mathrm{MTBFO}\times 100\%}{\mathrm{MTBFO}+\mathrm{MTTR}}$$

式中 MTTR（平均维修时间）——导致强迫停机的系统故障的平均维修时间；

MTBFO——两次故障停机之间的平均时间。

对于 TMR 系统，它可以有故障而不会强迫停机，因为该系统能够在连续运行时进行在线修理。MTBFO 的计算是复杂的，因为从本质上讲它是计算在维修第一个故障的时候，在另一个通道中出现第二个（关键信号）故障的概率。那么修复时间就是计算中的一个重要输入量。

GE公司资料介绍，设计优秀的TMR同时又能够及时在线维修，那么它的可利用率实际上是100%。如果在修理完成之前出现第二个关键信号的电路故障，那就仍然可能出现强迫停机。再如果出现类似修理工关错了故障模块的电源，那会出现另一种类型的强迫停机。所以为了避免由于错误关闭模块的电源时出现操作错误而导致强迫停机，应该通过核查诊断报警来准确判定哪一个模块发生了故障。

根据贝利克（Bellcore）TR—332用于电子设备可靠性预测的方法，系统可靠性是由计算故障时间（FIT）（按10^9小时的故障）来确定。MTBF故障平均间隔时间可以由FIT进行计算。

控制系统的平均强迫停机间隔时间，是用于燃气轮机控制和保护电路的一个函数。整套系统的MTBFO取决于系统的规模大小、单通道电路板的数量以及采用三重冗余传感器的数量。

三、故障的处理

对于故障的一般处理原则是采用矫正或者默认两种方法避免故障发生。这就意味着当出现故障的时候，如果它们仍然在运行，对控制层从端子螺丝直到I/O板、底板、网络以至于主CPU，在I/O处理器以及主控制器都会有反映。当发现故障时，采用分等级方式复位所有良好状态位（bit）。如果某个信号不好，良好状态位在控制模块级中被置为假（false）；如果电路板不良，与这块板有关的信号，不论输入或输出，它们的良好状态位都被置为假（false）。在I/O机架中情况也相类似。另外，对于所有的输入和输出信号可以规定一些预先配置的默认故障值，所以一般的应用代码就可应付这些故障，而不需要涉及额外的良好状态位。如果相应的信号是TMR信号，就会在TMR系统中表决状态良好位。

1. 简化型的Simplex系统中控制模块的缺失和损坏

如果是在Simplex系统中的某个控制模块发生故障，在出现超时之后输出板转到它们所配置的默认输出状态。这就意味着控制器板的缺失和损坏将会通过I/O Net向下蔓延传播，因此输出板知道该做什么，这是通过关闭I/O Net来完成的。

2. TMR系统里控制模块的缺失和损坏

如果三冗余TMR系统中控制模块出故障，在通道超时的时候TMR的输出和Simplex的输出都转到它们所配置的默认输出状态。TMR控制器继续用另外两个控制模块运行。

3. 简化型Simplex系统中I/O的VCMI缺失和损坏

如果简化型Simplex系统中接口模块的VCMI出故障，那么输出和输入与TMR系统一样处理。

4. TMR系统里I/O的VCMI缺失和损坏

如果在TMR系统里接口模块中的VCMI出故障，输出超时就转到它们所配置的默认输出状态。这些输出被设置为它们的默认配置状态；因此就可以正确地设定生成的输出（例如UDH）。复位各个输入与输出良好状态位。在机架里的VCMI故障被看成是等同于控制模块本身的故障。

5. 简化型Simplex系统中I/O板的缺失和损坏

如果在简化型Simplex系统中的I/O出故障，在I/O板上的输出硬件把输出量设置成为给定典型应用的低功率默认输出值。在主VCMI板里。输入板把它们的输入值设置成为主

VCMI 板上预置的默认值。

6. TMR 系统中的 Simplex I/O 板缺失和损坏

如果是在 TMR 系统中的 Simplex 的 I/O 板出故障，处理输入与输出的方法就像它们处于 Simplex 系统一样。

7. TMR 系统中的 TMR I/O 板缺失和损坏

如果在 TMR 系统中的 TMR I/O 板出现故障，输入与输出如同前面所述的方法处理。TMR 的 SIFT 和硬件输出的表决能够维持该过程继续运行。

8. 简化型 Simplex 系统中 I/O Net 缺失和损坏

如果在 Simplex 系统中的 I/O Net 出现故障，在 I/O 机架中的输出板超时并设置成为预先配置的默认输出值。主 VCMI 板默认这些输入，因而可以正确设置 UDH 的输出。

9. TMR 系统中 I/O Net 缺失和损坏

如果在 TMR 系统中的 I/O Net 出现故障，其输出按照 Simplex 系统中控制模块缺失和损坏相同的方法处理，而输入则按照 TMR 系统中I/O的 VCMI 缺失和损坏的相同方法处理。

第六节 可编程功能块

执行逻辑运算的程序，主要用于机组启、停顺序控制，其信号为逻辑信号，在 CSP 图中这种信号名称大都采用“L”开头，例如 L4、L86AS、L63QA2L。

一、基本逻辑运算符号功能块

这类功能块常用的大约有 24 个：真逻辑、假逻辑、计时器、计数器、最大值、最小值、加、减、乘、除、开方、积分器、微分器、滞后等。

编程的基本符号是编程和读图的基础。许多特定的任务是由一系列基本符号组合而成的，例如上述的积分器、微分器、滞后都是如此。

二、SBLIB 基本程序块

在 MARK-Ⅵ的 ****.m6b 文件中，采用下面一些表示形式。在这里介绍了几个常用的 SBLIB 基本程序块。

在常用的 ****.m6b 文件中功能块有：布尔驱动块、比较块、最大-最小值选择块、传送块、数学运算驱动块、线性插值块、定时块、计时块等。

在应用程序文件中除了配置有 SBLIB 程序块库以外，还配备了另外一个程序块库称为 TURBLIB，它是透平程序块库。它们是用在透平控制中特定专用的控制功能。

例如 XVLVO01（伺服阀输出算法）、FPRGV3（速比/截止阀基准和 PI 回路算法）、GSRV_FAULT（速比/截止阀故障检测）、FSRV2（燃料行程基准的变化速率控制算法）、TCSRGVV3（进口可转导叶控制基准）等。

这些专用功能块它们往往是一些比较大的甚至是很大的程序块。它们都是由许多 SBLIB 程序块库连接构成，其中有一些功能程序块对用户是不开放的。

三、宏文件

在 ***.m6b 文件中，频繁使用的一种宏程序块。是由多个基本功能块组成的具有特定功能的宏，也可以称为宏文件。

GE公司在制作 *** . m6b 模板文件的时候，已经做就了一些宏（Macro）和更大的模块（Module）。它们都以宏定义（Macro Definitions）和模块定义（Module Definitions）的形式存放在宏和模块库（Macroand Module Libraries）里。用户进行编程的时候可以很方便地引用。上述各个程序块库则是这些宏和模块的基本编程单元。

有一些宏是需要更高一级口令才能查看的，对用户也是不开放的。下面专门介绍各种算法功能块，详见表 6-4 可编程算法功能块一览表。

表 6-4　　MARK-Ⅵ可编程计算功能块一览表

序号	图　符	功　能	说　明
一	基本功能块		
1	La	真逻辑	是一个被逻辑信号 La 控制的伪继电器触点。当逻辑信号 La 为“真”(即 La=1)时，该伪继电器触点立即闭合；当逻辑信号 La“假”(La=0)时，该伪触点则断开
2	Lb	假逻辑	是一个由逻辑信号 Lb 控制的伪继电器触点。当逻辑信号 Lb 为“真”(即 Lb=1)时，此触点断开；当 Lb 为“假”(Lb=0)时，此触点闭合
3	Lc	存储逻辑	把从左方输入的逻辑值(“0”或者“1”)存储到逻辑数据 Lc 中。若从左方输入“1”逻辑信号，则 Lc=1，若从左方输入“0”逻辑，则 Lc=0。存储逻辑是记忆前面逻辑运算的结果。也可以把它作为伪继电器的线圈
4	TMV-Time Delay LA　LD KD　final　TD　curr　TD dt	计时器	这是一种换码程序。KD 为控制常数，在这里一定是表示一个时间值。TD 为当前时间。从左边输入到 TMV 的逻辑为“1”开始，TD 计时就开始；当 TD=KD 的时候，TMV 右侧的输出才为“1”。可以简单地理解为左边的逻辑信号在置“1”以后经过 TMV 被延迟了 KD 时间才发送到右侧
5	CTV-Evant Counter CLR　KG final　EG prev_val　EV　AND　count　CG　LG EV　CTV　E:EG　CLR　K:KG　C:CG　LG　OG	计数器	这是一种换码程序。KG 为控制常数，表示一个结束数。CG 为目前计数器的计数。EG 为一个边界条件，EV 最后逻辑状态识别符。当 EV 为“1”触发 CG 计数 1 次，而 EV 为“0”以及何时回“0”，对 CTV 没有影响。当 EV 再次由“0”变为“1”，则 CG 计数再增加 1 次即为 2。如此反复，直到CG=KG，而使 CTV 右边的 LG 输出为“1”。简单地讲，当计数值达到 KG 常数规定值，则右边输出为 1。图中 CLR 为清除信号，它使 CG 和 EG 复位
6	La　SET AND LATCH　Lc Lb　RESET La　Ld Lb　Lc	置位和闭锁/复位	输入 La 和 Lb 以及输出 Lc 都是逻辑信号。输入信号 La 的正跳变使输出逻辑信号 Lc 置为“1”。在此状态下若 La 又由“1”跳变到“0”，输出逻辑 Lc 保持为“1”状态不变，此功能称为 Lc=1 状态对 La 闭锁(LATCH)。输入逻辑 Lb 由“0”到“1”的正跳变使输出逻辑 Lc 复位(RESET)到“0”而且仅有 Lb 的正跳变才能使输出复位到“0”。Lc=0 的复位状态对于 Lb 也是闭锁的，即 Lb 的负跳变不能改变 Lc=0 的状态。上述逻辑关系可以总结如下： (1)La 的正跳变使 Lc 设置为“1”。 (2)Lb 的正跳变使 Lc 复位为“0”。 (3)La 和 Lb 的负跳变对 Lc 值不起作用
7	La　Ld Lb　Lc	置位和闭锁复位逻辑	La 的正跳变设置 Ld=1，Lc=1。由于闭锁回路使 La 的负跳变不能改变 Ld=1 和 Lc=1 的状态。Lb 正跳变经反相后，成为负跳变进入与门，使 Lc 复位到“0”，撤销了 Lc=1的闭锁

续表

序号	图符	功能	说明
8	MAX SEL —C	最大值选择	输出数字信号 C 等于各个输入数字信号中的最大值
9	MIN SEL —C	最小值选择	输出数字信号 C 等于诸输入数字信号中的最小值
10	MED SEL —C	中间值选择	输出数字信号 C 等于诸输入数字信号中的中间值
11	A + ○ D, + B	加法	输出 D 等于输入 A、B 之和
12	A, B − ○ + E	减法	$E=A-B$，A 和 B 是输入数字信号，E 是输出数字信号
13	B, A —×— F	乘法	$F=A\times B$，数字信号相乘
14	A—A, A÷B —G, B—B	除法	$G=A/B$，数字信号相除
15	A—SQRT—H	开平方	$H=\sqrt{A}$，数字信号开平方
16	A— −1 Z —B	取上次采样值	A 和 B 都是数字信号 $B(n)=A(n-1)$，B 的本次采样值等于 A 上次采样值。$Z-1=W(Z)$ 是这个环节 Z 传递函数
17	CLAMP max min —J	钳位	J 的输出值限制在输入值的最大值和最小值之间 本值上类同于上述中间值选择的 MED SEL

续表

序号	图符	功能	说明
18	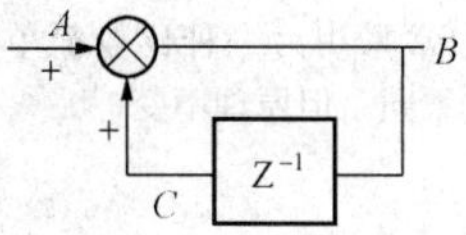 A, +, B, +, C, Z^{-1}	数字积分	A、B 和 C 的输入和输出都是数字信号，其关系为 $B(n)=A(n)+C(n)$，而 $C(n)=B(n-1)$，所以 $B(n)=A(n)+B(n-1)$ 而 $B(n-1)=A(n-1)+(n-2)$。依此类推可得 $B(n)=\Sigma A(\mathrm{i})$，即本次输出 $B(n)$ 等于输入 A 的本次采样值以及历史上历次采样值的总和
		数字积分机制例子	见下表

n	0	1	2	3	4	5
$A(n)$	0	0	2	2	2	2
$C(n)$	0	0	0	2	4	6
$B(n)$	0	0	2	4	6	8

序号	图符	功能	说明
19	A, C, +, −, B, Z^{-1}	数字微分	A、B、C 都是数字信号，输出 C 的本次采样值等于输入 A 的本次采样值减去 A 的上次采样值，即 $C(n)=A(n)-A(n-1)$，是一个采样周期时间间隔内 A 值的增量，代表此时刻输入数字信号 A 的变化速率
20	A, B, ITCB/(1+As), C, La, ResetOUT=B	滞后	常常称之为 TC 段。它是一种双精度乘法和累加器。数学意义上讲是输出数字信号跟踪输入数字信号的变化。 输出量 C 和输入量 A、B 之间的关系为 $C=B(1-)$。 当 reset=1 的时候，$C=B$。 当 reset=0 的时候，输出量 C 是在 A 时间常数内按照指数曲线的变化规律最终达到 B 值
	见下表	滞后举例，滞后表计算	$A=2$，$B=10$ 的时候，当 reset 逻辑为零的条件下，C 值的变化如左表所示

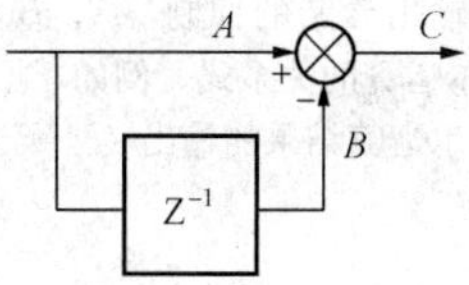

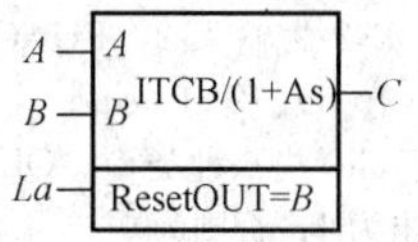

t=0	C=0
t=0.5	C=2.211 99
t=1	C=3.934 69
t=1.5	C=5.276 33
t=2	C=6.321 20

序号	图符	功能	说明
21	A, A>B, C, B	比较器 A>B	输入 A 和 B 是数字信号，输出 C 是逻辑信号。若 A>B，则 C 为“真”，否则为“假”
22	A, A<B, C, B	比较器 A<B	输入 A 和 B 是数字信号，输出 C 是逻辑信号。若 A<B，则 C 为“真”，否则为“假”
23	A, A=B, C, B	比较器 A=B	输入 A 和 B 是数字信号，输出 C 是逻辑信号。若 A=B，则 C 为“真”，否则为“假”

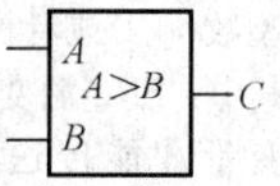

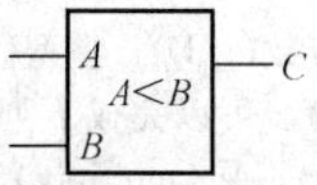

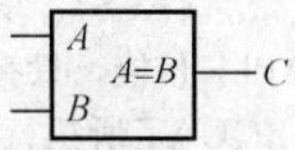

续表

序号	图　符	功　能	说　明
24	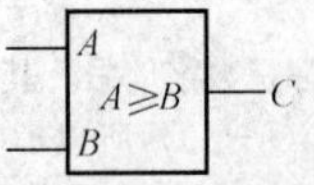 A, B, $A \geqslant B$, C	比较器 $A \geqslant B$	输入 A 和 B 都是数字信号，输出 C 是逻辑信号。若 $A \geqslant B$ 时，则 C 才为“真”，否则为“假”
25	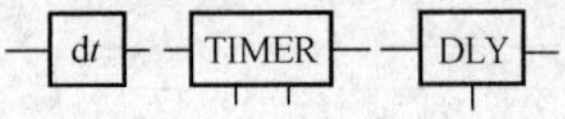 dt　TIMER　DLY	时间延迟	计时器在控制算法中常采用另一种比较简单的表示方法，虽然这种表示形式不同，但原理不变
二	* * * * . m6b 功能块 ——SBLIB 基本程序		
26	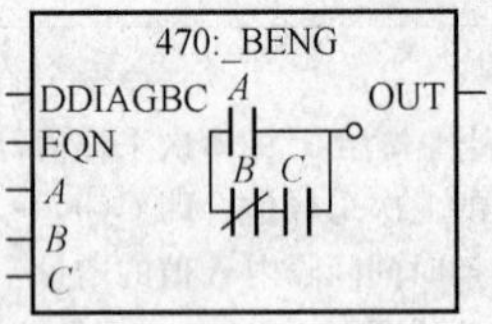 470: _BENG DDIAGBC　EQN　A　B　C　OUT	布尔驱动块	逻辑顺序控制基本程序块。 其中：DDIAGBC 是输出诊断的抑制，A、B 和 C 都是输入信息，EQN 为布尔运算的关系式。例如，上述为 $A+(\sim B*C)$OUT 就是布尔运算结果的输出
27	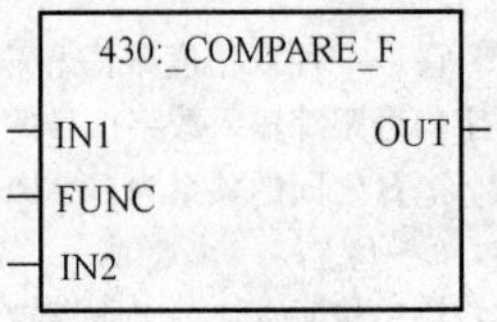 430: _COMPARE_F IN1　FUNC　IN2　OUT	比较块	“ _ F”为最常见的浮点数的比较。也可以用于双字节数(_ D)、整型数(_ I)或者长整型数(_ L)的比较。 其中：IN1 为输入 1，IN2 为输入 2，FUNC 为比较方式，可以是大于(gt)、小于(lt)、等于(eq)、不等于(ne)、大于等于(ge)、小于等于(le)共 6 种类型。OUT 为输出，当 FUNC 的条件成立输出为 1；否则为 0
28	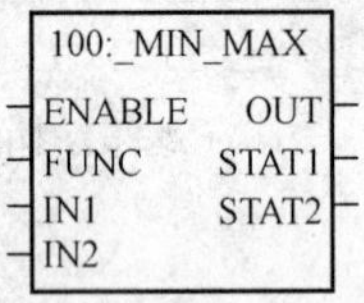 100: _MIN_MAX ENABLE　FUNC　IN1　IN2　OUT　STAT1　STAT2	最大—最小值选择块	在各输入中选取最大值或者最小值。 其中：ENABLE 使能，只有在该输入为 1 的时候才能执行选择功能。 FUNC 为选择方式，最大值(max)、或者最小值(min)。 IN1～IN8 输入值；OUT 输出的值；STAT1～STAT8 如某个号为真，表示该输入已通过为输出
29	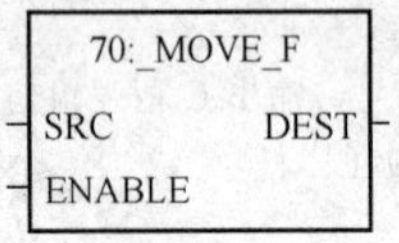 70: _MOVE_F SRC　ENABLE　DEST	传送块	“ _ F”为最常见的浮点数的传送。也可以用于布尔数(_ B)、双字节数(_ D)、整型数(_ I)或者长整型数(_ L)的值从 SRC 传送到 DEST。其中：SRC 源变量；ENABLE 使能；只有在置 1 时，源变量才能传送到目的变量。DEST 目的变量
30	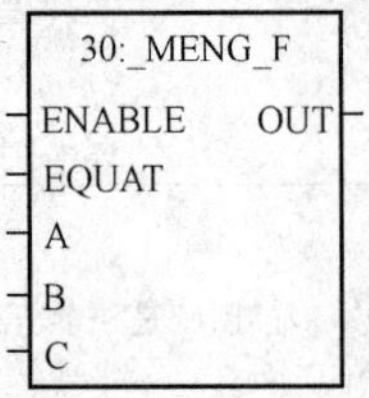 30: _MENG_F ENABLE　EQUAT　A　B　C　OUT	数学运算驱动块	MENG 数学运算驱动块。“ _ F”为最常见的浮点数的数学运算。也可以用于双字节数(_ D)、整型数(_ I)或者长整型数(_ L)的数字的运算。可以完成下列 16 种数学运算：加(add)、减(subtract)、乘(multiply)、除(divide)、幂(power)、模数(modulus)、取绝对值(ABS)、取负数(NEG)、取整数(RND)、平方根(SQR)、余弦(COS)、正弦(SIN)、正切(TAN)、反余弦(ACS)、反正弦(ASN)、反正切(ATN)。其中：ENABLE 使能，只有在该输入为 1 的时候，这个块才能执行；EQUAT 所执行计算的字符串 A，B，C，D…均为输入变量；OUT 为输出的变量

续表

序号	图　符	功　能	说　明
31	10_INTERP ENABLE　OUT IN　M N X Y	线性插入块	根据变量表和关键的输入经插值法计算而得出相应输出值。其计算式为 $OUT=y[i]+[(y[i+1]-y[i])*((INPUT-x[i])/(x[i+1]x[i]))]$ 其中：ENABLE 使能，只有在该输入为 1 的时，这个块才能执行；IN 输入值；X[]变量表；Y[]函数表；OUT 插值法计算的输出；M 输出函数的斜率 $m=\frac{y(i+1)-y(i)}{x(i+1)-x(i)}$
32	110:_TIMER MAXTIME　AT_TIME RESET　CURTIME AUTO_RS RUN	计时器块	它是由 _ MENG _ F、_ MOVE _ L、_ BFILT、_ MOVE _ F 与基本计时器程序块 _ TIMER 等 11 个标准程序块组合而成的宏(MACRO)程序块。在实际编程应用中往往很方便地使用这种组合好的宏计时程序块，而不使用前面所述的基本定时块。它既包含了得电延时的计时，又包含了失电延时的计时。可以只选择其中一种延时也可以选择两种延时

第七章 MARK-Ⅵ主控系统

主控系统是确保燃气轮机在各种情况下正常安全运行的核心，MARK-Ⅵ的主控系统设置了八种控制方式，经由主控系统通过改变燃料量实现对燃气轮机的各种工况的控制。燃气轮机逻辑顺序控制和保护均围绕主控系统而展开，为燃气轮机提供热力平衡保障，本章专门介绍用于燃料基准控制的 MARK-Ⅵ主控系统。

主控系统设计有启动控制、转速控制、温度控制、加速控制、停机控制、压比控制、功率控制和手动控制八种控制子系统，它们都各自独立地完成运算，然后通过一个"最小值选择门"作为唯一的燃料控制基准来改变燃气轮机燃料量。

这里提出主控概念，是为了区别常规控制概念，是针对燃气轮机核心控制而言。MARK-Ⅵ主控系统只允许一个控制命令参与燃料控制，下面介绍隶属主控系统的八种控制子系统。

第一节 主控系统描述

MARK-Ⅵ设置了主控系统，见 MARK-Ⅵ主控系统原理框图 7-1，主控系统可以自动改变燃气轮机燃料供应量，主控制系统有八种核心控制子系统，每个控制子系统输出各自相应的燃料行程基准 FSR（Fuel Stroke Reference）：

（1）启动控制系统（StartUp），输出启动控制燃料行程基准 FSRSU；

（2）转速控制系统（Speed），输出转速控制燃料行程基准 FSRN；

（3）温度控制系统（Temperature），输出温度控制燃料行程基准 FSRT；

（4）加速控制系统（Acceleration），输出加速控制燃料行程基准 FSRACC；

（5）停机控制系统（ShutDown），输出停机控制燃料行程基准 FSRSD；

（6）压气机压比控制系统（Compressor Ratio），输出压气机压比控制燃料行程基准 FSRCPR（或FSRCPD）；

（7）负荷控制系统（Dwatt），负荷限制燃料行程基准 FSRDWCK（借用了 FSRCTD 通道）；

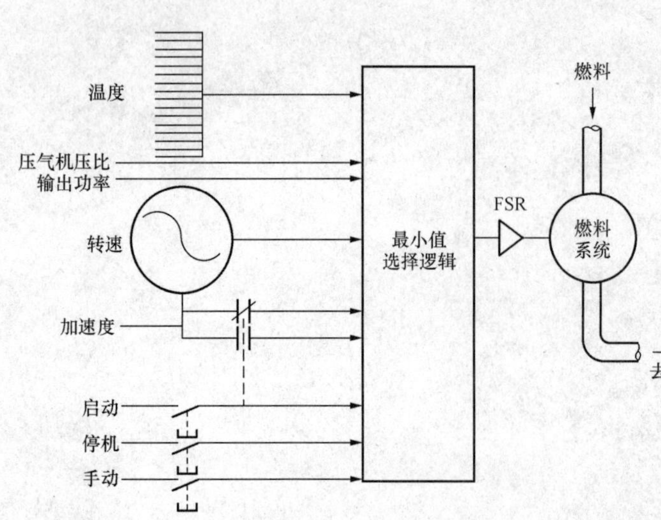

图 7-1 MARK-Ⅵ主控系统原理示意图

（8）手动 FSR 控制，输出手动信号 FSRMAN。

八个 FSR 基准量作为各自的分量进入，最小值选择门选出各个分量中的最小值作为控制输出，作为该时刻实际使用的 FSR 控制信号指令。

任何时候这八个子系统各自都在运算和输出，但某一时刻只允许有一个子系统的输出能够通过最小值选择门，所以也就只有这一个 FSR 分量指令才能发挥控制作用。

一套复杂的燃气轮机主控系统，可以简化为八个输入分量，是八个子控制系统的输出信号。它们本质上是相互关联的物理量，任何一个分量出现最小值将行使控制权，自动操控 FSR 的指令信号，从而控制燃气轮机的输入燃料量，维系燃气轮机的热力体系的平衡。

另外，早期的燃机控制系统中还有一种同期控制 FSRSYN 信号，也都需要经最小值选择才能参与控制。在 MARK-Ⅴ和 MARK-Ⅵ中由于采用了保护模块<P>，以此增强了同期状态的监视和保护，主控系统中就不再采用同期控制 FSRSYN 信号，因而也就不再存在 FSRSYN 同期控制算法。关于自动准同期并网功能，在本章第九节予以简单介绍。

第二节 启 动 控 制

燃气轮机启动控制，是在程序控制（顺控）系统中的启动控制和主控系统的启动控制系统共同作用下完成。顺控要点是：通过操作接口选择操作指令键下达启动命令后，顺控系统（及有关保护系统）检查准备启动允许的条件、遮断闭锁的复位、开启运行辅助设备（如润滑油泵、液压泵、燃料供给等），根据程序去开/关相应的阀、电动机，使启动机把燃气轮机带到点火转速完成点火，再判断点火成功与否，随后进行暖机、加速、在达到一定转速后关闭启动机等一系列动作，直到燃气轮机达到运行转速才完成启动程序。所谓启动机可以是 LCI 的静态启动装置、启动电动机、启动柴油机或者启动用膨胀透平等设备。

主控系统中的启动控制，仅控制从点火开始到启动程序完成，这一过程中燃料量 G_f 的控制。在 MARK-Ⅵ系统中通过启动控制系统输出的信号为 FSRSU。

燃机启动过程中燃料需要量变化范围相当大，其最大值受压气机喘振（有时还受透平超温）所限，最小值则受零功率所限。这个上、下限值随着燃机转速的变化而变化，在脱扣转速时两个限值之间的裕度较狭窄。沿上限控制燃料量可使启动最快，但燃机温度变化剧烈，会产生较大的热应力，导致材料的热疲劳而缩短使用寿命。对用于发电的重型燃气轮机，其启动时间要求并不太高。因此 GE 公司对重型燃机启动过程中燃料控制目标的选择一般偏低、变化偏缓，以求较小的热应力，减轻热疲劳程度。

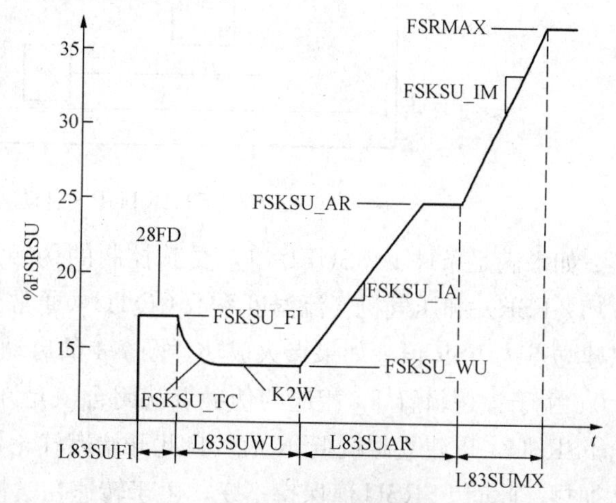

图 7-2 启动控制 FSRSU 曲线

主控系统中启动控制的 FSR 变化规律用图 7-2 启动控制 FSRSU 曲线表示。

MARK-Ⅵ以开环方式控制启动过程中的 FSR。当燃机被启动机带转到点火转速（约 16%额定转速，L14HM=1）开始执行清吹程序，在满足点火条件后，启动控制系统把预先设置的 FSR 点火值 FSKSUFI 作为 FSRSU 输出。一旦点火成功，FSRSU 立刻降到暖机值进行暖机。暖机期间 FSRSU 保持暖机值不变，燃气轮机的转速则在逐渐上升，实际燃料流量 G_f 同时在增加（用 LCI 启动时，可维持转速不变）。通常完成一分钟暖机过程后，FSRSU 按预先设置的变化速率随时间斜升到加速设定值，随后便以另一个预先设置的较大的速率继续斜升。图 7-2 启动控制 FSRSU 曲线变化规律，结合逻辑信号逐段表示了其随时间的变化关系。

图 7-3 为 FSR 控制算法。它是用于计算启动 FSR 的控制算法，计算启动控制时的燃料行程基准 FSRSU。在程序块图的左侧为输入信号，包含了 6 个控制常数和一些逻辑量。

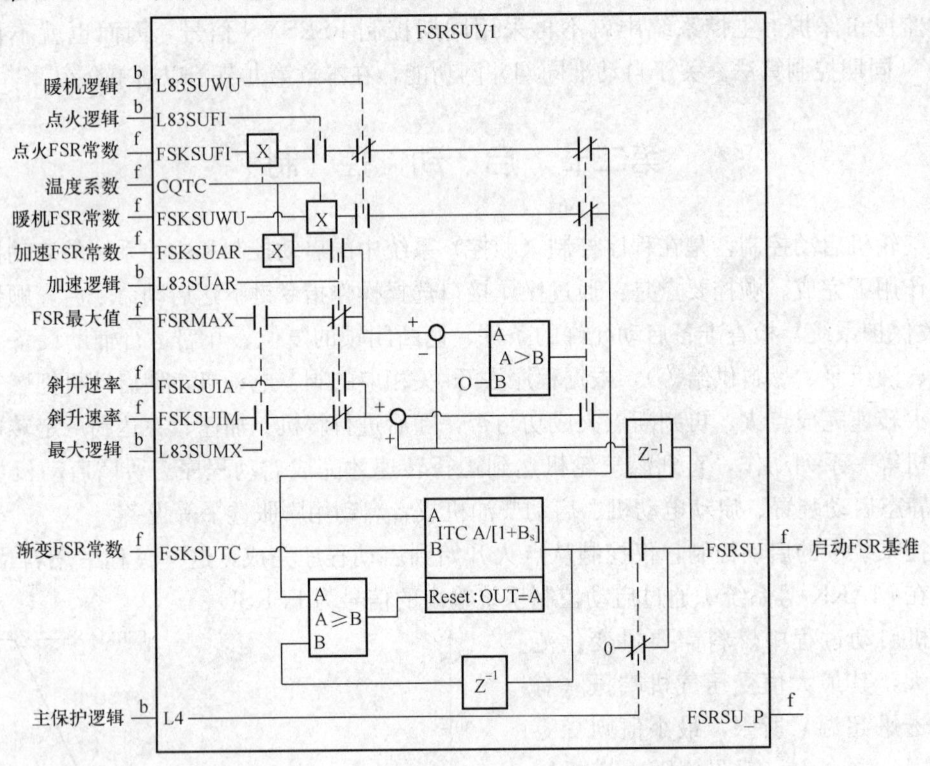

图 7-3 STARTUP（启动），FSR 控制算法

如果满足条件 L83SUFI=1，受其控制的伪触点闭合，控制常数 FSKSUFI（典型值为 17.5%FSR）和压气机气流温度系数 CQTC（通常为 0.9～1.25）相乘然后传送给 FSRSU，以建立点火 FSR 值。如果点火成功，图 7-4 的启动逻辑给出 L83SUWU=1，使得 L83SUFI=0。由于该逻辑置 1，相应的伪触点就闭合，允许 FSKSUWU（典型值为 14.4%FSR）赋给 FSRSU，以建立暖机 FSR 值。自此开始燃气轮机暖机过程，使处于冷态的燃气轮机逐渐被加热，此间 FSRSU 值保持不变，由于转速在缓慢增加，燃料也随之缓慢增加。而对于采用 LCI 启动的机组，在暖机期间 FSRSU 保持不变，而且转速是由 LCI 控制可以维持稳定不变。MS5001、MS6001 或者 MS9001 机组，一般暖机过程都是持续 60s。

由启动顺序给出暖机完成逻辑：L2WX=1，图 7-4 中启动过程的加速逻辑L83SUAR=1。

使图 7-3 受其控制的四个伪触点动作，其中图下部的常开触点的闭合使 FSKSUIA 控制常数（典型值为 0.1%FSR/S 或者 0.05%FSR/S）作为斜升速率进入积分器的输入端。使得 FSRSU 的输出在暖机值的基础上逐渐增加。随着燃油量的增加燃机进一步加速。控制常数 FSKSUAR（典型值为 27.5%）规定了 FSRSU 积分斜升的上限值。一旦达到该值，图 7-3 中上部比较器的条件就不再成立，使得比较器的输出置 0，受控触点动作暂时切断积分器的输出。积分也暂时中断，处于一种停顿状态。从图 7-4 中可知只有等待合闸使 L52GX 逻辑置 1，从而使 L83SUMX 才置 1。由于图 7-3 中的逻辑 L83SUMX=1，先讨论比较器：这时输入到比较器 A 端的信号已经不是 FSKSUAR 常数而是 FSRMAX 的值了；导致比较器的条件再一次成立。然后再讨论积分器：一个新的非常大的斜升速率 FSKSUIM（典型值为 5%FSR/S）也就输入到这个积分器，在原来数值的基础上又开始了新一轮的积分运作。使 FSRSU 又开始一个迅速的上升。直到达到控制常数 FSRMAX 给定的最大 FSR 值作为 FSRSU 输出为止。实际上这种快速的上升是让启动控制系统自动退出对 FSR 的控制权。

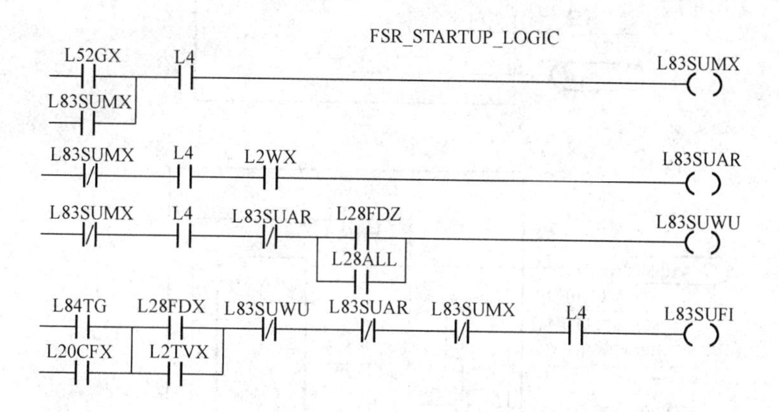

图 7-4 FSR 启动逻辑控制

上述 FSRSU 输出的变化必须在主保护允许逻辑 L4 为“真”的条件下才能实现，否则不仅所有控制逻辑信号为零，而且 FSRSU 还直接被箝位在零。

从图 7-4 逻辑控制原理图可知 L83SUFI、L83SUWU、L83SUAR 和 L83SUMX 在同一时刻四者中只有一个可能为“真”。以存储逻辑（伪线圈）L83SUFI 为例，左侧有伪触点 L83SUWU、L83SUAR 和 L83SUMX，当这三个伪触点中任意一个为“真”时，L83SUFI 都必然为“假”。以保证了有序的逻辑输出和对 FSRSU 的控制。

第三节 转 速 控 制

转速控制系统是燃气轮机最基本的控制系统，MARK-Ⅵ系统的有差转速（Droop Speed）控制方式与无差转速（Isoch Speed）控制方式二种控制算法，可根据需要分别选用。带动交流发电机时常常应选用有差转速控制方式，驱动压缩机或泵时大都选用无差转速控制方式。

当轮机处于转速控制时，将分别显示出“DROOP SPEED”或“ISOCH SPEED”控制方式。

本节着重介绍有差转速控制。

有差转速控制遵循比例控制规律，也就是 FSR 的变化正比于给定控制基准（即转速给定点 Speed Set Point 或转速基准 Speed Reference）TNR 与实际转速 TNH 之差：

$$\Delta FSR \propto (TNR - TNH)$$

有差转速控制简图如图 7-5 所示。

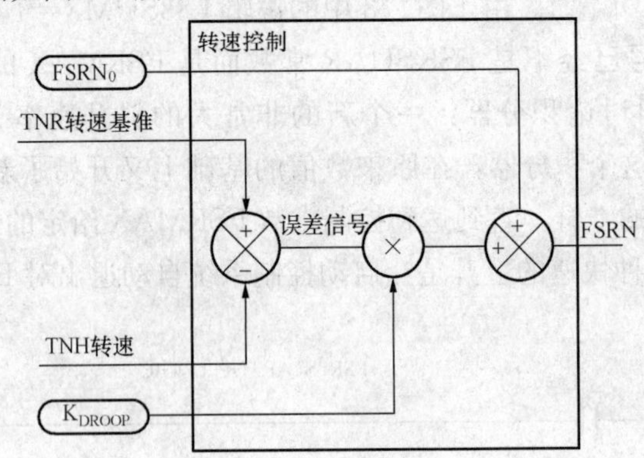

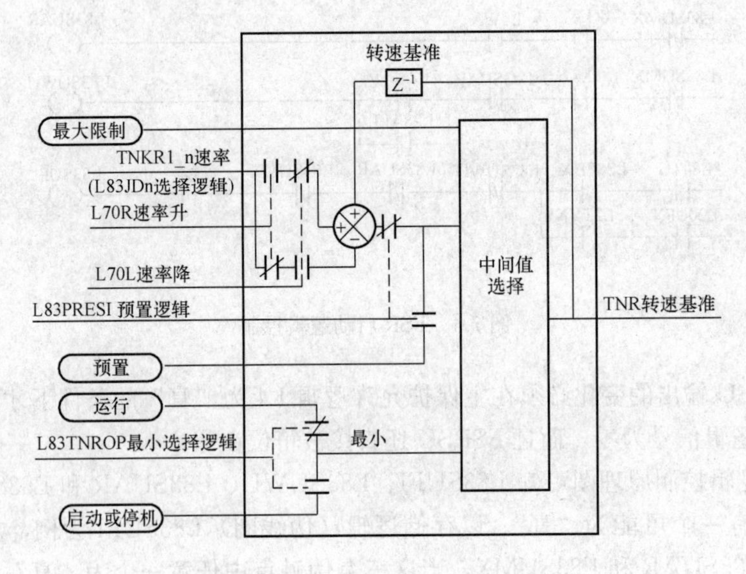

图 7-5　有差转速控制逻辑图

图 7-5 表示如下关系：

$$FSRN = (TNR - TNH) \times K_{DROOP} + FSRN_0$$

式中　FSRN——有差转速控制的输出 FSR；

$FSRN_0$——燃气轮机全速（额定转速）空载的 FSR 值（在这里作为控制常数存入存储单元）；

K_{DROOP}——决定有差转速控制不等率 δ 的控制常数。

上式即比例控制规律：

$$FSRN-FSRN_0=(TNR-TNH)\times K_{DROOP}$$

上述关系可用图 7-6 曲线来表示，这就是有差转速调节的静态特性。当 $FSRN=FSRN_0$ 时，由上式可知，此时 TNH＝TNR，即转速基准 TNR 正好就是空载时的转速 TNH。当 FSRN 由 $FSRN_0$ 值变到额定负荷值 FSRNe 时，转速的变化是额定负荷下的（TNR－TNH），它正好就是有差转速控制的不等率 δ。

$$\delta=(FSRNe-FSRN_0)/K_{DROOP}$$

转速基准 TNR 信号增减时，图 7-6 所示的静态特性线作上下平移。若燃气轮机尚未并网，则转速 TNH 随之变动（此时 TNH＝TNR）。若轮机已经并网，则 TNR 变化改变燃气轮机出力，TNR 上升，出力就增加，TNR 下降，出力就减小，所以 TNR 又称为转速/负荷基准。

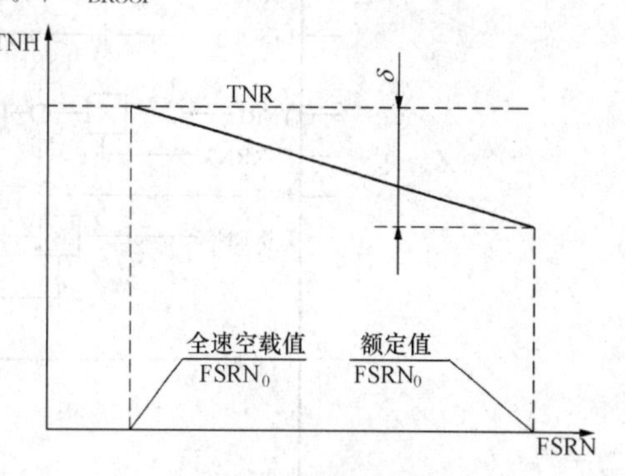

图 7-6　有差转速控制的静态特性

图 7-5 的下半部分表示控制转速基准 TNR 的变化。TNR 由中间值选择门的输出，中间值选择门有四个常数输入。第一个输入是常数 MAXLIMIT（最大限制），它设置了 TNR 的最大极限。在运行时这个上限定为 107%（TNKR3），这样保证了在 $\delta=4\%$的时候，即使电网盈功率（频率高达 103%），该燃气轮机仍然可发出全功率。在做机组超速试验时，则要把此上限提高到 111.5%，以便在空载时轮机可以把转速升高到这个数值。第三、第四个输入常数 OPERATING（运行）和 STARTUP（启动/停机），它设置了 TNR 的最小极限，OPERATING 是 95%（TNKR4），STARTUP 是 0（TNKR5）由逻辑 L83TNRO（或者 L83TNROP）来选择。若 L83TNRO＝1，则 0 作为 TNR 的下限，进入中间值选择门，这就意味着在 0%转速起，转速控制就可以介入 FSR 控制。运行状态 L83TNRO＝0，此时 95%输入中间值选择门作为 TNR 的下限，95%的下限可以保证即使电网欠功率（频率低到 95%），仍能通过 TNR 把轮机负荷降到零。中间值选择门的第二个输入是根据 L83PRES1（或者 L83PRES2）的逻辑状态决定是否选择 PRESET（预置），若逻辑 L83PRES1＝1，则切除积分器，将常数 TNKR2（或者 TNKR7 它们都是 100.3%）赋给 TNR，这个 100.3%的预置值是用于准备并网的转速。通常电网频率在额定值（100%），超出的 0.3%是为了避免并网后电网频率的波动造成发电机出现逆功率。

除了上述 4 个常数输入以外还有一些输入信号，它们将由操作人员根据条件自动或者手动改变，达到改变 TNR 不同升降速率的目的。

从图 7-7 中可以看到，Z^{-1}与加法器组成数字积分器 L83JDn/RATE 决定了升降速率常数 TNKR1 _ n 的某一个值，也就是通过不同的逻辑选择了不同的积分速率常数，L70R/RAISE 和 L70L/LOWER 决定积分的方向。L70R＝1，L70L＝0 时，积分值上升，逐渐增加 TNR，反向积分实现降低 TNR。L70R 与 L70L 都为“假”时，积分中止，TNR 保持不变。任何升或降的速率导致的变化范围都必须被限制在各种上下极限之间。

有差转速控制 FSRN 的完整算法如图 7-7 所示。

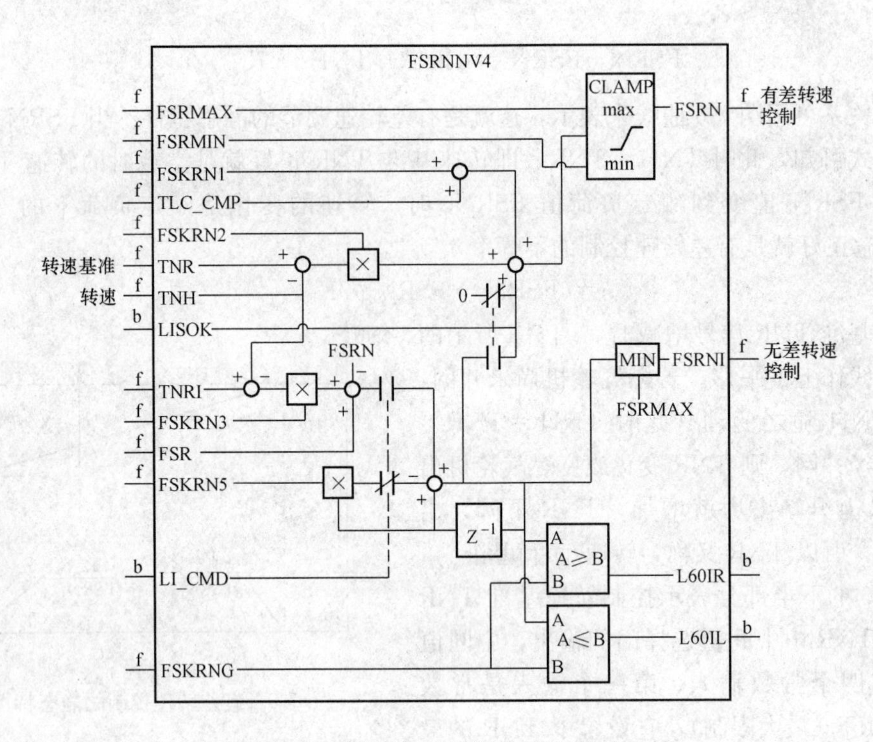

图 7-7　有差转速控制 FSRN 的算法

第四节　加　速　控　制

加速控制系统将转子角加速度信号与给定值比较，若角加速度实测值超过了规定的给定值，则减小加速控制 FSR 值 FSRACC，以减小角加速度，直到该值不大于给定值为止。若角加速度值小于给定值，则不断增大 FSRACC，直到使加速控制系统自动退出控制。由此可见加速控制系统其实质是角加速度限制系统。

角加速度为正值时就是转速增加的动态过程，加速控制系统仅限制转速增加的动态过程的加速度，对稳态（静态）不起作用，对减速过程当然也不起作用。

加速控制系统主要在二种加速过程发挥作用：

(1) 燃气轮机突然甩去负荷后帮助抑制动态超速。在燃气轮机甩去负荷后的过渡过程中，初期转速还未上升多少，FSRN 减少也不多，但此时加速度却很大，FSRACC 可能变得更小，这样就能在此期间更快地减小 FSR，减小动态超速。

(2) 在启动过程中限制燃气轮机的加速率，以减小高温部件的热冲击。在启动过程期间在暖机程序完成以后，启动控制系统输出的 FSRSU，是在暖机值 FSKSUWU(14.4%FSR) 的基础上，以 FSKSUIA(0.55%FSR/S) 的速率逐渐斜升直到 FSKSUAR(30.6%FSR)。并网之后以高速率 FSKSUIM(5%FSR/S) 继续迅速斜升。转速控制系统在启动过程中以 TNKR1_0(9%TNH/min) 的速率斜升 TNR(直到 TNH 到达 95%)。转速控制系统输出 FSRN：

$$FSRN=(TNR-TNH)\times FSKRN2+FSKRN1$$

式中 FSKRN1＝14.7%FSR 正好表示为轮机在全速空载时的 FSR 值。若 TNH 完全跟随 TNR 的变化，则 FSRN＝FSKRN1。实际上由于转子的惯性，TNH 总是落后于 TNR。因此启动过程中 FSRN 总是大于 FSKRN1。

在到达运行转速（97％）附近，由于 FSRSU 或 FSRN 经最小值选择后的 FSR 可能超过 FSKRN1 较多，因此温度将比空载时高得比较多，也具有较大的加速度。在到达运行转速时，TNR 启动斜升立即停止，FSR 回到全速空载值，温度相应下降。这个温度变化比较剧烈将造成一定的热冲击。加入加速度控制则通过限制加速度延缓到达运行转速前的加速过程，间接地抑制了这个过程中的温度上升，缓解了启动结束阶段的温度变化。

加速控制功能由控制算法 FSRACCV1——ACCELERATION CONTROL FSR（见图 7-8）完成，最终输出 FSRACC 信号。

在图 7-8 中的中间值选择门 MED SEL，其输出就是 FSRACC，它有三个输入：

（1）FSRMAX（100％FSR）——控制常数，给定的最大极限。

（2）FSRMIN——一个可变的最小极限 FSR 值，是根据启停过程中各个不同阶段所给定的限制曲线经过压气机进气温度修正系数 CQTC 修正后的输出（在早期的控制系统中 FS-RMIN 是一个大约 12％FSR 的固定最小极限）。给出最小 FSR 这个极限的目的在于防止过渡过程中燃烧室缺少燃料熄火，参见后续的停机控制小节。

（3）通过一系列运算后经加法器的输入，下面专门讨论第三个值的由来。

一般情况下，上述三个值的中间值作为 FSRACC 输出。

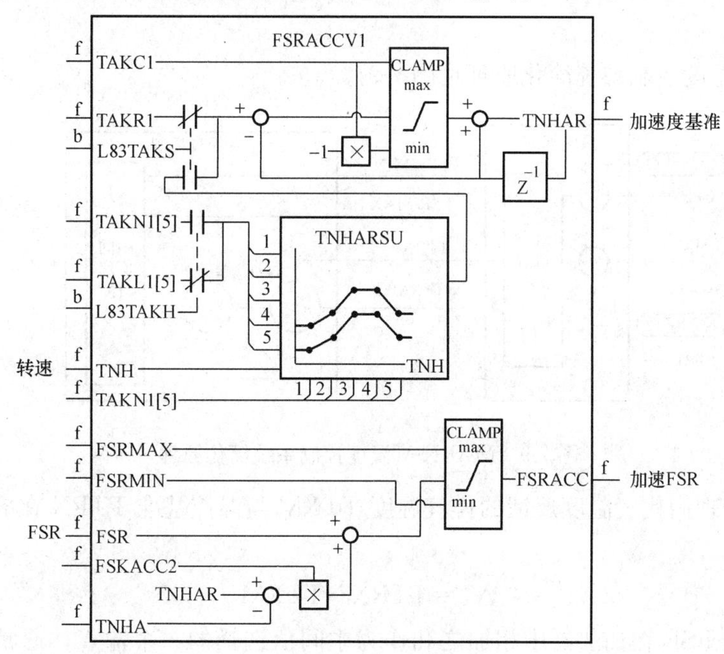

图 7-8 加速控制算法

转速信号 TNH 经微分器运算后与加速基准 TNHAR 在减法器相减，其输出为：

$$\Delta\omega = \text{TNHAR} - \frac{\Delta \text{TNH}}{\Delta t}$$

在燃机未进入加速控制前，也就是转速的上升速率不可能超出加速基准 TNHAR 时，

其角速度差值 $\Delta\omega>0$，那么 FSR 的差值为正：

$$\Delta FSR = FSKACC2 \times \Delta\omega > 0$$

使加法器的输出值大于原有 FSR 值，也就是 FSRACC>FSR，从而使得加速控制系统处于退出控制状态。

当燃机加速度大于加速基准 TNHAR 时，$\Delta\omega<0$，$\Delta FSR<0$，FSRACC<FSR。此时加速控制系统投入控制，把 FSR 值压低，直到新运行状态下的 $\Delta\omega$ 等于零或者大于零为止，以此实现燃机加速度监视的连续性。如果发现加速度值超过了当时允许的加速基准 TNHAR，则立即实施干预，减小 FSR 值，迫使加速度限制在规定的基准范围内。

第五节 温 度 控 制

一、温度控制简化原理图

MARK-Ⅵ系统设置了温度控制系统，它是根据燃气轮机排气温度信号与温控基准（Temperature Control Reference）比较的结果去改变 FSRT 的输出——温度控制 FSR 值。当排气温度超过温控基准时，减小 FSRT 的输出（减小到小于 FSRN 时，温度控制系统便进入控制），直到排气温度降低到温控基准为止。当排气温度低于温控基准时，FSRT 将增加，当超过 FSRN 时，温度控制系统便退出控制。因此温度控制系统实为最高排气温度限制系统。

MARK-Ⅵ温度控制系统简化原理见图 7-9。

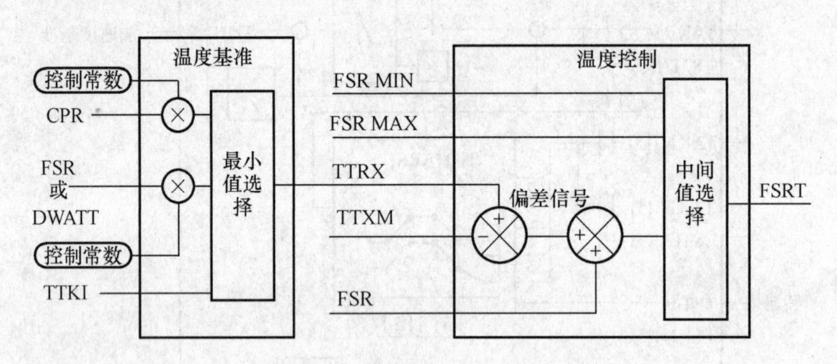

图 7-9 MARK-Ⅵ温度控制系统简化原理

经过适当处理后代表温度反馈的排气温度 TTXM 与温控基准 TTRX 在减法器相减，输出信号：

$$\Delta T = TTRX - TTXM$$

这个差值与 FSR 在加法器中相加之和作为中间值选择的一个输入，通常这个输入就是中间值，通过中间值选择后输出成为 FSRT。另外两个输入 FSRMAX 和 FSRMIN 为中间值选择设置了最大和最小值极限。

排气温度超过温控基准时，$\Delta T<0$，这时 FSRT<FSR。温度控制系统每个信号采样周期，FSR 减小一个 $|\Delta T|$ 值，同时排气温度不断降低，$|\Delta T|$ 连续不断地减小，直到排气温度降低达到温控基准，使得 $\Delta T=0$ 为止。实际上如果温度控制程序正常的情况下，排气温度是不会出现超过温控基准的。

排气温度低于温控基准时，$\Delta T>0$，这时 FSRT>FSR。FSRT 便被最小选择门所阻挡，使温度控制系统退出控制，转而交由转速控制来控制。

燃气轮机排气温度随负荷增加而升高，通常在运行工况的最大功率处进入温度控制。并网发电时，升高转速基准 TNR 增加出力（负荷），在达到某个确定值时，排气温度达到了温控基准，进入了温度控制的限制，这时候如果再企图升高 TNR 是无法提高出力（由于 FSRN 被最小值选择门所阻挡，转速控制系统已经退出控制），温控基准为燃机设置了运行工况（功率、温度等）的最高限。

二、排气温度信号的计算

燃机排气温度参数一般用 K 分度热电偶元件测量，安装在燃气排气扩散段区域呈圆形、筒状分布。在 GE 公司生产的 MS5000 和 MS6000 机组中为 18 对，在 9E 机组中为 24 对，而在 9FA 机组采用 31 对。热电偶的输出信号接入 TBTC 端子板再分送到<R><S><T>的 VTCC 卡。该卡件提供了冷端补偿和热电偶异常情况的偏置信号，通过软件冷端补偿计算后得出反映排气温度的 TTXD 向量。以 MS5000 和 MS6000 机组为例编号为 1、4、7、…、16 的热电偶信号接入<R>控制器，成为 TTXDR 向量。编号为 2、5、8、…、17 的热电偶接入<S>控制器，成为 TTXDS 向量。编号为 3、6、9、…、18 的热电偶接入<T>控制器，成为 TTXDT 向量。

为了增加可靠性，排气温度信号 TTXD 经过特定的处理后得到排气平均温度信号计算值 TTXM。温度信号处理的基本方法如图 7-10 所示。

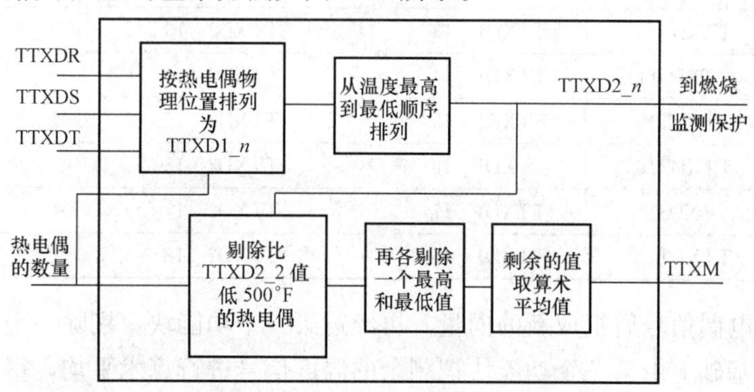

图 7-10 排气温度信号处理方框图

<R><S><T>的各个控制机把自身得到热电偶，并通过数据交换网络取得另两台控制器的热电偶信号，按实际位置排列成 TTXD1 见表 7-1。再按照从最高温度到最低温度的顺序进行第二次排列，把全部排气温度信号编排出新的第二张向量表 TTXD2 _ n，见表 7-2。

为了便于表示，下面仅以 18 对热电偶为例。

按热电偶信号由高到低排列的排气温度信号向量 TTXD2 _ n 直接送往燃烧监测保护，这部分内容在顺控一章中介绍，同时还送往其余功能运算块。从该向量的各信号中去除小于 X 值的信号：

$$X=(\text{TTXD2\_2})-(\text{TTKXCO})$$

式中：TTXD2 _ 2 为向量表 TTXD2 _ n 中第二位高的信号（见表 7-2）。

TTKXCO为控制常数，典型值为500 ℉。

例如TTXD2 _ 2=980 ℉，则 X=480℉时，功能块判断向量TTXD2 _ n中所有小于480 ℉的信号都存在测量故障，应全部剔除。该功能可以剔除故障热电偶的不正常信号，避免计算误差。

表7-1 排气温度信号物理位置排列

热电偶	<R><S><T>	显示名称
TTXD _ 1	TTXDR1	TTXD1 _ 1
TTXD _ 2	TTXDS2	TTXD1 _ 2
TTXD _ 3	TTXDT3	TTXD1 _ 3
TTXD _ 4	TTXDR4	TTXD1 _ 4
TTXD _ 5	TTXDS5	TTXD1 _ 5
TTXD _ 6	TTXDT6	TTXD1 _ 6
TTXD _ 7	TTXDR7	TTXD1 _ 7
TTXD _ 8	TTXDS8	TTXD1 _ 8
TTXD _ 9	TTXDT9	TTXD1 _ 9
TTXD _ 10	TTXDR10	TTXD1 _ 10
TTXD _ 11	TTXDS11	TTXD1 _ 11
TTXD _ 12	TTXDT12	TTXD1 _ 12
TTXD _ 13	TTXDR13	TTXD1 _ 13
TTXD _ 14	TTXDS14	TTXD1 _ 14
TTXD _ 15	TTXDT15	TTXD1 _ 15
TTXD _ 16	TTXDR16	TTXD1 _ 16
TTXD _ 17	TTXDS17	TTXD1 _ 17
TTXD _ 18	TTXDT18	TTXD1 _ 18

表7-2 排气温度信号高低排列

从最高到	位置号
TTXD2 _ 1	JXD _ 1
TTXD2 _ 2	JXD _ 2
TTXD2 _ 3	JXD _ 3
TTXD2 _ 4	JXD _ 4
TTXD2 _ 5	JXD _ 5
TTXD2 _ 6	JXD _ 6
TTXD2 _ 7	JXD _ 7
TTXD2 _ 8	JXD _ 8
TTXD2 _ 9	JXD _ 9
TTXD2 _ 10	JXD _ 10
TTXD2 _ 11	JXD _ 11
TTXD2 _ 12	JXD _ 12
TTXD2 _ 13	JXD _ 13
TTXD2 _ 14	JXD _ 14
TTXD2 _ 15	JXD _ 15
TTXD2 _ 16	JXD _ 16
TTXD2 _ 17	JXD _ 17
TTXD2 _ 18	JXD _ 18

剔除故障热电偶信号后组成新的向量。再经过第二个功能块，剔除一个最高值和一个最低值。然后在此基础上由第三个功能块把剩余的温度信号进行算术平均，得出排气温度信号的加权平均值TTXM。

图7-11所示的TTXMV4算法（排气温度反馈和保护）就是图7-10信号处理的软件程序图。

图7-12为温度控制FSRT算法FSRTV2。

三、温控基准

用燃机排气温度值间接控制燃气轮机工作温度时，温控基准又随环境温度而变化，所以此时温控基准采用随压气机出口压力而变的温控线和随燃料量而变的温控线，来达到控制效果。

MARK-Ⅵ控制的单轴燃气轮机常常采用图7-13表示温控线。

（1）等排气温度温控线ISOTHERMAL。

温控基准：TTKn _ I=常数

（2）CPR偏置（修正）的温控线CPRBIAS。该温控线给出了随压气机压比信号CPR

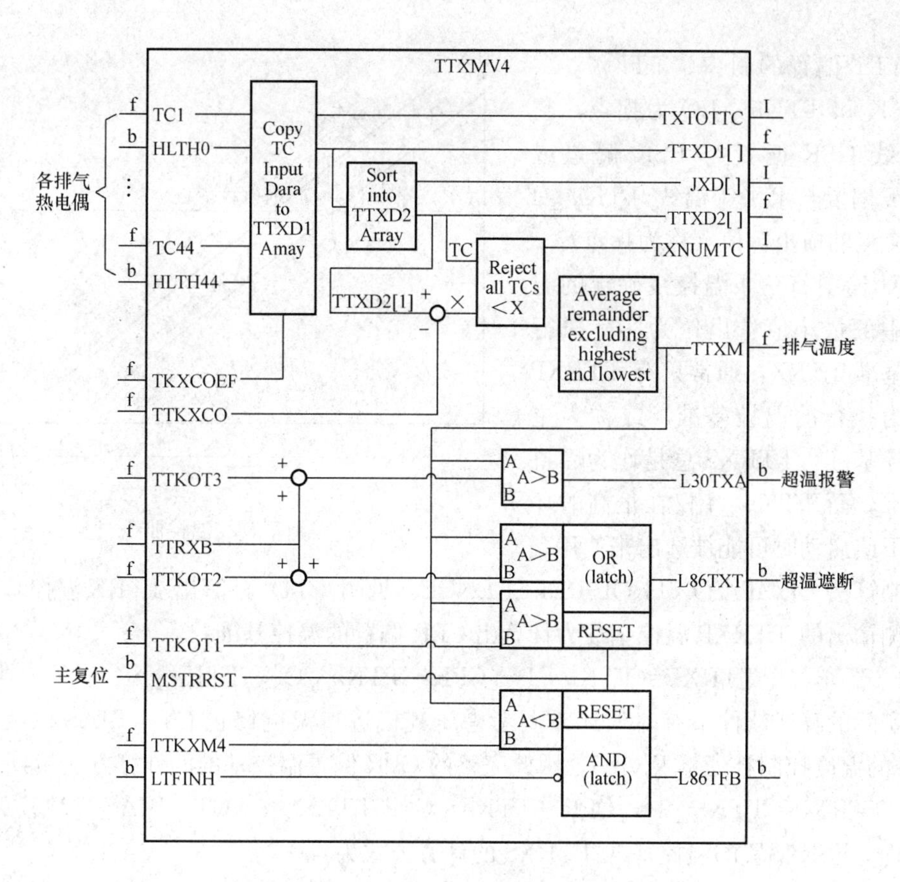

图 7-11　排气温度信号算法

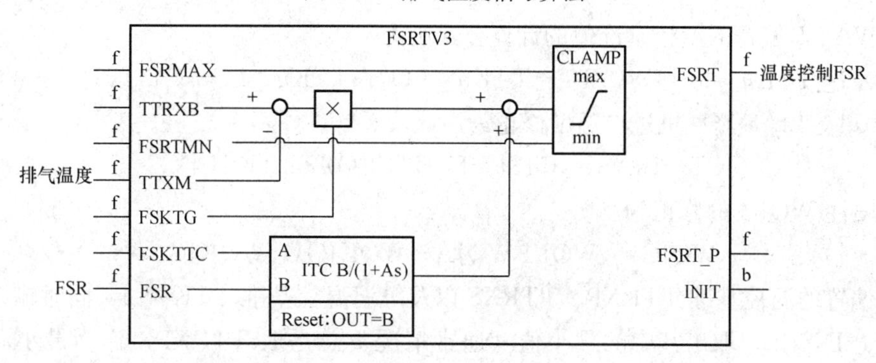

图 7-12　温度控制 FSRT 的算法

而变的温控基准 TTRXP：

$$TTRXP = TTKn\_I - [CPR - TTKn\_C] \times TTKn\_S$$

（3）FSR 或 DWATT 偏置（修正）的温控线 FSR 或 DWATT BIAS。这个温控线给出的温控基准 TTRXS：

$$TTRXS = TTKn\_I - [FSR - TTKn\_K] \times TTKn\_M$$

或

$$TTRXS = TTKn\_I - [DWATT - TTKn\_LO] \times TTKn\_LG$$

其中常数 TTKn _ S、TTKn _ M 和 TTKn _ LG 分别是温控线 CPR 偏置和 FSR BIAS

或 DWATT 偏置的斜率。TTKn _ C、TTKn _ K 和 TTKn _ LO 为拐点，它是温控线 CPR 偏置与 FSR 偏置或 DWATT 偏置与水平等温线 TTKn _ I 相交时交点的横坐标值（称为拐点）。

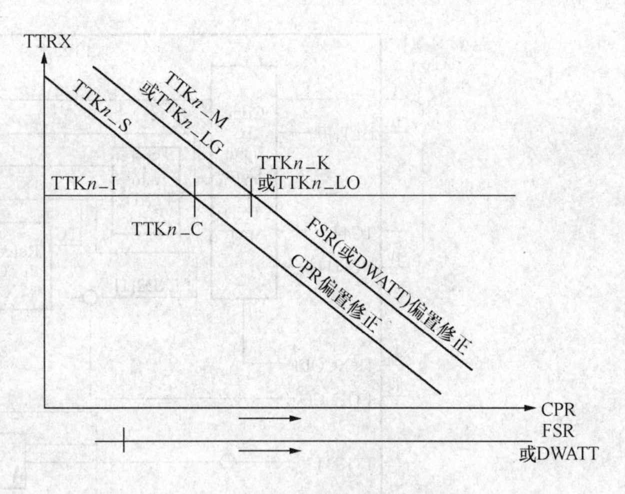

图 7-13　温控曲线

MARK-Ⅵ将三条温控线确定的温控基准中的最小值选出作为实际执行的温控基准 TTRX，通常只有 TTRXP 被选出为执行的温控基准，或称为主工作温控基准，TTRXS 总是作为后备温控基准，而 TTKn _ I 仅在很高的环境温度下或启动时可能被选出来使用。

控制算法 TEMP CONTROL REFERENCE（见图 7-14）计算出 TTRX 温控基准值。

右侧输出的 TTRXP 温控基准为计算出 CPR 偏置的温控基准：

$$TTRXP = TTKn\_I - [CPR - TTKn\_C] \times TTKn\_S$$

在实际的算法软件中有时候还需要考虑压气机进口温度修正 CT _ BIAS 以及水（或蒸汽）喷注的温度控制补偿量 WQJG，因此完整的 CPR 偏置温控基准的计算方法为：

$$TTRXP = TTKn\_I - [CPR - TTKn\_C] \times TTKn\_S + CT\_BIAS + WQJG$$

同理，FSR 偏置的温控基准 TTRXS 的计算公式为：

$$TTRXS = TTKn\_I - [FSR - TTKn\_K] \times TTKn\_M + CT\_BIAS + WQJG$$

而 DWATT 偏置的温控基准值的计算公式则为：

$$TTRXS = TTKn\_I - [DWATT - TTKn\_LO] \times TTKn\_LG + CT\_BIAS + WQJG$$

这里 CT _ BIAS 压气机进口温度修正为：

$$CT\_BIAS = (CTD - TTKTCDO) \times TTKTCDG$$

蒸汽喷注 WQJG 的修正为：

$$WQJG = (WQJ + WQJA - WQKJO) \times WQKJG$$

两种偏置的温控基准 TTRXP、TTRXS 以及等温温控基准 TTKn _ I，同时输入到最小值选择门 MINSEL，取出其中的最小值（通常情况下总是取 TTRXP）作为最小温控基准 TTR _ MIN 送往下面部分的程序块中。

TTR _ MIN 通过微分器得到温控基准 TTRX 变化率，由于控制常数 TTKRXR1 和 TTKRXR2（通常为＋1.5 ℉/Sec 和－1.0 ℉/Sec）通过中间值选择门 MEDSEL 保证了温控基准变化的速率限制在上述两个控制常数之间，从而使得输出的温控基准 TTRX 尽可能最小且升降的变化速率也不会太大。

对于 GE 公司的 6B、9E 机组，计算温控基准的七个控制常数取决于不同负荷、不同燃料、是否联合循环以及一些特殊用途对燃烧温度的要求产生的若干数据组。根据控制常数信号名中“n”的编号来区分不同的数据组。

例如：在燃用柴油基本负荷运行时，选择 $n=0$，那么逻辑 L83JTn 就选择了 L83JT0＝1。相应就确定了一套用于“柴油基本负荷”的温度控制数据，见表 7-3。

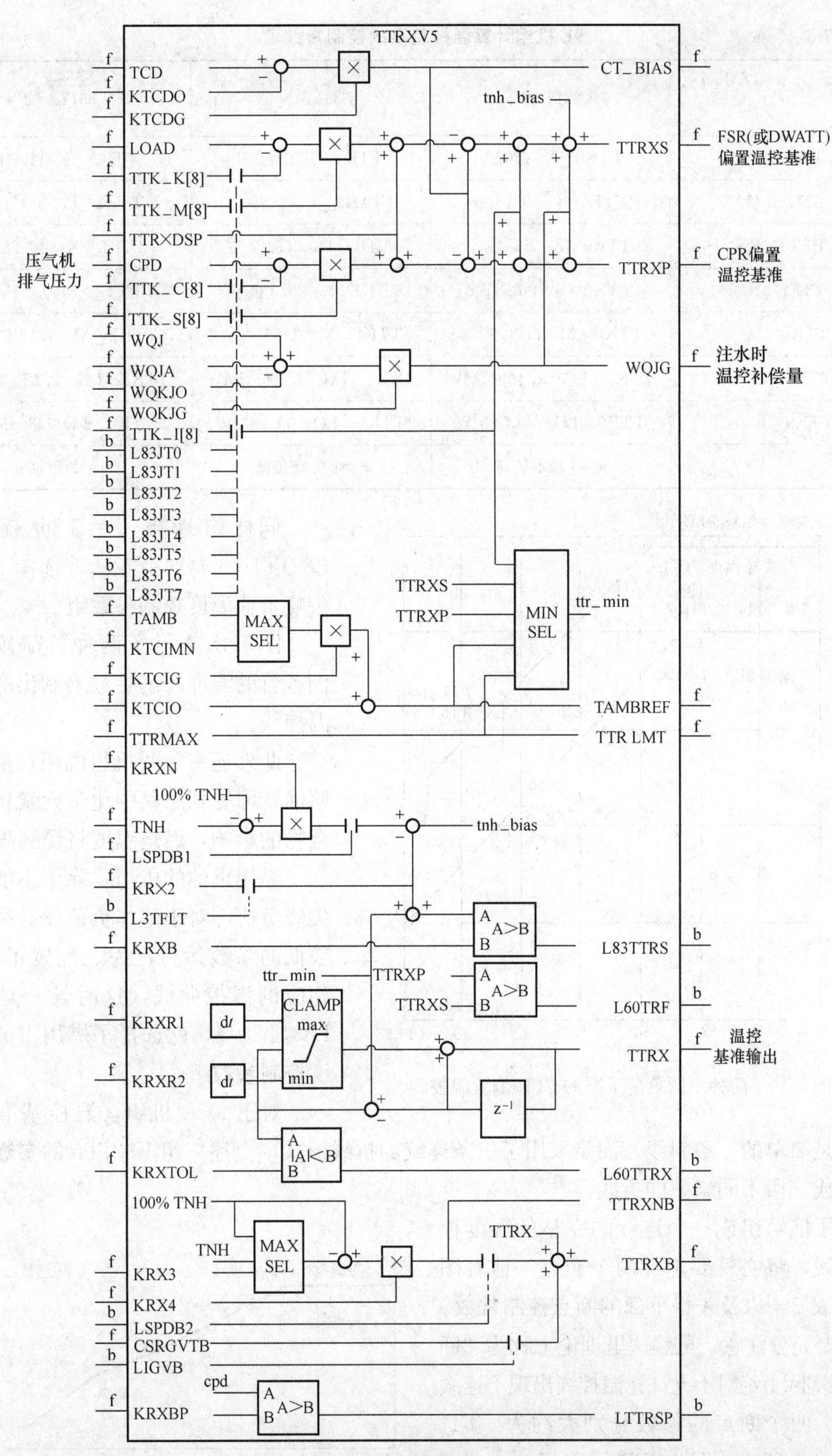

图 7-14　温控基准控制算法

表 7-3　　9E 机组计算温控基准的控制常数表

常数名 \ L83JTn	L83JT0=1	L83JT1=1	L83JT2=1
TTKn _ I	TTK0 _ I　1100°F	TTK1 _ I　1140°F	TTK2 _ I　1100°F
TTKn _ C	TTK0 _ C　9.18p-r	TTK1 _ C　9.8p-r	TTK2 _ C　8.17p-r
TTKn _ K	TTK0 _ K　55.18%	TTK1 _ K　65.24%	TTK2 _ K　46.28%
TTKn _ S	TTK0 _ S　26°F/p-r	TTK1 _ S　25.5°F/p-r	TTK2 _ S　30.2°F/p-r
TTKn _ M	TTK0 _ M　3.79°F/%	TTK1 _ M　3.56°F/%	TTK2 _ M　4.12°F/%
TTKn _ LG	TTK0 _ LG　1.46°F/MW	TTK1 _ LG　1.79°F/MW	TTK2 _ LG　2.18°F/MW
TTKn _ LO	TTK0 _ LO　80.52MW	TTK1 _ LO　95.28MW	TTK2 _ LO　48.8MW
—	n=0 基本负荷	n=1 尖峰负荷	n=2 重油

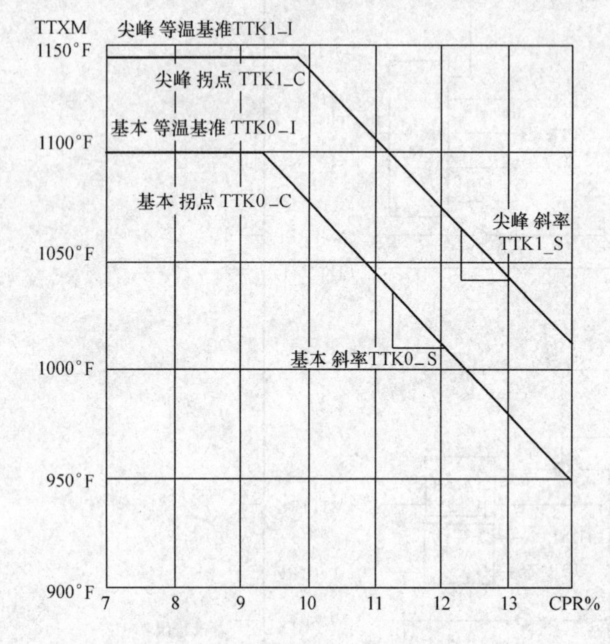

图 7-15　两种不同负荷工况的 CPR 偏置温控线

同样道理当 $n=1$ 也就使得 L83JT1=1 这时就意味着选择了柴油尖峰负荷温度控制参数组。

图 7-15 表示了两种负荷按照它们各自的温度控制参数绘制出的两条温控线。

此外还有一些机组燃用重油或者原油，因受到燃料中化学元素钒的化合物的影响，燃烧温度将受到限制。

燃用重油的机组，除了不能使用尖峰负荷，对于基本负荷还必须采用较低的参数运行，为之配置了 $n=2$ 相应的温控曲线，这时候一旦出现 L83JT2=1，就选择了燃用重油的温度控制参数组。

对于 9FA 机组，温控基准的偏置线不是简单的一条斜线，而是采用了三条连续的折线形式，上述三组 L83JTn 的参数常常被设置成三段不同斜率的折线。

为了能够组成一个连续的完整的温度控制基准线，势必就要增加两个断点，请看图 7-16 和表 7-4 以及表格下部的断点控制常数。

需要充分注意，虽然这里理论上称为“断点”，但实际上绝对不允许让温控线出现不连续的断开。两个断点的参数分别大约为：TTKRBP1=14.85p-r，TTKRBP2=16.253p-r。

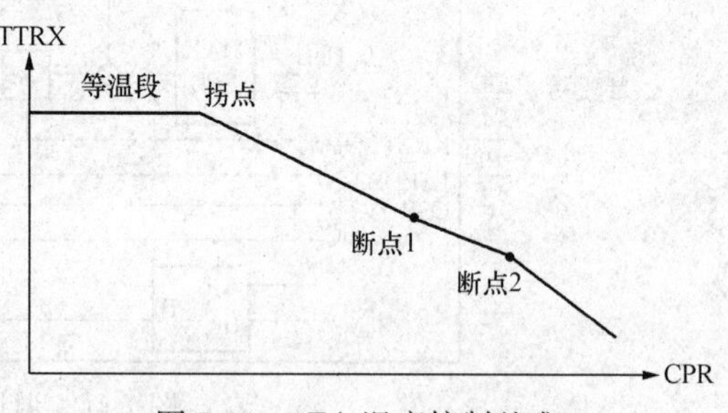

图 7-16　9FA 温度控制基准

表 7-4　　9FA 三段式温控基准的控制常数表

L83JTn	L83JT0=1	L83JT1=1	L83JT2=1
TTK_I [n]	TTK_I [0]　1200℉	TTK_I [1]　1200℉	TTK_　1200℉
TTK_C [n]	TTK_C [0]　13.563p-r	TTK_C [1]　3.313p-r	TTK_C [2]　14.718p-r
TTK_K [n]	TTK_K [0]　217.188%	TTK_K [1]　217.188%	TTK_K [2]　217.188%
TTK_S [n]	TTK_S [0]　28.13℉/p-r	TTK_S [1]　24.106℉/p-r	TTK_S [2]　46.183℉/p-r
TTK_M [n]	TTK_M [0]　1.257℉/%	TTK_M [1]　1.257℉/%	TTK_M [2]　1.257℉/%
TTK_LG [n]	TTK_LG [0]　2.037℉/MW	TTK_LG [1]　2.056℉/MW	TTK_LG [2]　2.056℉/MW
TTK_LO [n]	TTK_LO [0]　68.71MW	TTK_LO [1]　67.527MW	TTK_LO [2]　67.078MW
3 个偏置段	n=0 第 1 段	n=1 第 2 段	n=2 第 3 段

第六节　停　机　控　制

正常停机是通过 MARK-Ⅵ主控系统 HMI 的启动页面，选择 STOP 目标字段而给出停机指令信号 L94X。如果发电机断路器是闭合的，一旦给出 L94X 信号，转速/负荷基准 TNR 开始以正常速率下降以减少 FSR 和负荷，直到逆功率动作使发电机断路器开路。这一过程 FSR 将逐步下降到最小值 FSRMIN，其值应做到在 3～4min 内使得燃机下降到 L60RB 的失电值（燃油时约 40%TNH，燃气时约 30%TNH），它将导致 FSR 迅速下降直到关闭燃料截止阀切断燃料。

对于 9FA 单轴机组的停机过程，由于燃气轮机和汽轮机在同一个轴系，其过程就比较复杂一些。但是从主控系统的停机控制而言，对 FSRSD 的控制及其变化规律无疑是基本相同的。

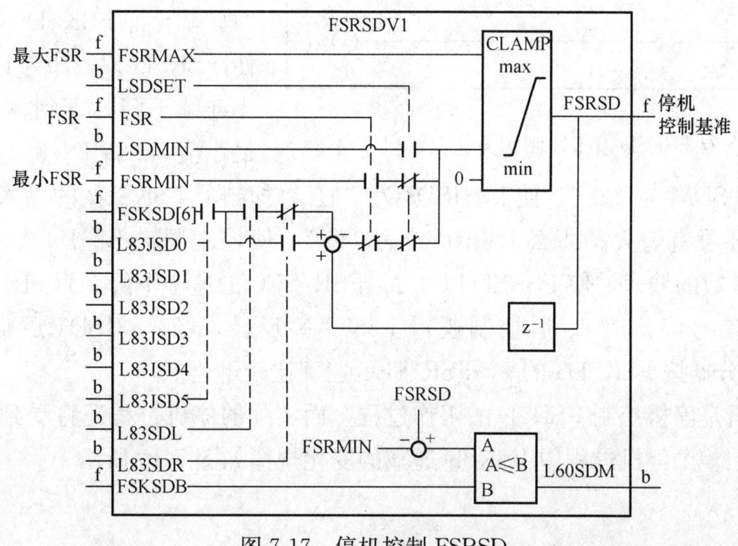

图 7-17　停机控制 FSRSD

在燃机停机过程中，由于燃料的减少和切断使得热通道部分受到温度变化的冲击而产生应力，犹如燃机启动过程一样，升温和降温速度过快影响了机组部件的使用寿命。在本节讨论的停机控制中，就是通过控制停机过程 FSRSD 的递减速率来合理控制热应力的大小。在主控系统中由 FSRSD 作为停机 FSR 控制是在近 20 年才提出来的先进控制思想。

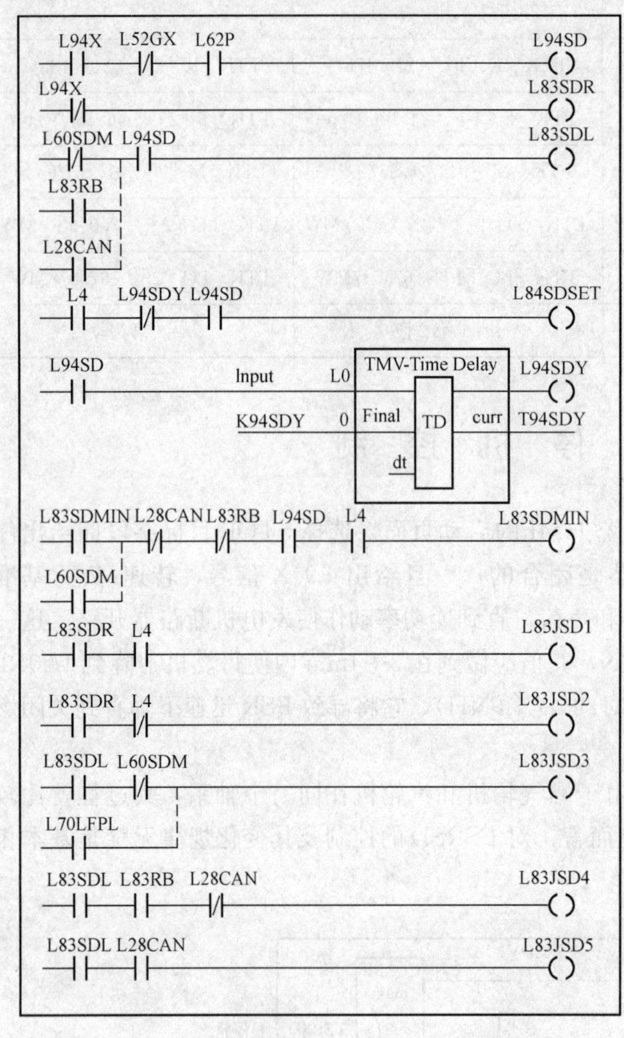

图 7-18　含有 FSRSD 停机控制相关的逻辑程序块

由图 7-17 所示停机 FSRSD 和图 7-18 所示的下部程序块图中可以看出，停机 FSR 渐变速率 FSKSDn 共分为五段，分别由渐变控制逻辑 L83JSD1～L83JSD5 来控制。

在停机逻辑 L94X 为“假”时，L83SDR 为“真”，这时主保护 L4 为“真”，因而控制逻辑 L83JSD1 为“真”，相应的 FSKSD1 约为 0.1%FSR/SEC 的变化率。一旦主保护 L4 为“假”，那么 L83JSD2 为“真”，相应的 FSKSD2 约为 5% FSR/SEC。这是由于失去主保护，出现遮断，因而以较快的速率增加 FSRSD，使得 FSRSD 退出控制。

实际上，从图 7-19 可知 FSR 也将被钳位于零。

如果发出正常停机指令，则 L94X 为“真”而 L83SDR 为“假”，与之相邻的 L94SD 为“真”导致 L83SDL 为“真”，从而 L83JSD3 为“真”，允许 FSKSD3 输入到积分器，使 FSRSD 以 1.0%FSR/SEC 的速率连续下降，直到输出值几乎等于最小值 FSRMIN 为止。此时由此通过控制逻辑 L60SDM 为“真”，使 L83JSD3 为“假”，抑制了 FSKSD3 的输入。假如燃机在一定的转速下还没有熄火。那么 L83RB 将为“真”，使控制逻辑 L83JSD4 为“真”，允许 FSKSD4 控制常数的输入，使 FSRSD 以 0.1%FSR/SEC 的速率下降，直到任意一个火焰检测器给出熄火信号经延时 1s 后控制逻辑 L28CAN 反转，经 L83JSD5 逻辑为“真”，使 FSRSD 通过积分器按 FSKSD5 的 1%FSR/SEC 速率比较迅速下降。

上述的分析是停机控制 FSRSD 的工作过程，而实际的停机过程还将受到其他一些控制逻辑的制约。在整个停机过程中 FSRSD 递减的变化规律如图 7-19 所示。

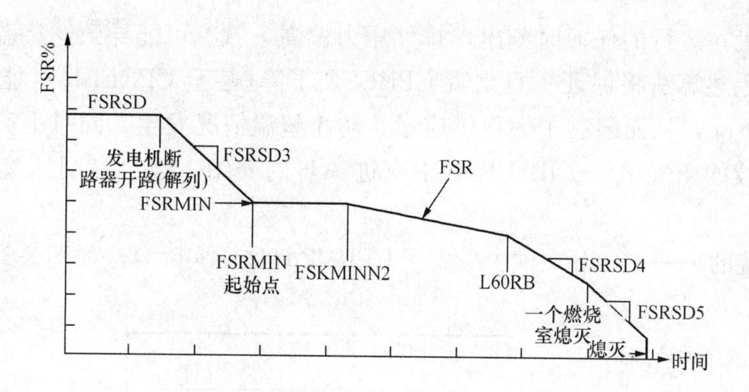

图 7-19 停机控制 FSRSD 的变化规律

第七节 压气机排气压力控制

在 20 世纪 90 年代中后期，GE 公司在主控制系统中新增一种由压气机的压比来限制 FSR 的控制方式。采用了如图 7-20 所示的计算方法和步骤。

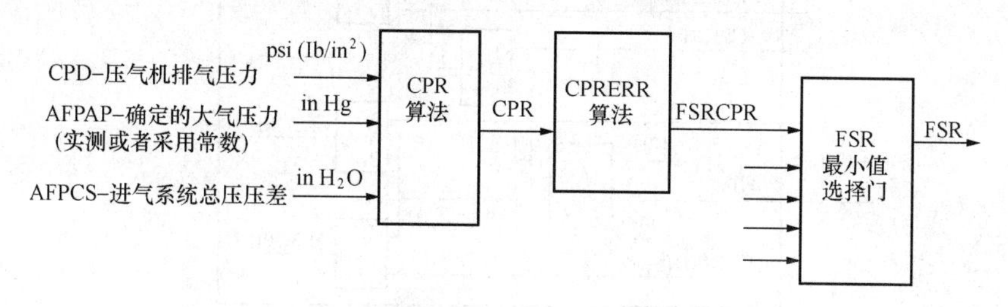

图 7-20 压气机排气压力控制算法图示

根据压气机的进气压降、大气压、压气机排气压力和一些控制常数计算得出实时压比值，其计算公式如下：

$$CPR=(CPD+AFPAP\times CPKRAP)/[(AFPAP-AFPCS/CPKRPC)\times CPKRAP]$$

再根据压比计算出压比的偏差量：

$$CPRERR=CPRLIM-CPR-CPKERRO$$

最终取得压气机排气压力控制的 FSRCPR 限制值：

$$FSRCPR=(CPRERR+CPKFSRO)\times CPKFSRG+FSR_{TC}$$

式中 CPR——由压气机排气压力 CPD 计算得出的压气机压比；
CPRERR——压比的偏差量；
CPRLIM——计算得出的压比极限值；
CPKERRO——压气机压比偏差的偏置值(控制常数)；
CPKFSRO——压气机压比极限的 FSR 偏置值(控制常数)；
CPKFSRG——压气机压比极限的 FSR 增益值(控制常数)；
FSR_{TC}——FSR 随 CPKFSRTC 的渐变时间常数值(控制常数)；
CPKRAP——大气压基准值(控制常数)，0.4912lb/in；
CPKRPC——单位制换算系数，13.608in H_2O/in Hg。

如果压气机在运行的任何时刻出现排气压力偏高，就有可能导致燃烧温度过高的情况发生；设置的上述算法将保证一旦出现 CPREER 下降(甚至 CPREER 可能出现负值)FSRCPR 也随之下降，从而限制了燃料供应量，防止超温情况发生，同时也实现了对压气机的保护。在后续的压气机——IBH 控制中有进一步的介绍，也可参阅压气机运行极限示意图。

在控制系统的 ****.m6b 文件中采用了 CPRV2 算法。实际算法如图 7-21 所示。

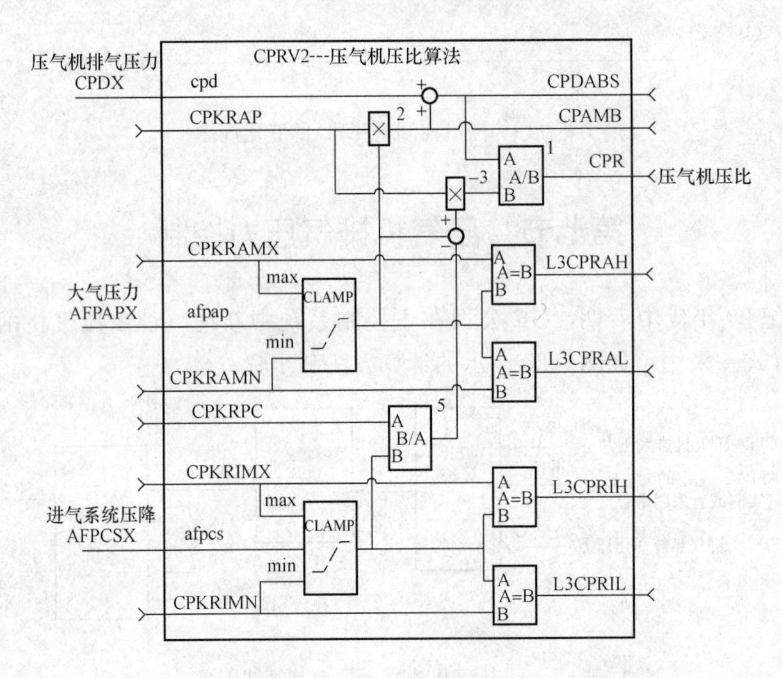

图 7-21 压气机压比的算法

第八节 输出功率控制

在同期并网以后，如果功率变送器出现故障，输出功率控制子系统这个输出功率控制子系统，就会对 FSRDWCK 加以限制。采用压低 FSR，减少燃料来限制负荷。

机组并网以后，当功率变送器测量到负荷大于 DWKFLT(1～2MW)，就认为功率变送器信号正常，此时输出 L3DWBCOK 逻辑信号为“真”。在机组连续发电运行过程中，一旦出现功率变送器信号异常，而且在 5s 内不能恢复正常，就不允许使用 FSR_LAST(也就是当时的 FSR 输出)，而是把控制常数 FSRKDWCK 所设定的值 30%FSR 作为新的 FSRDWCK 的值输出。这样使得 FSR 最小值选择门放弃了 FSRT 或者 FSRN 的控制，转而选择更低的 FSRDWCK=30%FSR，实现了限制负荷的目的。

输出功率限制程序块算法在 MARK-Ⅵ系统的 ***.m6b 文件中的表示形式如图 7-22 所示。输出功率限制在 MARK-Ⅴ系统程序块图中的表示形式如图 7-23 所示。

借助于图 7-22 和图 7-23，我们可以了解 MARK-Ⅵ和 MARK-Ⅴ应用程序的两种不同的表述形式，其原理是完全一致的。

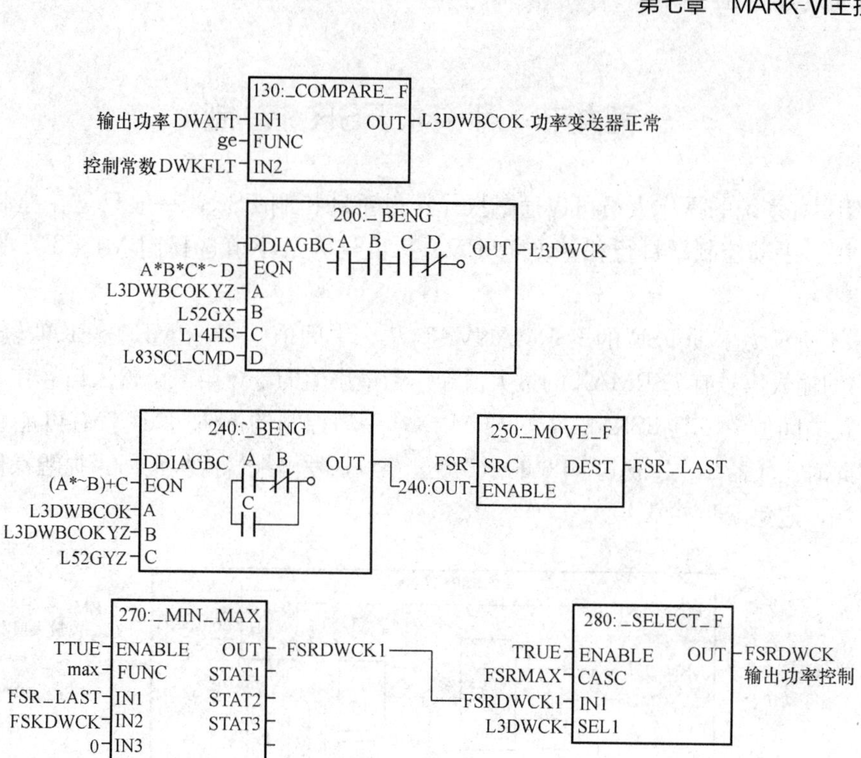

图 7-22 输出功率限制在 MARK-Ⅵ的 ***.m6b 文件中的表示形式

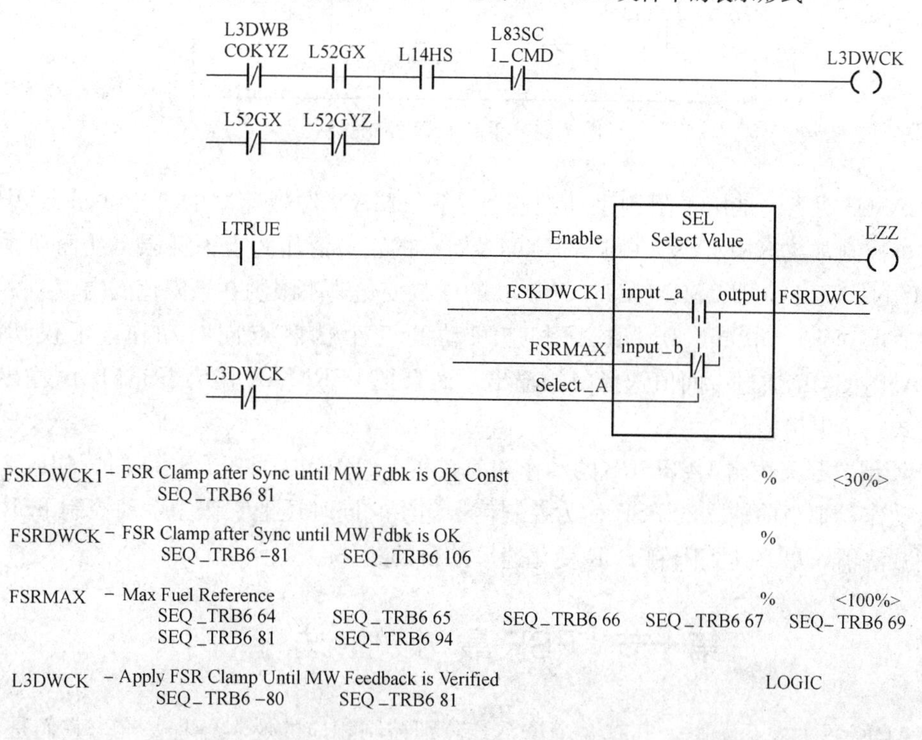

图 7-23 输出功率限制在 MARK-Ⅴ程序块图中的表示形式

第九节　手动 FSR 控制

MARK-Ⅵ系统的操作人员可以通过操作接口手动控制 FSR，一般只是在控制器故障或调试时才用。手动控制燃料行程基准 FSRMAN 也作为最小值选择门 MINSEL 的诸项输入之一。

图 7-24 所示为手动 FSR 的 FSRMANV2 算法。中间值选择门 MED SEL 的输出为 FSRMAN，它的输入信号有 FSRMAX 的最大值和作为最小值的零，第三个输入信号在手动控制时通常也就是中间值。一旦 FSRMAN<FSRMAX，手动控制的 FSRMAN 就有可能介入对 FSR 的控制，此时比较器 A>B 成立，L60FSRG 逻辑置 1，发出报警通报信号，提醒操作员以引起足够的关注，避免 FSR 的失控。

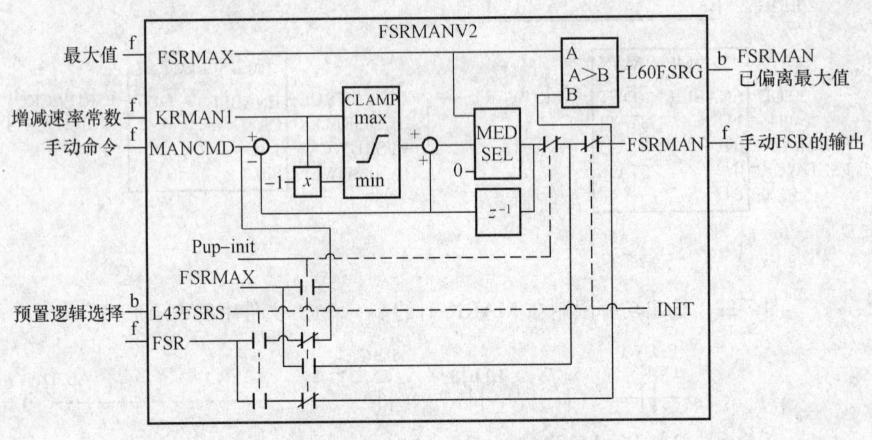

图 7-24　手动 FSR 控制算法

CLAMP 功能块是用于限制手动控制下，FSRMAN 增减速率的箝位（CLAMP）功能块，它将控制常数 KRMAN1（即 FSKRMAN1）的正负值作为上下极限，从而使手动控制指令 MAN _ CMD（即 FSRMAN _ CMD）的增减变化速率限制在极限范围内。

在通电过程 pup-init 为“真”，相应联动的 5 个伪触点同时动作。不仅切断了由 FSRMAN _ CMD 通过中间值选择门的输出，而且把 FSRMAX 作为 FSRMAN 输出，保证手动方式完全退出控制。

FSR 预置开关逻辑 L43FSRS 的动作和前者相类似。当 L43FSRS＝1 时，相应 3 个伪触点同时动作，把当前输入的 FSR 作为控制信号输出，同时还把它作为手动控制 FSR 的指令输送到减法器，最终达到限制 FSR 变化速率的目的。

第十节　FSR 最小值选择门

MARK-Ⅵ主控系统中，共有 8 个子系统分别控制相应的燃料行程基准，它们是：

启动控制系统	FSRSU
转速控制系统	FSRN

加速控制系统　　　　　　　　FSRACC
温度控制系统　　　　　　　　FSRT
停机控制系统　　　　　　　　FSRSD
压气机压比控制系统　　　　　FSRCPR
输出功率控制系统　　　　　　FSRDWCK
手动 FSR 控制系统　　　　　 FSRMAN

这 8 个燃料行程基准都送到 FSR 最小值选择门，选出其中最小的那一个值赋给 FSR 作为当前选用的燃料行程基准。同一时刻仅有一个系统的燃料行程基准能够通过最小值选择门，进入控制。FSR 最小值选择门保证了上述各控制系统的协同配合，例如燃机在点火过程，FSR＝FSRSU，处于启动控制，而其他控制系统都处于退出控制状态。我们具体分析如下：

(1) 转速还远远低于转速基准值（虽然此时转速基准设置为启动最小值），FSRN＝FSRMAX。

(2) 转子还依赖于启动装置驱动，转速增加不可能太快，所以加速控制系统不可能起作用，FSRACC 接近于最大值 FSRMAX。

(3) 燃机点火时排气温度还很低，温控系统不可能进入控制，FSRT＝FSRMAX。

(4) 在启动过程中不可能发出停机信号，停机控制不起作用，FSRSD＝FSRMAX。

(5) 没有选择手动控制情况下 FSRMAN＝FSRMAX，手动控制退出。

(6) 压气机压比还很低，所以 FSRCPR≈FSRMAX，因此处于退出控制的状态。

(7) 启动期间发电机当然不可能有负荷，所以 FSRDWCK＝FSRMAX，也退出了控制。

启动过程中，暖机阶段转速低，排气温度、加速度都低，只有启动控制系统起作用。暖机后的加速度过程中仍然由启动控制系统介入控制，但是如果出现加速速率较高的时候，加速控制系统也可能参与控制。一旦后者参与控制，就表明启动升速过程中的加速度已经达到了程序规定的加速速率。

在这个阶段，转速控制和温度控制只起到后备控制和限制作用。图 7-25 所示为一个实际启动过程三个参数变化示意图。从图中可以清楚地看到，实际 FSR 的输出曲线是综

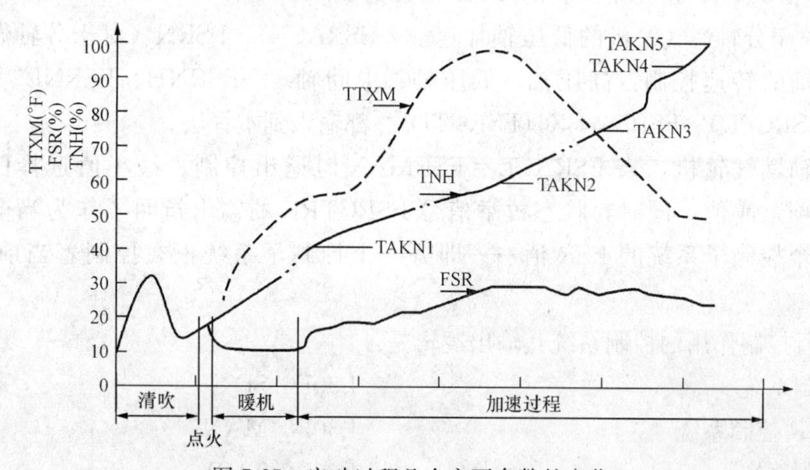

图 7-25　启动过程几个主要参数的变化

合了各个 FSRn 输出再经过最小值选择以后的结果。我们可以看到典型的 FSR 曲线。它在暖机前完全按照 FSRSU 的规律变化，而暖机完成开始加速程序后，由于加速控制时而会介入控制，导致 FSR 的变化并没有完全按照 0.05％FSR/sec 的启动控制的速率连续斜升上去。

图中 TAK 均为控制常数，点火、暖机都由启动控制系统控制。暖机以后，启动控制系统按启动加速速率提升 FSR，排气温度 TTXM 和转速 TNH 随之上升。转速 TNH 上升到 90％左右，转速控制就开始介入，TNR 按启动的上升速率上升。因此 TNH 也近似于以直线上升，但 FSR 上升速率实际比启动控制系统的启动加速 FSR 上升速率相对要低一些，启动控制系统的 FSRSU 却以很高速率上升由此退出控制。再往后可能是转速控制或加速控制的复杂过程。

启动程序完成加速立即停止，加速度为零，转速便停在 100.3％，加速控制的 FSRACC＝FSRMAX，退出控制，此时 FSR 转入转速控制来控制。所以 FSR 降下来，稳定在全速空载值上，等待并网。

并网运行时，启动控制、加速控制都处于 FSRMAX，因而处于退出状态。可能进入控制的是转速控制和温度控制。在出力（功率）不太高的情况下，排气温度达不到温控基准，温控系统就退出控制作为备用，由转速控制系统控制运行。增加转速/负荷基准就可以增加出力，直到温度控制的 FSRT 小于 FSRN，转速控制系统便退出控制，机组的负荷被温控所限。这时企图再增加转速/负荷基准也不能增加出力，事实上程序已禁止调节器增加转速/负荷基准 TNR。

如果运行的负荷选择由“基本负荷”转向“尖峰负荷”，则是更换了一个较高的温控线，温控系统就必然退出控制，重新由转速控制接管。这时可以通过增加 TNR 进一步提高负荷，直到排气温度到达尖峰负荷温控线为止。

图 7-26 所示为含有 8 个控制子系统的主控系统总貌。

最小值选择门选出 8 个子控制系统要求的 FSR 的最小值，作为当前执行控制的 FSR 送往燃料控制系统。

图 7-27 所示为完整的 FSR 最小值选择和逻辑状态输出的 FSRV2 算法。

图 7-27 中 8 个控制系统控制的 FSR 参数为：FSRSD、FSRMAN、FSRT、FSRSU、FSRACC（对于分轴燃气轮机的低压轴加速——FSRACL）、FSRN（对于分轴燃气轮机则包含了三个轴的转速控制：高压轴、低压轴、中间轴——FSRNH、FSRNL、FSRNIP）、FSRCPR（FSRCPD）、FSRDWCK（FSRCTD）、都输入到本算法。

对于单轴燃气轮机，当 FSRACL＝FSRMAX 时退出控制。最小值选择门 MINSEL 选出其中一项最小值。同时，状态枚举信号 FSRCTRL 的输出指明了作为当前控制所使用的是哪一个控制子系统的 FSR 值——即哪一个控制子系统正在控制着当前 FSR 输出量。

正在执行控制作用的控制系统其输出逻辑是：

停机控制系统	L30F _ SD
手动 FSR 控制系统	L30F _ MAN
温度控制系统	L30F _ TMP

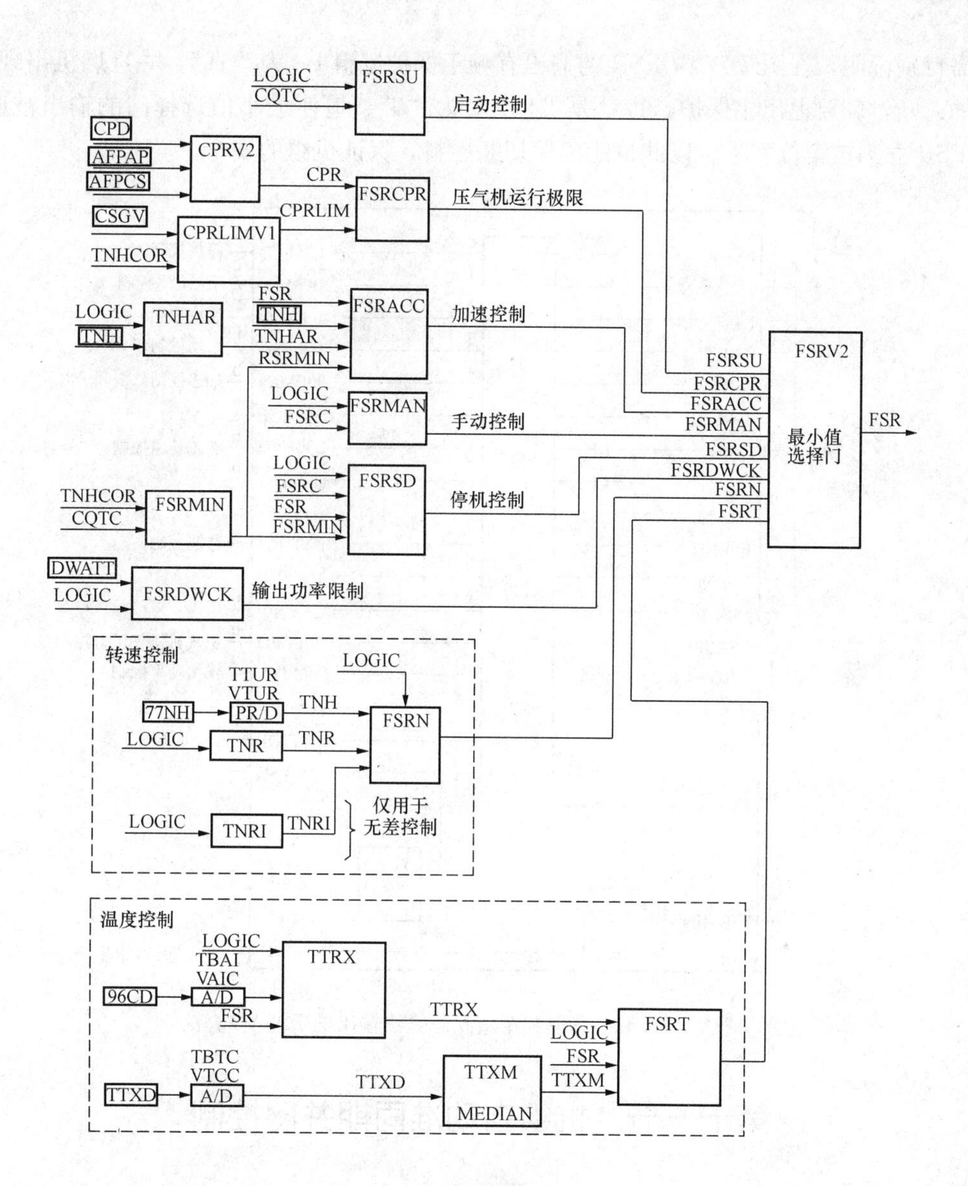

图 7-26 主控系统控制原理图

启动控制系统	L30F _ SU
加速控制系统	L30F _ ACN
低压轴加速控制系统（对分轴燃气轮机）	L30F _ ACL
有差转速控制系统	L30F _ ND
无差转速控制系统（独立运行的机组）	L30F _ NI
压气机压比控制系统	L30F _ CPR（L30F _ CPD）
负荷控制系统	L30F _ DW（L30F _ CTD）

正是根据这些逻辑输出，监视器上才可以显示哪一个控制系统正在“执掌着”控制权。这些逻辑信号还输出到其他一些算法逻辑进行运算。

从图 7-27 可知只有当输入逻辑 L83SCI（SCICMD）为“真”时，下部伪触点闭合，上部触点断开，才能够选择无差转速调节。否则总是维持在有差转速调节。

需特别说明，在图 7-27 中 FSR 的输出有赖于保护逻辑 L4 为“真”。一旦燃机出现任何原因的遮断，就要退出主保护，也就是 L4 逻辑为“0”。迫使最小值选择门的输出被遮断，这时 FSR 立刻被箝位到零。以此也能确保切断燃料，保证机组的安全。

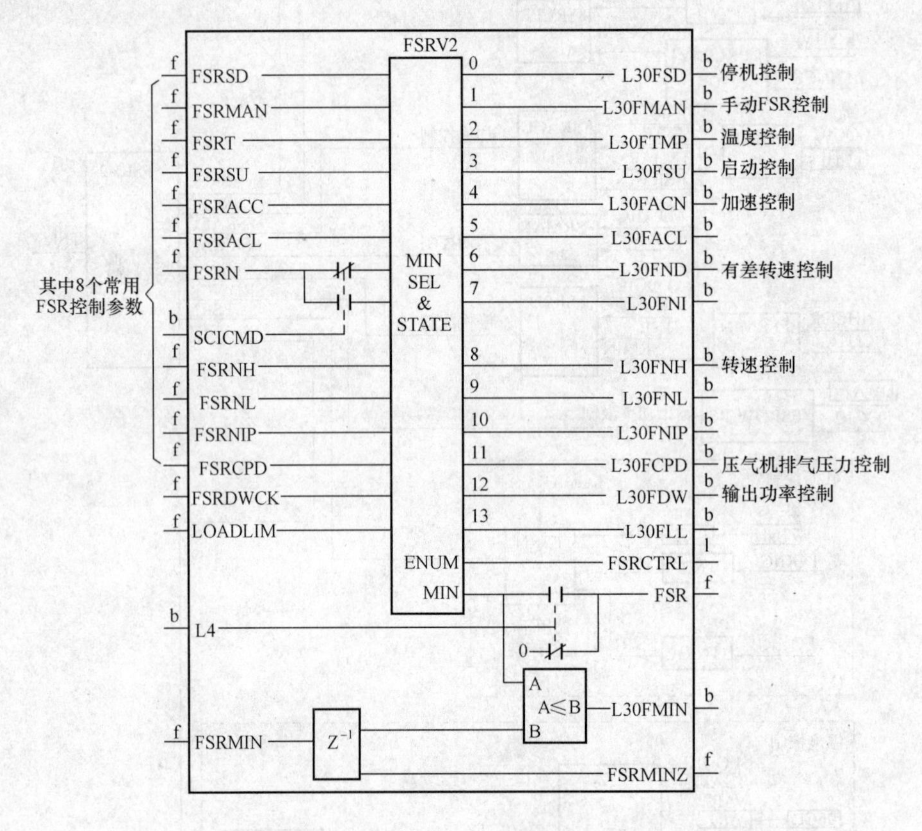

图 7-27 FSR 最小选择和逻辑状态算法输出的 FSRV2 算法

第十一节 机组自动准同期并网控制

机组自动准同期并列就是为了减小并网时冲击电流所带来的危害采取的有效并网措施。关于自动准同期的需求见第一章第三节相关内容。自动准同期满足下列条件时，可以合上并网断路器开关，其并网方法称为准同期。

(1) 并网断路器两侧的相序相同。

(2) 并网断路器两侧的电压相等，最大允许相偏差在 20%以内。

(3) 并网断路器两侧电压的相位角相同。

(4) 并网断路器两侧电源的频率相同，发电机频率高于电网频率 0.15Hz。

下面以 GE 公司 GE9FA 燃机发电机组为例，机组的自动准同期是由 MARK-Ⅵ控制系统完成的，由自动准同期软件模块根据输入参数计算，再输出一组与并网相关的信号，断路器合闸信号由继电器发出。

一、GE 公司 9FA 燃机自动准同期软件功能块

GE 公司 9FA 燃机自动准同期软件功能块，如图 7-28 所示，整定值见表 7-5。

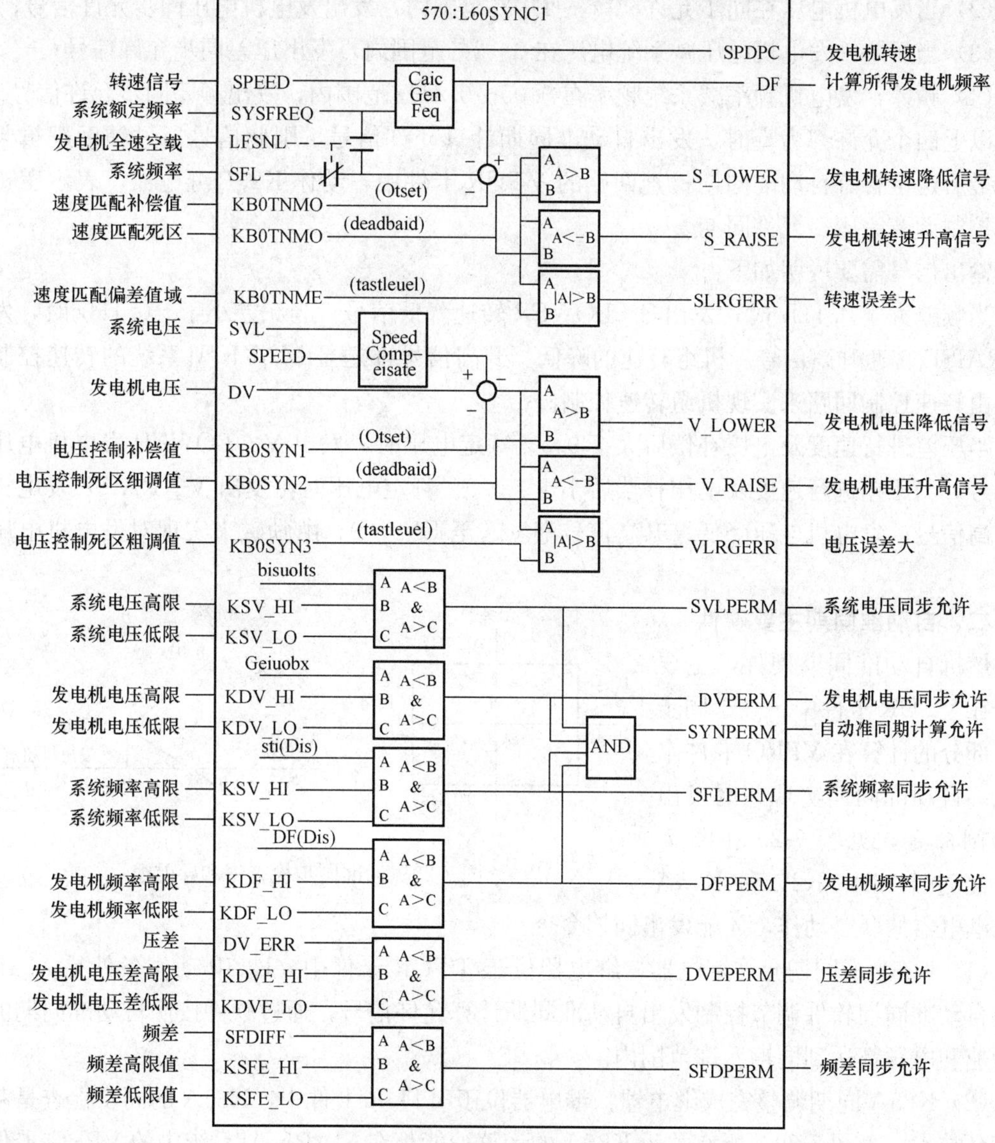

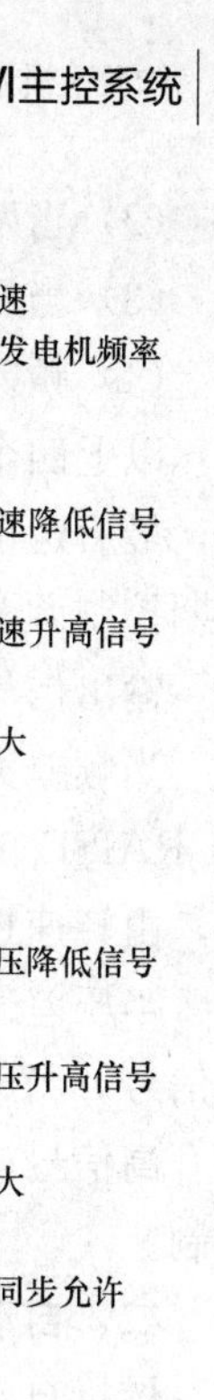

图 7-28 自动准同期软件功能块

表 7-5 **自动准同期参数整定表**

参数整定值		KSV _ HI	110%	KDF _ LO	49Hz
K60TNMD	0.1Hz	KSV _ LO	90%	KDVE _ HI	2%
K60TNME	0Hz	KDV _ LO	90%	KDVE _ LO	0
K60SYN1	0.30%	KSF _ HI	51Hz	KSFE _ HI	0.4Hz
K60SYN2	0.50%	KSF _ LO	49Hz	KSFE _ LI	0.05Hz
K60SYN3	0.0%	KDF _ HI	51Hz		

经过 MARK-Ⅵ系统的转速控制和励磁 EX2100 的电压控制后，机组会发出电功率，当以下四个条件满足时，发出自动准同期计算允许信号：

(1) 当系统电压在同步允许 90%～110%范围内，发出系统电压同步允许信号；

（2）当发电机电压在同步允许90%～110%范围内，发出发电机电压同步允许信号；

（3）当压差：发电机电压减系统电压在0～2%范围内，发出压差同步允许信号；

（4）频差：发电机频率减系统频率在0.05～0.4Hz范围内，发出频差同步允许信号。

以上四个允许都为真时，发出自动准同期计算允许信号，则此信号通过辅助逻辑判断后，最后送至含有自动准同期检查回路的VTUR卡件中，动作K25P继电器，表示燃机准同期控制调节完毕，允许同期。

输出信号需要说明如下：

当频差大于0.1Hz时，发出S_LOWER转速降低信号；当频差小于−0.1Hz时，发出S_RAISE转速升高信号。机组转速的降低、升高信号都送至MARK-Ⅵ系统的转速控制回路，由转速控制回路来实现机组转速控制。

当压差进行速度及电压补偿后大于0.5%额定电压时，发出V_LOWER发电机电压降低信号。当压差进行速度及电压补偿后小于−0.5%额定电压时，发出V_RAISE发电机电压升高信号，发电机电压降低、升高信号都发送至EX2100，由励磁来实现对发电机电压的控制。

二、自动准同期主要硬件

燃机自动准同期硬件，主要部分在VTUR卡件中，关于同步检查部分的计算在VPRO卡件中实现。自动准同期实现并网发出的合闸命令，见图7-29和图7-30。经过K25P、K25和K25A三个继电器的联合动作，才能发出同期命令。

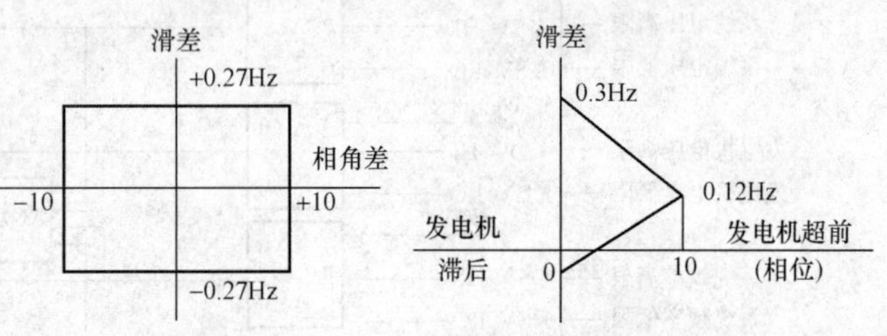

图7-29　标准同步检查窗和导前窗

（1）K25P准同期允许继电器：继电器位于TTUR卡件中，K25P动作条件是MARK-Ⅵ中自动准同期软件调节控制发出自动准同期计算允许信号，通过软件按照自动准同期的要求转速和电压都达到同期允许范围内。

（2）K25A同期调整完成继电器：继电器位于VTUR卡件中，K25A的同步检查是基于锁相环技术，见图7-30。所有关于K25A的计算功能都在MARK-Ⅵ系统中的VPRO卡件中实现，计算结果通过图7-30中的J8通信接口传送过来。K25A功能的实现是对以下参数的检测：发电机电压、系统电压、并网两侧压差、并网两侧频率差（滑差）和并网两侧相位差。

参数通过检查位处于检查窗内，则继电器动作。当检查到的参数在图7-29检查窗内，则K25A继电器动作。

（3）K25合闸延时调节继电器：K25自动同步继电器采用零电压交错技术，并利用可调的参数补偿开关合闸时间的延时。相角差、滑差以及导前时间的计算都在VTUR卡件中完成。按照试验做出的开关合闸时间，延时参数可以在一定范围内修正。同时，自动同期也具有手动并网的逻辑功能。

导前窗图是基于准同期导前合闸对相位、滑差和发电机加速的要求而生成，见图7-29。合闸命令的发出必须处于发电机滞后于系统10°的相位，并当并网开关真实合闸时发电机相位由滞后变为超前。注意合闸命令不允许在负滑差合闸。

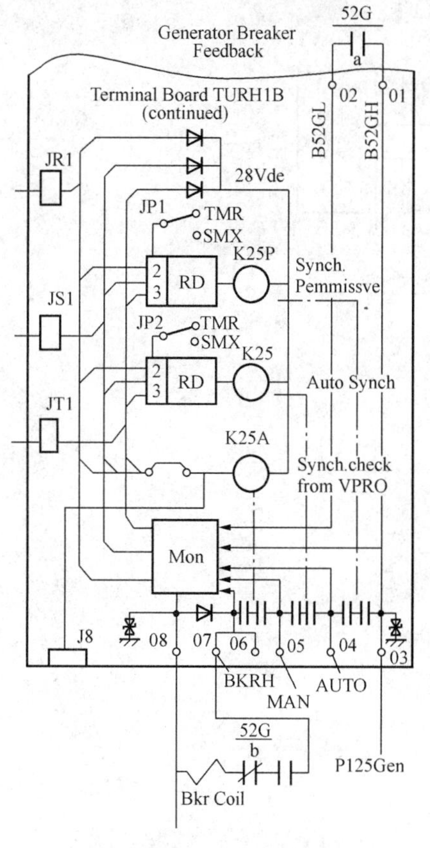

图 7-30 燃气轮机自动准同期输出接线图

图 7-30 是 VTUR 卡件中的准同期出口接线图，并网开关的合闸线圈由 K25P、K25A、K25 三个继电器的接点串联控制，三个继电器分工合作完成并网任务。

由于线路上的断路器功能区别，需要对 VTUR 卡件中以下参数，按照断路器试验报告和现场要求进行参数整定：

系统频率	System Frequency
开关合闸时间	CBClose Time
开关自调节限制	CBAdaptLimit
开关自调节允许	CBAdaptEnabl
开关频差	CBFreqDiff
开关相位差	CBPhaseDiff

燃机机组没有独立的自动准同期装置，而是通过 MARK-Ⅵ和 EX2100 控制来实现自动准同期功能，其输出合闸的信号则由 MARK-Ⅵ控制系统专用卡件计算后，通过其卡件的输出接口输出同期命令，完成并网操作。需要工程师理解自动准同期详细的软件硬件功能，才能正确操作，确保机组安全并网。

三、燃气轮机的死母线合闸

随着电网用电负荷的日益增长，大面积停电事故的风险增大，使得电网对电厂的黑起动功能越来越重视。燃机死母线合闸是黑起动过程中采用的非正常并网方式。黑起动是在电网丢失外部电力的情况下，作为电站恢复供电的紧急方法给区域电网恢复供电。

由于电网对黑起动机组的起动时间、加载限制和辅助系统上的额外要求，不是所有的机型都适合黑起动。燃气轮机能够快速起停，具备黑起动的先决条件：

1. 死母线合闸目的

燃气轮机在需要黑起的情况下，燃机达到额定转速后，由于母线侧完全没有电压，电磁场也未建立。这时如果需要机组输出电力，而发电机侧和母线侧的电压、频率、相位等参数无法进行比较。鉴此就需要执行死母线合闸。

2. 死母线合闸操作

死母线合闸前，运行人员要确保母线确定处于不带电状态，各相关接地闸刀和隔离闸刀置于正确位置。作为允许“死母线合闸”的先决条件。

死母线合闸，也就是母线无电压时的合闸上网。在合闸前需要先停止励磁，保证燃机控制系统的“同期允许”、“自动同期”和“同期检查”等几个合闸检查继电器闭合，然后才能执行死母线合闸操作，闭合发电机出口断路器。待发电机出口断路器（52G 或者 52L）闭合成功后，再缓慢建立发电机压并且使主变电压也逐渐升到额定值，以避免出现大电流的冲击。死母线合闸逻辑图见图 7-31。

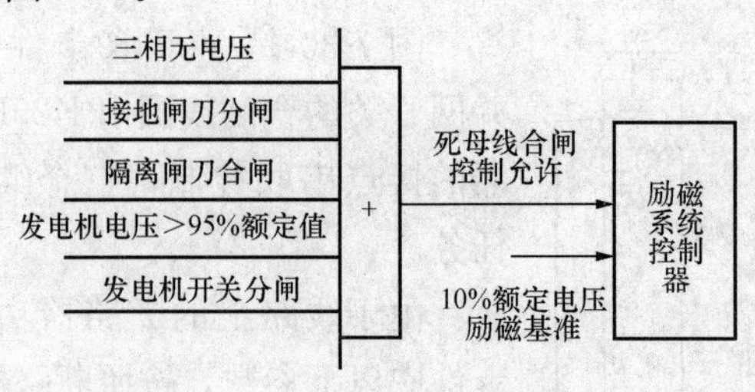

图 7-31　死母线合闸闭锁逻辑图

第八章 MARK-Ⅵ伺服控制

为了控制燃机的自动运行，MARK-Ⅵ主控制系统仅仅负责发出燃料行程基准FSR的控制指令，这些控制指令需要通过伺服系统和顺控系统协同动作才能实现FSR基准对燃料控制的目的。GE燃气轮机有三个重要的伺服随动控制系统，这些伺服随动系统将会分别把控制基准指令转换成阀门的控制动作。本章着重介绍这几个伺服随动控制系统。

第一个是压气机进口导叶IGV（InletGuideVane）控制，通过IGV叶片角度的变化限制进入压气机的空气流量。

第二个为压气机入口抽气加热IBH（Inlet Bleed Heat）控制，由于压气机排出的压缩空气有较高的温度，通过抽取其中一部分排气量引回到压气机的入口处，以此适当提高入口空气的温度。

第三个是燃料控制系统，对于双燃料的燃气轮机就液体和气体两种不同燃料的伺服随动控制系统。它们完成了对不同燃料的选择控制、切换、燃料需求量的分解分配等等的计算和调节，当然也包含了对各种燃料流量的控制和保护。

上述三种类型均为伺服闭环控制系统，属于闭环伺服调节系统，都具有完整的闭环回路控制的特点。它们的控制目的、方法等都各不相同，在本章中分别予以介绍和分析。

第一节 IGV控制作用

GE公司在5000系列机组，和更大功率的6000、7000和9000系列等机组上，采用压气机可变进口导叶系统VIGV（Variable Inlet GuideVane），根据燃机运行的各种需要，压气机可变进口导叶系统改变IGV的进气角度，通过通流面积的改变以期控制压气机进气流量。控制压气机可变进口导叶IGV有三个目的：

一、防止压气机喘振

在启动或停机过程中，燃机转子以部分转速旋转，为避免压气机出现喘振而关小IGV角度。处于额定转速下正常运行时，则应完全打开才能保证机组的高效率和高出力。

早期IGV控制只有两种位置状态：关闭为34°，达到运行转速时开启到84°，当修正转速（TNHCOR）在85%以下时，IGV处于关闭位置34°；修正转速从85%～100%，IGV从34°开启到84°，见图8-1。

此后发展到IGV连续可调，采用了线性可变差动变压器LVDT技术，96TV线性可变差动变压器作为位置变送器，连续指示IGV角度的测量反馈，取代了过去只能指示开启和关闭两个位置的33TV限位开关。使得IGV角度控制更加随意和准确，也更能够切合于燃机运行的需要。通常还增加了一个57°的最小全速角。当修正转速达到100%时IGV仅仅处

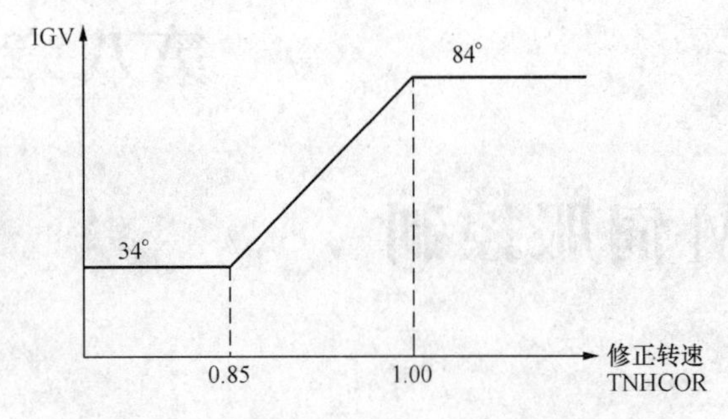

图 8-1 早期 IGV 角度的简单控制方式

于 57°的最小全速角，然后随着并网后负荷的增加才逐渐开启到 84°的全开角。

对于 IGV 的关闭角度随着机组不同也略有差异，常规为 34°，有些机组采用 32°或者 38°。同样，全开角度有许多机组已经采用 86°，甚至有些采用 88°。根据空气动力学要求来具体确定特定机组的全关和全开角度。对于近期引进 PG9351FA＋e 选择了 DLN2.0＋燃烧室，或者 DLN2.6＋燃烧室，一般采用 28.5°→49°→89.5°的三种角度，见图 8-5。

那么对于防止喘振为目的 IGV 控制，是针对小于额定的 100%转速而言。对应 IGV 的角度调节范围 9FA 机组是在 28.5°～49°的区段，于 6B、9E 而言，IGV 的调节范围是在 34°～57°区段。

二、温控

IGV 温控的含义是通过对 IGV 角度的控制，实现对燃机排气温度的控制。为了充分利用高温烟气的热能，节约能源，燃气轮机常常不采用简单循环，而是采用联合循环方式。

那么，燃机排气需进入热量回收设备（如联合循环机组所用的 HRSG——余热锅炉），为保证余热锅炉的正常工作和最理想的效率，往往要求燃机排气温度处于接近锅炉最佳设计温度工作点。因此燃机在部分负荷运行时就要适当关小 IGV，以此减少空气流量而维持较高的（比较接近于燃机满负荷时的）排气温度。其结果是燃机的效率基本不变而提高了锅炉和汽轮机的效率，使联合循环的总效率得到提高。也就是说通常在联合循环下运行的燃机应该具有 IGV 温度控制功能，特别是在燃机运行在部分负荷下，就应该投入 IGV 温控功能。

这时，机组转速已经达到了额定转速，但是负荷处于部分负荷。9FA 机组相应 IGV 的调节范围是在 49°～89°区段。对于 6B 和 9E 而言，IGV 的调节范围是在 57°～86°区段。

三、温度匹配

由于最新引进的 PG9351FA 单轴联合循环燃气轮机，燃气轮机在进入全速空载以后，燃气轮机的排气温度随着负荷的增加而逐步上升。锅炉向汽轮机提供主蒸汽温度也随着燃气轮机的排气温度上升而上升。当汽轮机执行冷态启动时，为了保证汽轮机汽缸有足够的膨胀时间，希望燃气轮机的排气温度梯度不能太大。

这里提出一个金属温度匹配的概念，需要限制燃气轮机排气温度，使得燃气轮机排气温度与汽轮机汽缸温度的差值维持在 110℃以内。也就是让排气温度与汽轮机的金属温度相匹配，依照这个要求，通过适当开大 IGV 的角度，增大压气机空气流量，实现对燃气轮机排气温度的限制。实际上，对于没有旁路烟囱的机组而言，无论单轴或者分轴机组，都存在着金属温度匹配的要求。

第二节 IGV 控制原理

进口可转导叶系统由液压控制系统和可转导叶回转执行机构组成。上面介绍了 IGV 的控制需求，这里介绍 IGV 控制原理和 IGV 基准的算法，其 IGV 基准的算法方框图如图 8-2 所示。

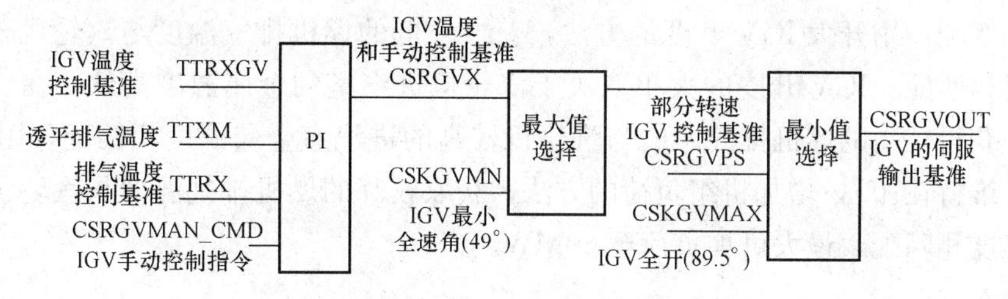

图 8-2 IGV 基准算法方框图

这是 IGV 的伺服控制基准的计算和输出方框图。它们由 ***.M6B 文件的应用程序 CSP 软件完成。IGV 控制基准输出信号 CSRGVOUT，分别送到〈Q〉的硬件与 96TV（LVDT）的位置反馈信号进行比较，其差值驱动执行机构，把 IGV 调整到理想位置。

IGV 系统的液压伺服系统原理见图 8-3。在机组启动前，90TV-1 伺服阀处于平衡位置，高压液压油经过 15μm 过滤器 FH6-1 和限流孔板直接流向 VH3-1 遮断阀。由于 IGV 紧急跳闸电磁阀 FY5040 在转速继电器 14HT 动作前是失电状态，OLT-5 跳闸油路处于泄压状态，因此遮断阀处于左边的工作状态。液压油直接流入油动机活塞的下腔室，活塞上腔室的油经 VH3-1 接通回油管路，油动机将进口可转导叶关到最小位置，可转导叶处于初始状态。

当机组在转速继电器 14HT（1.5%额定转速）动作时，FY5040 跳闸电磁阀带电，来自

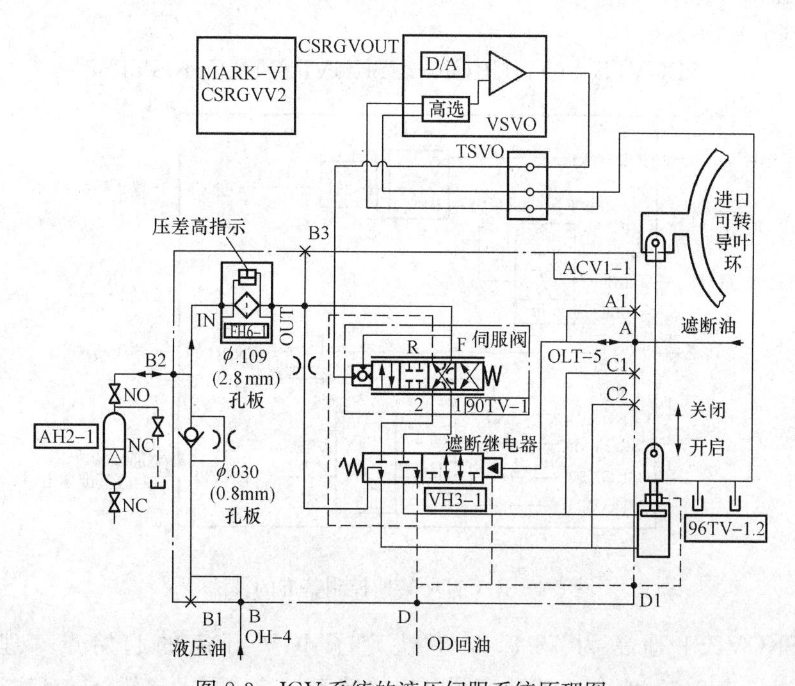

图 8-3 IGV 系统的液压伺服系统原理图

FTS 油路的液压跳闸油进入 OLT-5 建立油压，推动 VH3-1 阀向左移动，使该阀处于右边位置，这时来自 OH-4 的液压油接通 90TV-1 伺服阀和油动机之间的油路，使可转导叶 IGV 处于可调整状态。PG9351FA 机组的 IGV 机构，IGV 关闭最小角度为 28.5°，最小运行角度（带进气加热）是 49°，开启最大角度应该到 89.5°。

在进行燃机排气温度与汽轮机进汽室的金属温度匹配程序期间，燃机排气温度控制在 371～566℃之间。在机组冷态启动时，为了获得较低的燃机排气温度与汽轮机较低的进汽室金属温度相匹配，用开大 IGV 开度的方法，获取较低的燃机排气温度与汽轮机较低的进汽室金属温度相匹配。IGV 开度的大小取决于汽轮机进汽室的金属温度高低，在机组热态启动时，为了获得较高的燃机排气温度与汽轮机较高的进汽室金属温度相匹配，用 IGV 开度保持不变，维持在 49°，增加机组负荷的方法，获取较高的燃机排气温度与汽轮机较高的进汽室金属温度相匹配，最大可加负荷至 80MW。

第三节　IGV 控制基准的算法

前面阐述了 IGV 控制的目的，本节介绍部分转速控制基准（CSRGVPS）和 IGV 温控基准（CSRGVX）的计算及与之相关的修正转速（TNHCOR）计算。

（1）图 8-4 所示包含了修正转速 TNHCOR 的算法，不难看出燃机的修正转速计算式为：

$$\mathrm{TNHCOR}=\mathrm{TNH}\times\sqrt{\frac{\mathrm{CQKTC\_RT}}{460^{\circ}\mathrm{F}+\mathrm{CTIM}}}$$

（2）部分转速 IGV 基准 CSRGVPS，从图 8-4 可以看出，中间值选择门的上限为 CSKGVMAX（89.5°），下限为 CSKGVPS3（28.5°）。IGV 基准输出 CSRGVPS 所取的中间值为：

$$\mathrm{CSRGVPS}=(\mathrm{TNHCOR}-\mathrm{CSKGVPS1})\times\mathrm{CSKGVPS2}$$

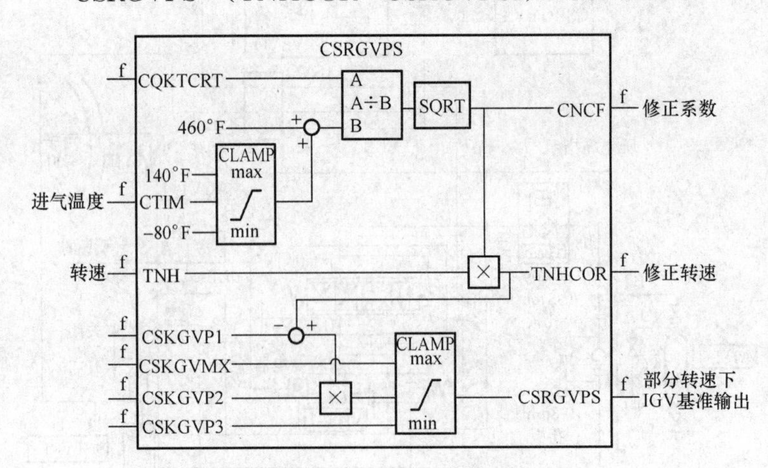

图 8-4　IGV 部分转速控制基准的算法

这里 CSKGVPS1 通常为 78.9%，它决定了 IGV 开启的起始点（理论值），而 CSKGVPS2 通常为 6.67 度/%，它决定了开启的速率。参看图 8-5 部分转速 IGV 控制的角

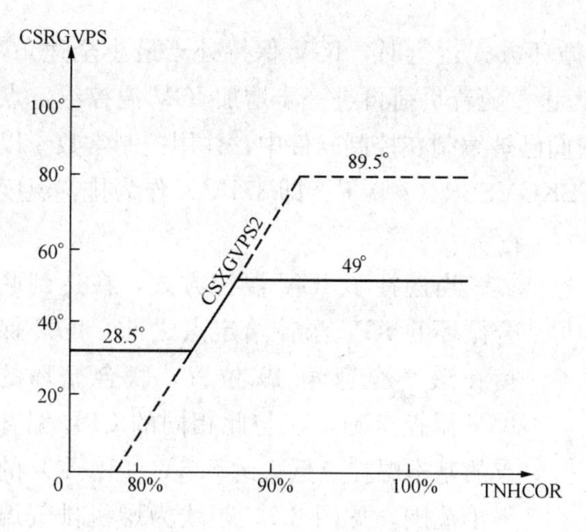

图 8-5 部分转速 IGV 控制范围

度范围极限局限在 28.5°～49°，而不影响到 49°～89.5°的全开范围。只有在CSRGVX＞CSKGVMN 的情况下，才可能继续开启到 89.5°。

部分转速 IGV 控制范围见图 8-5，从图中可以看出控制基准的变化关系。

根据转速计算出在额定转速以前所要求的 IGV 角度基准，即 CSRGRPS 值，它将送到图 8-2 所示的算法中参与 IGV 伺服基准输出的计算。

(3) IGV 温度控制和手动控制基准 CS-RGVX 与 IGV 温控基准 TTRXGV。

图 8-6 所示为 IGV 温控基准的算法。

注意，从上述四个主要信号名称和数值不难看出它们组成了 CPD 偏置的 IGV 温控线，它和主控系统中所讲的温控线极其相似，在算法上也极其相似。只是在最小值选择门之后要减小 CSKGVDB（=2 ℉）的死区带之后，才作为温控基准输出。

把图 8-6 中的输出 TTRXGV 温度基准送到图 8-2 而计算出 CSRGVX 温控的 IGV 角度基准，其中还可能包括手动 IGV 基准。

再经由最小全速角 49°常数及全开角 89.5°和部分转速角度基准经最小值选择门，最终输出 CSRGVOUT 作为 IGV 的角度控制基准值。

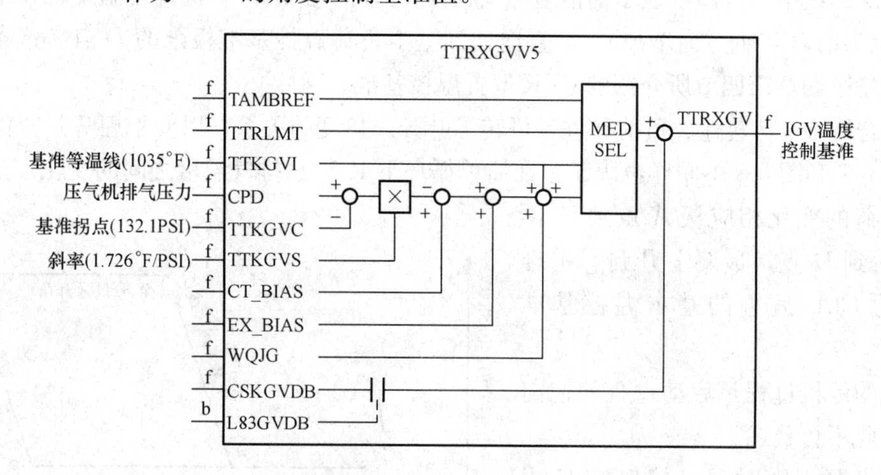

图 8-6 IGV 温控控制基准的算法

第四节 IGV 动作过程

在正常启动时 IGV 保持在全关位置 28.5°，一直持续到达到额定的转速（修正转速），这时 IGV 开始开启。在全速空载或带 20%以下负荷时，IGV 开启到最小全速位置 49°。当发电机断路器闭合时，压气机放气阀和 IGV 配合动作，以维持压气机喘振裕度。

不选择 IGV 温控方式，或者说处于简单循环方式运行时，IGV 保持处于最小全速角，直到排气温度达到单循环的 IGV 温控给定点为止。随着负荷再进一步增加 IGV 温控给定点始终保持比基本温控点低 167℃（300 ℉）。它们已被编制在控制软件中，并用控制常数予以限定。另一种控制方式，以恒定的控制常数 CSKGVSSR（700 ℉，即 371℃）作为排气温度控制值，以此调整 IGV 角度。

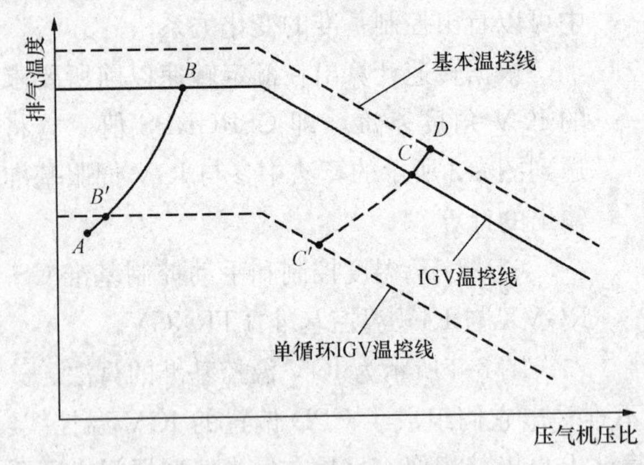

图 8-7　IGV 温度控制曲线

当选择了 IGV 温控方式，在达到联合循环的 IGV 温控给定点之前，IGV 保持在最小全速角 49°位置。联合循环的 IGV 温控点确定在与此相同的 CPD 偏置点的基本温控点低大约 5.6℃（10 ℉）的很小范围，见图 8-7。粗线为燃机排气温度的典型变化曲线。A 点为启动程序结束 IGV 位于最小全速角的工作点。一旦增加燃机负荷，IGV 还可以维持在最小全速角，直到达到 B 点（即 IGV 温控点）。当负荷继续增加，IGV 必须增加开度以维持给定点的排气温度，因此在 B 到 C 之间移动。到达 C 点后，IGV 已经处于全开位置。这时候因为还没有达到 FSRT 的温控基准，还允许增加负荷，但是对于 IGV 温控来说必将超越了它的控制范围而失去控制作用了。如果需要继续增加负荷，随着燃料增加势必出现压气机排气压力的继续增加（图中表示为沿着 X 轴增加的方向增加）；燃机排气温度也将继续上升（图中表示为沿着 Y 轴方向增加）。一直增加到基本负荷温控基准极限的 D 点。这条基本温控基准就是第四章第四节所介绍的 CPR 偏置温控基准。

可结合图 8-8 从转速、负荷和进口可转导叶开启角度的关系，以便于理解其变化过程。

在图 8-7 和图 8-8 中同样也表示了在简单循环下 IGV 和排气温度之间的变化。从全速空载到满负荷的变化相应从 A 点到 B' 再到 C' 最后到 D 点，最终上升到燃机排气温度的 CPR 偏置的基本温控基准为止。

燃机的停机过程是启动过程的逆向变化。在此不再赘述。

操作者可以随时通过接口机 HMI 选择投入或者不投入 IGV 温控方式。对于联合循环机组一般全部都采用 IGV 温控方式。对于分轴联合循环机组，因为考虑到存在简单循环运行方式的可能，常常需要在运行人员的操作界面上设置选择按钮。根据选择，控制系统将自动改变程序和相应控制常数，使 IGV 回到

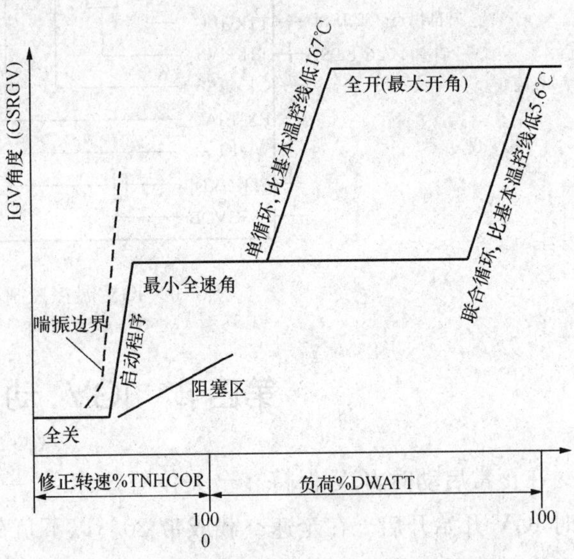

图 8-8　修正转速、负荷和 IGV 角度关系

控制系统当时规定的开度位置上。在接口计算机 HMI 的第二级菜单中有“进口导叶校正（INLET GUIDE VANE CALIB)”和“进口导叶控制（INLET GUIDE VANE CONTROL)”两项。前者用于调试过程中校正 IGV 显示值和实际角度的一致性，调整 96TV（LVDT）的位置等自动校正工作。操作者可以利用后一个页面选择或退出 IGV 温控、显示汽轮机汽缸温度匹配状态及 IGV 手动控制功能的操作，在必要时可通过该显示页面中选择字段的“开/关”来操纵启闭 IGV。

第五节 压气机进口抽气加热控制（IBH)

燃气轮机的压气机抽气概念是大家所熟知的，一般燃气轮机安装了两个或者四个防喘放气阀。此外，对于 6B 或者 9E 机组还从第 5 级和第 11 级设置了抽气口，对于 9FA 机组抽气口则设置在第 9 级和第 13 级。

在部分转速下压气机抽气阀，即压气机防喘放气阀应该处于开启状态，而在额定转速以后才予以关闭，以此避免发生压气机失速的情况。有一些机组是在达到额定转速以后，也就是在程序完成逻辑 L3 置 1 以后，还有一些机组是在断路器闭合 L52GX=1 以后，才关闭压气机防喘放气阀。放气阀关闭动作是由压气机排气压力通过 20CB 电磁阀来完成的。如果压气机放气阀故障报警，就表示压气机放气阀在低于 14HS 运行转速时已经关闭了，那么可能 20CB 已失效，或者防喘放气阀发生故障，当然还可能是防喘阀的位置开关 33CB-n 失效。燃机将被迫遮断启动过程。

上述是放气阀的基本动作原理，在这里我们特别需要讨论的是 IBH（Inlet Bleed Heat）压气机进口抽气加热的控制原理和方法。

一、压气机进口抽气加热

压气机进口抽气加热控制（IBH)，采用了一套气动伺服调节系统，通过气动调节阀调整抽气加热阀门的开度来实现的。抽气加热控制计算的原理如图 8-9 所示。

在阀门 100%全开的状态下通过该阀门的抽气量最多占压气机排气量的 5%。一般来说抽气口选择在压气机末级出口处引出。

压气机抽气的执行机构是一个 4～20mA 的气动伺服执行器 65EP-3，以此操纵 VA20-1 控制阀处于输出命令所要求的开启位置。其位置反馈是由另一个 4～20mA 的变送器测量后返回到 MARK-VI 轮控盘中，可以实现位置故障的监测。

另外还配备了机械行程极限位置（100%行程）的限位开关保护。

在这里需要特别说明的是用于 MS5001P、MS6001B、MS9001E 的 VA20-1 控制阀与用于 MS6001FA、MS9001FA 的控制阀是不同的。前者是采用常开的 VA20-1 控制阀，而后者采用常闭阀门。

二、DLN 进口抽气加热控制

干式降 NO_x（DLN）燃烧系统采用一种叫做预混的模式下运行，空气和燃料在燃烧前先进行混合。预混模式被设计为：当机组在排气温度控制时，调整压气机空气流量保持完全恒定的燃烧温度。在额定的 IGV 最小全速角，投入了 IGV 温控的情况下，大约在 70%负荷以后才能进入预混模式运行。

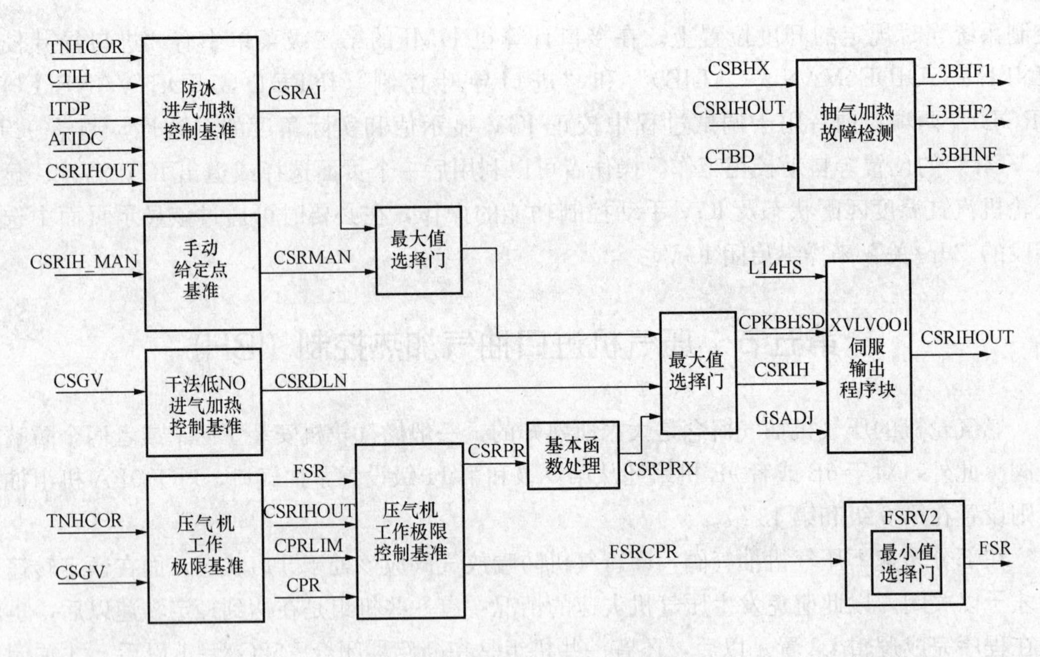

图 8-9　压气机进口抽气加热算法原理

用低于允许的 IGV 最小全速角，投入了 IGV 温控的情况下，可以使得预混模式运行范围扩大到较低的负荷，大约 40%～50%负荷。

借助减小 IGV 角度，把预混燃烧模式扩大到较低的负荷，必然导致燃气轮机压气机的设计喘振裕度的减小。同时，IGV 角度的减小会引起较大的压降和空气流的总温下降，它将可能导致第一级静叶片在一定的环境温度下形成结冰。

在压气机设计时，为了考虑采用低于 IGV 最小全速角来扩展预混燃烧范围，这样可能导致压气机接近于喘振边界，因而从压气机抽取其总排气量的 5%，在压气机进口处与进口空气气流混合实现再循环。

这样采用了压气机抽气并从压气机排气引到进口的再循环，两种作用来使得压气机的工作点远离其设计喘振边界。从而也避免了在第一级静叶处形成结冰的情况。压气机进口加热流量，占压气机空气流量的百分比数（CSRBH）是 IGV 的一个函数，IGV 与压气机排气抽气量的关系如图 8-10 所示。

DLN 燃烧室的进口加热流量是采用比例加积分的控制方式，通过 VA20-1 控制阀调节的，该控制阀利用计算得出的进口抽气加热的压气机抽气信号（CQBHP）作为反馈参数。压气机抽气流量的百分比(CSRHP)是由计算得出的放气加热进气质量流量（CQBH）除以估算的燃机总的空气流量信号（WEXH）。

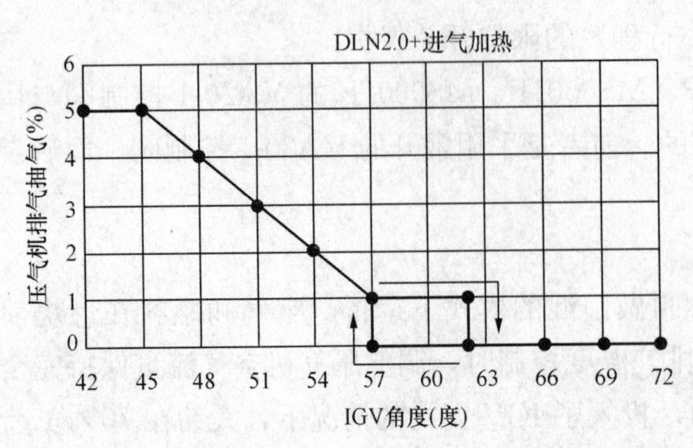

图 8-10　IGV 与压气机排气抽气量的关系

DLN 预混模式调整的进气抽气加热命令（CSRDLN）根据其他一些可能参与的进气抽气加热基准值一起选取出其中的最

大值，以此得出 VA20-1 控制阀的命令基准值（CSRIH）。DLN2.0＋燃烧室的进口加热控制算法如图 8-11 所示。

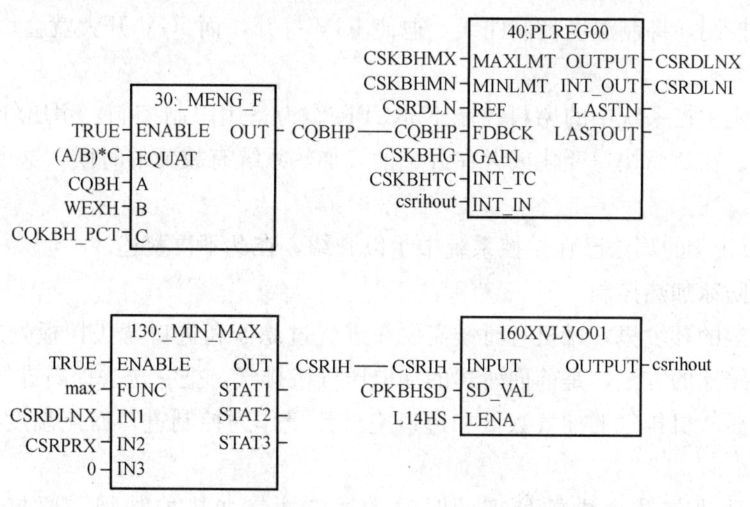

图 8-11 DLN2.0＋燃烧室的进口加热控制算法

三、压气机运行极限的保护

众所周知，燃机压气机设计必须运行在低于它的极限压比之下，而极限压比 CPRLIM 又是 IGV 和 TNHCOR（经过温度修正后的修正转速）的函数。由于各种因数的共同作用，例如极冷的大气温度、IGV 角度很小、燃气初温很高、燃料组分热值很低及燃烧室水/蒸汽的喷注量等因数，都可能引起压气机压比接近于设计的极限值。

为之，开发了利用压气机抽气来限制压比的控制软件。作为压气机工作极限保护的进气抽气加热，它的特点可以用一张压气机工作极限图来表示，见图 8-12。

压气机运行极限示意图已经作为一个保护控制基准，引入到 SPEEDTRONIC 的软件中。图中的压气机压比（CPR）是根据压气机进口和出口压力传感器测量，再经过相关的计算后得出的，以此作为闭环控制的反馈信号。正如前面所述，进气抽气加热的量是用比例积分控制进行调节的，以此来作为保护的基准和压比测量的反馈。抽气量最大为压气机排气流

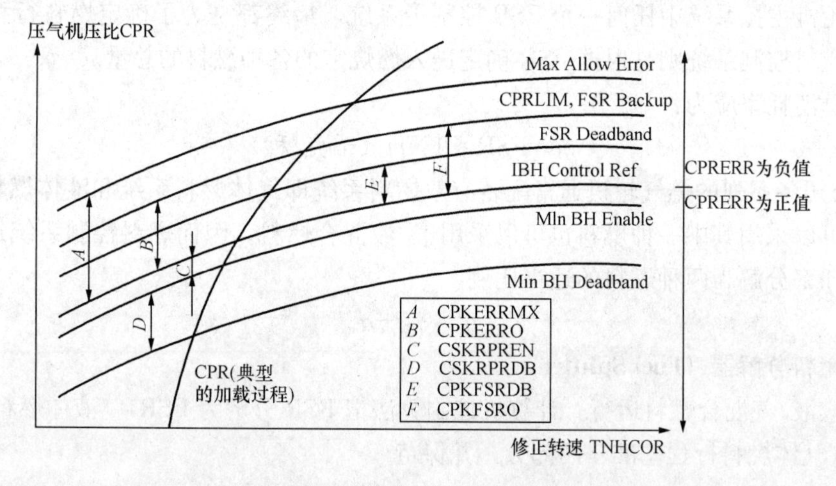

图 8-12 压气机运行极限示意图

量的5%就足以限制压气机的压比。

压气机工作极限保护的第二个方法的原理是用IGV温度控制去抑制压比。通过启用闭环的比例积分控制，抑制温度控制曲线，迫使IGV打开，而IGV开大就会增加压气机运行极限值。

采用了燃机主控系统中的燃料控制FSRCPR作为备用限制控制，用压气机抽气来限制压气机的压比。在负荷快速变化或者在进气抽气加热系统有故障的时候，这个备用的燃料控制才会起作用。

有关FSRCPR的算法已在主控系统中予以介绍，在此不再赘述。

四、进口防冰加热控制

在寒冷潮湿的环境里，燃机有时候需要在进气过滤器和进口弯头挡板处采取防冰措施。一种用于防止结冰的方法，是前面所述的抽取压气机排气，把它送去提高进气气流温度，进行再循环。从压气机排气的抽气数量和进口空气流量作为控制进口露点温度（ITDP）的一个函数。

当需要采取进气防冰措施处理的时候，进口抽气加热控制阀需要打开到最大位置（CSKRAIMX）。为了优化稳定运行状态，采用对露点温度比例积分的闭环控制，以便维持进口空气温度为高于露点（CSKROX）的安全温度，避免低于0℃可能的冷凝结冰现象。另外还为这个防冰函数增加一个偏置量，在湿度传感器出现故障（L30RHFLT）的时候作为一个环境温度的备用基准值。只有在很低的环境温度下才可能结冰，而防冰函数使用了一个温度设定点（LK83AT1）作为自动起始流量的允许值。

此外提供了手动进口防冰加热的控制，操作员可以从MARK-Ⅵ HMI给VA20-1控制阀发出手动命令（L83MAI_CMD）。

正如前面所述，防冰进口抽气加热的指令需要和其他一些进口抽气加热基准一起经过最大值选择以后才能形成VA20-1控制阀的控制基准，而其极限值仍然限制在压气机流量的5%以内。

第六节 燃料控制系统

燃气轮机主控系统中任何一个FSR控制子系统，最终都是为了确定燃料行程基准FSR输出量。燃料控制系统则是根据FSR确定进入燃烧室的各种燃料的总量。

燃料总消耗率应为：

$$q_f \propto FSR \times TNH \text{（千克/秒）}$$

GE公司各系列的燃气轮机通常配备有双燃料系统即气体燃料系统和液体燃料系统。燃机运行时可以采用其中一种燃料也可以采用气/液混合燃料。因而燃料控制系统还应包括把总燃料消耗率分解为两种燃料的适当比例。

$$q_f = q_{fl} + q_{fg}$$

一、燃料分解器（Fuel Splitter）

为适应液/气混合燃料运行，计算机控制算法把FSR分解为FSR1（液体燃料行程基准）和FSR2（气体燃料行程基准）两部分，并保持

$$FSR1 + FSR2 = FSR$$

液体燃料系统使液体燃料流量 q_{f1} 按下式变化

$$q_{f1}=K_{f1}\times FSR1\times TNH$$

气体燃料系统使气体燃料流量 q_{fg} 按下式变化

$$q_{fg}=K_{fg}\times FSR2\times TNH$$

总燃料流量 q_f

$$q_f=q_{f1}+q_{fg}=(K_{f1}\times FSR1+K_{fg}\times FSR2)\times TNH$$

图 8-13 为燃料分解器原理示意图，如果具备燃料转换条件则 L83FZ=1，同时如果已选择了液体燃料，即 L83FL=1，那么 FX1 以“斜升率”（RAMP RATE）所规定的速率向上积分。

在具备燃料转换条件下，如果 L83FG=1 也就是选用气体燃料，那么 FX1 以“斜升率”所规定的速率向下积分，逐渐减小。

输出的 FX1 和 FSR 相乘为液体燃料量 FSR1，其关系式为：

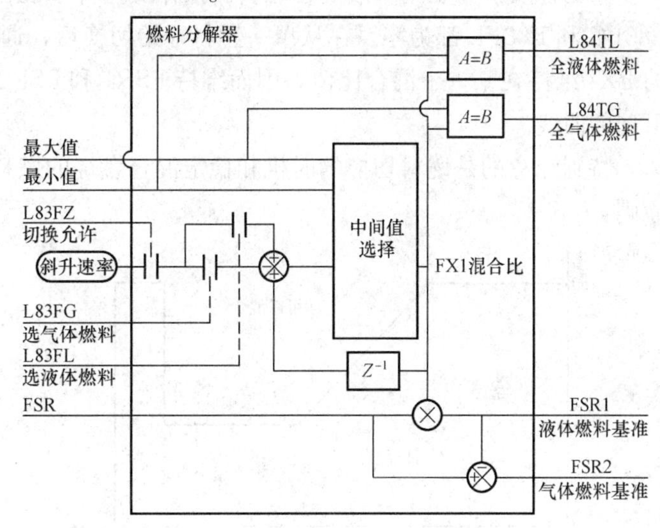

图 8-13 燃料分解器原理示意

$$FSR\times FX1=FSR1$$

$$FSR-FSR1=FSR2$$

由此实现了液体燃料和气体燃料的分解。

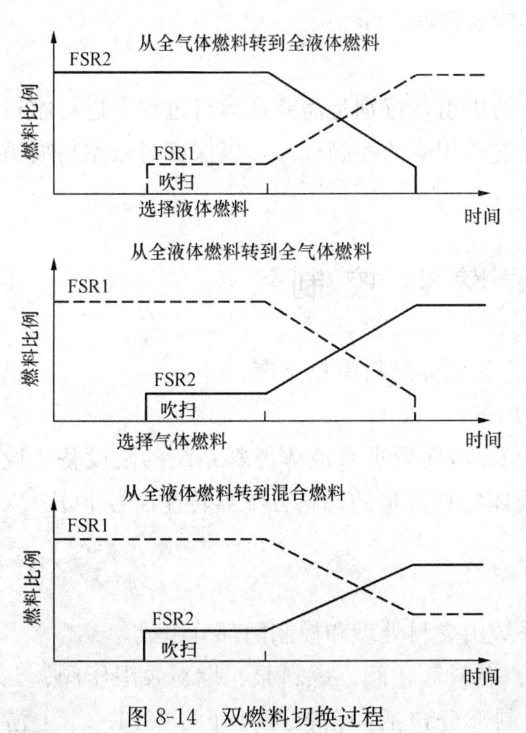

图 8-14 双燃料切换过程

二、燃料的切换和吹扫

如果正在用全液体燃料运行，操作员需切换为全气体燃料运行，可使 L83FG 置 1，同时 L83FL=0。这时 L83FZ 尚未置 1，因此 FX1 和 FSR1 保持不变，但 FSR2 却立即从零跳变到起始值，这就使气体控制阀微微打开，泄去高压，建立由速比阀控制的燃料气体的压力 P_2。

随后 L83FZ=1，燃料分解器开始向下积分，FX1 和 FSR1 减少，FSR2 逐渐增加，这个过程中泄去 P_2 压力并向燃料气母管充气。延时 30s 后 L83FZ=0，FX1 也变为 0，则完成了切换过程。L84TG=1 使液体燃料泵离合器释放，20FL 电磁阀失电使液体截止阀关闭，并引入雾化空气实现吹扫液体燃料喷嘴的目的。这时候主燃油泵的离合器 20CF 也失电，燃油泵与主轴脱离而停止转动。切换过程见图 8-14 中间的曲线。

由气体燃料向液体燃料切换与上述过程相类似。如果正在用气体燃料运行，操作员使L83FL置1，同时L83FG=0。由于L83FZ尚未置1，所以FX1以及FSR2仍然保持原值。但FSR1立即由0跳变到起始值，先使液体燃料充满燃料管道以免在FSR1增加时燃料传送的延迟。但如果此时气体燃料压力低（L63FGL=1），则免除30s延时过程。由于燃料分解器向上积分，FX1和FSR1逐渐增加而FSR2逐渐减小，其变化过程见图8-14上部的曲线。

第三种切换为燃用气液混合燃料。操作员选择了混合燃料（MIX）使L83FM=1，那么L83FG和L83FL都为零。在从单一燃料开始切换后，通过操作员发出的命令使燃料分解器的FX1维持在某一个混合比值，因而维持FSR1和FSR2的适当比例。其变化过程见图8-15下部的曲线。

特别注意的是燃料切换的时机和稳定混合燃烧的燃料比例选择不是任意的，应遵循下列原则：

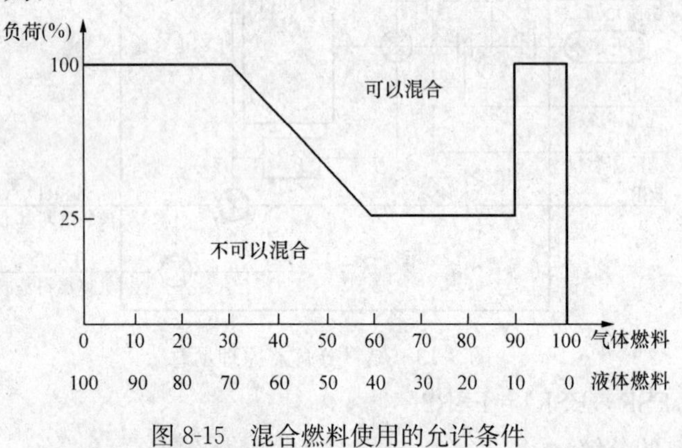

图8-15 混合燃料使用的允许条件

（1）燃料选择必须在启动之前，或者在25%额定负荷以上才能切换，切换的过渡过程为30s。

（2）为了避免喷嘴的压比低于1.02，以防止燃油泵可能出现的损坏，在下列情况不能稳定燃用油气混合燃料：25%负荷时天然气燃料少于60%；100%负荷时天然气燃料少于30%。

（3）为了避免过量燃油再循环，导致燃油过热引起泵的损坏，液体燃料不能长时间小于10%。

三、燃料系统的吹扫

任何采用双燃料系统（液体和气体燃料）的机组，特别是需要在运行过程中进行燃料切换的机组必须设置两套燃料系统各自的吹扫装置和相应的控制程序，以保证对双燃料喷嘴的冷却，以及防止燃料喷嘴的堵塞和爆燃。

第七节 液体燃料控制

液体燃料行程基准FSR1与TNH相乘后作为液体燃料流量基准。

$$FQROUT=FSR1\times TNH$$

该基准作为控制计算机的输出指令，经D/A转换后进入液体燃料系统的硬设备。设备根据FQROUT调整液体燃料流量q_{fl}，确保液体燃料流量的燃料分配器转速信号FQL1（液体燃料流量）等于FQROUT。

一、液体燃料控制系统

燃气轮机液体燃料控制系统见图8-16。系统由燃料处理和控制两部分组成。

燃料处理部分主要有：燃料初滤（低压）、燃料截止阀、燃料泵、燃料泵限压阀、二次油滤（高压）、流量分配器和燃料喷嘴等。控制部分包括：燃料压力开关63FL-2（上游）、

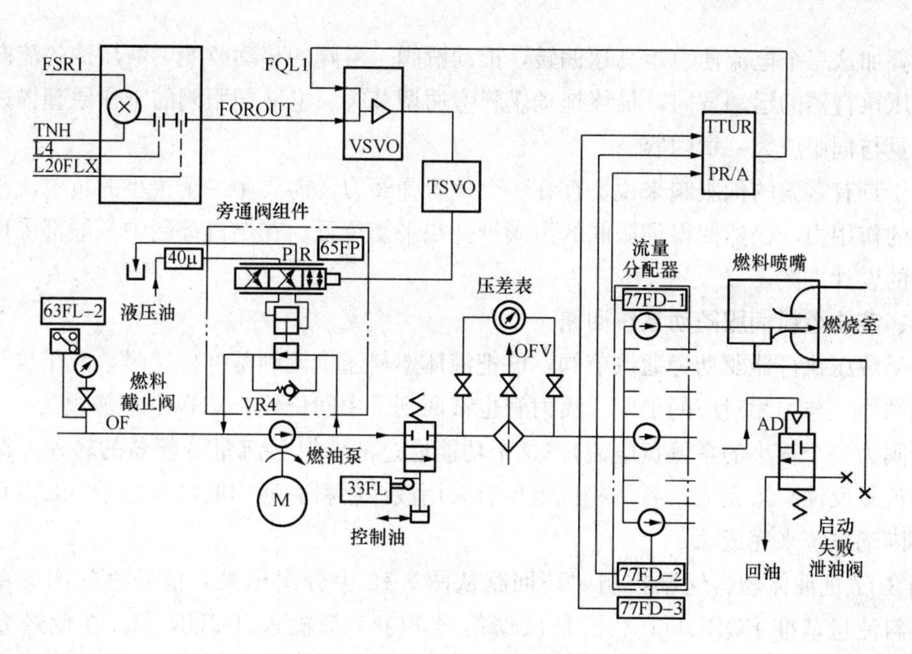

图 8-16　液体燃料控制系统原理图

燃料截止阀位置开关 33FL、主燃油泵离合器线圈 20CF、旁通调节阀及其伺服阀 65FP、流量分配器转速传感器 77FD、TTUR 卡、TSVO 卡和 VSVO 卡。下面分别介绍燃料处理系统的部件：

1. 燃料截止阀

它用于快速切断燃料。当主保护逻辑 L4＝0 时，通过 20FL 电磁阀使控制油卸压，依靠恢复弹簧力的作用快速关闭截止阀，切断燃料，遮断轮机（详见保护系统章节）。

定排量的容积式液体燃料泵由轮机主轴通过辅助齿轮箱驱动。轮机在额定转速运行时燃料泵排量是固定不变的。

2. 旁通调节阀组件

进入轮机燃烧室的燃料通过改变旁通燃料来调节，旁通调节阀开大，则进入燃烧室的燃料减少。旁通调节阀由电液伺服阀 65FP 控制的液压执行器（油动机）驱动。电液伺服阀、液压执行器和旁通调节阀组成旁通阀组件（by-pass valve）。电液伺服阀根据来自 VSVO 伺服放大驱动的电流信号改变旁通调节阀的开度。

3. 流量分配器（flow divider）

液体燃料流量分配器将总的液体流量从燃料母管均匀地分给 n 个（典型的 MS5001P 和 MS6001B 为 10 个，MS9001E 为 14 个，MS9001FA 为 18 个）燃烧室。燃料流量分配器由 n 个同轴的定排量泵组成，在燃料流的驱动下转动，每个定排量泵对应一个燃料喷嘴。由于每个定排量泵尺寸完全相同，并同步转动，因此送到每个喷嘴的燃料流量都是相同的，不受喷嘴的安装位置高低差异等等因素的影响。燃料流量分配器的总流量正比于其转速，借助于 3 个转速传感器 77FD 测量燃料流量分配器的转速，经 TTUR 卡转换为 FQL1 模拟信号，这个信号就代表了液体燃料的流量 q_{fl}。

4. 电液伺服阀

来自驱动板 VSVO 卡和端子板 TSVO 卡的三组电流信号送到电液伺服阀的线圈，电液伺服阀叠加这三个电流使力矩马达偏转，推动滑阀。滑阀的移动改变了液压油的流向从而控制着液压执行器的运动方向，最终拖动燃料旁通调节阀。电液伺服阀的工作原理描述，见前面的测量与伺服放大一章内容。

对于具有零偏的伺服阀来说，存在一个偏置弹簧力，需要用一个很小的负电流来抵消这个弹簧的作用力，仍然使得伺服阀的滑阀维持在平衡位置。在燃机控制中一般都采用这种具有零偏的设计方案。

二、液体燃料伺服随动系统回路

如果液压执行器驱动旁通调节阀，已把液体燃料流量调到基准位置时，液压执行机构就应停止动作。与之相对应的滑阀、喷射管也都回到了中间位置，VSVO 卡输出为 0（有零偏的伺服阀为一个很小的零偏负电流）。这个功能通过液体燃料流量分配器的转速反馈（即液体燃料流量反馈）来完成，有一些机组也有采用液体燃料旁通阀的位置反馈（LVDT）组成的闭环随动系统来完成。

图 8-17 把液体燃料伺服控制闭环回路从图 8-16 中分离出来，信号之间的关系更为清晰。燃料流量基准 FQROUT 和流量反馈信号 FQL1 都输入 TTUR 卡。在此经差值放大（带有积分性质）输入到电液伺服阀，驱动旁通调节阀。结果使 FQL1＝FQROUT，VSVO 卡内的差值也随之消失，输出为 0。喷射管及滑阀回到中间位置，执行器活塞停止动作。

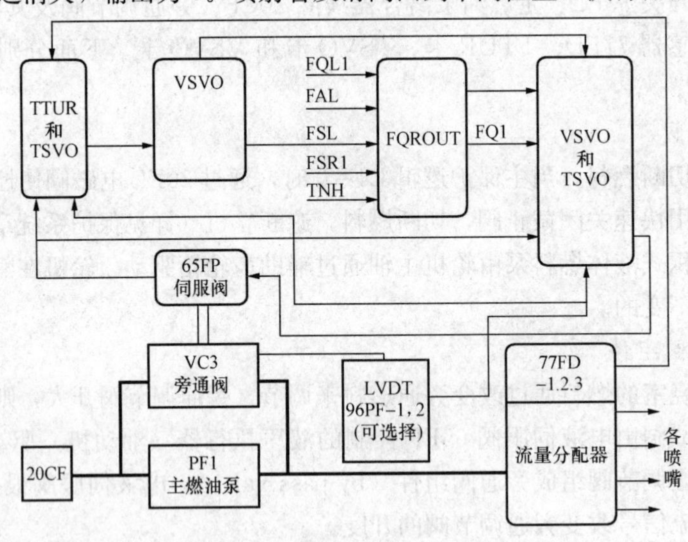

图 8-17　液体燃料伺服控制回路方块图

第八节　气体燃料控制

一、气体燃料控制系统

气体燃料控制系统原理示意图，参见图 8-18。速比/截止阀（Speed Ratio/Stop Valve）使阀间的 P_2 压力维持在给定值，这个给定值正比于转速 TNH。也就是说，速比阀的调整保证了在全速空载以后无论机组的负荷是多少，这个 P_2 压力都能维持恒定不变。

该速比/截止阀还兼起到截止阀的作用。在遮断机组时通过电气和液压系统分别都能够

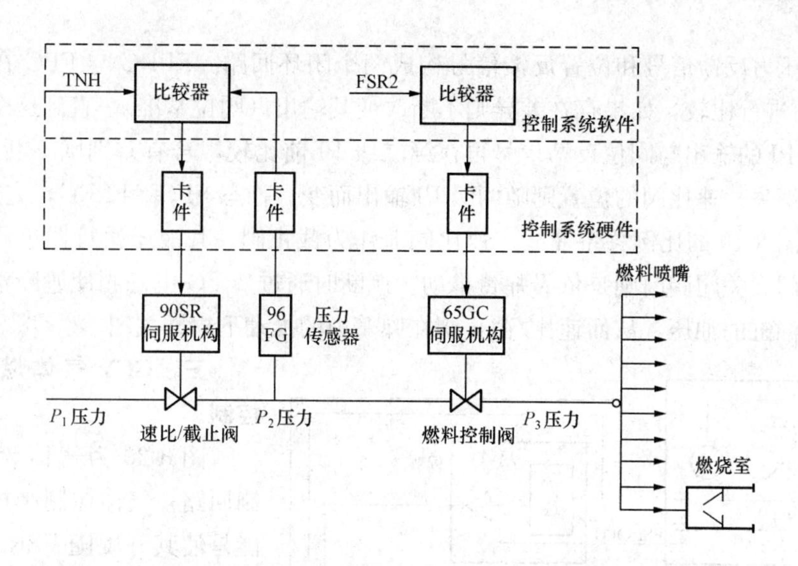

图 8-18 气体燃料控制系统示意总图

及时切断燃料的供应。

气体燃料控制阀（Gas Control Valve）的开度将正比于FSR2。气体控制阀设计成超临界流动，流经阀门的流量与背压P_3无关，并且阀芯的特殊型线使得通流面积变化与其开度成正比。于是在气体燃料温度不变的情况下通过气体控制阀的流量与$P_2\times$FSR2成正比。即：

$$q_{fg}\propto FSR2\times TNH$$

这里主要有两个控制回路：

由TNH到速比/截止阀的控制回路。

由FSR2到燃料控制阀的控制回路。

二、SRV气体燃料速比/截止阀的控制

图8-19为速比/截止阀控制回路。燃机转速信号TNH在软件中乘以适当增益常数和偏置的调整，成为FPRG经硬件处理实现D/A转换。压力传感器96FG测量P_2压力按规定的正比关系转换成FPG模拟量。依此在硬件中的输出信号控制速比/截止阀的控制信号。

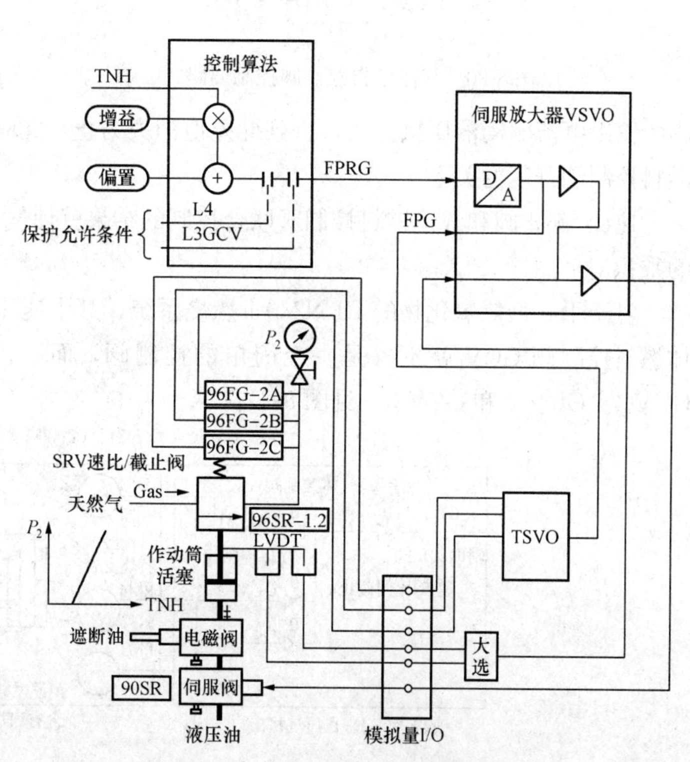

图 8-19 气体燃料速比/截止阀控制回路

另一方面速比/截止阀所处的位置又经LVDT测量并转换成位置量的模拟信号反馈到硬

件电路。由压力反馈信号和位置反馈信号构成两个闭环回路。FPRG 与 FPG 在第一级运算放大器 PI 前进行比较，如果存在差异则不断改变其输出（阀位基准），直到这个差值消失为止。第一级 PI 的输出与阀位反馈信号再在第二级 PI 前比较，若有差别则不断改变其输出，直到此差别消失。速比阀的位置则随两级 PI 输出而变。稳态 FPG＝FPRG，完成 $P_2 \propto TNH$ 的控制，见图 8-19 的比例关系曲线。速比阀兼作为截止阀，其液压执行器单侧进油，液压驱动开启阀门。关闭阀门则是依靠弹簧推动。遮断时通过 20FG 电磁阀使遮断油泄压，卸去液压执行器油缸的油压，从而速比/截止阀在弹簧力的推动下立即关闭。

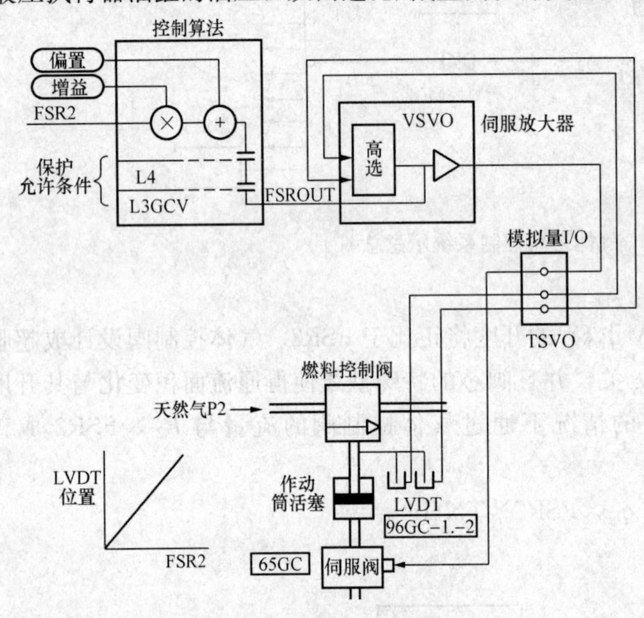

图 8-20　气体燃料控制阀控制回路

三、GCV 气体燃料控制阀的控制

图 8-20 为气体燃料控制阀控制回路。气体控制阀控制回路的功能是使其开度随 FSR2 的变化而变化。软件中，FSR2 乘以适当增益常数和加以调零偏置后成为 FSROUT，作为气体控制阀的阀位基准进入 TSVO 卡。96GC-1、2 两个 LVDT 测量阀位，给出的阀位反馈信号也进入 VSVO 卡，在此经最大值选择。选出大的位置信号，在 PI 运算放大器前与 FSROUT 比较。如果存在差值，则 VSVO 卡将改变送到电液伺服阀的输出电流驱动液压执行器，直到此差值消失为止，此时完成图右下方曲线所示 FSR2 和燃料控制阀开度的关系。

速比/截止阀和气体燃料控制阀联合控制的结果就使气体燃料流量正比于 FSR2 和 TNH 的乘积。

对于干式低氮氧化物的 DLN2.0＋燃烧系统，其中速比/截止阀 SRV 是相同的，但是气体燃料控制阀 GCV 就不再是一个简单的控制阀，而是由 3 个控制阀组成。它们分别为 GCV-1、GCV-2 和 GCV-3，见图 8-21。

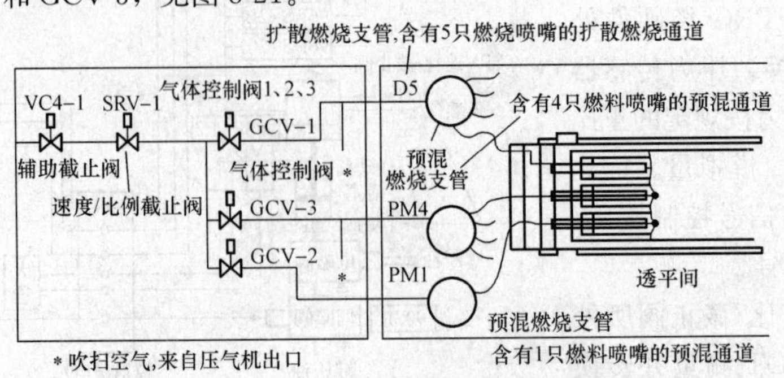

图 8-21　DLN-2.0＋气体燃料控制系统图

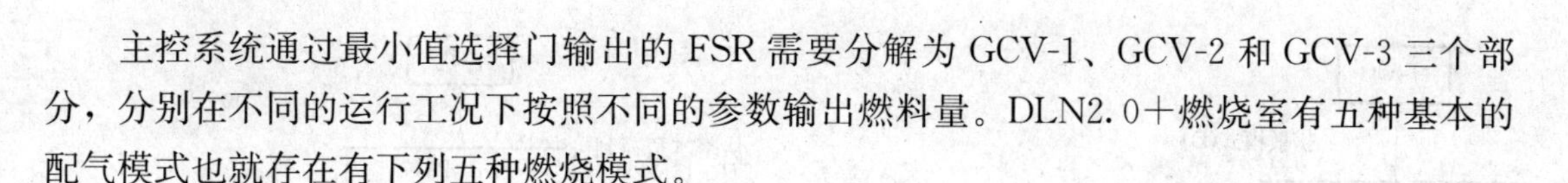

主控系统通过最小值选择门输出的 FSR 需要分解为 GCV-1、GCV-2 和 GCV-3 三个部分，分别在不同的运行工况下按照不同的参数输出燃料量。DLN2.0＋燃烧室有五种基本的配气模式也就存在有下列五种燃烧模式。

1. 扩散燃烧模式（D）

在启动期间从点火到全速空载（停机也相同只是其逆过程），采用这种燃烧模式。

天然气直接 GCV-1 供给每个燃烧室的 5 个扩散燃烧喷嘴（这时 PM4 的预混通道将用压气机出口抽气进行空气吹扫）。

2. 亚先导预混模式（SPPM）

燃气轮机启动到 FSNL（全速空载）以后，直到加载至燃烧基准温度（TTRF1）在 2000 ℉（1093℃）此时大约在 10％负荷左右。停机过程时，从 TTRF1 下降到 1950 ℉（1065℃）开始进入这种模式，直至全速空载。

在这种燃烧模式下，燃料气通过 GCV-1 直接供给每个燃烧室的 5 只扩散燃烧喷嘴的同时通过 GCV-2 给 PM1 喷嘴提供燃料，这时 PM4 预混通道将用压气机出口抽气进行空气吹扫。图 8-22 为有亚先导预混模式的喷嘴燃烧状态。

3. 先导预混模式（PPM）

燃机继续增加负荷，TTRF1 从 2000 ℉（1093℃）到 2270 ℉（1243℃）的范围内采用这种燃烧模式。在停机过程中，TTRF1 从 2220 ℉（1216℃）开始下降，直到 TTRF1 为 1950 ℉（1065℃）也采用该燃烧模式。图 8-23 为有先导预混模式的喷嘴燃烧状态。

这种燃烧模式下，燃料气分别从 GCV-1、GCV-2 和 GCV-3 通道进入喷嘴。直至预混燃烧模式时 GCV-1 关闭。流过 GCV-2 和 GCV-3 的流量比为 20/80。

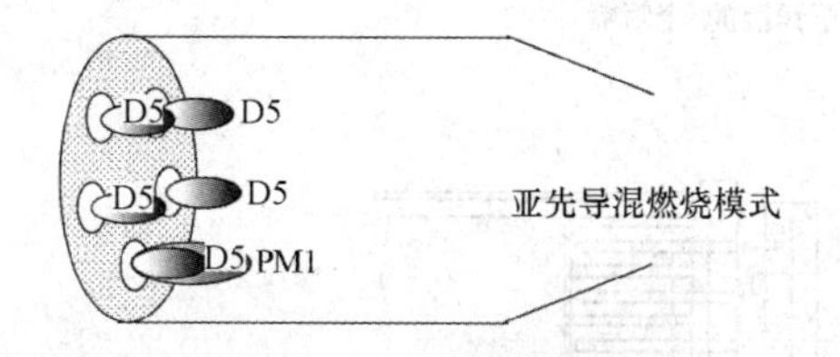

图 8-22 亚先导预混燃烧喷嘴燃烧状态

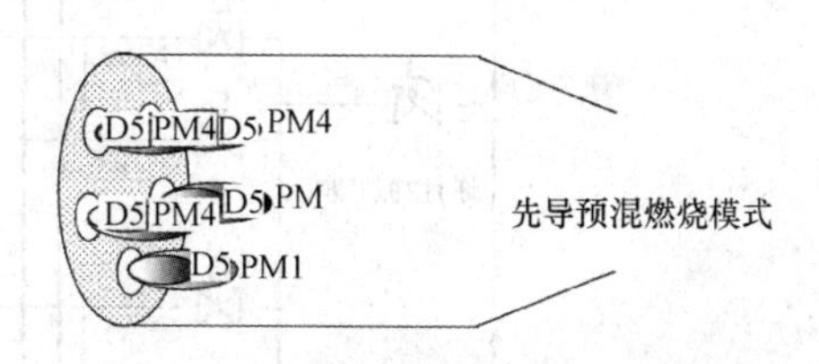

图 8-23 先导预混燃烧模式的喷嘴燃烧状态

4. 预混燃烧模式（PM）

当负荷继续增加时，TTRF1 达到 2270 ℉（1243℃）以后就进入了预混模式。对于停机过程，在负荷递减到 TTRF1 低于 2220 ℉（1216℃）以前，燃烧系统仍然处于这种预混燃烧模式。此时，GCV-1 已经关闭，天然气仅仅送到 GCV-2 和 GCV-3 环管，PM1/PM4 流量的比值应该控制在大约为 0.18 左右不能超过 0.2。此时的燃机负荷范围大约为50％～100％。

5. 甩负荷时 D5 和 PM1 的燃烧模式

无论从 PM 或者从 PPM 燃烧模式甩负荷时，只保留 D5 和 PM1 预混燃烧通道，相应的燃机甩掉部分负载，防止机械超速。

图 8-24 表示了启动期间燃烧模式的切换过程。图中标注的切换参数值为典型值，在调试过程中可以根据诸多条件进行小范围的调整。

图 8-25 为正常停机和甩负荷时燃烧模式的切换过程。

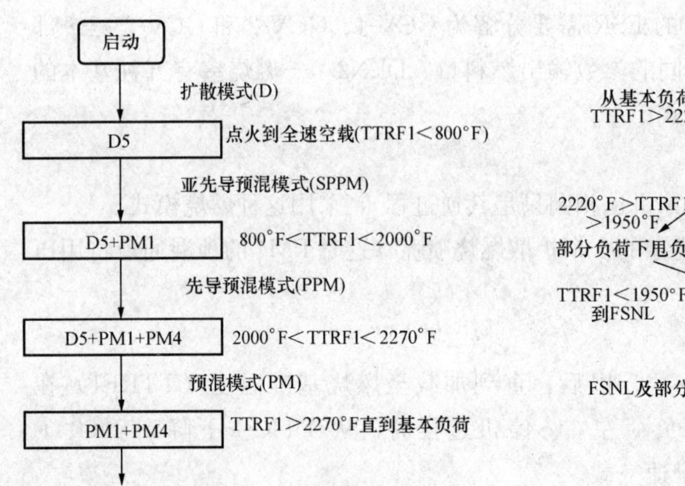

图 8-24 DLN2.0＋启动期间典型的燃烧模式切换过程

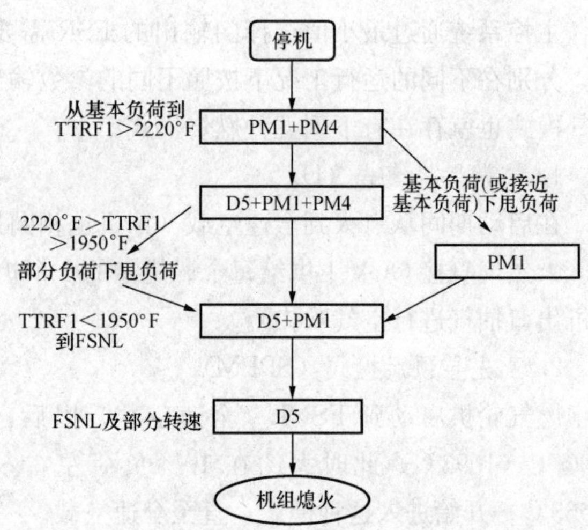

图 8-25 DLN2.0＋停机期间和甩负荷时典型燃烧模式的切换过程

DLN2.0＋燃烧系统在运行中，由于 PM1 喷嘴配置位置的原因，导致火焰筒常常在靠近该喷嘴处损坏，影响火焰筒整体寿命，频繁启动的机组和经常运行在较低负荷的燃机尤为明显。GE 公司在 DLN2.6 燃烧系统的基础上，设计了 DLN2.6＋燃烧系统，用以替代 DLN2.0＋。

在 DLN2.6＋型燃烧系统在速比/截止阀后方的 GCV 气体燃料控制阀就设置了 4 个。除了 D5 和 PM1 相同的以外，还有 PM2 和 PM3，见图 8-26。

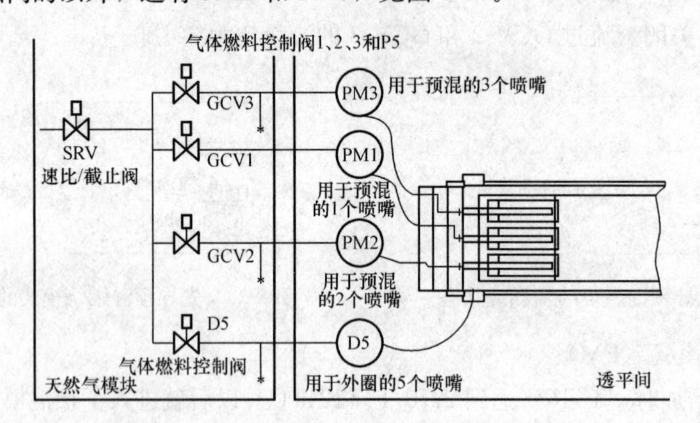

图 8-26 DLN2.6＋气体燃料控制系统示意图

DLN2.6＋型燃烧室燃烧的几个阶段，见图 8-27。它由扩散燃烧、亚先导预混燃烧、先导预混燃烧、亚预混燃烧和预混燃烧等阶段组成。和 DLN2.0＋燃烧系统相比，增加了亚预混燃烧，并且在 30％负荷时就开始进入亚预混燃烧，在 40％负荷时开始进入预混燃烧。

对于 MS9000E 和 MS6000B 的低氮燃烧系统，则通常采用 DLN1.0 系统。它们和 DLN2.n 燃烧器的一个较大区别，在于每个火焰筒由前后两个燃烧区。它们的燃料控制阀的设置见图 8-28。

关于 TTRF1 燃烧基准温度（CRT-Combustion Reference Temperature），它是用于燃烧模式切换的依据，对于 DLN 燃烧室是一个必不可少的控制基准。它并非表示燃烧温度，也

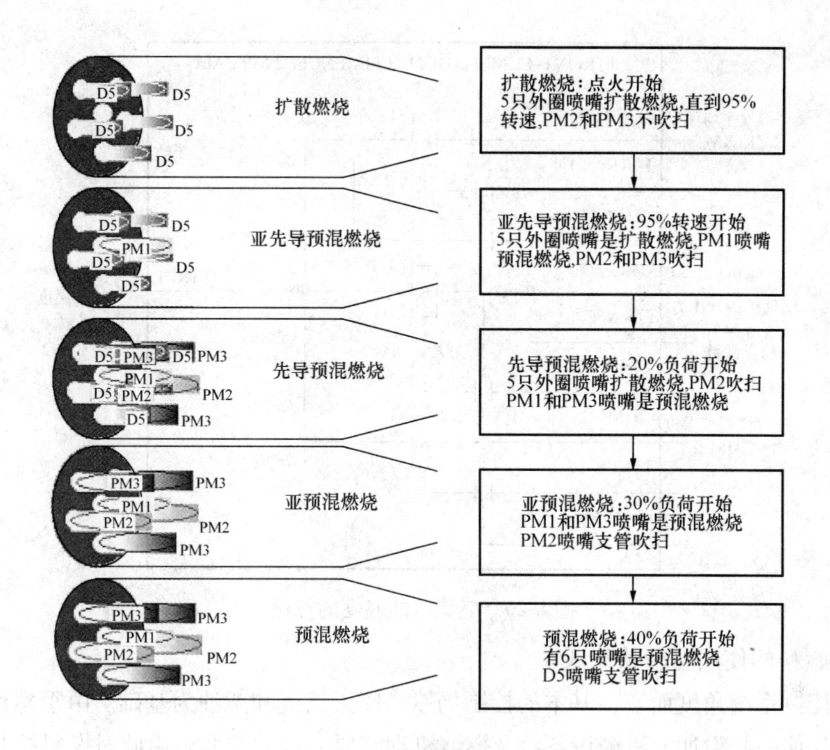

图 8-27 DLN2.6＋型燃烧室的几种燃烧模式

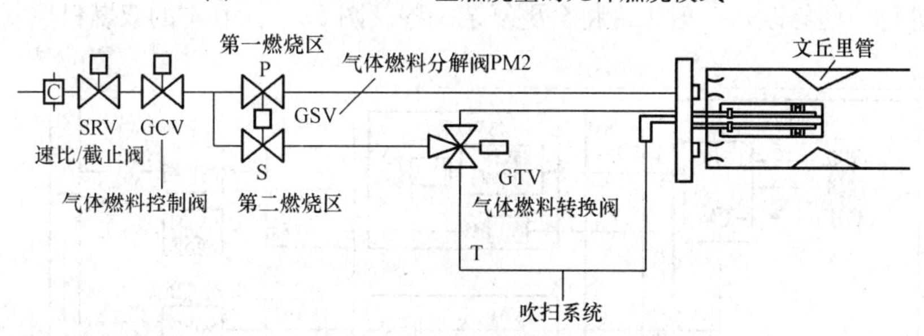

图 8-28 DLN1.0 气体燃料控制系统示意图

不表示实际火焰平均温度，或主控系统中温度控制曾经提到的透平进口温度。而是根据透平排气平均温度 TTXM、压气机排气压力 CPD 和压气机进气喇叭口空气温度 CTIM 的实时数据计算获得的一个基准数据值。

TTRF1 的计算公式如下：

TTRF1＝TTXM ∗ TTKRn _ F1＋TTKRn _ F4＋CPD＋TTKAPC ∗ TTKR _ F2＋CTIM ∗ TTKRn _ F3

TTKRn _ Fn 为相应的 4 个控制常数，燃烧基准温度（CRT）的算法为 TTRF1V1 如图 8-29 所示。

在燃料控制中涉及气体、液体燃料的双燃料是一种总称。具体来说燃用的液体燃料有轻柴油、重柴油、原油或者重油甚至渣油、还有燃用石脑油等液态燃料。对于气体燃料来说现在大都是使用热值较高的天然气（包括 LNG），但国内也已经有相当数量的电厂在使用热值较低的人工煤气或者高炉煤气、焦炉煤气和其他气体燃料（称 SynGas 以及 COREX），随着 IGCC 技术的发展和完善，为达到节能减排的目的利用清洁煤气化技术发电，将导致对中、

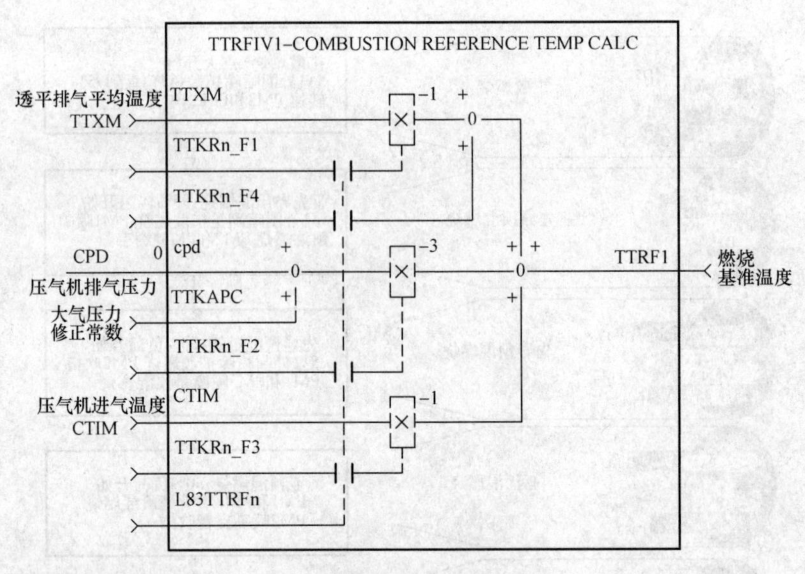

图 8-29　燃烧基准温度的算法

低热值气体燃料的使用会较快增长。

从燃料控制系统角度而言，基本的控制仍然是以天然气和柴油为基础。由于燃料的变化将导致增加了其他一些附加的机械设备以及燃烧机理需要一定的改变，由此对燃料控制系统的软硬件都需要进行一些修改，一般来说将会更复杂一些。图 8-30 为基本的双燃料控制系统总图。

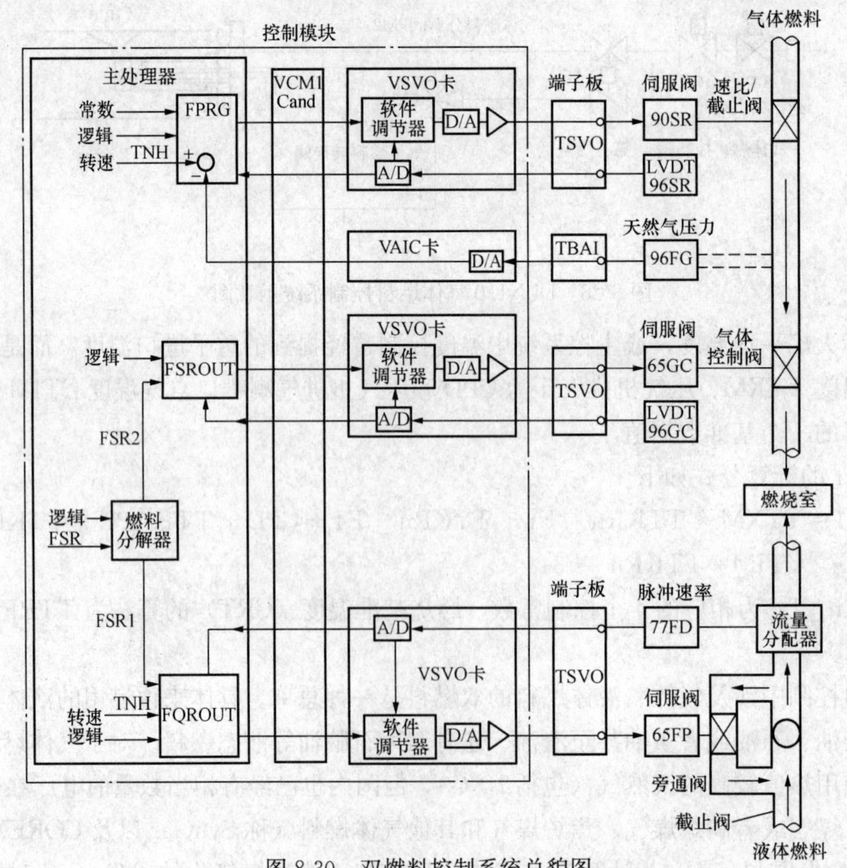

图 8-30　双燃料控制系统总貌图

四、燃料气的控制和吹扫系统

燃料气控制系统 P&ID 总图，见图 8-31。图中包含了测量和控制功能的工艺系统流程图，可以一目了然看出测点和控制关系。

（一）燃料气控制系统

1. 系统组成

燃料气控制系统的作用是以适当的压力、温度和流量向燃烧室输送燃料气，以满足燃气轮机运行时启动、加速和加负荷的所有要求。

燃料气控制系统的主要部件包括入口滤网、燃料气截止阀（VS4-1）、燃料气速比截止阀（SRV-1）、燃料气放空阀（VA13-15）、燃料气控制阀（GCV-1，GCV-2，GCV-3）、燃料气压力传感器（96FG-1，96FG-2A，2B 和 2C）、温度传感器（FTG-1A，1B，2A，2B）、机内输送支管和喷嘴等。所有部件组装在一个模块上，并封闭在位于燃气轮机旁的气体燃料小室里。燃料气输送管道和燃料喷嘴装在燃气轮机本体内。

2. 系统各部套的功能描述

（1）双联过滤器。

燃料气供气管道中配有一套双联过滤器，通常连续运行时应选用 150 微米滤芯以使气体燃料进入速比截止阀前，滤去任何外来微粒。过滤器壳体底部有一排污管路，应用它定期放空，清洁过滤器。

在机组运行时放空阀被锁定在关的位置，停机更换滤芯时先隔离天然气的供应，打开滤芯和附属管道上的放空阀，再送氮气置换出危险气体。检查压力表 PIFG-1，并且检查压力变送器 96FG-1 的输出，完成压力检查，确认安全，然后才打开过滤器顶盖，更换滤芯。

（2）燃料气截止阀（VS4-1）。

使用加热的燃料气时，燃料气截止阀装在速比截止阀的上游。它是一只正向关断的气动阀，由一只电磁阀操纵的两位气动滑阀控制。启动时打开，机组熄火时关闭。燃料气截止阀有限位开关（33VS4-1 和 2），用以检测阀位。

（3）燃料气速比/截止阀（SRV-1）。

速比/截止阀（又简称 SRV）有两种作用。第一，使它成为保护系统中的一部分。保证机组在停机或事故停机时，能够既迅速又严密地切断送往燃烧室的天然气。第二，调节进入气体控制阀前的天然气压力 P_2，使 P_2 成为机组转速的函数。

燃料气速比/截止阀（SRV-1）P&ID 图如图 8-32 所示。作为截止阀使用时，当跳闸油 FSS 泄压时，滑阀 VH5-1 的阀位在右位，使液压油缸的上腔室和下腔室与液压油泄油回路接通，SRV 在弹簧力的用下迅速关闭；作为压力调节阀使用时，控制系统利用 SRV 来调节气体控制阀上游压力 P_2，这时，跳闸油 FSS 充压，使滑阀 VH5-1 的阀位在左位，伺服阀 90SR-1 投入工作。液压油供油经 FH7-1 过滤后，进入伺服阀 90SR-1，由于这时滑阀VH5-1 的阀位在左位，液压油供油接通液压油缸的下腔室，对油缸的下腔室充油，使速比阀开启。只要控制伺服电流，就可控制该阀在不同的开度上。

打开 SRV 前，必须满足下列条件：主保护电路必须启用；气体燃料系统吹扫阀必须关闭；火焰探测控制装置必须启用，或者点火允许电路必须启用。

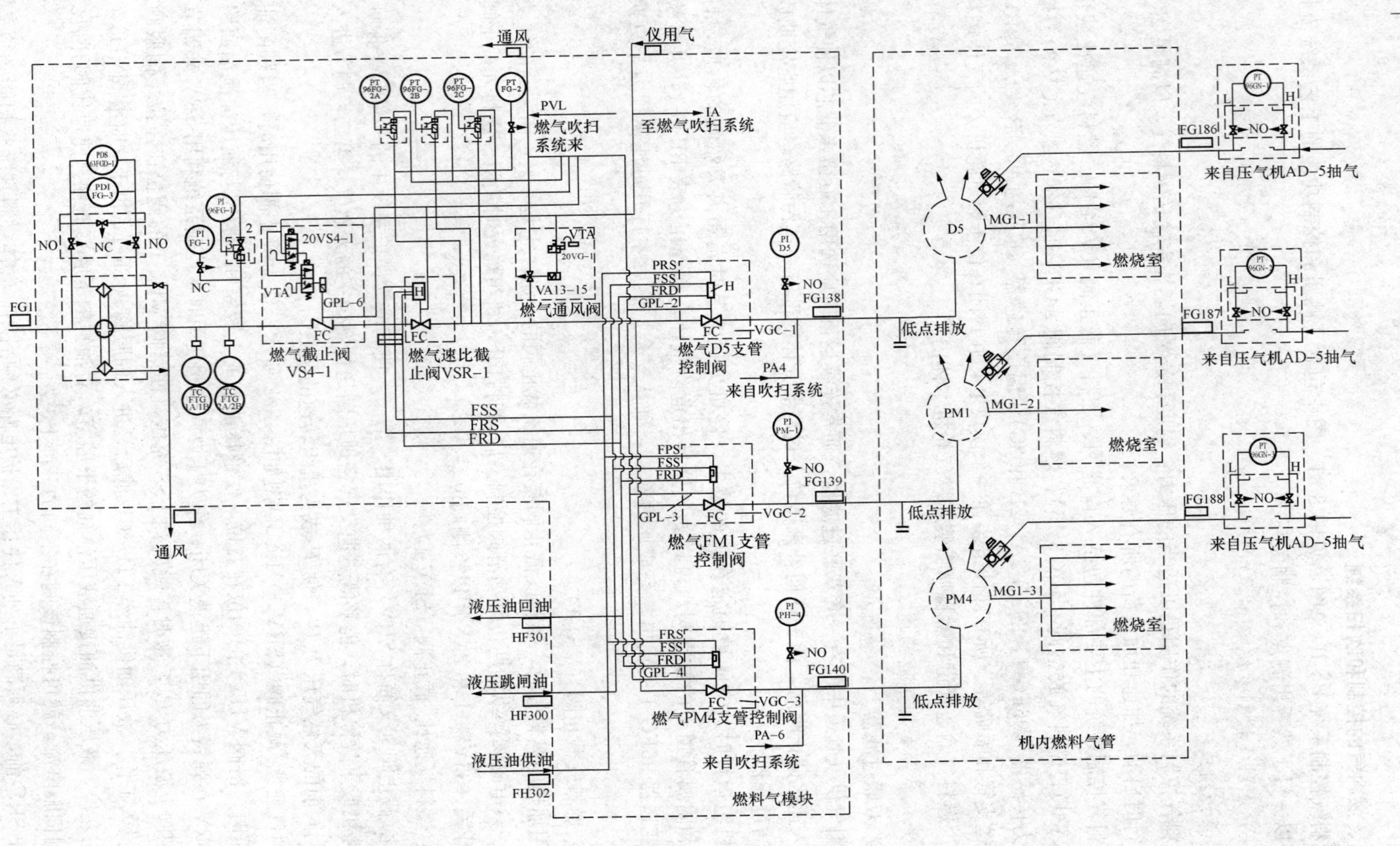

图 8-31 DLN2.0+燃料气控制系统 P&ID 总图

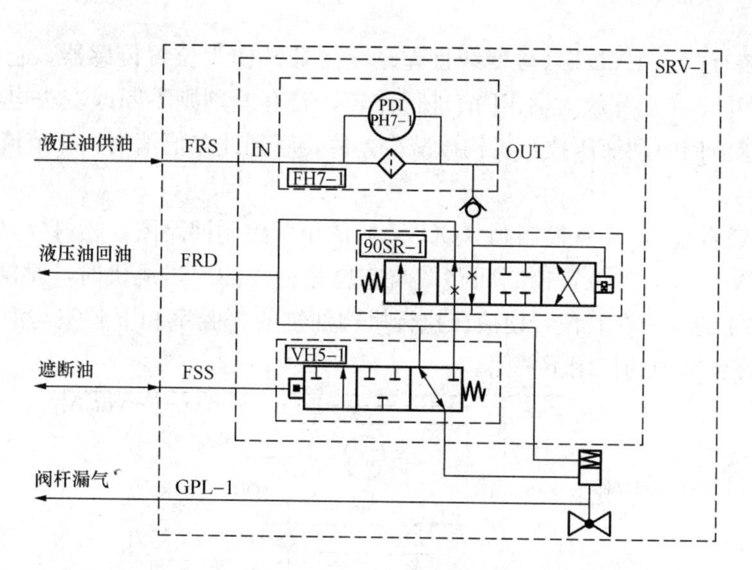

图 8-32　燃料气速比/截止阀（SRV-1）系统图

速度/比例阀阀体是一只 V 型球体阀。随着 V 型球体阀阀芯的旋转，其通流部分面积是线性变化的，当阀前压力恒定时，其阀后压力成比例增加。当阀芯旋转到一定的位置时，其通流部分面积保持不变，其阀后压力保持恒定。它由伺服阀操作，液压执行机构执行，按控制系统的指令调节阀后压力 P_2。通过速度/比例阀阀门执行机构，阀芯的旋转由传动机构将直线运动转化为旋转运动。

（4）燃料气控制阀（GCV-1/2/3）。

燃料气控制阀的作用是，根据转速和外界负荷变化的要求，不断地改变燃料气控制阀的开度（即阀门通流面积），调整送入燃烧室的天然气流量。

燃料气控制阀的阀芯设计成带有裙边的碟形体，阀座则设计成缩放型的拉伐尔管，能提供与阀冲程成比例的流通面积。由于设计时已考虑到在所有的工况下，阀门前后的天然气压力比总是满足小于临界压力比的条件，因而控制阀的天然气流量与阀门前后的压力降无关，仅是阀前压力 P_2 和阀截面积（或阀门行程）的函数。如果通过速度/比例截止阀调节进入气体控制阀前的天然气压力 P_2，使 P_2 成为机组转速的函数。则当机组进入全速以后，流过燃料气控制阀的天然气流量仅是阀门行程的函数。三个控制阀综合位置与燃料行程基准 FSR2 成比例关系。所以燃料气控制阀的功能是使其开度随 FSR2 而变。

控制系统的燃料行程基准 FSR 是主控制系统用以维持转速，负荷或其他运行参数的所需燃料量的基准值（以百分数表示）。FSR 可以分解为 FSR1 和 FSR2 两部分。FSR1 是用于控制液体燃料系统燃料量的基准值，而 FSR2 是气体燃料所需流量的基准值。FSR2 又可以分解为三个部分 FSRD、FSRPM1、FSRPM4。FSRD 是 FSR2 送到燃料喷嘴扩散通道的分量，FSRPM1 是 FSR2 送到燃料喷嘴预混通道 PM1 的分量，FSRPM4 是 FSR2 送到燃料喷嘴预混通道 PM4 的分量。FSRD 用作驱动控制阀 GCV-1 伺服放大器的基准。FSRPM1 用作驱动控制阀 GCV-2 的伺服放大器的基准，FSRPM4 则用作驱动控制阀 GCV-3 伺服放大器的基准。

主控制系统将计算出每一个通道它自己应有的份额 FSR2，FSRD，FSRPM4 和 FSRPM1。阀的软件中，FSR2 乘以适当增益常数和加以零偏置后成为 FSROUT 作为阀位基准。

每一只阀门上装有两只 LVDT（可变线性差动变送器）作为位置传感器。它们的反馈信号与各自的 FSROUT 在运算放大器 PI 前进行比较，若有差别则不断改变去电液伺服阀的输出电流，按要求方向驱动液压执行机构以减少差值，直到此差值消失。调节流过燃料气控制阀天然气流量。

图 8-33 是燃料气 D5 支管控制阀（GCV-1）的位置控制回路图，燃料气 PM1 或 PM4 支管控制阀（GCV-2，3）的位置控制回路图与它也是一样的。当跳机时，跳闸油 FSS 泄压，滑阀 VH5-2/3/4 的阀位在右位，使液压执行机构油缸的上腔室和下腔室与液压油泄油回路接通，控制阀在弹簧力的作用下关闭。

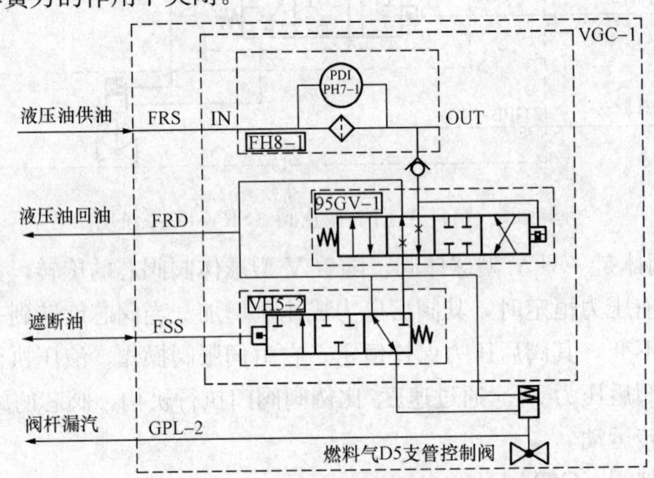

图 8-33　燃料气 D5 支管控制阀（GCV-1）P&ID 图

作为控制阀使用时，液压油供油经 FH8-1/2/3 过滤后，进入伺服阀 95GV-1/2/3，此时滑阀 VH5-2/3/4 的阀位在左位，液压油供油接通液压执行机构油缸的下腔室，开启控制阀。控制伺服电流，就可控制该阀的开度，也就控制了天然气流量。

（5）气体燃料放空电磁阀 20VG-1 和放空阀 VA13-15。

速比截止阀和燃料气控制阀之间设置有通风阀 VA13-15，当电磁阀 20VG-1 断电时，打开通风阀，排放掉速比截止阀和燃料气控制阀之间的气体燃料。当主控保护电路通电，燃气轮机高于盘车转速时，电磁阀就通电，放空阀关闭。在气体燃料运行时，它会一直关闭着。燃气轮机停机时，放空阀是开启的，因为速比截止阀和燃料气控制阀有金属阀芯和阀座是不严密的。在停机期间，通风口能保证燃料气压力不会集聚在速比截止阀和控制阀之间，而且不会有燃料气漏过关闭的燃料气控制阀聚集在燃烧室或排气段里。

如在正常运行时放空阀失灵或关不上，SRV 会增加开度，补偿因通风阀泄漏造成的流量损失，从而继续维持 P_2 恒定。

（6）气体燃料系统吹扫。

当流经扩散气体燃料喷嘴的燃料停止流动（预混燃料通道运行）时，扩散气体燃料吹扫系统就启动。通过抽气支管将压气机排气导入扩散气体燃料管。这些空气吹扫了扩散气体燃料喷嘴，需不断地有空气从扩散气体燃料喷嘴端流出，以保证扩散气体燃料支管及其相连的管道里不会积聚易燃气体。当流经 PM4 喷嘴的燃料气停止流动，所有的燃料气都流向扩散喷嘴时，PM4 吹扫阀打开，接纳压气机排气，来吹扫 PM4 喷嘴。

吹扫阀都是电-气操纵的带旋转机构的 V 型球体阀。

（7）机内输送支管和喷嘴。

干式低 NO_x DLN-2.0+燃烧系统有三种气体燃料系统支管：扩散、PM1 和 PM4。每只燃烧室有 5 只燃料喷嘴，每只喷嘴有 1 只扩散通道，1 只预混通道。燃气轮机周向布置有 18 个燃烧室，每只燃烧室的 5 个扩散燃烧通道与扩散燃烧支管相连，由 GCV-1 气体控制阀调节燃料气体的流量。每只燃烧室的 4 只预混通道相互连接，组成 PM4 支管，由 GCV-3 气体控制阀调节燃料气体流量。每只燃烧室剩余的一只预混通道相互连接组成 PM1 支管，由 GCV-2 气体控制阀调节燃料气体流量。这样，将所有燃料通道并联地分成三级，分别由 3 只控制阀控制燃料气体的流量。

（二）燃料气吹扫系统

图 8-34 为燃料气吹扫系统 P&ID 总图。

1. 系统介绍

对于未投入使用的燃料气喷嘴流道，用压气机抽出的排气对燃料气进行吹扫，以防止在相关的燃气轮机燃料气管道中形成燃料气积聚和燃烧回流现象。

燃料气喷嘴的吹扫空气来自压气机排气 AD6 接口。提供吹扫空气的管路系统称为燃料气吹扫管路系统。

2. 系统组成

燃气轮机吹扫空气系统主要由安装在冷却和密封空气系统、燃料气控制系统和压气机之间的下列部件组成：

（1）4 只燃料气吹扫阀（VA13-1，2，5 和 6）。

（2）2 只燃料气吹扫放空阀（VA13-8 和 13）。

（3）2 只燃料气吹扫放空阀的电磁阀（20VG-2 和 4）

（4）10 只燃料气吹扫阀和放空阀的位置开关（33PG）。

（5）4 只吹扫电磁阀（20PG-1，2，5，6）。

（6）4 只吹扫阀执行机构快速排气阀（VA36-1，2，9 和 10）。

（7）6 只压力开关（63PG-1A、1B，1C，3A，3B 和 3C）。

（8）1 只 VA13-1 吹扫阀的仪用空气压力调节阀（VPR54-22）。

（9）6 支 K 型热电偶。

（10）1 只吹扫阀的远程位置调节器。

该系统所述的所有部件均布置在燃料气小室内。

3. 系统各部套的功能描述

来自压气机排气 AD6 接口的吹扫空气分为两路：一路通往扩散燃料气喷嘴流道（D5），另一路通往预混燃料气喷嘴流道（PM4）。经过 2 只串联布置的吹扫阀进入各自的环型供气管。在 2 只串联布置的吹扫阀之间各有一只放空阀。

当流经扩散气体燃料喷嘴的燃料停止流动（预混燃料通道运行）时，就要启动对扩散燃料气喷嘴流道（D5）的吹扫。通过抽气支管将压气机排气导入扩散气体燃料管，吹扫扩散气体燃料喷嘴。需要不断地有空气从扩散气体燃料喷嘴端流出，以保证扩散气体燃料支管及其相连的管道里不再积聚有易燃气体，并且冷却燃料喷嘴。当流经 PM4 喷嘴的燃料气停止

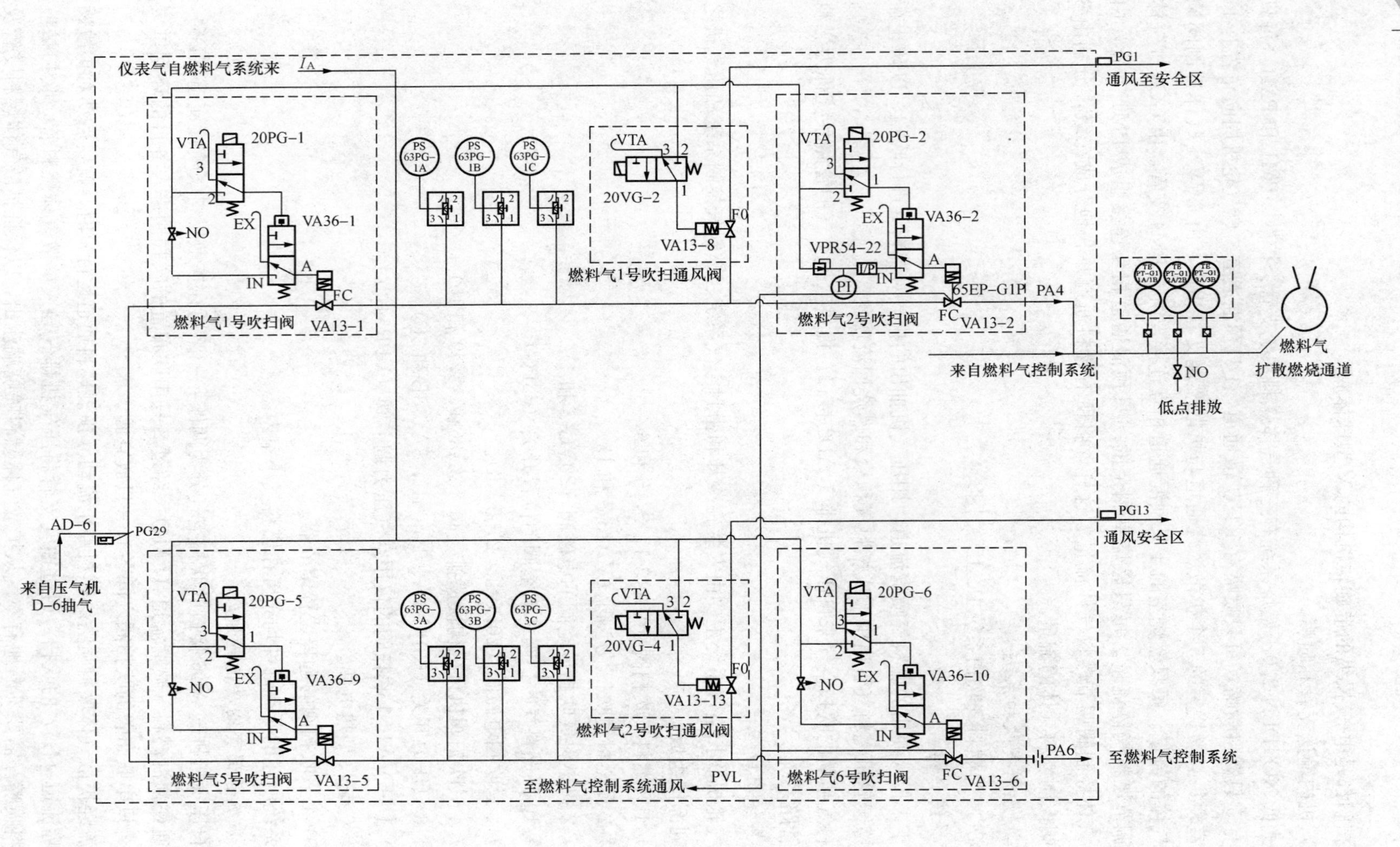

图 8-34　DLN2.0+燃气轮机吹扫空气系统 P&ID图

流动，所有的燃料气都流向扩散喷嘴时，PM4 吹扫阀打开，接纳压气机排气，吹扫 PM4 喷嘴流道。

当燃料气吹扫支管不工作时，支管上的放空阀打开，排空积聚在管道内的燃料气，能保证燃料气压力不会集聚在两只串联布置的吹扫阀之间，而且不会有燃料气漏过关闭的燃料气放空阀聚集在燃烧室或排气段里。

吹扫阀、放空阀是气动阀，其执行机构的气源由仪表气源供应。放空阀和吹扫阀的开启和关闭则由电磁阀间接控制。放空阀的执行机构的气源由电磁阀直接操纵。而吹扫阀的执行机构由受控于电磁阀的气动滑阀操纵。吹扫阀的开启速度是不同的：其中 VA13-1、VA13-5、VA13-6 吹扫阀开启速度为 35±5s，它是靠手动调节气动滑阀管路上游的针形计量阀，调节吹扫阀的开启速率的；其中 VA13-2 吹扫阀的执行机构也是由受控于电磁阀的气动滑阀操纵的，但在它的气动滑阀管路上游有一只调节器 VPR54-22 与一只 I/P（65EP-GIP）电/气伺服装置，可以远程、全量程地调整 VA13-2 的阀位，达到慢慢地向系统提供吹扫空气的目的。

气动滑阀还起到快速排放仪表气的作用，当电磁阀失电时，将在少于 4s 内关闭所有的吹扫阀。压力开关 63PG-3A、3B、3C（适用于 PM4 通道）以及 63PG-1A、1B、1C（适用于扩散通道）位于两只串联布置的吹扫阀之间的管道上，这些压力开关向 MARK-Ⅵ控制系统提供管道间系统压力信号。

这些压力开关可用来确认吹扫阀是开启的，还可用来确认吹扫阀的阀座漏气。10 只燃料气吹扫阀和放空阀的位置开关（33PG），都安装在相应的阀上。这些位置开关向 MARK-Ⅵ控制系统提供阀门位置信号。

扩散气体燃料支管安装有 6 支 K 型热电偶，推荐在扩散气体燃料支管低点排放点的上游 6in 处安装 1 支，在低点排放处的管线上安装 1 支，在低点排放点的下游 6in 处安装 1 支。送入 MARK-Ⅵ控制系统，用于系统吹扫空气温度显示与控制。

（三）阀门泄漏试验

燃机开机时，当转速 45r/min 以上，非点火允许，P_1压力不低于 3.068MPa（445psig），非水洗，这些条件同时满足时，触发启动泄漏试验。燃机停机熄火后 10s，转速在 20%以下，且 3 个燃料气阀开度指令置 0，这时开始进行停机泄漏试验。

1. 燃机开机时阀门泄漏试验步骤

（1）转速 45r/min 时，先开启辅助截止阀 SRV，关闭通风阀，计时 30s 内，SRV 阀后 P_2压力从 0 上升到 100psi 以下合格，否则点火前跳机，以此检查 SRV 的严密性。

（2）30s 后，SRV 阀开启 1s，P_2压力上升，关闭辅助截止阀与 SRV 阀，采样 P_1和 P_2压力，计时 30s，P_2压力下降不能超过 150psi 为合格，以此检查通风阀与燃料气控制阀的严密性。

若 P_1与 P_2采样比较，$|P_1-P_2|>20$psi，触发报警（需主复位）。

（3）30s 后通风阀开，P_2压力快速下降到接近 0。但此前（指 SRV 开启后 5s，且通风阀开启前）若 P_2的下降值大于 150psi（1.03MPa），报警，需主复位且点火前跳机。

（4）30s 后，通风阀开启 1min 后，SRV 开 5s，辅助截止阀保持关，P_2压力保持接近 0。以此检查辅助截止阀的严密性。

(5) 若泄漏试验结束后，点火前 P_2压力大于 6psi（死区 1psi，即：小于 5psi 后该报警消失），则延时 5s，主保护动作，点火前跳机。且该信号需主保护复位才能解除。

2. 燃机停机时阀门泄漏试验步骤

熄火后 10s 且转速在 20%以下且 3 个燃料气阀开度指令置 0，这时开始进行停机泄漏试验，程序与开机泄漏试验完全一致。

第九章 MARK-Ⅵ顺控系统

燃气轮机机组的启动运行是在一系列顺控程序支持下完成的。燃气轮机由于它紧凑和快速，率先实现了“一键启停”方式，成为发电行业的自动化典范，确保了启动过程的快速性、准确性、安全性。本章还介绍了发电站“一键启动”和“自动启停”的技术。

机组启动时，操作人员向机组控制系统发出一个启动指令，启动程序就能够使得机组自动启动。首先启动启动机（如启动电动机，也有采用柴油机启动或者膨胀透平启动的方案），各种泵投入运行、启动离合器啮合……直到自动闭合发电机开关断路器合上并网送出电力。

一旦操作人员发出了启动指令，机组断路器却没有闭合导致不能正常并网发电。我们要想快速查明故障原因，找出问题的答案，就必须对控制系统有很详细的了解，尤其要清楚燃气轮机启动顺序的机理。因此需要对许多条件进行“完全正确”的分析和推断。

燃气轮机和发电机的顺序逻辑的控制程序，确定了在什么情况下，需要具备什么条件下，启动顺控程序才能正常进行下去。本章节介绍燃气轮机的顺控程序。

第一节　顺序控制功能和读图

我们研究燃气轮机的顺控逻辑，一般采用实时法或阶梯法。

实时法研究逻辑变化，并按顺序列出启动或停机过程中出现的所有逻辑的变化情况。列出这些变化情况就仿佛是用一台多通道记录仪记录时序的结果。MARK-Ⅴ和MARK-Ⅵ都设计包含了实时曲线的记录功能。就可以用实时法进行分析。因为有些逻辑信号可能在几十个阶梯中都要使用（如启动逻辑），实时法便显示出优越性。

另一种阶梯法，也叫阶梯到阶梯法，侧重于在研究相互关系以及查寻下一步将要发生什么情况时使用。

GE公司的燃气轮机的顺序控制程序，随着机组容量增加，顺控逻辑的编程也日趋完善和复杂。

在MARK-Ⅰ和MARK-Ⅱ阶段，分别为继电器或者固态元件的硬件门电路控制，使用了成百上千个硬件继电器和固态电路，机组顺控逻辑电路设计，必然受到硬件条件的限制。

从MARK-Ⅳ开始采用软件顺控方式，以伪继电器程序语言编制出阶梯程序。伪继电器就是用软件来实现硬件继电器的功能，即所谓硬件的软化，可以发挥出优于硬件继电器的功效。伪继电器程序语言共有十四种语句，需要一台哑终端（通常采用SILENT-700）作为操作接口，经由终端上的九针D型插口的监视器（TIM——终端接口监视器程序）在＜C＞通信器中运行，对＜C＞和＜R＞＜S＞＜T＞的程序进行编辑。因此在MARK-Ⅳ控制盘中控制程序的编写、修改等编辑工作，离不开伪继电器程序语言及相应操作指令。

对于 MARK-Ⅴ控制系统，则不需要那样复杂。可以通过 IDP 应用程序的主程序编辑器，运行 CSP Editor 就可以直接在接口处理机<I>上或者 HMI 上完成编程。它采用 BBL（Big Block Language）的模块化语言。采用很简单调用图形的方法，把伪触点符号、伪线圈符号和一些较为复杂的计时器、计数器甚至更大的一些专用程序块编辑在一起。组成控制功能需要的控制程序，完成编译全部和修改部分 CSP（Control Sequence Program）程序的需要。它比 MARK-Ⅳ直观便捷，也同属于软件继电器类，不过它不再需要记忆伪继电器程序语言及其语句，编制顺控程序方法从语句走向了梯形图形成。

MARK-Ⅵ控制盘面更加人性化。只要在人机接口计算机 HMI 上打开 Toolbox 下的 ***.m6b 应用程序文件。它调用图形功能块 SBLIB 和 TURBLIB(或者 IndustryBlock)模块化程序，以及各种宏(Micro)和模块(Module)，把它们按照需要组合到各个任务(Task)中，就能够完成编程和修改工作。MARK-Ⅵ的设计者，已经将使用到的各种复杂控制功能和控制算法，预制封装为图形功能块，使得顺控逻辑的编程方法走上图形块编程层面，只要使用者学会调用图形功能块，填入相关参数和条件即可，更加简单便捷。

MARK-Ⅵe 控制盘和 MARK-Ⅵ基本相同，它在 Toolbox ST 软件平台下打开需编辑的 ***.tcw 文件即可进行编程。

下面具体分析在 MARK-Ⅵ控制盘中 ***.m6b 程序文件中的五个顺序控制程序块的实例，以此来分析这些顺序控制中的逻辑关系及其控制原理。

其中涉及一些编程基本符号和方法，请参阅相关章节内容。

L60BOG 顺序控制程序块见图 9-1。它作用于 BOGDOWN 保护带电。

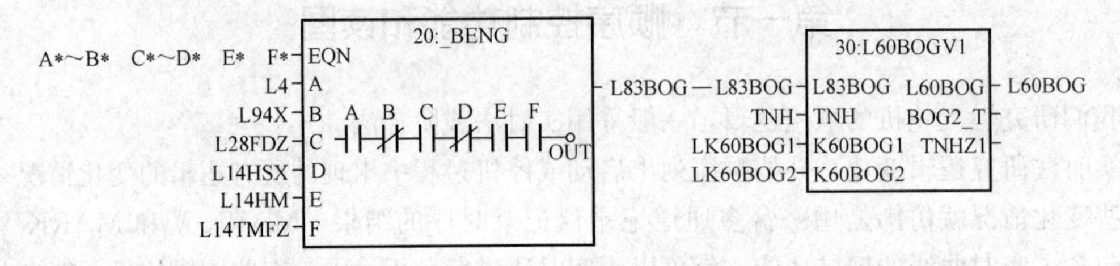

图 9-1　L60BOG 程序块

程序块 L83BOG 有 6 个条件的门。当其均为“1”时，使得 L83BOG 输出逻辑为“1”投入 BOG DOWN 保护。投入保护后启动设备如果不能把燃机拖动到自持转速时，就需要 BOG DOWN 动作，L60BOG 得电，让启动机停机。

L83BOG 为“真”的条件如下：

- L4——燃机主保护已经投入；
- ~L94X——没有发出停机指令；
- L28FDZ——暖机燃料允许信号的延时逻辑；
- ~L14HSX——不大于运行转速；
- L14HM——大于最小点火转速；
- L14TMFZ——启动期间点火转速辅助逻辑已达到。

它界定了转速范围处于点火转速和额定转速之间，并且是在点火成功以后才可以投入 BOG DOWN 保护功能。随后在 L60BOGV1 算法中还限制了转速的变化率和延迟时间。这时才真正输出 L60BOG 为“真”，启动设备必须停机并发出相应的报警。

L28FD 顺序控制程序块见图 9-2。

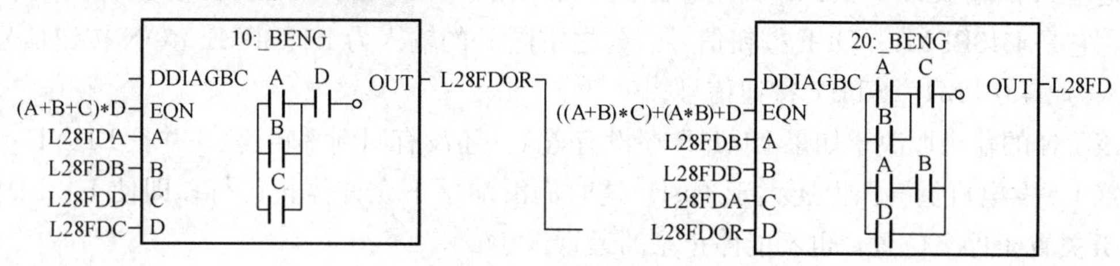

图 9-2　L28FD 程序块

程序块 L28FD 为燃烧室点火成功逻辑，前面一个程序块 L28FDOR 为它的扩展块部分。

L28FD 由一系列“与”和“或”组成，从本质上讲就是从来自 A、B、C、D 四个火焰检测器检测到的各个火焰信号，至少有两个检测到了火焰时，认为燃气轮机点火已经成功，送出 L28FD 逻辑为“真”。只有在得到这个信号以后才能进行启动过程的后续程序，否则就认为点火失败。

L94XZ 顺序控制程序块见图 9-3。

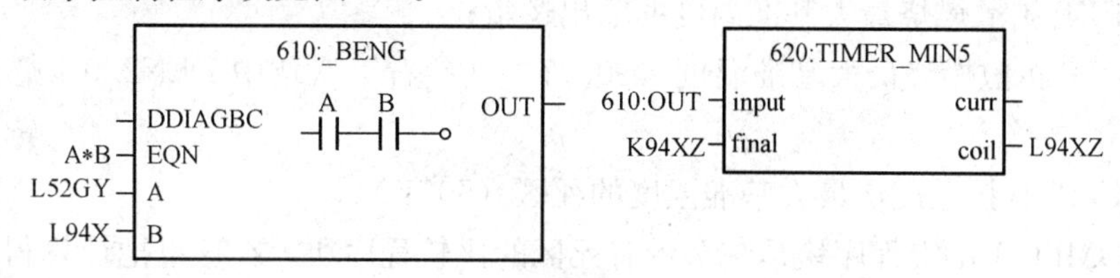

图 9-3　L94XZ 程序块

程序块 L94XZ 用于执行退出主保护停机。

L94XZ 由两个块组成。操作员发出了停机令 L94X 置 1；等到负荷减到出现逆功率时，线路断路器 52G 开路，发电机解列，再经过 5s 延时 L52GY 置 1。使得上图中的“610：_BENG”块的输出信号“610：OUT”置 1；经过“620：TIMER _ MIN5”计时块的 K94XZ（一般为 8min）延时以后使得输出信号 L94XZ 置 1。

也就是说在解列以后 8min（确切地说是 8min5s），无论机组处于什么状态，将发出这个 L94XZ 信号。它将去触发 L4T 置 1，从而退出主保护。

L4BMP1 _ STOP 顺序控制程序块，见图 9-4。

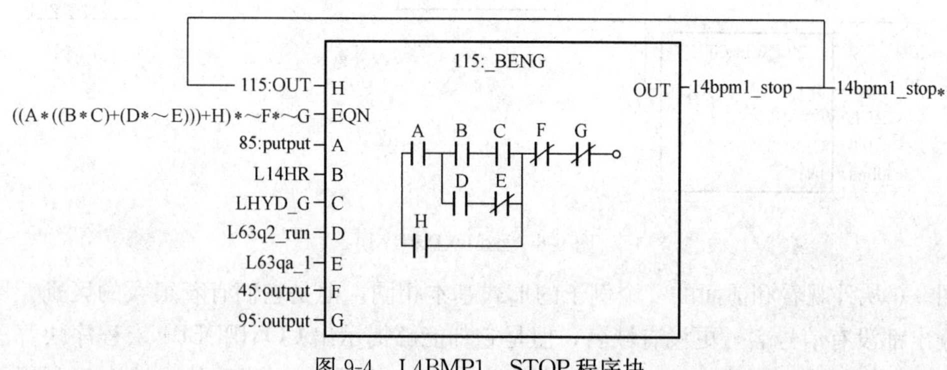

图 9-4　L4BMP1 _ STOP 程序块

L4BPM1 _ STOP 是 1 号润滑油泵停运的允许逻辑。

这里 A 的输入为 85：output，它表示来自本任务（TASK）中的 85 号块（BLOCK）的输出，它是 L43BPM1 _ OFF 按钮信号。与之雷同 F 的输入为 L43BPM1 _ ON 按钮信号。G 的输入为 L43BPM1 _ STBY 按钮信号。

该阶梯的输出取决于如果 L14HR 还没有置 1（还没有回到零转速），并且 LHYD _ G 还没有置 1（发电机氢气压力还大于 1psi）这时润滑油泵不允许停止运行；即使 L43BPM1 _ OFF 开关置于停泵位置，也不能停止泵的运行。

另外根据 D、E 两个输入可以知道：如果滑油压力低(L63qa _ 1 置 1)，无论 2 号滑油泵是否在运行(L63q2 _ run)，这个 1 号泵也不允许停运。

此外，润滑油泵的控制程序在汽轮机的 MARK—Ⅵ程序里，而不是在燃机的 ***. m6b 文件中。

L26FXP 顺序控制程序块见图 9-5 和图 9-6。

405:COMPDBB1
TTRF1 input output L26FXP
FALSE bias_ok
0 bias
FXKTP setpnt
FXKTPDB deadbnd

图 9-5 L26FXP 程序块（概要视图）

- TTRF1 燃烧基准温度；
- L26FXP 扩散燃烧最大基准温度的输出逻辑；
- FXKTP 扩散燃烧最大基准温度（800 ℉）（参看第八章中 DLN2. 0＋燃烧模式切换图）；
- FXKTPDB 扩散燃烧最大基准温度的死区（50 ℉）。

上述 COMPDBB1 宏程序块是一个带有死区的比较程序块。在这里把计算得到的燃烧基准温度与给定的控制常数 FXKTP 进行比较，根据 TTRF1 的值决定了是否应该由扩散燃烧模式转换到亚先导预混燃烧模式切换，如果 L26FXP 逻辑置 1 就应该执行切换。但是存在着一个切换稳定的问题，所以采用了一个 50 ℉的死区，以保证切换的稳定。

为了理解死区是如何工作的，就需要在 ***. m6b 文件中从“概要视图——Summary View”转换出“独立的概要视图——Detached Summary View”，如图 9-6 所示。

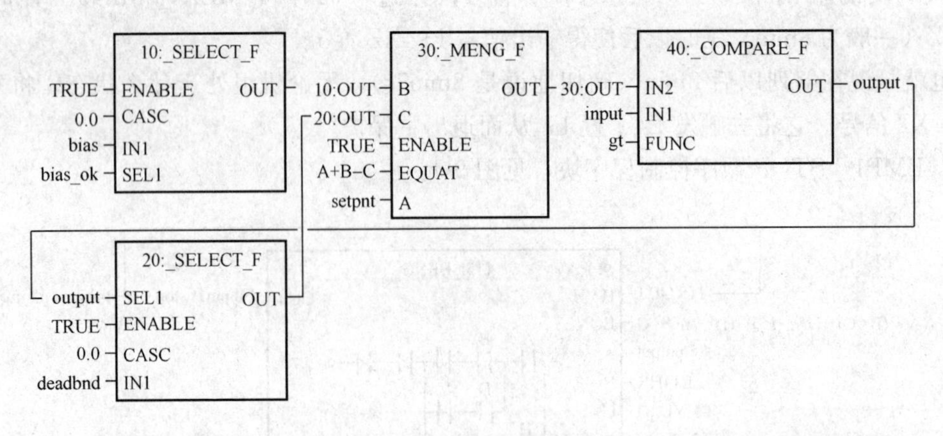

图 9-6 L26FXP 程序块

图 9-6 从外观看和前面的 4 个例子的形式基本相同，但是它们有着很大的区别。所有的输入输出都没有信号名，更没有域名，但是它却能够揭示出 COMPDBB1 宏程序块算法的本质。它由 4 个标准程序块（SBLIB）组成的一个宏（MACRO）程序块，这个宏利用了一个

50 ℉的死区，保证在 TTRF1 刚刚达到 800 ℉的时候不至于出现两种燃烧模式往复切换的不稳定情况。如果出现往复切换，对机组的燃烧系统是非常有害的。

MARK-Ⅵ控制程序其中较多部分依然是顺序逻辑控制，上述例子只是 * * *.m6b 文件中各具特色的五个程序块。如果想把所有的逻辑关系搞清楚是很费周折的。本教材不可能把所有的内容逐个分析，甚至不可能列举出所有类型的程序块。只能通过上述五个例子的了解分析和阅读的基本方法，再结合功能块基本符号，举一反三地去理解。

第二节　启动顺序控制

启动程序控制也就是燃气轮机整个启动过程的顺序逻辑控制，从启动机启动、带动燃机转子转动、燃机点火、转子加速直至达到额定转速。

启动程序安全地控制燃机从零转速加速到额定运行转速，在这个过程中要求燃机热通道部件的低周疲劳为最小，既保证较迅速的启动又不能产生太大的热应力。启动程序还涉及一系列辅机、启动机和燃机控制系统的顺序控制命令。因为安全、迅速的启动还取决于燃气轮机相关各设备的适时启停运作，所以程序必须及时地查验各有关设备所处的状态。这些程序的顺序逻辑不仅与实施控制的设备有关还和保护回路有关。

本节的启动程序流程方框图和启动流程将给出典型的启动过程。从下面图 9-7 的程序块来了解各个转速级信号，同时也介绍读图的方法。

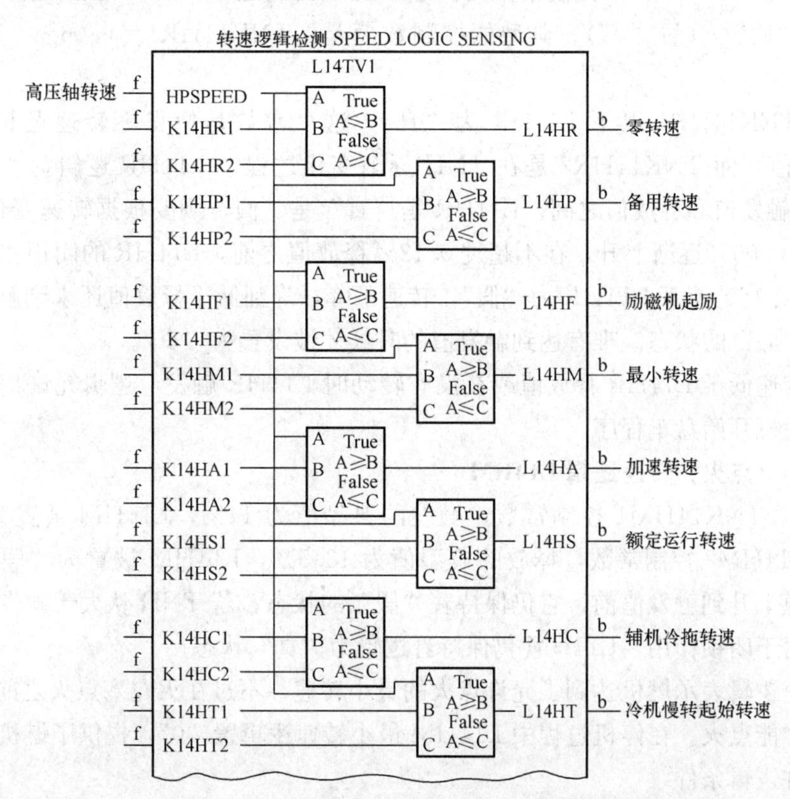

图 9-7　转速级逻辑检测顺控程序功能块

启动程序发出的各控制指令首先要依赖于当前燃机转子的转动速度。因而转速的正确检测在启动过程中至关重要。燃气轮机用电涡流式磁性传感器测量转速。当转速达到各个关键值时，将分别发出一系列控制指令，使相应电磁阀、风机和泵的动作。这些关键的“转速级”常用的有下列4个：

——14HR零转速（约0.12%额定转速）；

——14HM最小转速（约14%额定转速）（9E约10%额定转速）；

——14HA加速转速（约50%额定转速）；

——14HS运行转速（约95%额定转速）。

程序的名称为L14TV1——SPEED LOGIC SENSING，它是该控制程序的算法代号。通过接收到的转速测量信号，经一系列的比较器给出不同转速级的逻辑信号。

图9-7程序块由三个部分组成，分别为燃气轮机高压轴转速逻辑、柴油机转速逻辑和燃机低压轴转速逻辑。现以仅高压轴为例予说明，燃机高压轴上测出转速信号TNH为一个模拟量信号，首先输入该算法中第一行，下面还输入了TNK……共16个控制常数。通过8个复合型比较器，在右端输出8个逻辑量信号为L14HR、L14HP、L14HF、L14HM、L14HA、L14HS、L14HC、L14HT。

一、零转速逻辑L14HR

当TNH≤TNK14HR1控制常数时，比较器按照“True A≤B”则使L14HR逻辑置“1”。当TNH≥TNK14HR2控制常数时，这个比较器满足“False A≥C”条件使L14HR逻辑输出为“假”（置“0”）。典型的控制数值是：TNK14HR1＝0.06%，THK14HR2＝0.12%。

转速在TNK14HR1以下L14HR为“真”，这个常数是使得零转速逻辑L14HR为“真”的触发值，而TNK14HR2是在TNH逐渐变化过程中L14HR逻辑为“假”的释放值。TNH在触发值和释放值之间，L14HR是“真”是“假”则要根据转速变化过程来看。TNH从低于0.06%逐渐上升，在不超过0.12%释放值之前，L14HR的闭锁作用仍保持为“真”。TNH在高转速下L14HR为“假”，转速下降，降到低于释放值还未到触发值时，逻辑仍保持为“假”的状态，唯有达到触发值的时候才被设置为“真”。

当主轴转速低于L14HR释放值或在没有转动时L14HR触发，逻辑允许信号使离合器开始带电，轮机开始盘车程序。

二、最小（点火）转速逻辑L14HM

当TNH≥TNK14HM1控制常数，触发的典型值为14%，L14HM被置为“真”。当TNH≤TNK14HM2控制常数，释放的典型值为13.5%，L14HM被置为“假”，若TNH由低于释放值上升到触发值前，它仍保持着“假”的状态。若TNH从大于触发值下降到释放值之前，由于闭锁作用，L14HM仍保持着逻辑为“真”状态。

最小转速逻辑表示燃机达到了允许点火的最小转速，不过在火花塞点火之前需完成清吹周期，然后才能点火。在停机过程中L14HM最小转速逻辑置“0”，提供了燃机停机后再启动的几个允许逻辑条件。

三、加速转速逻辑L14HA

L14HA的触发值为TNK14HA1（典型为50%），释放值为TNK14HA2（控制常数典型为 46%)。L14HA 触发主要用于表示已经处于 FSR 加速过程并且转速已达到 50%。

四、运行转速逻辑 L14HS

L14HS 触发值为 TNK14HS1(典型控制常数为 95%),释放值为 TNK14HS2(典型控制常数为 94%)。L14HS 触发为“真”主要用于表示启动程序已完成达到了 FSNL(全速空载),从而把压气机进口可转导叶开启到最小全速角,关闭压气机防喘放气阀(也有一些机组推迟到线路断路器闭合以后才关闭)。L14HS 释放,主要用于关闭压气机进口导叶、开启压气机防喘放气阀(对 9E 或者 6B 机组,主轴转速下降主润滑油泵油压就会偏低,还必须启动 88QA 交流润滑油泵),继续下降转速/负荷基准直到最小值。

另外还有一些转速逻辑为辅助信号,它们的数值一般情况如下(各种机组会有差异):

- L14HT 冷机慢转起始转速逻辑;
  TNK14HT1 触发值为 1.5%;
  TNK14HT2 释放值为 1.2%;
- L14HC 辅机冷拖转速逻辑;
  TNK14HC1 触发值为 9%;
  TNK14HC2 释放值为 8%;
- L14HP 备用转速逻辑;
  TNK14HP1 触发值为 85.5%;
  TNK14HP2 释放值为 80%;
- L14HF 励磁机起励逻辑;
  TNK14HF1 触发值为 98%;
  TNK14HF2 释放值为 94%。

早期的轮机控制盘中,这些转速级用继电器实现逻辑信号输出。当今的轮控盘已不存在实际的转速继电器,而是通过罗列在控制系统中的上述这些控制常数。在图 9-7 的 L14TV1 控制算法中就是以软件代替了转速继电器,仅仅是习惯上仍然称之为转速继电器而已。

燃气轮机的启动过程,是由顺控系统的启动控制和主控系统中的启动控制(STARTUPCONTROL)共同作用的结果。前者从启动开始就要给出顺序控制逻辑信号,后者从燃机点火开始才给出控制燃料命令信号的 FSR 值。

启动控制作为开环控制,是用预先设置的燃料命令信号 FSR 来操作。这些预设的 FSR 值为:“最小”、“点火”、“暖机”、“加速”和“最大”值等。具体数值由控制系统规定,然后根据现场考虑给予适当的调整。这些 FSR 控制常数值都已经下载存储在 MARK-Ⅵ的闪存中。

启动控制 FSR 信号必须通过最小值选择门才能起作用,以保证其他控制功能也能按要求限制最终输出的 FSR 值。

燃料命令信号都是由燃气轮机控制盘的启动软件发出的。除了三个启动值(点火、暖机、加速)外,软件还设置最大和最小 FSR,并提供手动控制 FSR。按下“MANUAL CONTROL”(手动控制)开关按钮和“FSR GAG RAISE OR LOWER”(FSR 升或降)按钮,可以在 FSR MIN(FSR 最小值)和 FSR MAX(FSR 最大值)之间手动调整 FSR 给定值,不过它同样要受到最小值选择门的限制。

当燃机处于停止转动情况下，由燃料截止阀、燃料控制阀和相关部件组成了一个查验系统。在CRT显示的“启动显示”页面，“NORMAL”字段显示出“SHUT DOWN STATUS”（停机状态）。点击方式选择（MODE SELECT）区段中的某个启动字段（CRANK、FIRE、AUTO或者REMOTE等）并在弹出窗口中点击“OK”键，使得方式选择L43xxx的逻辑从OFF转到某一种运作方式状态。于是触发了启动准备检查程序，如果所有的保护电路和遮断闭锁都具备了“准备启动允许条件”，那么CRT上显示出STATUS_FLD：READYTOSTART（状态字段：启动准备就绪），燃机就可以接受启动命令。在主控（MASTER CONTROL）区点击START（启动）并在弹出窗口中点击“OK”键，启动命令就进入启动顺序程序，也就是说这时候启动程序才真正开始执行。

启动信号激励主控和保护回路（即“4”回路），启动所需的辅助设备。L4逻辑允许LCI系统和EX2100励磁系统启动（对于9E和6B机组则使启动离合器啮合），随之启动设备（启动马达或者启动柴油机的电动机）开始转动，带动主轴开始转动。此时CRT上显示出正在启动的信息：STARTING。

一旦燃气轮机主轴开始转动，通过LCI由发电机作为启动马达提供扭矩。轮机转速继电器14HM指出轮机在清吹，这时需要进行天然气的启动泄漏试验（有一些机组在L14HT时进行该试验程序）。清吹计时器L2TV开始计时，其清吹时间的长短应该使整个机组换4次空气（即流过四倍于机组通道空腔容积的空气）为准，以保证任何可燃混合物从燃机（以至于排气烟道和余热锅炉）内部彻底清吹干净，尤其对于燃用天然气的机组更为重要。K2TV一般设定是1min，对较大型的9E和9FA联合循环机组特别是燃用气体燃料时，往往在规范中规定为10min甚至15min，用L14HM信号置1开始计算，启动设备将保持该转速直到L2TV逻辑置1，才算完成了这个清吹周期。这时程序需要启动88BT透平间冷却风机和88BD排气扩压段冷却风机。

L14HM信号或清吹周期完成（L2TV=1）完成，就可以给出燃料流量，点火过程设置给出了点火FSR值，同时点火计时器L2F开始点火计时。当火焰检测器输出信号（L28FD）指出燃烧室中已建立稳定的火焰以后，才能启动暖机计时器L2W计时，燃料命令信号也降低到FSR的暖机值。暖机的目的是为了减小点火开始阶段轮机热通道部件的热应力。

一旦L2F计时器逻辑已经达到（点火持续时间K2F一般为60s或者30s，对于部分燃用天然气的机组甚至要缩短为10s），如果没能建立稳定的火焰，就发出点火失败报警。这种情况下，为避免燃料积聚在燃烧室和透平区域，务必进行彻底的清吹，甚至要回到零转速以后再重新启动机组。

如果点火成功，将启动2号轴承的冷却风机88BN。

在完成暖机（L2WX）周期后，启动控制FSR以预定的速率斜升到“加速极限”的给定值，启动周期设计保证使加速周期所产生的工作温度适中，通过FSR缓慢地增加来完成。由于燃料增加，燃气轮机开始进入加速阶段，这时启动机仍然还在向燃气轮机主轴提供扭矩，直到达到机组的自持转速（单轴机组的自持转速约为82.5%；而分轴机组一般仅为60%，远远低于单轴机组），启动机就停止工作。

当启动过程完成，即L14HS触发，启动程序就此结束。FSR就由转速控制回路控制，有一些辅助系统可能出现必要的动作，例如透平框架冷却风机 88TK 此时投入运行、IGV 也在这时候从全关的 28.5°开大到最小全速角 49°。

启动期间，启动控制软件建立最小允许的 FSR 信号值。如前所述，其他控制回路也可以减少和调节 FSR 以便完成他们的控制功能，在启动的加速阶段这些都是可能的。但是在这个阶段如果达到温度控制，则是不正常的。CRT 上将显示正在进行限制或正在起着控制作用的 FSR 是来自哪一个主控系统的子系统。

MARK-Ⅵ系统中的最小 FSR 限制是为了避免 FSR 的过分降低，以致在过渡过程期间熄火。例如，轮机突然甩负荷，燃机控制系统回路要把 FSR 信号迅速压低，而最小 FSR 给定值则可以保证避免熄火的最小燃料流量值。

对于单轴机组，因为汽轮机的启动过程分为冷态启动、温态启动、热态启动，所以机组的启动就比较复杂，按照停机到再次启动的间隔时间来定义它们分别为 72h 后、48h 后、8h 后。在 8h 内则为极热态启动。而实际上是要根据汽轮机汽缸的温度来决定。从本质上讲启动的时间和速率，取决于汽缸温度与燃机排气温度之间的金属温度匹配程序来决定的。

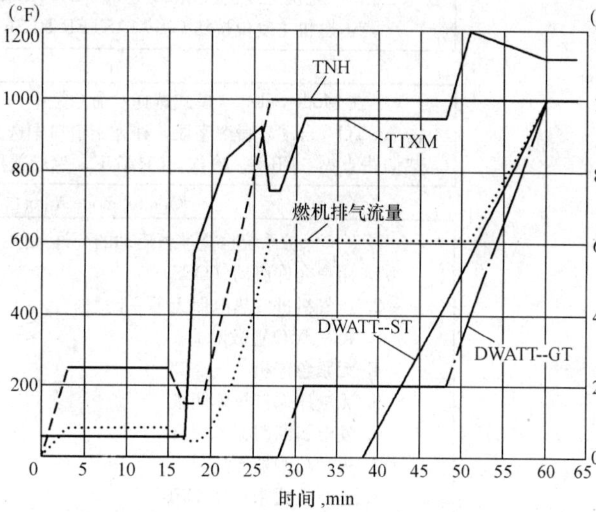

图 9-8 S109FA 单轴机组热态启动曲线

图 9-8 为 S109FA 单轴机组停机 8h 到 48h 内的热态启动曲线。

图 9-9 为 S109FA 单轴机组停机 72h 后的冷态启动曲线。

下面给出燃机正常启动的流程图如图 9-10 所示。

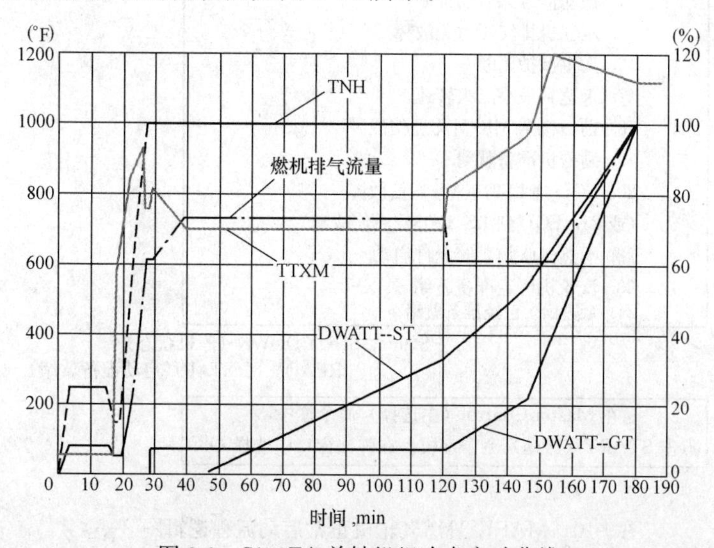

图 9-9 S109FA 单轴机组冷态启动曲线

其操作方式及控制功能和显示的信息都按 MARK-Ⅵ控制程序描述的方框图。

正常启动

↓

点击第一级菜单：选择需启动的机组
点击第二级菜单：选择 Control（控制）
在第三级菜单中点击 Start Up（启动）画面选项

↓ Status：SHUT DOWN（停机状态）
NOT READY TO START(启动未准备好)

检查报警页面，
点击诊断复位按钮 DIAGNOSTIC RESET
点击汽轮机主复位按钮 ST MASTER RESET
点击燃机主复位按钮 GT MASTER RESET

↓

在 Mode Select（模式选择）命令栏中，
点击 AUTO（自动）命令字段，在弹出窗口中选择 OK
（或者点击点火：FIRE、冷拖：CRANK，然后选择 OK）

↓ Control mode:Auto(自动)

保护系统检查准备启动的允许条件：

1. 用户允许启动（DCS）
2. 压气机进气热电偶无不一致
3. IGV 无位置故障
4. 无紧急停机
5. 无液压保护故障闭锁
6. 发电机断路器未闭合
7. 火焰检测器无故障
8. 运行方式未选择 OFF
9. 退出主保护延时已存在
10. 主保护启动未闭锁
11. 压气机极限及加热启动检查允许
12. 无防喘阀位置故障闭锁
13. LCI 准备就绪
14. 振动信号无启动抑制
15. 压气机排气压力无故障
16. 无主保护遮断
17. 未达到最小点火转速
18. 励磁机到 MK-Ⅵ无通信故障
19. 励磁机准备就绪
20. EGD 到 LS21001号通信故障
（或 21. EGD 到 LS21003号通信故障）
22. 天然气吹扫系统允许启动
23. 汽轮机已经准备就绪
24. 余热锅炉已经准备就绪

↓ Status：SHUT DOWN（停机状态）
READY TO START(启动准备就绪)

在 Master Control（主选择）命令栏中，
点击 START（启动）命令字段。在弹出窗口中选择 OK

↓

图 9-10　MARK-Ⅵ燃气轮机正常启动流程逻辑图（一）

保护系统检查启动命令的允许条件：
(1) 无紧急停机按钮命令；
(2) 没有执行停机程序；
(3) 发电机断路器再合闸计时器已复位；
(4) 应急润滑油泵试验没有失败；
(5) 天然气控制无故障（伺服辅助检查）

Status：STARTING（正在启动）
Speed Level：14HRZ

主保护（L4 逻辑）投入
（对于单轴机组应处于冷机盘车状态）
LCI 发出 15s 蜂鸣声后，给同步发电机供电；
自动同期允许被闭锁；
轮机转速基准 TNR 预置到启动/停机值；
透平主轴从盘车转速（约为 4～8rpm）开始上升

Status：CRANKING（正在冷拖）
Speed Level：14HT

当转速超过盘车转速后：
燃机负荷间冷却风机 88VG 随即启动；
天然气燃料管路的吹扫阀开启，开始吹扫燃料气通道，
透平主轴继续上升达到最小点火转速 14%TNH

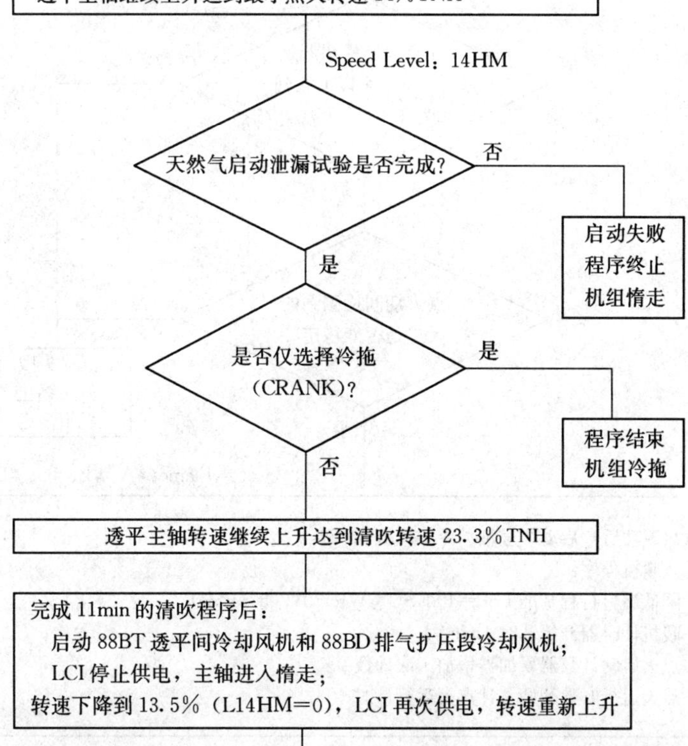

图 9-10　MARK-Ⅵ燃气轮机正常启动流程逻辑图（二）

转速再次上升到 14%TNH 的最小点火转速，L14HM＝1 进入点火程序：

天然气电加热器投入运行；

天然气放气阀关闭；

辅助截止阀开启；

气体燃料泄放电磁阀 20FG 带电：(对于 9FA 机组气体燃料遮断电磁阀 ETD-1 和 ETD-2 (L20PTR1 和 L20PTR2) 已经处于带电状态)

SRV（速比/截止阀）开启；

GCV-1（D5 气体燃料控制阀）开启；

火花塞 95SP 带电开始 30s 点火；

主控系统输出 FSR（FSR＝FSRSU＝FSKSU _ FI≦20.1%FSR）

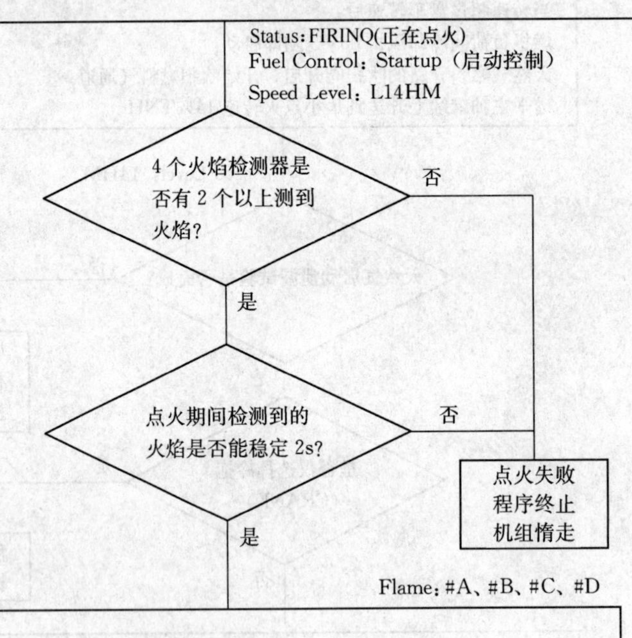

点火成功后，启动 2 号轴承冷却风机 88BN

进入暖机程序：

降低燃料行程基准 FSR＝FSKSU _ WU（12.05%FSR）；

暖机计时器开始计时 1min；

点火启动计数器累加器增加 1 次计数；

点火运行时数开始累计点火运行计时

Status：WARMMING UP（正在暖机）

Speed Level：L14HM

图 9-10　MARK-Ⅵ燃气轮机正常启动流程逻辑图（三）

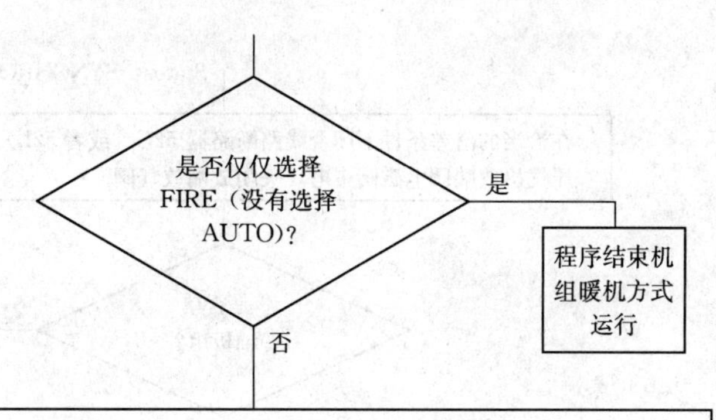

暖机完成，进入加速程序：
转速/负荷基准（TNR）按预定速率上升到100.3%TNH；
燃料行程基准FSR开始斜升；
转速继续上升而且上升变化率加快（一阶临界转速约为30%～35%TNH）；
转速上升到约50%，顶轴油泵88QB退出运行；
转速上升到约67%，冷却蒸汽压力控制阀开启（如果是单轴）

Status：ACCELERATING-HP（正在加速）
Fuel Control：Startup（启动控制）
或者 Acceleration（加速控制）
Speed Level：L14HA

机组转速达到85.5%TNH，达到机组自持转速；
静态启动设备LCI停止给同步发电机供电（如果是单轴）；
IGV从28.5℃开大到最小全速角49℃；
转速达到95%，机组达到FSNL：透平框架冷却风机88TK投入运行；
IBH开启到最大（占压气机总流量的5%）；
转速达到L14HF置1（约98%TNH）发电机起励

Status：FULL SPEED NO LOAD（全速空载）
Fuel Control：Droop Speed（转速控制）
Speed Level：L14HS

在第二级菜单Control（控制）下的第三级菜单中
点击Synch（同期）画面选项
显示出同期页面

在Synch Ctrl（同期控制）命令栏中，
点击AUTO SYNCH（自动同期）命令字段（或者点击MAN SYNCH）在弹出
窗口中选择OK

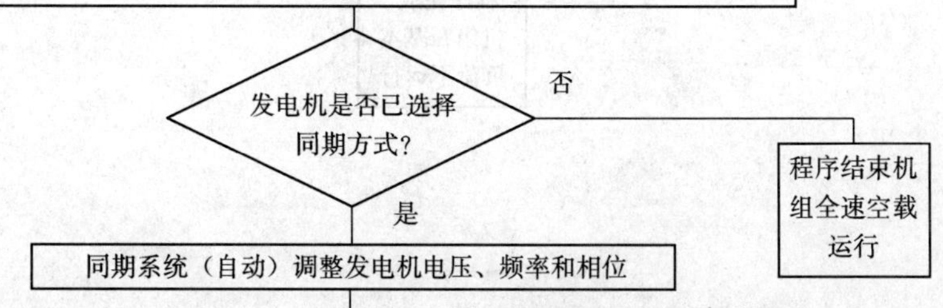

图9-10　MARK-Ⅵ燃气轮机正常启动流程逻辑图（四）

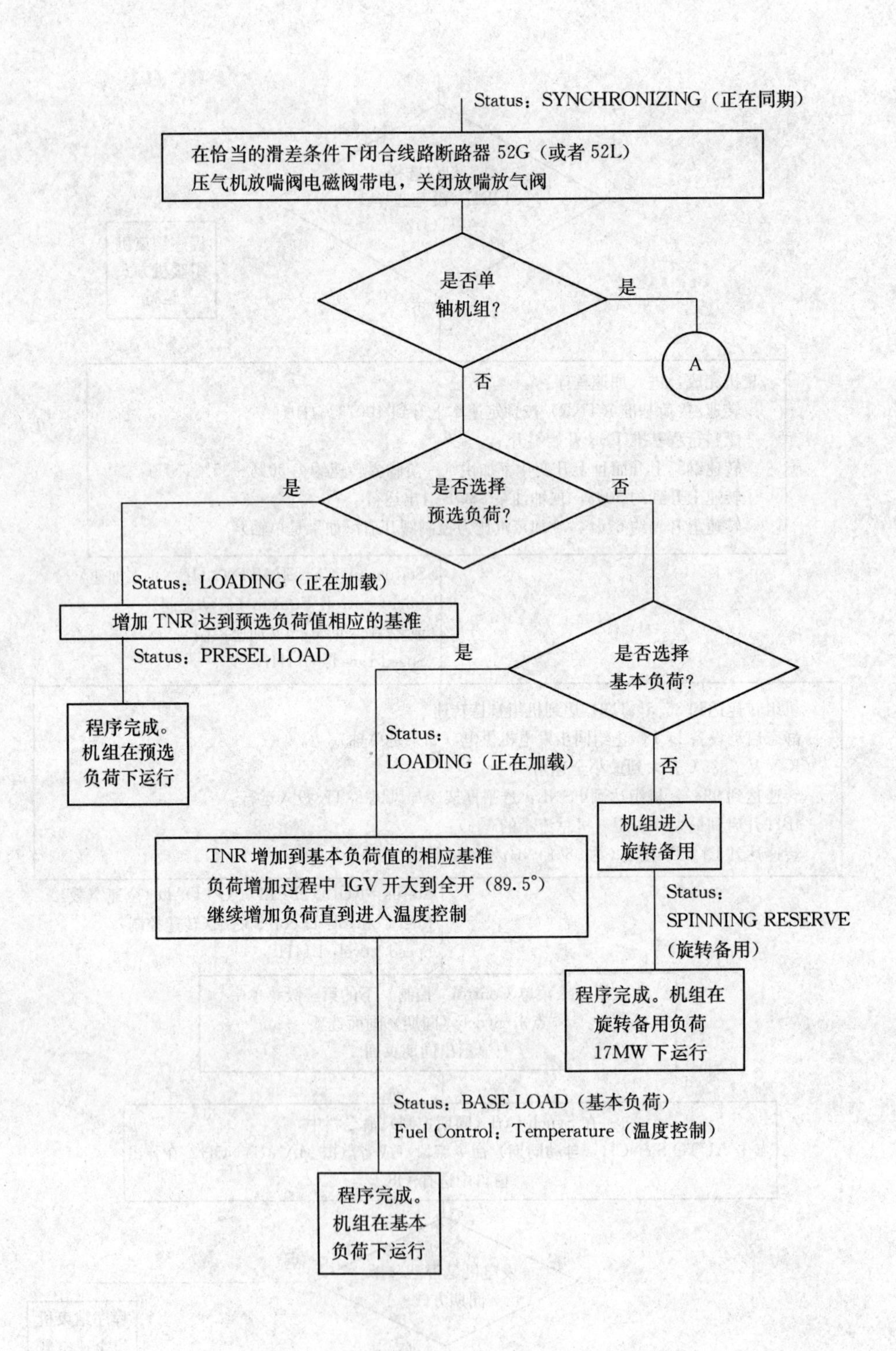

图 9-10　MARK-Ⅵ燃气轮机正常启动流程逻辑图（五）

注意：Ⓐ—Ⓐ是一条贯通的连接逻辑线。

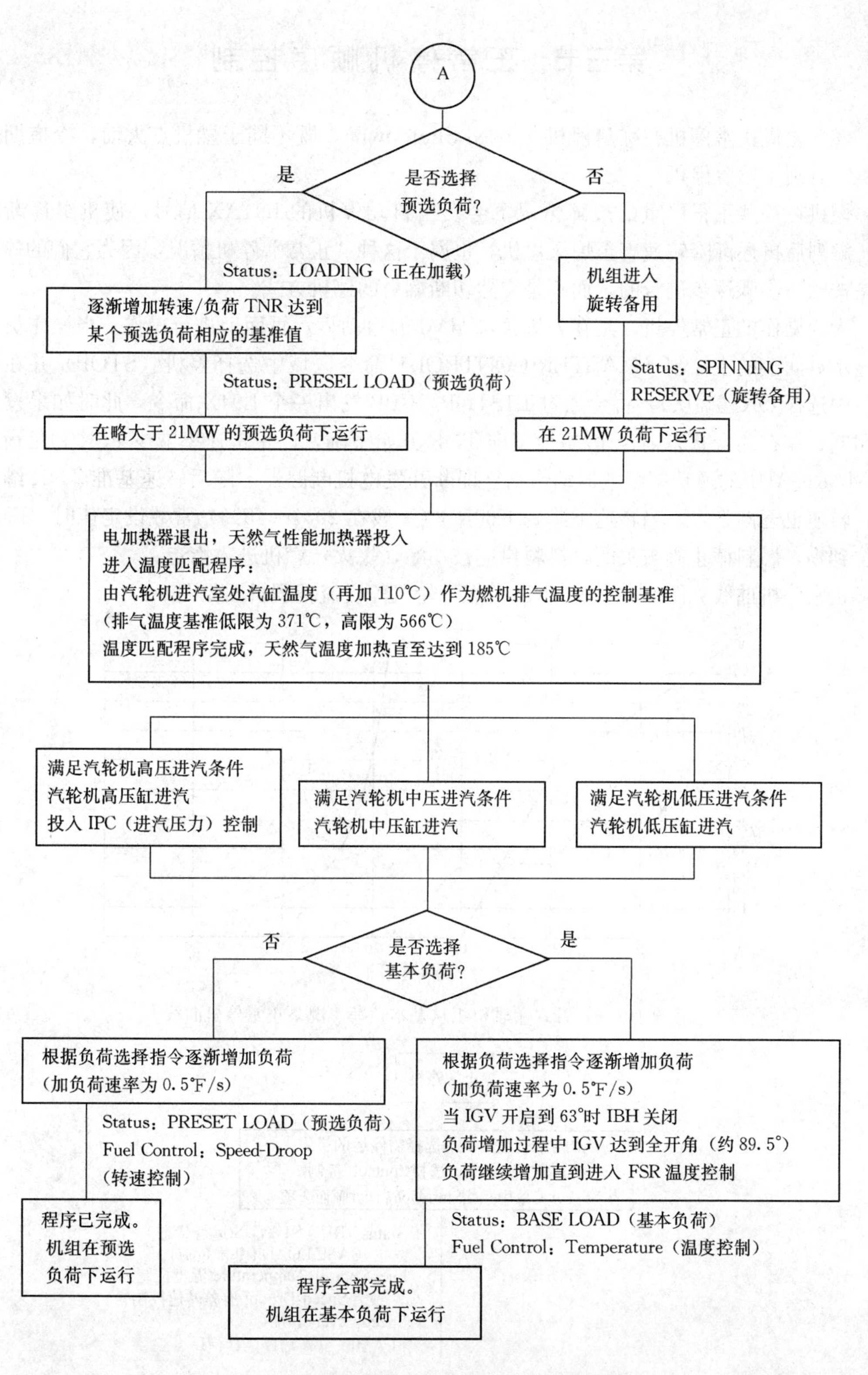

图 9-10　MARK-Ⅵ燃气轮机正常启动流程逻辑图（六）

第三节　正常停机顺序控制

燃气轮机正常停机亦称热停机（Fired Shutdown），既不同于燃机点火前，冷拖期间的停机又有别于紧急停机。

燃机在一些不很严重的故障情况下会发出自动停机的 L94AX 信号，使机组逐渐降负荷、解列后再逐渐降转速直至熄火停机，也属于这种"正常"停机情况，因为它们的停机过程是按顺序步骤逐步进行的，而不是突然切断燃料的停机方式。

人为操作的正常停机，是在人机接口 HMI 的启动显示页面上进行操作。当操作员在启动显示页面上的主控制（MASTER CONTROL）命令区域中选择停机（STOP）并在弹出窗口中选择 OK（确认），将会通过 L1STOP _ CPB 发出一个 L94X 命令，此时如果发电机线路断路器在闭合状态则转速/负荷基准 TNR 开始下降，以正常速率减少 FSR 和负荷。一旦 MARK-Ⅵ中的逆功率继电器动作则立即断开发电机断路器。随后转速基准 TNR 继续下降，转速也逐渐下降。当转速下降到 K60RB（一般在 20%～45%）常数设定值时，FSR 被箝位到零，燃料截止阀被关闭，燃料供应被切断，熄火，燃机进入惰走。

正常停机曲线见图 9-11。MARK-Ⅵ燃气轮机停机流程逻辑图见图 9-12。

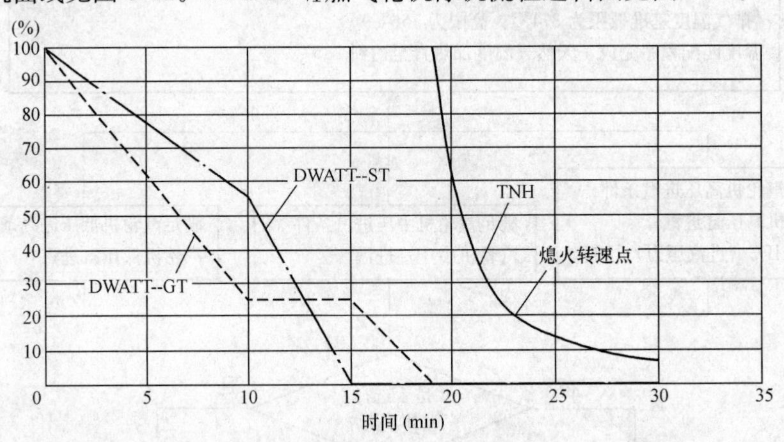

图 9-11　S109FA 单轴机组从基本负荷工况下正常停机曲线

正常停机

点击第一级菜单：选择需停运的机组。
点击第二级菜单：选择Control(控制)。
在第三级菜单中点击Start Up(启动)画面选项

图 9-12　MARK-Ⅵ燃气轮机停机流程逻辑图（一）

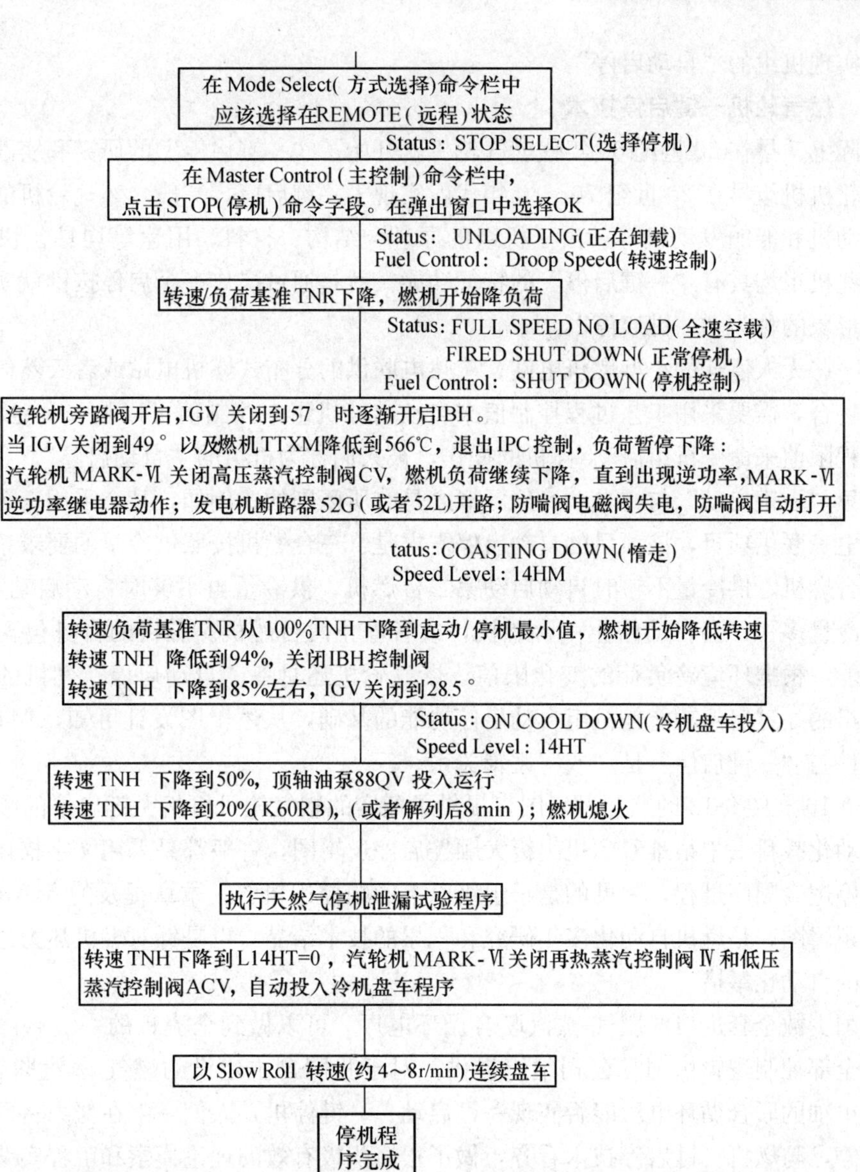

图9-12 MARK-Ⅵ燃气轮机停机流程逻辑图（二）

第四节 一键启停和自动启停

随着自动化技术的不断发展及应用水平不断提高，对于如何启动/停止庞大的热力发电机组，燃气轮机专业的一键启停功能，给予广大热工自动化工作者以启示，成为热工自动化专业的一个努力目标。近年，各地新建火力发电厂做了不少发电机组“自动启停”（APS）的探索，也取得一些成功案例。

这里强调说明，燃气轮机的“一键启停”与“自动启停”概念是不同的，用一个按键就能够完成的机组启停，称为“一键启停”功能。现场没有任何人为参与操作，根据设置的过程参数值执行“自动启停”发电机组，称为“自动启停”。具有“一键启停”功能的机组，很容易实现机组的“自动启停”。

一、燃气轮机一键启停技术

国际上，早在20世纪60年代燃气轮机就开始了“一键启停”的研究和实践。对于单循环燃气轮机机组早在20世纪70～80年代就实现了一键启停。一般，燃气轮机的启停，包括飞机发动机和船舶发动机等，由于机组的原理、结构、材料、用途等均具备快速启停的条件，这些机组均具有“一键启停”的特征功能。就是通过操作一个启停按键就实现机组的启停，被形象的称为“一键启停”。

在一些无人值守的小型燃机电站、冷热电联供的分布式燃机电站或者天然气管路燃机增压站等场合，需要采用工艺过程控制值来自动启停机组，控制值可以是一个也可以是几个，通过流程限值来命令机组启动/停机的操作，被人们称为机组的“自动启停”。

这里“一键启动”与“自动启停”概念是有所区别的。例如，某个采用三台燃机的分布式冷热电三联供项目，该项目的自动启停需求是：三台燃机按照供冷量的要求条件，会自动启动一台燃机，供冷量不够时自动启动第二台燃机，供冷量再不够时自动启动第三台燃机。如果供冷量多了，会自动停止一台燃机，或者停止两台燃机。燃机的自身包含了“一键启动”功能，根据环境冷负荷的变化限值，燃气轮机还具备“自动启停”燃机的功能。当然了，机组的一键启停功能是机组自动启停功能的基础，从逻辑图设计可知，“自动启停”的逻辑条件与“一键启停”是“或”逻辑关系。

图9-10和图9-12的顺控逻辑图，提供了翔实的燃气轮机机组一键启停的顺控逻辑。在热工自动化教科书中很难看到机组级大顺控启停逻辑图，一般都是采用文字描述来体现机组级的启停逻辑顺序过程，常见的是子组级以下的顺控逻辑图。本章提及的MARK-Ⅵ燃机机组启停逻辑图，是燃机自动化多年研究和积累的技术结晶，也是针对燃机热力过程特征的一项重要的自动化举措。

我国少数全套进口的燃气-蒸汽联合循环电厂，可以做到全流程的一键启停，全套发电设备和全部控制逻辑由国外公司组织提供。对于我国自主建设的燃气-蒸汽联合循环电厂，特别是单轴的联合循环电厂能否实现一键启动、一键停机，人们一直在努力将配套的余热设备的启停，与燃机一键启停技术看齐，做了很多积极有效的理论摸索和工程实践，也就出现了下面提到的“自动启停”APS技术。

燃气轮机的“一键启停”技术，与无人值守的燃气轮机站的“自动启停”，与蒸汽轮机的“自动启停”APS技术，其技术内涵有区别，务必不要将燃气轮机“一键启停”与蒸汽轮机的“自动启停”概念相互替代。

二、自动启停技术

上面介绍了燃机无人值守站的自动启停，是标准的能够100%做到自动启停机组的概念。下面介绍的“自动启停”控制系统（Automatic Plant Start-up and Shutdown System，简称APS），是在启停过程中，或多或少存在需要人工干预的断点，由于自动化水平较人工操作已经具有很大的进步，也被人们习惯的称为自动启停技术。现今，该技术已经成为衡量燃气-蒸汽联合循环电厂自动化水平的标志，也被作为现代大型火力发电厂自动化水平的重要指标。

APS它包含了机组启停过程中不可避免存在人工干预、衔接断点、暖机等待等因素，不可能通过一个按键完成一套发电机组的启停任务，所以不能够被称为“一键启动”。然而，发电机组的APS功能，即使是存留几个操作断点，也具有“自动启停”技术特征，它可以有效提高机组启停效率，缩短机组启停时间，避免浪费，还可以避免启停过程中人为操作失误，以及便于对在启停过程中对机组寿命自诊断分析和保护。“一键启停”和“自动启停”，均是以一个设备的自动启停逻辑、一个子组设备的自动启停逻辑、几个子组设备的自动启停逻辑为基础，一点一滴把顺控逻辑组合起来的。一般具有一键启停功能的机组，才可以用于“自动启停”的需求场合。

燃气-蒸汽联合循环发电机组，在电网中常常需承担调峰作用，调峰机组需要具备快速响应的能力。APS功能有助于缩短余热机组启停时间，减少启停过程的人工操作，及时响应电网负荷调度快速需求。同时，APS可以提高机组运行操作规范性，提高机组使用寿命。

发电机组的APS功能可以采用先进的人工智能控制策略，按照设备制造厂提供的特性曲线控制参数，自动识别机组和设备的运行状态。然后自动选择与之相适应的控制程序和步骤，以最优化的方式完成机组的启动过程。对于机组停机过程也是一样道理。

国内对燃气-蒸汽联合循环机组APS技术的研究也有多年，积累了丰富的实践经验。随着燃机联合循环发电机组的逐渐增多不断消化吸收，辅助设备及控制系统国产化比例的不断增高，在燃机联合循环领域自主开发的APS功能逐步完善和成熟，国内一些燃机电厂和电力试验所积累了宝贵的APS设计经验和应用方法。APS的功能可望会有突飞猛进的技术进步。

例如，某个2×400MW燃气-蒸汽联合循环电厂，燃机和汽轮机和余热锅炉（杭州锅炉厂生产的三压再热卧式自然循环锅炉）的DCS均为西门子公司产品。该电厂经过将近一年的设计、组态和调试。两套燃气-蒸汽联合循环机组实现了从设备全停状态，到启动、带联合循环60%的额定负荷，以及从额定负荷到设备全停的APS功能。机组启动过程结束后，机组协调控制、AGC和闭环回路均正常投入。可以实现220MW～400MW范围负荷调整，速率为5%ECR（ECR：机组额定工况出力），满足大幅度高速率电网负荷自动调度。整个启动过程仅保留了两个人工断点，分别为汽水品质等待和汽机升速等待。通过分析，这两个断点是很容易被可靠的逻辑程序所替代，如果能够消除了人工断点，这样，就可以实现标准的“自动启停”机组功能，进而达到“一键启动”机组标准。

三、APS的技术框架

通过梳理，APS系统功能可划分为启动过程和停机过程两大逻辑流程，每个流程中可分为：机组协调功能级、子组功能级、单个设备级三个层次。一套发电机组的APS的系统架构示意框图，见图9-13。

单个设备和子组功能级是APS的基础，其主要任务为管理辅助系统的启停。控制对象为辅助系统的设备或子环设备。每个系统间互相独立，可由运行人员手动激活，执行辅助系统的单独运行或停运。子组功能级只负责过程系统的启停，设备控制级执行设备的条件闭锁、联锁及保护功能。一个过程系统的子组功能可由一个或多个子组组成，例如：燃机子组由油系统子组、天然气子组、天然气疏水子组、盘车子组、SFC（发电机变频启动装置）子组等组成。

机组协调功能级是APS的核心部分，是更高级别的控制层，其负责整个机组的协调启

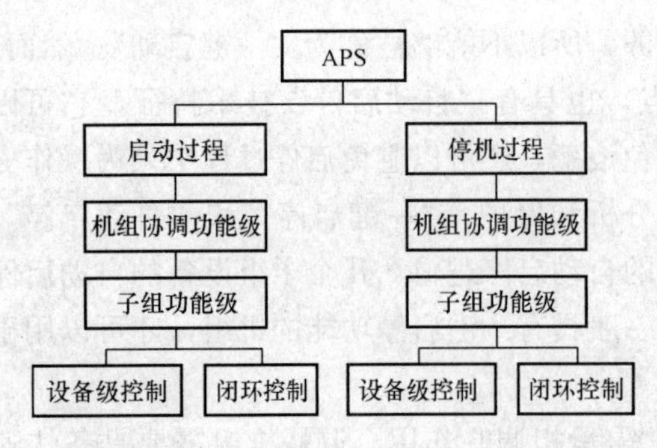

图 9-13 燃机联合循环机组 APS 系统架构框图

停。控制对象为子组功能级和子组协调自动，按照预选的模式逐个执行各个分系统的操作。机组级功能不同于子组级功能，前者将监测汽轮机的温度水平自动计算出与之匹配的压力、温度等参数的控制曲线，完成升温、升压、负荷限制及暖机的步骤。通过机组协调功能级的执行可实现辅助系统、余热锅炉、燃机及汽机的启停。

机组的启停过程，还预留了不同的模式供运行人员选择。启动过程有锅炉上水模式、燃机点火准备模式、联合循环启动模式。停机过程分为保留凝结水和不保留凝结水两种模式。

同理，子组功能级和单体设备级也都可以设计不同的预留模式，以备在不同情况下 APS 主顺控逻辑的选择，减少人为操作断点。

四、APS 逻辑设计

下面，用某西门子燃气-蒸汽联合循环机组 APS 功能，实现了从机组设备全停状态直到 60％额定负荷的自动过程。其 APS 启动过程有三种模式供运行人员选择：

- 锅炉上水模式；
- 燃机点火准备模式；
- 启动联合循环机组模式。

APS 系统将依次启动燃机罩壳系统、循环水系统、闭式水系统、凝结水系统、开式水循环系统、辅助蒸汽系统、主机疏水系统、润滑油系统、控制油系统、真空及轴封系统、凝结水预加热系统、给水系统、旁路除氧系统、汽轮机启动子组及高中低压锅炉系统，完成上述系统的启动，当高中低压汽包达到启动水位后，将等待运行切换下一模式，期间汽轮机子组将等待燃机点火后汽温汽压的上升。在预设时间内如果模式没有切换，启动程序将到此结束。

燃机点火准备模式在完成锅炉上水步骤后，将继续执行高低压蒸汽系统、风烟系统、机组协调控制回路、炉侧疏水系统的启动。等待燃机点火条件的满足，程序将维持等待状态。

联合循环机组启动模式将在燃机点火准备模式执行的步骤基础上，完成燃机子组的启动，在燃机点火后汽机子组、高中低压锅炉子组等将继续执行，直到完成所有程序为止。在燃机将完成点火准备、点火、升速、并网及加载等步序期间，汽轮机完成暖机、升速、并网、旁路协同关闭等步序。旁路关闭后机组协调控制将切换为单元控制模式。

需要说明，西门子燃气-蒸汽联合循环机组的两个技术概念：

（1）西门子燃气轮机机组是同轴布置（单轴结构），轴向布置为：凝汽器—低压缸—高中压缸—4S 离合器—发电机—励磁—燃机。燃机并网是指燃机启动并实现发电机的并网。汽机并网指的是汽机启动达到 3000rpm 后，通过 3S 离合器与燃机发电机同期。汽机并网前，3S 离合器将燃机和发电机轴脱开。

（2）西门子公司的子组和子环的功能说明：子组控制是一组设备的顺序控制。子环控制指的是一组冗余设备的联锁控制功能，即 Sub Loop Control，缩写为 SLC。只要投入子环，预选设备就可以自动启动，还可以实现设备的切换，同时运行设备跳闸或启备用设备条件满足时，备用设备能自动启动，可以实现较多的功能。子组与子环功能可以根据工艺要求，相互嵌套。

启动过程具体步骤如下：

◇ 将 Select Deload 置于“off”位置，投入燃机罩壳 SLC 子环功能；

◇ 启动循环水子组；

◇ 投入凝结水输送泵子环；

◇ 启动闭式冷却水子组；

◇ 启动开式水子组；

◇ 启动辅助蒸汽系统子组，投入主机疏水系统；

◇ 启动凝结水系统子组；

◇ 启动汽机侧辅助系统子组；

◇ 启动凝结水预加热器子组；

◇ 启动锅炉给水系统子组；

◇ 启动旁路除氧器子组；

◇ 启动汽轮机子组；

◇ 启动低压锅炉子组；

◇ 启动中压锅炉子组；

◇ 启动高压锅炉子组；

如选择锅炉上水模式，程序将在这个步序停留等待。1800s 后如未切换模式则将终止启动程序。如选择为燃机启动准备模式，程序在高压汽包上水完成后，继续执行下列步骤：

◇ 投入机组协调控制，启动低压及高压蒸汽系统子组，将锅炉烟气挡板子环投入；

◇ 投入低压及高压疏水子环；

如选择了燃机点火准备模式，在此步程序将停留等待燃机点火条件的满足，直到将模式切换至联合循环启动模式，程序将继续执行以下步骤：

◇ 启动燃机子组；

当检测到发电机并网、燃机 IGV 离开最小位置，且锅炉高中低压蒸汽流量都大于 60%，结束启动程序。整个 APS 启动过程可以是连续的，在激活启动程序开始前，将模式直接切换至联合循环启动模式，程序将执行至整个燃气-蒸汽联合循环机组投入。

大多数情况下，燃机启动之前需要对系统做全面的检查，包括锅炉侧，汽轮机侧及燃机侧设备的运行情况，以及燃机点火条件的确认。因此经常会先选择燃机点火准备模式，检查确认好后再将模式切换至联合循环机组启动模式，程序将继续执行下面的步骤。

第十章 MARK-Ⅵ保护系统

燃气轮机正常运行是由MARK-Ⅵ轮机控制盘实施控制和保护职能，使燃气轮机发电机组运行在要求的工况和参数下。一个完整的热力过程控制系统，除了包含信号测量、闭环控制、顺控功能外，还应该包含对机组正常和紧急状态下的保护功能。MARK-Ⅵ控制系统和保护系统是不可分割的一个整体。

当机组由于种种不可预测的原因而出现故障时，它们就会偏离正常的运行参数。此时，保护系统应给出警告并指示出故障的出处，以便引起运行人员的警觉，及时分析故障原因，尽可能在不停机的情况下排除故障，使机组能恢复到正常安全的运行状态。如果能够正常停机就不要做紧急遮断跳机，这样对机组寿命有利。

当燃气轮机—发电机组出现比较大的故障时，MARK-Ⅵ保护系统在报警的同时，会使机组执行自动停机甚至紧急遮断机组而跳机。

MARK-Ⅵ保护功能非常完备，除了三重冗余的<R><S><T>控制器具有保护和跳机功能外，设计了专用的保护<P>模块，具有<X><Y><Z>三重冗余保护功能，三重冗余保护技术具有直接、快速、可靠等特点承担起重要的保护职能。

本章详细介绍MARK-Ⅵ轮机控制盘的正常和紧急状态下的保护系统功能。

第一节 保护功能

MARK-Ⅵ的燃气轮机保护系统是由多项保护功能组成。其中有一些仅仅是在正常启动和停机过程起作用，有一些是在应急或非正常运行状态起作用。MARK-Ⅵ控制系统绝大多数的故障，是传感器及其导线连接而引起的故障，当然传感器也还感测设备本身的状态和故障。保护系统对这些故障进行监测和报警。如果状态严重到不能恢复时，燃气轮机的运行将被遮断。

保护系统既响应简单的逻辑遮断信号，如润滑油压力过低、润滑油母管温度过高、其他保护系统信号等。也响应复杂的参数，如超速、超温、燃烧监测和熄火等模拟量生成的保护信号，以及响应直接遮断机组的机械操作。一些保护系统的信号通过在SPEEDTRONIC系统内的主控和保护回路起作用。而另一些机械系统直接作用于轮机部件，它们通过两种独立的切断燃料的方法，即利用燃料控制阀（FCV）和截止阀（FSV）来切断燃料停机。

各个保护系统独立于控制系统，以避免控制系统故障而阻碍保护装置正常动作。或者说即便控制系统出现故障的情况下，保护系统也能够安全可靠的切断燃料供给，保护机组的安全。为此，MARK-Ⅵ设置了专门用于机组保护的三冗余<X><Y><Z>处理机，协同<R><S><T>的工作，参见图10-1单轴燃机保护系统原理图。

燃用液体燃料的机组，用主保护逻辑L4信号使燃料油泵离合器遮断，旁通阀开大并关闭燃料截止阀。

燃用气体燃料的机组，同样利用主保护逻辑 L4 信号关闭气体燃料控制阀，关闭辅助截止阀和气体燃料速比/截止阀。

MARK-Ⅵ设计了多个冗余保护结构，大致分为三类保护功能。

一、主要保护功能

（1）超速保护。

（2）排气超温保护。

（3）振动保护。

（4）熄火保护。

（5）燃烧监测保护。

二、辅助保护功能

（1）压气机喘振。

（2）火灾监测。

（3）润滑油系统的温度和压力监测。

（4）发电机同期。

三、独立保护功能

（1）紧急超速。

（2）发电机同期检测。

（3）火灾保护（直接遮断）。

MARK-Ⅵ的保护系统和控制系统一样，是由三冗余＜X＞＜Y＞＜Z＞处理机表决后实施的。参见图 10-1 单轴燃机保护系统原理图，燃气轮机的诸多保护参数都是依靠传感器测量来的，按被测参数在控制和保护中所处的重要程度不同，采用不同的输入信号冗余方式和表决方式，最终获得可靠的 5 个主要保护指令和 4 个辅助保护指令，2 个独立紧急保护指令由＜X＞＜Y＞＜Z＞处理机直接处理，1 个火灾保护信号直接遮断燃料阀。＜X＞＜Y＞＜Z＞处理机发出更为快捷的保护指令，遮断燃料截止阀。确保燃气轮机既不会误动也不会拒动，精准的保护机组设备。

例如轮机的转速、压气机出口压力等等分别是用 3 个独立的传感器测量后又分别被送到＜R＞＜S＞＜T＞控制器，和＜X＞＜Y＞＜Z＞处理机。有的保护信号采用双重冗余的传感器，例如：振动的测量、阀门位置的测量以及轮间温度等。还有一些保护信号则采用比较简单的方法，以单传感器再分送到各个冗余处理机的。

各种传感器冗余输入的方式及其表决方式，在第五章中做了介绍，第五章也介绍了MARK-Ⅵ的模拟量和开关量输出信号处理方式。MARK-Ⅵ对于输出信号也采用了多种冗余和表决功能。为了使机组能安全可靠连续地运转，同时能够及时发现故障以便排除故障，MARK-Ⅵ采用了多种表决机制。设置了独特伺服系统补偿表决方法和开关量 3 取 2 硬件表决方式，使得紧急保护遮断功能的实现，不会出现误动也不会拒动。

四、输出表决

1. 主伺服阀输出表决

MARK-Ⅵ中燃料控制主伺服阀三线圈输出保护原理，见图 10-2。伺服阀设计成具有三

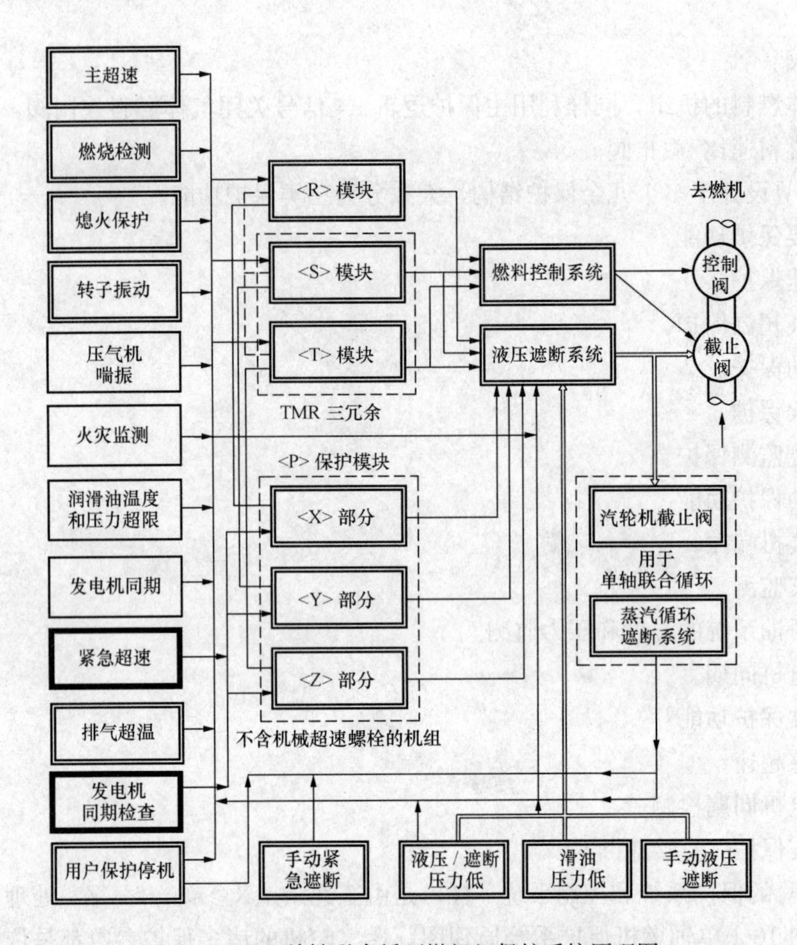

图 10-1　9FA 单轴联合循环燃机组保护系统原理图

个独立的线圈，＜R＞＜S＞＜T＞的输出通过伺服阀实现三个电流的叠加。每个输出的电流量分别受到限制，以便两个输出信号电流之和可以抵消第三个信号出现的不正常电流。这是一种具有自动补偿性的表决，也是一种补偿。

假设燃气轮机在温度控制状态下满负荷运行时＜S＞控制机发生故障，致使它输出了最大电流（通常为 8mA），这将存在导致伺服阀增加燃料驱动的趋势，实际去燃气轮机的燃料也将会稍有增加，引起的电流变化稍微超过＜R＞和＜T＞上的给定点，＜R＞和＜T＞处理器就会改变它们输出的电流，在它们的共同控制下，又将会减少燃料量。这两个输出的总量将会超过由＜S＞产生的故障信号，也就是这两个输出之和扣除故障通道的输出后，维持总的输出电流不变，从而恢复到原来应有的燃料。这样比较的结果，排除了＜S＞故障对机组所产生的影响。由于＜S＞故障所引起的燃料波动的瞬态变化值是很小的，不至于出现明显的波动。这是伺服输出补偿性表决方式的好处。在某个处理机伺服输出出现故障时，仍然能够维持机组平稳运转。

对于主伺服阀输出，3 个独立的电流信号驱动三线圈伺服阀的执行机构，这个执行机构是用磁通量迭加的方法，实现 3 个输出电流量相加。当伺服驱动器或伺服线圈出现短线或者断路故障时，保护系统设置的自灭式继电器触点会断开，保证不至于伺服阀的故障而损坏保护控制卡，同时伺服阀故障信号被送入保护系统检测记录和报警。

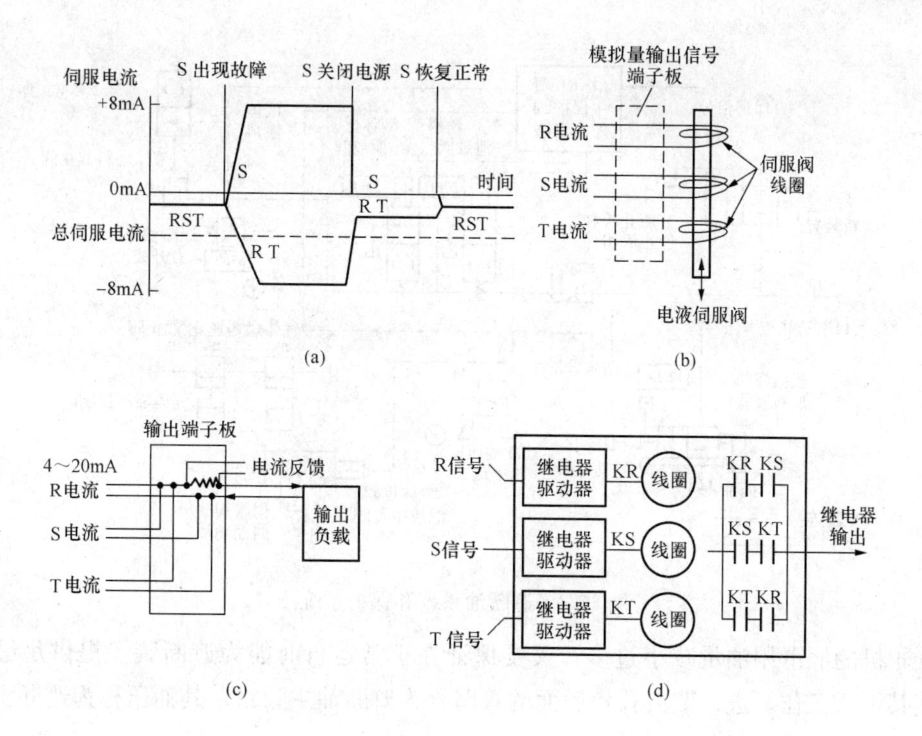

图 10-2 MARK-Ⅵ模拟量输出表决机制图

(a) 伺服阀电流输出自动补偿原理图；(b) 伺服阀输出；(c) 4～20mA 输出；(d) 开关量 2/3 表决

2. 4～20mA 输出表决

对于 4～20mA 模拟量输出表决，是通过 2/3 电流共用电路叠加的原理，三个 4～20mA 模拟量信号表决为一个值，电路使总输出电流为表决值，见图 10-2（c）。一旦感测到 4～20mA 输出有故障，就会断开自灭式继电器触点。

3. 开关量输出表决

MARK-Ⅵ的开关量 2/3 表决，为三个开关量信号由三个继电器触点经 2/3 表决后，发出保护信号，详见图 10-2（d）。

第二节 遮断油系统

液压遮断油系统，对燃料的进口进行控制和保护。当燃机在运行时出现故障需要遮断停机时，MARK-Ⅵ保护系统经遮断油系统才能切断机组的燃料。遮断油系统除了遮断功能外，在正常启动和停机过程时，还需给燃料截止阀提供液压信号。在配备双燃料（气体和液体）系统的燃气轮机中，这个系统还用来有选择地切换需要的燃料系统。遮断油系统和保护系统图，如图 10-3 所示，下面介绍遮断油系统主要部件功能。

（一）进口节流孔板

遮断油系统进口管线处设置有进口节流孔板，来自滑油母管的油经进口节流孔板后进入遮断油系统。需合理选择进口节流孔板的尺寸，以限制从润滑油系统进入遮断油系统的油流量，使其既要保证当机组故障时，对所有遮断装置所提供的遮断油油流量，瞬间过大时而不

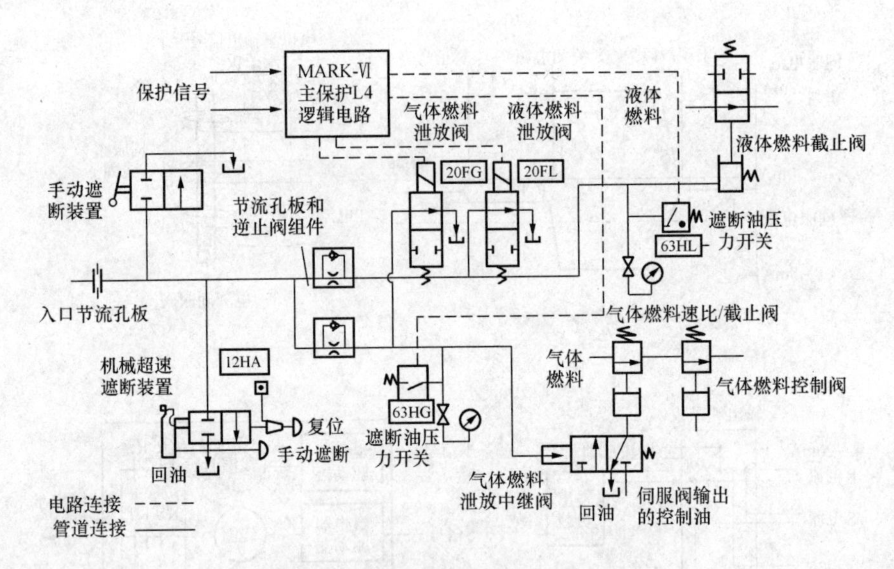

图 10-3　遮断油系统和保护系统图

使燃气轮机的润滑用油量减小过多，又要保证在正常运行时能为遮断装置提供足够的油流量，使其可靠工作。进口节流孔板后面的管路称为遮断油主管路，其油压称为遮断油压力。

（二）超速遮断

有一些机组在遮断油主管路上连接有一个机械超速遮断装置。此机械装置设在辅助齿轮箱上，借超速螺栓动作而动作，如机组转速超过超速螺栓的设定值，引起遮断油压迅速下降，以切断进入燃机的燃料。超速遮断机构还设置有限位开关 12HA 以发出它被遮断了的信号。超速遮断机构还设置有手动遮断推杆和复位杆，当运行人员发现机组有故障时，可以手动遮断推杆使机组遮断。无论机组超速遮断还是手动遮断推杆遮断，一旦超速机构动作，遮断油系统就保持打开处于泄油的状态直到推手动复位杆，手动复位时为止。其详细原理请参阅超速保护相关内容。

现在大部分机组已不再安装机械超速机构，往往安装 6 个测速传感器。其中用于转速控制有 3 个测速传感器（77NH）和专门用于独立的遮断有 3 个测速传感器（77HT），对于超速保护而言已经实现了双重三冗余。

（三）手动遮断装置

在遮断油主管路上设置的手动遮断装置是个手动的两位阀门，在机组正常运转时，处在常关位置，因此也可称为常关两位阀门。当发现机组有故障时可手动此阀门使其打开，泄放遮断油使遮断油压迅速下降，切断燃料，遮断机组。有一些机组不配备这个装置。

（四）节流孔板和止回阀组件

遮断油主管路的母管分为两路，一路是液体燃料的遮断油支路，一路是气体燃料的遮断油支路。在每个单独的遮断油支路上都有一个节流孔板和止回阀组件，用以限制这个支路的遮断油流量。在机组正常运行时，遮断油经节流孔板和止回阀组件的节流孔（此时止回阀处于止回关闭的状态）为每个支路建立正常的遮断油压以维持燃料截止阀打开，允许燃料通过，使机组正常运转。当装在遮断油主管路上的遮断装置（如超速遮断装置）动作时，经超速遮断装置泄放遮断油，此时节流孔板和止回阀组件的止回阀因处于正向导通位而打开，大

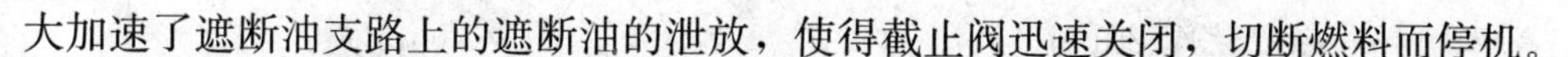

大加速了遮断油支路上的遮断油的泄放，使得截止阀迅速关闭，切断燃料而停机。

（五）遮断油压力开关

在液体燃料的遮断油支路上配备有压力开关63HL，在气体燃料的遮断油支路上配备有检测遮断油压的压力开关63HG。当遮断装置动作，遮断油压下降到压力开关的设定值或其他故障引起遮断油压下降到压力开关的设定值时，压力开关动作发出遮断油压低的信号给MARK-Ⅵ主保护系统。

（六）液体燃料截止阀

液体燃料截止阀是个液压控制的常关两位阀，当没有遮断油压时，在弹簧压力作用下处于关闭状态。在机组正常运转，遮断油压正常建立时，截止阀打开。当机组故障，遮断装置动作使遮断油泄放，遮断油压降低时，截止阀关闭切断机组燃料。

（七）气体燃料速比/截止阀SRV

气体燃料速比/截止阀有两项功能。

1. 作为调整P_2压力的压力调节阀

该阀作为压力调节阀使用，借以根据转速信号TNH，自动调整气体燃料控制阀前的天然气P_2（亦称为阀间）压力。

2. 作为气体燃料截止阀

当机组故障遮断时，通过遮断油压或者液压油压的泄压迅速关闭，以此切断机组的气体燃料的供应。

（八）气体燃料泄放中继阀

为了使气体燃料速比/截止阀具有既能在机组正常运行时作为压力调节阀使用，又能在机组故障遮断时作为截止阀使用的两项功能，在此阀的前面设置了气体燃料泄放中继阀。中继阀是个由遮断油压控制的两位三通阀。

1. 当机组正常运转时中继阀状态

中继阀在遮断油压的作用下处于左位工作的状态，如图10-6所示，此时气体燃料压力调节系统的伺服阀输出的控制油压可以调节气体燃料速比/截止阀的开度，以使气体燃料调节阀前的气体燃料压力满足给定值的要求，此时气体燃料速比/截止阀起压力调节的作用。

2. 故障遮断时中继阀状态

当机组的故障遮断装置动作使机组故障遮断时，遮断油压下降，中继阀在弹簧作用下处于右位的工作状态，如图10-4所示，控制油压被切断，存留在气体燃料速比/截止阀液压缸内的油经中继阀泄放掉，使其他燃料速比/截止阀迅速关闭，切断气体燃料而遮断停机。此时的气体燃料速比/截止阀只起到气体燃料截止阀的作用。

（九）液体燃料电磁泄放阀20FL

液体燃料电磁泄放阀是个由电磁线圈控制的常开两位阀。机组正常运行时，电磁泄放阀20FL的电磁线圈带电，该泄放阀处于关闭状态，从而能够建立遮断油压力使得液体燃料截止阀处于打开状态；而当机组发生故障需要迅速停机时，泄放阀20FL的电磁线圈失电，泄放阀在弹簧力作用下返回到开启位置，使遮断油压力得以泄放，从而关闭液体燃料截止阀，实现切断燃料遮断停机的目的。

（十）气体燃料电磁泄放阀 20FG

气体燃料电磁泄放阀也是一个由电磁线圈控制的常开两位阀。机组正常运行时，电磁泄放阀 20FG 的电磁线圈带电，泄放阀处于关闭状态，以便建立遮断油压维持开启气体燃料截止阀。而当机组故障遮断时，泄放阀 20FG 的电磁线圈失电，泄放阀在返回弹簧力的作用下返回到打开的位置，泄放遮断油油压，使得气体燃料中继阀关闭，从而导致气体燃料速比/截止阀被关闭。以此切断机组的气体燃料，使机组停机。

对于近期引进燃用天然气的 9FA 机组其设置略有不同。它采用 ETD1（FY5000）和 ETD2（FY5010）两个遮断电磁阀完成遮断油压的泄放。另外 ETD1 和 ETD2 两个电磁阀还要与跳闸试验闭锁电磁阀（FY5001 和 FY5011）、跳闸试验导向控制阀（DCV5000、DCV5001 和 DCV5010、DCV5011）协调完成离线 ETD 和在线 ETD 电子跳闸试验。详见图 10-4。

在遮断油回路里设置增加了 IGV 紧急遮断电磁阀。通过 20TV 电磁阀可以泄放遮断油压，或实现由于遮断油油压的丧失迅速关闭 IGV 目的，如图 10-5 所示。这是遮断油油压的

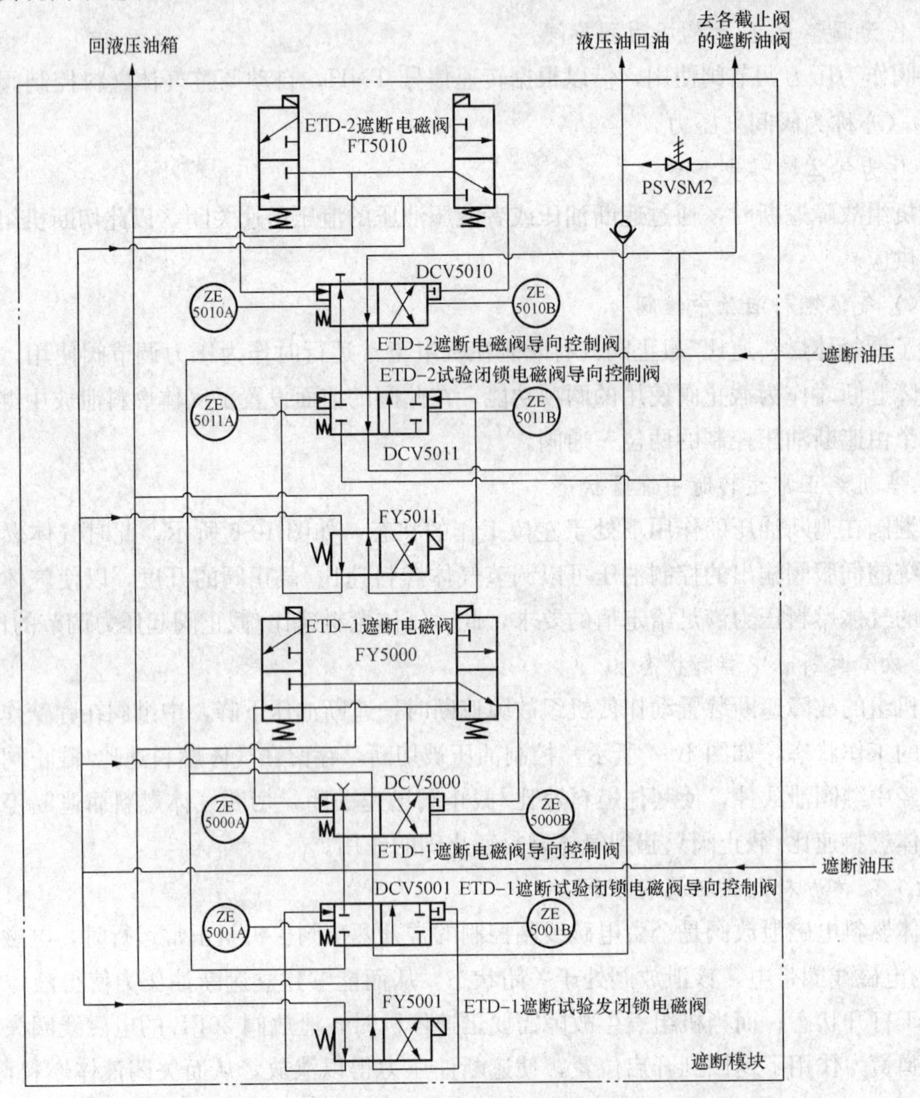

图 10-4　9FA 的 ETD-1、2 遮断保护和遮断试验模块

另一个泄压渠道，保证了机组在出现异常情况时迅速关闭 IGV。

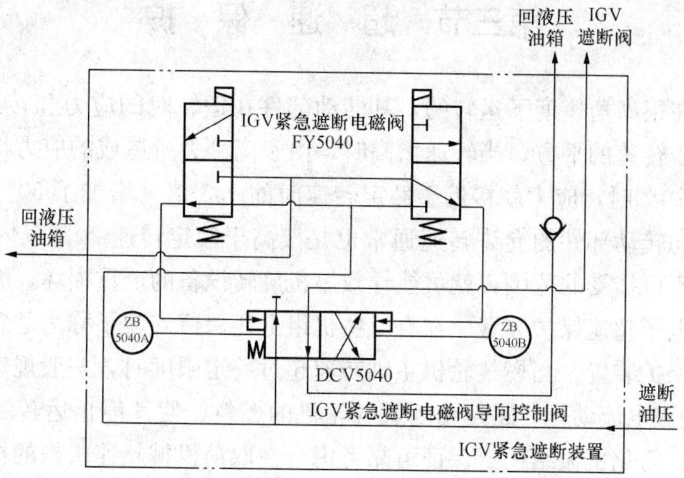

回液压
油箱
IGV
遮断阀
IGV紧急遮断电磁阀
FY5040
回液压
油箱
ZB
5040A
ZB
5040B
DCV5040
IGV紧急遮断电磁阀导向控制阀
遮断
油压
IGV紧急遮断装置

图 10-5 9FA 机组的 IGV 紧急遮断系统结构图

（十一）MARK-Ⅵ保护系统的遮断

MARK-Ⅵ的主保护系统见前面的图 10-1，当机组出现超速、超温、振动过大等故障时，MARK-Ⅵ主保护系统会发出 L4 逻辑信号置零，然后经继电器驱动模块的 2/3 硬件表决以后，使机组遮断主保护继电器 4X 失电，导致液体燃料泄放阀 20FL 和气体燃料泄放阀 20FG 的电磁线圈失电，泄放遮断油，使遮断油压严重下降，从而关闭液体燃料截止阀和气体燃料速比/截止阀，使机组遮断停机。当使用泄放阀 20FL 和 20FG 遮断停机时，节流孔板和止回阀组件起着重要作用，此时的止回阀处于关闭状态，节流孔板有较大的流动阻力，这就使得泄放阀打开泄放遮断油。这时就能更迅速地泄放掉液体燃料和气体燃料泄放中继阀液压缸中的遮断油，加快了气体燃料速比/截止阀和液体燃料截止阀在故障期间的关闭速度，以便尽快地切断燃料，减少因故障的扩大化。换言之，由于引入了节流孔板和逆止阀组件，截止阀的时间常数减小，使机组遮断时动态过程的超调量减小。动态过程的时间缩短，有利于机组的安全可靠运行，提高了机组故障期间的应变能力。图 10-6 为 9FA 气体燃料控制阀遮断保护系统图。

PD1
FH8-1
液压油源
IN
OUT
FH8-1
65GC-1
液压回油
伺服电流
VH5-2
遮断油
阀杆泄漏

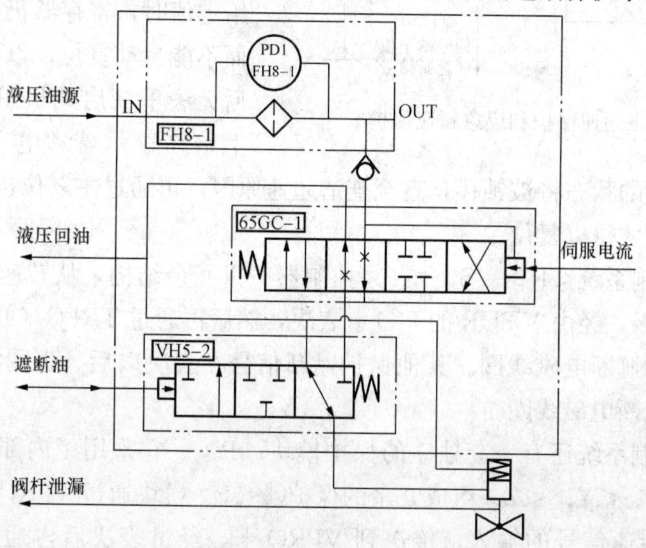

图 10-6 9FA 气体燃料控制阀遮断保护系统图［以 GCV1（D5）控制阀为例］

第三节　超　速　保　护

燃气轮机是在很高角速度下运转的，其转动部件在运转时的应力和转速有密切的关系。因为离心力正比于转速的平方，当转速增高时，由于离心力所造成的应力将会迅速增加，例如一旦转速升高20%时，应力就接近于额定转速时的1.5倍（增加了50%）。在设计叶片、叶轮等紧密配合的转动部件的允许转速通常也是按高于额定转速20%以内考虑的。如果转速升高到了一个不可接受的范围，就可能导致燃机旋转设备的严重损坏，因此每台燃气轮机都必须设置安装电子超速保护装置。在有一些机组上还保留安装了称为危急遮断器或危急保安器的机械超速保护装置。当燃气轮机主轴转速超过一定限度时，一般规定为额定工作转速的1.10～1.12伺服电流动作，迅速切断燃气轮机的燃料，使其停止运转。为充分发挥先进的冗余电子设备、简化机械结构、保证可靠考虑，在取消机械超速机构的机组再安装了更多冗余的独立用于电子测速保护装置。

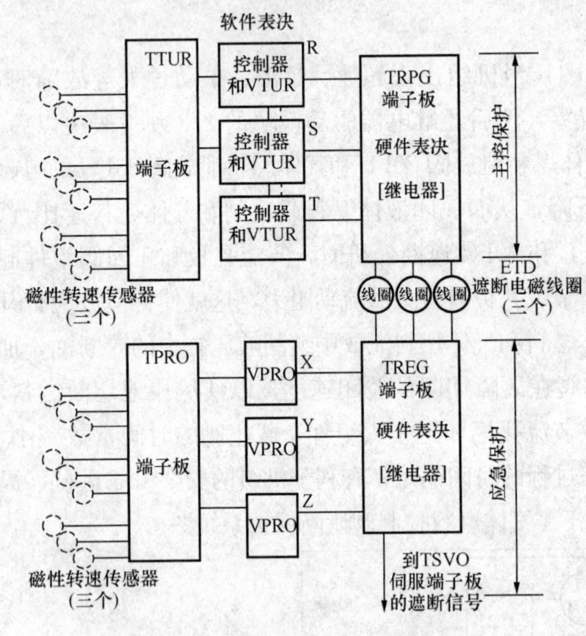

图10-7　主超速保护和应急超速保护

（一）MARK-Ⅵ电子超速保护系统

电子超速保护功能如图10-7所示，它是在＜Q＞控制机和＜P＞保护模块中独立完成的。自磁性传感器（77NH和77HT）送来的轮机转速信号（TNH）与超速给定值（TNKHOS）进行比较，当TNH达到给定值时，超速遮断信号（L12H）传送到主保护电路，切断燃料而停机。因在比较器后设置了寄存器，一旦轮机转速信号超过给定值，此信息将寄存在寄存器里予以闭锁，也就是当轮机转速信号（TNH）回复到小于超速给定值时，寄存器仍保留原超速的信息而不能自动复位，以保证轮机遮断状态后无法重新启动机组。在HMI显示屏上始终显示着“电子超速遮断”的信息，其报警和遮断的状态将被锁存，直至查清超速原因，再通过主复位按钮L86MR1_CPB手动发出复位信号才得以复位。

MARK-Ⅵ控制系统＜R＞＜S＞＜T＞控制器三重冗余结构，从转速传感器来的信号输入到TTUR端子板，经由VTUR的I/O卡表决，然后再通过TRPG（或者TRPL、TRPS）输出遮断信号驱动遮断电磁线圈。其他保护遮断信号在表决以后，也同样是通过TRPG输出遮断信号驱动遮断电磁线圈。

MARK-Ⅵ控制系统还有一套独立的保护模块＜P＞。它采用了内部三重冗余结构，即由完全相同的＜X＞＜Y＞＜Z＞组成冗余的保护。＜P＞模块通过TPRO端子板从另外三个转速传感器接收转速信号的输入，传送到VPRO卡，经过表决后再通过该模块的遮断卡

TREG（或者 TREL、TRES）完成由＜X＞＜Y＞＜Z＞冗余保护电磁线圈输出信号的硬件表决，以此从它供电的另一端来遮断这些遮断电磁线圈。

综上所述，主超速遮断通过 TRPG 端子板输出，而紧急超速遮断通过 TREG 端子板输出，在它们协同作用下驱动三个 ETD（电子遮断设备）继电线圈（每个电磁线圈的正极都连接到 TREG，而负极都连接到 TRPG，以此实现它们的协同动作）。

通过独立的保护模块＜P＞完成的保护功能有两类。上述的超速保护功能和同期检查功能，后者是从电压互感器等传感器接受输入信号，执行同期检查保护。对于 MARK-Ⅴ还包含第三个功能，就是读取火焰检测器的信号，用以完成熄火保护功能。

＜P＞保护处理器、手动遮断按钮以及用户其他的遮断信号，也都需要通过＜P＞保护模块的 VPRO，经继电器表决后由 TREG 端子板输出遮断信号。

在 MARK-Ⅵ中，这种结构保证了超速保护和同期保护功能不仅在三重冗余的控制机＜Q＞中完成控制及保护，同时还在保护模块＜P＞的三重冗余＜X＞＜Y＞＜Z＞中完成保护计算。从而使得出现机械超速和相位不同步的可能性几乎不存在。

图 10-8 和图 10-9 是高压轴超速的算法和主保护逻辑中，有关超速保护程序块图中的一部分，它们共同实现图 10-7 所示超速遮断程序的算法。

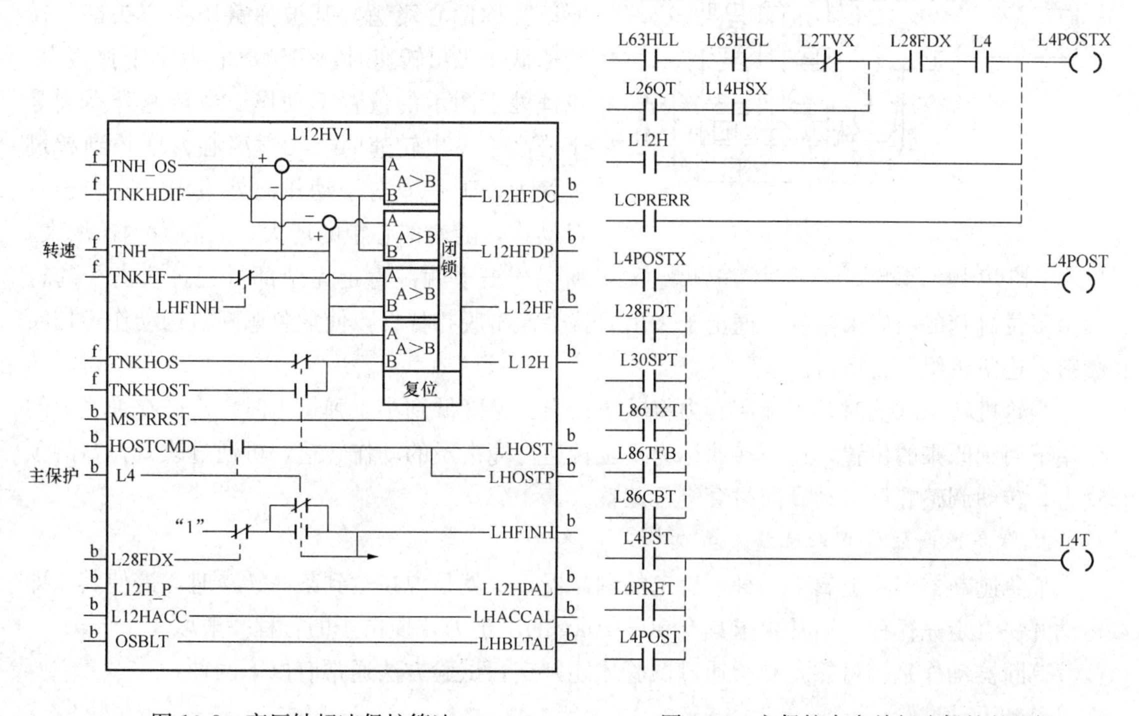

图 10-8 高压轴超速保护算法

图 10-9 主保护中有关超速保护的逻辑

对于 9FA 单轴联合循环机组，现有的燃机和汽轮机又分别都有各自的 MARK-Ⅵ控制系统，所以其电子超速保护的设置比较特殊。在 MARK-Ⅵ中的设置是在燃机控制算法中配置了一个主超速保护，在汽轮机控制算法中配置了主超速保护和应急超速保护。也就是说在同一个轴系中配置了两套冗余的主超速保护和一套应急超速保护。这是根据单轴的特殊性设计的。它们的超速设定值相同都是 110%TNH。

（二）机械超速保护系统

机械超速保护系统在许多机组上已经取消，但是还有一些机组上仍然存在，共组成的几个主要部件是：①在辅助齿轮箱主轴上的危急遮断器；②在辅助齿轮箱上的超速遮断机构；③位置开关 12HA。

机械超速保护系统是作为电子超速保护系统的后备，其遮断给定值比电子超速系统略高一些，通常为 112%。一般机械超速保护系统是燃气轮机机组的一个部分，在轮机转速达到或超过危急遮断器的遮断给定值时就通过超速螺栓跳闸，关闭燃料截止阀。这个遮断动作完全独立于轮机控制盘，不管电子超速保护是否起作用，达到设定值都将引起跳机。

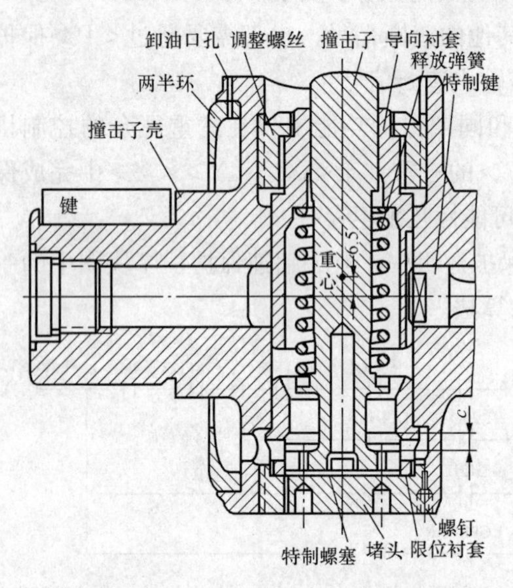

图 10-10　飞锤式危急遮断器结构图

1. 危急遮断器

危急遮断器按照不同的结构特点可以分两大类：飞锤式和飞环式，它们的工作原理基本上是相同的。图 10-10 是飞锤式危急遮断器的结构图。

其由撞击子、壳、弹簧、及调整螺母等组成。撞击子的重心与旋转轴中心偏离 6.5mm，所以又称偏心飞锤，其被弹簧压在塞头端。在转速低于飞出转速时，飞锤离心力小于弹簧力，飞锤处于图示的位置不动作。当转速升高到等于或高于飞出转速时，飞锤离心力增长到超过弹簧力，于是撞击子动作向外飞出。撞击子一旦动作，随着偏心距的增大，离心力迅速增大，所以撞击子就一直走完全部行程。撞击子的行程由限位衬套的凸肩来限制。撞击子飞出后就会撞击脱扣杠杆，使危急遮断机构动作，切断燃料，迫使机组停止运行。

当轮机转速减低时，飞锤离心力将减小；当转速降低到小于弹簧力时，飞锤在弹簧力的作用下回到原来的位置，这一转速称为复位转速。撞击子的动作转速，可通过改变弹簧的预紧力，转动调整螺母移动导向衬套进行调整。

2. 危急遮断器的超速试验

危急遮断器实际上属于一种不稳定的调速器，也就是说在达到某一转速时，需使其立即运动并一直走完行程。通常要求具有 10～20kg 的出击力，撞击子的行程一般取 4～6mm。

遮断器动作是否可靠，必须通过试验才能判定，试验方法通常有以下两种：

（1）手动试验：

主要目的是了解危急遮断器机构的动作情况，试验可在机组运行状态或静止时的挂闸状态手动脱扣。通常在机组启动，停机和实际进行超速试验前先进行此项试验。

（2）超速试验：

就是把机组转速上升到危急遮断器应当动作的转速，检查危急遮断器的动作转速，检查危急遮断器的动作情况是否符合运行要求。此项试验一般在下列情况进行。

① 新安装的机组或设备大修以后。

② 调节和保安系统经过拆动重装后。

③ 运行 2000h 后。

④ 停机一个月以后再启动时。

危急遮断器超速试验在同一情况下做两次，两次动作转速值之差不超过规定转速的 0.6%。当危急遮断器的动作转速不符合规范要求时，可用如下的方法进行调整。假设调整前的动作转速为 n_1，调整螺母转 L 圈，压紧或放松弹簧以后第二次的动作转速为 n_2，若要求动作转速为 n_x，则应该调整螺母的圈数 X，可用下列计算式求得：

$$X=\frac{L(n_x^2-n_2^2)}{n_2^2-n_1^2}$$

通常在制造厂的技术文件中会给出调整螺母的圈数与转速关系数据，以供调整时参考。

3. 超速遮断机构

图 10-11 为机械超速保护系统的超速遮断机构，飞锤式危急遮断器装在辅助齿轮箱主轴上。机组转速达到飞锤式危急遮断器的动作转速后，撞击子（或称为超速螺栓）向外飞出，撞击脱扣杠杆机构 1 使危急遮断器动作，这就引起遮断机构中的遮断阀解脱，泄放遮断油。由于遮断油压力的丧失，从而关闭液体燃料截止阀或气体燃料速比/截止阀，使机组遮断停机。超速遮断机构可以使用手动遮断 4 实现手动遮断停机。一旦机械超速遮断机构动作，引起机组遮断停机以后，必须拉出手动复位 3 才能使超速遮断机构复位，否则机组不能重新启动。

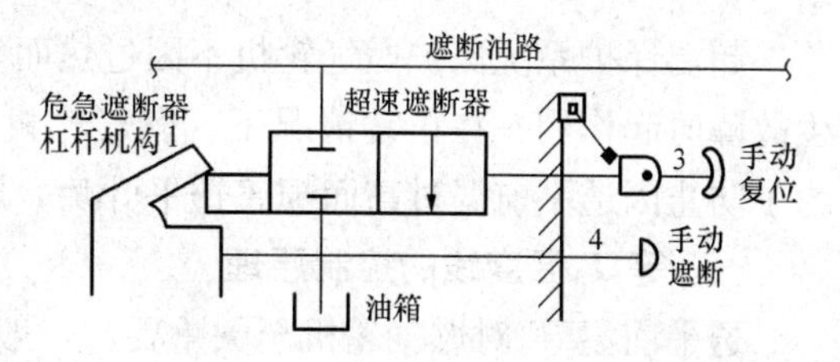

图 10-11　机械超速遮断机构示意图

4. 限位开关 12HA

在辅助齿轮箱的外面，手动复位手柄处装有限位开关 12HA。当机械超速保护系统动作时，向轮控盘的主保护系统发出机组超速引起机械超速保护系统动作的信号。

（三）甩负荷以后维持全速空载

按照设计要求，当燃气轮机突然甩负荷以后，机组应在转速调节器的控制下自动地维持空负荷运行。当机组甩掉负荷以后，转速升高不应引起电子超速保护系统或危急遮断器动作。因为燃气轮机突然甩掉额定负荷以后，电子超速保护和危急遮断器只是作为两道后备的保护装置，正常情况下它们都不应该动作，而是由主控系统的转速控制来控制机组。特别是危急遮断器，它为最后一道超速保护，更不能依靠它来防止超速事故。因为危急遮断器由于长期处于静止状态，容易引起卡涩从而造成动作转速失准。实践经验表明这种情况经常发生，所以危急遮断器并不完全可靠。而电子超速保护系统也绝不能作为超速时机组不发生事故的完全可靠的屏障。燃气轮机的调节系统则始终处于工作状态，运作可靠，所以调节系统是保证机组安全运行首当其冲的环节。首先必须把好这个关口，保证调节系统在突然甩掉额定负荷以后，能够自动保持机组在全速空载运行是非常必要的。

甩负荷以后，转速飞升过高的原因通常有以下几个方面：

① 燃料调节阀和燃料截止阀关闭不严；

② 调节系统迟缓率过大或调节部件卡涩；

③ 运行方式不合理和调节不当；

④ 调节系统不等率过大；

⑤ 调节系统动态特性不良。

20 世纪 90 年代后期的燃机机组，不管控制系统配备的是 MARK-Ⅴ还是 MARK-Ⅵ，一般都配备了 3 个控制用测速传感器以及 3 个保护用测速传感器。这种双份三冗余测速，使轮机转速测量的可靠性和准确性更高。机械超速装置由于本身的缺陷，可能导致不能准确地动作，一般都已取消。

第四节　超　温　保　护

超温保护系统保护燃气轮机不因过热而发生损坏，这是一个后备系统，仅在温控回路发生故障时起作用。在正常情况下，燃气轮机应在温控回路的控制下在等 T_3的状态下运行。为了防止因透平前温过高而损害透平叶片，燃气轮机一般都设置有等 T_3的温控器。

一、等 T_3温度线的控制原理

透平前温 T_3对燃气轮机至关重要，一般情况下燃气轮机的功率和效率随 T_3温度的增高而增大，所以为了使机组能有最大的出力和最高的效率，希望机组能在允许的最高 T_3温度下可靠安全地运行，为此设置了 T_3温度的控制器。因为燃气轮机大多采用多个环管型的燃烧室，虽设置有燃料流量的分配器，但也难以做到各个燃烧室出口的温度也即透平前温 T_3都均匀，并且 T_3温度一般都很高。如 MS6001B 燃机的透平前温高达 1104℃，MS9001FA 高达 1318℃。对这么高的透平前温做直接测量与控制难于实施。当大气温度不变的情况下，燃机在某工况（例如透平前温为最大值的工况）可靠运行时，其他各种参数也都随透平转速和透平前温的确定而相应确定下来，这是稳态工况。因此，我们借助于测量燃机透平的排气温度 T_4来间接反映透平前温 T_3的变化。两者的变化趋势是相同的，而 T_4温度远低于透平前温 T_3，且排气温度 T_4的温度场也因燃气经过透平时有所混合而比较均匀，所以 T_4比较便于测量和控制。在大气温度不变的情况下，要控制透平前温 T_3为恒定值，只要控制排气温度 T_4为某一相应的数值就可以了，这就是很简单的一种温控器。但是大气温度不可能是不变的，每天早、中、晚大气温度都在无时无刻地变化着，如果还想要维持燃气轮机的透平前温为恒定，就不能简单地控制排气温度 T_4，而要对 T_4做一些相应的修正。一般可用大气温度，压气机出口压力等参数来修正 T_4和 T_3温度的关系。例如，大气温度 T_a，为了维持 T_3不变，当大气温度升高时排气温度 T_4也需相应地增高；当大气温度降低时排气温度 T_4也需相应地降低。也可以使用压气机出口压力 P_2。当大气温度升高时，压气机出口压力比较低，为使 T_3恒定不变，T_4温度要适当增高。相反，为维持 T_3 恒定不变，当大气温度降低，压气机出口压力升高，则应该让 T_4温度要适当降低。所以大气温度变化时，为使 T_3恒定不至于超过限制值，排气温度 T_4和压气机出口压力之间存在着一条关系曲线，这就是所谓温控基准线。

二、MARK-Ⅵ超温保护

MARK-Ⅵ 超温保护示于图 10-12。当机组在某大气温度下运转时，燃气轮机温控器投入运行后，可使透平初温维持在额定参数以内，排气温度和压气机出口压力相应处于温控基

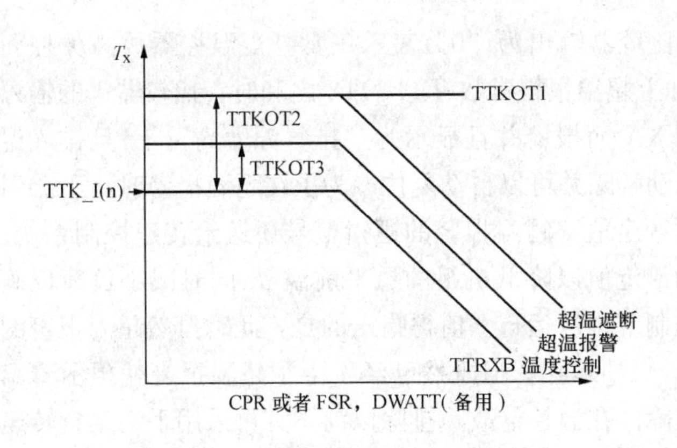

图 10-12　超温保护报警和遮断曲线

准线上的某一点。当大气温度升高时，此点在温控器的控制下沿温控基准线 TTRX 向左上方移；当大气温度降低时，此点在温控器的控制下沿温控基准线向右下方移；当温控器发生故障时，则透平前温 T_3 失控，有可能燃料流量过大而使透平前温 T_3 超过额定设计参数，这绝对不允许。其故障轻者会使透平叶片的寿命下降，重者会使透平叶片烧毁，为了防止此类故障造成的恶果，MARK-Ⅵ 保护系统设置了三道超温保护。

（1）TTKOT3 报警线。

TTKOT3 报警线是在温控基准线 TTRX 的基础上向上平移一个由 TTKOT3 常数（各种机组一般都取 25℉）所确定的温度差值。即当温控器出现故障，导致透平前温上升时，在同样压气机出口压力的情况下，排气温度 T_4 就可能要比由温控基准所确定的值高；当它比温控基准高了 TTKOT3 常数所给定的温度值时，MARK-Ⅵ 保护系统将发出超温报警信号。

（2）TTKOT2 遮断线。

当温控器故障，导致透平前温超过额定值时，若在同样的压气机出口压力下，排气温度 T_4 高于温控基准所确定的值达到 TTKOT2 常数所给定的值时（各种不同机组一般都是 TTKOT2＝40 ℉），燃气轮机发电机组遮断停机。

（3）TTKOT1 遮断线。

当温控器出现故障，导致透平前温 T_3 超过额定值时，排气温度 T_4 必然会相应增高，当 T_4 达到 TTKOT1 常数值时，机组遮断停机。大多数机组的控制常数 TTKOT1 所选择的值往往就等于或接近于 TTKOT2 和 TTRX 等温段（水平线）之和。从图 10-15 可以看到它和 TTKOT2 的水平线是重叠的。但是 TTKOT1 不用温度差来表示，而且不会受到 CPR（或者 FSR、DWATT）偏置温控线数值大小的影响。

超温报警和超温遮断保护可确保燃气轮机在运行中温度控制出现故障时，保证透平前温 T_3 不会超过太多，以保证机组安全。

三、MARK-Ⅵ 超温报警和遮断软件

MARK-Ⅵ 超温报警和遮断的软件模块示于图 10-13，软件模块原理可参阅排气温度控制部分内容，包含了超温保护的算法和报警、遮断信号的输出。

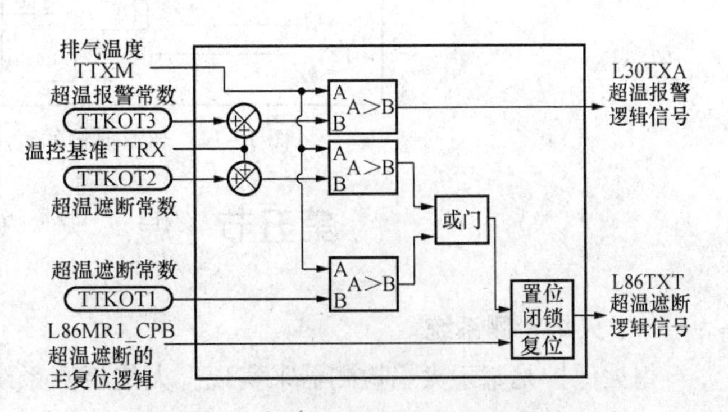

图 10-13　超温报警和遮断软件模块

（1）TTKOT3 报警线。

TTKOT3 报警线是超温保护的

第一道防线。比较器 1 的输入 $A<B$，比较器输出为“0”表示正常。当温控器故障失控而 T_4 温度 TTXM 大于温控基准 TTRX 加上超温报警常数 TTKOT3 之和时，比较器 1 的输入 $A>B$，发出超温报警的逻辑信号 L30TXA 而报警并且显示为“排气温度高”。一旦排气温度恢复到正常值，即 $A<B$ 时，报警自动解除并可以自动复位。为了在超温报警时，不会引起机组遮断以及确保透平前温不要高过额定值，超温报警的逻辑信号还送给转速控制系统。当出现超温报警时，减小转速控制器的给定值以降低机组的透平前温 T_3 同时减小负荷以确保安全，此时机组将在转速控制器的控制下维持运行。值得指出的是，此时虽然超温报警的逻辑信号 L30TXA 已经复位，超温报警自动解除，但既然已经发生了超温报警就预示着温控器工作已经不正常，应及时处理其故障。在温控器故障排除以前不宜再采用手动调整转速/负荷基准值，就是不允许再增加负荷，以免在温控器已经出现故障的情况下再次造成透平前温超温报警的动作。

(2) TTKOT2 超温遮断线。

当温控器故障，排气温度 TTXM 大于由温控基准 TTRX 与超温遮断常数 TTKOT2 之和所确定的值时，比较器 2 的输入 $A>B$，经“或门”输入到寄存器，将超温故障信号保持住，并输出超温遮断的逻辑信号 L86TXT。当排气温度 TTXM 恢复正常，比较器 2 的输入 A<B，但是由于寄存器具有闭锁作用，超温故障的信号 L86TXT 不可能自动复位。该信号一直保持着遮断的状态，直到发出主复位逻辑信号 L86MR1 _ CPB 时，超温遮断的寄存器才能复位。

(3) TTKOT1 超温遮断线。

当温控器故障，排气温度 TTXM 的值超过给定的超温遮断值 TTKOT1，比较器 3 的输入 $A>B$，其输出信号经“或门”送入寄存器并输出超温遮断的逻辑信号 L86TXT，使机组遮断停机。寄存器闭锁，直到排除了超温原因，发出主复位逻辑信号 L86MR1 _ CPB，遮断才能解除。图 10-14 为 ***.m6b 文件中超温保护算法。

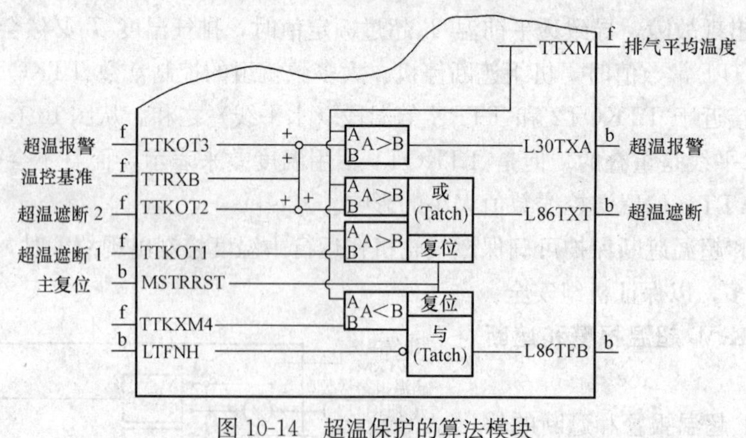

图 10-14　超温保护的算法模块

第五节　熄　火　保　护

一、火焰检测系统

熄火保护是基于火焰检测器来实现。火焰检测系统的方块图见图 10-15，其一般使用 4 个火焰检测通道。系统的每个通道输出的逻辑信号 L28FDX 同时送到燃气轮机控制系统，以便在启动过程中监视点火是否成功和在运行时提供燃烧室熄火的报警或遮断的保护。

根据机组和燃烧室形式不同，火焰检测器的配置要求也有所不同。例如 Dry Low NOX-1（DLN-1. n）（干法降氮氧化物）燃烧系统需要 8 个检测器才能分别对 4 个燃烧室的主、辅燃烧区进行检测。DLN-2. n 燃烧系统和其他大多数单一用扩散燃烧方式的机组一样，只需要 4 个检测器。某些改造型和所有航改型机组均配置 2 个火焰检测器。火焰检测器工作原理见第五章相关内容。

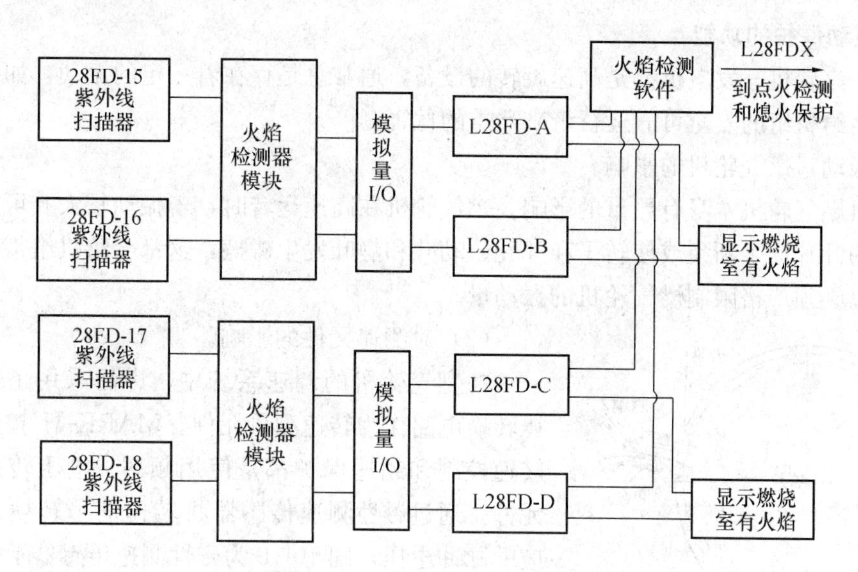

图 10-15 火焰检测系统方块图

二、火焰检测器功能

在 MARK-Ⅵ 控制系统中，火焰检测器具有两个功能：①用于启动程序系统；②用于保护系统。分别简述如下。

（1）用于启动程序。

燃气轮机正常启动的过程中，在点火期间监视燃烧室是否点燃非常重要。如果燃烧室内已经喷入燃料而又没有能够及时点燃，应报警或遮断停机，以免燃料积聚在燃烧室或透平内发生爆燃的重大事故。程序的设计，是在四个火焰检测器中如果有两个检测到火焰的存在并且能够稳定 2s 以上就认为点火已经成功，启动程序就继续进行下一步，进入燃机的暖机过程，否则认为点火失败。对于燃用柴油的机组，点火失败以后经过清吹可以立即进行第二次点火。对于燃用天然气的机组则不然，必须停机以后再次重新启动，才能进入点火程序，以保证机组的安全。

（2）用于保护功能。

火焰检测系统类似于其他的保护，同样具有自我检测作用。例如，当燃气轮机在低于 L14HM 的启动过程最小点火转速时，所有通道都应该指示出“无火焰”。如不满足这个条件，也就是说有的通道误动作而指出“有火焰”，就认为“火焰检测故障”而报警，轮机将不能启动。当启动程序完成以后的正常运行时，如果出现一个检测器指示无火焰就认为“火焰检测器故障”而报警，但轮机仍然维持继续运行。当有两个以上火焰检测器都指出“无火焰”时才遮断轮机。

在 MARK-Ⅵ 燃气轮机控制系统中这个功能是由三冗余的控制模块<Q>来完成，而在MARK-Ⅴ燃气轮机控制系统中这个功能是由三冗余的保护控制模块<P>来完成。这是MARK-Ⅵ和 MARK-Ⅴ的不同之处。

第六节 振 动 保 护

一、振动保护的功能

燃机—汽轮机—发电机都是高速旋转的设备，通常总是存在着一定的振动，如果这种振动太大就会给机组的安全可靠运行带来严重的危害。

(1) 振动对燃气轮机的影响。

振动对燃气轮机本身有严重的影响。燃气轮机在高速运转时，若振动较大有可能使压气机或透平的叶片产生断裂或使转子和外壳、动叶和静叶发生碰擦，这都会给机组带来重大的事故，所以必须严格限制燃气轮机的振动量。

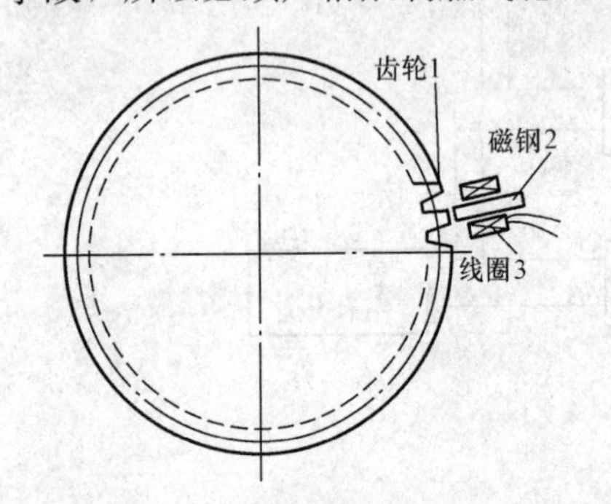

图 10-16 磁性测速传感器示意

(2) 对测速元件的影响。

在燃气轮机的调速系统中，广泛采用了频率—电压转换电路作为转速测量元件。MARK-Ⅵ 控制系统中转速控制和超速保护都是使用频率—电压转换的测速元件。通过磁性测速传感器将转速信号转换为与之相应的脉冲电压，图 10-16 为磁性测速传感器示意。

磁性测速传感器由齿轮 1、磁钢 2 和线圈 3 等部分组成。磁钢和齿轮的间隙大约为 1.1～1.4 毫米。由于磁性测速传感器的磁钢 2 和齿轮 1 的间隙很小，当机组的振动较大时，此间隙会产生忽大忽小的现象。有可能会引起数据转换的失误，出现“丢转速”的现象。即测量到的指示转速比实际转速偏低，使得转速控制系统的依据失准，在超速保护系统如果实际转速比指示转速偏高就更加危险。所以，机组的振动不能过大，以便确保磁性测速传感器和检测电路指示的正确。

(3) 对轴承和轴系的影响。

振动过大会影响轴承和轴承油膜的稳定。对于机组的轴系，特别是单轴机组如此长的轴系，如果振动过大可能影响到基础定位，甚至影响轴系的对中。这些因素往往会形成恶性循环，促使振动的进一步加剧。

(4) 振动对危急遮断器的影响。

在轴振动较大的情况下，会出现危急遮断器误动作的情况。

通常飞锤重心的旋转半径一般选择为几毫米。因此，轴只要振动 1mm 左右就足以使危急遮断器产生误动作。值得指出，上述论述前提是轴振动相位必须与危急遮断器飞锤中心线的方向相吻合，此时才能得到最大的作用力。虽然这种情况的概率是很小的，但依然存在着这种可能性。所以振动大是导致危急遮断器误动作的原因之一，要使机组安全可靠地运转必须限制机组的振动并设置振动保护系统。

二、MARK-Ⅵ 的振动保护系统

MARK-Ⅵ 的振动保护由几个独立的通道组成，各测振传感器分别安装在燃机、汽轮机和发电机轴承座上。传感器通过悬挂在线圈中的永久磁铁与线圈的相对运动，产生相应的感生电动势，把这个电动势放大以后作为振动大小的指示。在控制系统中把测振传感器的输出，通过双屏蔽电缆连接到 MARK-Ⅵ 的 TVIB 端子板，再分送到＜Q＞的各块 VVIB 模拟量 I/O 处理卡。在经过与 MARK-Ⅵ 给定的报警和遮断值常数进行比较以后，发出报警和遮断机组的命令。

在早期的机组上只有电磁式的速度型振动传感器，目前机组上也愈来愈多地使用位移型振动传感器。两种振动传感器的工作原理见本书测量与伺服驱动一章。

位移型振动传感器可以静态测量间隙的变化，例如用于燃机 1 号轴承处推力轴承磨损情况引起位置变化的监视，测量转子的轴向位移，在汽轮机中测量汽缸的膨胀，以及汽缸和转子之间的胀差等，都是测量相对位置的位移量，或者说相互之间的距离。

位移振动传感器通过物体间相对运动的最大到最小间隙的测量，得出位移的变化量，这就是振动位移量的峰—峰值。通过位移和速度间的微分关系，也可以得知振动的速度值。这种传感器测量振动时往往在水平和垂直方向各安装一只探头，监视轴颈和轴承之间相对振动情况。实际上出于安装位置原因，往往采用各倾斜 45°仍然构成相对为 90°的正交系统。

位移型振动传感器还可以用于主轴转角位置矢量（Key Phasor—称为鉴相器）的测量，成为转子的轴编码器。有了 X 和 Y 两个方向的正交系统，再借助于鉴相器的编码功能，可以确定转子不平衡量和需要配重的位置。也就是说可以在现场完成动平衡工作，同时也就可以绘制出轴心轨迹。

GE 公司的 MS9001FA 机组，每个轴承座上安装了两个速度型振动传感器（39V-n）。在每个轴承处都以水平 45°夹角正交安装两个位移型振动传感器（39VS-n）。MARK-Ⅵ 控制盘上，这些信号的输入和激励信号的输出都是通过 TVIB 端子板再分送到＜R＞＜S＞＜T＞的 VVIB 处理卡。

对于 MS9001E 机组，对振动信号的处理方式常常采用两种不同的设计方案，但最终目的和结果仍然是相同的。MARK-Ⅵ 振动保护系统的原理图见图 10-17。

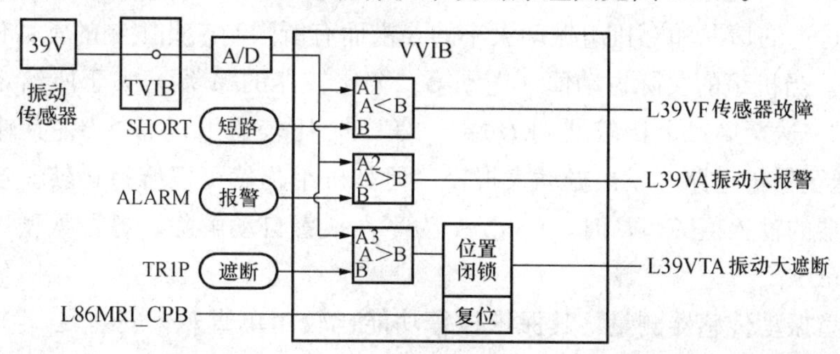

图 10-17　MARK-Ⅵ振动保护系统原理图

三、振动的保护功能

燃气轮机作为高速运转的机组，正常工作时存在振动在所难免。对 MARK-Ⅵ 的振动测量的保护原理，按照以下五个方面进行介绍。

(1) 传感器失效报警。

用振动传感器测量机组的实际振动数值时，若所测数值为零或远远低于机组正常工作的振动数值时，则可以断定是传感器出了故障。给出一个传感器故障报警，引起运行人员的警觉必要时尽快更换新的传感器。第一个比较器就是基于上述原理而设置。

振动传感器的测量信号，经输入/输出模拟量转换，再进行功率放大后输入到模/数转换器，将振动值用数字量来表征。A/D 的输出送入<R><S><T>处理机中第一个比较器的 A 端。而燃机机组正常运转时的振动应不小于某个给定值（这个给定值常数以符号 SHORT 表示）送至第一个比较器的 B 端。正常情况下，传感器测量到的振动值应不小于 SHORT 这一给定值，即 $A \geqslant B$。而当传感器发生开路或短路等各种故障时，其测量信号值很小，即出现 $A<B$，比较器输出逻辑信号 L39VF 置 1，指示传感器失效。由保护电路发出传感器失效的报警信号。

对于位移型振动传感器，就其功能而言与速度型振动传感器基本相同。需要注意的是，无论是安装在燃机还是汽轮机或者发电机的探头，所有探头的输入连接、保护功能的算法一般都配置在汽轮机 MARK-Ⅵ 的 ****.M6B 文件中，而在燃机的 ****.M6B 文件中无法查询。就这一配置安排而言，它不同于速度型振动传感器。

其探头失效故障报警同前者相同，参见图 10-17，再看图 10-18，如果送到 HLTH1 输入端的逻辑信号值是 FALSE，或探头指示出现故障就发出 L39VFnX，或者 L39VFnY 的探头故障报警。在这里的 nX、nY 分别表示 n 号轴承的 X 方向和 Y 方向的探头有故障。

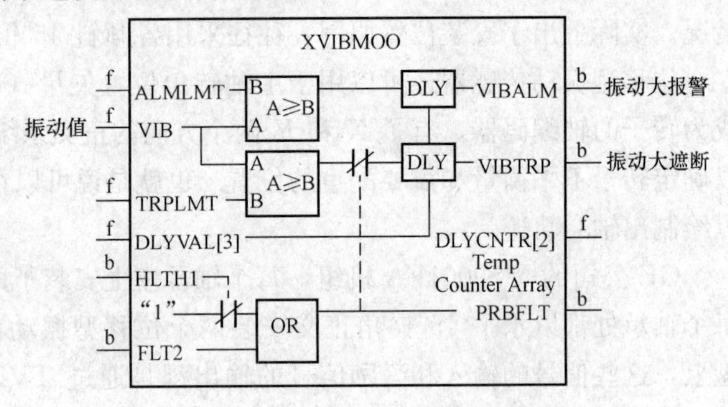

图 10-18 振动检测算法功能块

(2) 燃气轮机组振动大报警。

燃气轮机组正常运转时，存在适度的振动是在所难免的，一般应大于由 SHORT 所给定的常数值。但是也不允许太大，其上限应根据运行的情况和对机组振动大小的要求而有所限制，此限制的常数值以报警符号 ALARM 给出。当机组的实际振动值（送到第二个比较器的 A 端）大于所给定的振动限制值 ALARM 时（送至第二个比较器的 B 端），第二个比较器出现 $A>B$，其输出逻辑信号 L39VA 置 1 送至保护电路，发出振动大报警，但是机组仍然可以维持运转。当振动值减至使第二个比较器的输入值 $A<B$ 时，L39VA 为零，报警自动解除。各种重型燃气轮机报警值均为 12.7mm/s。

对于位移型振动传感器测量，其保护报警功能比较简单直观。安装在 ♯1 至 ♯8 轴承的位移型振动探头 39VS-11、12，39VS-21、22，VX-3X、3Y，VX-4X、4Y，VX-5X、5Y，VX-6X、6Y，39VS-91、92，39VS-101、102 这 8 对探头，其中任意一个值大于 0.1524mm (6mil) 都将出现振动大报警。为消除偶然因素的影响，增加一定的延时（K39SCA=1s）后才发出 L39VAnA（这里的 n 分别表示轴承的序号）振动大报警信号。

(3) 燃气轮机组振动大遮断。

燃气轮机组在运转时不允许振动太大，以保证机组的安全，此振动限制值用 TRIP 符号表示。当机组运转时的振动值（送至第三个比较器的 A 端）大于给定的最大振动允许值 TRIP 时，第三个比较器的输入值 $A>B$，第三个比较器的输出信号经“置位/闭锁和复位”块，发出机组振动过大遮断的逻辑信号 L39VTA。由于其闭锁作用，机组遮断后无法重新启动以确保安全。当故障解除以后需要重新启动时，必须输入主复位逻辑信号 L86MR1_CPB 使“置位/闭锁和复位”块复位。各种重型机组遮断值均为 25.4mm/s。不过这里需要特别强调遮断和跳机的差异，某一个速度型传感器的振动值大到了 25.4mm/s 也就是达到了“遮断值”，但这时候并不等于跳机！相关内容在本节中介绍。

对于位移型振动传感器的测量，其保护的遮断功能同样比较简单直观。同样依据于安装在这 8 个轴承的位移型振动探头。这 16 个探头其中任意一个值大于 0.2286mm（9 mil）将导致整个机组的遮断，同时还发出 L39VTnA 的遮断报警信号。当然和上述发出的报警的设置一样增加了 1s 的延时，这里的延迟时间常数信号名也与上述相同仍然是 K39SCA。

（4）燃气轮机组振动大自动停机。

在新的 MARK-Ⅵ 应用软件中，振动检测的算法增加了一种振动大自动停机的保护。以前都是采用 L39VV5-Vibration Level Detection，现在采用新的 TURBLIB 的算法为 L39VV11-Vibration Level Detection。当振动达到 24.13mm/s（0.95in/s）的自动停机设定值时，采取一种比遮断跳机较为温和的方式——自动停机。这样设计有利于对机组的保护。特别是在高负荷（达到或者接近于基本负荷）下的跳机会给机组带来很大的冲击，其高温部件要承受更大的热应力，这样会严重减少它们的使用寿命，并且对其他辅助设备也会产生不利的影响。高负荷下紧急停机有时还有可能导致下一次开机出现振动或者其他的异常情况。

对于位移型振动传感器的测量，其振动大自动停机的保护功能同样比较简单。仍然依据于安装在这 8 个轴承的位移型振动探头，这 16 个探头中任意一个测量值大于 0.216mm（8.5 mil）都将导致整个机组的自动停机，但是在自动停机之前，任意一个测量值达到 0.19mm（7.5 mil）的时候，MARK-Ⅵ 系统将会先发出一个报警，它要求运行人员主动执行正常停机操作，这也是控制系统自动执行停机的前奏。这里同样都设置了 1s 的延时，才分别发出要求运行人员主动停机的报警和自动执行停机逻辑信号。要求主动停机报警的信号分别是 L39VFSAnX 和 L39VFSAnY；而自动停机的信号名分别为 L39VFSnX 和 L39VFSnY（这里的 n 就是各轴承的顺序号，即 1～8），时间延迟的常数则为 K39FSA。

（5）振动检测算法。

关于振动检测算法功能块，对于位移型传感器的算法 XVIBM00，见图 10-18。

对于速度型传感器的振动检测算法 L39VV11-Vibration Level Detection，是一个很大的算法块，在此不再列出。

前面所述，速度型传感器的振动大报警值为 12.7mm/s（0.5in/s），自动停机值为 24.1mm/s（0.95in/s），遮断值为 25.4mm/s（1in/s）。在什么情况下才会使机组出现跳机呢？首先把传感器分成若干组，燃机组有 39V-1A、1B 为冗余的一对，39V-2A、2B 为冗余的一对；发电机组 39V-4A、4B 为冗余的一对，39V-5A 为单独一个。其中 39V-5A 则为非冗余传感器。

燃气轮机机组有四只传感器，满足以下任意一个条件跳机：

1）一只达到遮断值，另外有两个以上都不可用；

2）一只达到遮断值，另外任意有一个达到报警值。

发电机组有三只传感器，同样满足以下任意一个条件跳机：

1）一只达到遮断值，另外两个都不可用；

2）一只达到遮断值，另外任意有一个达到报警值。

透平组执行自动停机的条件为：

1）一只达到自动停机值，另外有两个以上都不可用；

2）一只达到自动停机值，另外任意有一个达到报警值。

发电机组执行自动停机的条件为：

1）一只达到自动停机值，另外两个都不可用；

2）一只达到自动停机值，另外任意有一个达到报警值。

从上述列表看出虽然一只传感器的测量值达到了跳机值，还需要顾及另外两只（或者三只）传感器的状态才确定实施跳机与否。这是与位移型传感器的判别条件完全不同之处。

第七节　燃烧监测保护

燃气轮机为了提高效率，透平前温 T_3 的数值越来越高，如 GE 公司的 MS6000B 系列机组的透平前温达 1104℃，MS9001E 达到 1124℃，MS9001FA 达到 1318℃。机组在如此高的透平前温下运转一段时间以后，燃烧室或过渡段等部件难免会出现一些破裂、损坏等各种故障。对这些高温部件又难以直接进行实时监测也就无法及时发现故障，只能通过测量透平排气温度的间接检测方法来判断高温部件的工作是否有异常。当燃料流量分配器（对液体燃料而言）故障引起各燃烧室的燃烧温度不均匀时，当燃烧室破裂、燃烧不正常时或者当过渡段破裂引起透平进口温度场不均匀时，都会引起透平的进口流场和排气温度流场的严重不均匀，因此只需仔细测量排气温度场是否均匀，即可间接地预报燃烧系统是否已经开始出现异常。

一、燃烧监测软件

为了准确地测量透平排气温度场是否均匀，应在透平排气通道中尽可能多地布置测温热电偶。MARK-Ⅵ 控制和保护系统在排气通道安装了 18～31 根均匀分布的排气测温热电偶。MS6000B 为 18 根，MS9000E 为 24 根，MS9000FA 为 31 根。理想情况是这些热电偶所测的排气温度数据完全相等，但实际上是不可能的。即使机组在稳定正常运转时，排气温度场也不可能完全均匀，各热电偶的读数总是存在着差异。因此有必要规定一个合理的标准，确定机组在正常情况下允许各热电偶测量结果有多大的温度差，或者称之为有多大的允许分散度。一旦超出这个规定值，我们认为机组燃烧不正常或测温系统不正常，为此需要定义如下一些参数：

S_{ALLOW}：排气温度的允许分散度符号；

S_1：1 号分散度，为排气热电偶的最高读数与最低读数之间的差；

S_2：2 号分散度，为排气热电偶的最高读数与第二个低读数之间的差；

S_3：3 号分散度，为排气热电偶的最高读数与第三个低读数之间的差。

排气温度分散度算法可参阅图 10-19。排气温度的允许分散度的计算：

排气温度的允许分散度不能取为一个固定的常数。因为燃气轮机在不同的工况运行时，透平前温 T_3 和排气温度 T_4 都是不同的。当机组并网发电时，若所带负荷较高时，燃气轮机需要的燃料量多，透平前温也必然要高些。相反，若机组所带负荷较少时，则透平前温低，排气温度也低。而排气温度的不同也影响到分散度的不同。因为排气温度高，其相应的热电偶所测量到的排气温度的偏差也大；相反，排气温度低，则这些均布的热电偶在不同地点所测量到的排气温度的偏差值也就较小。因此 MARK-Ⅵ 保护系统用压气机的出口温度来表征机组工况变化时的排气温度的变化，当压气机出口温度高时，意味着单轴燃气轮机组的压气机压比较高，透平前温较高，排气温度较高；相反，当压气机出口温度低时，排气温度也低。因此利用压气机出口温度也作为计算排气温度允许分散度的主要依据之一。

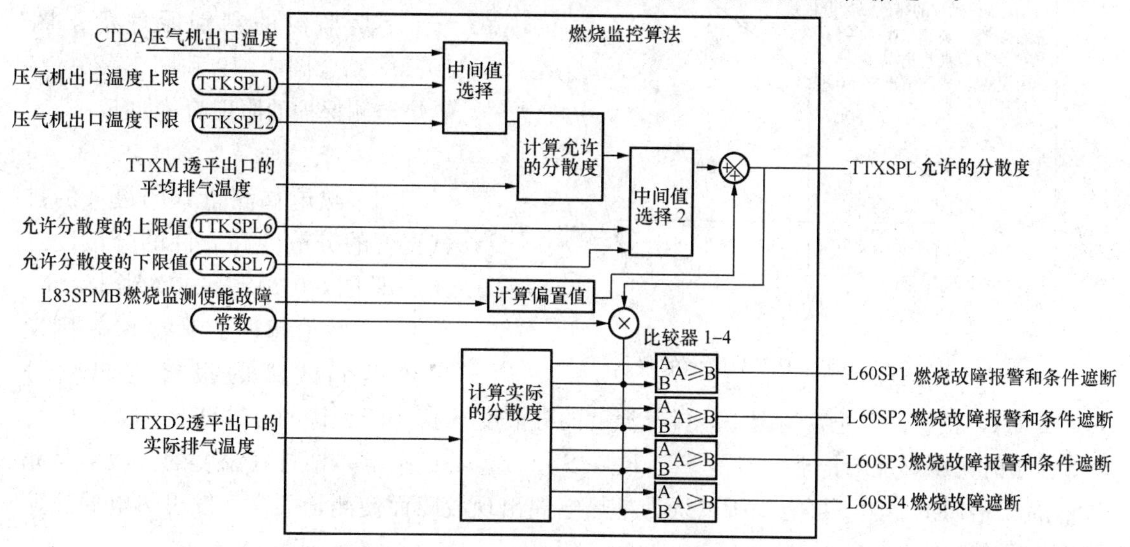

图 10-19 燃烧监测保护原理图

允许分散度的计算：

TTXSPL＝TTXM＊TTKSPL4—CTDA＊TTKSPL3＋TTKSPL5

其中：TTKSPL4 一般为 0.12～0.145；TTKSPL3 为 0.08；TTKSPL5 为 30℉（现行 9FA 机组一般采用为 60℉）。

压气机排气温度 CTDA 经中间值选择器后，把其限制在上限不能超过所给出的 TTKSPL1 的数值，下限不能小于 TTKSPL2 的数值，中间值选择器的输出送至“计算允许的分散度”作为计算排气温度的允许分散度的依据。在计算允许分散度时还需用到透平的平均排气温度 TTXM，因此 TTXM 输出也送至“计算允许的分散度”。为安全起见允许分散度的计算结果也采取箝位措施，由第二个中间值选择器限定在上限不能大于 TTKSPL6 的数值，下限不能小于 TTKSPL7 的数值的范围内。中间值选择器的输出才是机组此时运行工况可以允许的排气温度的分散度 TTXSPL，其经修正系数的“常数（CONSTANTS）”修正后作为排气温度是否异常，即燃烧正常与否的判别依据。

二、MARK-Ⅵ 燃烧监测的原理

燃气轮机在正常运行时，31 个或 18 个排气温度热电偶测量到的排气温度数值送到控制器。根据温度控制算法中 TTXM 计算的前半部，我们已经得到按照物理顺序排列的 TTXD1 _ n 和按照温度高低顺序排列的 TTXD2 _ n 两个数据表。依照 TTXD2 _ n 表由"计算实际的分散度"（见图 10-19）这一软件将 31 个或 18 个排气温度数值分别计算出最高排气温度和最低排气温度之差 S_1送至比较器 1 和 2 的 A 端；计算出最高排气温度和第二个低排气温度之差 S_2送到比较器 3 的 A 端；计算出最高排气温度和第三低排气温度之差 S_3送至比较器 4 的 A 端。用实际排气温度的分散度和允许的排气温度分散度相比较以判别燃烧是否正常。

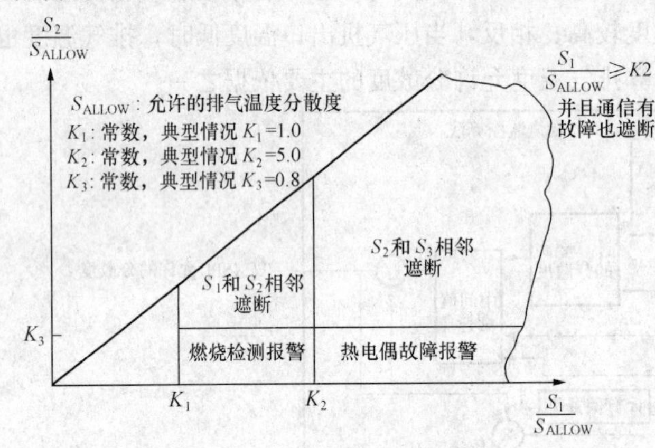

图 10-20　排气温度分散度的限制

三、MARK-Ⅵ 燃烧监测保护的评估方法

燃烧监测的判别原理示于图 10-20。结合图 10-19 和图 10-20，将燃烧监测保护的原理简述如下。

1. 排气热电偶故障报警

如果热电偶测量到的最大的排气温度的分散度和允许的分散度之比，即图 10-20 中的横坐标 S_1/S_{ALLOW}的数值超过了常数 K_2，则发出热电偶故障的报警逻辑信号 L30SPTA，报警。在正常情况下，排气温度的分散度 S_1应小于允许的分散度 S_{ALLOW}，当 $S_1>S_{ALLOW}$时说明燃烧不正常。但是 $S_1>K_2*S_{ALLOW}=5*S_{ALLOW}$，即排气温度的分散度是允许值的 5 倍以上显然不可能，所以认为是热电偶出现故障而使测量失常，发出热电偶故障的报警是合理的。

2. 燃烧故障报警

若燃烧不正常情况，使排气温度的分散度 S_1超过了允许的分散度 S_{ALLOW}，即图 10-20 中的横坐标 S_1/S_{ALLOW}大于 K_1的值和图 10-22 比较器 1 的 $A>B$，则产生燃烧失常报警。

3. 排气温度分散度过高而遮断

燃烧不正常致使排气温度分散度过高时需遮断机组，有如下几种情况：

（1）第一种条件遮断。

第一种条件遮断满足如下的三个条件：

1）$K_1<S_1/S_{ALLOW}<K_2$。此时说明热电偶工作正常，但是所测量到的排气温度分散度超过了允许值，相当于上述 2 的情况，发出报警。比较器 1 的输入端 $A>B$，其输出报警和条件遮断的逻辑信号是 L60SP1。

2）$S_2/S_{ALLOW}>K_3=0.8$。即当最高排气温度读数与第二个最低排气温度读数之差超过允许值 0.8 倍的情况。此时比较器 3 的输入端 $A>B$ 产生条件遮断的逻辑信号 L60SP3。

3）指示排气温度最低和第二个最低排气温度的两个热电偶，在排气通道的上安装位置是相邻的。

当只满足1）和2）条件时，虽然已说明燃烧不正常，但是只报警不遮断，即指示排气温度最低和第二个最低排气温度的两个热电偶在排气通道上的安装位置不是相邻时，机组仍可带病运行而只报警。但是当1）、2）和3）三个条件同时成立时，则满足了第一种条件遮断的三个条件，机组遮断停机。

第一种条件遮断主要出于下述考虑。沿排气通道布置有31个热电偶来监测排气温度的分散度和均匀度，若测量到的排气温度最低点和第二个低点是相邻的，并且分散度S_1和S_2又几乎都超过了所允许的值，即说明在此区域内排气温度异常（排气温度低于正常值）或说此区域是排气温度温度场的一个低温区，且超过了允许的情况。由此可以推断，可能是某个燃烧室或过渡段破损造成排气温度场的不均匀，因此应立即遮断停机，以便查找事故原因和修复。

（2）第二种条件遮断。

第二种条件遮断也有三个条件：

1）$S_1/S_{ALLOW}>K_2=5.0$。此种情况为上述1排气温度的热电偶故障而报警。此时，比较器2的输入$A>B$，输出报警和条件遮断的逻辑信号是L60SP2。

2）$S_2/S_{ALLOW}>K_3=0.8$。和上述的（1）中的条件相同，即排气温度的第2个分散度S_2超过了允许值，说明排气温度的第二个最低的热电偶在排气通道中的所在地的排气温度过低，超出了允许的值。比较器3的输入$A>B$，其输出报警和条件遮断的逻辑信号是L60SP3。

3）指示排气温度第二个最低和第三个最低的热电偶是相邻的。

由条件1）知，排气温度热电偶有一个已经出现了故障，其测量值不可信。由条件2）可知，指示排气温度第二个最低的热电偶所形成的分散度S_2已经超过正常允许的数值，表明此热电偶所在位置是个不正常的低温区。而条件3）又指出第三个最低排气温度热电偶和第二个相邻，更进一步证实了第二个低热电偶在排气通道中所在位置的区域确实是个不正常的低温区域。考虑到已经有一个热电偶故障，为安全起见遮断停机。此时比较器2的输入$A>B$，输出热电偶故障的报警和条件遮断的逻辑信号L60SP2。比较器3的输入$A>B$，输出条件遮断的逻辑信号L60SP3。

（3）报警或遮断。

当$S_3/S_{ALLOW}>K_4$（K_4一般在0.75左右）时，即热电偶测量到的最高排气温度值和第三个低排气温度值之差S_3大于0.75倍的允许分散度S_{ALLOW}时，就认为燃烧不正常。此时比较器4的输入$A>B$，其输出报警逻辑信号L60SP4，如连续5min不退出报警状态则输出遮断逻辑L60SP4Z，使机组主保护系统动作而遮断停机。

根据GE公司最新的推出的燃烧监测保护程序，为了避免某一支排气热电偶出现异常偏高的情况，在计算3个实际分散度值TTXSP1、TTXSP2和TTXSP3的时候不再采用最高温度值与各个低的值进行比较计算，而是采用次高（第二高）的温度值参与计算，以此排除可能有一支过高的故障热电偶引起燃烧监测保护的误报警和误遮断。这对提高机组的可利用率是有利的，其效果如何有待于进一步实践验证。

四、燃烧监测保护的退出

燃烧监测系统主要用于监测排气温度热电偶和燃烧系统的故障。这种故障主要为：由于清吹或燃烧喷嘴磨损、堵塞引起的燃料分布不均匀和燃烧室熄火，燃烧室或过渡段破裂引起的透平进、排气温度场不均匀等。而燃气轮机工况在变化的过渡过程阶段，因燃料量在过渡过程阶段，处于调整状态，此时若投入燃烧监测系统将引起机组报警甚至遮断。因此当燃气轮机处于启动和正常停机、加减机组负荷等不稳定的工况期间，应将燃烧监测系统切除（或称为关闭）以避免引起报警和遮断，当机组处于稳定工况正常运转以后，才能将其重新投入监测功能，见图 10-21。

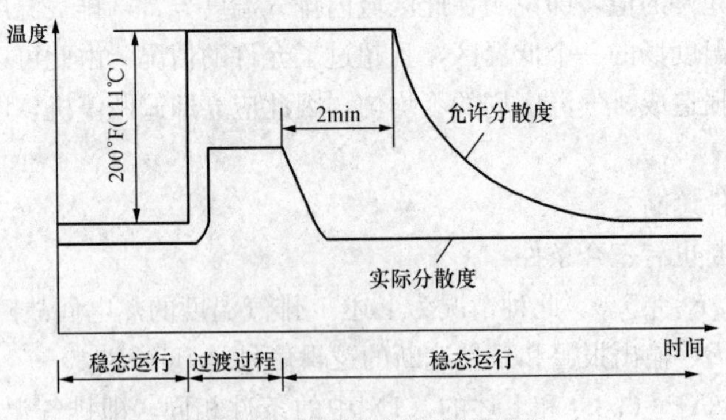

图 10-21　燃烧监测的退出过程

五、燃烧检测系统的试验

当机组在某个稳定的工况正常运转，需作燃烧监测系统的试验时，可以通过降低允许分散度的方法以引起燃烧监测系统的报警和遮断机组停机。

图 10-22 和图 10-23 为 TTXSPV4 燃烧分散度监视器的两种算法。

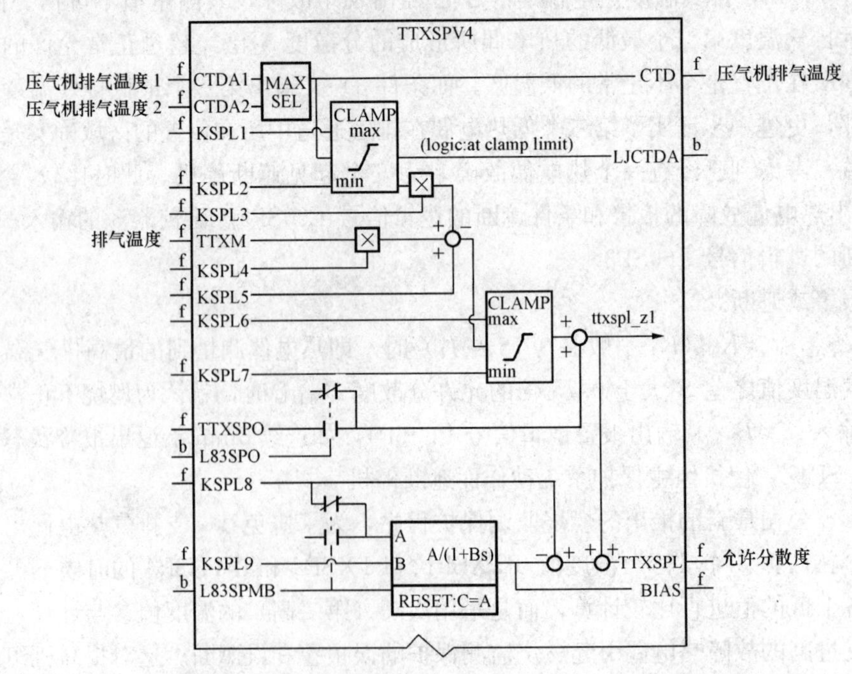

图 10-22　燃烧分散度监视器的算法——分散度计算

图 10-24 为燃烧监测遮断。

图 10-25 为燃烧监测报警输出。

图 10-26 为热电偶故障报警。

图 10-27 为燃烧监测的遮断信号输出。

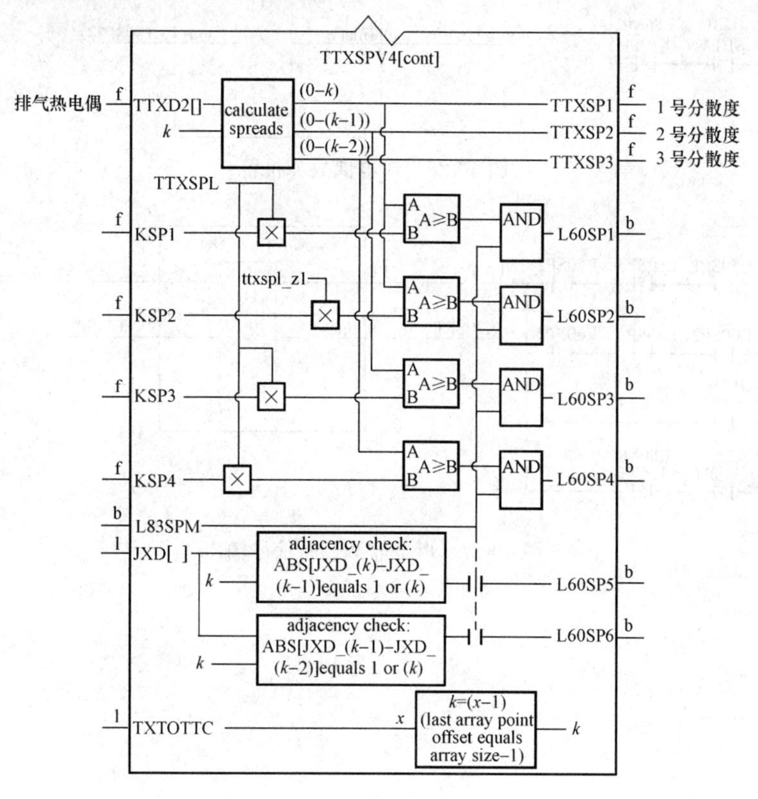

图 10-23 燃烧分散度监视器的算法——分散度通报条件

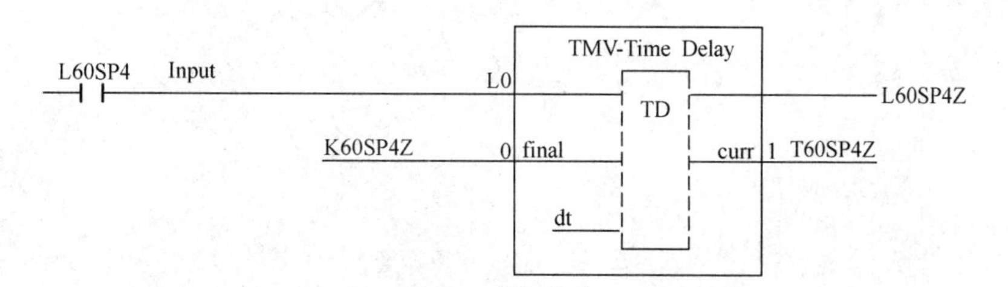

图 10-24 燃烧监测遮断——排气分散度高延时

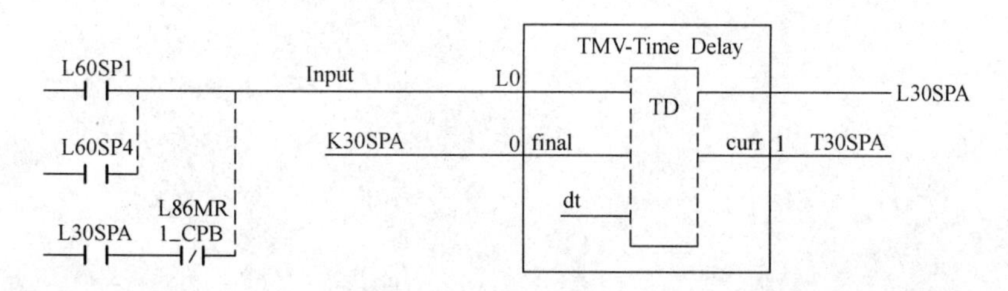

图 10-25 燃烧监测报警输出

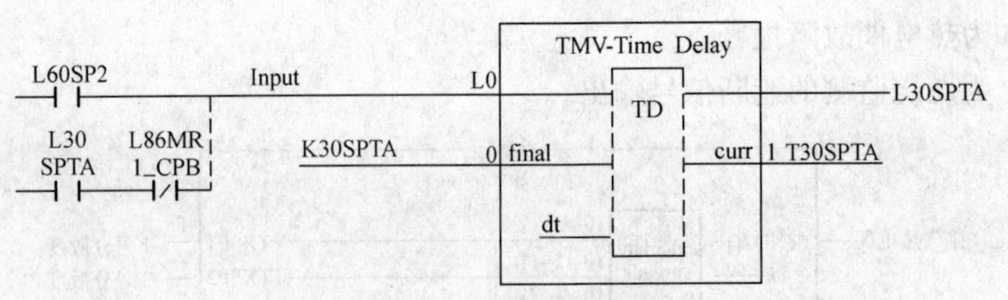

图 10-26　热电偶故障报警

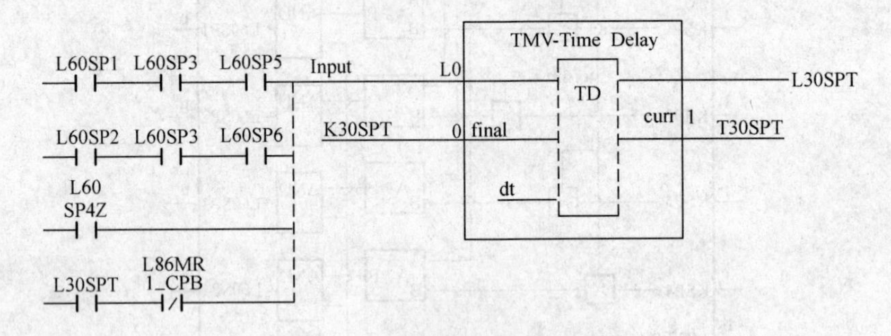

图 10-27　燃烧监测遮断信号输出

第十一章 MARK-Ⅵ监控界面

MARK-Ⅵ监控计算机是一台 PC 机，又称为人机界面接口计算机 HMI，HMI 是 Human Machine Interface 的缩写，也叫人机界面。人机界面又称为用户界面，是 MARK-Ⅵ系统和用户之间进行信息交换的媒介，它实现信息的内部形式与人类可以接受的外部形式之间的转换。凡是需要人机信息交流的地方都存在着人机界面。通常 HMI 系统必须具备以下五项基本功能：

实时数据显示——把采集的数据信息实时显示在屏幕上；

图形操作控制——透过图形，直接看到各种系统的管路和仪表去进行操作控制；

报警的产生与记录——定义报警条件和滚动报警信息；

报表的产生与打印——历史信息转换成报表的格式，打印出来；

历史资料趋势显示——把数据库中的资料作可视化的趋势呈现。

对于一套完整的燃气轮机发电机组，一般在就地燃机控制室和中央控制室，都分别配备了 HMI 界面接口计算机，用于燃机的运行操作和软件修改。

MARK-Ⅵ系统的 HMI 接口计算机有两种形式，即 CIMPLICITY 阅读器，和 CIMPLICITY 服务器。前者称为操作员站，后者完成各种操作和修改，通常也被称为工程师站，这里重点介绍 CIMPLICITY 服务器，CIMPLICIT 软件包主要用于图形显示系统，TOOLBOX 软件包用于程序组态。

本章重点介绍与运行关系密切的操作界面和 CIMPLICITY 软件。

第一节 操 作 界 面

在 MARK-Ⅵ配置的诸多的 HMI 服务器中，操作员可以在任意一台 HMI 上完成操作、监视、打印报表和报告及页面等资料。它们的网络连接不同于 MARK-Ⅴ那样采用 Stage Link 的 ARCNET 网络，而是采用以太网的 UDH（机组数据总线）实现通信。由于这种通信方式是针对数据总线上各台机组的，所以在燃气-蒸汽联合循环中配置了同一型号控制系统的汽轮机 HMI 和燃气轮机 HMI 是可以相互交叉，替代使用。通过网络连接对若干套联合循环机组进行控制和操作，也可以实现相互交叉和相互替代。不过，在工程项目中一般会指定 HMI 专有操控对象，不做交叉安排，避免混淆造成不必要的事故。

操作员通过接口界面计算机 HMI 完成以下操作功能：

（1）向透平和启动设备发出指令，例如：启动、停机、冷机盘车、点火、自动启动、并网、增减转速、增减无功功率、燃料选择等；

（2）监视这些设备的状态，例如：排气温度、振动、火焰状态、报警信息等；

(3) 实时曲线的显示、记录，进行数据和页面的打印；

(4) 操作界面监视燃气轮机的启动、控制和保护功能。

这意味着界面接口计算机 HMI 的关机，或者重新启动，丝毫不会影响燃气轮机发电机组的正常运行和保护功能。

HMI 通常使用两个用户等级，一个是管理员级（Administrator），另一个是操作员级（Oper）。后者是运行人员的用户等级，配备了运行所必需的操作页面、一些工具等软件和功能。

在启动接口计算机 HMI 以后，不需要任何口令就可以登录，甚至可以直接进入 CIMPLICITY 的显示页面。而管理员级（Administrator）的 HMI 则需要口令才能登录，它是供专业技术人员使用的。在登录以后可以对 CIMPLICITY 的显示内容进行修改，甚至可以任意增删显示页面。

另外对于 MARK-Ⅵ的 I/O 配置、应用程序（即 .m6b 文件）的修改等是在 TOOLBOX 软件工具包平台完成的，也都需要在管理员等级操作。有关 I/O 配置和应用程序方面内容在下一章讨论。

第二节 主显示页面

操作界面的大部分显示功能是依靠 CIMPLICITY 软件实现，CIMPLICITY 软件是一种能支持 OLE（对象链接和嵌入）和 ActiveX（网络化多媒体对象技术）自动控制显示的应用软件。

CIMPLICITY 软件通过 HMI 从传感器和设备搜集数据，然后把数据转换成动态的文本、报警和图形显示。操作人员一旦需要监视和作出控制决策的时候可以调用这些实时信息。燃气轮机控制系统的 HMI 支持运行中所需的 CIMPLICITY 各种应用软件。

CIMPLICITY 首先用于显示燃气轮机状态屏幕页面，它使得操作人员能够监视这些机组状况，通常 HMI 的刷新速率为一秒。CIMPLICITY 软件不能对燃气轮机控制系统进行配置。

EGD（以太网全局数据库）能让 CIMPLICIT 从机组的 MARK-Ⅵ 收集数据和报警，MARK-Ⅴ的 HMI 采用称为 TCIMB/TCI 与 CIMPLICITY 的转换桥来实现。

CIMPLICITY 软件不仅支持各种显示、管理外部报警，还支持实时趋势的记录和管理功能。

主显示页面也称为启动显示页面，如图 11-1 所示。主显示页面主要分成以下几个功能区：

1）顶部为基本信息区——显示受控机组的基本信息；

2）右侧为菜单区——共分成三级菜单供点击进入；

3）上部为模拟显示区——提供受控主要设备的模拟图和运行参数；

4）下部为报警区——显示 5 条最新的报警；

5）中部的左侧为主信息区——以文字数据字段显示机组的状态；

6）中心部位为操作指令区——操作指令都从这个区域选择发送；

7）右下角为其他功能区——各种复位功能和实时曲线功能键。

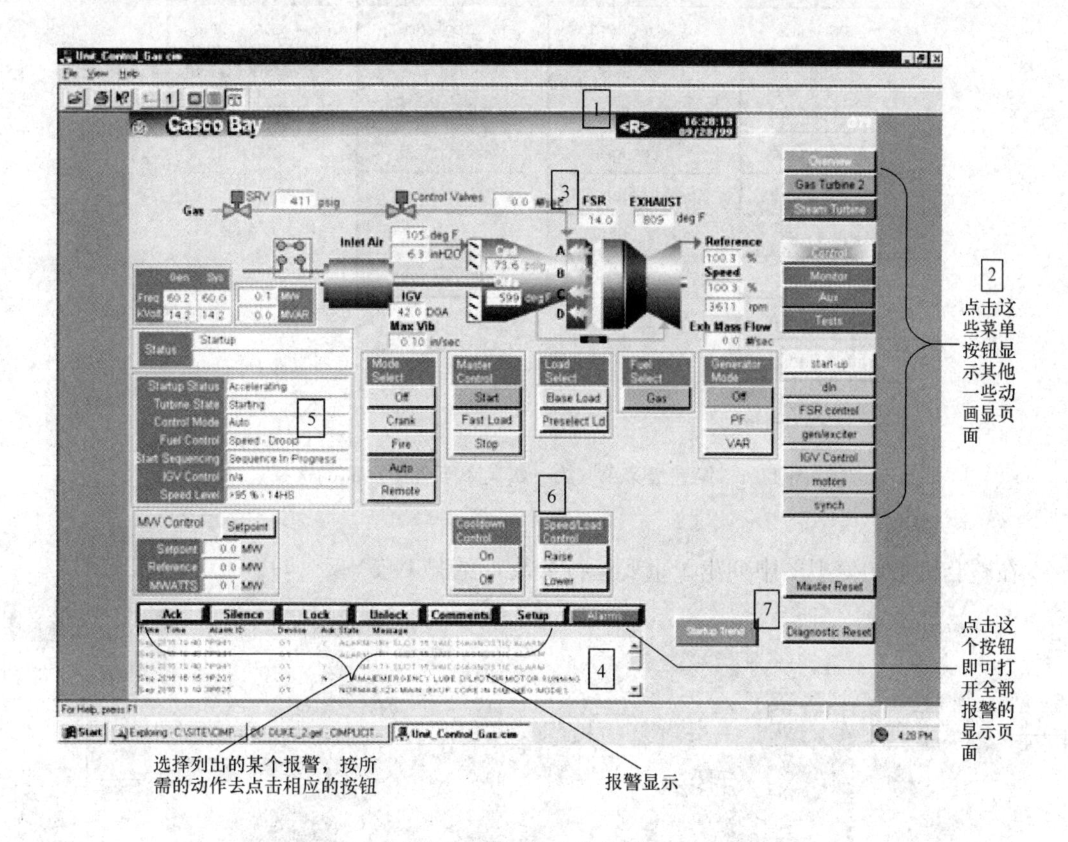

图 11-1　典型的启动显示页面

对主显示页面各个功能区的作用分别介绍如下：

（1）基本信息区。

现场（电厂）名称；

选用处理器的名称，如<R>或者其他处理器；

日期/时间；

机组名称/代号；

显示页面的名称，如 Start Up 等。

（2）菜单区。

菜单共分成三级。第一级为机组的选择，第二级为功能分类选择，第三级是在第二级的功能类型下的各个显示页面，分别如图 11-2～图 11-4 所示。

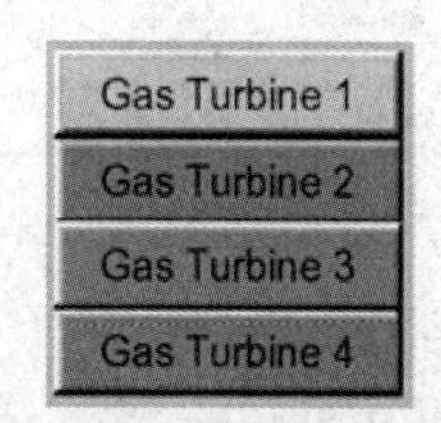

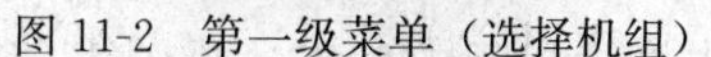
图 11-2　第一级菜单（选择机组）

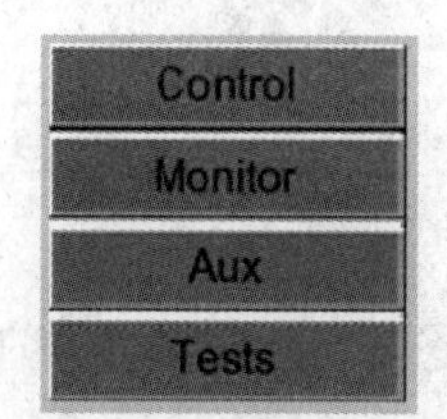

图 11-3　第二级菜单（功能分类）

Control
start-up
dln
FSR control
gen/exciter
IGV Control
liquid fuel
motors
steam power aug
water injection
gt4 synch
Monitor
bearing temps
exhaust
generator rtd
hydrogen
proximeter vibe
seismic vibration
wheelspace
Aux
demand
flame
gen capability
start check
static start
timers
trip diagram
Tests
contacts
overspeed test
shaft voltage

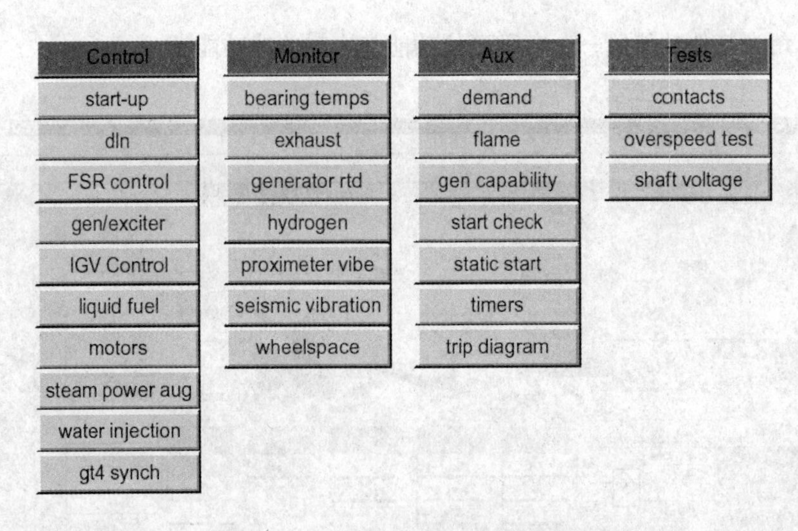

图 11-4　第三级菜单（第二级菜单下各个页面的选择）

(3) 模拟显示区。

在整套机组的模拟图中列出了重要运行参数，见图 11-5。

Speed
100.00 %
3000 rpm
TNR Reference
102.76 %
FSR 58.5
Control Valves
SRV 29 kg/cm2
FTG 179 度
Gas
Bus Gen
Freq 50.0 50.0
KVolt 19.1 19.0
Exhaust
648 度
55 mmH2O
Max Vib
2.54 mm/s
Inlet Air
23 度
41.3 mmH2O
0.1 mmH2O
22 度
760.6 mmHg
FPG1 32 kg/cm2
10.2 kg/s
IGV
58.77
236.0 MW
59.9 MVAR
43.1 mmHg
ACV
ASV 3.9 kg/cm2
13 %
Open
Exhaust Hood
Spray Valve
Reheater
70 kg/cm2
558 度
545 度
11 kg/cm2
MSV
RSV
IV
CV
100 %

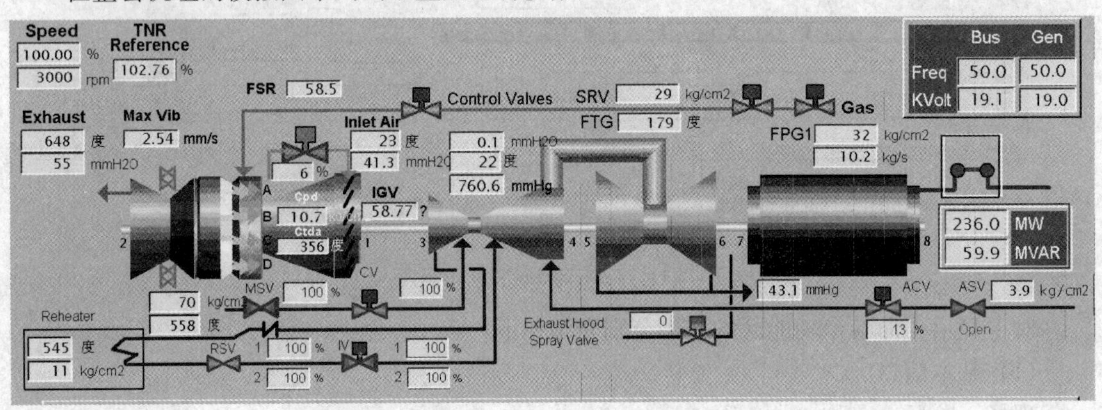

图 11-5　模拟图显示区

(4) 报警区。

列出最新的 5 条报警。报警信息可以选择 P-Alarm、D-Alarm、Hold list、SOE 和 EVENT等类型。上部的按钮可以选择：确认、消音、闭锁、解锁、注释、设置（报警的解释说明，提示处理的方法）以及选择独立的报警画面，见图 11-6。

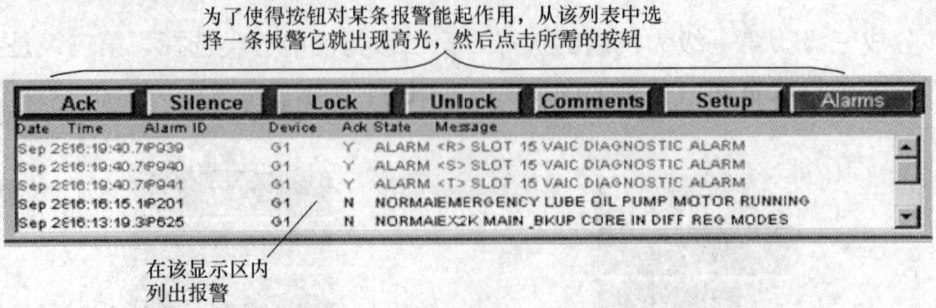

为了使得按钮对某条报警能起作用，从该列表中选择一条报警它就出现高光，然后点击所需的按钮
Ack
Silence
Lock
Unlock
Comments
Setup
Alarms
Date Time Alarm ID Device Ack State Message
Sep 2816:19:40.7P939 G1 Y ALARM <R> SLOT 15 VAIC DIAGNOSTIC ALARM
Sep 2816:19:40.7P940 G1 Y ALARM <S> SLOT 15 VAIC DIAGNOSTIC ALARM
Sep 2816:19:40.7P941 G1 Y ALARM <T> SLOT 15 VAIC DIAGNOSTIC ALARM
Sep 2816:16:15.1P201 G1 N NORMAIEMERGENCY LUBE OIL PUMP MOTOR RUNNING
Sep 2816:13:19.3P625 G1 N NORMAIEX2K MAIN _BKUP CORE IN DIFF REG MODES
在该显示区内列出报警

图 11-6　报警显示区的举例

(5) 主信息区。

在启动显示页面中，以文字信息字段的形式显示机组的状态，见图 11-7。在其他显示

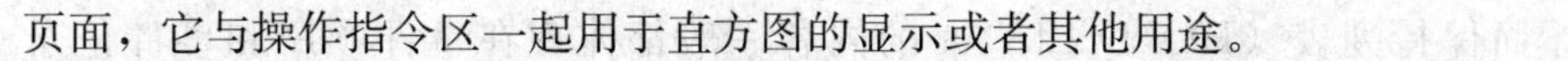

页面，它与操作指令区一起用于直方图的显示或者其他用途。

（6）操作指令区，见图 11-8。

运行人员在启动页面中可以发出各种操作指令，如选择运行方式、选择燃料、选择负荷方式、转速/负荷手动增减、无功控制方式、发出启动令等。也可以根据需要适当增减一些操作指令功能。在其他显示页面，它与主信息区一起用于直方图的显示或者其他用途。

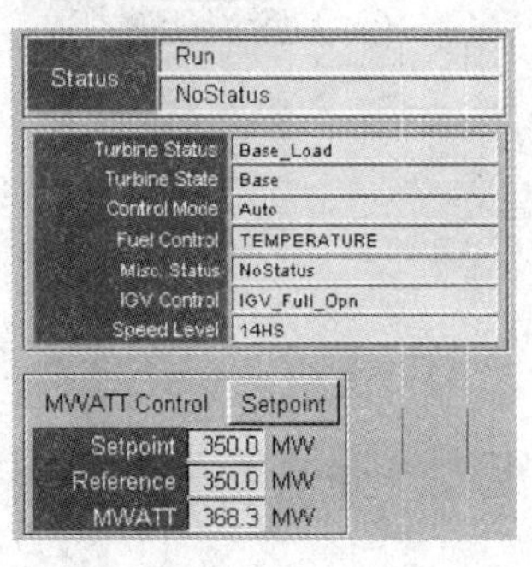

图 11-7　主信息区显示

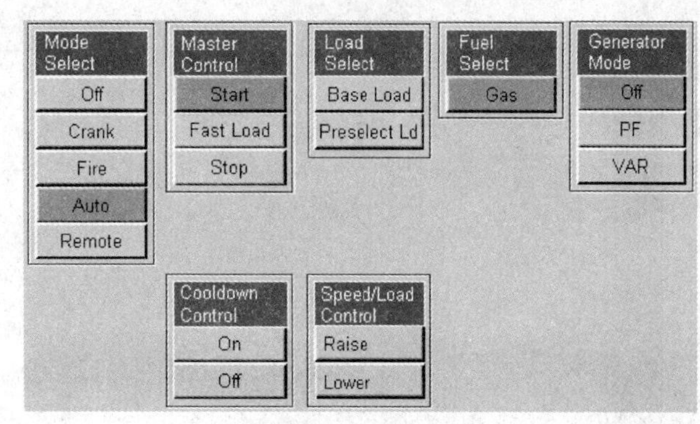

图 11-8　操作指令区

（7）其他功能区，见图 11-9。

在这个辅助区域里，一般有：主复位（可以分为汽轮机报警主复位、燃机报警主复位）、诊断报警复位（或者分为汽轮机诊断报警复位、燃机诊断报警复位）、趋势图的调用等功能按钮。在这个仅有的剩余区域里，除了上述必须的功能键以外。可以根据需要增加若干内容或者操作功能键。

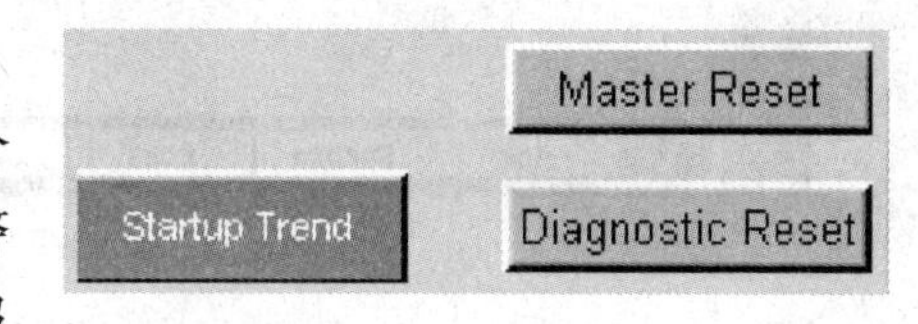

图 11-9　其他功能指令区

第三节　报警显示和处理

报警阅读器是一个嵌入到 CIMPLICITY 软件界面 HMI 屏幕的一个 OCX 目标。它提供了报警管理功能，诸如按照优先次序、按照机组、按照时间或者按照设备来源去排列和过滤报警。同时也可以支持可配置的报警文字显示。

常规 TCI 程序的应用，增强了 CIMPLICITY 的报警阅读器的功能，提供了报警阅读器的消音、闭锁和解锁功能。

System Database Exchange（SDB-系统数据库交换 ）应用程序可用于 MARK-Ⅵ 控制器，它提供了一种采用来自 MARK-Ⅵ SDB 提取的数据去充填 CIMPLICITY 软件信号点和报警数据库的方法，而诊断报警的显示则是利用 MARK-Ⅵ控制器工具包（Toolbox），它们同样显示在报警显示页面中。

燃气轮机的报警管理功能，可以自动地打印机记录。HMI 的 Alarm Logger 报警记录器，允许利用报警记录器对话框去选择某些报警和事件，输出到打印机打印。记录器不仅包含了系统的过程报警（P-Alarm）和（D-Alarm），还包含有事件顺序（SOE）、数字的事件（EVENT）、励磁报警（EX2K），以及专用于汽轮机 ATS 的保持列表（HOLD LIST）等六种类型的信息。而保持列表（HOLD LIST）的内容一般都体现在事件顺序和事件记录之中。

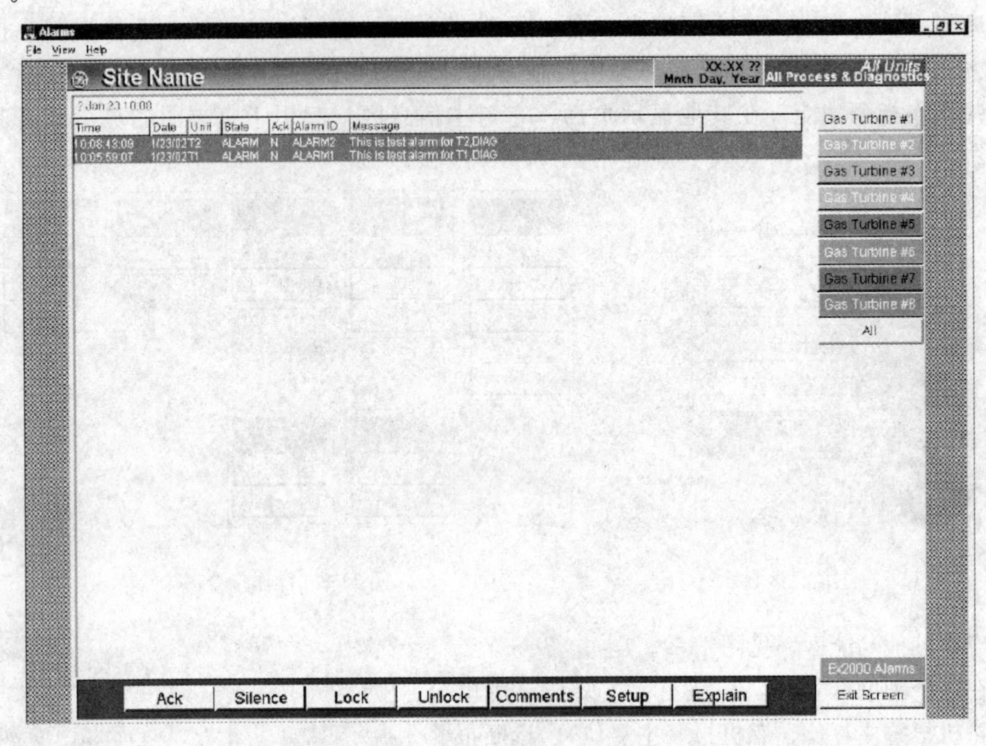

图 11-10　报警显示界面

1）过程报警（PROCESS ALARM），见图 11-10。

过程报警是由设备和过程中发生的问题或者故障而引起的，它们会借助 HMI 屏幕显示出一系列的信息向操作员发出警告。

该报警是在 MARK-Ⅵ控制器内由输入/输出板上顺序生成的报警形成的。针对不同系统的过程报警所应该采取什么相应的措施，都详细列在各个系统的报警表中。

对于过程报警按其重要程序分成若干个等级，并以不同的颜色来表示。以便运行人员分别对待。

2）保持列表报警（HOLD LIST ALARM）。

这种报警仅仅用于汽轮机控制（MARK-Ⅵ或者 MARK-Ⅴ），它是在 ATS（汽轮机的自启动）过程中使用。

保持列表报警的显示形式和过程报警很相似，其附加特性是每当保持列表所涉及的信号处于保持状态时就发出保持列表报警，报警扫描器就会驱动指定的信号。该信号可用来抑制汽轮机自动启动逻辑。此时，操作员可以人为超越（OVER RIDE）保持列表信号以使程序得以继续进行；即使保持状态依然存在还没有清除的情况下也是允许的，但是也有一定的范围或者时间的限制。

针对不同系统的保持列表报警所应采取的措施，列在各个系统的报警表中。

3）诊断报警（DIAGNOSTIC ALARM）。

诊断报警是对控制系统硬件设备（电子线路元件、各种电路板）自动检测和监视的一种保护性报警。这种报警是在自诊断检查过程中被发现后生成的。诊断报警会标识出故障所在的模块名称，从而有助于快速修复系统。如果还需了解故障的详情，维修人员可以借助于MARK-Ⅵ的HMI的ToolBox查看报警显示的更详细信息。

4）事件报警（EVENT）。

首先把一些信号定义为事件（EVENT），在此基础上如果这些被定义的信号出现反转（可以从0到1，也可以从1到0），那么就把它们以报警形式显示出来，常常把操作人员的操作所触发的信号定义为事件（EVENT）。那么任何时候的任何操作动作都会被记录在案。

5）事件顺序记录（SOE）。

在定义了事件，事件发生的顺序，通过时间标签来体现，事件顺序记录SOE的信号都带有时间标签，记录的SOE信号就可以知道事件发生的次序。SOE对分析事故首出原因非常有用。

6）励磁报警（EX2K）。

提供来自励磁EX2000或者EX2100和其他电气系统的报警信息。

通过CIMPLICITY软件的工作平台Workbench，还可以利用报警过滤器在Alarm Setup（报警设置）对话框子系统中，达到滤除某些类型的报警显示，仅仅保留希望关注的某些类型的报警。报警设置方法参见图11-11报警过滤器的设置窗口。

报警的显示采用了不同的背景底色和字体颜色，以表示不同的性质的报警和不同的报警状态。大致有如下几种：

① 红底白字：处于报警状态下的未经确认的报警；

② 白底黑字：已退出报警状态的未经确认的报警；

③ 白底红字：处于报警状态下的已被确认的报警；

④ 黄底黑字：处于报警状态下的未经确认的SOE、事件或保持列表报警；

⑤ 黑底黄字：处于报警状态下的已被确认的SOE、事件或保持列表报警。

对于已经退出报警状态的过程报警、诊断报警、事件、SOE和保持列表报警，一旦进行确认操作，其显示信息将在屏幕上立即被删除掉。GE公司以前的控制系统对于报警管理是需要进行复位（RESET）操作以后才删除报警信息条目。对于运行人员来说需要适当注意。

在报警窗和报警页面上设置了一些报警管理按钮。它们的操作和一般计算机的操作没有什么大的差异。现罗列以供参考：

（1）确认ACK按钮。

1）ACK针对已选定的一个或者一些报警予以确认；

2）利用Shift-Click和Ctrl-Click可以选定若干条报警同时确认；

3）确认以后该报警条目转变为白色背景显示；

4）确认后对于已退出报警状态的报警条目文本立即自动予以删除。

（2）消声Silence。

1）关掉该报警的声响（由于会出现频繁声响，在设置中可以取消该功能）；

2）该按钮具有反复ON/OFF的作用。

（3）闭锁 Lock。

1）对于颤动报警，为防止扰人或连续不断地反复打印而采用该闭锁功能，它只影响报警的提示功能；

2）被锁定的那些报警，其报警文本信息不会因为操作 ACK 而被删除；

3）如果需要锁定多条报警，不能一次选定多条文本，每次只能锁定一个条目。

（4）解锁 Unlock。

对于已锁定的报警条目，该操作可以使之解除闭锁状态。

（5）注释 Comments。

1）选择某报警条目后，点击 Comment 按钮，可以为该报警添加注释文本；

2）在弹出的窗口中键入适当的注释文本，然后点击 OK；

3）注释内容储存在 HMI 下层，必须进入 HMI 才可能看到这些内容；

4）当看了注释后或者添加了注释后，要点击 DONE 按钮，才能保存信息；

5）当重新启动 Cimplicity 文件时，注释会自动删除。

（6）设置 Setup。

1）创建（Create）或者修改报警过滤器的设置。见图 11-11。

① 点击 Setup 字段，在弹出的 Alarm Setup 窗口，输入一个新的过滤器名称；

② 进入这一个新的过滤器名称，点击 Modify Current（修改现有的）重新配置它就会弹出 Modify Setup 窗口，包含了三个卡片：Classes（等级）/Resources（资源）/Time&State Filter（时间和状态过滤器）。哪些报警需要被 Class，Resource，或 Time&State Filter 过滤（使能时间过滤器，则输入数据和时间，用复选框选择过滤器状态）；

③ 做完这些以后，点击 OK；

④ 点击 SAVE 按钮（在 Alarm Setup 窗口），就储存了新的过滤器的设置；

⑤ 点击 LOAD，就使得新的过滤器处于报警激活状态；

⑥ 点击 MAKE DEFAULT（默认），当 Cimplicity 文件启动后，此过滤器就自动被加载了；

⑦ 完成上述操作后，点击 DONE 按钮。

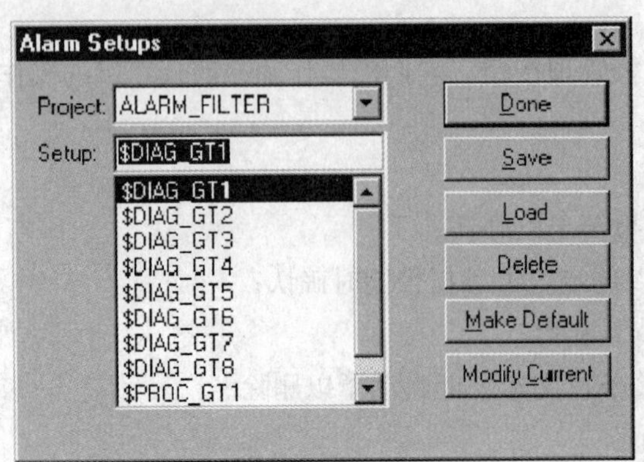

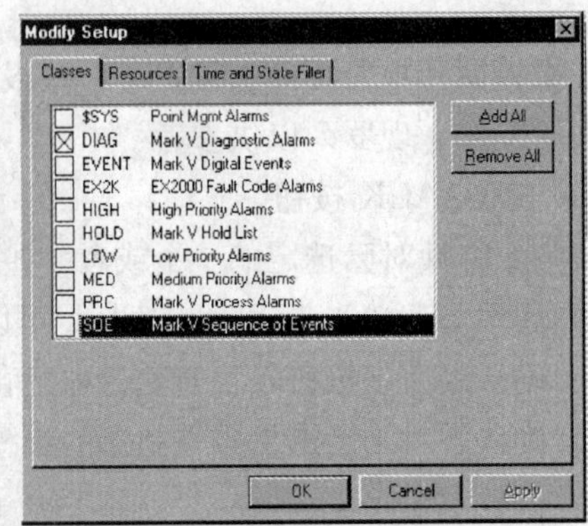

图 11-11　报警过滤器的设置窗口

2）加载（Load）报警过滤器：

① 点击你所选定的一个过滤器名称，选定它；

② 点击 LOAD 使被选定的过滤器激活。

3）报警的分析和排除：

① 排除报警的关键因素是首先确定产生报警的装置名、报警号或信号名。报警号和信号名在报警条目中都有显示。应该打开该机组 Toolbox 的 ***.m6b 文件，在那儿可以查询到装置名称；

② 报警号（Alarm ID）和装置（Device）的标题列；

③ 设置报警注意事项：

同一报警条文可能会涉及多个装置，但是报警号不同，你可以正确地查寻 ***.m6b 文件来确认。

进入 Toolbox 软件，打开 ***.m6b 文件，创建一个报警列表，（路径为：View/Reports/Alarm List）。

在该目录中找到所需要的报警号，并双击它，进入 ***.m6b 文件的信号名定义用查寻器（Finder）找到信号名后（路径为：G1/Functions/Unit _ /Modules/---），并在 Signal/Variable Usage 卡片中追溯其来由。

Finder 页面将指示发生报警的位置。用 Finder 通过软件跟踪，确定是什么原因（信号）引起报警的。

新软件中在报警部分增加列出了报警条目的信号名（例如：G1 \ L33TH4 _ ALM 等等），这样比仅仅只有报警掉牌号要方便得多。由于直接知道了信号名，使得运行、维修人员追溯引发这个报警的根源就更加快捷。

第四节　监视显示页面

在启动显示（Start Up）页面运行人员除了可以发出各种指令以外，还可以监视到机组的主要运行状态参数。在第二级菜单栏目下的第三级菜单中，配置了许多供运行人员详细了解机组状态的监视显示页面。例如：透平排气温度、轮间温度、滑油温度、轴承金属温度、各种振动参数、液体/气体燃料吹扫、危险气体的泄漏检测、发电机转子/定子温度以及如果是氢气冷却的发电机需要监视氢气的纯度。这些画面大部分都采用直方图的动画显示形式，一般以黄色指示报警，红色表示遮断，对于用户来说是非常直观形象的。

一、排气温度（GT Exhaust Temps）监视页面

MS9000FA 在透平排气通道中安装了 31 根排气测温热电偶。理想情况下这些热电偶所测的排气温度数据应完全相等，但实际上是不可能的。即使机组在正常稳定运转情况下，排气温度场也不可能完全均匀，各热电偶的读数总是会有所差别的。因此有必要规定一个合理的标准，确定机组在正常情况下允许各热电偶测量结果有多大的温度差，或者称之为允许的分散度是多少。一旦超出这个规定值，就认为机组燃烧不正常或热电偶不正常。

画面显示了机组运行的 7 个主要参数，见图 11-12，显示出允许分散度和实测分散度计算结果等参数。

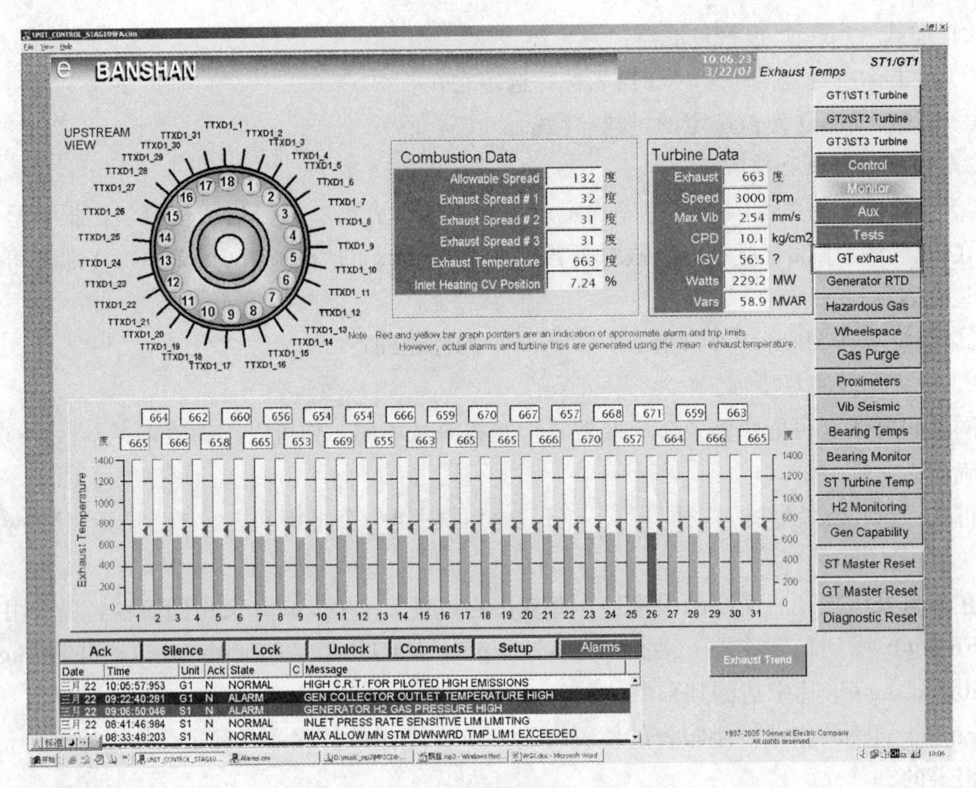

图 11-12　典型的排气温度（GT Exhaust Temps）监视页面

二、轮间温度（Wheel Space Temps）显示页面

轮间温度的测量显示页面，对燃气轮机运行监测很重要，见图 11-13。

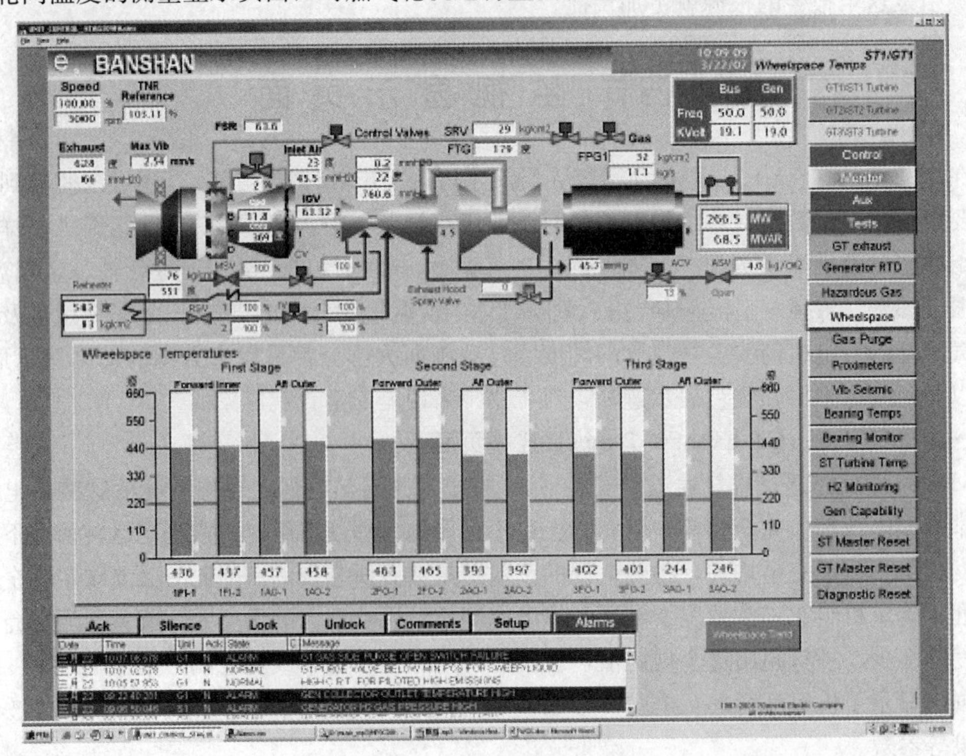

图 11-13　轮间温度值（Wheel Space Temperatures）页面

在燃气轮机运行时它反映动静叶片和叶轮的冷却效果；冷却通道有无阻塞。停机后，可以根据轮间温度确定盘车是否允许停止；以及是否可以进行水洗。表11-1列出了轮间热电偶代号、名称和报警设定值。

表11-1　　轮间热电偶代号、名称和报警设定值

序号	设备代号	设备名称	报警设定值
1	TT—WS1FI1	一级动叶前内侧测温热电偶	490℃（915℉）
2	TT—WS1FI2	一级动叶前内侧测温热电偶	490℃（915℉）
3	TT—WS1AO1	一级动叶后外侧测温热电偶	537℃（1000℉）
4	TT—WS1AO2	一级动叶后外侧测温热电偶	537℃（1000℉）
5	TT—WS2FO1	二级动叶前外侧测温热电偶	537℃（1000℉）
6	TT—WS2FO2	二级动叶前外侧测温热电偶	537℃（1000℉）
7	TT—WS2AO1	二级动叶后外侧测温热电偶	510℃（950℉）
8	TT—WS2AO2	二级动叶后外侧测温热电偶	510℃（950℉）
9	TT—WS3FO1	三级动叶前外侧测温热电偶	510℃（950℉）
10	TT—WS3FO2	三级动叶前外侧测温热电偶	510℃（950℉）
11	TT—WS3AO1	三级动叶后外侧测温热电偶	371℃（700℉）
12	TT—WS3AO2	三级动叶后外侧测温热电偶	371℃（700℉）

三、振动监视（Vib Seismic）页面

振动监视页面见图11-14。

为了防止由于振动大而损坏机组，在整个机组的燃气轮机和发电机上安装了速度型振动传感器，把检测到的信号通过屏蔽线送到燃气轮机MARK-Ⅵ。如果振动值超过设定值则相应发出报警12.7mm（0.5in/s）、自动停机24.13mm（0.95in/s）或遮断25.4mm（1.0in/s）命令。

四、位移型传感器（Proximeters）页面

该页面表示了使用Bently & Nevada探头的非接触式位移型传感器检测的各种参数，包括：轴向位移，转子膨胀、缸胀（采用LVDT）、差胀、偏心率和8个轴颈轴承中转轴的相对振动，见图11-15。

这种探头除了上述6种用途以外还有一个鉴相器探头（77RP-11），在画面上是无法直接表示出来的。它需要和8个轴承处转轴相对振动的X、Y值配合使用。以便完成对旋转轴的相位（即所谓：轴编码器）。凭借这些数据也可以绘制出轴心轨迹图。从而也可以在现场完成动平衡的配重工作。

它主要用于汽轮机部分，也包含了燃气轮机轴承和发电机轴承的相对振动。

轴振动的评定以X、Y正交系的最大峰—峰值来评定。它是把轴相对于轴承的位移量作为其相对振动值。它的测量单位为密耳或微米（1mil=0.001 inch=25.4μm）。

轴上的所有轴承位置（燃气轮机的2号和1号轴承；蒸汽轮机的3号、4号、5号和6号轴承；以及发电机的7号和8号轴承）均正交地安装了这样的2个探头。它们的测点设备代号分别为39VS-11、12，39VS-21、22，VP-3X、3Y，VP-4X、4Y，VP-5X、5Y，VP-6X、6Y，39VS-91、92，39VS-101、102。

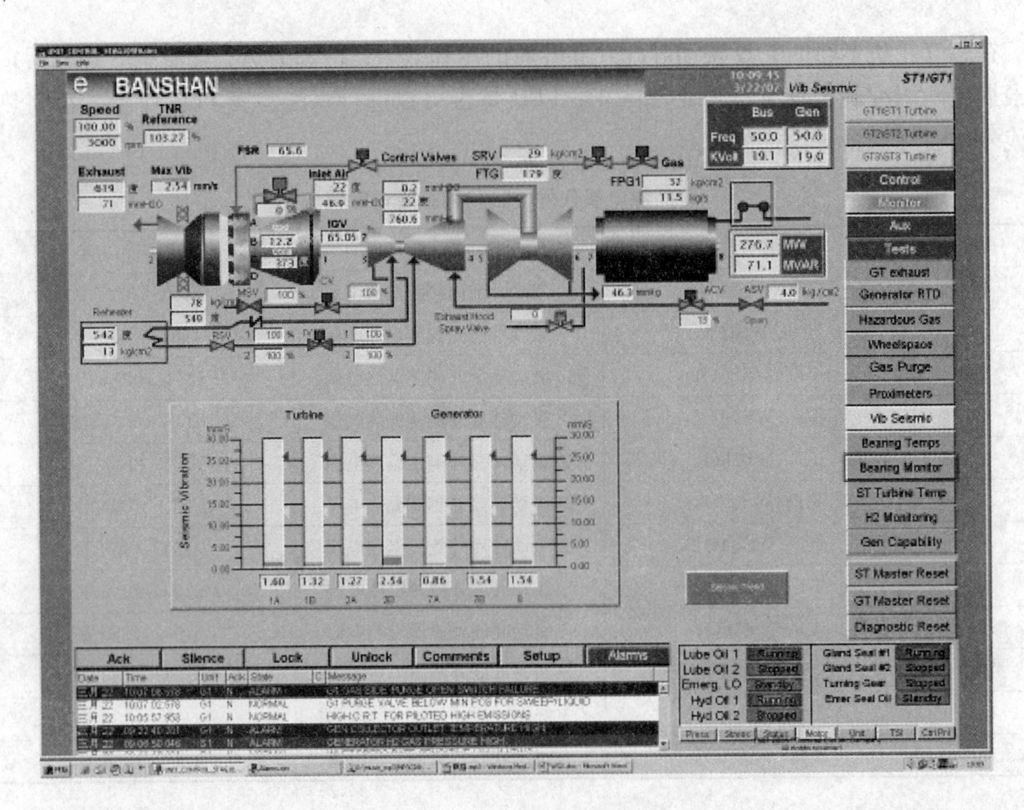

图 11-14 振动（Vib Seismic）监视页面

轴向位移测量。机组轴系位于燃气轮机进气端靠近 1 号轴承处有一只推力轴承。安装了 2 个位移探头用来监视燃气轮机转子的轴向位置变化。燃机 MARK-Ⅵ 据此参数计算推力轴承的磨损程度，并与报警和遮断功能相联系。

转子膨胀监视器安装在靠近 6 号轴承的汽轮机缸体上，差胀监视器安装在汽轮机靠近 3 号轴承的缸体上，用于监视机组的膨胀以及转子与缸体之间的相对膨胀。转子的温度变化速率大于缸体的温度变化速率。这是由于转子质量较小，且转子几乎全部置于高温蒸汽包围之中，因此转子和缸体膨胀的速率是不相同的。汽轮机 MARK-Ⅵ 根据这个测量结果而实现报警和遮断保护功能。

缸体膨胀的指示虽然也放在这个页面里显示，但是它并没有使用非接触式的探头，而是采用了一只线性可变差动变压器（LVDT）来测量机组的基础与汽轮机缸体之间的相对位置。测点设备代号为 SEDP-1A。它是一种接触式的位移测量方式。

汽轮机缸体膨胀是热量积聚的表现。缸体膨胀的测量可以让操作人员确定汽轮机是否超过了预期的温度递增的梯度。在启动的升温阶段，监视该参数主要是用来确保汽轮机缸体和转子以近似相等的速率膨胀。保证不至于因为膨胀速率相差太大而造成转动部件与静止部件之间发生摩擦。该信号输入到汽轮机 MARK-Ⅵ 用于监视和报警功能。

由于转子采用两点支承，故通过测量转子的偏心率作为重载转子在静止状态时平直度（或称为弯曲程度）的度量。转子偏心率用位移型探头进行测量，安装在汽轮机 4 号和 5 号轴承之间，信号送到汽轮机 MARK-Ⅵ。一旦结果超出允许值时，就发出报警，提醒操作人员在较低转速运行条件下再检测振动。转子偏心率的测量仅在 600r/min 以下的低转速时进

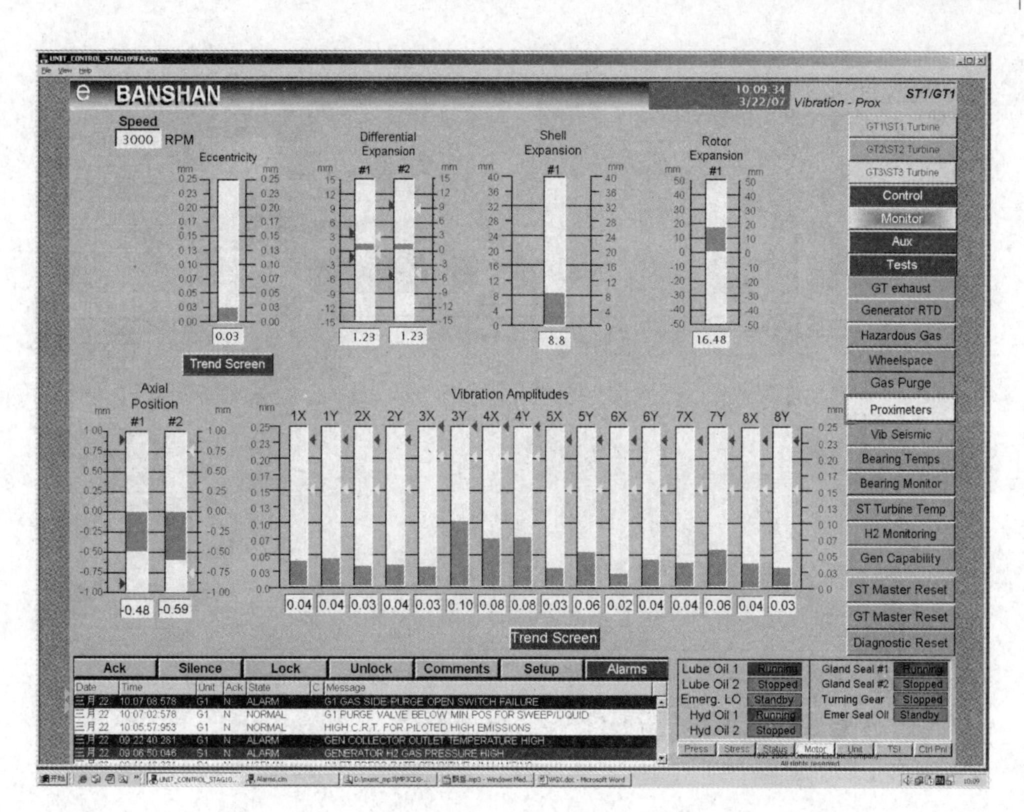

图 11-15　位移型传感器（Proximeters）页面

行。其测点设备代号为 EP。

汽轮机 MARK-Ⅵ 对差胀和转子膨胀进行保护。保护信号不但连接到 Bently & Nevada 的监视设备上，同时还连接到汽轮机 MARK-Ⅵ 进行监视。

五、发电机热电阻温度（Gen RTD Temps）页面

发电机热电阻温度页面见图 11-16。

发电机联轴器端定子温度（Stator Coupling End）和集电器端定子温度（Stator Collector End），氢气系统的温度（Hot Gas，Cold Gas）和转子集电环小室冷却剂温度（Hot Air，Cold Air）检测发电机内部的过热状态。当它们的数值接近或达到报警时，要去发电机状态监测器（96GMS-1）作发电机局部过热检查。或者，当出现发电机过热报警（L30GMS _ A 报警）或发电机过热的确认（L30GMSVAL _ A 确认报警）时，要确认发电机定子和绕组的温度。

六、危险气体检测（Hazardous Gas）页面

危险气体检测页面，见图 11-17，用于显示危险气体探头测量值。

燃用天然气燃料的 STAG 109FA 单轴联合循环机组，其发电机为 390H 型氢冷发电机。天然气和氢气一样都属于易燃易爆气体。这些气体一旦泄漏和积聚，就极为可能出现燃烧或者爆炸等事故。为保证电厂设备及人员安全，GE 燃气轮机发电机组设计安装了危险气体检测系统。分别在燃机透平间、气体燃料模块、发电机集电器间安装了危险气体检测探头，以便随时检测危险气体的浓度。一旦这些舱室中的危险气体浓度超过设定值，在危险气体检测屏上将发出报警信号，同时通过燃机 MARK-Ⅵ 控制系统引发相应的保护动作，确保机组安全运行。

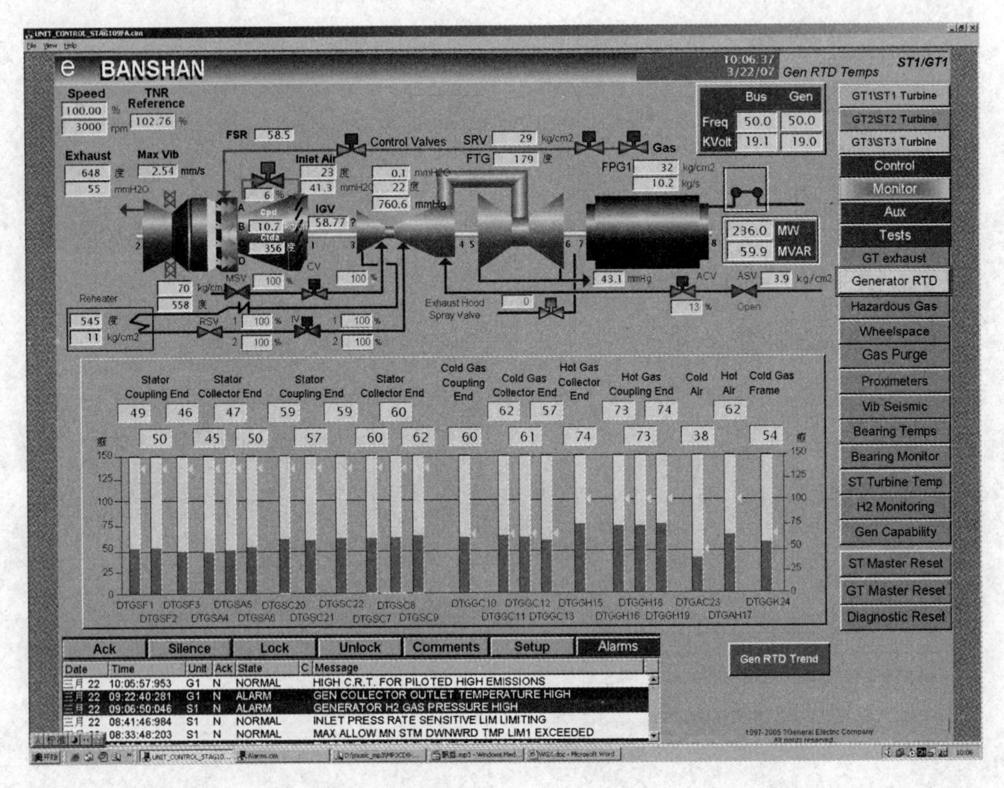

图 11-16　发电机热电阻（Generator RTD）页面

危险气体监测探头安装数量和位置：

（1）发电机集电端 3 个。

45HGT-7A，45HGT-7B，45HGT-7C；用于监测氢气浓度。

（2）发电机间 2 个。

45HGT-1，45HGT-2；用于监测氢气浓度。

（3）燃机透平间 6 个。

45HT-5A，45HT-5B，45HT-5C，45HT-5D；45HT-1，45HT-2；监测甲烷浓度。

（4）燃料气模块间 5 个。

45HA-9A，45HA-9B，45HA-9C；45HA-7，45HA-8；用于监测甲烷浓度。

MARK-Ⅵ危险气体检测的保护包括运行中发生泄漏予以报警和遮断。启动前发生泄漏就禁止启动。

当燃机的透平间在下列情况下遮断：

45HT-5A/5B/5C/5D 任意两个＞17％LEL；

或者：一个大于 17％LEL，另外一个探头损坏；

或者：燃料气模块间 45HA-9A/9B/9C 任意两个大于 25％LEL；

或者：发电机集电端 45HGT-7A/7B/7C 任意两个大于 25％LEL。

在下列情况下机组禁止启动：

燃机透平间 45HT-5A/5B/5C/5D 任意一个大于 5％LEL；

或者：45HT-1/2 中任意一个大于 10％LEL；

燃料气模块间 45HA-9A/9B/9C，45HA-7/8 任意一个大于 10%LEL；

发电机集电端 45HGT-7A/7B/7C 中任意一个大于 10%LEL；

或者：任意一个探头坏时。

危险气体浓度的测量值用 LEL（即低爆炸极限 Lower Explosive Level）表示，它表示在空气（或氧化剂）中含有某种危险气体的百分比含量。

值得注意的是：一旦探头接触到高 LEL 浓度的天然气（或氢气）中长达数分钟，就必须对该探头重新进行校验，因此在发生危险气体超限报警后，应及时对报警的这个探头重新进行校验。

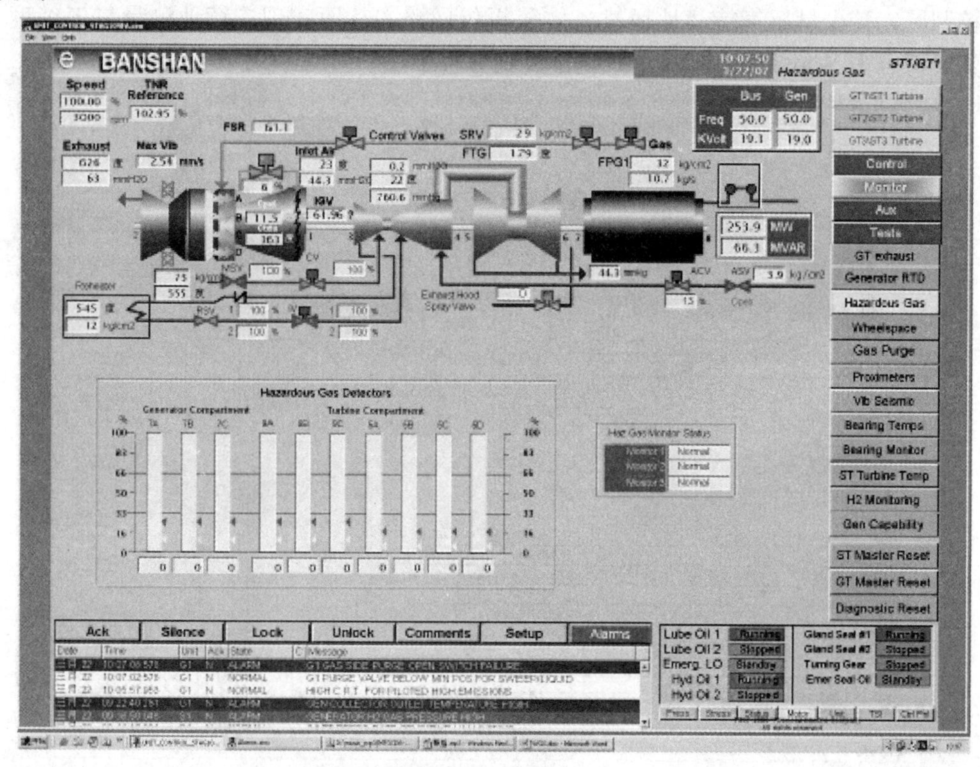

图 11-17　危险气体检测（Hazardous Gas）页面

七、氢气监视（H_2 Monitoring）页面

氢气的纯度必须维持高于 98%，相关参数见表 11-2。氢气监视页面见图 11-18，其功能如下：

（1）氢气系统：压力，密封油压差，发电机风扇压差，铁芯监测器。

（2）氢气纯度，氢气净化。

表 11-2　　氢气监视相关测量设备代号、名称及设定值

序号	设备代号	设备名称	设定值范围（动作/返回）	作用
1	PDT—292/ PDI—292	发电机转子风扇压差低	0～7.465kPa（0-20mA）	2.99 kPa（305mmH_2O）报警
2	PSL—2930	H_2供应压力低	7.465kPag/8.618kPag	报警
3	PSL—2950	发电机缸体气体压力低	399.9kPag±4.14kPag	报警
4	PS—3404	密封油进口压力低	655.0kPag	启动 SP—ESPM 泵

续表

序号	设备代号	设备名称	设定值范围（动作/返回）	作用
5	PDSL—3402	密封油压差低	24.13kPad	报警
6	PDSL—3406	密封油压差低低	17.24kPad	启动 SP—ESPM 泵
7		发电机缸体内氢气纯度	95%低报警，90%低低报警	低和低低报警
8		氢气分离器内的氢气纯度	85%低报警，80%低低报警	低和低低报警

为了测定氢气的纯度，将透平端和集电器端的氢气分离器中被分离的少量氢气分别引入氢气控制屏，让少量氢气持续地通过气体分析仪回路。从而实现连续地测量氢气纯度的目的。然后再点击 Scavenging（排出）就排放到大气中。

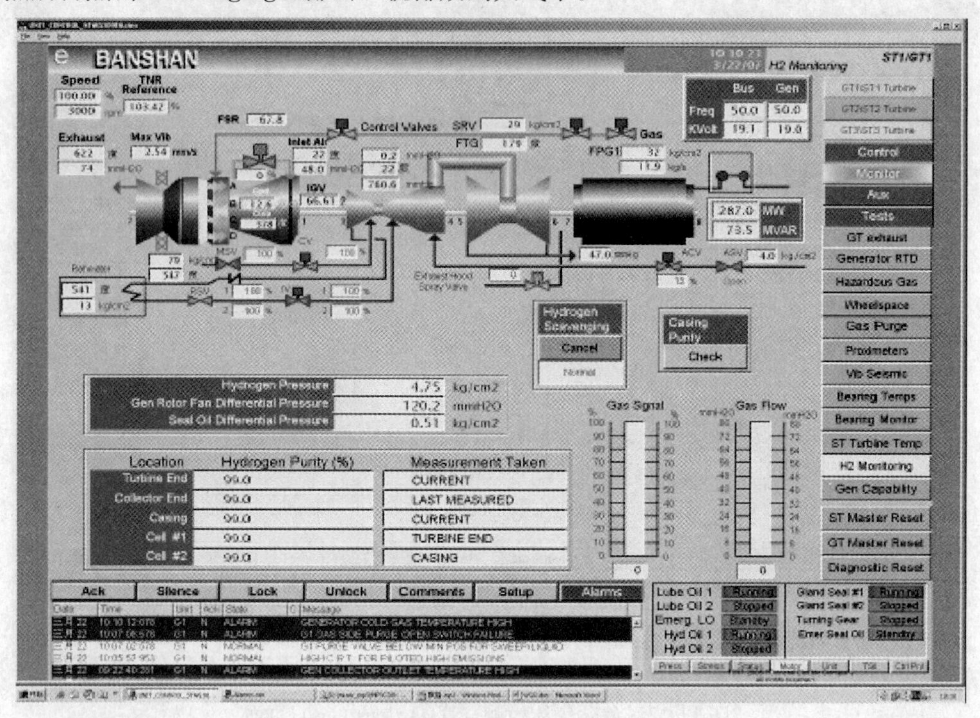

图 11-18　氢气检测（H_2 Monitoring）页面

八、轴承温度（Bearing Temps）监视页面

轴承温度（Bearing Temps）监视页面见图 11-19。

该页面包括：滑油母管温度、轴承回油温度（1～8 号轴颈轴承）、轴瓦金属温度及燃机主、副推力轴承轴瓦金属温度和 1～8 号轴颈轴承的轴瓦金属温度。表 11-3 是各个轴承温度测量设备代号、名称、设定值和保护作用。

表 11-3　　轴承温度测量设备代号、名称、设定值和作用

序号	设备代号	设备名称	设定值范围	作用
1	BT—J1—1A/1B，BT—J1—2A/2B	1 号轴瓦瓦温高	129.4℃（265 ℉）	报警
2	BT—J2—1A/1B，BT—J2—2A/2B	2 号轴瓦瓦温高	129.4℃（265 ℉）	报警
3	BT—TA1—6A/6B/12A/ 12B	1 号轴瓦主推力面瓦温高	129.4℃（265 ℉）	报警

续表

序号	设备代号	设备名称	设定值范围	作用
4	BT—TI—6A/6B/12A/ 12B	1 号轴瓦副推力面瓦温高	129.4℃（265 ℉）	报警
5	TE—274A/B	3 号轴瓦瓦温高	116℃/127℃	报警/跳机
6	TE—275A/B	4 号轴瓦瓦温高	116℃/127℃	报警/跳机
7	TE—276A/B	5 号轴瓦瓦温高	116℃/127℃	报警/跳机
8	TE—277A/B	6 号轴瓦瓦温高	116℃/127℃	报警/跳机
9	BT—GJ1—1/2	7 号轴瓦（发电机）瓦温高	116℃/127℃	报警/跳机
10	BT—GJ2—1/2	8 号轴瓦（发电机）瓦温高	116℃/127℃	报警/跳机
11	LT—B1D—1A/1B	1 号轴瓦回油温度高	93℃（200 ℉）	报警
12	LT—B2D—1A/1B	2 号轴瓦回油温度高	93℃（200 ℉）	报警
13	TE—264/265/266/267	3 号～8 号轴瓦回油温度高	79.4℃	报警
14	TE—260B	冷油器出口滑油母管温度	盘车 27℃～32℃	停机/跳机
15	LT—B1D—1A/1B	1 号轴瓦回油温度高	93℃（200 ℉）	报警
16	LT—B2D—1A/1B	2 号轴瓦回油温度高	93℃（200 ℉）	报警

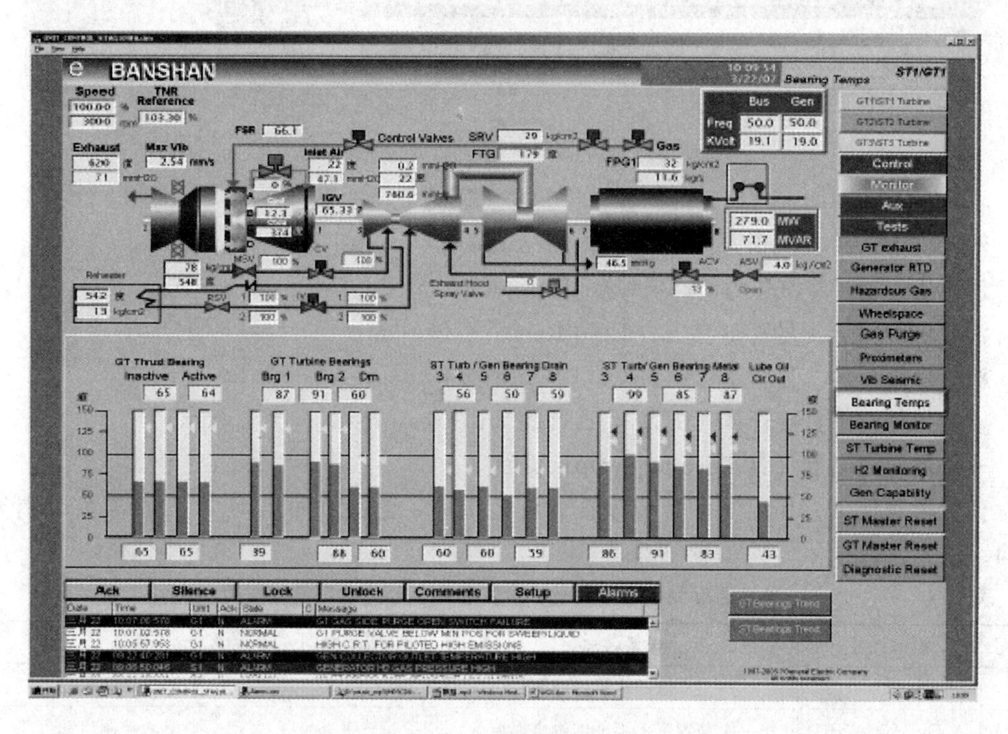

图 11-19 轴承温度（Bearing Temps）监视页面

九、轴承监视（Bearing Monitor）页面

该页面监视出现最高和次高的轴承尖峰金属温度的温度值和所在轴承序号，见图 11-20。

必要时也在事后离线调用历史数据库的数据，可以作出轴承温度的历史曲线，通过研讨轴承尖峰金属温度的变化，分析启停过程中金属温度和润滑油的状态和故障。

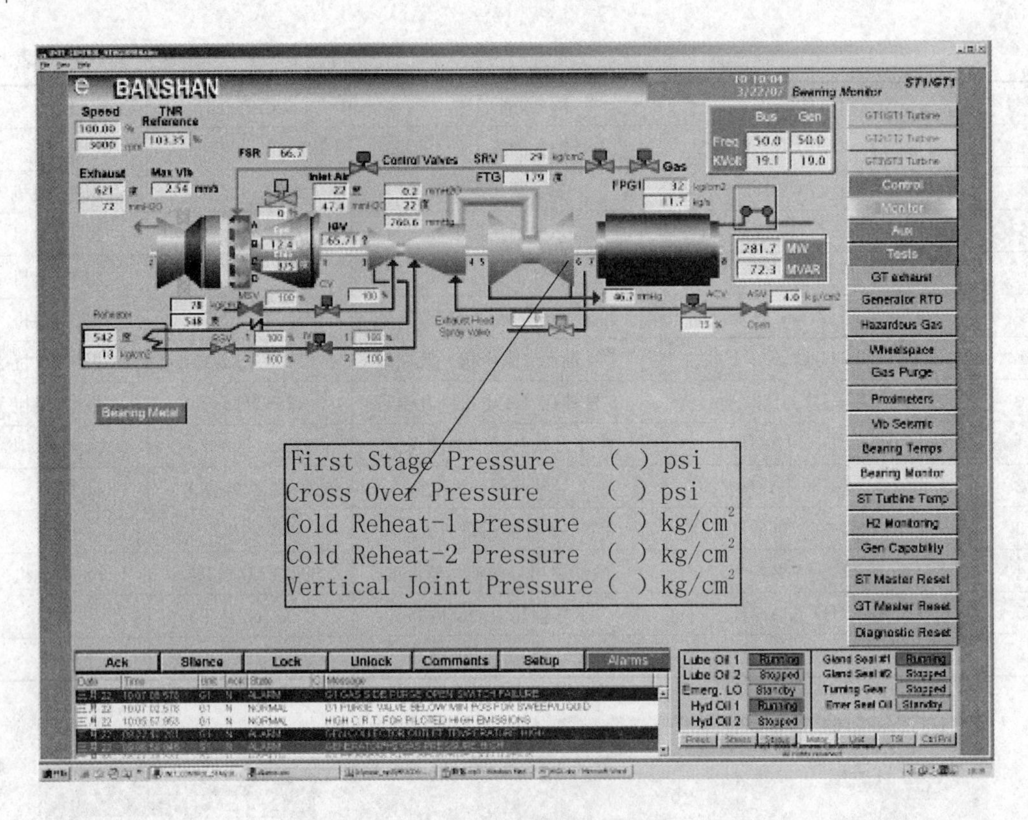

图 11-20 轴承监视（Bearing Monitor）页面

在页面上还增加了与之相关的各个位置蒸汽压力数据的显示：

汽轮机第 1 级蒸汽压力 First Stage Pressure（ ）psi

汽轮机连通管蒸汽压力 Cross Over Pressure（ ）psi

汽轮机冷再热 1 号管蒸汽压力 Cold Reheat-1 Pressure（ ）kg/cm^2

汽轮机冷再热 2 号管蒸汽压力 Cold Reheat-2 Pressure（ ）kg/cm^2

汽轮机排汽垂直接管蒸汽压力 Vertical Joint Pressure（ ）kg/cm^2

十、汽轮机温度（ST Turbine Temp）页面

汽轮机蒸汽压力和温度参数应该在允许范围内，监视页面见图 11-21，参数范围见表 11-4。

表 11-4　　轮机温度测量设备代号、设备名称、部分设定值和作用

序号	设备代号	设备名称	设定值范围	作用
1	TE—200—1/2	主蒸汽进汽管线温度	高限 593.3℃	监测，控制启动
2	TE—203A/B	第一级喷嘴室上半部内侧金属温度	—	监测，控制启动
3	TE—203C	第一级喷嘴室下半部内侧金属温度	—	监测，水探测
4	TE—205A/B	再热段喷嘴室上半部内侧金属温度	—	监测，水探测
5	TE—205C	再热段喷嘴室下半部内侧金属温度	—	监测，控制启动
6	TE—206—1/2	热再热进汽管线蒸汽温度	—	监测，控制启动
7	TE—209E/F	连通管蒸汽温度	—	监测
8	TE—210A/B/C	1、2、3 号排汽热电偶温度高	—	监测，报警，跳机

续表

序号	设备代号	设备名称	设定值范围	作用
9	TE—211A	高压排汽上半部内侧金属温度	—	监测，水探测
10	TE—211C	高压排汽下半部内侧金属温度	—	监测，水探测
11	TE—211M/N	冷再热进汽管线蒸汽温度	—	监测
12	TE—212A	密封蒸汽总管蒸汽温度	482℃报警	监测，报警
13	TE—212B	密封蒸汽排放的空气/蒸汽温度		监测，报警
14	TE—213G/H/J	末级叶片蒸汽温度低		监测，报警
15	TE—215A	通风设备阀门管线温度		监测
16	TE—227—1/2	低压进汽管线蒸汽温度		过热监测
17	TE—240A/B	末级叶片上/下缸体金属温度		监测，报警，上/下缸金属温差大跳机

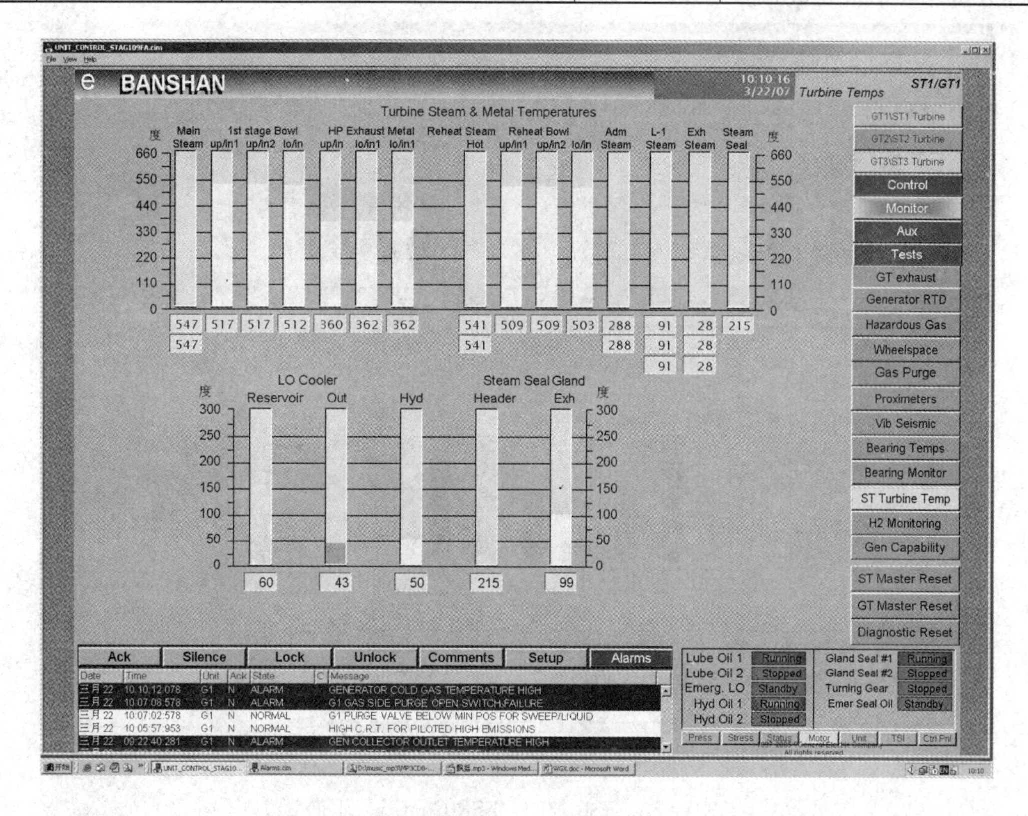

图 11-21 蒸汽轮机温度（ST Turbine Temp）页面

（1）进、排汽、再热蒸汽温度，主蒸汽进汽室、再热进汽室温度等。

（2）润滑油冷却器出口油温，液压油温度，轴封汽母管，L-1 级温度及排汽温度。

蒸汽轮机的工艺参数还设置了一些允许超限的条件：

1）高压蒸汽压力控制在额定压力以内。允许小幅度、短时间超过设定值。对于压力达到 105% 额定压力（1387psi）上下波动的时间一年内累计不得超过 12h。超过 30% 额定压力的时间一年内累计不得超过 1h。

2）高压蒸汽温度控制在额定温度以内。正常时一年内平均温度超过额定温 8.3℃ 是允许的。不正常条件所引起的超过额定温度 13.9℃ 以内的时间一年内不超过 400h；每次超过额定温度 27.8℃ 的运行时间为 15min，一年内累计不超过 80h。

3）再热蒸汽压力不应超过额定再热蒸汽压力的 105%。若超过时，应使再热蒸汽流量减少，控制再热蒸汽压力在 105% 以内。

4）再热蒸汽温度控制在额定温度以内。一年内平均温度超过额定温度 8.3℃ 是允许的。不正常情况下所引起的超过额定温度 13.9℃ 以内的时间一年内不超过 400h；每次超过额定温度 27.8℃ 的运行时间为 15min，一年内累计不超过 80h。

汽轮机负荷 5.75%～100%内，高压蒸汽温度与再热蒸汽温度差值允许±10℃。

十一、FSR 控制（FSR Control）页面

FSR 控制页面的监视和手动 FSR 的控制操作，见图 11-22。在主控系统中已经较为详尽地介绍了各 FSR 分量的控制原理和算法。在这里的直方图充分直观和形象地展示了这些 FSR 分量计算结果和最小值选择门的选取过程及 FSR 最终输出值。

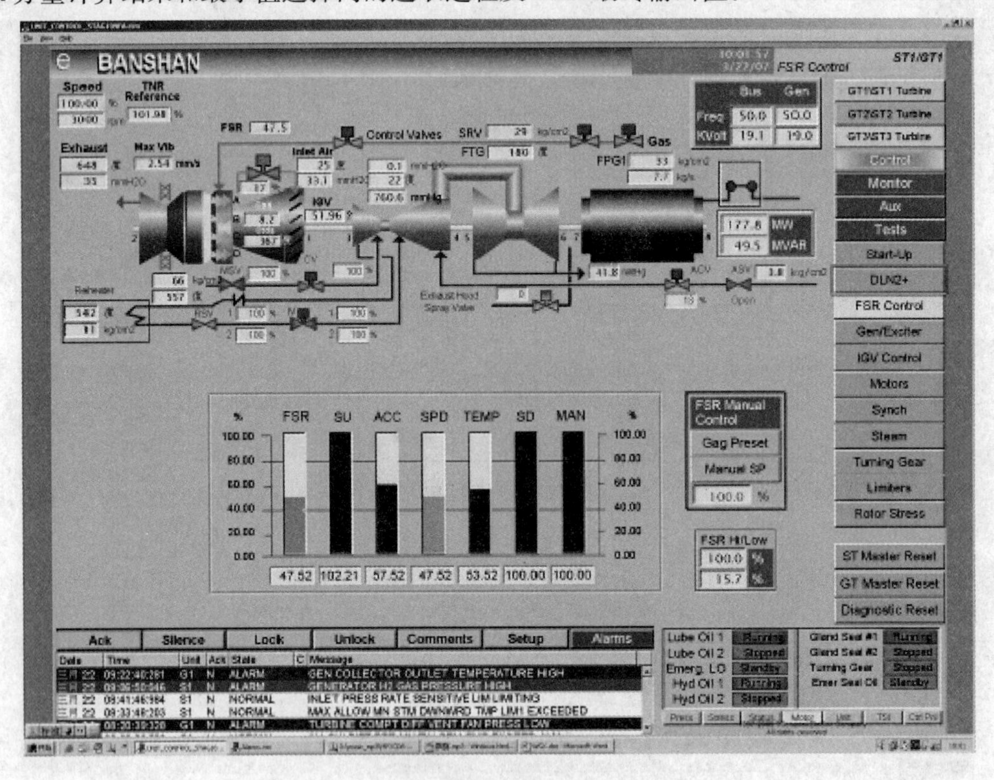

图 11-22　FSR 控制（FSR Control）页面

这个页面里可以了解在燃机运行和启停的各个不同阶段，FSR 的最大和最小箝位值。虽然一般情况它们是不会直接参与控制，但是在各个工况下都将起到安全保障的重要作用。例如在甩负荷的时候，所给出的最小 FSR 值，对于机组能否维持全速空载运行就起到保障作用。保证了既不会因为燃料过多而超速太多，也不会发生突然熄火。

该页面还包含了手动 FSR 控制的 FSRMAN 值的设定和投入与否的选择。

在主控系统内容中所述的 FSRCPR 和 FSRDWCK 这两个数值在这张直方图中没有体现出来。因为它们起作用的概率是较低的。而另外有一些电厂的显示页面中也有包含在内的。无论页面中是否表示，其算法都已经组态在 ***.m6b 文件中。

十二、发电机容量显示页面（见图 11-23）

发电机容量显示是一个实时图形，这个实时图形展示了汽轮机发电机当前的有功功率MW 和无功功率 MVAR 的工作点。可以利用这个显示去检查发电机当前工作点离它的温度极限还有多远，或者说发电机在当前的负荷下还有多少有功和无功的余量。

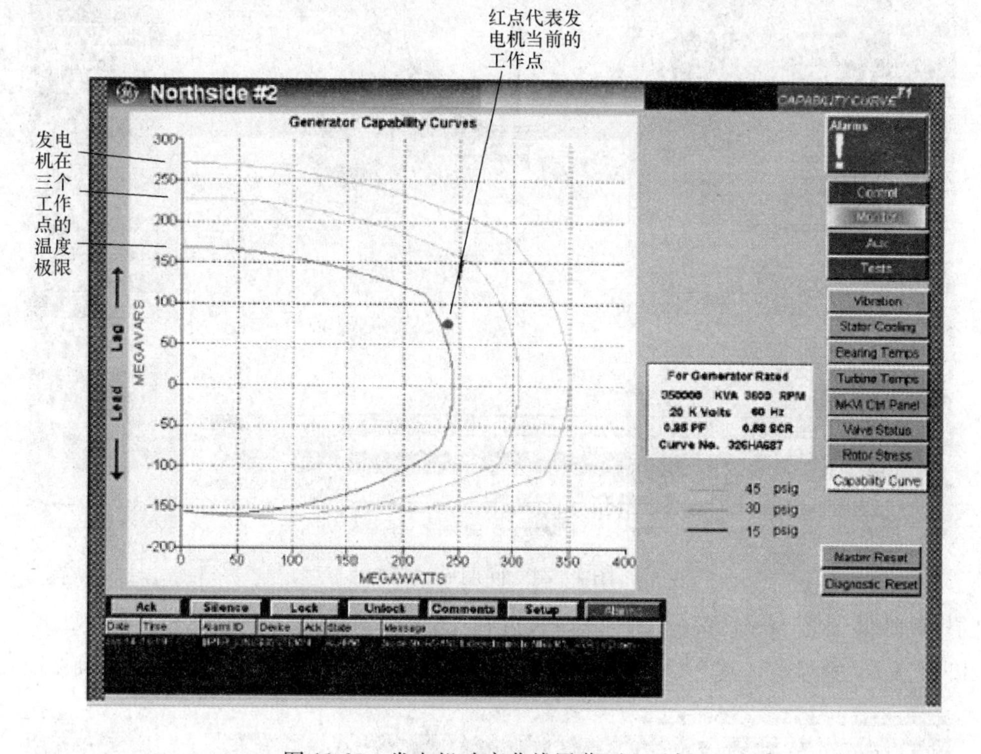

图 11-23　发电机功率曲线屏幕页面示例

第五节　DLN 2.0+ 燃烧系统和其他页面

主要操作页面是指运行人员常常用以发出各种指令的显示页面。本章已经详尽地介绍了主显示页面（即 Start Up—启动页面），它是操作员使用最为频繁的显示页面。下面再列举一部分其他一些需要操作的页面。

一、同期显示（Synch）页面

同期显示是运行人员进行手动或者自动并网操作必不可少的操作界面。上部为同期的允许状态指示和同期指示表，它们是同期合闸期间主要监视对象。下部为并网参数的计量数据和运行操作按钮。

同期的各个相关参数可以通过 CIMPLICITY 的软件设置，借助于软件所提供的一系列配置卡片可以调整自动或者手动同期并网显示的各个参数、准同期的参数、允许的频率数、电网和发电机的电压允许范围等。

同期显示页面见图 11-24。

二、DLN2.0+ 燃烧（Dry Low NO_x）系统页面

DLN 2.0+ 燃烧系统是 GE 公司较新研制的干法降氮氧化物燃烧室。正常情况下它可以使

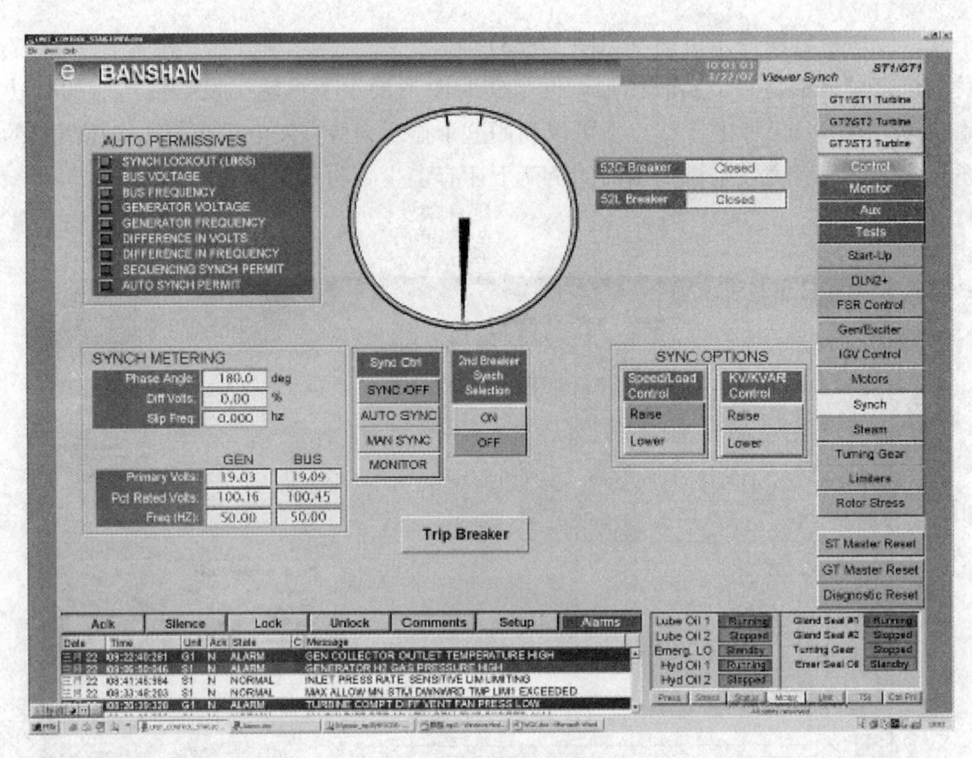

图 11-24　同期显示页面

NO_x的排放降低到 25ppm。根据 GE 公司最近在 DLN2.6 基础上改进推出了 DLN2.6+ 用在 9FA 和 9FA+e 机组上，其 NO_x 排放甚至可以低到 15ppm 以下。显示页面见图 11-25。

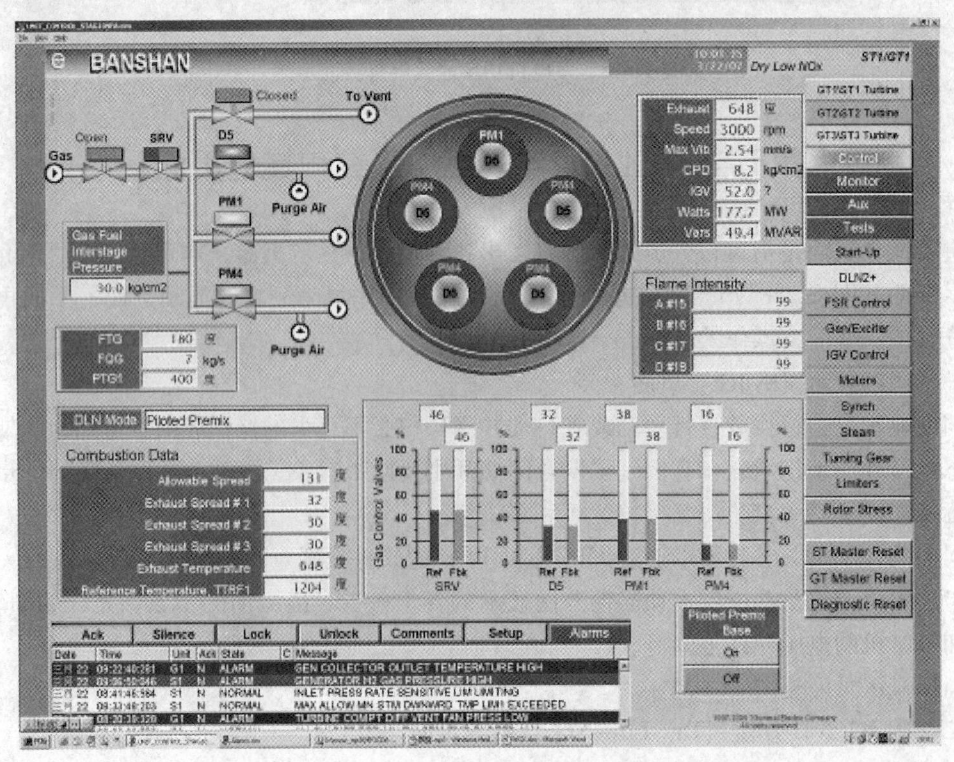

图 11-25　DLN2.0+ 燃烧系统（Dry Low NO_x）屏幕页面

显示页面描述了简要的系统图。在速比/截止阀（SRV）和三个气体燃料控制阀（GCV）之间安置了一个排空放气阀。保证了停机或跳机以后能够及时排放这些阀门之间管道中的天然气。它也是完成燃机的启动泄漏试验和停机泄漏试验所必须的装置。在GCV-1（D5）、GCV-3（PM4）的通道各安置了一个燃料吹扫空气的入口。

每个燃烧室都有5个喷嘴，每个喷嘴分别包含了D5和PM1、PM4燃料管路。在信息字段中利用枚举信号显示出DLN燃烧室当前处于四种燃烧模式中的哪一种。在直方图中列出了SRV和3个GCV的阀门开度的基准值和反馈值，它能够确切地反映出这四个重要阀门的伺服跟随的状况。这一点无论对于运行人员和维修人员来说都是很有益的。

有关几种燃烧模式的切换，及其切换条件等内容在前面主控系统中已经介绍过，在此不予阐述了。

三、燃机启动条件检查（GT Start Check）页面

它用于检查燃机准备启动的条件是否全部满足，燃机启动条件检查页面见图11-26。具体信号和内容请参见顺控一章的流程图。

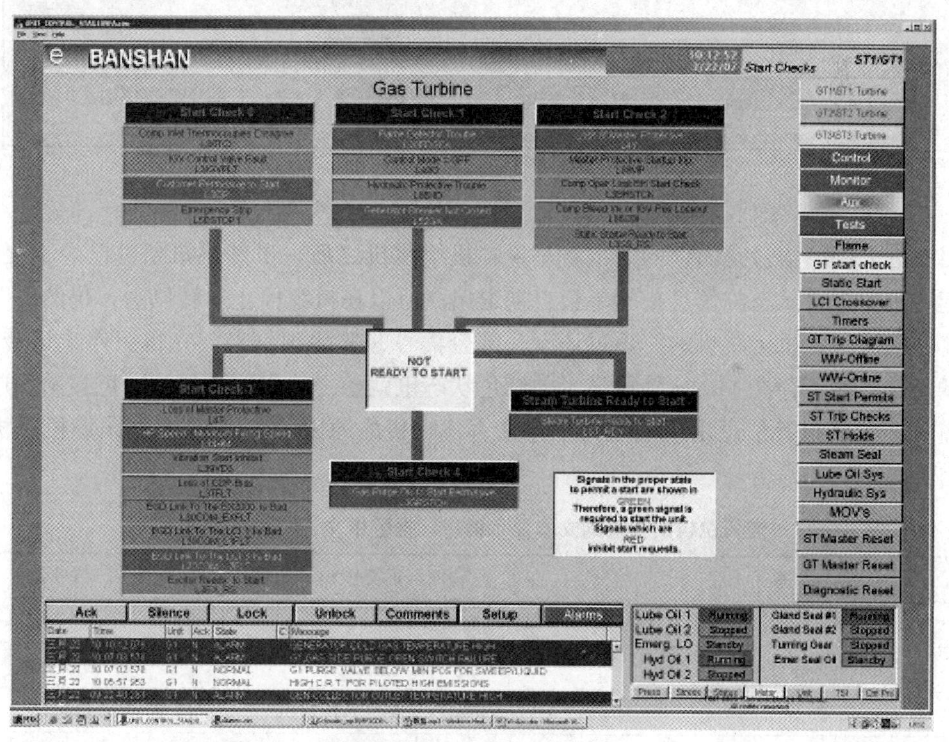

图11-26 燃机启动条件检查（GT Start Check）页面

它包含了Start Check 0～4和Steam Turbine Ready to Start共六个部分。

其中LST_RDY为汽轮机MARK-Ⅴ准备就绪。在Start Check 0中的Custom Permission to Start的L3CP信号往往提供给DCS作为锅炉准备就绪的条件。其他的信号则都是来自燃机本身的启动条件检查项目。

在启动顺序控制中已经列出了较为详细检查内容，见第九章第二节。

四、燃机跳机（GT Trip）检查页面

燃机跳机检查页面，见图11-27，显示各个跳机原因，引起跳机的项目显示为红色。这

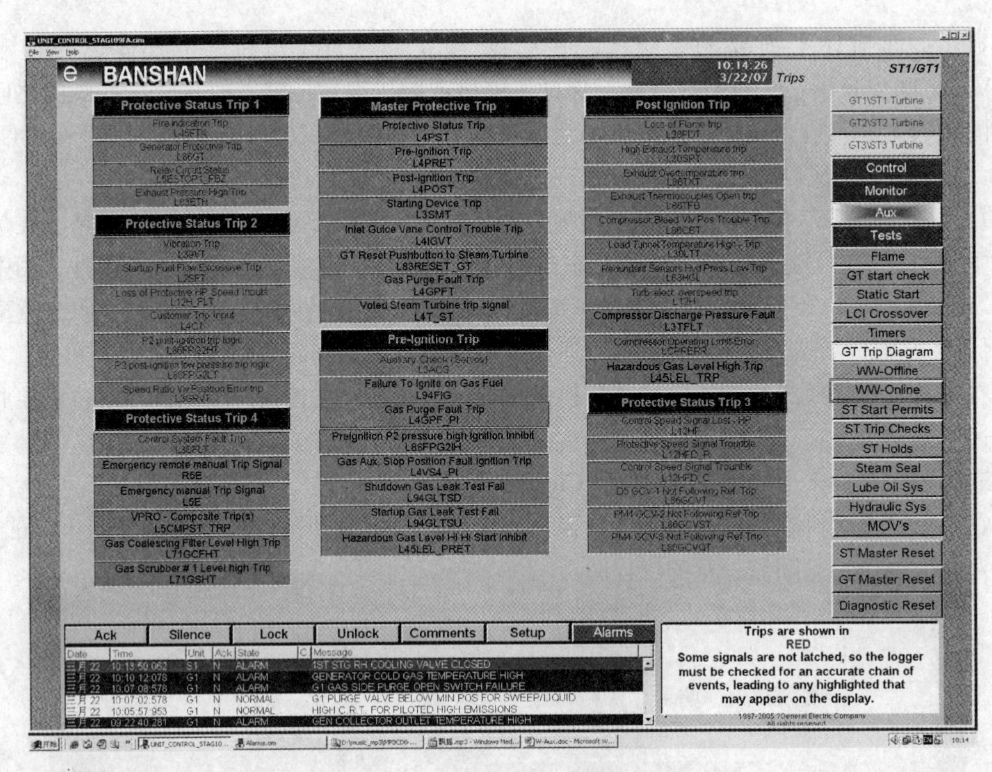

图 11-27　燃机跳闸（GT Trip）页面

些条目中的大部分信号是闭锁的。也就是说：机组跳机之后，虽然跳机条件已经不复存在，而引起跳机的报警状态的信息指示不会自动退出。所以在机组停止运转以后，仍然可以看到是由哪些信号导致机组跳机的。不过还有一部分信号并非闭锁信号。在机组停止运转之后，跳机的条件当然不存在了，该信号显示的红色状态也就随之消失而恢复为绿色显示。这种情况下就只能依靠报警信息出现的时间顺序来查找跳机的原因了。表 11-5 列出燃机跳机的检查项目。

表 11-5　　燃机跳机的检查的文本显示信息、报警中文说明和信号名

信息文本	说明（报警号）	信号名
	保护跳机状态 1	
Fire indication Trip	火焰检测跳机	L45FTX
Generator Protective Trip	发电机保护跳机（1692）	L86GT
Relay Circuit Status	紧急停机保护电路闭锁（303）	L5ESTOP1
Exhaust Pressure High Trip	排气压力高跳机	L63ETH
	保护跳机状态 2	
Vibration Trip	振动高跳机（190）	L39VT
Startup Fuel Flow Excessive	启动燃料流量超限	L2SFT
Loss of Protective HP Speed Input	保护模块用转速信号故障（17）	L12H _ FLT
Customer Trip Input	用户跳机输入信号	L4CT
P_2 Post-ignition Trip logic	点火后，P_2 压力高跳机（423）	L86FPG2HT

续表

信息文本	说明（报警号）	信号名
P_2 Post-ignition Low Pressure Trip logic	点火后 P_2 压力低跳机（425）	L86FPG2LT
Speed Ratio Vlv Position Error Trip	速比截止阀不跟随跳机（215）	L3GRVT
保护跳机状态 4		
Control System Fault Trip	控制系统故障跳机（219）	L3SFLT
Emergency remote manual Trip Signal	远程紧急停机保护电路闭锁（1100）	R5E
Emergency manual Trip Signal	手动紧急停机保护电路闭锁（1087）	L5E
VPRO-Composite Trip（s）	从 VPRO 保护模块的跳机信号（1086）	L5CMPST TRP
Gas Coalescing Filter Level High Trip	前置过滤器液位高跳机（1054，1055）	L71GCFHT
Gas Scrubber Level high Trip	终端过滤器液位高跳机（375）	L71GSHT
主保护跳机		
Protective Status Trip	保护状态跳机	L4PST
Pre-Ignition Trip	点火前的跳机	L4PRET
Post- Ignition Trip	点火后的跳机	L4POST
Starting Device Trip	启动装置引起的跳机（220）	L3SMT
Inlet Guide Vane Control Trouble Trip	IGV 控制故障	L4IGVT
GT Reset Pushbutton to Steam Turbine	燃机到汽轮机的复位按钮（920）	L83RESET _ GT
Gas Purge Fault Trip	气体燃料吹扫阀阀位/压力故障（979）	L4GPFT
Voted Steam Turbine Trip Signal	汽轮机表决后的跳机信号	L4T _ ST
点火前的跳机		
Auxiliary Check（Servos）	辅机检查	L3ACS
Failure To Ignite on Gas Fuel	点火失败跳闸	L94FIG
Gas Purge Fault Trip	PM4 管路吹扫故障跳闸	L4GFP _ PI
Preignition P_2 Press high Ignition Inhibit	点火前，P_2 压力高，禁止点火（424）	L86FPG2IH
Gas Aux. Stop Position Fault Ignition Trip	燃料气辅助截止阀位置故障—点火跳机	L4VS4 _ PI
Shutdown Gas Leak Test Fail	停机气体燃料泄漏试验失败	L94GLTSD
Startup Gas Leak Test Fail	启动气体燃料泄漏试验失败	L94GLTSU
Hazarders Gas level HI HI Start Inhibit	危险气体高高禁止启动	L45LEL _ PRET
点火后的跳机		
Loss of Flame trip	熄火跳机（60）	L28FDT
High Exhaust Temperature Trip	排气温度分散度大遮断（137）	L30SPT
Exhaust Overtemperature Trip	排气超温遮断	L86TXT
Exhaust Thermocouples Open Trip	排气热电偶开路	L86TFB
Compressor Bleed Vlv Pos Trouble Trip	压气机放气阀位置故障跳闸（413）	L86CBT
Load Tunnel Temperature High Trip	轴承隧道温度高（121）	L30LTT
Redundant Sensors Hyd Press Low Trip	气体燃料液压开关压力低跳机（342）	L63HGL

续表

信息文本	说明（报警号）	信号名
Turb. Elect. Overspeed Trip	电超速遮断（16）	L12H
Compressor Discharge Pressure Fault	压气机排气压力故障	L3TFLT
Compressor Operating Limit Error	抽气加热故障—压气机压比超限（499）	LCPRERR
Hazardous Gas Level High Trip	危险气体浓度高 （827，829，831，837，840，842）	L45LEL_TRP
	保护跳机状态 3	
Control Speed Signal Loss-HP	控制用高压轴转速信号丢失（20）	L12HF
Protective Speed Signal Trouble	保护转速信号故障（22）	L12HFD_P
Control Speed Signal Trouble	控制转速信号故障（21）	L12HFD_C
D5 GCV-1 NOT Following Ref. Trip	D5 控制阀 GCV-1 不跟随跳机（1002）	L86GCVT
PM1 GCV-2 NOT Following Ref. Trip	PM1 控制阀 GCV-2 不跟随跳机（1004）	L86GCVST
PM4 GCV-3 NOT Following Ref. Trip	PM4 控制阀 GCV-3 不跟随跳机（1000）	L86GCVQT

五、汽轮机跳机（ST Trip）显示页面

显示出跳机的各种原因及其信号名，引起跳机的项目显示为红色，见图 11-28。应该注意，因为其中有一些项目不是闭锁的，所以跳机条件消失之后显示的颜色就会从红色自动恢复为绿色。它们和燃机跳机显示的表示方式相同。表 11-6 中列出汽轮机跳机的检查项目。

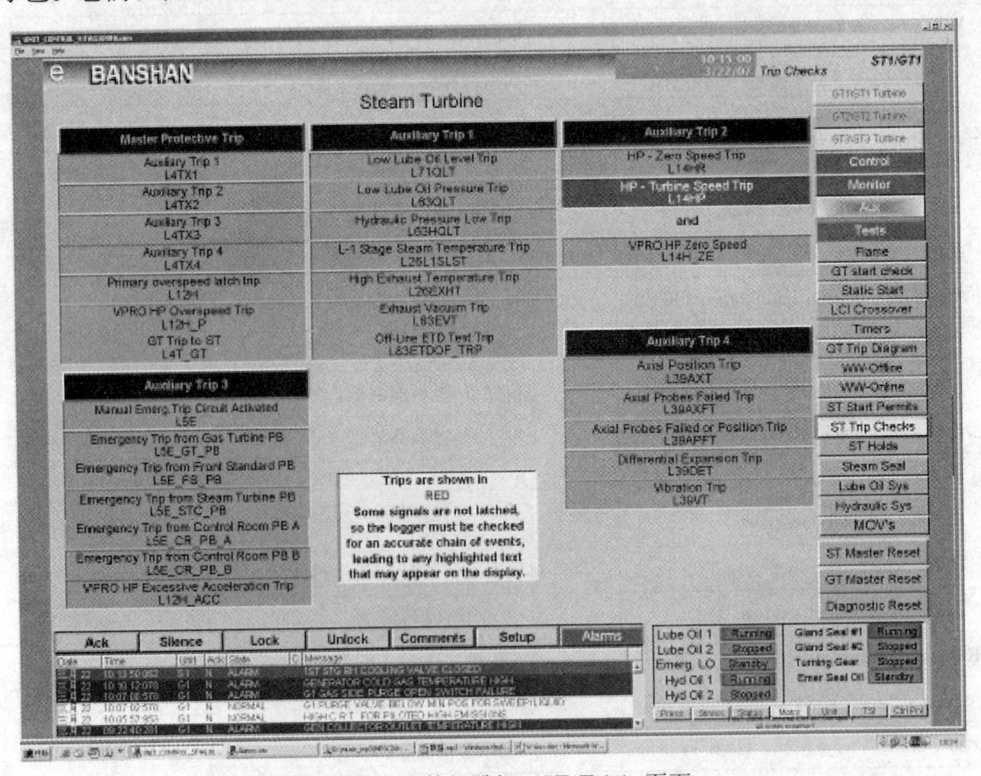

图 11-28　汽轮机跳机（ST Trip）页面

表 11-6　　燃机跳机的检查的文本显示信息、报警中文说明和信号名

信息文本	说明（报警号）	信号名
主保护跳机		
Primary Overspeed Trip	主超速跳机（642）	L12H
VPRO HP Overspeed Trip	应急超速跳机（2）	L12H _ P
GT Trip to ST	燃机到汽轮机的跳机信号（875）	L4T _ GT
辅机跳机 1		
Low Lube Oil Level Trip	润滑油液位低跳机（221）	L71QLT
Low Lube Oil Pressure Trip	润滑油母管压力低跳机（212）	L63QLT
Hydraulic Pressure Low Trip	液压油母管压力低跳机	L63HQLT
L-1 Stage Steam Temperature Trip	汽轮机末级蒸汽温度跳机（43）	L26L1SLST
High Exhaust Temperature Trip	排汽温度高跳机（5）	L26EXHT
Exhaust Vacuum Trip	排汽真空度跳机（202）	L63EVT
Off-Line ETD Test Trip	离线应急跳机试验跳机	L83ETDOF _ TRP
辅机跳机 2		
HP-Zero Speed Trip	机组处于零转速（643，946）	L14HR
HP-Turbine Speed Trip	机组处于自持转速	L14HP
VPRO HP Zero Speed	VPRO 零转速	L14H _ ZE
辅机跳机 3		
Manual Emerg. Trip Circuit Activated	手动应急跳机回路被激活	L5E
Emergency Trip from Gas Turbine PB	来自燃机的应急跳机按钮（883）	L5E _ GT _ PB
Emergency Trip from Front Standard PB	来自汽机前座上的应急跳机按钮（950）	L5E _ FS _ PB
Emergency Trip from Steam Turbine PB	来自汽轮机的应急跳机按钮（951）	L5E _ STC _ PB
Emergency Trip from Control Room PB A	来自控制间的应急跳机按钮 A（948）	L5E _ CR _ PB _ A
Emergency Trip from Control Room PB B	来自控制间的应急跳机按钮 B（949）	L5E _ CR _ PB _ B
VPRO HP Excessive Acceleration Trip	VPRO 过量加速跳机（2）	L12H _ ACC
辅机跳机 4		
Axial Position Trip	轴向位置跳机	L39AXT
Axial Probes Failed Trip	轴向位移探头故障（834，837）	L39AXFT
Axial Probes Failed or Position Trip	轴向位移探头或位置跳机	L39APFT
Differential Expansion Trip	差胀跳机	L39DET
Vibration Trip	振动高跳机（826-833，852-859）	L39VT

六、盘车（Turning Gear）页面

盘车页面主要是用于冷机盘车的操作、控制和监视，以及盘车所涉及的一些相关辅机，特别是盘车齿轮间小室通风风机的操作和状态。就地盘车控制盘见图 11-29。HM1 的盘车页面见图 11-30。

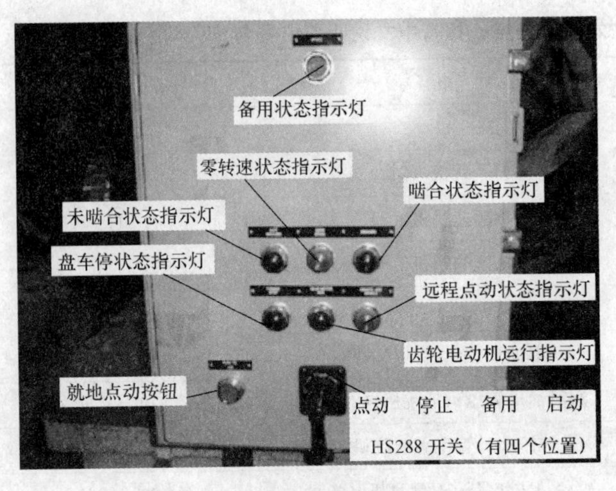

图 11-29 就地盘车控制盘

在就地盘车控制盘上有一只可以选择四个位置的 HS288 开关。开关上有 JOG（点动），STOP（停止），STANDBY（备用），START（启动）。开关的正常位置是 STANDBY。在 JOG 位置时弹簧将自动使开关返回到 STOP 位置。只有在维修时才把这个开关点动到 JOG 位置，操作员可以微量转动转子。

1. 启动盘车

（1）自动启动程序（由 MARK-Ⅵ 的 HMI 控制）。

将就地盘车控制盘上的控制开关置于备用（STANDBY）位置。

在 MARK-Ⅵ 盘车（Turning Gear）页面的显示信息字段上显示出备用（STANDBY）状态。操作员可以选择自动方式（Auto Mode），再点击启动（Start）按钮，经确认以后，如果规定的盘车条件满足，齿轮就会自动啮合，10s 后主盘车电动机启动。

（2）手动启动程序（由 MARK-Ⅵ 的 HMI 控制）。

这种模式，操作员首先必须检查盘车投运的必备条件是否都已经具备。如条件已满足，按下 MANUAL MODE，然后按压 MANUAL ENGAGE。首先要通过远程电/气啮合机构使盘车机构在主电动机运行以前，确保小齿轮与机组上的主齿轮处于完全啮合状态。10s

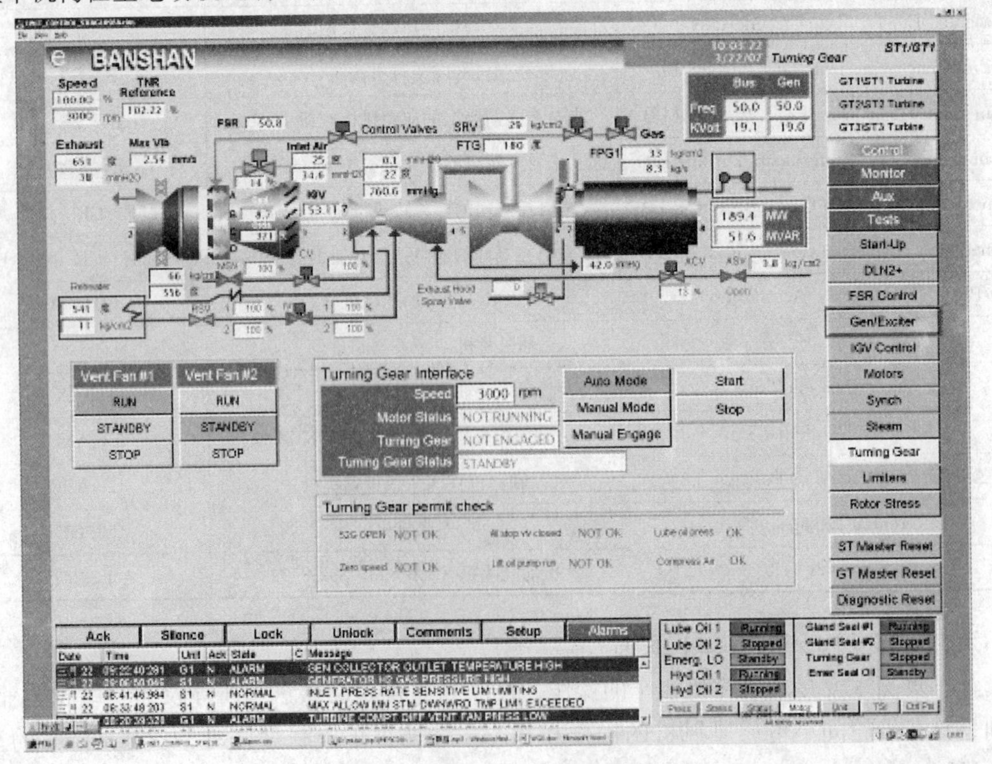

图 11-30 盘车（Turning Gear）页面

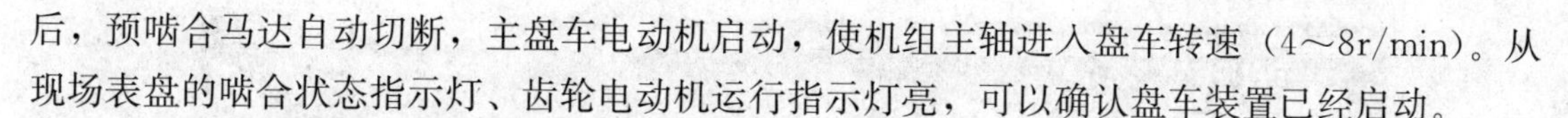

后，预啮合马达自动切断，主盘车电动机启动，使机组主轴进入盘车转速（4～8r/min）。从现场表盘的啮合状态指示灯、齿轮电动机运行指示灯亮，可以确认盘车装置已经启动。

（3）手动启动程序（在就地控制盘上操作）。

确认润滑油和顶轴油系统都在正常运行。

在 MARK-Ⅵ 盘车页面上选择手动控制方式（Manual Mode）。

通过观察就地控制盘上 L-ZSP 指示灯，确认盘车装置零转速状态指示灯亮。

将就地控制盘上的 HS-288 开关置于 Start（启动）位置，确认啮合电机启动，放开选择开关，HS-288 启动开关自动回到 STANDBY（备用）位置。

观察啮合状态指示灯齿轮电动机运行指示灯 L-291 发光，说明盘车装置已经啮合。10s 后，主盘车电动机启动。

观察齿轮马达运行指示灯 L-289 发光，确认盘车装置已启动。

（4）点动控制盘车装置。

盘车装置具有点动控制功能，可以使轴系旋转一个较小的角度。在盘车装置就地控制盘上可进行点动操作，这就减少了点动操作时现场人员配合的需要。点动控制可以在就地盘上操作，也可以在遥控器上操作。

操作方法如下：将选择器开关 HS-288 旋转到 JOG（点动）位置，按下就地点动按钮 PB-289，进行点动操作。

在选择点动控制后，如果用控制盘上的遥控器控制，按下 PB-289B。当就地控制盘上的远程点动状态指示灯 L-292 和控制盘上的 L-289 指示灯亮后，说明遥控点动被触发，允许运行人员按控制盘上 PB-289A 的按钮点动控制盘车装置。警告：选择 PB-289B（遥控点动）不影响 PB-289（就地控制盘点动）的操作。

2. 停用盘车

选取 Turning Gear（盘车）页面显示。点击按钮置于 Auto Mode（自动方式），再选择停盘车装置的 Stop（停止）按钮，并选择确认。

应注意在停盘车装置之前，汽轮机高压缸壁的温度必须低于 150℃；燃机的轮间温度必须低于 65℃。如果温度高于上述规定值而盘车又无法投入，必须采用手动盘动轴系的方法，直到温度低于规定值才能停止。

3. 正常运行

正常运行期间，除了监视相关的参数以便发现可能导致越限报警的任何异常情况外，盘车装置不需要其他操作。轴系发生异常情况时，DCS 和 MARK-Ⅵ 会发出相关报警信号。机组在盘车期间，运行人员应进行巡回检查，倾听轴系内部组件有无异常响声。

七、润滑油系统（Lube Oil System）页面

该页面包括了对冗余的交流主润滑油泵、冗余的油雾分离风机、冗余的顶轴油泵以及直流应急润滑油泵和直流密封油泵的控制和状态显示，见图 11-31。

（1）冗余泵的主用、备用的选择和切换；

（2）显示各台泵的工作状况；

（3）主润滑油泵和直流应急润滑油泵的试验；

（4）盘车要求的滑油压力下限的设定以及运行时滑油温度下限的设定和控制；

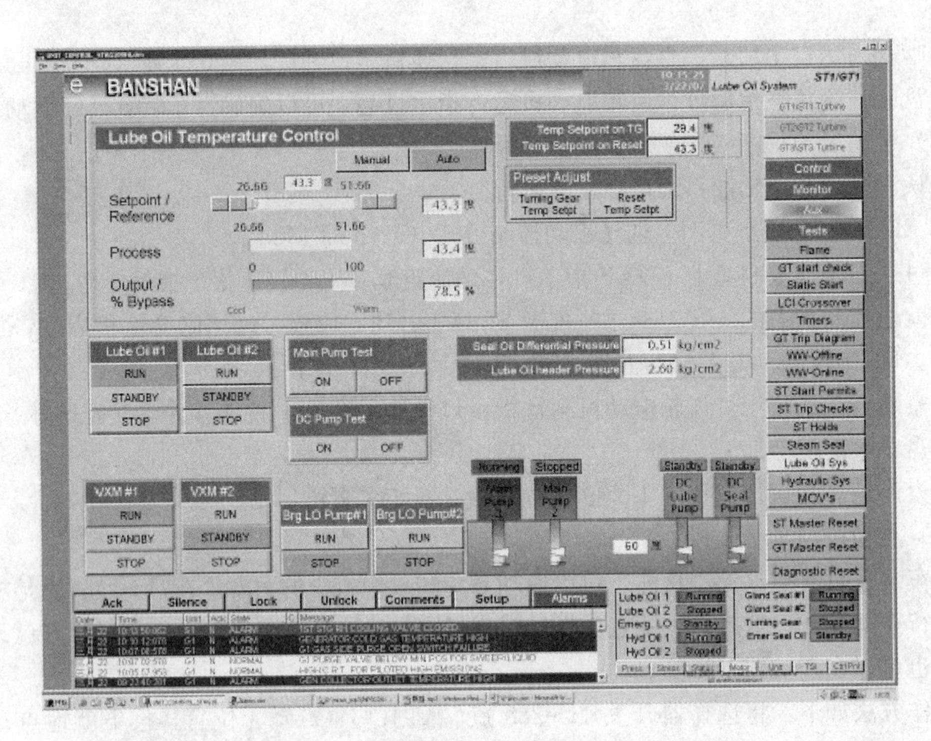

图 11-31　润滑油系统（Lube Oil System）页面

（5）润滑密封油泵，顶轴油泵，排烟风机的操作；

（6）直流润滑油泵、直流密封油泵和备用的主润滑油泵的在线试验。

八、液压油（Hydraulic System）页面

图 11-32 是液压油系统页面，控制、操作和检查以下项目：①显示液压油泵的工作状

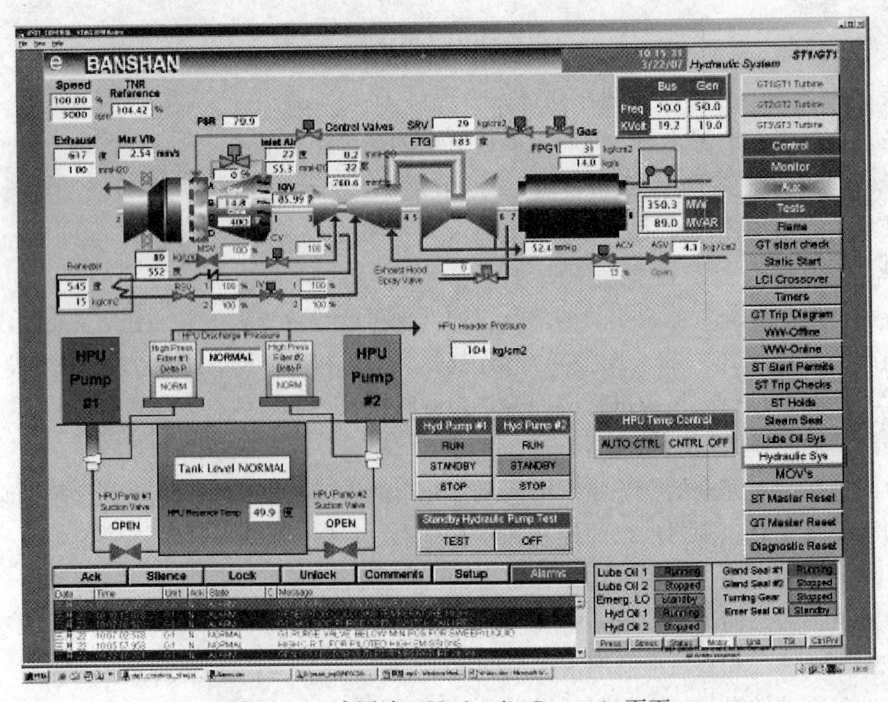

图 11-32　液压油（Hydraulic System）页面

况；②液压油压力，液压油油箱液位、液压油温度；③液压油油泵的操作及备用泵的在线试验。

第六节　超速和其他试验

一、超速试验（Overspeed Tests）页面

超速试验页面的作用就是完成离线超速试验的操作，见图 11-33。

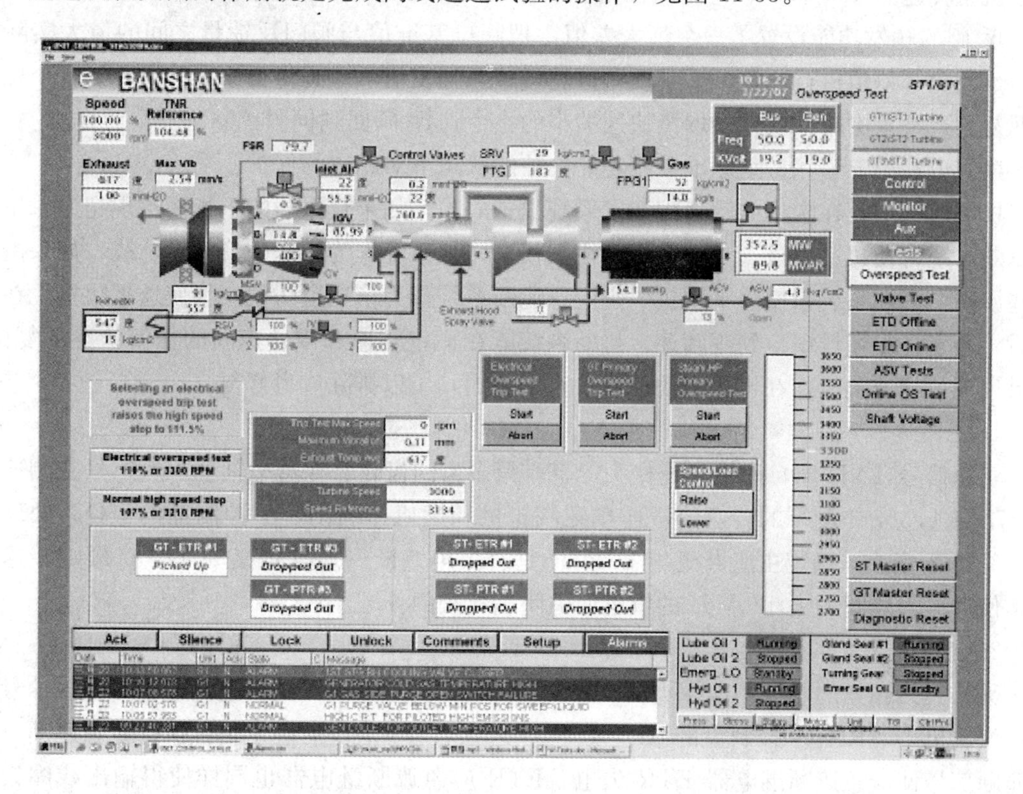

图 11-33　超速试验（Overspeed Tests）页面

本机组的超速保护共设有三道保护。

第一道保护功能是能够控制在正常转速条件下运行。如果在正常运行过程中，突然甩负荷或出现其他强烈的干扰，有可能迅速出现超速工况。一般来说，主控系统的转速控制的子系统（作为汽轮机的第一道防线）将有能力抵消这种扰动，并将转速/负荷基准维持在原有的数值上或者调整到一个新的基准值。例如甩负荷时，汽轮机突然失去负荷，产生瞬时的升速，但能控制在小于超速试验设定值。但是转速仍然应该在正常转速/负荷控制范围内，即105% 只偏离 5%。在干扰过去以后，转速值应该自动调整回到 100% TNH，使透平维持在全速空载（FSNL）运行。

本机组的汽轮机低压控制阀 ACV 具有如下功能，当机组转速超过 100% 达到 101%转速时，ACV 开始关闭。在 103.5% 转速时，该阀处于全关位置。

单轴机组的中压再热控制阀 Ⅳ 阀的控制程序是针对超速状况而设计的。Ⅳ阀在主蒸汽控制阀 CV 阀（或者称 MCV 阀）达到全开位置之前先达到全开的位置。Ⅳ阀有 5%转速调

节范围：

机组转速为101%时，Ⅳ阀的控制基准为IVR=100%，Ⅳ阀处于100%开度；

机组转速为102%时，Ⅳ阀的控制基准为IVR=80%，Ⅳ阀继续向关小的方向移动；

机组转速为103%时，Ⅳ阀的控制基准为IVR=60%，Ⅳ阀继续向关小方向移动；

机组转速为104%时，Ⅳ阀的控制基准为IVR=40%，Ⅳ阀继续向关小方向移动；

机组转速为105%时，Ⅳ阀的控制基准为IVR=20%，Ⅳ阀继续向关小方向移动；

机组转速为106%时，Ⅳ阀的控制基准为IVR=0%，Ⅳ阀处于全关位置。

Ⅳ阀的触发功能设置了一个最大差值，把阀位基准值与阀门反馈量之间的最大实际差值与最大允许差值进行比较，一旦该差值超过这一触发值，该阀将很快被关小。当这个位置差回复到正常范围时，就自动取消快速关小的指令，Ⅳ阀回到伺服控制。

第二道和第三道保护是基准控制功能失控的状态下对超速的保护。

机组运行中，在常规的转速控制子系统出现故障，如果较强烈的干扰而出现超速。主超速遮断系统将使透平跳机，防止透平的机械损伤。该系统作为超速的第二道防线，如果由于某些原因主遮断系统未使透平跳机，则应急遮断系统作为第三道防线，将使透平跳机。在跳机后，透平将以惯性惰走到零转速。遮断系统能在额定转速和零转速间的任何状态下复位。如果出现了超速跳机，在再次启动前必须查明原因，予以排除或者修复。

1. 主超速跳闸

转速信号TNH取自磁性测速探头，有一只多齿的齿轮装在透平轴上。从三只主测速探头77NH-1，2，3测得的转速信号连接到汽轮机和燃机MARK-Ⅵ控制盘的＜Q＞处理器上。经2/3表决，确定主遮断继电器PTR是否失电遮断（通常定义为110%额定转速）。也是使得输出线圈失去125Vdc的供电而关闭燃料阀门。

2. 应急超速跳闸

另外三只独立的磁性测速探头77HT-1，2，3作为应急遮断的转速测量信号。该信号连接到汽轮机MARK-Ⅵ控制盘的＜P＞处理器上，经2/3表决后确定是否执行应急遮断。应急遮断信号使应急遮断继电器ETR失电。ETR应急遮断继电器也同样使得输出线圈失去125Vdc电源。

在汽轮机或燃机的控制盘内都有两套完全独立的，并且是类似的超速装置，即主超速保护和应急超速保护。在实际应用中，主超速用的磁性测速探头的接线同时向燃机和汽轮机两个MARK-Ⅵ控制盘中的＜Q＞处理器。而应急超速用的磁性测速探头只连接到汽机的MARK-Ⅵ控制盘中的＜P＞处理器接线。因此在燃机控制盘内不再设置应急超速遮断功能。组合的燃机和汽轮机保护允许实现的超速跳机方法，介绍如下。

3. 超速保护遮断试验程序

（1）超速（离线）试验。

在机组初次启动时应该做主超速遮断和应急超速遮断的离线试验，检查它的运行是否正常。在此后每6～12个月应该做一次这种试验。在每次大修、更换、重新布线等工作，其中包括了超速跳机系统组件的检修后，在第一次开机时都应该进行这项试验。

在试验时，在转速基准调整范围上限值上增加一个偏置量，使得转速基准能够把实际转速增加到主（副）超速的设定值。

按下列步骤完成该试验：

1）机组必须在全速空载工况；HRSG、BOP 和机组必须已稳定运行（机组曾经在 100MW 以上负荷运行过至少 4h）。

2）确认主超速遮断控制常数设定值正确。

3）确认所有的防喘放气阀已开启。

4）进气加热控制阀电磁阀 L20TH1X 强制为 0，确认 IBH 全开（CSBHX>95%）。

5）将 IGV 从 49°逐渐强制到全开 86°（步长 1°）。

6）稳定运行 45min。

7）在第二级菜单中选择 Overspeed Test（超速试验）页面。

8）选择 GT Primary Overspeed Trip Test（燃机主超速遮断试验）栏下的 Start（开始）按钮，就可以观察到：

①TNR 增加趋近于 KTNHOS（110%）值；

②TNH 跟随 TNR 的增加而增加；

③当 TNH 等于 KTNHOS 时，机组跳机。

9）随着跳机的发生，可以看到 Primary Overspeed Trip（主超速遮断）报警的出现。

如果离线试验在规定的时间段内没有完成，试验将自动中止；并且随之会出现 Off-Line Prim OS Test Fault（离线主超速试验失败）报警。

如果试验时有必要紧急停止试验，可选择 GT Primary Overspeed Trip Test（燃机主超速遮断试验）栏目下的 Abort（中止）按钮，则试验就会被紧急中断。

10）为了继续进行试验，在机组转速降到低于 1.2% 转速以后，可以重新启动机组。转速升到 100%，回到透平的额定转速，稳定运行至少 30min。

11）确认应急超速遮断的控制常数是否正确。

12）在第二级菜单中选择 Overspeed Test（超速试验）页面。

13）选择 Electrical Overspeed Trip Test（应急超速遮断试验）栏目下的 Start 按钮，就能观察到：

①TNR 增加趋近于 TNH-EOS-PCT（3315rpm）值；

②TNH 跟随 TNR 的增加而上升；

③当 TNH 等于 TNH-EOS-PCT 时，机组跳机。

14）随着跳机的出现，可以看到 Emergency Overspeed Trip（应急超速遮断）报警。

如果在规定的时间段内没有能完成离线试验，试验将自动中止。

如果试验过程中需要紧急停止试验，可选择 Electrical Overspeed Trip Test（应急超速遮断试验）栏目下的 Abort（中止）按钮，则试验就会被紧急中断。

15）在机组转速降到低于零转速以后，重新启动机组。转速升到 100%，回到透平的额定转速。

16）记录试验时的实际跳机转速。

17）试验结束，恢复所有强制的信号和设定值。

（2）在线超速试验。

主（副）超速跳闸子系统的在线试验必须每月进行一次，为了检查主（副）超速跳闸继电器能否正确运行。

试验时，输出电源使电子跳闸电磁阀处于锁定状态，使主（副）超速跳闸设定值下降，直到跳闸继电器失电，当试验结束时自动复位。

按下列步骤完成该试验：

1）机组必须在最小负荷工况（有极少量的负荷，维持逆功率继电器不至于动作）。

2）在操作员界面，从主菜单上选择在线试验页面（On-line Overspeed Test）。

3）检查继电器状态。PTR1 和 PTR2 应该处于失电状态；因此 L4PTR1 _ FB 和 L4PTR2 _ FB 应处在逻辑 0。KP1 和 KP2 应该处于得电状态；因此 L4KP1 _ FB 和 L4KP2 _ FB 应该是逻辑 1。

4）从在线试验页面上分别选择主超速试验（Primary Overspeed Test）Controller <R>、Controller <S>和 Controller <T> 栏下的 ON 按钮，就能观察到：

POST Status 由 OFF 变成 COMPLETE，同时出现 Emergency Overspeed Test Disabled Diagnostic Alarm on VPRO-A Diagnostic Reset is Required 和 Primary Overspeed Test Disabled Diagnostic Alarm on VTUR-A Diagnostic Reset is Required。

如果试验没能正常完成，会出现下列报警：On-line Primary OS Test Fault。

5）检查继电器状态。ETR1 和 ETR2 应该失电；因此 L4ETR1 _ FB 和 L4ETR2 _ FB 应该是逻辑 0。

6）按 Diagnostic Reset（诊断复位）按钮进行复位。

7）从在线试验页面上分别选择应急超速在线试验（Emergency Overspeed Test）Controller<R>，Controller <S>，Controller <T> 栏下的按钮 ON，就能观察到：

Emergency Overspeed Test Disabled Diagnostic Alarm on VPRO-A Diagnostic Reset is Required。在硬件上的试验完成，并且机组实际上没有真正被遮断而跳机。

如果试验没能正常完成，会出现下列报警：On-line Emergency OS Test Fault。

8）按 Diagnostic Reset（诊断复位）按钮进行复位。

二、离线电子遮断 ETD Offline 试验页面

图 11-34 是离线电子遮断实验页面，这个页面主要用以完成离线电子遮断试验。

电子遮断装置 ETD 的离线试验，机组启动前必须完成 ETD 离线试验。该试验不仅能使两个 ETD 分别单独失电，以此检查它的运行状况，也是对整个遮断系统进行演习。如果 ETD 或其他的遮断系统部件动作迟缓或有故障，则在问题得到修正以前不能启动机组。

具体的试验程序如下：

(1) 检查无遮断信号，复位机组。

(2) 在 HMI 页面选定 ETD Off-line Test 页面。

(3) 电磁阀 FY5040 选定 Select On 按钮。

(4) 试验开始前，截止阀 ASV、RSV、IV 和 MSV 应该在打开位置。

(5) 选定 ETD-1 或 ETD-2 Off-Line Test 的 Test On 按钮；检查所选定 ETD 失电和应急遮断油母管跳闸。如果在一个合理的时间间隔内，应急遮断油母管未出现故障跳机，会产生一个报警：Emergency trip header fails to trip。

(6) 检查截止阀快速关闭。如果在一个合理的时间内截止阀无法因遮断故障而关闭，会

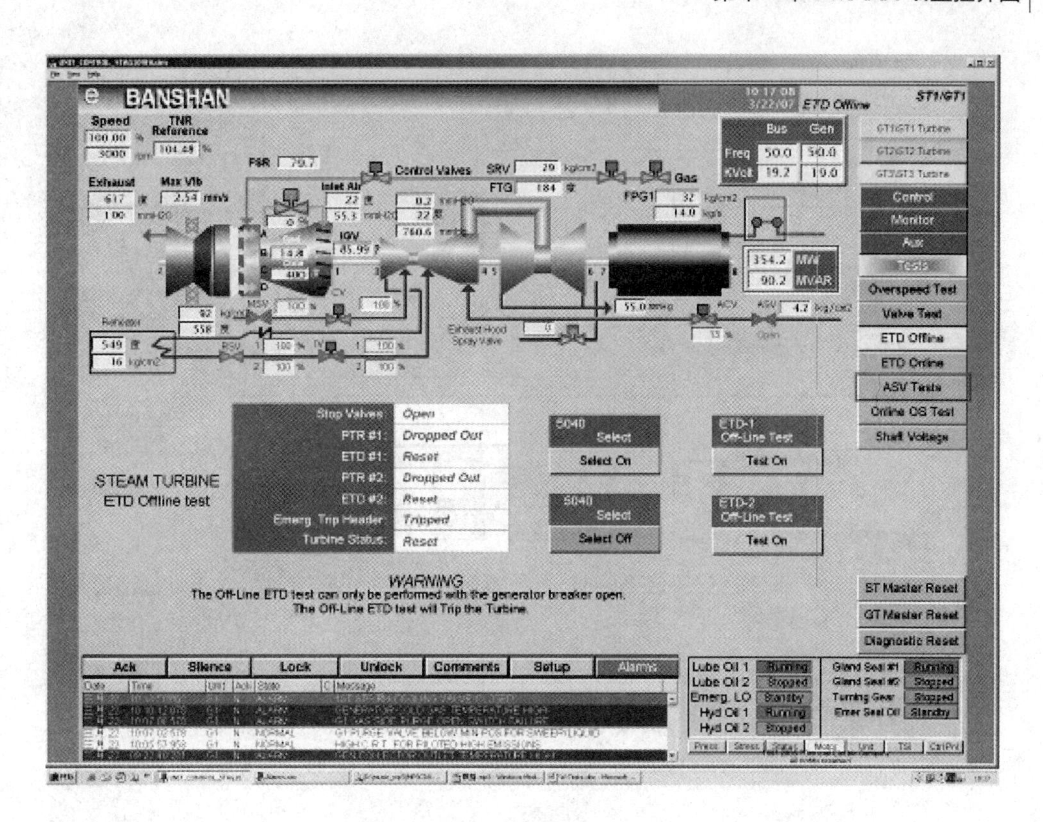

图 11-34 电子遮断装置 ETD 的离线试验（ETD Offline）页面

产生一个报警。

（7）检查机组跳机。

（8）对另一只 ETD 进行重复的试验。

注意：电子遮断装置 ETD 的离线试验只有在发电机断路器断开后才能进行，电子遮断装置 ETD 的离线试验将使机组跳机。如果发电机断路器已经闭合，或者汽轮机处于暖管和暖机过程，不允许进行该项试验。

三、电子遮断装置 ETD 的在线试验（ETD Online）页面

图 11-35 是在线遮断试验页面，仅仅用以完成离线电子遮断试验。电子遮断装置 ETD 的在线试验（ETD Online）页面的试验操作。

在线遮断试验：

有液压闭锁的 ETD 的在线试验。

在线 ETD 试验是指含有液压闭锁阀 LOV 的装置，对 ETD 进行在线试验。在保持机组不出现跳机的条件下，让每只 ETD 阀单独地失电，以此检查它是否具备正确动作的能力。因此在试验时，使得其中一只 LOV 电磁阀闭锁，保证遮断油回路处于隔离状态，而防止液压遮断油母管压力的丧失。因此在每次试验时，只能试验一只 ETD 阀。而没有试验的另一只没有进行试验的 ETD 阀仍然能正常使机组跳机。对另一个 ETD 阀，也应该照此进行试验。

在每组（共两组）遮断电磁阀（FY5000/FY5010）和闭锁阀（FY5001/FY5011）的导向滑阀 DCV5000/DCV5010 和 DCV5001/DCV5011 的两端都有一只位置开关作为位置状态

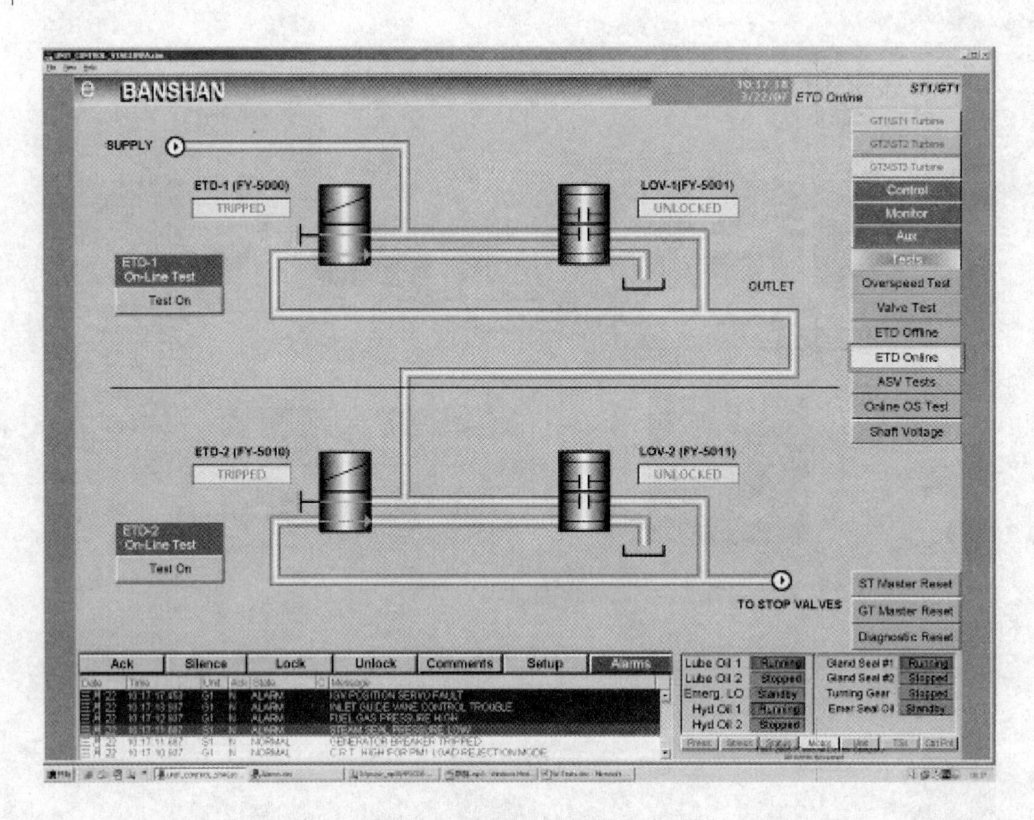

图 11-35　电子遮断装置 ETD 的在线试验（ETD Online）页面

的反馈，它们指示出滑阀的位置分别处于：跳闸/复位以及锁定/非锁定。这些位置开关也可以提供一个故障报警指示。在实施试验前，它们必须处于复位状态（无报警状态）。

在发电机断路器闭合或断开时都可以进行该项试验。

在试验时和试验后必须观察各截止阀，任何一个阀的运作不正常，都表示该阀存在故障。如果 ETD 的操作指令的反馈信号有滞后或根本不能动作等情况，应该停机进行修理或者更换。如果机组无法立即停机，则应该经常对这一只 ETD 做一次试验。用这样的方法试验 ETD 的重复性，或许可以改善其滞后情况。如果两只 ETD 都存在着这种明显滞后或者不能动作，则必须正常卸负荷停机，但也不必采用带负荷时跳机的方式。

具体试验操作步骤如下：

(1) 选取在线 ETD 试验页面（ETD Online），检查：

1) ETD1 和 ETD2 都处于带电状态（复位状态）；

2) LOV-1 和 LOV-2 都处于失电状态（非闭锁状态）；

3) 液压油压力正常。

(2) 在 ETD-1 On-Line Test 指令区选择 Test On 试验按钮，检查：

1) 信号 L20HQ1_LOCK，将使 LOV-1 电磁阀得电；

2) 在两秒钟内位置开关指示 LOV-1 处于锁定状态（FY5001 得电）；

3) L33LOV1LOCKD 置 1。

如果在试验命令发出后 2s 内闭锁阀还没有处于闭锁状态，将出现 L30HQ_LOF 的报警 Failed to lock-out in time（闭锁超时故障）。说明 LOV-1 的活塞状态有故障，应该进行调整和检查。

(3) 在 LOV-1 被锁定(得电)后,有 5s 的延时,才能继续进行试验。5s 的延时将确保 LOV-1 侧的活塞处于完全密封状态。

(4) 一旦出现信号 L4HQ1 _ TRIP,使 ETD1 失电,应该检查:

1) ETD1 失电(跳机)动作,即 FY-5000 失电应该在发出 L4HQ1 _ TRIP 信号置 1 后的 3/4 秒完成;

2) L33ETD1RESET 置 0;

3) L33ETD1TRIPD 置 1。

如果 L4HQ1 _ TRIP 信号置 1 后的 3/4s 内 ETD(即 FY5000)没有指示跳机的话,L30HQ _ F 将发出:ETD Failed to Trip In Time(ETD 跳机超时故障)报警。如出现此报警,应该对 ETD-1 进行调整或修复、更换。

(5) 在发出 ETD 跳机(失电)信号。这说明该 ETD 的动作是正常的。

(6) ETD-1 失电的信号维持 3s 的延时后,L4HQ _ 1TRIP 置 0 复位,ETD-1 将重新得电,复位回到试验前的状态。这时应该检查:

1) 当 L4HQ1 _ TRIP 复位后 1s 内,位置开关指示 ETD-1 恢复得电(复位),即 FY5000 得电;

2) L33ETD1RESET 置 1;

3) L33ETD1TRIPD 置 0。

如果 ETD 在 ETD 跳机后 4s 内(3s 延时加上最多 1s 的零漂)仍然没有指示复位,则 L30HQ _ RF 将发出:ETD Failed to Reset in time(ETD 复位超时故障)报警。应该处理 ETD 的故障。

(7) 在 ETD-1 复位(得电)后,经 5s 延时(即,试验完成后 5s)锁定阀 LOV-1 将失电或解锁。应检查下列项目:

1) 经 5s 延时后的 2s 内 LOV-1 失电(解锁),位置开关也应该指示处于解锁状态;

2) L33LOV1LOCKD 置 0;

3) L33LOV1UNLOK 置 1。

如果在 ETD-1 复位后总共 7s 内 LOV-1 仍然不能解锁,则出现 L30HQ _ LO 逻辑置 1,出现报警:ETD is still Locked-OUT(ETD 将被闭锁)。

从选择试验按钮 Test On 那一刻开始,直到 ETD 复位,所需要的时间应该在 20s 以内。如果在 20s 内试验还没有全部完成,将出现 L30HQ _ LQZ 信号置 1,发出 ETD Test Failed-Time-Out(ETD 试验超时故障)报警。此时试验将以 ETD 再次得电而终结,并且 LOV 阀自动解锁。

(8) 对 ETD-2 试验时,将重复步骤(2)~(7)的程序。

第七节 实时趋势曲线

在 CIMPLICITY 软件中,某些页面已经配置好了一些专用的实时趋势页面,如启动页面(Start Up)在页面中就配置好了启动趋势(Start Trend)按钮。通过点击可以调用指定参数的实时曲线，如图 11-36 所示。此外有如振动、排气温度等等监视页面中也都有固定的调用实时趋势页面的按钮。

除了这些专用的以外，操作员点击鼠标右键，在弹出菜单中也可以选择 Trend 调出趋势曲线页面。它作为通用页面可以根据用户的需要键入任意信号点名，无论逻辑量或者模拟量，其绘图量程可以自动或者手动设置。这个功能对于用户监视参数随时间变化的连续过程是非常方便的。

在 MARK-Ⅵ 控制系统中，还可以在 Toolbox 下打开 ***.m6b 文件，然后选择所需的信号点名绘制出实时趋势曲线。它与上述在 CIMPLICITY 下的趋势图基本作用是相类似的，有异曲同工的效果，但是也保留了不同软件的各自特点。用户可以按需选择。

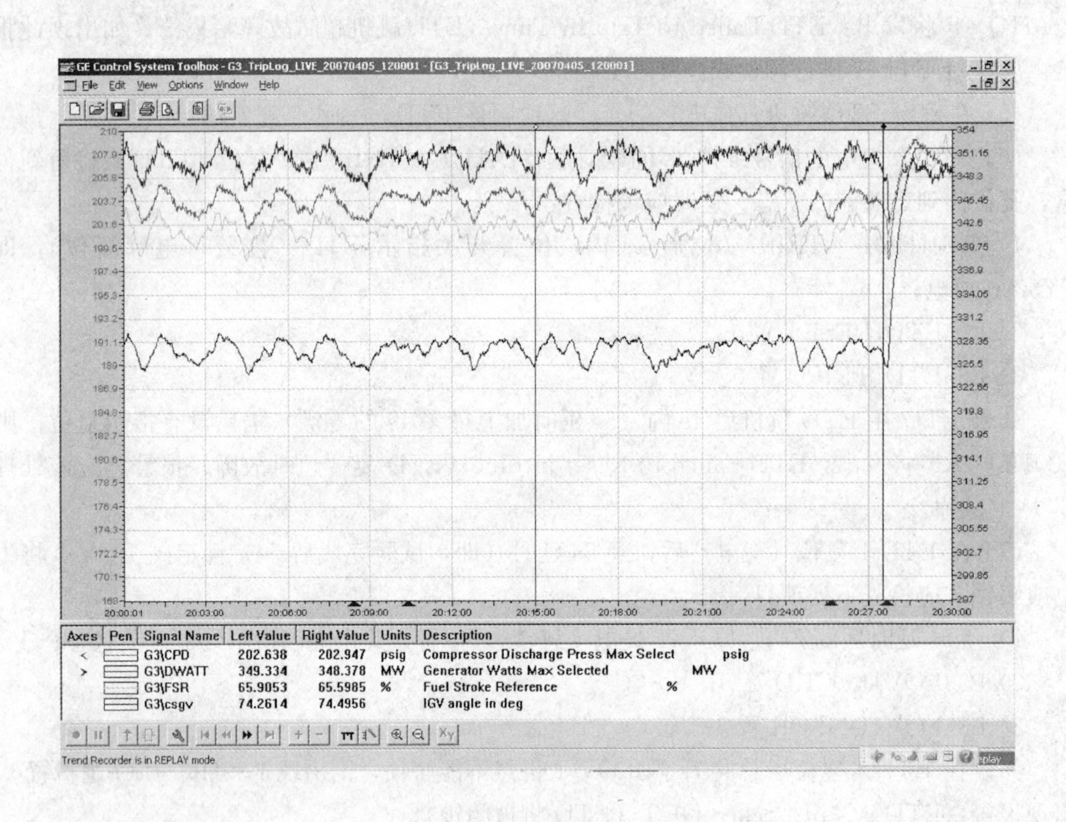

图 11-36　实时趋势图示例

第八节　Workbench 工作平台

Workbench 软件是 HMI 用来查看、配置、组织和管理诸多项目的工作平台软件。它在文件结构的显示和横跨视窗顶部的菜单选项方面都类似于 Microsoft Windows Explorer（微软视窗资源管理器）。CIMPLICITY 是 HMI 的工程项目软件。

有三种方法可以打开一个 CIMPLICITY-HMI 的 Workbench 工作平台页面。

(1) 通过 Windows Start 菜单打开某个 CIMPLICITY 项目：

点击 Windows 任务栏上的 Start（开始）。
选择 Programs（程序）。
然后选择 CIMPLICITY，HMI 和 Workbench（工作平台）。
现在就打开了一个空白的 Workbench 工作平台。
从 Workbench（工作平台）窗口，选择 File（文件）菜单中的 Open（打开）。
选择你希望打开的项目。
（2）从 Windows File Explorer（文件资源管理器）打开 CIMPLICITY 项目：
打开 Windows File Explorer（文件资源管理器）。
打开 F:\cimproj 目录。
双击 . gef 文件。
（3）从 Start Menu（开始菜单）打开 CIMPLICITY 项目：
点击 Windows 任务栏上的 Start（开始）。
选择 Documents（文档）。
点击 ****. gef 文件。
图 11-37 为 HMI 典型的 Workbench 显示页面，是总貌图。
图 11-38 为 Workbench 工作平台例图，是局部放大状态图。

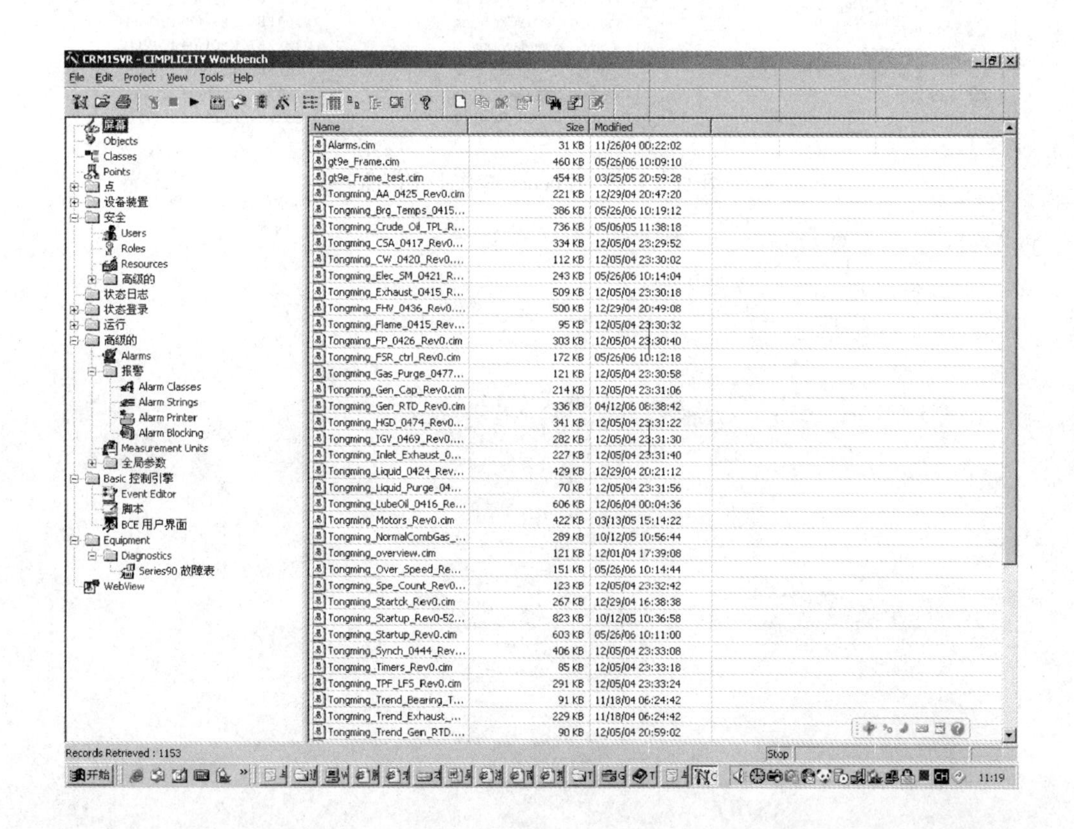

图 11-37 HMI 的 Workbench 显示页面

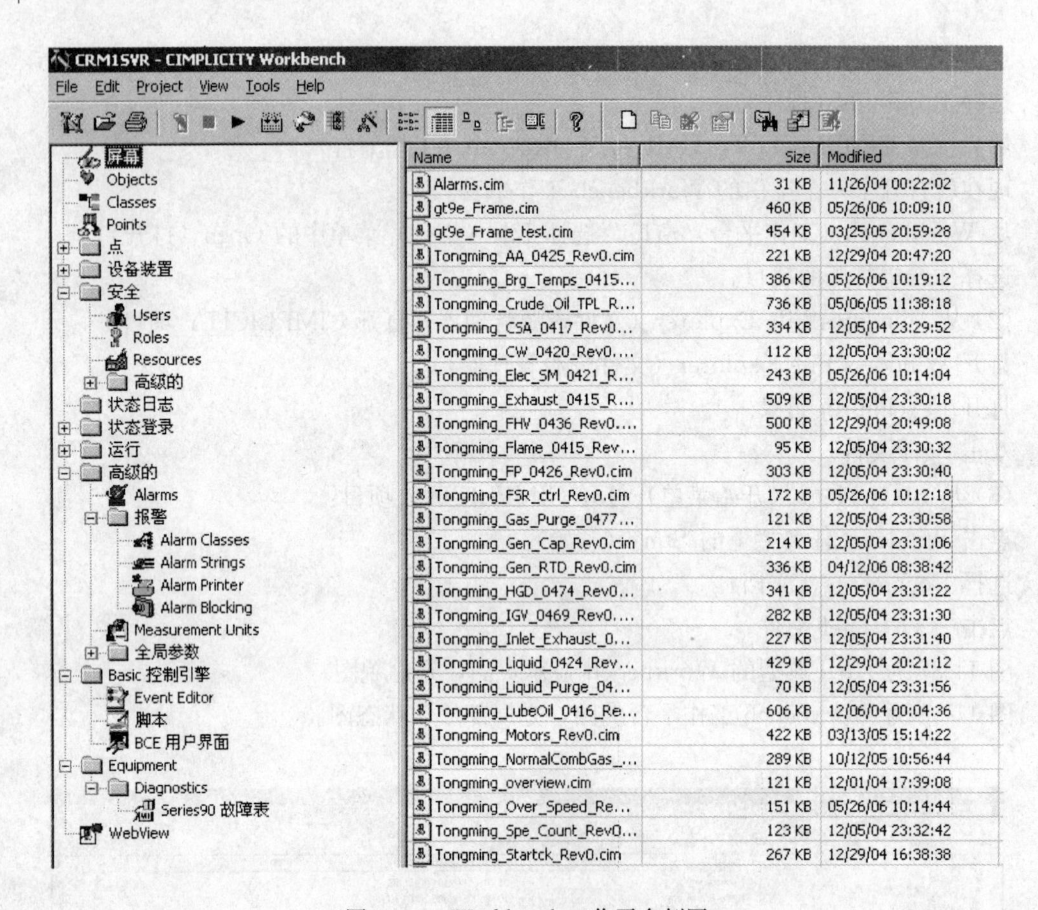

图 11-38 Workbench 工作平台例图

第十二章 MARK-Ⅵ程序修改

大家已知，在 MARK-Ⅴ 控制系统调试应用中，需要对其应用程序修改、新增或修改信号、I/O 点的分配、控制常数的定义、新增报警的命名等配置和修改工作，需要在特定的机组专用驱动器 F:\ 盘下进行。在 MARK-Ⅵ的 HMI 上进行这些工作则要简单得多。工程师只要在 Toolbox 平台修改该机组的一个 ****.m6b 文件就可以包罗万象。

打开一个 ****.m6b 文件有两种方法，可以先打开 Toolbox，然后寻找指定的 ****.m6b文件予以打开。也可以打开文件夹双击所需的 ****.m6b文件。

下面介绍相关的查找和修改的方法。

第一节　查　找　信　号

一、MARK-Ⅵ 控制器中查找什么地方用了某个信号

打开 Finder（查找器），再选择恰当的卡片。

利用 Finder（查找器）来确定信号被用于 MARK-Ⅵ 控制器的什么位置。任意一行前面的星号（*）表示这个信号写入到了这个位置。

二、查找哪些设备使用了某个信号

选择 View（查看）菜单再选择 SDB Browser（SDB 浏览器），如图 12-1 所示。

三、查找被强制的所有的信号点

选择 View（查看）菜单再选择 Force Lists（强制列表），如图 12-2 所示。

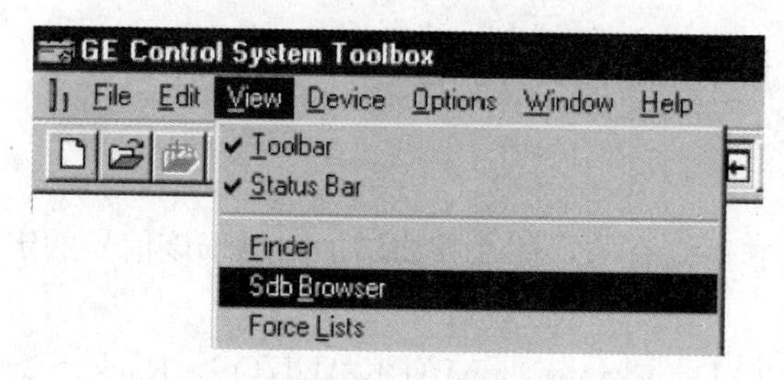

图 12-1　选择 SDB 浏览器

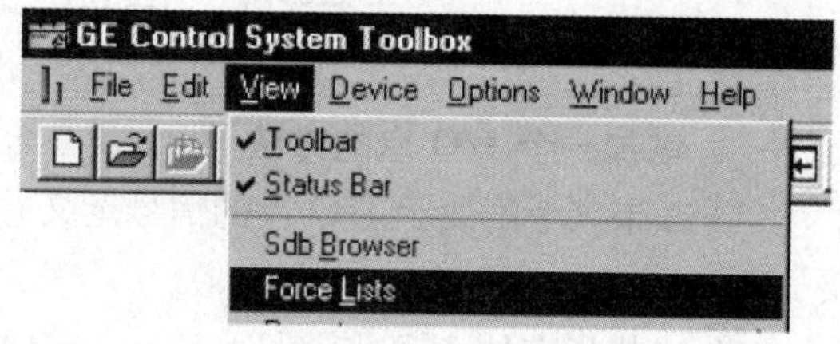

图 12-2　选择逻辑强制列表

第二节　确认、编译和下载方法

对于 MARK-Ⅴ 首先需要进行编辑（Edit）工作。在编辑工作完成以后，再根据修改内

容进行编译（Compile），然后进行下载（Download）。

MARK-Ⅵ 与 MARK-Ⅴ 相类似。前者只是增加了一个确认（Validate）的过程。

在对 MARK-Ⅵ 的配置代码进行必要的编辑、增减修改工作之后，必须执行下列各条命令才能使得所做的修改在控制器中生效。修改、确认和编译和下载都是直接在 Toolbox 平台点击图标菜单来一次完成。操作步骤依次如下。

（1）选择 Validate（确认）✓；

（2）选择 Build（编译）；

（3）选择 Download（下载）。

对于下载操作需要根据不同情况在下列弹出窗口进行一些复选框的选择。

应用代码下载选择的窗口见图 12-3。

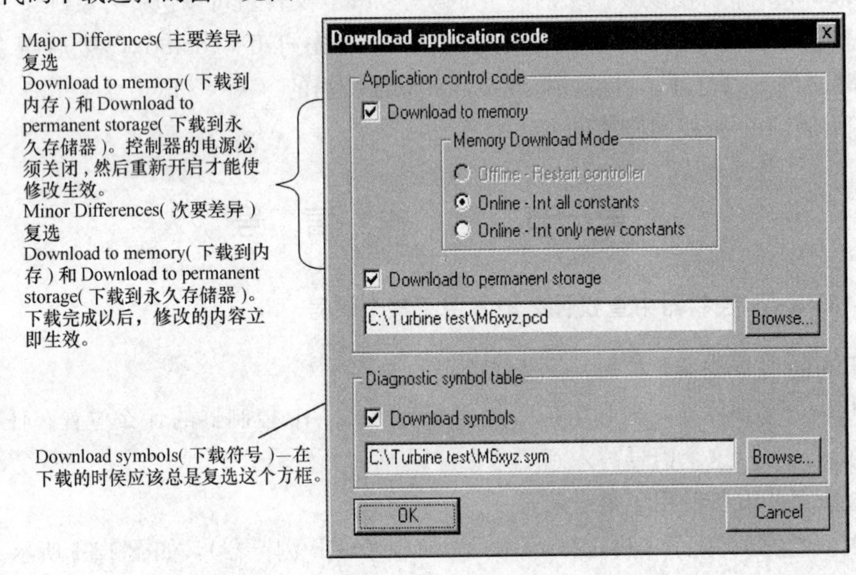

图 12-3　应用代码下载选择的窗口

第三节　增加、删除或移动方法

一、增加一个 I/O 点的方法

（1）如果某个附属于 I/O 点的信号定义并非是已有的，那么就要增加附属于该信号的定义（Functions ＞ Modules ＞ Pins）。

（2）查找指定的 I/O 点（Hardware and I/O Definitions ＞ MARK-Ⅵ I/O ＞ Rack＃ ＞ Slot＃）。

（3）双击要连接信号定义的 I/O 点，或者右击这个 I/O 点；然后从弹出菜单中进行选择修改。

（4）在 I/O 点 Configurations（配置）下，确保这个点已经被选定为 Used（已使用）。

（5）根据该输入，设置所有其他所需的配置设定。

（6）Validate（确认）、Build（编译）和 Download（下载）该代码。

二、增加、删除或移动 I/O 板

(1) 查找准备进行修改的机架：TMR 或者 R、S、T Simplex。

(2) 在选定的机架中增加、删除或者修改所需的 I/O 板。

(3) 如有必要的话，修改该板上的配置选择。

(4) 把该代码 Validate（确认）、Build（编译）和 Download（下载）到永久性存储器。

(5) 选择 VCMI 板，再下载 I/O。

(6) 关掉该控制器的电源。

(7) 物理上实际地插入、拔掉或者移动指定的电路板，以便体现出新的拓扑。

(8) 物理上实际地插入、拔掉或者移动指定相关端子板的连接。

(9) 重新开启该控制器电源。

(10) 如果增加了新的电路板，要选择该板然后再选择其配置。

三、增加、删除或修改应用程序代码

(1) 查找需要修改的应用程序代码（Functions > Modules > Tasks）。代码只能存放在各项任务（Tasks）之中。

(2) 如果被修改的应用程序代码是在实例化模块下，那么这个模块在进行任何修改之前必须要超越[双击该模块，再选择 Override（超越）复选框]。

(3) 修改应用程序代码。

(4) Validate（确认）、Build（编译）和 Download（下载）应用程序代码。

第四节　信号各种传输方法

一、控制器的信号传输

(1) 打开控制器的 ****.m6b 文件。

(2) 如果在该控制器中还没有需要的信号定义，那么就把该信号定义增加进去（Functions > Modules > Pins）。

(3) 把该信号再加到某个 EGD 交换中（Hardware and I/O definitions > EGD network > Exch#）。把该点的用法配置为 Write（写入）。

(4) 把所有的信号置入数据库（Device > Put into database > Full）。

(5) 把该应用程序代码 Validate（确认）、Build（编译）和 Download（下载）到控制器的永久性存储器。

(6) 关闭再重新开启控制器机架的电源。

(7) 打开用于第 2 个控制器的 ****.m6b 文件。

(8) 使用应用程序代码中的信号（Functions > Modules > Tasks）。

(9) 从数据库获取所有信号（Device > Get from database > Full）。

(10) 把该应用程序代码 Validate（确认）、Build（编译）和 Download（下载）到第 2 个控制器的永久性存储器。

(11) 关闭再重新开启第 2 个控制器机架的电源。

二、反馈信号传输到 CIMPLICITY

(1) 打开控制器的文件（****.m6b）。

(2) 如果还没有信号定义，那么就把它增加进去（Functions > Modules > Pins）。

(3) 把该信号增加到 EGD 交换中（Hardware and I/O definitions > EGD network > Exch#）。把这个点的用法配置为 Write（写入），并且选择一个正确的 CIMPLICITY 源 ID。

(4) 把所有的信号置入数据库（Device > Put into database > Full）。

(5) 把该应用程序代码 Validate（确认）、Build（编译）和 Download（下载）到控制器。

(6) 关闭该控制器机架的电源，然后再开启。

(7) 从 MARK-Ⅵ 控制器导入这些信号。

(8) 打开 CIMPLICITY 项目。

(9) 停止 然后再启动 ，运行该项目。

三、增加一个 CIMPLICITY 的控制命令

(1) 如果该信号定义还不存在，那么就把它添加进去（Functions > Modules > Pins）。

(2) 把信号添加到以太网 SRTP 页（Hardware and I/O definitions > Ethernet SRTP Interface>Pg）。把用法配置为 Read（读出），并选择一个有效 CIMPLICITY 源。

(3) 把所有的信号置入数据库（Device > Put into database > Full）。

(4) Validate（确认）、Build（编译）和 Download（下载）用于该控制器的应用程序代码。

(5) 关闭再重新开启控制器机架的电源。

(6) 从 MARK-Ⅵ 控制器导入这些信号。

(7) 打开 CIMPLICITY 项目。

(8) 停止 然后再启动 ，运行该项目。

如果这是一个简单的 Simplex 系统，那么操作步骤就完成了。

(9) 如果这是一个三冗余的 TMR 系统，你就必须把设备中这些新的信号重复地复制到 R、S 和 T 控制器（Equipment > Devices > unit name ex G6）。

1) 用鼠标右键点击该信号名称并选择 Duplicate。

2) 把信号名更改为 G6\R\SIGNAME 并且输入该设备的名称为 G6_R。

3) 在 S 和 T 控制器重复上述操作。

(10) 停止 然后再启动 ，运行该项目。

(11) 键入 Yes，更新该项目。

四、MARK-Ⅵ 控制器增加报警

(1) 如果该信号定义还不存在，那么就把它增加进去（Functions > Modules > Pins）。

(2) 把该报警信号定义作为输出编写生成该报警的应用程序代码。

(3) 把报警信号定义附加到报警组的块上（ALMGRP）。

(4) 把该应用程序代码 Validate（确认）、Build（编译）和 Download（下载）到控

制器。

(5) 编辑 Alarm.dat 文件。输入需要显示的报警文本。确保编辑好恰当的条目。

(6) 打开 CIMPLICITY 项目。

(7) 停止 CIMPLICITY 项目。

(8) 选择 Services（服务）。

(9) 停止然后再启动 TCI（轮机控制接口）。

(10) 运行 CIMPLICITY 项目。

五、启动事件顺序（SOE）

(1) 查找指定的 I/O 点（Hardware and I/O Definitions > MARK-Ⅵ I/O > Rack# > Slot#）。

(2) 在 I/O 点的 Configuration（配置）下，确认 SOE 已经 Enabled（使能）。

(3) 把配置下载到 I/O 板（用鼠标右键选择该板，然后选择 Download）。

(4) 打开命令提示符，再把目录修改到 F:\unit*。

(5) 键入 DDBUILD2.EXE，用附加在 SOE 触点输入的新的信号名称来更新 UNITDATA.DAT。

(6) 停止 CIMPLICITY 项目。

(7) 选择 Services（服务）。

(8) 停止然后再启动 TCI（轮机控制接口）。

(9) 运行 CIMPLICITY 项目。

第五节 增加历史数据方法

一、增加一个历史数据

(1) 如果需要 EGD 页进行采集的信号并非是已有的，那么就应该把它们都增加进去。确保这个点的用法为 Write（写入）并且已经输入了一个正确的 CIMPLICITY resource ID。

如果你所要的信号在 EGD 页中已经都有了，就进行第 8 步。

(2) 把新的信号置入数据库（Device > Put into database > Full）。

(3) 把该代码 Validate（确认）、Build（编译）和 Download（下载）到控制器。

(4) 从 MARK-Ⅵ 设备导入这些信号。

(5) 打开 CIMPLICITY 项目。

(6) 停止然后再启动，运行该项目。

(7) 打开历史数据配置文件（*.reb）。

(8) 通过选择 Data Historian PC Live Data 来增加新的采集项目。

(9) 键入网络名称和其他一些配置参数。

(10) 在这项采集下增加信号名。

(11) 从数据库获取信号（Device > Get Signals）。

(12) Validate（确认）、Build（编译）和 Download（下载）到 Data Historian（历史数据）。为了顺利地完成 Download（下载），Data Historian Service（历史数据服务）必须处于运行状态。

可以在 C:\Historian _ data directory 下查看该项采集的内容，C:\Historian _ data directory 位于 Data Historian（历史数据）同一台 PC 计算机中。

二、增加捕获程序块

(1) 在 MARK-Ⅵ 应用程序代码中增加一个 Capture（捕获）块。

(2) 先配置这个 Capture（捕获）块。确保你已经把信号增加到状态输出引脚中。

(3) 把这个信号添加到 EGD 页。确保这个点的用法为 Write（写入）并且已经输入了一个正确的 CIMPLICITY resource ID。

(4) 把新的信号置入数据库（Device > Put into database > Full）。

(5) Validate（确认）、Build（编译）和 Download（下载）到控制器。

(6) 如果出现主要差异并且已经下载到了永久性储存器，关闭电源再重新开启。

(7) 从 MARK-Ⅵ 控制器导入这些信号。

(8) 打开 CIMPLICITY 项目。

(9) 停止然后再启动，运行该项目。

(10) 打开历史数据配置文件（*.reb）。

(11) 通过选择 Controller Capture Buffer（控制器捕获缓存）来添加一个新的采集。

(12) 输入网络名称和其他一些配置参数。

(13) 增加那些与 Capture（捕获）块状态输出引脚相关的信号名称。必须把这个信号增加到已经安装了 Data Historian（历史数据）的那一台 PC 的 EGD 页中。

(14) 从数据库获取信号（Device > Get signals）。

(15) Validate（确认）、Build（编译）和 Download（下载）到历史数据中。

在下一次触发这个 Capture（捕获）块的时候，就可以采集这些数据了。

可以在 C:\Historian _ data directory 下查看这些数据，C:\Historian _ data directory 位于 Data Historian（历史数据）同一台 PC 计算机中。

第十三章 联合循环和余热锅炉

现代燃机电厂几乎都会采用燃气-蒸汽联合循环发电方式，以追求高发电效率。根据燃气轮机热力学 Brayton（布雷登）循环原理，燃机透平进气温度可达 1400℃左右，排气温度在 600℃左右，热效率一般在 40%左右。蒸汽轮机是按热力学 Rankine（朗肯）循环原理工作，热效率与汽轮机进汽温度和凝汽器的排气负压有关，热效率一般为 30%～40%。人们利用燃气轮机排气温度与汽轮机进汽温度相近的特点，采用余热锅炉回收燃气轮机排气余热，将燃气轮机高温区的 Brayton 循环和蒸汽轮机低温区的 Rankine 循环相组合，构成燃气-蒸汽联合循环系统。从而实现能量高品位到低品位的梯度利用，燃气-蒸汽联合循环一般可达到约 50%～60%效率。

余热锅炉（Heat Recovery Steam Generator，HRSG）回收燃气轮机排气热量，产生高温高压蒸汽驱动蒸汽轮机做功，是联合循环电厂中至关重要的余热能量转换设备，它把 Brayton 循环和 Rankine 循环有机的组合起来。本章简单介绍余热锅炉技术，便于读者了解余热锅炉的控制技术，同时简单介绍燃气-蒸汽联合循环控制方案。

第一节　燃气-蒸汽联合循环简介

燃气-蒸汽联合循环发电可以有多种循环组合模式，简称为一拖一、二拖一、三拖一等组合方式，一拖一为一台燃机配置一套余热锅炉和汽轮机，二拖一为 2 台燃机配置 2 台余热和 1 台汽轮机，后者类推。常见的燃气轮机联合循环热力系统模式，简要介绍如下。

燃机联合循环需要配置余热设备，一般余热锅炉是与燃机是一对一配置，将燃机排气热量通过余热锅炉转化成为蒸汽热能。而蒸汽轮机的配置存在多种方式，一拖一的方式存在单轴和分轴结构，二拖一和三拖一等均为分轴结构，一拖一的分轴结构也常常被采用，见图 13-1。GE 西门子和三菱等公司燃机联合循环机组均有一拖一单轴结构模式，以 GE 公司 STAG109FA 单轴联合循环机组为例，由 PG9351FA 型燃机、D10 型三压再热系统的两缸双分流汽轮机、390H 型氢冷发电机和三压再热自然循环余热锅炉组成。燃气轮机、蒸汽轮机和发电机刚性地串联在一根长轴上，整个轴系总长 41m。

20 世纪 70 年代前燃气-蒸汽联合循环的热效率在 40%左右；70 年代燃气轮机燃气初温提高到 1000℃左右，联合循环热效率达到 40%～45%；80 年代燃气初温进一步提高到 1100～1288℃，联合循环发电效率超过 50%，超过同期大型燃煤汽轮机组效率；90 年代后燃气轮机燃气初温已经达到 1400℃，联合循环效率接近 60%。

GE 公司的燃机燃烧室出口燃气温度分别为：6B 机组达 1104℃；9E 机组达 1124℃；9FA 达 1328℃；9H 达 1427℃。西门子公司的燃机燃烧室出口燃气温度为：V84.3A 和

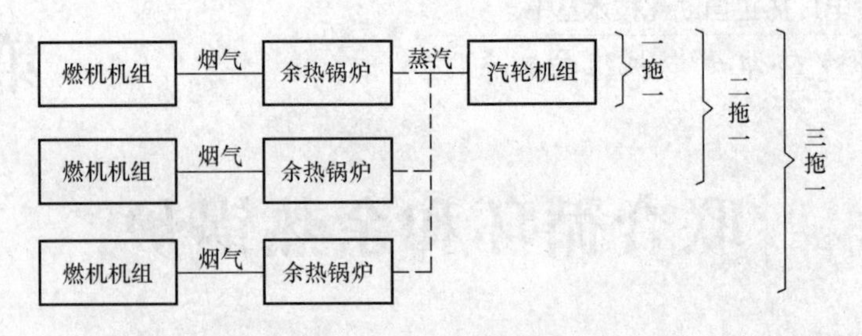

图 13-1 燃机联合循环分轴模式结构方块图

V94.3A 均为 1310℃。三菱公司的燃机燃烧室出口燃气温度分别为：701D 达 1250℃；701F 达 1350℃；701G 达 1415 ℃。燃气初温是联合循环的重要参数之一，对于各个厂家燃气初温的测点位置是不同的，所以，不能用燃气初温绝对值比较。

根据燃气轮机排气余热能量转化方式，一般燃气-蒸汽联合循环的余热锅炉有三种形式，不补燃的余热锅炉、补燃余热锅炉、受热面方式、增压型余热锅炉。

不补燃的余热锅炉，其实就是一组热交换器，将燃气轮机的高温排气逐级转换成高温蒸汽。补燃型的燃气-蒸汽联合循环中在余热锅炉中补充燃烧一定的燃料，可以增加在余热锅炉中生成的蒸汽量，提高蒸汽参数，从而增加联合循环的功率。在增压型锅炉的联合循环中，燃气轮机的燃烧室与生成蒸汽的增压锅炉合二为一。由于压力大大提高，锅炉内的传热系数提高很大，因此增压锅炉的体积要比常压锅炉小很多。增压锅炉的排气直接到燃气透平中做功，燃气透平的排气则可以用来加热锅炉给水，但由于排气压力较低（接近 0.1MPa），导致排气换热器的体积庞大。

除了上述常规的燃气-蒸汽联合循环几种方案以外，还有一种称为程氏双流体循环的燃气-蒸汽联合循环方案，有时简称为燃机透平“补汽”。在这种联合循环中，燃气透平的排气进入余热锅炉，加热锅炉给水生成过热蒸汽，再将蒸汽再送回至燃气轮机燃烧室与压气机的排气一起被加热，或者直接送回到某级燃气透平，用燃气和蒸汽两种工质共同在燃气透平中膨胀做功。从热力学角度来看，双流体工质是把 Brayton 循环和 Rankine 循环组合在一起，本质上燃机透平除了燃气膨胀做功，蒸汽工质也膨胀做功。

由于燃气轮机不能直接燃烧煤炭之类固体燃料，因此目前联合循环发电的补燃余热锅炉只能使用气体燃料（天然气、焦炉煤气、高炉煤气等）及液体燃料。

燃气-蒸汽联合循环发电，离不开余热锅炉进行热能回收利用，也离不开自动化控制系统，维系热力循环系统的平衡，后面将简单介绍联合循环控制和余热锅炉方面技术。

第二节 燃气-蒸汽联合循环控制

回顾一下第一章介绍的美国 GE 公司、德国西门子公司、日本三菱公司的燃气-蒸汽联合循环电厂控制系统，无一例外都采用了分散控制系统技术。不管他们的燃气轮机和控制系统本身具有什么特点，都是采用计算机、网络、可编程软件技术的分散控制系统，控制系统的控制器和网络结构呈物理分散状态，应用程序编制均采用图形化可编程技术。燃气轮机随机配套提供的控制系统，如美国 GE 公司的 MARK-Ⅵ控制系统、德国西门子公司的 TXP3000 控制系统、日本三菱公司的 DIASYS 控制系统，均为 DCS。

现代电厂运营已经离不开DCS/PLC智能分散化可组态控制系统技术，热力过程的复杂和快速使响应的要求得人们越来越依赖智能化分散控制系统。分散控制系统能够完成仪表仪器不能达到的监控水平。硬件方面可以用积木块方式拼搭智能模块和网络分布，轻松做到多信号冗余配置和多变量控制。软件方面的图形编程、控制器、在线修改、在线下装、在线调试等智能手段，能够胜任大型复杂分的力过程系统对自动化的控制需求。分散控制系统实时采集的大量数据和完成的自动控制任务，恰恰是现代电厂运营监控、故障分析、生产管理、竞价上网的重要依据，企业生产过程数字化、自动化、智能化、信息化管控成为发展趋势。

通常，人们将一个完整的联合循环发电厂分为几个区域来配置控制系统。例如按照燃机岛、余炉岛、汽机岛、辅机岛（BOP）来配置控制系统，对于GE的9FA这类单轴结构的燃机和汽轮机被称为轮机岛。

每个岛的控制系统由一个或几个子控制系统或者专用（第三方）控制装置构成，一组冗余控制器加一组I/O模件可以构成一个最小子控制系统，一个子控制系统可以有一组或多组控制器和I/O模件组成，再把它们按照热力系统、设备岛、机组、全厂的网络分布规律连接起来，就构成了燃机联合循环的全厂控制系统。形成了分散控制集中监控的集散控制模式，达到燃机电厂的数字化、自动化、智能化、信息化管控需求。

随着自动化技术不断进步，带有智能芯片和可组态功能的现场总线仪表和设备，会越来越多应用在主机设备上。将会出现智能和网络更加分散的格局，如同现场设备都变得聪明灵巧了。管理这些分散的现场总线仪表设备和各个次量点，会采用上层的一套通用的DCS，在DCS系统内完成跨设备子组级和跨系统的成组级控制，以及机组级大回路和大连锁的自动化控制任务。通过DCS与上一层的自动化系统的互动，例如：企业控制网络、信息层、上级调度等。

一、全厂控制系统配置

一般燃气轮机控制系统由燃机制造厂随机配供，构成联合循环电厂的热力过程系统，除了燃机控制系统的配置，将会有以下几种形式：

（1）采用燃机同类型控制系统配置余炉岛、汽机岛、辅机岛；

（2）采用燃机同类型控制系统配置汽机岛，其他设备的控制系统由通用DCS完成；

（3）除了燃机岛控制系统，其他设备控制系统全部配置在通用DCS中。

西门子提供的联合循环电厂控制系统配置如上述第（1）种形式。国内大多数燃机联合循环电厂采用的是（2）、（3）两种形式，余热部分的余热锅炉和辅机系统控制一般放在通用DCS中完成。主要原因是燃机和汽轮机自身热力过程复杂，机组轴系控制软件和保护软件编制具有独特之处，机组的控制系统往往是燃机制造厂为轮机量身订制，不宜另外配置。

一套联合循环系统，采用多种型号控制产品，存在弊端较多。例如接口多，产品水平不一，技术门类多，备件品种多等问题。燃机联合循环机组一体化控制（即ICS集成控制系统）的优点则很多。下面列出一体化控制的主要优点：

(1) 网络架构简洁，减少不同系统之间的网关环节，数据流畅；

(2) 工程师仅要掌握一套控制系统技术，便于充分掌握系统核心技术；

(3) 减少工厂网络接口数量，便于建设和维护，增加可靠性；

（4）可以大大减少库存备品备件数量，备品备件可以全厂通用；

（5）软件通用，移植便利，便于整体控制水平提升；

（6）网络拓扑配置裁剪简单，工厂扩建或者维护可以灵活调整；

（7）全厂数据共享，不断通过后期维护提升工厂智能化、自动化水平；

（8）系统升级换代便利，维护简单；

（9）便于与上层信息网络、Internet网络互连；

（10）数字化环境一致，易于实现数字化工厂。

现代燃气-蒸汽联合循环电厂的控制系统网络结构，一般是按照单元机组——设备岛——热力系统类别为对象配置控制系统，每个控制子系统设置四个网络层次：现场层、控制层、监控层、信息层。每个层面都设置相应的总线和特定测控职能。

现场层：负责对现场各种设备和热力系统的测控任务，现场控制系统/智能装置一般包括现场总线设备、现场仪表、PLC、嵌入式智能装置等。随着技术进步，现场层的测控功能将会不断提示和扩展，给现场一组非智能设备配置现场总线自动化设备，数据采集和现场控制在就地完成，除了采用了现场测控可以节约大量信号电缆外，还可以减少网络传输带来的各种故障，具有实时、分散、可靠等特点。

控制层：对于相对集中的一些设备和系统，可以集中配置若干子控制系统，以资完成子组、成组控制任务，直接通过信号电缆采集现场数据，同时接收第三方设备发送来的数据。通过控制器的可组态软件，来完成各种测量和快速地完成控制任务。控制层是核心控制系统，按照测点、泵、阀、开关、子组、成组等设备群来划分测控功能，一般厂级的连锁保护也必须通过这个层面来完成。

通常，每台燃机的现场控制室会配置一套现场监控站（现场监测点），便于燃机的现场调试和巡检操控。从网络结构来讲它属于控制层设备，仅仅是它的物理位置向下延伸，将监控站放置到现场而已。

监控层：实现集中监视和操控任务的层面，也常常被称为人机界面（HMI），监控层需要SCADA监控软件作为界面功能软件。一般监控层面有五大功能：显示、操作、报警、趋势、报表。另外，监控站与工程师站可以合并在一起，通常工程师站是单独设置，工程师站除了具备监控站的全部功能外，工程师站还应该具备系统配置、图形化软件编程、画面配置等功能。

信息层：该层面完成厂级生产数据汇总，信息管理、厂级优化、设备管理等功能，可以与企业信息网MIS/ERP和外部Internet网络连接，传送和保管生产信息和机组的主要状态数据历史资料。

燃气-蒸汽联合循环电厂控制系统总体方块图，如图13-2所示。需要详细了解各制造厂家联合循环电厂网络架构，见第一章内容介绍。

二、软件技术

1. 监控软件

监控软件是人机对话的HMI界面，通常监控软件也被称为SCADA软件，它们被安装在工业计算机里，HMI数据通道与控制器连接在一起，按照双方约定的通信协议进行通信互动。实现HMI五大界面功能：显示、操作、报警、趋势、报表，现在的HMI层面还会包含第三方通信和特殊的数据处理功能。

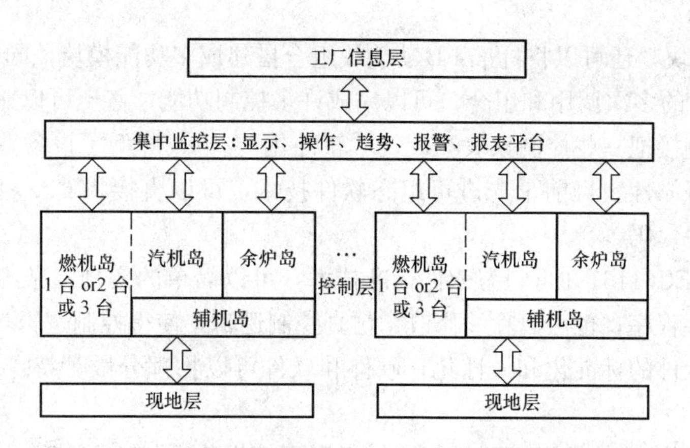

图 13-2 燃气-蒸汽联合循环电厂控制系统方块图

HMI 的界面进行实时显示和操控，实时数据显示刷新时间是 1～2s；报警时间设置在毫秒级；趋势时间范围可以设置时、天、周、月；报表时间可以按照运行班次设置循环周期，也可以按照周、月、年企业管理需求进行设置。

监控软件门类较多，优劣差别较大，它们的本质都是用于 HMI 的几种常规功能。随着计算机硬件/软件技术不断发展，具有 3D 软件技术将会逐步引入到监控软件，一些好的报表处理和逼真的报警处理方式也会随之出现。

本书第十一章介绍了 MARK-Ⅵ控制系统人机界面内容，这里不再重复。

2. 组态软件

作为 DCS，它的智能控制器和网络设置的物理位置是分散的，人们编制的可组态软件同样是运行在分散的控制器里，每个控制器运行的应用软件内容和处理任务均不相同，一个电厂完整的控制任务是被分配在若干分散的控制器中完成，通过网络对分散的控制器数据进行交换、整合。

DCS 的图形化可组态功能，是把计算机技术与工业控制应用连接起来的桥梁。人们不需要用计算机语句逐字逐句地来编制复杂的控制程序。人们只需要使用易读易懂的 SAMA 图，通过调用类似 SAMA 图元素的可组态图形功能块（FB：Function Block）进行编程、生成应用程序。图形化编程工具使得应用工程师直接将控制思想转化为图形化控制程序，再由计算机自动将图形化程序转换成为计算机可以执行的代码，就是具体控制程序——应用程序。

可组态功能基于 IEC61131—3 国际标准，运行在 PC 机环境下，使得 DCS/PLC 制造商与用户双方均可得益。用户可以调用 SAMA 图对应的标准图形可组态软件功能块 FB，把一系列不同和相同的可组态功能块用线条连接起来，就编制成 SAMA 图相对应的控制程序。

DCS 厂家设计出可组态软件包，将 SAMA 图表示的控制功能块，转化为可组态软件功能块 FB，应用工程师只要调用这些功能块，把它连接在一起，就能够具备独特的控制功能。这种可组态软件还具有离线组态、在线修改、在线仿真功能。图形化组态程序转换成为代码之后，通过编译，把软件下装到控制器中，在工程师站上可以看到组态程序的逻辑状态，反复完善，用于大型复杂过程控制的软件即可调试完成。

一般通用 DCS 具备 30～100 个不同数量的 FB 软件功能块，还可以通过开放的语句空间自己编写 FB 功能块，还可以将标准 FB 功能块组合搭建成多功能模块，同样可以反复调用。DCS 的 FB 功能块的多次调用和组合，可以完成许多控制功能，甚至可以完成硬件设备无法实现的功能。它直接把一些控制仪表和设备“软件化”，不仅降低了设备费用，而且提高控制功能和增加了可靠性。目前最先进可组态软件技术，可以直接将 CAD 做出的 SAMA 图转换成为控制程序代码。

人们得益于 IEC61131-3 可组态软件标准技术，可以简单的实现复杂控制逻辑，通过离线编制图形化软件程序，也可以在线修改、仿真控制逻辑，使得控制逻辑功能和校核看得见摸得着。硬件和软件的标准化和人性化，硬件和软件可以物理分散等特点，使得 DCS 技术得以蓬勃发展。

各家 DCS 的可组态软件界面不尽相同，组态环境操作系统也可能不同，但是其本质的功能是一致的，都是通过图形化界面把应用原程序转变成为控制器执行代码，这是计算机技术进步回馈给人类的智慧精髓。每位热控工程师要熟悉 IEC61131-3 标准内涵，熟悉机组设备热力循环的运作原理，熟悉控制逻辑原理和完善逻辑的方法，这样可以通过可组态技术，不断完善提升联合循环电厂自动化水准。

3. 应用软件

应用程序是具体实现电厂各项控制功能的程序，是针对联合循环电厂的自动化刚性需求、安全生产、可靠运行而设计。这些程序操控那些维系机组热力系统平衡的电机、执行结构、阀门、开关等，同时依靠应用程序来完成对现场数据监测和报警保护等功能。应用程序运行在控制器的环境里，按照控制操作系统允许的运行周期，实时地分周期分任务运行这些应用程序，上传下达，一方面对被控制设备进行操控，一方面将采集和处理的数据在 HMI 上显示。

可组态软件是依据 SAMA 图进行编程，SAMA 图是控制工程师进行技术交流的一种公认的图符或者说工程语言。是美国科学仪器制造协会（Scientific Apparatus Maker's Association）所采用的绘制图例，它易于理解，能清楚地表示各种控制功能，广为自动控制系统所应用。它使用各种图符如：加、减、乘、除、微分、积分、或门、与门、切换、最大值、最小值、上限幅、下限幅等，能够将控制系统要进行何种运算处理，它受何种控制，何种制约等内容表达出来，使得控制工程师一目了然，理解该控制系统进行了何种逻辑处理机制，也可让其他工程师很方便地进行交流完善，从而获得更好的控制效果。

一般经验丰富的应用工程师通过对热力过程需求的理解，就可以编制出控制原理图，也就是 SAMA 图。新建电厂用户和设计院会提供 P&ID 图和测点清单给 DCS 工程公司，P&ID 图是专门描述各个热力系统测量点位置和基本控制要求的图纸。通过这些图纸资料的书面要求，确定 DCS 最终将要达到的自动化目标。

P&ID 图上标注了每个测点位置和位号，测点清单将这些测点按照系统分类集中排列在一起，对每个测点作出详细描述：量程、趋势、单位、报警限值等信息，SAMA 图和组态程序的编制，以及 HMI 画面程序编制，均需要测点位号和相关信息。

每一位应用工程师应该熟知管辖的热力系统、测点、位号、画面和有关控制逻辑功能。在新建电厂 168h 商业运营后，通过可组态功能，可以不断完善各个测点的测量精度，和优化各个控制回路的逻辑关系。当然，每位控制工程师需要在电厂授权之后，才可以去做这些测控方面的完善和优化工作。

无论是HMI的应用程序，还是控制的应用程序，一旦通过测试和试验运行，不允许随意更改，需要按照机组编号和版本号严格保管好应用程序。如果需要增加减少测控项目，需要设计院和DCS制造方共同参与完成更改任务。注意，最终，应用程序是控制系统执行的代码文件，控制工程师应该严格保持逻辑图与代码文件一致性。

燃气轮机的应用控制程序比较复杂，尤其是轮机部分和燃烧部分，一般由燃机制造厂家提供机组的控制系统以及逻辑参数，外围配置的控制系统通过指定的方式与其连接。

三、联合循环特殊控制项目

为了便于年青的读者群体了解燃气-蒸汽联合循环电厂特有的控制功能，下面罗列几项与常规火电厂不同的自动化控制项目，有助于对联合循环电厂自动化需求的理解。

联合循环电厂的控制功能可以按照主设备来配置：燃气轮机岛、余热锅炉岛、汽轮机岛、辅机BOP岛等。每个主设备的控制功能按照各个工艺系统的需求而设计，这些控制功能在本书各个部分均有展开描述，而汽轮机的控制功能，不管它是否含在燃机控制系统中，是大家已经熟悉的常规控制功能，不再展开。

这里介绍几项联合循环电厂与常规发电厂不同的控制功能，均以发电设备外围不同的控制功能为特征，这些控制功能在本书不同的部分会有介绍，这里仅作为联合循环电厂控制功能需求提出，以帮助读者加深对联合循环电厂自动化任务的了解：

1. 燃气轮机烟气挡板控制

一些中小型燃气轮机，在尾部烟道设置有烟气挡板和旁路挡板，烟气挡板控制燃机烟气排放量，对余热锅炉启动起到至关重要的作用。一般它可以手动/自动控制，逐渐开启/关闭挡板行程。自动控制时，需要按照联合循环启动规律，设置烟气挡板开启/关闭动作曲线，开环或闭环控制均可。注意，一般有烟气挡板的机组都会设计旁路烟道，旁路烟道的控制要与主烟气挡板协同动作。也有仅设置主烟气挡板，不设置旁路烟道的机组，对此尤其要注意保留挡板的安全开度，和紧急跳机的保护。

大型燃气轮机一般不设置烟气挡板装置，联合循环机组冷态启动后，需要燃机和汽轮机足够的暖机和带负荷等待时间，以减小机组金属应力。

2. 汽轮机补汽控制

为了充分利用余热锅炉中/低压蒸汽动能，中/低压蒸汽通过对汽轮机补汽，可以多回收大约10%～20%汽轮机电负荷。补气控制就是控制余热锅炉输出的蒸汽压力，保持锅炉输出蒸汽压力大于补汽点蒸汽压力，使得补充蒸汽能够顺利进入汽轮机内部做功。

汽轮机补汽控制需要在定制汽轮机时，提出在汽轮机某个适合的级间设计补汽孔，补汽管路上的补汽调节阀要具备连续可调功能。实践证明，补汽控制在联合循环电厂有不错的经济效益。

3. 旁路控制

为了减少联合循环机组启动暖机/停机时间，联合循环电厂热力系统可设置旁路系统，通过旁路加速余热锅炉和汽轮机的热循环，一般不配置全额旁路容量，以利减少旁路设备投资。旁路控制对机组暖机/提速、启动/停止、加/减负荷都有积极的作用，直接增加了机组的热力系统的循环倍率，要根据联合循环主设备的热力特性，根据它们的应力曲线来设计旁路控制的启闭规律。

当然，一些联合循环电厂不配置旁路系统这也是可行的，可以降低电厂基建成本，适合长期连续运行，联合循环机组启动暖机/停机时间需要延长。

4. 定压/滑压控制

这是联合循环电厂非常重要的控制项目，当燃机负荷较低或者蒸汽参数太低时，必须维持定压控制，适度关小汽轮机调节汽门，防止余炉和汽轮机汽蚀。当燃机负荷较高和蒸汽参数比较高时，汽轮机采用滑压控制可以多带电负荷，而不必担心蒸汽参数的超压和超温等问题，这是因为燃气轮机除烟气参数的限制外，控制回路还设置有保护裕度。

5. 负荷控制

多轴燃气-蒸汽联合循环单元机组是多发电机体系，一般采用2～3台发电机同时共同承担电负荷任务，可以把几台发电机看成一台多绕组发电机，每台发电机仅仅是发电的时间有先后之分。一般燃气轮机具备电网调峰能力，构成联合循环后，余热循环部分不希望燃机负荷有较大波动。但是，在联合循环状态下，依然可以承担电网调峰任务，需要余热循环的各个控制回路，能够适应调峰时对余热的热力系统的快速调节，需要设置负荷控制、旁路、调度等这些控制手段。

人们可以向负荷调度中心，申请每日负荷调整曲线，首先安排每天负荷曲线作为燃气轮机快速调峰指令，余热发电部分可以提前作好准备，即时跟随。

6. 燃机与DCS通信

如果联合循环电厂不是同型号一体化控制体系，那么，电厂会形成若干数据孤岛，燃气轮机的运营数据是联合循环电厂的关键数据，它的变化会严重影响后续的余热发电系统。所以，需要将燃气轮机的控制系统与余热部分的DCS进行数据通信，使得数据能够交互，与生产管理同步。一般燃气轮机的控制系统和DCS都具备标准的数据通信开放功能，仅仅需要在工程实施阶段考虑到两者的通信功能的实现。

通过燃机与DCS通信功能的实现，可以获得联合循环电厂的一体化控制的优势，同型号DCS一体化控制系统会带给人们很多便利，会给联合循环电厂带来较大的安全、可靠、经济等利益。

联合循环电厂机组主设备配置不同，其控制方案就会不尽相同。而控制系统是电厂的大脑中枢，不管什么样的机组配置形式，联合循环电厂的自动化控制都会采用DCS技术，通过计算机网络将整个电厂有机的联系在一起，把Brayton循环和Rankine循环有机的关联起来，精确地维系两个热力系统的平衡运行。对DCS技术和控制原理的精益求精，会极大提升联合循环电厂的自动化水平，降本增效。

第三节　余热锅炉类型

余热锅炉是燃气-蒸汽联合循环中燃气轮机与蒸汽轮机之间的热力传递纽带，余热锅炉的性能对整个联合循环系统的影响很大。与燃煤锅炉相比，常规的余热锅炉没有燃料输送、煤粉制备及燃烧设备，仅有汽水系统。

随着联合循环技术的不断发展，余热锅炉的效率也不断提升。余热锅炉迅速从小型向大型发展，设计结构不断由简单向复杂过渡，形式逐渐由单一趋于多样化。目前，余热锅炉的

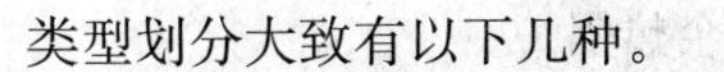

类型划分大致有以下几种。

一、依据水循环动力来划分

依据水循环所采用的动力不同，可将余热锅炉分为自然循环余热锅炉和强制循环余热锅炉，和复合循环余热锅炉。

1. 自然循环余热锅炉

自然循环余热锅炉依靠汽、水密度差形成水循环，为使水循环稳定、安全，需要较粗的循环管道减小工质阻力，且需要具备较大的汽包。这就意味着锅炉存在较大的水容积和热容量，热惯性比较大，锅炉启动时间延长，在负荷变化时，容易产生较大的热应力。其特点为：

(1) 锅炉重心低，稳定性好。

(2) 垂直管束结垢情况比水平管束均匀，不易造成塑性形变和故障，减缓了结垢量而使锅炉性能下降等问题。

(3) 由于汽包容积较大，变负荷时可充分利用汽包的蓄热。

(4) 热流量不易超过临界值，燃气轮机排气波动适应性强，有较强的自平衡能力。

(5) 对自动控制的要求不高。

(6) 采用的蒸发受热面为立式布置，金属耗量大。

(7) 热惯性较大，启停及变负荷速度慢（冷态启动时间为25～30min）。

(8) 有时需在烟道上加装挡板，增加烟气阻力，对燃气轮机工作不利。

2. 强制循环余热锅炉

强制循环余热锅炉是在自然循环余热锅炉基础上发展起来的，汽包下部排出的水经循环泵后送入蒸发器。由于是靠循环泵产生的动力使水循环的，所以称为强制循环余热锅炉。强制循环余热锅炉各受热面组件的管子水平布置，受热面之间沿高度方向布置。其特点为：

(1) 常布置于立式烟道，烟囱可与锅炉合二为一，结构紧凑，占地面积小。

(2) 蒸发受热面中循环倍率一般为3～5，工质靠强制循环流动，可以采用直径较小的汽包和小管径，尺寸小，质量轻，金属耗量小。

(3) 启动及低负荷时可用强制循环泵的工质对各承压部件均匀加热，锅炉水容量小，升温、升压启动快（冷态启动时间为20～25min），负荷调节范围大，适合调峰运行。

(4) 燃气的阻力容易控制。

(5) 利用炉水循环泵能快速和彻底地对水冷壁进行酸洗，时间短、费用低。

(6) 结构上便于采用标准化元件和大型模块组件，制造成本低，安装时间短。

(7) 需要循环泵，增加了厂用电和维修成本，可靠性较自然循环略低。

(8) 需要耗费更多的结构支撑较高的锅炉重心，多层检修平台，稳定性较差。

(9) 管簇水平布置，易发生汽水分层现象，水平管子底部易结垢，形成温度梯度，造成传热和膨胀的不均匀，容易发生腐蚀、烧坏、塑性形变等故障。

(10) 为了避免在水平管簇中发生汽水分层，需采用大循环倍率的循环泵，流体的最小临界流速为2.1～3.0m/s。

3. 复合式循环余热锅炉

在实际运用中，在锅炉启动阶段先利用循环泵建立起稳定的水循环，当系统稳定后关闭循环泵，依靠自然循环方式进行汽水循环，这就是复合式循环余热锅炉。

还有一种类型直流型余热锅炉，可以归纳在复合循环余热锅炉中，这种余热锅炉没有汽包，给水在给水泵作用下直接通过各受热面生成过热蒸汽，可认为循环倍率为 1。在蒸发和过热器之间没有固定不变的分界点，水在受热蒸发面中全部转变为蒸汽。在低负荷或者部分负荷以下运行时，由于经过蒸发面的工质不能全部转变为蒸汽，可在启动回路中加入循环泵。其特点为：

（1）为了达到较高的重力流速，采用小管径水冷壁，提高了传热能力，锅炉本体金属消耗量最少，锅炉质量轻。

（2）取消了汽包，且水冷壁的金属储热量和工质储热量最小，热惯性最小，使快速启停的能力进一步提高，适应机组调峰的要求，与自然循环锅炉相比，从冷态启动到满负荷运行速度可提高一倍左右。

（3）水冷壁可灵活布置，加工制造方便。

（4）由于工质的重力流速高而管径小，所需的给水泵压头高，且对给水品质要求高，从而增加了运行耗电量，提高了制造成本。

（5）为了回收启动过程的工质和热量并保证低负荷运行时水冷壁管内有足够的重力流速，需要设置专门的启动系统。

（6）由于热惯性小，使水冷壁对热偏差的敏感性增强，需采取防止水动力特性不稳定或管子超温的措施。

（7）变压运行的超临界直流炉，在亚临界压力范围和超临界压力范围内工作时，都存在工质的热膨胀现象，且在亚临界压力范围内可能出现膜态沸腾，在超临界压力范围内可能出现类膜态沸腾。

（8）对自动控制要求较高。

二、根据补燃形式来划分

根据有无额外热量供给，可以将余热锅炉分为三种不同补燃形式。

1. 无补燃式余热锅炉

无补燃式余热锅炉，这类余热锅炉只回收燃气轮机排气余热，生成一定压力和温度的蒸汽，不再额外补充燃料。其特点为：

（1）结构简单，投资低。

（2）由于没有燃烧系统，所以运行可靠性高。

（3）由于受燃气轮机排气流量、温度限制，余热锅炉蒸汽参数不易控制。

（4）当燃气轮机的压比很高时，蒸汽参数不容易提高。

2. 完全补燃式余热锅炉

完全补燃式余热锅炉，这类余热锅炉布置了补充燃烧器，利用燃气轮机排气中的氧气（通常燃气轮机排气中含 14%～18%的氧气），补充天然气和燃油等燃料进行燃烧，提高烟气温度，大大提高蒸汽参数和流量（若全部利用这部分氧气，蒸汽循环所占的发电份额将上升到联合循环总功率的 70%）。其特点为：

（1）这一类余热锅炉能够生成大量的蒸汽量，是无补燃式余热锅炉生成蒸汽量的 6～7 倍，而产生同样流量蒸汽所消耗的燃料比常规锅炉少 7.5%～8%。

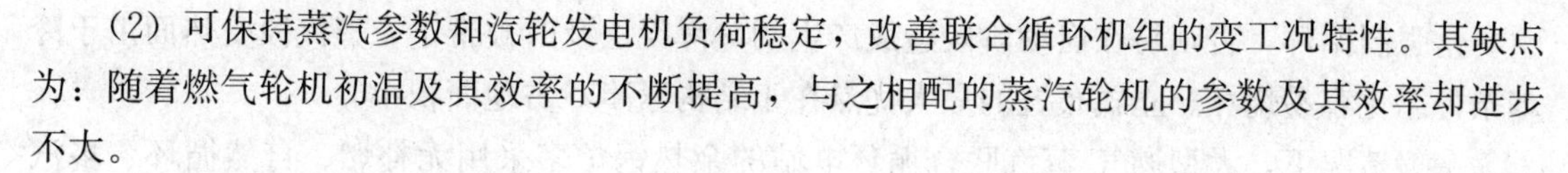

（2）可保持蒸汽参数和汽轮发电机负荷稳定，改善联合循环机组的变工况特性。其缺点为：随着燃气轮机初温及其效率的不断提高，与之相配的蒸汽轮机的参数及其效率却进步不大。

3. 部分补燃式余热锅炉

部分补燃式余热锅炉，与完全补燃式余热锅炉的区别在于，这类只是部分利用燃气轮机排气中的氧气用于补燃。其优点和缺点介于无补燃式与完全补燃式之间。

在燃气轮机燃气初温较低时，采取补燃方式的联合循环机组可以与较高参数的汽轮机匹配，从而提高整机效率和出力。随着燃机叶片冷却技术、叶片铸造工艺、高温合金材料和热障涂层等技术的发展，燃机负荷和进气初温都有很大提高，其排气参数和流量也提高很多，能为余热锅炉提供足够的能量，所以补燃对整个联合循环机组效率的影响越来越小。有资料表明，当燃机进气初温大于900℃时，补燃反而会降低整个联合循环机组的热效率，此外，补燃方式下余热锅炉的结构和补燃系统的控制都比较复杂。

在汽轮机参数一定的情况下，无补燃式联合循环机组的整机效率与燃气轮机效率有很大关系。为了提高无补燃式联合循环机组的整机效率，除了提高燃机的燃气初温、改良压气机和燃气轮机的空气动力特性以提高燃气轮机效率外，还可以采取多台燃气轮机配一台汽轮机的方案，这样不但在满负荷时可以保证整机效率，而且在部分负荷工况时，也可以通过停运几台燃气轮机，保证其他燃气轮机在高负荷、高燃气初温条件下运行，从而有效改善联合循环电站部分负荷工况下的整机效率。

三、根据蒸汽压力等级来划分

根据余热锅炉所能产生的蒸汽压力以及蒸汽再热与否，可以将其分为单压、双压、双压再热、三压和三压再热等五种类型。

早期的余热锅炉只是作为低压热交换器设备，以回收各种工艺中的余热，使用的都是单压系统。随着技术的发展以及节能意识的提高，为了回收更多的余热，逐渐出现了多压汽水系统。

采用多压汽水系统的优点是降低余热锅炉排烟温度，充分利用燃气轮机的余热热容量，提高锅炉热效率。其缺点是多压汽水系统的采用将使燃气轮机出口背压升高，有使系统效率下降的趋势。多压汽水系统增加了受热面，并且整个系统复杂，导致成本增加。

如何选择合理的汽水系统，需要依据燃气轮机参数、配置的汽轮机参数，以及企业对余热的利用情况，综合性地比较经济性数据考虑。

四、根据受热面方式来划分

根据余热锅炉受热面的布置，可以将余热锅炉分为卧式余热锅炉和立式余热锅炉两种。卧式锅炉和立式锅炉的区别在于余热锅炉中烟气的流动方向不同。

1. 卧式余热锅炉

卧式锅炉内烟气沿水平方向流动，通过冲刷垂直布置的受热面，二者进行对流换热。结合卧式锅炉受热面垂直布置的方式，通常采用的水循环方式是自然循环，卧式锅炉占地面积比较大。

2. 立式余热锅炉

立式锅炉内烟气自下而上沿垂直方向流动，各级受热面的管子水平布置。其水循环方式主要是强制循环，否则易在启动阶段造成产生的蒸汽无法及时被带走，蒸汽段受热面由于冷却条件恶化容易烧坏。立式布置的最大优点在于结构紧凑，占地面积小。

一般情况下，大型燃气-蒸汽联合循环电站的余热锅炉多采用无补燃、自然循环、多汽水及卧式布置。

五、余热锅炉控制系统配置

余热锅炉的测控范围，涉及燃气轮机排气尾部烟道部分、各级热交换器部分、汽水循环部分、除氧给水部分及补燃余热锅炉的燃烧部分。余热锅炉的控制策略在本章后续章节中介绍。

余热锅炉及公用系统（Balance of Plant）既可采用与燃气轮机相同的控制系统，也可由业主配套其他公司的DCS。其控制原理见后续介绍。

第四节　福斯特惠勒余热锅炉简介

福斯特惠勒（Foster Wheeler，FW）动力机械公司生产的F级燃气-蒸汽联合循环用余热锅炉不带补燃，由三个不同蒸汽压力等级的系统组成，即高压系统（HP），中压系统（IP）和低压系统（LP）。

福斯特惠勒余热锅炉内烟气水平流过垂直布置的受热面管，压力部件为顶部悬挂，这些部件制作成模块，由长度方向5组压力模块，宽度方向3组模块组成，共计15组模块，每一个模块由一个或多个受热面部件所组成，所有模块均包括有支撑框架和整体式的冷壳体。受热面元件均为顶部悬吊，通过钢框格与支撑结构联成一个整体。

福斯特惠勒余热锅炉模块化结构，方便安装和检修。余热锅炉烟气通道由一系列烟气热交换器构成，采用模块化结构设计方式，各个模块的排列和功能见图13-3。

一、余热锅炉壳体

燃气在余热锅炉内，水平流过多排带有鳍片的管屏受热面，压力部件被封包在一内部保

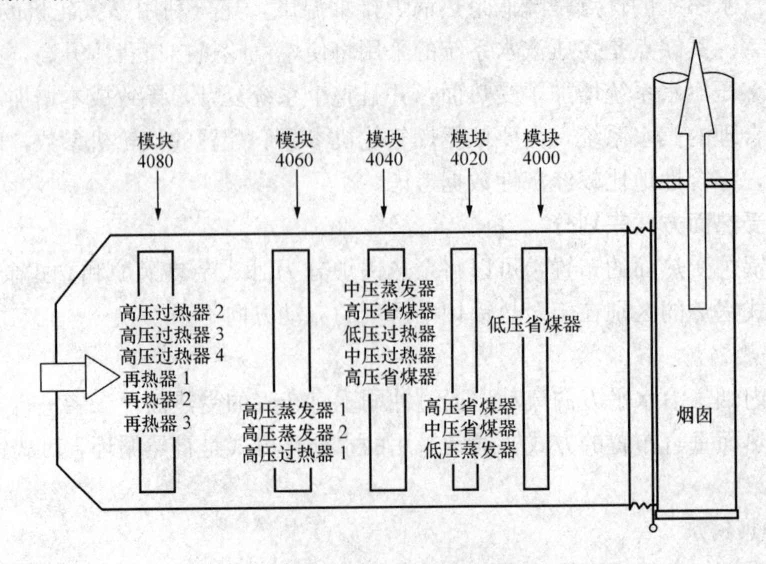

图13-3　福斯特惠勒余热锅炉模块布置示意

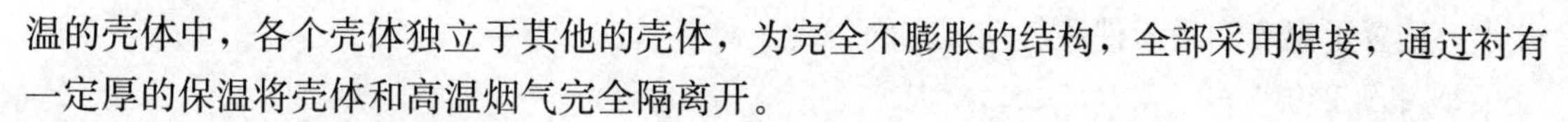

温的壳体中，各个壳体独立于其他的壳体，为完全不膨胀的结构，全部采用焊接，通过衬有一定厚的保温将壳体和高温烟气完全隔离开。

余热锅炉壳体的内衬垫由几段不锈钢板和碳钢板组成，这些钢板沿着烟气流的方向互相重叠，作为在烟气和壳体保温之间的一个保护层。在不同的热膨胀而产生的过渡期间（即启动和停炉期间），钢板段能够自由移动。

壳体外墙是一气密的焊接薄碳钢板外壳，起着支撑内壁和保温层的作用。每个模块的外面壳体均组装和焊接在一起，形成余热锅炉支撑结构系统的一部分。

二、高、中、低压汽包

余热锅炉的汽包与燃煤锅炉的汽包结构和功能基本相同，区别仅仅是余热锅炉是余热的热能梯级利用，所以需要 2～3 个汽包承担余热的再利用。

每一个汽包都起着蒸汽发生器（蒸发器）的蓄水池作用，同时起着将进入的给水加到原有的循环水中的混合室的作用。低压汽包还将给水供给余热锅炉的中压和高压段并具有与各个给水泵的再循环回路连接的接口。汽包还起着将从蒸发器返回的汽水混合物收集起来的收集室的作用，并将汽水混合物进行分离。可以利用连续和间歇排污管路来控制锅炉水的固体物浓度。

福斯特惠勒余热锅炉设计了两级分离，将蒸汽从水中分离出来，低压和中压汽包采用槽式分离器，而高压汽包采用水平分离器。

三、热力系统和测控功能

余热锅路设计有很多汽水系统和辅助系统，每个系统都配置了大量测量传感器和相应的控制系统，下面将两者结合起来予以介绍。

1. 低压系统

低压系统的给水由凝结水给水泵通过凝结水管路供给。采用双重冗余的变送器测量低压水流量。给水管路上装有就地指示压力表和三重冗余的压力变送器，以及就地温度显示表和温度测量元件。

低压系统配置了省煤器再循环回路，在进入省煤器入口集箱之前再循环回路与给水管路汇合在一起。由再循环调节阀门控制再循环流量，调节阀装有手动旁路阀。

低压汽包采用来自中压汽包的辅助蒸汽来保持低压汽包的压力。低压汽包安装有双重冗余压力变送器。在汽包的每一侧均使用三重冗余的水位测量，采用单室平衡容器。每一个水位传感器均能独立进行隔离。就地显示水位计装在汽包的每一侧。

低压蒸汽管上配置了流量喷嘴测量低压主蒸汽流量，采用双重冗余变送器。主蒸汽管路配置了电动截止阀，低压蒸汽设计了 100%旁路。低压过热器配置了电动疏水阀和电动排汽阀，低压过热器下部集合管上装有压力表和三重冗余的压力变送器，以及温度表和三重冗余的温度测量元件，疏水蓄水罐安装温度元件，可利用出口集箱的温度和压力，判断主集箱压力是否达到相应的蒸汽饱和温度，用于自动疏水。

再热器减温器的目的是控制再热器出口温度，采用喷水减温阀进行控制，减温水流过一过滤器以保护减温器的喷嘴。减温水来自中压给水泵，对减温水流量进行测量。启动期间，流过减温器的水流量较低，为了准确测量，提供了低流量变送器。在减温器管路上配置了截止阀和止回阀。在减温器集箱配置了压力变送器和温度测量元件。在减温器下游设计了自动疏水，配置了温度测量元件和气动疏水阀。

2. 中压系统

中压系统的给水由中压给水泵通过管路供给，同时还将水分配给再热器减温器。配置了流量测量元件和双重冗余的差压变送器测量中压给水的流量。中压给水管路配置了止回阀和电动截止阀，以及三重冗余的压力变送器和三重冗余的温度测量元件。

中压省煤器采用“全流量携带设计”，顶部集箱给水管将流体导入下部集箱。下部集箱还有出口管将流体向上流过整个省煤器，然后通过返回弯管进入下一个下部集箱。配置了两个中压蒸发器排气阀和两个中压蒸发器疏水阀。中压省煤器出口设计了温度显示表，配置了流量喷嘴和流量变送器。

中压汽包水位采用控制阀进行水位控制，即省煤器流量控制。中压汽包水位控制阀设计了电动旁路阀，中压汽包包含了若干回路：连续排污、锅筒水位、压力释放回路、排汽口回路/氮气、压力记录回路、化学加药回路。

中压汽包设计了紧急排污管路，并配置了电动隔离阀，该阀门设有故障报警。连续排污设计了自动排污。根据在线化学分析仪表通过连排控制阀对连续排污的流量进行控制，从而控制中压蒸汽的品质。

在中压汽包的每一侧均使用三重冗余的水位传感器，水位测量采用单室平衡容器，用于就地显示的水位计也装在汽包的每一侧。

采用来自高压汽包的辅助蒸汽保持中压汽包压力，通过压力控制阀对辅助蒸汽进行控制。辅助蒸汽管路配置了电动隔离阀，采用蒸汽疏水器进行疏水。

中压蒸发器由布置在锅炉两侧的下降管供水。流体从下降管供入一共用入口集箱，然后从该集箱通过管路进入每一个下部蒸发器集箱。

蒸发器管屏可通过阀门进行排水，并配有远程控制的间歇排污隔离阀。

饱和蒸汽从顶部进入中压过热器，再通过下部集箱离开过热器。下部集箱配置了一个用于远程控制的疏水阀。中压过热器配置了就地压力显示表和温度显示表，并配置了三重冗余的压力变送器和三重冗余的温度测量元件。

中压过热器配置了排气阀和气动疏水阀，疏水蓄水罐安装温度元件，可利用出口集箱的温度和压力判断在主集箱压力下是否达到相应的蒸汽饱和温度，用于自动疏水。

中压蒸汽配置了流量喷嘴测量元件，使用双重冗余变送器进行测量。主蒸汽管路配置了电动截止阀，中压蒸汽设计了100%旁路。

在与中压主汽管路连接点的下游，设计了疏水管路，并配置了温度测量元件，采用气动疏水阀进行控制。中压过热蒸汽的压力由压力控制阀进行控制。

3. 高压系统

高压系统的给水由高压给水泵通过管路供给。通过喷嘴和双重冗余的变送器测量流量高压给水流量。配置了流量控制阀和流量控制旁路阀，采用双重冗余的差压变送器测量控制阀前后的压差，以控制来自高压给水泵的流量。

高压给水控制阀后配置了止回阀和截止阀，并设计了压力变送器。设计了就地温度显示表和三重冗余的温度测量元件。

高压蒸汽在高压缸膨胀做功后返回余热锅炉再热，高压缸排汽和中压过热器出口蒸汽混

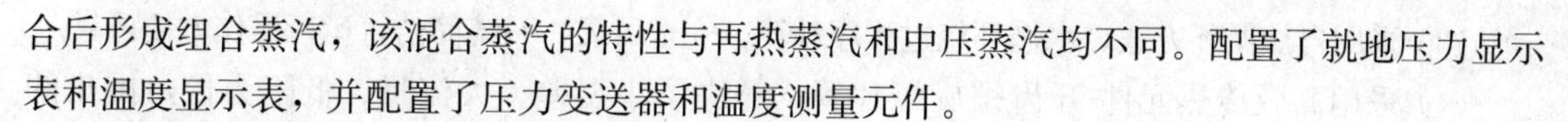

合后形成组合蒸汽，该混合蒸汽的特性与再热蒸汽和中压蒸汽均不同。配置了就地压力显示表和温度显示表，并配置了压力变送器和温度测量元件。

再热器入口管路配置了远程控制的疏水阀。

高压汽包回路包括：连续排污、紧急排污、汽包水位、安全阀、压力释放回路、排汽回路/氮气、压力记录回路、化学加药回路、辅助蒸汽回路等。

高压过热器用于干蒸汽的过热处理，一般高压过热器会设计成多级，依次过热干蒸汽。过热器工作和测控原理与燃煤锅炉相同。

各级高压过热器后面均会相应配置减温器，目的是对高压过热器的蒸汽进行温度控制。该控制是通过将水喷入减温器集箱来冷却过热蒸汽。

减温水来自高压给水泵，设计了减温水流量变送器。减温水流过一过滤器以保护减温器水喷嘴。减温水管路配置了隔离阀和调节阀，以控制减温水流量。

主蒸汽出口配置了远程控制的排气阀。设计了主蒸汽管路电动截止阀和旁路阀，用以切断主蒸汽。主蒸汽管路设计流量喷嘴，测量蒸汽流量并使用双重冗余的差压变送器。

四、烟道和烟气挡板

从燃气轮机排出烟气通过过渡通道进入余热锅炉过渡管道，再进入余热锅炉的整个横断面。一般烟内配置 n 个热电偶和三个压力变送器，测量余热锅炉入口处的烟气温度和压力。余热锅炉的烟囱设置了全开/全关型的电动烟气挡板，并配置了一个温度测量元件来测量烟囱出口温度。

五、配套辅机

余热锅炉辅机的冷却水由汽机房供给，通过母管供给各辅机。冷却回水通过母管回到汽机房，母管和各用水支管均设有隔离阀。

余热锅炉岛仪表用和检修用压缩空气由汽机房供给，通过母管供给各用气点，母管和各用气支管均设有隔离阀。

余热锅炉配有高压液力偶合调速给水泵，中压定速给水泵和凝结水加热器再循环泵，均按 2×100%容量一用一备设置。低压省煤器出口设计再循环回路，配置两台再循环泵，一用一备。所有配套辅机也需要设计测控功能。

第五节　国产余热锅炉简介

国内生产余热锅炉的公司有：杭州锅炉集团股份有限公司（简称杭锅）；无锡华光锅炉股份有限公司；东方锅炉（集团）股份有限公司；上海锅炉集团股份有限公司等。这里介绍的国产余热锅炉技术以杭锅的产品为背景。

杭锅的余热锅炉技术从美国 NOOTER/ERIKSEN 公司引进，设计制造的 F 级余热锅炉为三压、再热、卧式、无补燃、自然循环燃机余热锅炉，是燃气-蒸汽联合循环电站的主机之一，适用于以天然气为设计燃料的燃气轮机排气条件。

杭锅余热锅炉同样采用模块化设计，见图 13-4，其主要特点为：

(1) 采用优化的标准设计，模块化结构，布置合理，性能先进，高效节能。

(2) 适应燃机频繁启停要求，调峰能力强，启动快捷。

(3) 采用自然循环方式，水循环经过程序计算，安全可靠，系统简洁，运行操作方便可靠。

(4) 采用高效传热元件-开齿螺旋鳍片管，解决了小温差、大流量、低阻力传热困难的问题。

(5) 采用全疏水结构，锅炉疏排水方便，彻底。

(6) 锅炉采用单排框架结构，全悬吊形式，受力均匀，热膨胀自由，密封性能好。

(7) 采用内保温的冷护板形式，散热小，热膨胀量小。

(8) 锅炉受热面及烟道、护板在考虑现场安装条件的基础上，尽量加大模块化程度，工艺精良，安装方便，周期短。

(9) 锅炉受热面采用顺列布置，可以在规定的烟气压降范围内提供最优化的热交换，并提供了有效的清理空间。

(10) 优化选择各受热面内工质压降，工质沿锅炉宽度方向流速分布均匀。本锅炉按室外布置设计，锅炉和烟气通道均按地震烈度七度设防。锅炉为正压运行，各区段烟通道系统均能承受燃机正常运行的排气压力及冲击力。

一、余热锅炉结构

1. 总体情况

余热锅炉由进口烟道、锅炉本体、出口烟道及主烟囱、高中低压汽包、管道、平台扶梯等部件以及给水泵、排污扩容器等辅机组成。燃机排出的烟气通过进口烟道进入锅炉本体，依次水平横向冲刷各受热面模块，再经出口烟道由主烟囱排出。沿锅炉宽度方向各受热面模块均分成三个单元，各受热面模块内的热面组成见图 13-4。

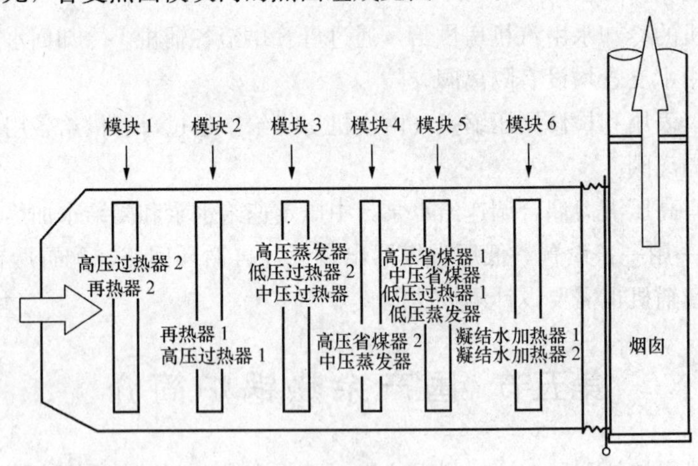

图 13-4 杭锅余热锅炉模块布置示意图

2. 汽包及内部装置

高压汽包两端配半球形封头，中压和低压汽包两端配半椭球形封头，封头均设有入孔装置。汽包内设置了二级汽水分离装置。一级分离为圆弧挡板惯性分离器 (BAFFLE)，二级分离为带钢丝网的波形板分离器 (CHEVRON)。

汽包内部还设置了给水分配管、紧急放水管和排污管等，低压汽包上还设有供水管至高中压给水泵。在汽包上还设有水位计、平衡容器、电接点水位计、压力表和安全阀等必要的附件和仪表配置，以供锅炉运行时监督、控制用。

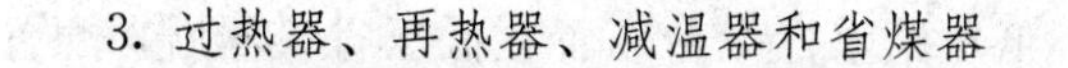

3. 过热器、再热器、减温器和省煤器

高压过热器分为高温段高压过热器 2 和低温段高压过热器 1，分别布置在模块 1 和模块 2 中，中间设置喷水减温器。高压过热器管为开齿螺旋鳍片管。高压过热器汽温调节采用喷水减温形式，减温迅速，调节灵敏。

中压过热器工质流程为半回路，中压过热器不设减温装置。

低压过热器分为高温段低压过热器 2 和低温段低压过热器 1，分别布置在模块 3 和模块 5。低压过热器 2 和低压过热器 1 为开齿螺旋鳍片管。低压过热器工质流程为全回路，工质一次流过锅炉宽度方向的一排管子。低压过热器不设减温装置。

再热器分为高温段再热器 2 和低温段再热器 1，分别布置在模块 1 和模块 2 中，中间设置喷水减温器。再热器 2 和再热器 1 为开齿螺旋鳍片管。再热器工质流程为双回路，工质一次流过锅炉宽度方向的两排管子。再热器汽温调节采用喷水减温形式，减温迅速，调节灵敏。

高、中、低压省煤器为开齿螺旋鳍片管，用于加热提升各级给水和凝水温度，回收余热的热能，其工作原理与燃煤锅炉基本相同，不再描述。

4. 蒸发器及下降管、上升管

高压蒸发器各管屏循环倍率基本一致，在各运行工况下最小循环倍率大于 6，高压汽包炉水通过两根集中下降管进入分配集箱，工质在管屏内被烟气加热，汽水混合物经管屏上集箱由连接管引入高压汽包。集箱由连接管引入低压汽包。

中压汽包炉水通过一根集中下降管进入分配集箱，由连接短管引至蒸发器管屏下集箱。中压蒸发器各管屏循环倍率基本一致，在各运行工况下最小循环倍率大于 15。

低压汽包炉水通过一根集中下降管进入分配集箱，由连接短管引至蒸发器各管屏下集箱。低压蒸发器各管屏循环倍率基本一致，在各运行工况下最小循环倍率大于 15。

高、中、低压蒸发器采用自然循环回路，变负荷时，能保持水位稳定。

5. 进出口烟道和主烟囱及膨胀节

进口烟道，出口烟道及主烟囱均采用钢制壳体。主烟囱挡板门以下设外保温，以上不设保温。来自燃机的排气通过进口烟道，流经锅炉本体后经出口烟道，主烟囱排入大气。主烟囱标高为 60m，内直径为 7m，烟囱内最大烟气流速约为 20m/s。

在出口烟道和主烟囱之间设置膨胀装置，以吸收各部热膨胀量，膨胀节采用软性膨胀节，具有三向补偿和吸收热膨胀推力的性能。

6. 保温护板和检修测量孔

为了最大限度减少散热损失，避免壳体直接与高温烟气接触并使其热膨胀量减少，锅炉采用内保温结构，即最内层为不锈钢内衬护板，内衬护板与护板之间置有数层轻质耐火保温材料（主要是硅酸铝耐火纤维板），外层护板为碳钢板。

为了便于安装、检修，在进口烟道、本体烟道及出口烟道上布置有检查门，在进口烟道入口、各受热面模块前后和锅炉出口布置有测量孔。

7. 管道和配件及钢架

高、中压给水泵均为 100% 容量两台，一用一备，由水泵液力偶变速器实现 30%～100% 的流量调节，通过给水旁路实现 0～40% 的流量调节。中压锅炉给水泵设有主回路 0～

100%的全流量调节，并设有50%的手动旁路。低压给水操纵台布置在低压省煤器后，配置两台再循环泵，一用一备。

高、中、低压汽包上均装有加药管，连续排污，紧急放水管等，在主蒸汽集箱、饱和蒸汽管、汽包排污管、给水等处设置取样装置。汽包连续排污、紧急放水、蒸发器的定期排污、过热器和省煤器的疏放水管等均纳入排污疏水系统。各加药点的加药管引至加药装置，各取样点的取样管引至取样台。

高、中、低压汽包上均设置了安全阀，就地水位计，水位平衡容器，电接点液位计，排气，压力表等管座。安全阀排汽管均引至消音器。高、再热、中、低压主蒸汽集箱设置有安全阀、PCV 阀（低压无）、排气阀、压力表、就地温度计、热电偶，还装有启动及紧急排汽和反冲洗管路；冷再热蒸汽汇合集箱上也装有安全阀、压力表、就地温度计、热电偶等阀门仪表。紧急排汽阀及安全阀、PCV 阀出口管路引至排汽消音器以减少噪声。

锅炉的钢架和护板由 H 型钢和钢板焊接而成，除一根作为膨胀中心的固定柱外，其余均为可定向滑移活动的柱底结构。承受燃机排气冲击力和和七度地震烈度要求。

二、配套辅机

余热锅炉配有 2 台高压液力偶合调速给水泵，2 台中压定速给水泵和 2 台凝结水加热器再循环泵，均按 2×100%容量一用一备设置，另外还配置了连续和定期排污扩容器、主烟囱挡板门等辅机。

第六节　余热锅炉控制技术

余热锅炉是依据燃气轮机的排气参数进行设计的。目前 GE 公司 F 级燃气-蒸汽联合循环中的余热锅炉，一般采用无补燃的三压再热循环系统配置。

通常燃气-蒸气联合循环中的余热锅炉控制策略，采用以燃气轮机为中心的余热锅炉跟随燃气轮机（HRSG Follow GT）控制方式，蒸汽轮机跟随余热锅炉（ST Follow HRSG）的控制模式，以利最大化汲取燃料能量转化为电力。

对于单轴联合循环发电机组来说，燃机和汽轮机共用一台发电机，负荷控制一般在机岛部分的控制系统中实现，为了提高在部分负荷工况时的效率，蒸汽轮机采用滑压运行方式。

对于分轴联合循环发电机组来说，由于燃机、汽轮机各拖带一台发电机，且汽轮机负荷响应比燃机负荷响应滞后，因此发电负荷分别控制，汽轮机根据余热锅炉参数及实际运行要求，采用定压或滑压方式运行。

与常规燃煤锅炉类似余热锅炉的热力过程控制系统，一般按照工艺系统功能划分如下：除氧给水系统、高/中/低压蒸汽系统、烟气系统、旁路系统等。

按照测控类型分类：数据采集系统（DAS）、模拟量控制系统（MCS）、顺序控制系统（SCS）、安全监控系统（BMS）、事故顺序系统（SOE）等，也可以在按照工艺系统功能基础上，再按照测控类型划分。

本节以美国 GE 公司的 9FA 燃气轮机机组所组成的联合循环电厂为例，介绍余热锅炉的模拟量控制系统、顺序控制系统及保护系统。部分与燃煤锅炉相同的控制内容，此处省略。读者可以对比，余热锅炉控制策略与常规控制有很多的相似性。

一、余热锅炉模拟量控制

首先分析三压再热循环余热锅炉的再热循环的特点，除了高压进汽和低压补汽外，汽轮机高压缸排汽与余热锅炉的中压供汽混合后再进入余热锅炉的再热器吸热，以提高汽轮机再热蒸汽的温度，进一步提高汽轮机效率。

这种三压再热循环的方式可以在排烟温度比较低、平均传热温差比较小的情况下，充分回收燃气轮机排气余热，保持较高的蒸汽参数，但由于这种结构的余热锅炉有三个汽包，过热器和减温系统相对较复杂，而且回收余热受燃气轮机控制影响很大，旁路控制又与汽轮机控制密切相关，所以余热锅炉的控制除了考虑余热锅炉自身的运行特性外，还必须配合燃气轮机和汽轮机运行的特点和当前的运行工况进行控制。

双压和单压余热锅炉的模拟量控制，只需要在三压余热锅炉基础上简化即可。

汽包水位的测量与常规燃煤机组的汽包水位测量类似，高、中、低汽包各安装三个不同位置的单室平衡容器，测量的水位信号经压力和温度补偿并选择中值作为水位控制的测量值。

1. 汽包水位控制原理分析

汽包水位是衡量锅炉汽水系统平衡的重要标志，是锅炉安全经济运行的重要控制参数，汽包水位过高会导致蒸汽含水量、含盐量增加，水位过低会导致下降管中带有蒸汽，因此将汽包水位控制在合理范围，是保证锅炉系统安全运行的前提条件。

三压再热循环余热锅炉中设计了高、中、低压三个汽包，与之对应，有三个汽包水位系统。从控制原理上说，三个汽包水位控制系统基本相同，都是根据汽包水位的变化以及给水和蒸汽流量的变化调节给水量，保证蒸发量与给水量间的相对平衡，维持汽包水位在允许的范围内，所以，汽包水位控制的关键是汽包水位设定值的选取、汽包水位的测量和汽包水位控制方法的选取。

在汽包水位设定值的选取方面，DCS 除了考虑常规锅炉中虚假水位的问题外，还考虑了燃气轮机排气温度、排气流量变化对汽包水位的影响，根据燃气轮机运行情况和机组负荷变化情况自动切换选取余热锅炉的汽包水位设定值。在 DCS 接收到燃气轮机控制系统送出的点火暖机结束信号前，控制系统根据汽包压力换算得到合理的汽包水位启动设定值。在 DCS 接收到燃气轮机控制系统送出的点火暖机结束信号后，汽包水位设定值切换为暖机结束时刻的汽包水位值。随着燃气轮机燃料量的增加，汽包温度和压力逐渐升高，蒸发量逐渐增大，当蒸汽量和给水流量均超过预定控制值后，汽包水位设定值切换为正常零水位。

在汽包水位的控制方法上，DCS 根据机组当前的运行工况，分别采用单冲量和三冲量两种控制方法进行汽包水位控制。单冲量控制方法下，控制系统由汽包水位设定值和汽包水位测量值构成闭环负反馈的控制回路进行汽包水位控制。三冲量控制方式下，除汽包水位设定点外，控制系统引用了蒸汽流量、给水流量和汽包水位测量值三个检测信号用于汽包水位控制。这两种控制方式是根据运行工况自动切换，当蒸汽流量和给水流量均超过给定的流量设定值后，控制方式自动切换为三冲量。当蒸汽流量和给水流量任一低于给定的流量设定值后，控制方式自动切换为单冲量。在实际运行中，启动阶段和低负荷阶段，蒸汽参数低、汽水流量低，控制系统通常选用单冲量控制方法进行汽包水位控制。在负荷高到某值后，蒸汽参数高、汽水流量大，这时控制系统通常选用三冲量控制方法进行汽包水位控制。

需要注意的是：若高压主蒸汽流量包含高压过热器减温水流量，当减温水流量较大时不能忽略，则在三冲量控制方式下，控制系统需将高压给水流量与高压过热器减温水量的差值作为高压汽包给水的实际流量。高、中压给水均取自低压汽包，因此在低压汽包的水位控制中需要将高、中压给水流量及相关的减温水流量折合进低压蒸汽流量中。

由于汽包水位是余热锅炉正常运行中重要的监控参数，水位过高或过低都会引发相应的报警和保护动作，当汽包水位高信号维持一定时间或者汽包水位信号高高信号出现后，控制系统会发出相应报警信号并强制关小给水调门；当汽包水位信号高或低信号出现时，控制系统会发出跳闸保护信号。

余热锅炉与常规燃煤锅炉的最主要的区别是它没有燃烧系统，且出于经济性考虑，联合循环大多采用滑压运行方式，对于余热锅炉的给水控制对象来说，其扰动与常规燃煤锅炉有所不同，主要有外部扰动及给水流量扰动，见图 13-5。在汽轮机加载结束前，外部扰动为蒸汽流量扰动，汽轮机加载结束后，调节汽阀全开，外部扰动为负荷扰动，由于滑压运行的联合循环单轴发电机组负荷由燃气轮机负荷决定，一般燃机负荷与汽轮机负荷之比一般为 2∶1，因此负荷扰动也可以间接用蒸汽流量扰动来表示。

当给水流量没有变化而蒸汽流量变化时，汽包水位会随着蒸汽流量变化而变化。当蒸汽流量增加 ΔD 时，水位的反应曲线见图 13-5（a）。

曲线 H_1 表示蒸汽流量增加 ΔD 时水位按比例下降，这是物质不平衡引起的。由于蒸汽流量的变化同时引起汽包内压力的变化，当用汽量增加时汽包压力降低，在汽包水容积内部的部分水会自蒸发成蒸汽，由于蒸汽的比容大，所占的体积大，再加上汽包蒸发器内的汽泡因汽包压力下降而使得体积进一步膨胀，使整个水容积变大，表示水位升高，形成“虚假水位”。“虚假水位”用图中线 H_2 来表示，稳定后的“虚假水位”不变。实际水位是上述两种情况的综合，也就是线 H_1 加线 H_2，因 H_1 线位于负值区，实际值是 $H_2+(-H_1)$ 得到 H 线。从 0 到 τ_1 这段时间内，H 线位于正值区，水位上升，是“虚假水位”阶段，自时间 τ_1 以后水位开始下降，表明需要增加给水流量。

当蒸汽流量没有变化而给水流量变化时，汽包水位会随着给水流量变化而变化。图 13-5（b）表示给水流量变化时水位的反应曲线。当蒸汽流量和蒸汽压力不变时，给水流量增

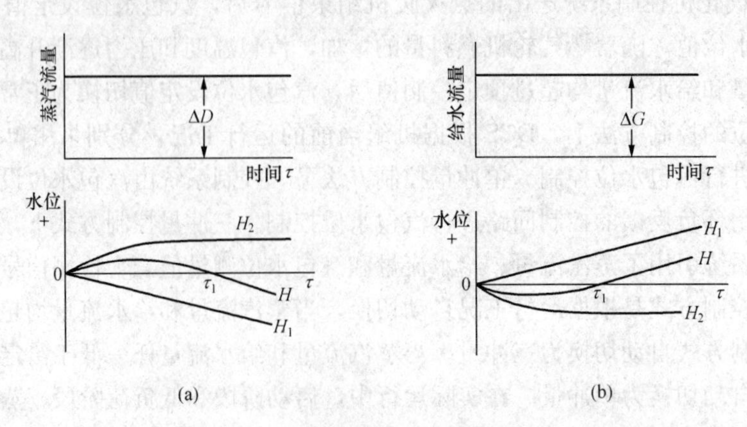

图 13-5　余热锅炉汽包水位扰动曲线

（a）蒸汽量扰动的水位反应曲线；（b）给水量扰动的水位反应曲线

加 ΔG，由于物质不平衡，水位应该增加，线 H_1 表示物质不平衡的影响，按直线比例增加。从另一方面来看，由于给水温度低于饱和水温度，给水流量的增加使汽包内水温降低，水容积内的蒸汽泡会凝结，汽泡消失，使水容积减小，表现出水位降低。等到汽泡凝结稳定后，汽泡容积不变，水位也不变，线 H_2 表示水温低对汽包水位的影响。综合两方面的水位变化，线 $H_1+(-H_2)$ 得到曲线 H。从 $0\sim\tau_1$ 这段时间内，水位略有降低，或者无变化，自时间 τ_1 以后水位才有升高趋势。

综合上述蒸汽流量和给水流量的水位扰动曲线，可知汽包水位在给水流量作用下，具有滞后性，水位不会自平衡。汽包水位在蒸汽流量作用下，不仅没有自平衡能力，而且存在"虚假水位"现象。

随着燃气轮机负荷的变化，燃气轮机排气温度及流量发生变化，将对汽包水产生较大影响，尤其是在机组启动过程中，原因主要是燃机变负荷速率较快，燃气参数变化也较快。

2. 高压汽包水位控制

三压再热循环余热锅炉的高压给水控制系统一般采用两段式控制方案，即高压汽包水位控制及高压给水调节阀前后差压控制。前者由串级三冲量控制系统实现，来维持高压汽包水位在设定值。后者由高压给水泵转速控制系统实现，其任务是通过控制给水泵的转速，来维持高压给水调节阀前后的差压在设定值，以保证调节阀流量特性的线性度，同时防止低负荷时调节阀承受过大的差压，也称为给水泵出口压力控制系统。

高压汽包水位的控制原理见图 13-6，下面分别描述单冲量与三冲量水位控制，和有关无扰切换等功能。

（1）高压汽包水位的单冲量控制。

当高压蒸汽流量和高压给水流量任一低于给定的流量设定值，若投入高压汽包水位自动，则控制方式为单冲量控制，是一个单回路控制系统。单冲量调节器 T_1 接受高压汽包水位测量值与高压汽包启动设定值之间的偏差，经过比例积分调节作用后，输出单冲量调节控制指令 CV_1 送到高压给水调节阀执行机构，从而控制高压汽包水位在设定值。

（2）高压汽包水位的三冲量控制。

随着负荷升高，汽水流量逐步增加，当高压蒸汽流量和高压给水流量均大于流量设定值后（如 25%额定流量），若高压汽包水位在自动模式，则控制方式自动转为三冲量控制。这是一个主信号为高压汽包水位、前馈信号为高压蒸汽流量信号、反馈信号为高压给水流量的串级三冲量控制系统。主回路调节器为水位调节器 T_2，副回路调节器为给水流量调节器 T_3。主回路调节器接受高压汽包水位测量值与高压汽包水位设定值之间的偏差，经过比例积分调节作用后，输出指令叠加代表外部负荷的蒸汽流量前馈信号，作为副回路调节器的给定值，以蒸汽流量前馈信号来维持负荷扰动时的物质平衡，克服"虚假水位"现象对调节品质的影响。副回路调节器接受主回路调节器输出指令及蒸汽流量前馈信号与实际给水流量之间的偏差，经过比例积分调节作用后，输出指令送到高压给水调节阀执行机构，控制高压汽包水位在设定值。

高压汽包水位串级三冲量控制系统是一个前馈-反馈双回路控制系统，副回路由给水流量变送器、副回路调节器、执行机构和给水调节阀组成一个闭环调节回路，由于副回路不包括延迟较大的水位对象，因此副回路调节器的比例积分作用可整定得较强。当发生给水流量

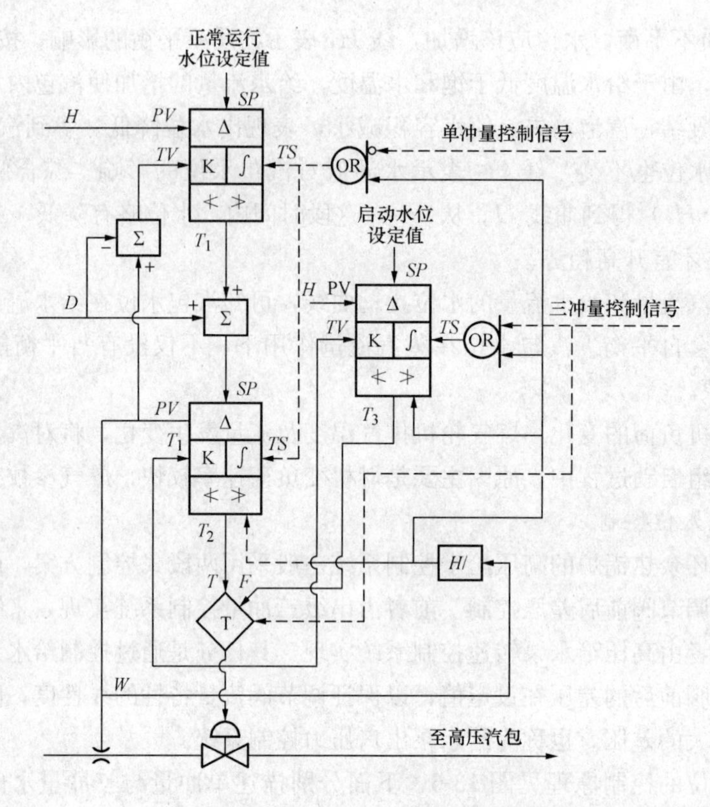

图 13-6 高压汽包水位控制原理图

内扰时，通过副回路可迅速消除给水流量的扰动；当发生蒸汽流量外扰时，通过副回路可使给水流量迅速跟踪蒸汽流量的变化，维持汽包流入量和流出量的物质平衡。

(3) 单冲量与三冲量控制之间的双向无扰切换。

当系统在单冲量控制方式时，图 13-6 中单冲量调节器 T_1处于自动模式，调节器 T_1的输出指令 CV_1由切换模块 T 选通，经过手操器模块 A/M 送至给水调节阀执行机构。同时，"切单冲量"信号经或门送至串级三冲量控制系统中两个调节器 T_2、T_3的跟踪控制端 TS，T_2、T_3立即处于跟踪方式。当 T_2在跟踪方式时，其输出为：

$$CV_2 = TV_2 = W - D \tag{13-1}$$

对于 T_3，其输入偏差为：$\Delta_3 = SP_3 - PV_3 = CV_2 + D - W$，将式（13-1）代入即得 $\Delta_3 = 0$。当 T_3在跟踪方式时，其跟踪输入端 TV_3等于 CV_1，T_3输出为：

$$CV_3 = CV_1 \tag{13-2}$$

这样，当系统由三冲量控制方式切换至单冲量控制方式时，三冲量控制系统的输出将跟踪单冲量控制系统的输出，且三冲量控制系统的主回路输出跟踪给水流量与蒸汽流量的偏差，副回路的输入偏差为 0。因此，当系统由单冲量控制方式切换至三冲量控制方式时，三冲量控制系统的输出不会突变，实现了无扰切换。

系统在三冲量控制方式时，图 13-6 中 T_1处于跟踪模式，由于此时切换模块 T 选通 CV_3 的输出，T_1的跟踪输入端即等于 CV_3，T_1输出为：

$$CV_1 = CV_3 \tag{13-3}$$

这样，当系统由单冲量控制方式切换至三冲量控制方式时，单冲量控制系统的输出将跟踪三冲量控制系统的输出。因此，当系统由三冲量控制方式切换至单冲量控制方式时，单冲量控制系统的输出不会突变，实现了无扰切换。

综上所述，汽包水位控制系统的单、三冲量控制之间的双向无扰切换是通过调节器的跟踪功能实现的。

(4) 手动与自动控制之间的双向无扰切换。

不管高压汽包水位控制系统工作在单冲量控制方式，还是工作在三冲量控制方式，一旦控制系统切手动，手操器模块的输出由运行人员手动控制，此时单冲量调节器和三冲量调节器均处于跟踪状态，跟踪手操器模块的输出。这样，当系统切至自动时，调节器的输出均不会突变。

当系统工作在自动方式时，手操器模块处于跟踪工作方式，其输出跟踪手操器模块的输入端，即接受来自于切换模块 T 的输出信号。这样，当系统切至手动时，手操器模块的输出不会突变。

汽包水位控制系统的手动与自动控制之间的双向无扰切换，是通过调节器和手操器的跟踪功能实现的。在其他控制系统中的手动与自动控制之间的双向无扰切换，也是通过调节器和手操器的跟踪功能来实现的。

(5) 高压汽包水位设定值。

1) 高压汽包水位启动设定值：图 13-7 为高压汽包水位设定值生成回路图，图中单冲量控制时的设定值与三冲量控制时的设定值在时间上是不同的。这是因为在机组启动时，汽包内的压力较低，为了抑制汽包内水容积的膨胀，将启动水位设定值 SP_{ST} 设置得较低；随着汽包的升温、升压，汽包内压力逐渐增大，这时 SP_{ST} 也随着慢慢增加，逐步接近正常运行水位设定值，同时控制方式将切换至三冲量控制。因此，可以将 SP_{ST} 作为汽包压力的函数，以作为机组启动、停运过程以及跳闸时全程给水自动的设定值。

高压汽包启动水位设定值与高压汽包压力的关系见图 13-8，图中曲线 3 为高压汽包水位设定值。机组启动初期，由机组级启动顺序控制逻辑确认高压汽包水位设定值在初始设定值附近（曲线 ab 段）。随着汽包压力的升高，高压汽包水位设定值也随着线性升高，是汽包压力的线性函数（曲线 bc 段），直至保持在某一个数值（曲线 cd 段），准备切换至正常运行时

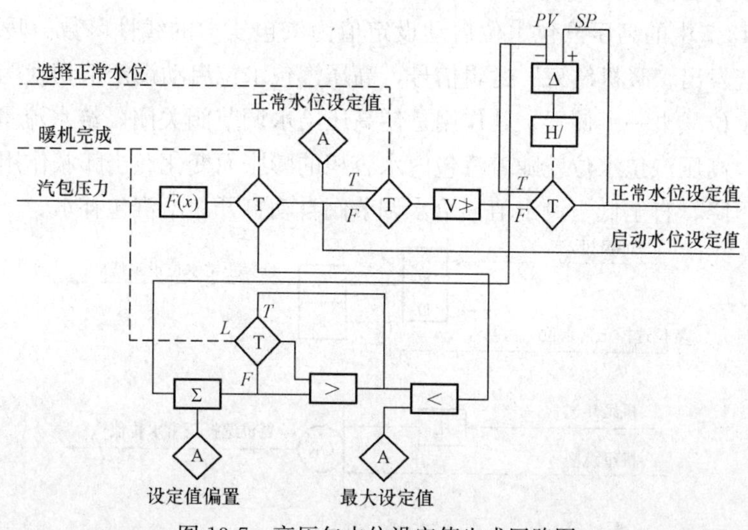

图 13-7　高压包水位设定值生成回路图

的三冲量控制水位设定值。

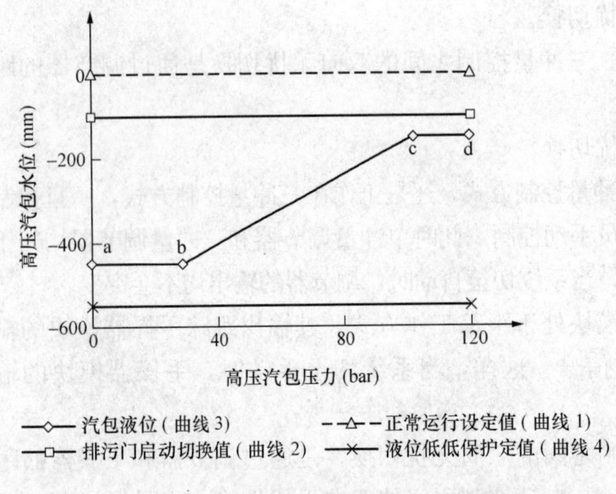

图 13-8　高压汽包水位-高压汽包启动压力

图 13-8 中曲线 4 为高压汽包水位低低保护定值，曲线 2 为关闭高压汽包启动排污门的切换定值，曲线 1 为高压汽包正常运行时的设定值。

2）高压汽包水位设定值的跟踪：图 13-6 中，当高压汽包实际水位与高压汽包水位设定值之间的偏差大于高限模块 H/设定的定值时，则将设定值切换至实际水位，同时将系统切换至手动控制模式并发出报警信号。这是为了防止高压汽包水位自动控制时调节品质恶化、水位波动过大而采取的措施。当偏差恢复至正常范围时，可继续投入自动运行。由于设定值跟踪实际测量值，调节器的输入偏差为 0，则切换后不会发生调节器输出突变，实现了无扰切换。

3）高压汽包水位设定值的切换：当系统发出“选择正常水位”逻辑信号时，高压汽包水位设定值即由 SP_{ST} 切换为正常运行的水位设定值。切换后的值经过一个变化率限制模块，防止设定值切换时对系统造成扰动。

“选择正常水位”逻辑信号条件见图 13-9，当燃气-蒸汽发电机组转速低于 95％或燃气-蒸汽发电机组在运行中跳闸时，RS 触发器复位，“选择正常水位”逻辑信号为“0”；当燃气-蒸汽发电机组运行正常且转速高于 95％，同时高压汽包水位“投入三冲量条件”满足时，RS 触发器置位，“选择正常水位”逻辑信号为“1”，控制系统将高压汽包水位设定值切换为正常运行的水位设定值。

机组启动顺序控制命令发出后，燃气轮机拖动、升速、点火、暖机、再升速并网。在暖机结束前，图 13-7 中的高压汽包水位启动设定值为汽包压力的线性函数。暖机结束后，燃气轮机控制系统发出“暖机结束”逻辑信号，高压汽包水位启动设定值切换为 SP，SP 为实际的高压汽包水位减去一个偏置，其作用是使高压给水调节阀关闭，给水流量为 0。由于设定值被限制住，高压汽包水位就随着汽包内水容积的膨胀而变化。当膨胀作用减弱时，高压汽包水位开始下降，直至低于设定值，给水调节阀自动打开，给汽包补水。

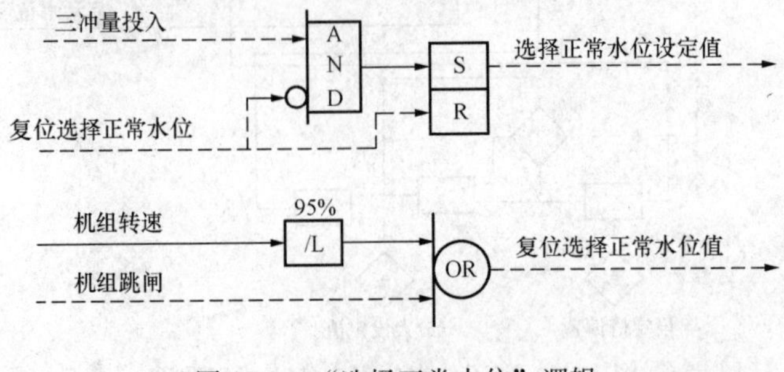

图 13-9　“选择正常水位”逻辑

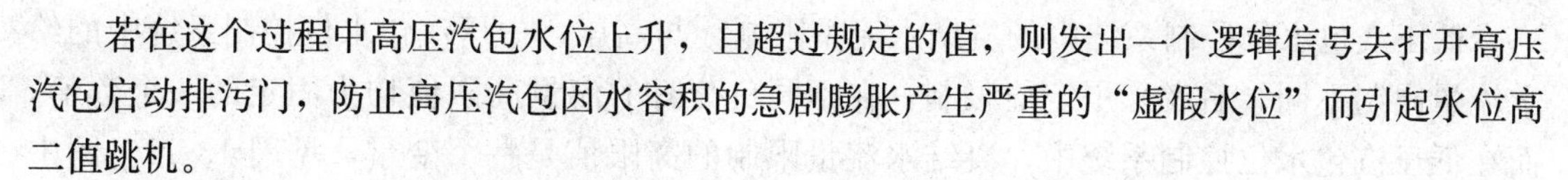

若在这个过程中高压汽包水位上升，且超过规定的值，则发出一个逻辑信号去打开高压汽包启动排污门，防止高压汽包因水容积的急剧膨胀产生严重的“虚假水位”而引起水位高二值跳机。

（6）高压汽包水位变比例控制。

为了使高压汽包水位在三冲量控制方式时的调节品质进一步提高，在控制策略里设计了变参数调节。当高压汽包水位控制系统的被调量偏差较大时，采用较强的调节规律，使控制系统尽快消除水位偏差；而当被调量偏差较小时，采用较弱的调节规律，以避免在稳态时频繁调节，减少执行机构及调节阀门的磨损。

图 13-10 中，用两个减法模块和一个乘法模块计算出调节器放大倍数-水位偏差曲线的斜率 K，当高压水位偏差（被调量偏差）在所设定的最小偏差和最大偏差之间时，利用直线方程来计算所需的调节器放大倍数 K_P：

$$K_P = K \times (\Delta - \Delta_L) + K_{PL} \tag{13-4}$$

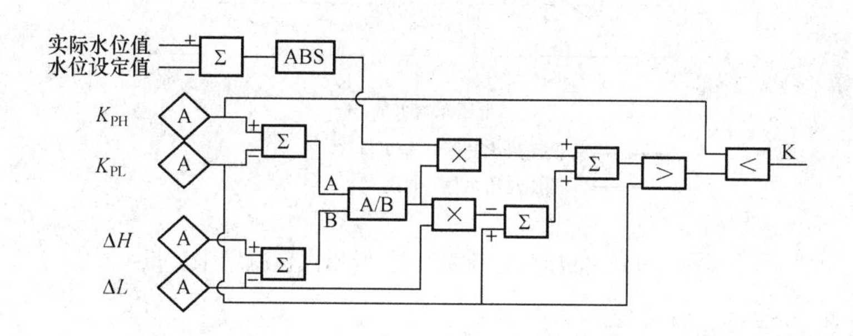

图 13-10　变比例控制

（7）高压汽包水位闭锁增控制。

当高压给水流量过大时，为了抑制给水流量的进一步增加，控制系统发出闭锁增命令，同时送至单冲量控制系统的水位调节器和三冲量控制系统的给水流量调节器，调节器的输出只能减少而不能增加，保证高压给水系统的安全运行。

（8）高压给水调节阀前后差压控制。

高压给水调节阀前后差压控制是一个单回路控制系统，通过高压给水泵的变速调节来维持高压给水调节阀的前后差压。

高压给水调节阀前后差压的测量信号是由调节阀前压力（或高压给水母管压力）测量值减去汽包压力测量值，其中调节阀前压力采用二取平均处理，汽包压力采用三取中处理。

在调节器的输出指令里加入了高压给水流量限制回路，当高压给水流量限制指令小于调节器的输出指令时，高压给水调节阀前后差压控制信号就被限制住，不再继续增加，防止高压给水流量的进一步增大。

3. 中压和低压汽包水位控制

中压汽包水位控制系统与高压汽包水位控制系统完全一致，此处不再赘述。低压汽包水位控制系统与高压汽包水位控制系统基本一致，只是没有逻辑信号去打开汽包启动排污门，此外，在部分负荷时的超弛控制不同。

低压汽包水位控制系统中的凝结水流量限制，与高压、中压汽包水位控制系统中的给水流量限制不同。后者采用定值限制，在不同负荷时的流量高限值均为固定的一个数值，而在低压汽包水位控制系统中，凝结水流量限制的高限值是一个变量，见图 13-11。图中曲线 1 为低压汽包给水高流量限值，曲线 2 为低压汽包总的流出量（等于高压给水泵出口流量、中压给水泵出口流量和低压蒸汽流量三者之和）。曲线 2 加上一个固定的偏置，即作为曲线 1，用来限制低压汽包给水流量不超过曲线 1 所设定的范围，从而保证锅炉给水系统安全工作。

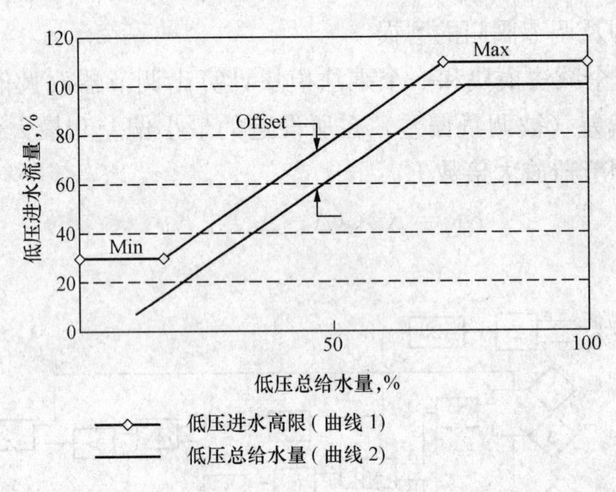

图 13-11　低压汽包流量超弛-低压汽包凝结水流量

4. 低压省煤器进口温度控制

三压再热循环余热锅炉中，来自真空除氧式凝汽器的给水经凝结水泵进入余热锅炉低压省煤器，低压省煤器出水分为两路：一路进入低压汽包；另一路通过再循环泵与凝结水混合，保证余热锅炉进水温度，防止低压省煤器低温腐蚀。

当运行中度硫份天然气燃料时，低压省煤器进口温度控制功能用于提升进入低压省煤器的凝结水温度从而避免烟气流动侧腐蚀。低压省煤器进口温度通过调整低压省煤器再循环调节阀来完成，低压省煤器出口的一部分热水经过此阀与来自凝结水泵的冷凝水混合，使得低压省煤器进口的水温提高。

（1）低压省煤器进口温度控制。

低压省煤器进口温度为单回路系统，采用常规的 PI 调节。通常设置 2 台低压省煤器再循环泵，互为备用。

（2）低压省煤器再循环泵最小流量控制。

当低压省煤器进口温度控制指令较低时，为了防止再循环泵的汽蚀，通过闭锁功能限制低压省煤器进口温度调节器输出指令，使其不允许减小，从而保证低压省煤器再循环泵的最小流量。

（3）低压省煤器再循环泵最大流量控制。

为了防止再循环泵的流量过高，无论是在稳态还是在低压省煤器进口温度低于设定值，都应该限制再循环泵的流量。当低压省煤器进口温度控制指令较高时，通过闭锁功能限制低压省煤器进口温度调节器输出指令，使其不允许增加，从而保证低压省煤器再循环泵的流量

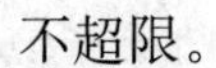

不超限。

5. 主蒸汽温度控制

高压过热蒸汽和中压再热蒸汽温度是非常重要的参数，它对电厂的安全和经济运行具有重要的意义，故机组运行过程中必须对这两个参数进行严格监控。

不同的余热锅炉配置不同的减温方案，FW 的三压再热余热锅炉配置高、低压过热器和中压再热器，其中高压过热器共有 4 级，在 2、3 级和 3、4 级过热器之间设置了二级喷水减温装置，控制高压过热器出口蒸气温度。再热器共有 3 级，再热器进口接受中压过热器出口蒸气和再热冷端蒸气，在 2、3 级再热器之间设置了一级喷水减温装置，控制再热器出口蒸气温度，低压过热器不设置喷水减温装置。高压过热器和再热器配备全容量的安全阀和 PCV（压力控制阀）阀。

（1）高压过热蒸汽减温水调节系统。

余热锅炉系统配置了 4 个高压过热器，为了有效地控制高压主蒸汽温度，系统还设置了独立的一级和二级喷水减温水系统，一级喷水减温器布置在二级和三级高压过热器之间；二级喷水减温器布置在三级和四级高压过热器之间。考虑到电厂对高压主蒸汽温度的调节精度要求很高，所以高压过热蒸汽减温水控制非常重要。作为调节对象的高压过热器有较大的热惯性，导致喷水减温量与蒸汽温度间存在一定的延迟，简单的 PID 控制效果较差，因此，在高压过热蒸汽减温水控制上采用比较复杂的串级调节系统，以获得较好的调节效果。

（2）高压主蒸汽温度控制。

高压主蒸汽温度由高压过热器二级减温水调节阀控制，设计了全程自动，图 13-12 为控制原理。

1）采用导前汽温的串级控制。

高压主蒸汽温度串级控制系统具有两个控制回路：一是由被调对象的导前区、导前汽温 $\gamma_{\theta 2}$、副调节器、执行器 K_Z 和喷水减温调节阀组成的内回路；二是由被调对象的惰性区、主汽温 $\gamma_{\theta 1}$、主调节器和内回路组成的主回路如图 13-13 所示。

主回路调节器接受主蒸汽温度和设定值之间的偏差，输出指令作为内回路调节器的给定值，对内回路进行校正，消除温度偏差。为了防止积分饱和，主回路可采用带复位功能的比例和外部积分调节作用。

因为导前汽温是测得的减温器后的温度，能够快速反应减温水侧的自发性扰动（内部扰动）而引起的温度变化，因而内回路调节器就可以根据导前汽温的变化迅速改变减温水量，消除因给水压力波动等原因引起的减温水量的扰动。

2）过热度保护回路。

由于初级过热器出口汽温较低，当减温水量较大时，有可能存在过量喷水的情况，使得蒸汽温度降到饱和温度而导致蒸汽带水。为了防止蒸汽带水而损坏汽轮机叶片，应设置过热度保护。

过热度保护回路如图 13-14 所示，根据二级减温器出口蒸汽压力信号计算得到二级减温器出口蒸汽的饱和温度，加上一定的过热度裕度（一般为 20～30℃）后，作为末级过热器入口蒸汽温度保护值，与主回路调节器的输出指令一起经过大选模块作为内回路调节器的给

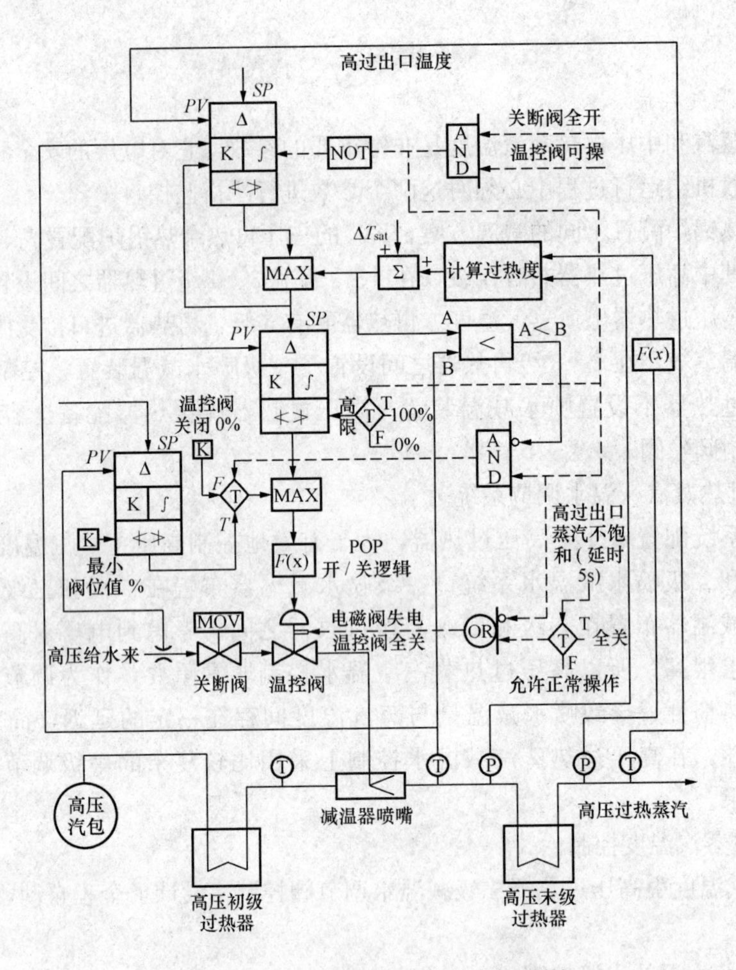

图 13-12 高压主蒸汽温度控制原理图

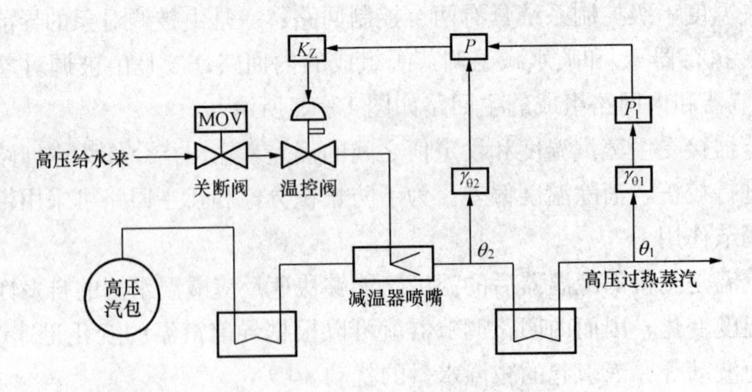

图 13-13 串级汽温调节系统图

定值。当主回路调节器的输出指令小于温度保护值时，限制减温水流量继续增大，保证减温器出口蒸汽温度不低于饱和温度，从而保证机组的安全运行。若主蒸汽温度过低、或过热度较小，则发出调节阀全关信号，超弛关闭调节阀。

本回路还引入了主蒸汽压力信号，当二级减温器出口蒸汽压力信号故障时（由质量判断功能检测），二级减温器出口蒸汽的饱和温度则由主蒸汽压力及末级过热器阻力计算得到，防止因二级减温器出口蒸汽压力信号故障而失去过热度保护功能。

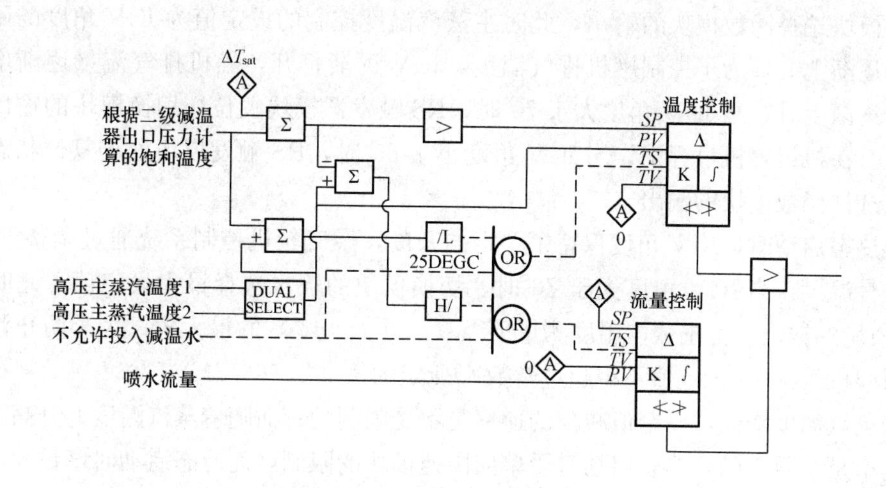

图 13-14　过热度保护回路图

3）高压过热器二级减温水调节阀最小流量保护。

喷水减温阀前后的压差较大，而喷水减温调节阀工作中有可能进入较小开度范围内调节，为了防止对阀门的损伤，在执行机构指令里加入了限制回路。

当减温水流量小于设定值时，最小流量调节器输出增加，与高压主蒸汽温度串级控制回路输出指令一起进入大选模块，若其指令小于最小流量调节器的输出，则将最小流量调节器的输出作为喷水减温调节阀的指令，从而保护调节阀。

4）高压主蒸汽温度设定值回路。

由于余热锅炉输入的能量来自于燃气轮机排气，从热力特性来讲，余热锅炉生成的蒸汽参数只与燃气轮机排气有关，即蒸汽温度取决于燃气轮机排气的流量及温度。

机组启动后，在部分负荷时，IGV 参与燃气轮机排气温度的调节，虽然在这个时候排气温度能够控制比较稳定，但排气流量将随着 IGV 开度的变化而变化，从而直接影响机组带负荷时的蒸汽温度。因此，在高压主蒸汽温度全程自动控制策略中，设计了 IGV 前馈回路，见图 13-15 高压主蒸汽温度设定值回路图。

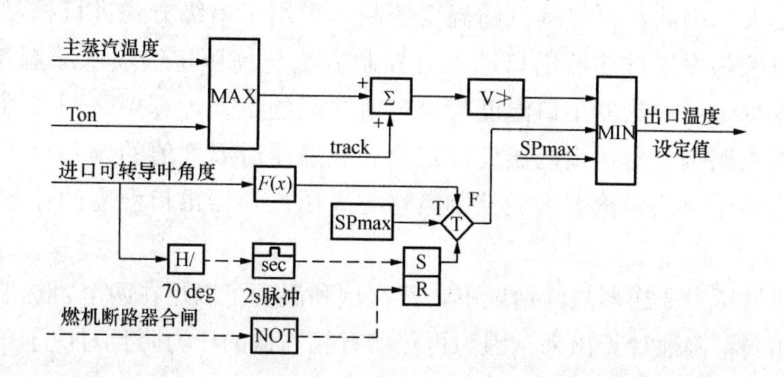

图 13-15　高压主蒸汽温度设定值回路图

机组冷态启动时，若投入温度匹配，IGV 将关至最小位置。RS 触发模块处于复位状态，切换模块选择函数模块的输出，此时主蒸汽温度控制的设定值为 IGV 角度的函数；随着负荷的逐渐上升，为了控制燃机排气温度，IGV 逐渐打开，燃机排气流量逐渐增加，主蒸汽温度逐渐上升，当 IGV 角度大于 70°时，RS 触发器模块置位，切换模块的输出选择最大设定值。在机组停机过程中，当 IGV 角度小于 65°时，RS 触发模块处于复位状态，切换模块再次选择函数模块的输出。

机组热态启动时，IGV 角度保持了一定的开度，燃气轮机控制系统通过调整 FSR 来控制燃机排气温度。当 IGV 角度大于 70°时，切换模块的输出选择最大设定值，此时设定值（即小选模块的输出）为主蒸汽温度测量值及 T_{ON}（如 482°）的最大值，为了防止汽轮机温度过高引起机组 RB，设定值不得超过常数 C 所定的值（如 566.7℃）。

随着蒸汽温度降低，设定值减少的速率是不受限制的；而随着蒸汽温度的升高，设定值增加的速率是受限制的，热态启动时受单向限速模块的限制，而冷态启动时函数模块里所设置的曲线的斜率限制。如果蒸汽温度增加的速率超过了预定义的值，则设定值的增加将滞后于未受控的温度且减温器流量将从最小值开始增加，以限制蒸汽温度的增加速率。

5）手自动双向无扰切换的实现。

控制系统由自动切换至手动时，主回路、副回路调节器同时处于跟踪状态。主回路调节器输出跟踪二级减温器后的温度，同时设定值跟踪测量值，而副回路调节器的输出则跟踪手操器模块的输出。这样，当系统再次由手动切换至自动时，由于主、副调节器的输入偏差均为 0，因此主、副调节器的输出都不会突变。

（3）二级高压过热器出口蒸汽温度控制。

二级高压过热器出口蒸汽温度控制主要的通过控制一级喷水的喷水量，来控制二级过热器后的蒸汽温度，在控制上也采用了串级方式进行控制。主路调节器根据高过二减前温度设定值和高过二减前温度值的偏差计算副路调节器的给定值，副路调节器根据主路调节器送出的设定值和高过一减出口温度值的偏差进行一级喷水调节阀开度的控制。控制策略同高压主蒸汽温度控制，此处不再赘述。

（4）再热蒸汽温度控制。

再热蒸汽的温度控制与高压主蒸汽温度控制一样重要，而且变化幅度比高压主蒸汽温度的变化幅度要大，因此，再热蒸汽的温度控制也采用了串级方式进行控制。再热蒸汽温度系统的控制对象为中压过热器出口温度，控制方法与高压串级喷水减温系统基本相同。主路调节器根据据中压过热器出口温度与设定值之间的偏差计算副路调节器的给定值，副路调节器则根据主路调节器送出的温度设定值和减温器后温度值的偏差直接进行喷水调节阀开度的控制。由于再热蒸汽温度的控制策略与高压过热器出口温度的控制原理一致，此处不再赘述。

在末级再热器压力变送器故障情况下，蒸汽饱和温度可以用在两个再热器部分的基于相应流阻的压力相当精确地计算出来（因为再热器有相当低的压力降且对应于压力的饱和温度的变化也相当低）。末级再热器进出口压力关系式为：

$$P_{IF} = P_{CR} - K \times (P_{CR} - P_{OF}) \tag{13-5}$$

式中 K——高压一级过热器压力降对整个再热器压力降的比率；

P_{CR}——再热器冷端压力；

P_{IF}——末级再热器进口压力；

P_{OF}——末级再热器出口压力。

6. 旁路控制

9FA机组的余热锅炉系统设置了高、中、低压三个并联旁路系统，主要由旁路压力调节阀、旁路减温水隔离阀和旁路减温水调节阀组成，对解决联合循环机组主设备间热惯性差异，改善机组启动性能等方面有非常重要的作用。

在机组启动初期，旁路系统配合余热锅炉系统暖管和储能的要求，将不符合汽轮机进汽要求的蒸汽由旁路系统流回凝汽器，保证余热锅炉汽水系统的均匀受热，减少工质损失；在汽轮机进汽准备阶段，旁路系统与温度匹配相配合，共同调节蒸汽参数，满足汽轮机的进汽条件；在汽轮机进汽阶段，旁路系统配合汽轮机主汽调阀的开启逐步减小旁路蒸汽流量，保持汽轮机主汽调阀开启过程中，主汽压力的稳定；正常运行时，旁路系统以备用压力控制模式跟踪运行过程中主蒸汽压力的变化，限制其波动幅度；在机组跳闸或者甩负荷时，蒸汽旁路起到安全阀的作用，将余热锅炉产生的多余蒸汽导入凝汽器，保证锅炉出口蒸汽压力和主蒸汽压力平稳下降，避免余热锅炉汽包超压；在机组降负荷太快或负荷太低时，可以通过开启旁路系统，保证蒸汽参数，保护汽轮机；同时旁路系统保证高、中压过热器有一定的蒸汽流量，使其得到足够的冷却从而起保护作用。

（1）旁路蒸汽压力控制。

1）高压旁路压力控制。

高压旁路压力控制采用单回路控制系统，其关键是设定值的选取。由于联合循环机组中高压旁路是配合燃气轮机和汽轮机运行的辅助系统，所以在高压旁路的控制中引入了燃机和汽机控制系统的相关信号作为高压旁路运行方式的切换信号。DCS通过这些切换信号改变高压旁路压力设定值的算法，实现余热锅炉高压旁路系统和燃气轮机、汽机间的协调运行，见图13-16。

随着燃气轮机排气温度升高和余热锅炉升温升压的开始，高压旁路阀压力控制阀逐渐打开，将高压蒸汽通过旁路阀导入凝汽器，以保证高压主蒸汽压力始终等于高压旁路压力设定值；在DCS接收到汽机控制系统送出的汽机高压主汽调阀IPC（入口压力控制）投入信号后，高压旁路压力设定值根据当前高压蒸汽压力自动实时更新，始终比当前高压蒸汽压力大一个常数C_1，保证高压旁路压力控制阀逐渐关闭；正常运行阶段，如果高压蒸汽压力低于上限，高压旁路压力设定值根据当前高压蒸汽压力实时更新，始终比当前高压蒸汽压力大一个常数C_1，保证高压旁路压力控制阀始终在关闭状态，如果发生高压蒸汽压力高于上限，则设定值被限制在高限，随着高压旁路蒸汽压力的升高，高压旁路调节阀打开，直至高压蒸汽压力低于上限为止。

在DCS接收到汽轮机控制系统送出的汽轮机高压调阀IPC退出，或发电机出口断路器断开的信号后，高压旁路压力设定值保持为IPC退出时刻，或发电机出口断路器断开时刻的高压蒸汽管道压力值，高压旁路控制阀随高压主蒸汽压力的变化调整开度，始终保持高压主蒸汽压力等于压力设定值IPC退出时刻或发电机出口断路器断开时刻的高压蒸汽管道压力值。

在机组的主保护退出或机组转速降至暖机转速以下时，燃气轮机暖机信号被清除，高压旁路的压力设定值根据当前高压蒸汽压力自动实时更新，始终比当前高压蒸汽压力大一个控制常数，高压旁路压力控制阀保持关闭状态。

此外，为了应对故障情况下联合循环机组对高压旁路控制的要求，在DCS接收到汽轮机控制系统送出的汽轮机跳闸信号或发电机跳闸信号后，高压旁路压力设定值保持为汽轮机跳闸或发电机跳闸时刻的高压蒸汽管道压力值，高压旁路控制阀逐渐打开将蒸汽通过旁路系统引入凝汽器。

当机组出现异常情况，若再经高旁压力控制回路判断、自动切换，则可能因处理时间太长而危及设备安全，所以，DCS为高压旁路压力控制阀设置了“快关”功能，一旦出现凝汽器失真空或高旁减温阀失控或高压汽包水位三高等情况，高压旁路压力控制阀立即关闭，以保护相关设备的安全。

2）中压旁路压力控制。

中压旁路压力控制与高压旁路压力控制类似，采用单回路控制系统。

在DCS接收到燃气轮机控制系统送出的暖机结束信号前，中压旁路控制系统的设定值选取中压主蒸汽压力值和中压旁路整定值中较大的一个；在DCS接收到暖机结束信号后，设定值选取暖机结束时刻中压主蒸汽压力值和中压旁路整定值中较大的一个作为中压旁路压力设定值；在DCS接收到控制燃气轮机控制系统送出的发电机断路器闭合信号、或汽轮机IPC投入信号，且汽轮机高压主蒸汽调门开度大于15%之后，中压旁路压力设定值根据当前中压蒸汽压力实时更新是动态设定值，始终比当前中压蒸汽压力大一个控制常数C_2，保证中压旁路压力控制阀逐渐关闭；正常运行阶段，中压旁路压力的设定值根据当前中压蒸汽

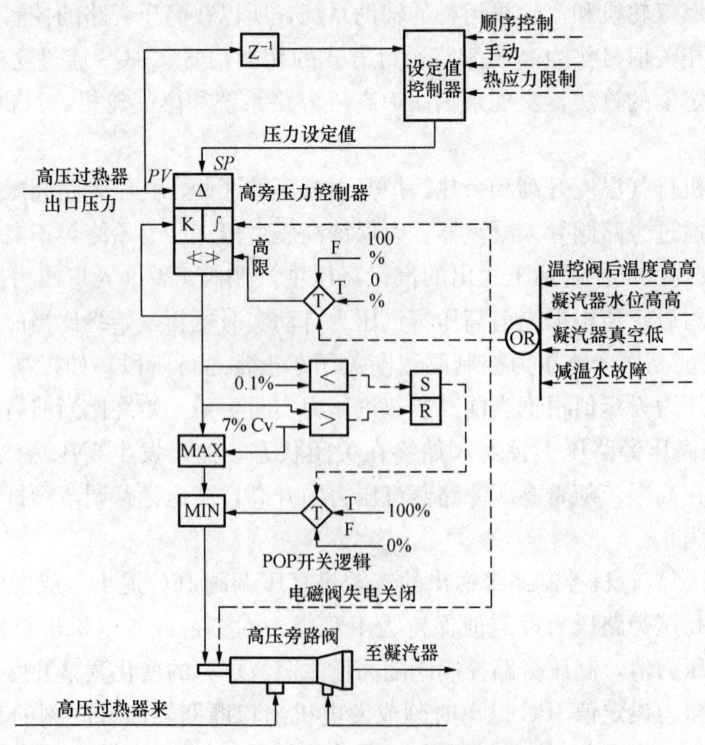

图13-16　高压旁路压力控制原理图

压力实时更新，始终比当前中压蒸汽压力大一个常数，保证中压压旁路压力控制阀始终保持关闭状态；停机阶段中压旁路的压力设定值立即固定为停机时刻中压主蒸汽管道的压力，中压旁路控制阀随中压蒸汽压力的变化调整开度，始终保持中压主蒸汽压力等于设定值；在凝汽器失真空或用户手动停止中压旁路后，中压旁路压力控制阀立即关闭。

此外，为了应对故障情况下联合循环机组对中压旁路控制的要求，在DCS接收到汽轮机控制系统送出的汽机跳机信号、发电机跳闸信号、中压汽包水位高高、中压主蒸汽隔离门关闭或高压主蒸汽调门开度小于15%时，中压旁路压力设定值立即切换为故障发生时的中压蒸汽压力值，随着压力的升高，中压旁路控制阀逐渐打开将蒸汽通过旁路系统引入凝汽器。

同高压旁路压力控制系统类似，DCS为中压旁路压力控制阀设置了“快关”功能，一旦出现凝汽器失真空、中旁减温阀失控、中压汽包水位三高等情况，中压旁路压力控制阀立即关闭，以保护相关设备的安全。

3）低压旁路压力控制系统。

低压旁路压力控制也采用单回路控制系统，与高压和中压不同的是，低压旁路设定值采用手动控制方式。低压旁路设定值只有两个固定的常数，即启动设定值和运行设定值，运行人员根据机组运行工况手动切换低压旁路压力控制设定值。在启动阶段，蒸汽参数不符合进汽要求，因此手动将设定值设置为比较低的启动设定值，蒸汽通过旁路进入凝汽器，帮助余热锅炉低压系统暖炉、暖管；在运行阶段，将蒸汽设定为较高的运行设定值，控制低压旁路压力调节门逐渐关闭，配合汽轮机低压缸进汽加载。

DCS为低压旁路压力控制阀设置了“快关”功能，在发生凝汽器失真空、低压汽包水位三高或旁路减温水失控等异常情况时，低压旁路压力调节阀强制关闭，以保护相关设备的安全。

（2）旁路蒸汽温度控制。

为了保护凝汽器，当进入凝汽器的蒸汽温度高于设定值时，必须对蒸汽进行喷水减温，高、中、低压旁路都设置有喷水减温系统，由相应的喷水减温阀控制各自的喷水减温水量。高、中、低压喷水减温阀开度采用相同的控制策略，有焓差控制、温度控制和混合控制三种控制方式。

焓差控制方式根据蒸汽焓值和凝汽器焓值之差控制旁路减温水流量。通常在发电机断路器没有闭合时采用焓差控制方式调节旁路减温阀开度。

直接温度控制方式采用闭环负反馈的形式，根据凝汽器入口温度设定值和凝汽器入口温度反馈值的偏差控制旁路减温水流量。通常在减温水需求量较小时采用温度控制方式调节旁路减温阀开度。

混合控制方式采用串级调节的形式进行旁路减温水流量的控制，通常在减温水需求量较大时采用混合控制方式调节旁路减温阀开度。主路调节器根据旁路温度设定值和旁路后主蒸汽温度的偏差进行计算，主路调节器的输出经减温水流量计算值修正后作为副路调节器的给定值，副路调节器的反馈值为旁路减温水流量，旁路减温水流量由控制系统根据质量和能量守恒定律进行计算，涉及参数有蒸汽的流量、蒸汽的焓值、减温水的焓值和凝汽器入口蒸汽的焓值等。混合控制方式的串级控制方案有效解决了旁路后温度测量滞后的问题。

1）高压旁路蒸汽温度控制。

高压旁路蒸汽温度控制原理如图 13-17 所示。

在机组发电机开关未合闸情况下，只要高压旁路蒸汽焓值不低，图中第二个切换模块的切换条件满足，系统处于焓差控制方式。系统的控制指令为：

$$W_1 = W_{HP} \times (H_{HP} - H_{SP}) \tag{13-6}$$

式中 W_{HP}——基于高压旁路蒸汽温度、压力及高压旁路压力调节阀流量特性计算出的高压旁路蒸汽流量；

H_{HP}——基于高压旁路蒸汽温度、压力计算出的高压旁路蒸汽焓值；

H_{SP}——基于凝汽器入口压力计算出的所需的焓值。

可见，焓差控制相当于一个比例环节。考虑到高压旁路喷水减温阀的特性，因此要对焓差控制指令进行线性修正（图中第五个函数功能模块）。

当所计算的高压旁路蒸汽流量较低时，图中第一个切换模块切换条件满足，调节器 T_3 的输出作为控制系统的输出指令，此时为直接温度控制方式，采用单回路控制方案。根据凝汽器入口压力计算得出所允许的温度（图中第一个函数功能模块），经过上、下限限幅后作为直接温度控制的设定值。

当高压旁路蒸汽焓值较大时，所需的减温水量较大，采用串级控制系统来控制高压旁路蒸汽温度，此时为混合控制方式。主回路调节器的输入偏差同直接温度控制，其输出再叠加根据质量和能量守恒计算出的减温水流量，作为副回路调节器的设定值，副回路调节器的反馈为实际的高压旁路减温水流量。所需的减温水量计算由图中第二、第三个函数功能模块实现，其算式为：

$$W_2 = W_{HP} \times (H_{HP} - H_C)/(H_C - H_W) \tag{13-7}$$

式中 H_C——减温后的高压旁路蒸汽焓值，既可用凝汽器入口压力计算，也可用固定值（减温水量较大时焓值基本不变）；

H_W——减温水焓值，在减温水压力和温度比较稳定情况下也可以采用固定值。

可见，混合控制方式通过控制减温水喷水量来控制进入凝汽器的旁路蒸汽焓值，是焓差控制和直接温度控制的结合，内回路控制器使用前馈控制来获得所需的减温水流量，这种控制不依赖温度反馈因此不会受与温度测量相关的时间延迟影响。在保证排入凝汽器旁路蒸汽焓值在设计范围内的前提下，通过串级控制系统控制高压旁路蒸汽温度稳定，从而保证凝汽器温度在规定范围内，保护凝汽器。

当高压旁路蒸汽流量很低时，第三个切换模块选通零信号，喷水减温阀全关。

2）中压和低压旁路蒸汽温度控制。

中压和低压旁路蒸汽温度控制原理同高压旁路蒸汽温度控制，不再赘述。

7. 中压过热器出口压力控制

三压再热余热锅炉中压过热器出口压力的控制作用是：启动期间将中压过热蒸汽由中压旁路蒸汽系统切换到再热器冷端进汽，停机期间将中压过热蒸汽由再热器冷端进汽切换到中

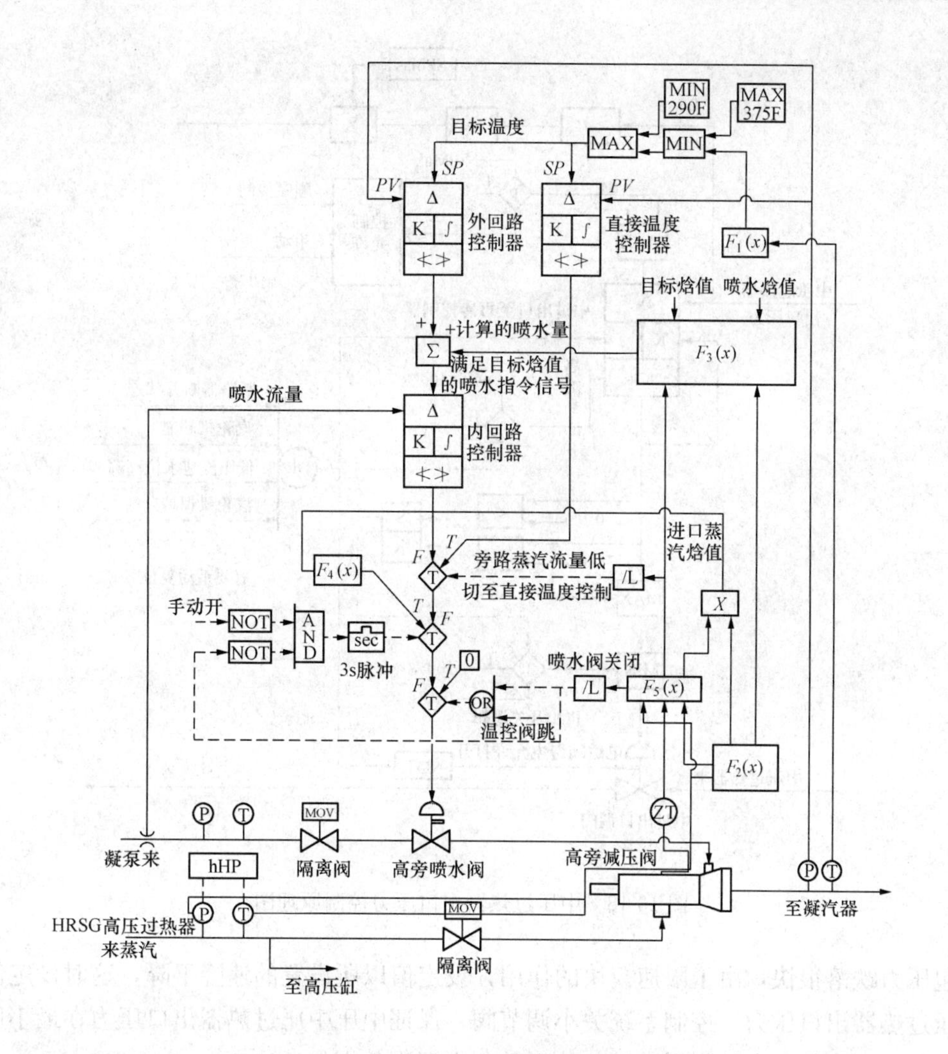

图 13-17　高压旁路蒸汽温度控制原理图

压旁路蒸汽系统。在启动、停机和正常运行过程中，为了保证中压系统在全过程中的压力平稳，必须控制中压过热蒸汽出口压力等于或大于最小压力（基底压力），为了防止动态切换过程中压力的突变，中压过热器出口压力下降的速率也必须控制在允许范围内。中压过热器出口压力控制原理图，见图 13-18。

中压过热器出口压力采用单回路控制系统，图中控制器的设定值是动态值。设定值跟踪中压过热器出口压力，经过限速模块后再减去一个较小的偏置值，再进入大选模块，当低于最小压力时，设定值就取最小压力。当中压过热器出口压力不满足控制条件时，设定值切换至最大设定值，中压过热器出口调节阀关闭。

当机组发生跳闸或中压汽包水位高二值情况时，调节器的输出被限制在 0，切断进入再热器冷端的中压蒸汽。

机组启动期间，中压汽包压力较小时，控制不起作用，中压过热器出口调节阀处于关闭状态。随着中压汽包压力的逐步升高，设定值也逐步升高，调节器的输出指令逐步增加，调节阀逐步打开，控制中压中压过热器出口压力在最小压力之上缓慢升高。当中压并汽时，中

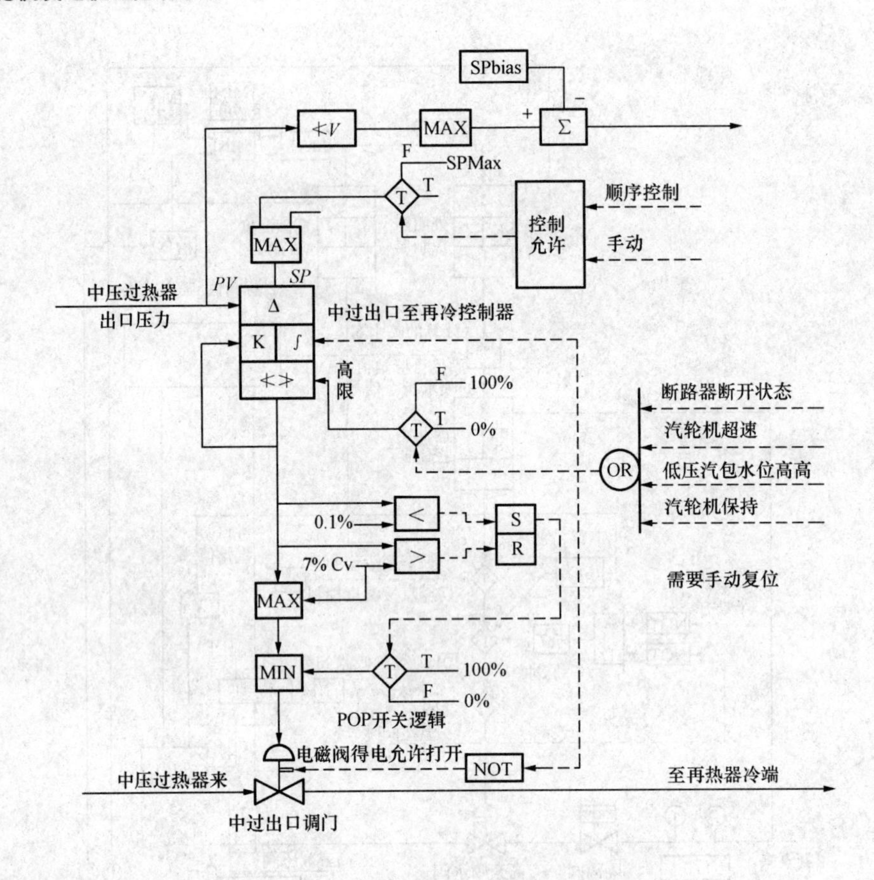

图 13-18　中压过热器出口压力控制原理图

压汽包压力跌落很快，由于限速模块的作用，设定值以所设置的速降下降，这时设定值将小于中压过热器出口压力，控制系统关小调节阀，保证中压中压过热器出口压力在最小压力之上，避免中压汽包压力的剧烈波动，从而避免中压汽包水位的波动。

机组正常运行时，随着压力进一步升高，中压过热器出口调节阀将至全开位置，当某种原因引起中压过热器出口压力下降时，由于限速模块的作用，调节阀也将关小，保证中压过热器出口压力不会下降过多。

机组停机期间，随着中压过热器出口压力的下降，调节阀逐步关闭，当压力下降至最小基底压力时，设定值保持为最小基底压力，随着压力的进一步下降，调节阀全关。

8. 中低区汽包压力控制

9FA 机组的余热锅炉系统设置了汽包压力控制系统，该套系统分两路，一路由高压汽包至中压汽包反送蒸汽电动隔离阀及压力调节阀构成，另一路由中压汽包至低压汽包反送蒸汽电动隔离阀及压力调节阀构成。它们主要作用于机组启、停及低负荷阶段。其方法是将高一级的汽包内蒸汽反送至低一级汽包，目的是在机组启动阶段，尽早使低一级汽包建立压力，并维持其在最小的基本压力之上，加快汽水循环，缩短机组启动时间。在机组启动、停机及低负荷阶段时，保证中、低压系统有足够的蒸汽用于其他相关系统，保证其他系统可靠用汽，汽包压力控制还起到一个在机组启停阶段，稳定汽包压力的作用。

（1）中压汽包压力控制。

为了在机组启停等动态过程中维持中压汽包压力在中压蒸汽最小压力（基底压力）之上，将高压汽包的蒸汽反送至中压汽包，通过调节高压汽包反送至中压汽包的流量，从而控制中压汽包的压力稳定。当中压旁路或者中压进汽控制的中压汽包压力保持在基底压力之上，高压汽包反送至中压汽包的调节阀就保持关闭；当中压系统开始提供低压冷却蒸汽时，中压汽包压力开始下降，反送蒸汽调节阀就打开，控制中压的汽包。中压汽包压力控制原理见图 13-19，采用单回路控制系统。

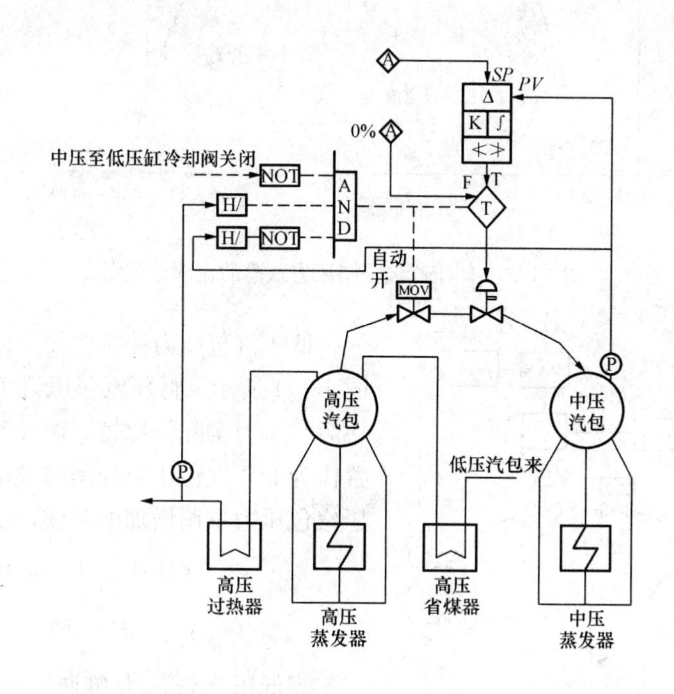

图 13-19　中压汽包压力控制原理图

中压汽包压力控制设计为在机组整个运行过程中投入。当高压系统蒸汽压力大于基底压力且汽轮机低压缸冷却蒸汽需要由中压系统提供时，高压汽包反送至中压汽包的截止阀自动打开，蒸汽反送调节阀投入使用，一旦中压汽包压力低于设定值，调节阀打开稳定中压汽包的压力在规定的范围之内。

设定值通常设置为恰好低于中压蒸汽基底压力，也可由运行人员手动调整。

当汽轮机低压缸冷却蒸汽不需由中压系统提供，或高压系统蒸汽压力小于基底压力，或中压汽包压力高于中压蒸汽基底压力时，切换模块将“零”指令送到调节阀，调节阀全关，同时关闭高压汽包反送至中压汽包的截止阀，防止高压汽包蒸汽漏入中压汽包。

（2）低压汽包压力控制。

低压汽包压力控制的作用与中压汽包压力控制类似，通过中压汽包蒸汽反送至低压汽包，来限制启停等运行动态期间低压汽包压力的跌落速率并建立汽包的最小压力。只要由低压旁路或低压进汽控制的压力维持在最小值之上并且不跌落太快，控制阀就保持关闭。限制压力跌落的速率可以在变工况运行时防止锅炉给水泵气蚀余量不足。

低压汽包限制压力跌落的速率原理图，见图 13-20。

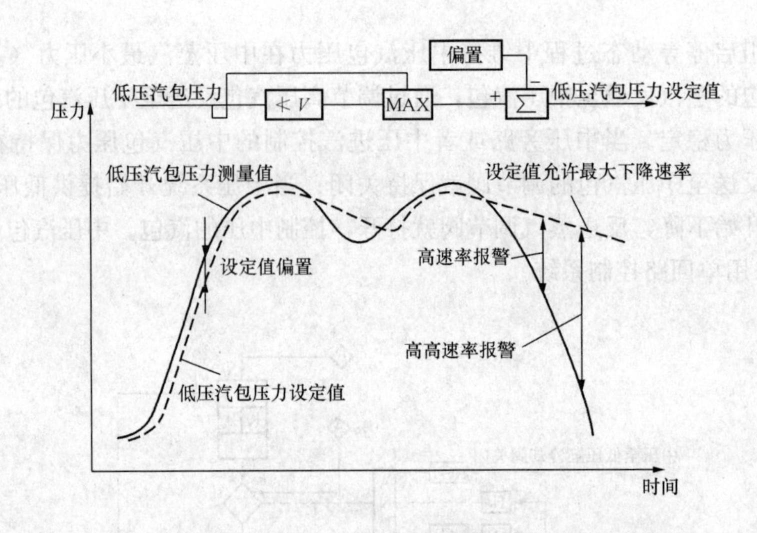

图 13-20　低压汽包限制压力跌落的速率原理图

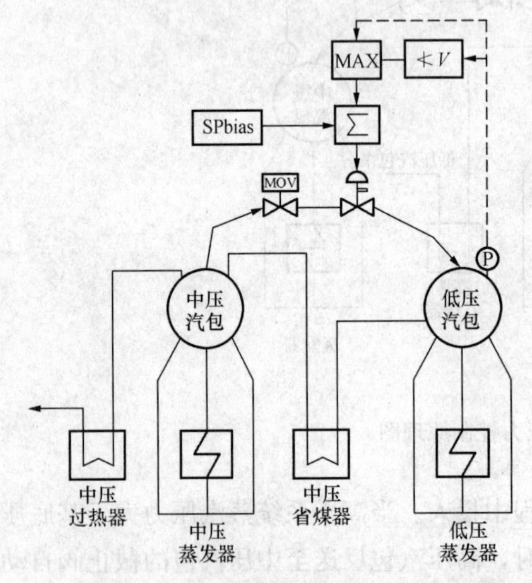

图 13-21　低压汽包压力控制原理图

低压汽包压力控制的设定值是一个变量，如图 13-21 所示。低压汽包压力实际值经过限速模块后与压力实际值比较，取大值，再减去一个偏置作为低压汽包压力控制的设定值。这样，当低压汽包压力单调增加的时候，设定值即为：

$$SP = PV - B \tag{13-8}$$

$$\Delta = SP - PV = -B \tag{13-9}$$

当低压汽包压力单调减少的时候，设定值即为：

$$SP = PV_1 - B \tag{13-10}$$

$$\Delta = SP - PV = PV_1 - PV - B \tag{13-11}$$

式中　PV_1——经过速率限制后的值，在压力单调减少的时候它总是比实际值大。

由式（13-8）和式（13-10）可知，正常运行情况下，汽包压力升高，调节器入口偏差为负值，反送蒸汽控制调节阀关闭。如果在变工况运行时低压汽包压力下降速度较慢，经过速率限制后压力值与实际压力值之间的偏差（$PV_1 - PV$）较小，未超过偏置值时，调节器入口偏差仍旧为负值，反送蒸汽控制调节阀关闭。但如果在变工况运行时低压汽包压力下降速度较快，则 $PV_1 - PV$ 较大，当 $PV_1 - PV$ 超过偏置值时，调节器入口偏差为正值，反送蒸汽控制调节阀打开以补充中压汽包来的蒸汽，从而控制低压汽包压力不会下降太快。

当低压汽包压力下降速率超过限速模块所设置的变化速率时，设定值将以所设置的速度下降。如果偏差增加较大的定值时，低压进汽和旁路阀将关闭阻止低压系统的压力下降。如果偏差进一步增加到更大的定值时，锅炉给水泵将跳闸以防止汽蚀。

9. 天然气压力和温度控制

天然气压力、温度以及热值等的变化对燃气轮机效率及其余热回收系统的影响很大，所以燃气轮机在启动、加载及运行过程中对天然气温度、压力都有较严格的要求。

燃气-蒸汽联合循环机组设计中，在天然气母管和燃料控制阀之间设置了一系列的天然气预处理环节以保证机组正常运行，其中最主要的是天然气压力控制环节和天然气温度控制环节。

在燃气轮机控制中就天然气控制已经做出详细介绍，此处不再重复。这里将天然气控制SAMA图表述如下，具体的控制表达可能会有差异，主要控制目的是一致的。

天然气压力控制原理图见图13-22，天然气温度控制原理见图13-23。

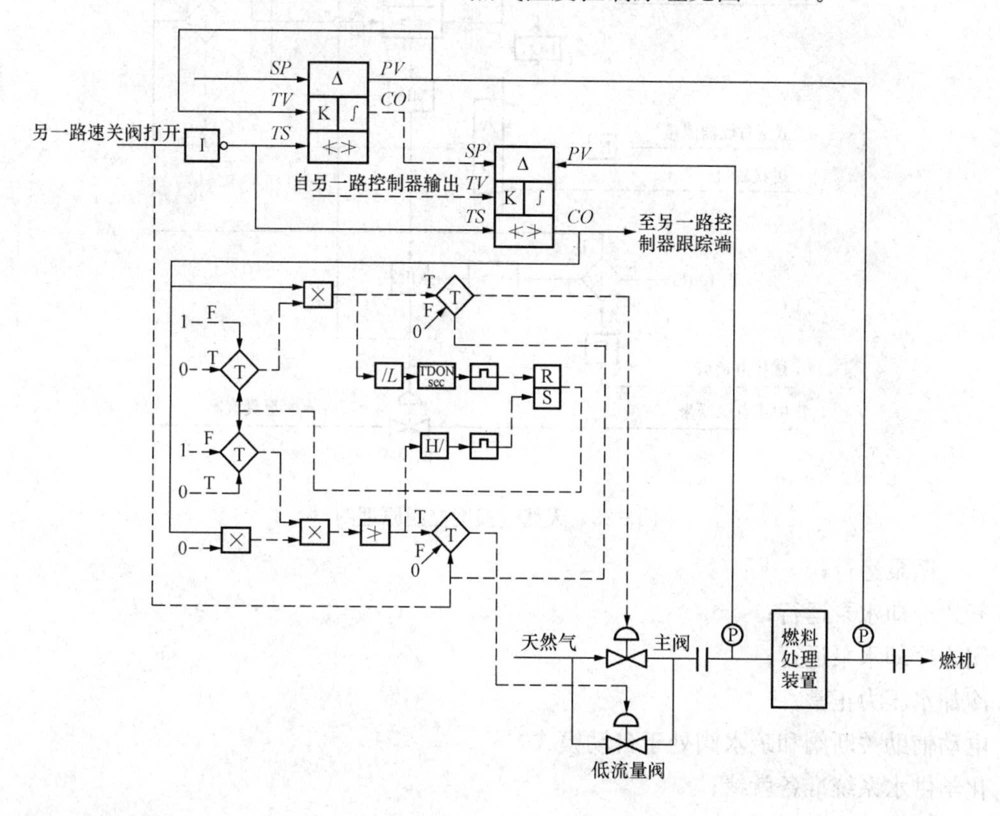

图 13-22　天然气压力控制原理图

二、余热锅炉顺序控制系统

燃气-蒸汽联合循环机组的顺序控制，应该设计为每天在最短时间内，高效启动并使得设备的寿命消耗最少，并且设计为高效地停机后，保持设备可在最短时间内启动的状态，同时使得设备的寿命消耗最少。下面以9FA机组为例，按照余热锅炉与余热机组各种不同的顺序控制内容，予以介绍。

1. 正常启动

机组启停顺控逻辑用于机组正常启停操作，本段主要叙述余热锅炉部分的启动顺序控制内容。

(1) 辅机启动条件。

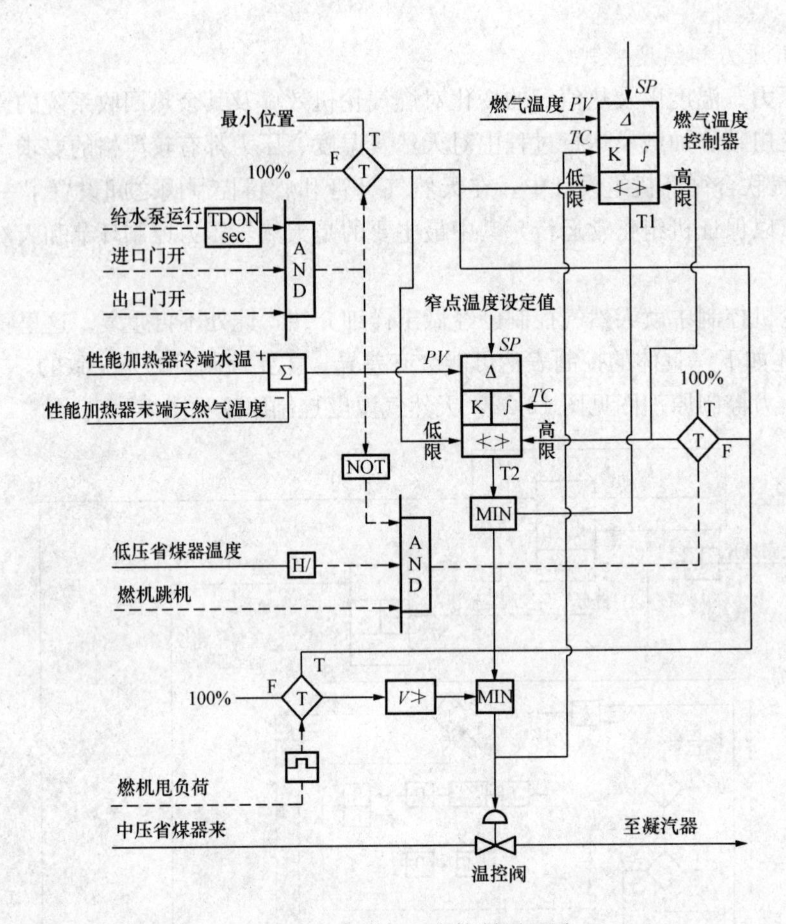

图 13-23　天然气温度控制原理图

循泵运行；

开式冷却水泵运行；

闭式冷却水泵运行；

冷却水压力正常；

电动辅助关断阀和疏水阀处于自动模式；

化学供水系统准备就绪；

凝汽器液位正常；

凝结水储水箱液位正常等。

(2) 余热锅炉准备启动条件。

低压省煤器再循环泵运行；

高、中、低压汽包水位控制投自动；

高、中、低压汽包水位在允许的偏差范围内；

一台高压给水泵运行；

一台中压给水泵运行；

无余热锅炉跳闸信号存在；

高压蒸汽隔离阀开；

高压过热器放气阀关闭并投自动；

高压汽包给水关断阀开；
高压过热器空气阀关闭并投自动；
高压汽包启动排污隔离阀和高压启动排污阀均关闭并投自动；
高压省煤器水已满，上水阀关；
高压汽包连续排污隔绝阀关闭并投自动；
余热锅炉高压疏水阀关并投自动；
中压蒸汽隔离阀关；
中压汽包反送蒸汽隔离阀和反送蒸汽压力调节阀关并投自动；
余热锅炉中压蒸汽疏水阀关并投自动；
中压省煤器给水隔离阀开；
中压省煤器水已满，上水阀关；
中压省煤器出口隔离阀开；
中压省煤器出口流量调节阀开并投自动；
中压汽包启动排污隔离阀关并投自动；
中压汽包连续排污隔离阀关并投自动；
低压省煤器给水隔离阀开并投自动；
低压省煤器水已满，上水阀关；
低压省煤器出口隔离阀开；
低压省煤器出口流量调节阀开并投自动；
低压汽包反送蒸汽隔离阀和反送蒸汽压力调节阀关并投自动；
余热锅炉再热器疏水阀开并投自动；
低压过热器疏水阀关并投自动；
低压过热器启动放气阀关并投自动。

(3) 其他准备启动条件。

辅汽满足启动要求；
低压缸冷却蒸汽压力调节阀关闭并投自动；
低压蒸汽隔离阀关并投自动；
低压旁路减温水隔离阀全开；
低压旁路压力和温度控制阀关闭位置并投自动；
中压旁路减温水隔离阀全开；
中压旁路压力和温度控制阀关闭位置并投自动；
高压旁路减温水隔离阀全开；
高压旁路压力和温度控制阀关闭位置并投自动。

2. 温度匹配

DCS 根据汽轮机高压缸金属温度加上 180℉（100℃）后得出燃机排气温度的目标值，此目标值和实际值之间的差值为正，是考虑了主汽门的前后温降，也考虑了过热器的近似温度。燃机排气温度的最大值和最小值分别为 1050℉（566℃）和 700℉（371℃）。DCS 还将排气温度变化速率的目标值送至燃机控制系统，燃机控制系统根据排气温度的目标值和变化速率的目标值来调整 FSR 输出或压气机入口可调导叶（IGV）的位置。

当高旁压力控制阀关闭后，DCS 发指令给燃机控制系统解除温度匹配控制。此外 DCS 还发出一个排气温度变化率的目标值给燃机控制系统，燃机控制系统控制 IGV 的关闭速率以使燃机排气温度的变化率符合此目标值。

3. 高压蒸汽系统升温升压

启动前打开余热锅炉高压蒸汽隔离门，燃机点火后余热锅炉、高压旁路压力控制阀和汽轮机主汽门前的蒸汽管道开始升温升压。

燃机暖机结束后，高压汽包压力大于 0.05MPa、小于 0.15MPa 时（为了保证疏水时正压），高压过热器空气阀打开，余热锅炉高压过热器疏水阀和过热器减温器疏水阀顺序打开；当高压汽包压力大于 0.15MPa 时，高压过热器空气阀关闭。

当燃机暖机结束且高压蒸汽压力超过 0.15MPa 时，高压旁路压力控制阀进口处的高压管道疏水阀打开。当高压汽包压力超过 1MPa 时，余热锅炉高压过热器和高压过热器的减温器疏水阀的阀位需至少处于中间位置。

当高压蒸汽压力超过 1.7MPa 且余热锅炉高压过热器疏水阀位于中间位置或开位置已达 3min 时，过热器出口处高压管道疏水阀、高压蒸汽流量元件前的高压管道疏水阀、高压旁路连接段下游处主蒸汽管线上的管道疏水阀和汽轮机主汽门前的高压管道疏水阀打开。

当高压蒸汽压力达到设定值高压旁路压力控制阀打开以控制高压蒸汽压力。

当高旁压力控制阀前的高压管道疏水阀开启超过 3min 且高旁压力控制阀开度大于 20% 时，高压管道疏水阀关闭。当高旁压力控制阀前和汽轮机主汽门前的高压管道疏水阀开启已超过 3min，且过热器出口处和高压蒸汽流量元件前以及高旁连接段下游的主蒸汽管线上的高压管道疏水阀的阀位处于中间位置或开位置已有 2min 时，高压疏水程控结束。

4. 汽轮机高压缸并汽

（1）当下列条件全部满足时，DCS 向蒸汽轮机发出启动指令：

发电机出口断路器闭合；

高压旁路阀开度大于 20%；

高压蒸汽压力大于 3.7MPa；

高压蒸汽过热大于 41.7℃；

高压疏水程控已完成；

燃机蒸汽温度匹配控制已完成；

蒸汽温度大于汽轮机高压缸底部温度或燃机排气温度与高压蒸汽温度之差小于 40℃；

整个联合循环机组出力大于 17MW。

（2）高压缸进汽。

当高压调门开启时，其他调门也随之开启。当高旁压力控制阀的开度为 10%时，DCS 将汽轮机控制模式从应力控制转为进口压力控制，且高旁压力控制阀以一固定速率继续关闭。当高压调门开度大于 20%时，高压调门阀座前疏水和高压主汽门阀座后疏水门从全开变为全关。当高压调门开度大于 30%时，下列疏水阀从全开变为全关：

1）右再热主汽门阀座前疏水；

2）右再热主汽门阀座后疏水；

3）左再热主汽门阀座前疏水；

4）左再热主汽门阀座后疏水。

当高压调门开度大于20%时，高压调门前、高压蒸汽流量元件前、高旁连接段下游处主蒸汽管线上的高压管道疏水阀门和再热系统疏水隔离阀顺序关闭，各阀门的关闭指令发出的时间间隔为30s。

当高压调门开启、高压蒸汽进入高/中压缸时，连通管压力升高。当连通管压力超过冷却蒸汽压力定值时冷却蒸汽压力控制阀关闭。并且当冷却蒸汽压力控制阀关闭时，低压主汽压力下降，低压调门关闭。当汽轮机低压调门关至最小位置时，低压调门前疏水阀打开。

5. 余热锅炉中压蒸汽启动和汇合

余热锅炉中压汽包压力控制阀位于中压过热器出口处（中压旁路下游处），在某些工况下通过调节余热锅炉中压过热器出口至冷段再热管道的蒸汽量来控制中压汽包压力。

当燃机暖机过程结束后且中压汽包压力大于0.05MPa、小于0.15MPa时，中压过热器排气阀打开，余热锅炉中压过热器疏水阀和位于中压旁路压力控制阀前的中压旁路管道疏水阀顺序打开。当中压汽包压力大于0.15MPa时，中压过热器排气阀关闭。

当燃机暖机结束、中压蒸汽压力超过0.1MPa且中压过热器疏水阀开启超过3min时，余热锅炉中压蒸汽止回阀前的中压疏水隔离阀、中压旁路压力控制阀前的中压疏水隔离门和余热锅炉中压蒸汽隔离阀前的中压管道疏水阀打开。

当余热锅炉中压蒸汽达到压力设定值时，中压旁路压力控制阀打开。

当中压过热器疏水阀和中压止回阀前疏水阀开启超过3min后且中压旁路压力控制阀开度大于20%时，中压过热器疏水阀关闭，中压止回阀前疏水阀允许关闭。

当中压过热器出口疏水阀、中压止回阀前疏水阀和中压压力控制阀前疏水隔离阀开启超过3min后，中压疏水程控完成。

6. 汽轮机中压缸并汽

（1）当下列条件全部满足时，余热锅炉中压蒸汽隔离阀打开：

1）汽轮机处于IPC控制模式且主汽门开启时间大于60s（开度大于60%）；

2）中压旁路压力控制阀开度大于20%；

3）中压蒸汽压力大于1.3MPa；

4）中压蒸汽过热度大于41.7℃；

5）中压疏水程控完成；

6）整个联合循环机组出力大于17MW。

（2）中压缸进汽。

当所有允许条件满足且中压蒸汽隔离门全开时，中压汽包压力控制阀开始打开并处于压力控制模式。

当中压汽包压力控制阀在压力控制方式下以一固定速率开启，中压过热蒸汽进入冷段再热系统，中压旁路压力控制阀开始关闭。

当中压汽包压力控制阀开度大于20%时，中压汽包压力控制阀前疏水阀和中压蒸汽隔离阀前疏水隔离阀关闭。

当中压旁路压力控制阀关至约10%时，迅速全关并处于跟踪模式。随着汽量的增加，中压汽包压力控制阀处于压力控制模式继续迅速打开直至全开，正常运行时此阀保持全开状态。

当汽轮机高压调门和余热锅炉中压压力控制阀控制进汽压力且燃机 IGV 角度为最小（49°）时，汽轮机轮带初负荷完成。

7. 低压蒸汽启动和汇合

当燃机暖机结束后，且低压汽包压力大于 0.05MPa 小于 0.15MPa 时，低压过热器排气阀打开，位于低压旁路压力控制阀前的低压过热器疏水阀、低压过热器后疏水阀和低压旁路管道疏水阀打开。当低压汽包压力大于 0.15MPa 时，排气阀关闭。

当燃机暖机结束、低压蒸汽压力超过 0.1MPa 且低压过热器前后疏水阀开启超过 3min 后，低压蒸汽流量元件前疏水阀和低压蒸汽止回阀前疏水阀门开启。

当低压蒸汽压力升高至基本压力时，低压旁路压力控制阀打开。

当低压过热器疏水隔离阀开启超过 3min 且低压旁路压力控制阀开度大于 20%时，低压过热器疏水隔离阀关闭。当低压过热器后疏水隔离阀、低压蒸汽流量元件前疏水隔离阀和低压旁路压力控制阀前疏水隔离阀开启超过 3min 且低压旁路压力控制阀开度大于 20%时，这些疏水阀开始关闭。

当低压过热器疏水阀、低压过热器后疏水阀和低压蒸汽流量元件前疏水阀开启超过 3min 后，低压疏水程控完成。

8. 汽轮机低压缸并汽

（1）当下列条件全部满足时，低压蒸汽主隔离阀打开：

1）低压过热器出口温度正常；

2）低压主隔离阀前疏水阀开至少 3min；

3）低压旁路压力控制阀开启已超过 60s（开度大于 20%）；

4）汽轮机处于 IPC 控制模式且主汽门开启已有 60s（开度大于 20%）；

5）低压疏水顺控完成。

（2）低压缸进汽。

由于低压蒸汽隔离阀为非线性阀，所以开启指令由一系列开启脉冲（带时间间隔）组成。如果在开启/中断顺序中，低压汽包水位到达报警高限时，开启过程中断，直到水位低于报警限值时才继续开启。低压蒸汽隔离阀持续开启、停止，直至全开。

当低压蒸汽隔离门全开时低压蒸汽止回阀前疏水阀关闭。

当低压蒸汽主隔离门全开超过 60s 后，低压旁路压力控制阀设定值从初始值开始增加至运行定值（大于汽轮机低压调门全开时所对应的压力）。当低压蒸汽压力大于汽轮机低压调门压力设定值时，汽轮机控制系统在压力控制模式下打开低压调门。当低压旁路压力设定值增加至大于最大正常运行压力时低压旁路压力控制阀关闭。

当低压调门开度大于 20%时，低压调门前疏水阀门关闭。

当中压旁路压力控制阀全关且汽轮机主汽门已开启 60s（开度大于 20%）时，辅汽供应隔离门关闭，当辅汽隔离门全关时，中压蒸汽供应隔离门开启，经中压旁路管线供应辅汽。

在运行时冷却蒸汽压力控制阀仍然参与控制，如果连通管压力低于冷却蒸汽压力（流量）设定值时，冷却蒸汽压力控制阀再次打开以补充低压蒸汽汽量。

9. 正常停机

（1）顺控停机的目的。

正常停机时要减小汽轮机和余热锅炉的冷却，维持余热锅炉较高的蒸汽参数直到燃机排气温度不大于566℃，并最大限度地提高停机效率。减少汽轮机和余热锅炉的冷却可以减少下一次启动所需的时间，并且由于温度变化范围的减小可以降低周期应力值。维持再热段汽流直到燃机排气温度降下来，可以提高再热段的运行温度，因此可以减少停机时的寿命损失。

（2）降负荷时的旁路控制。

当燃机控制系统收到停机指令后，以8.3%MCR/min的速率开始降负荷，汽轮机维持三压运行，并处于压力控制模式。当IGV关至49°时，DCS将停机指令发至汽轮机控制系统。汽轮机主汽门以20%/min的常速开始关闭。

当DCS收到汽轮机已不处于压力控制模式时的信号时，将此时的运行压力设为高压旁路压力控制阀的动作值。随着主汽门关闭，高压旁路压力控制阀打开以控制压力。

位于中压过热器出口和冷段再热蒸汽管线之间的中压汽包压力控制阀以100%/min的常速关闭。当中压汽包压力控制阀开始关闭时，将目前的压力值设为中压旁路压力动作值，旁路压力控制投入。随着中压汽包压力控制阀关闭，中压蒸汽旁路阀开启以控制压力。

随着汽轮机主汽门和中压汽包压力控制阀的关闭，燃机继续降负荷。当排气温度降到566℃时，燃机停止降负荷。按照程序的设定，在燃机排气温度达到566℃后大约1min后汽轮机主汽门到达全关位置。1min的滞后是为了维持再热器中有一定的蒸汽流量直到燃机排气温度降到566℃以下。

（3）降负荷时的疏水程控。

当主汽门和中压汽包压力控制阀全关时，DCS发出一信号至燃机控制系统，燃机继续降负荷。

当主汽门开度小于30%时，下列汽机疏水门开启：主汽门阀座后疏水，右再热主汽门阀座前疏水，右再热主汽门阀座后疏水，左再热主汽门阀座前疏水，左再热主汽门阀座后疏水。

当主汽门开度小于20%时，再热系统疏水阀门开启。

（4）发电机断路器断开后的疏水程控。

当发电机断路器打开后，机组减速，当转速降到某一定值时燃机跳闸，燃机燃料切断后高压和低压蒸汽隔离阀关闭，下列疏水阀关闭（如果之前是开启的）：

余热锅炉高压过热器疏水阀门；高压过热器出口、高压蒸汽流量元件进口和高压旁路连接段下游的主蒸汽管道疏水阀门；中压过热器疏水阀门；余热锅炉中压管道疏水阀；余热锅炉低压过热器出口疏水阀；低压管道疏水阀门。

10. 机组甩负荷

一旦发生甩负荷，将采取下列控制手段：

当汽轮机负荷设定值降为0时主汽门关闭。高压旁路压力控制器不再处于跟踪模式而处于压力控制模式，并将发生甩负荷时采样所得的高压蒸汽的压力实际值作为高压旁路的压力设定值。

中压汽包压力控制阀的位置指令变为0，迅速关闭中压汽包压力控制阀。中压压力控制的动作值设为启动前的值。中压旁路压力控制器不再处于跟踪模式而处于压力控制模式，并将发生甩负荷时采样所得的中压蒸汽的压力实际值作为中压旁路的压力设定值。

汽轮机低压调门迅速关闭。低压调门关闭 10s 后再次开启，但在转速高于 103%时低压调门不会开启。低压进汽控制阀处于压力控制模式并以 200%/min 的速度开启。余热锅炉低压蒸汽作为汽轮机的冷却蒸汽，如有必要中压蒸汽经冷却蒸汽压力控制阀进行补充。如果压力升高至低压旁路压力控制阀的动作值（高于低压蒸汽系统的正常运行压力）时，低压旁路压力控制阀开启。

当主汽门开度小于 20%时，下列再热器疏水阀门开启：

右再热主汽门阀座前疏水，右再热主汽门阀座后疏水，左再热主汽门阀座前疏水，左再热主汽门阀座后疏水。

11. 机组跳闸

机组跳闸后，各液动主汽门和调门，包括联合高压主汽门、联合中压主汽门、低压主汽门、低压调门和燃机燃料阀迅速关闭。

高压旁路压力控制器不再处于压力跟踪模式而处于压力控制模式。跳闸时采样所得的压力实际值作为压力控制的设定值。余热锅炉中压汽包压力控制阀迅速关闭。中压旁路压力控制器不再处于压力跟踪模式而处于压力控制模式，跳闸时采样所得的压力实际值作为压力控制的设定值。

如果压力升高至低压旁路压力控制阀的动作值（高于低压蒸汽系统的正常运行压力）时，低压旁路压力控制阀开启。

疏水和关断阀门程控顺序同甩负荷。

三、余热锅炉保护系统

余热锅炉局部保护功能在模拟量控制和顺控系统中均已介绍，其保护系统的主要保护功能介绍如下：

1. 汽包水位保护

无补燃型余热锅炉没有燃烧系统，一般设计成可以短时断水运行。余热锅炉的汽包水位保护主要是防止汽包中的汽/水分离器被浸没，从而防止过热器及蒸汽管道带水。汽包水位过高将造成过热器及蒸汽管道带水，引起金属管道淬火、蒸汽过热度降低、蒸汽带水等，甚至引起重大设备事故。

汽包水位保护的另一个目的是防止蒸发器管道处于无水状态，避免蒸发器机械损伤或蒸发器管道内沉积。

汽包水位保护逻辑见图 13-24 和图 13-25（以自然循环余热锅炉为例）。

水位信号采用三个差压变送器，经过压力、温度补偿后采取三选二逻辑：

当大于水位高Ⅰ值时，发出报警同时延时 5s 关闭给水流量控制阀；

当大于水位高Ⅱ值时，发出报警并立即关闭给水流量控制阀；

当大于水位高Ⅲ值时，发出报警并立即跳闸燃机和汽轮机；

当小于水位低Ⅰ值时，发出报警；

当小于水位低Ⅱ值时，发出报警并延时 5s，跳闸燃机，关闭余热锅炉相应的蒸汽隔离电动阀。

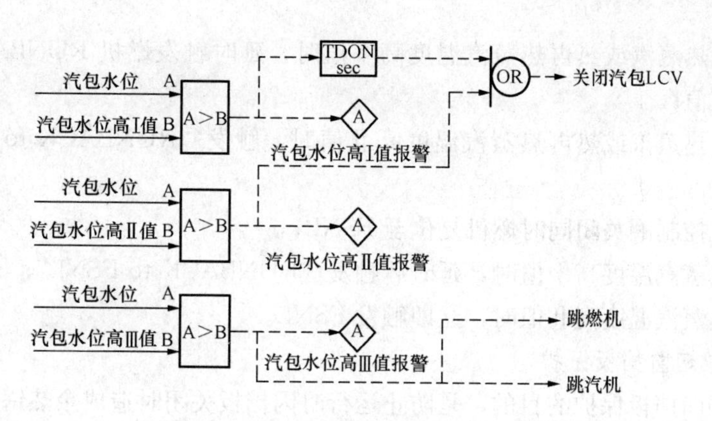

图 13-24　汽包水位高保护逻辑原理图

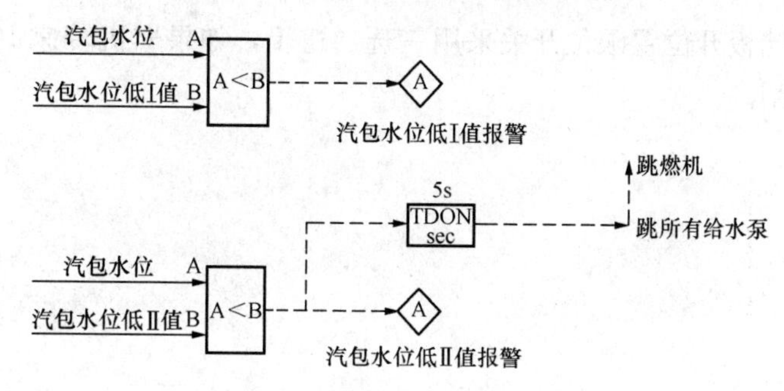

图 13-25　汽包水位低保护逻辑原理图

2. 蒸汽温度保护

蒸汽温度过高将引起蒸汽温度超过汽轮机设计温度及蒸汽管道设计极限，从而造成重大设备损坏事故。蒸汽温度保护信号采用三选二逻辑，见图 13-26。

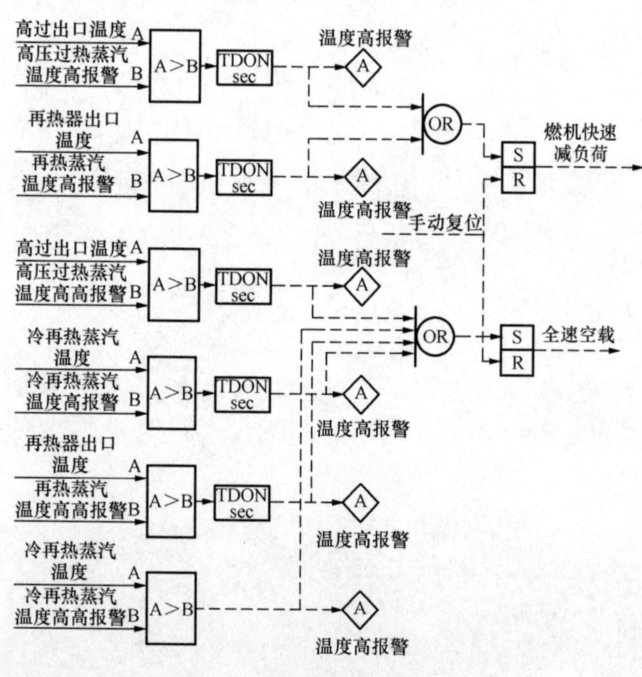

图 13-26　蒸汽温度保护逻辑原理图

（1）高压过热蒸汽或热再热蒸汽温度高Ⅰ值时，延时触发燃机 RUNBACK，降低排气温度直至低于定值；

（2）高压过热蒸汽或热再热蒸汽温度高Ⅱ值时，触发“RUNBACK to FSNL（全速空载)”；

（3）汽轮机控制阀关闭同时燃机复位至 FSNL；

（4）冷再热蒸汽温度高Ⅰ值时，延时后触发“RUNBACK to FSNL”；

（5）冷再热蒸汽温度高Ⅱ值时，立即触发 FSNL。

3. 余热锅炉烟囱挡板保护

余热锅炉烟囱挡板保护的目的，是防止运行时因挡板关闭时造成余热锅炉管道及炉墙过压或裂开。

余热锅炉烟囱挡板开位置限位开关采用三选二逻辑，如果燃机转速 100r/min 时挡板未全开则燃机立即跳闸。

第十四章

控制系统故障分析处理案例

燃气-蒸汽联合循环的控制系统都是采用计算机和微处理器为核心的智能控制系统。它们不可避免地存在寿命周期和质量周期，使用方法和维护方法常常存在各自的要求。各系统电子电路和软件的设计、制造、配套、运行中均可能出现某些缺陷或者不完善之处，运行维护方面或多或少存在理解深度问题。不可避免会发生各种各样的故障，有些故障极具偶然，具有不可重复性。

此外，燃气-蒸汽联合循环电厂存在多家多种自动控制产品共存现状，接口众多、路径复杂、技术平台各异，网络结构和通信协议复杂，用户使用和管理繁琐等。这些均成为燃机电厂潜在故障起因。

现代燃机电厂任何一个事故的出现，事故分析需要调用控制系统的历史追忆数据，作为故障分析和事故处理的依据。控制系统还承担燃机电厂的生产管理数据采集，以及故障诊断中心所需要数据的收集、报警和历史数据的管理等等任务，因此控制系统功能配置的合理性，对于整个电厂而言是至关重要的。

由于控制系统和就地测量仪表以及各种自动装置的故障，会造成机组运行异常，发生跳闸或者停运的事故。如何去分析判断故障原因，提出预防和迅速排除故障的措施，从故障源头处消除缺陷，避免类似故障再次发生，是任何一个电厂安全生产运营的关键，读者可以从中学习处理故障的思路和方法。

下面我们以我国部分燃机电厂的实践，收集了一些自动控制方面的故障分析处理案例，重点是针对引进较多的GE公司和西门子公司燃机的控制系统故障处理案例展开。故障现象千变万化，此处不可能一一列举，请读者谅解。

第一节　燃机控制系统故障案例

根据燃机电厂控制系统运行情况归纳，燃机控制系统各类故障导致机组停运，甚至出现全厂停电事故，是比较常见的现象。这里介绍几种燃机控制系统自身发生的故障，以及如何进行分析处理，准确找出故障源头予以消缺的案例。

1. 燃机控制器电源故障

某厂燃机在停运状态下，运行人员突然发现操作员站画面上交流油泵B停用，而交流油泵A和直流油泵都没有自启动。同时注意到润滑油压、密封油压跌至零，但盘车仍处于运行状态。运行人员立即手动在计算机上启动交流油泵A，随后却发现2台交流油泵同时在运行状态，而且所有故障信号恢复正常，运行人员再次用手动停用交流油泵A。

通过对控制系统的报警清单的检查，发现有46s的时间＜R＞控制模块发出了DC125V

直流低电压报警（< DC 90V），与此同时<R>控制模块的 VCMI 通信卡件出现故障报警，导致通信中断，从而<R>机架上的信号丢失。由于部分信号没有采用冗余配置，因此运行人员不能看到油泵的运行状态和油压信号，但是根据 DCS 系统上的油泵电流信号记录，交流油泵 B 当时一直在运行，所以备用油泵没有通过硬接线回路联锁启动。

由于运行人员看不到这些信号，误以为润滑油泵 B 停止而备用的油泵却没有启动，因此立即在运行画面上启动交流油泵 A。而该指令信号通过三重冗余的控制器<R>、<S>、<T>同时发给 TRLY 继电器输出卡件，此时<R>、<S>、<T>工作正常，因此交流油泵 A 立即启动。2 台交流油泵的运行状态反馈信号（非三重冗余信号）仅送到<R>模块。因此，运行人员仍然无法看到油泵的运行状态，误以为 2 台交流油泵都没有运行，实际上 2 台油泵同时在运行。46s 以后随着 DC125V 低电压报警的消失。<R>模块的 VCMI 通信卡件故障报警等信号恢复正常，<R>模块上的信号也先后恢复正常。之后，运行人员又发现 2 台油泵都处于运行状态，而且先前其他异常报警情况也都恢复正常。

该电源系统有三路电源输入：一路 DC 125 V 直流电、两路 AC 220V 交流电。两路 AC 220V 交流电进入控制柜，通过降压、整流、滤波处理后，也转换为两路 DC 125V 直流电。最终三路 DC 125V 直流电通过二极管回路，表决出电压最高的一路作为系统供电。

异常发生时<S>、<T>机架工作正常，怀疑出现问题的地方是只给<R>机架供电的 Power Supply 电源模块，见图 14-1。

检查通信卡件 VCMI，该卡件负责 UCVE 控制器与下游的 I/O 卡件的通信管理，同时负责<R>、<S>、<T>三重冗余通信和<P>保护模块进行通信，使得三重冗余的信号能够在控制器中进行三取二表决运算。如果该通信卡件出现问题，可能会导致该控制器与下游 I/O 卡件及周边其他的控制器脱离，导致部分信号丢失。

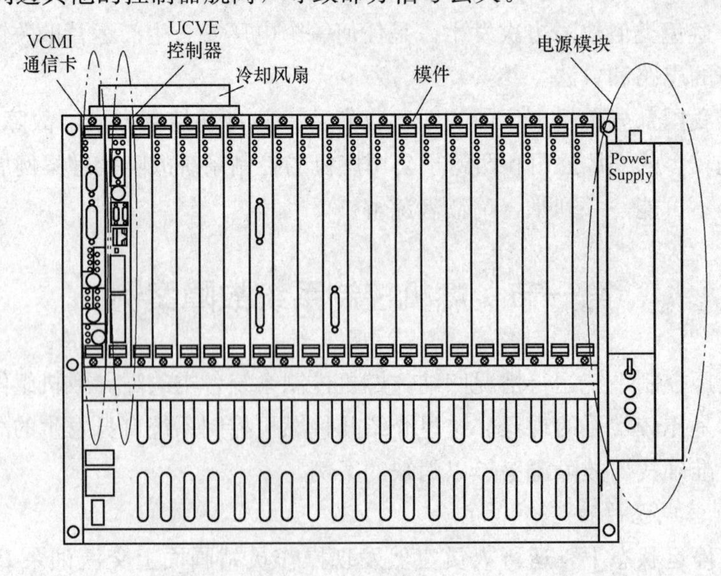

图 14-1　GE 公司 MARK-Ⅵ控制器机架图示

检查<R>控制器的 UCVE 卡件，该卡件为<R>模块上的 CPU 处理卡件，如果出现故障可能会导致运算中断，信号堵塞丢失，误报警等现象。

停机后，更换了<R>的 UCVE 控制器卡件，但是该异常情况仍然不定期的出现，每次发生故障现象后，又会在较短时间恢复正常。更换了VCMI通信卡件进行跟踪观察。一周后，机组在再次发生这类异常情况，而且机组负荷从390MW的预选负荷，自动增加到基本负荷大约400MW。由于燃料量控制自动进入温控模式，而画面上仍然投用的是预选负荷模式，因此运行人员无法通过预选方式控制机组负荷。最后，运行人员采取应急措施，通过手动方式逐步降低FSR燃料量指令减负荷，最终通过手动按钮拉开发电机出口断路器52G，进行解列，确保了机组安全稳定的停机。

由于<R>模块异常后，故障没有立即消除，通过现场逻辑追踪异常信号源头，分析出机组在<R>模块异常以后，为什么会发生负荷失控的故障机理。分析描述如下：

汽轮机控制系统<R>模块异常后→<R>模块中的模拟量输出信号失去→汽轮机控制系统发给燃机控制系统的应力计算速率信号变为0mA→由于应力计算速率信号为4～20mA对应0～10%负荷/min，0mA对应－2.5%负荷/min。

此时，由于电网周波波动，使得调频功能启动，燃机调节系统发出L70L减负荷的调节指令。但是此时减负荷的速率为－2.5%负荷/min，程序在运算时按照负负得正的数学规律，指令减负值得到一个更大的指令→由此机组负荷不降反升，实际负荷比目标负荷高，程序将继续发减负荷的指令L70L，由于速率为负值，负荷指令进一步增长。如此恶性循环，导致机组负荷指令超过了温控指令→主控系统温控指令起作用，才避免燃机超温。机组最终运行在基本负荷模式。

燃机负荷指令TNR恶性循环，导致运行人员虽然试图降低负荷指令。但是负荷却由于异常的负下降速率而一路升高，最终企图达到107%的最大值。使得运行人员以为燃机控制系统失控，无法操作。

分析出了机组负荷失控的故障机理，防止了机组负荷再次失控，但是故障源头没有找到。为此，更换了<R>机架供电电源模块，很快故障现象又出现了。

此时，分析出<R>机架底板可能存在问题。因为该机架上所有的卡件，都是底板上电源母线供电进行工作的，而且相互之间的数据交换，也是通过底板上的通信总线来实现的。如果底板出现问题，卡件的供电会受到影响，工作状态就会不稳定，或者控制器与通信卡件和I/O卡件之间的通信工作不稳定中断。

拆查底板，发现底板的背部是密封安装在金属外壳中，基本不会受到环境、灰尘的影响。拆除了底板背部的金属罩壳，外观检查发现整个背板整洁干净，没有元器件受损的痕迹，见图14-2。

图14-2　控制器机架底板背部照片，DC5V电源母线缺少一个螺钉

在检查底板各电源接线棒时，发现DC5V直流电源总线，在UCVE控制器卡件背面的供电柱上少一个紧固螺钉，见图14-2。其他周边卡件供电柱上都有紧固螺钉，使得该位置即使不安装紧固螺钉，也会使DC5V直流电源母线棒压在接线柱上，使得UCVE卡件能够正常工作。久而久之，线棒与供电柱接触面上会逐渐形成氧化层，由于热胀冷缩的关系，两者之间的接触间隙变大，从而使得接触电阻增大，这时即使DC±12V电源工作正常，卡件状态灯显示处于运行状态，UCVE卡件上DC5V电压也会因为接触电阻增大而下降到临界值使得部分芯片不能正常工作，导致卡件自诊断以及其他一些功能的异常。

在DC5V母线供电柱上补上一颗紧固螺钉，系统上电，所有故障现象彻底消除。

该故障说明：①控制系统的一个隐患可能会隐藏多年后爆发，一旦发现必须一查到底；②电源部分出厂检测方法、控制系统对电源的自检、报警功能显得非常重要；③当某个控制器发生故障，该控制器管理的非冗余信号也会出现异常，导致机组失常。

2. 直流转直流的电源模块故障

某燃机运行时出现“汽轮机MARK-Ⅵ＜R＞控制器温度高”报警。检查发现该控制器顶部风扇停止运行，该机架的电源故障红灯常亮。

控制系统有＜R＞、＜S＞、＜T＞三重冗余的控制器，每个控制器都有一个对应的机架。每个机架由一个电源模块供电。如图14-1所示，右侧的电源模块就是机架的供电电源，其输入为PDM来的DC110V。输出多路不同电压等级的直流电源，包含+5V、±12V、±15V、±28V等。分别供给控制器、机架、I/O控制卡、风扇等。

检查，一路给风扇供电的电源DC28V没有电压，证实至少到控制器机架有一路DC28V存在故障。通过M6B文件检查控制器电源状态，有一路DC28V电源为0V。由此确定电源故障。由于其他几路电源工作正常，所以没有影响控制器的正常工作。

停机后，通过控制机架左下角的电源测试柱测量，进行了通/断电试验检查，发现又有两路电源失去，说明该电源模块已经很不稳定。检查拆下的电源模块，发现其中多个直流转直流（DC-DC）元件已经损坏。

分析，电源模块的DC-DC元件为原装进口。对输入电压的稳定性要求比较高，如果DC110V供电电源电压不稳定、干扰频繁等，必然会大大降低下一级电源使用寿命。考虑到更换进口DC110V电源费用高、供货周期长等因素，采用了适应性更强的国内某军工电源模块更换后，运行至今未见异常。

3. 通信卡件故障

某机组准备启动，在进行MARK-Ⅵ启动复位操作时，发现LCI通信故障，机组无法启动。对LCI系统进行检查，发现LCI板卡通信时好时坏，确认其中有一块LCI卡件有问题。于是更换该板卡后，重起LCI控制系统，故障消失，机组再次启动，一切正常。

根据统计，多家电厂曾发生通信卡件时好时坏的运行故障情况。这类故障又具有一定的隐蔽性，属于软性故障。尤其在机组启动中会随机发生，对机组正常运行非常不利。最终只能更换新的稳定的通信卡件才能解决，建议在电厂备品备件库中，应该存有几块LCI板卡备件，以备急用。

4. 现场信号传输衰减

某燃机机组准备启动。MARK-Ⅵ控制系统发出合 LCI 联络开关 89TS 的指令不久，机组启动失败。检查发现，MARK-Ⅵ控制系统在规定时间内，没有得到 89TS 的合闸反馈信号，因而引发了机组启动失败。

分析原因，LCI 联络开关 89TS 离其中一台机组的 MARK-Ⅵ控制器较远，合闸反馈信号是电压信号，此信号经长距离传输后会有衰减。而 MARK-Ⅵ控制系统所要求的电压值容差量较小，机组经过长时间的运行后，部分接点的接触电阻有所增加导致压降略有增大。从而造成电压信号小于 MARK-Ⅵ控制系统所要求值，引起合闸反馈信号传输中断。在信号传输线上增加了中间继电器，将信号放大，排除了此故障。

该故障说明，无论硬接线信号还是通信信号，数据传输距离与信号强度需要测试验证、匹配，采取合适的信号隔离、屏蔽、和中继措施，保留适量的信号强度的宽容度。

5. 控制器任务分配不均衡

某燃机进行<R>、<S>、<T>控制器安全性检查时，发现控制器任务分配不均衡，存有潜在的不安全因素。主要表现在以下两个方面：

(1) 燃机燃气温度和吹扫空气温度和三个点，其中两个点分布在<S>控制器内。

(2) 两台 88TK 及 88BN 风机的运行反馈信号都位于<T>控制器内。

根据燃机的控制逻辑分析，测点如果被分配不均衡，可能会出现以下故障：

(1) 三重冗余的燃气温度和清吹空气温度，其中有两个点分布在<S>控制器内。如果<S>控制器故障，会造成燃气温度和清吹空气温度信号变为 0 或者异常，燃机将由于燃气温度变为 0 或异常，而迅速加/减负荷，或者快速切换燃烧方式，会造成燃机分散度大甚至跳闸。

(2) 两台 88TK 及 88BN 风机的运行反馈信号都位于<T>控制器，一旦<T>控制器故障，将造成 88TK 及 88BN 风机“假”跳闸，若超过 10s，将触发燃机自动停机。

为了防止故障发生，修改燃机 MARK-Ⅵ的 m6b 文件，将上述测量信号重新分配到其他控制器，使 MARK-Ⅵ三重冗余功能得到充分应用，提高了机组安全可靠性。

此类故障具有代表性，冗余配置的控制器任务分配会存有不同，任务均衡、任务适度，是保持控制器长期轻松运行的关键。

6. LCU 监控画面异常

某燃机运行期间，LCI 监控画面数据变黑无显示，MARK-Ⅵ报警网络故障。LCI 为燃机的静态起动装置，两台 LCI 通过切换可供三台燃机启停操作。MARK-Ⅵ显示为网络故障报警。检查网络设备，发现用于挂接 LCU 的一只交换机指示灯无显示，其供电电源正常。

初步判断为交换机故障引起 LCU 异常，考虑到 MAR-Ⅵ正在运行，每台交换机都是经过严格的 IP 地址分配和端口划分处理，运行时更换网络交换机，稍有不慎，就会影响整个网络的安全运行。当时，采取了临时性单网络运行方式，维持机组运转。机组停运后，更换上预先配置好地址的交换机，使网络恢复了冗余状态。

检查更换下的交换机，发现其电压单元部分元件有烧损痕迹。该交换机是安装在机柜的最底层，散热空间较小，虽然交换机自带风扇，外部积灰和长期自身发热，直接影响了电子器件使用寿命。为此，对交换机安装位置进行了调整，确保有效散热空间。同时制定了交换机定期清灰制度。

第二节　现场仪表和传感器故障

任何一个热力过程控制系统，离不开现场仪表和传感器对设备状态的信号采集。现场环境往往十分复杂和恶劣，对仪表及传感器正常工作非常不利，经过长时间运行和寿命损耗，现场仪表及传感器常常会出现各种故障，例如：短路、断线、器件损坏、污染、失效等。直接影响控制系统和机组的正常工作。下面介绍几种从燃机电厂收集来的故障案例。

1. 感温探头误动导致火灾保护跳机

夏季，西门子 V94.3A 燃机联合循环机组运行在 250MW 负荷，燃机罩壳内风机运行，罩壳内温度 48℃。突然，出现燃机火灾保护动作（FIRE PROTECTION）故障。燃机跳闸、ESV 阀关闭、汽轮机跳闸、发电机解列。同时该燃机罩壳风机跳闸，燃机五个罩壳挡板全关，灭火保护动作，二氧化碳喷射。燃机火灾保护逻辑关系图，如图 14-3 所示。

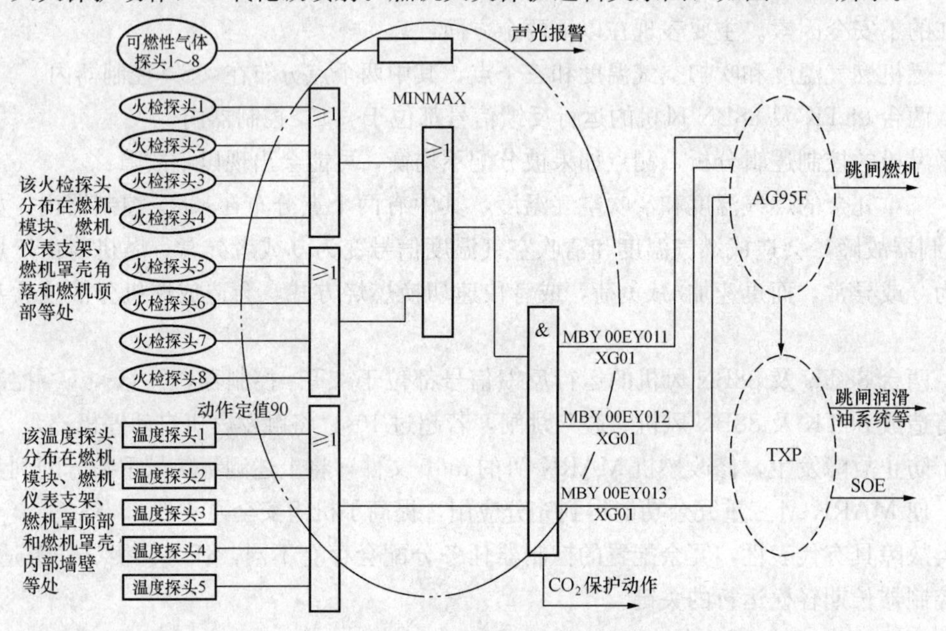

图 14-3　西门子 V94.3A 燃机的火灾保护逻辑图

经检查燃机跳闸是火灾保护信号引起，来自于 MINIMAX 系统的三个火灾保护跳闸信号的 3 取 2 信号。对于 MINIMAX 系统而言，其火灾报警的监测依赖于现场分布的 8 个紫外火灾检测探头、5 个温度检测探头和 8 个可燃气体探头。

在 MINIMAX 的保护逻辑中，将上述 21 个探头分为了四组。8 个紫外火灾检测探头中每 4 个分成一组，分别是 GROUP1 和 GROUP2；5 个温度探头作为 GROUP3；8 个可燃气体探头作为 GROUP4。在每个 GROUP 中，只要有任意一个探头报警将会触发该 GROUP 的报警。当 GROUP3 报警时，只要 GROUP1 和 GROUP2 任一报警，将触发 MINIMAX 系统的火灾保护跳闸信号。GROUP4 的报警信号仅做声光报警。

事件发生后，检查相关报警记录，表 14-1 和表 14-2 分别表示了事件发生时，TXP 系统主要的 SOE 记录，和 MINIMAX 系统的事件报警记录。

表 14-1　　事件发生后 TXP 系统的主要 SOE 记录

序　号	时间	KKS 编码	内容	动作类型
1	16：59：28	MBY00EY013XG01	火灾保护系统 3 通道	激活
2	16：59：29	MBY00EY011XG01	火灾保护系统 1 通道	激活
3	16：59：29	MBY00EY012XG01	火灾保护系统 2 通道	激活
4	16：59：29	MBY00EY010SZV01	火灾保护	动作

表 14-2　　事件发生后 MINIMAX 系统的主要报警记录

序　号	时间	信号	报警组	内容
1	16：45：51	5 个感温探头之一触发	GROUP3	火灾报警
2	16：46：13	1～4 号火焰探头之一触发	GROUP1	火灾报警
3	16：46：46	5～6 号火焰探头之一触发	GROUP2	火灾报警
4	16：47：01	火灾保护信号触发	GROUP35	火灾灭火

说明：MINIMAX 系统和 TXP 系统存在约 14min 时差，故报警时间不一致。

事件发生后，查阅相关记录文件，发现燃机罩壳风机跳闸和罩壳挡板的关闭，导致罩壳内部温度由 48℃上升至 52℃。检查到燃机罩壳内无明火痕迹，火灾检测探头不应该动作。检查发现，在燃机 1 号轴承正上方罩壳顶部的两只感温探头温度较高，大约为 57℃，此处靠近燃机上方两个冷却密封空气的排气孔，见图 14-4。

图 14-4　燃机 1 号轴承上方罩壳顶部感温探头照片

根据燃机罩壳感温探头和紫外线火灾探头的差温报警特性和报警时间。判断罩壳内环境温度高使得感温探头发出报警。同时，紫外线火灾探头受到较高环境温度影响，超出允许工作温度范围，使得紫外线火灾探头测量准确度下降，发出火灾报警信号，从而形成火灾保护和动作。初步认为这次火灾保护动作是多信号、组合性误发跳机信号故障。

为了确认燃机罩壳内是否有可燃气体泄漏点，决定做启动顺控 SGC 试验。变频启动压气机带动燃机转动，对燃机及其后热通道进行压缩空气清吹，清吹结束后，停止 SGC。在这个过程中，始终没有发现泄漏点，无异常声音，无异常气味。

随后，实施燃机点火不并网验证运行。所有预防性准备工作到位后，在近一小时验证运行期间，燃机罩壳内未发现明火、泄漏、漏油、异常气味、异常声音等迹象，也未出现过火灾探头回路的报警，随即燃机停运。

次日，该燃机启动并网，室外温度 33.3℃，负荷 320MW，现场测得燃机 1 号轴承罩壳顶部温度探头表面温度 75℃，另一只温度探头表面温度 68℃。室外温度 36.6℃，负荷

250MW，现场测得燃机1号轴承罩壳顶部温度探头表面温度87℃，另一只探头表面温度83℃，接近90℃报警值。直至傍晚，燃机罩壳内无火灾探头报警信号出现。

至此，确定这次故障跳机的真正原因，为火灾保护误发信号所致。处理措施如下：

(1) 夏季燃机罩壳内温度会偏高，尤其是燃机上方冷却密封空气排气孔附近的两个感温探头，需要采取更加可靠的安装和隔热方法。

(2) 感温探头和火灾检测探头铭牌环境温度为-20～55℃，夏季的燃机罩壳内温度，可能会超过铭牌环境温度允许范围。考虑应该更换铭牌环境温度适合现场环境要求的探头部件。

(3) 跳机故障，是火灾检测探头误动在先，后出现罩壳温度高报警和保护。需要定期清洁火灾探头表面，确认环境温度对火灾探头的影响，检查相关接线和屏蔽，确保火灾探头不误动。

(4) 整改控制系统时钟不一致问题，便于运行和故障分析处理。

2. 可燃气体检测探头故障

燃气轮机一般使用柴油或天然气作为燃料，对于天然气燃料必须对易燃易爆的气体进行检测。有些发电机组使用氢气冷却，也必须对氢气进行检测，以防止可燃气体产生燃烧和爆炸的可能。

以9FA燃机为例，该机组共有19个可燃气体探头。其中8个为氢气探头，11个为甲烷（天然气的主要成分）探头。分别布置在燃机阀组间、燃机透平间、发电机中心接地点以及发电机母线和励磁机的端部。这些可燃气体检测探头，在机组的安全生产中扮演重要的角色，一旦检测到的浓度超标，将会触发报警甚至跳闸。

(1) 可燃气体探头故障。

某机组启动至500r/min时，因阀组间可燃气体浓度超标，燃机跳机。运行人员采取措施，在强制启动一台燃机透平间风机88BT后，再次启动机组，依然发生阀组间可燃气体浓度超标，机组再次启动失败。

经检查和使用手持式可燃气体检测仪实测，发现当时阀组间可燃气体浓度并不高，判断是因阀组间可燃气体探测探头故障造成，属于误报。

(2) 检测探头损坏率较高。

某机组正常运行中，燃机MARK-Ⅵ出现报警："透平间可燃气体浓度高"（Turb compt Haz Gas Level HIGH）；稍后报出"透平间可燃气体探测系统故障停机"（Turb compt Haz Gas System Fault shutdown）报警信号。当时负荷未有变化，于是增开88BT—2风机，加强通风减低可燃气体浓度。但距离报警仅4min后燃机突然跳闸，跳闸首出为："透平间可燃气体探测系统故障跳机"（Turb compt Haz Gas System Fault Trip）。

检查后发现，安装位置在燃机透平间顶部的88BT风机进风道入口处的45HT—5A、5B、5C、5D四只可燃气体探头，其中有2只探头因过热而损坏。

根据9FA燃机投产后的统计资料，各电厂可燃气体探头损坏率均较高，主要发生在燃机透平间内。其原因有两个：

1）出现高温会使得可燃气体探头的测量值上升；

2）可燃气体探头的气敏元件存在"中毒"现象，也会缩短探头使用寿命，导致探头损

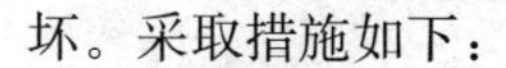

坏。采取措施如下：

①定期或利用停机机会检测、校验可燃气体探头；

②对透平间可燃气体探头的位置进行改造，尽量减少温度影响因素；

③在许可的情况下，加装冷却装置使探头的运行环境得到明显改善；

④整治透平间、阀组间存在的天然气泄漏问题。

3. 清吹系统仪表故障

首先明确 purge 的中文含义，燃机热通道的 purge 为清吹。燃料管路的 purge 为吹扫。两者的准确含义是有区别的。

以 9FA 机组为例，机组启动前需要对燃气管道进行吹扫，对阀门泄漏和吹扫阀等进行检测。检测吹扫阀的目的是检查燃烧系统 PM4 的吹扫阀是否开关正常，防止机组启动过程中残留积余的燃气在燃机点火时引起爆燃，以保证燃机点火后对未点火的燃烧器喷嘴进行可靠的空气吹扫，防止燃烧器喷嘴高温损坏。

9FA 燃机在 PM4 与 D5 燃气管道上分别设置了燃气吹扫阀，见图 14-5。每个管路上各有两只（空气侧与燃气侧各一只），在两个吹扫阀间还有一个排空阀。其中 D5 吹扫燃气侧的吹扫阀 VA13-2 是可调气动阀（该阀有四个位置——关位置、最小吹扫位置、吹扫位置和最大吹扫位置），其他三只都是全开或全关的气动阀；而 D5 燃气侧吹扫阀尤为重要，除了主要的吹扫作用，该阀还担负着在 PM 方式下调节吹扫空气量，对 D5 燃烧器进行冷却，同时也起到调节助燃空气量的作用。

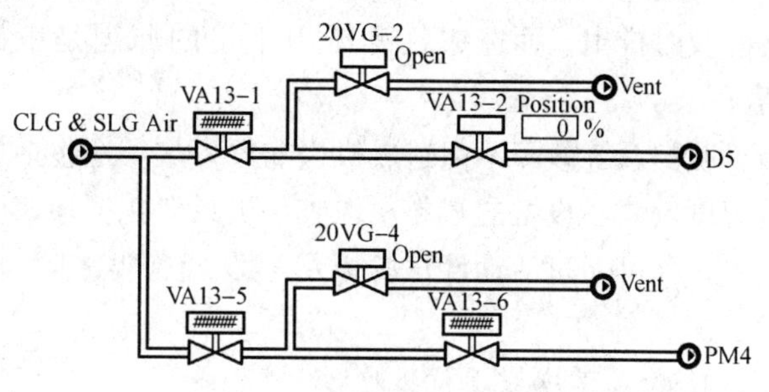

图 14-5　天然气吹扫系统示意图

由于吹扫阀与燃料控制阀都布置在同一阀组间内，空间紧凑狭小、易发生操作超时故障，导致吹扫阀检测失败而跳机。

（1）电磁阀故障。

某机组启动升速至 415rpm 时 MARK-Ⅵ进入对燃机的清吹程序，此时要对燃料管路吹扫阀进行检测，吹扫 PM4 喷嘴及其燃料管路进行吹扫的控制阀门实施检测：首先关闭 PM4 喷嘴的吹扫管路泄压排放阀 20VG-4，接着依次打开 PM4 管路、喷嘴的吹扫管路吹扫阀 VA13-6 和 VA13-5，但当开 VA13-5 阀时，检测到 VA13-5 阀拒开，MARK-Ⅵ系统报燃机吹扫故障，机组启动失败。

经检查确认为 VA13-5 阀的电磁控制阀故障。由于该设备工作环境恶劣，因此必须定期或利用停机的机会检查、试验电磁控制阀，确保其正常工作。

（2）吹扫阀操控气体泄漏。

某机组启动进入燃机吹扫阀检测程序，因出现 VA13-6 阀超时拒开，MARK-Ⅵ系统报燃机吹扫故障，机组启动失败（当时机组转速 698rpm 正在燃机吹扫阶段），此次故障造成机组延迟启动 50min。

分析检查：发现 VA13-6 阀的仪用气接头由于长时间运行，出现松动漏气；这样当 MARK-Ⅵ发出开 VA13-6 阀指令后，在相同的仪用气压力下，VA13-6 阀开启变得缓慢而超过规定的延时。

对策：定期或利用停机的机会检查阀组间仪用空气阀门和接头，确保严密。

（3）器件老化故障信号。

某机组从 320MW 负荷开始停机，当降至 220MW 时，燃烧方式由预混准备向先导预混切换，D5 吹扫阀关闭，但 VA13-2 吹扫阀阀位显示 0%，阀门状态依然显示为红色，MARK-Ⅵ发“气体燃料吹扫故障”报警，机组跳闸。

经检查发现：D5 吹扫阀 VA13-2 的关到位的开关量信号装置的部分塑料件磨损，导致开关量信号装置不动作。更换后故障清除。

（4）操控气源故障。

某机组启动过程中，“吹扫系统压力高”报警，同时机组跳闸。经检查发现，该机组的阀组间模块内的 D5 吹扫管线排空阀位置未在全开状态，几次开启该阀，均有不到位现象。其原因是气源压力不足，造成阀门的气动执行机构动作不到位，D5 吹扫管线内的压力气体不能及时排出。而造成气源压力不足的原因是电磁阀“O”形圈老化使得电磁阀有卡涩情况。

吹扫系统故障不但造成机组非停事故，还包括机组启动失败，由于正常运行中燃气阀组间温度较高，设备的塑料、橡胶件极易老化损坏，因此在机组停运时应加强对这类设备进行检查，并可通过活动性试验以尽早发现这类故障，减少机组出现的非停及启动失败事件的发生。

4. 位移传感器零位漂移

某燃机机组做启动前准备工作，燃机的操作员控制屏上 IGV 反馈开度始终显示 29°，MARK-Ⅵ控制系统出现“IGV 位置异常”报警，机组禁止启动，此次故障造成机组延迟启动 68min。

经检查发现，IGV 实际开度不是 29°而是 26.5°。通过 IGV 进行开关操作，检查测试 IGV 的三只 LVDT 位移传感器，有两个 LVDT 出现零位向上漂移问题，因而导致燃机操作界面上 IGV 开度显示为 29°现象，超过 MARK-Ⅵ进入启动程序算法允许的最小 IGV 开度值 28°，造成机组无法进入启动程序。

鉴于 IGV 位置位移传感器的重要性，应定期或利用机组停机的机会，检查 IGV 实际位置和反馈信号，定期对 IGV 位移传感器进行标定校准，保持两者一致。

5. 燃机排气温度分散度大故障

燃机因排气温度分散度大跳机的事件相当频繁。排气温度分散度大的原因较多，除了燃机喷嘴烧穿，火灾筒或过渡段、导流套壳体裂纹、烧穿，燃烧喷嘴堵塞，燃烧方式切换失去火灾等故障之外，还有燃机排气温度测量回路故障、燃烧波动等原因，源于排气温度测量导致排气温度分散度大的故障，屡见不鲜。

事件描述：某燃机机组在 320MW 运行时，发生天然气调压站异常。运行人员将天然气压力自动调节切为手动调整，天然气压力从正常压力 3.3MPa 下降到 2.0MPa 左右。P_2 燃烧室进气压力从正常值 3.0MPa 下降到 2.2MPa，燃机快速减负荷，因燃机排气温度分散度大于 150℃跳机。

原因分析：燃机供气由 2 套 A、B 供气管线，正常时“一用一备”。故障发生前，A 路供气管线运行，自动调节燃机进气压力。在运行人员发现调压站故障后，将A、B管线上的压力调节门均切手动，进行手动调整。后将压力调整门切回自动，压力调节门瞬间关闭后再进行压力自动调节，导致天然气压力出现较大波动。天然气压力从正常压力3.3MPa下降到2.0MPa左右。机组负荷从320MW快速减到270MW左右。此时，燃机出现燃烧不稳的现象，燃机排气温度的分散度快速增大，最终达到150℃，导致分离散度高保护动作，机组跳闸。

检查31只用于燃机排气温度的一次测量元件正常，保护动作正确。燃机快速减负荷的功能是燃机控制系统固有的一项保护功能，燃机负荷发生快速变化时，燃烧检测保护是退出的，燃机排气温度分散度大保护，就成为保障机组安全的后续屏障。

暴露问题：

（1）一段时间，该燃机燃烧不太稳定，分散度一直偏大，机组在快速变负荷时，抗干扰能力较差，极易导致燃机分散度升高。当分散度达50℃，就要分析和找出原因。

（2）燃机燃烧器喷嘴污染较为严重，积聚的污垢较多，不利于正常燃烧。

（3）调压站压力自动调节系统设计不合理。目前，当压力自动调节切为手动后，运行人员可以进行手动调整。但是当再切回自动调节控制时，压力调整门先关闭再进行自动调整，导致压力调节产生较大波动，影响机组安全运行。

防范措施：

1）对燃烧器进行清理和更换，重新进行DLN调整试验，提高燃机燃烧的稳定性，减小燃机排气温度的分散度，增强燃机抗扰动的能力。

2）建议对燃气压力自动调节系统的控制逻辑进行重新审核，增加手动/自动跟踪功能，争取做到手动/自动无扰切换。

围绕燃机排气温度分散度大方面出现的问题，排气通道中测温传感器的状态非常关键，下面列举几则常见的排气温度测量热电偶方面的故障案例。

排气热电偶是燃机最重要的测量元件之一，用它直接测量燃机的排气温度，作为机组的温度保护和控制之用。9FA机组有31个排气热电偶，运行中用它们直接计算出燃机的平均排气温度，并间接计算出燃烧基准温度，同时还参与燃机的分散度及超温保护。因此其测量准确与否，直接影响燃机的效率、寿命和机组的安全运行。根据统计，多台机组发生过排气热电偶故障引发机组非停。

（1）热电偶开路。

某机组运行中，突然燃机MARK-Ⅵ发“燃机排气热电偶故障”报警。在燃机控制界面上显示燃机排气热电偶第7点为：−176℃，随后发现第3点排气热电偶温度也跟着快速下降，燃机排气分散度S1和S2快速增大，燃机MARK-Ⅵ发出“燃机排气分散度高”、“燃烧故障”，机组跳闸。

停机后检查发现，3号和7号排气温度热电偶均已开路，经更换排气温度热电偶后，机组再次启动正常。

（2）热电偶接线松动。

某机组正常运行中，突然燃机排气分散度S1迅速增大，燃机MARK-Ⅵ发“燃机排气热电偶故障”报警，在燃机控制界面检查发现燃机排气温度第24点失灵。

经就地检查后发现，热电偶接线松动，停机后对测温元件接线复紧后，在燃机控制界面检查其温度显示正常。对此，需要建立应对检查举措。

（3）热电偶测量回路异常。

某电9E机组运行在基本负荷中，机组发出“燃烧故障报警”信号，35min后机组发“排气分散度高”报警，随后出现跳机。现场检查发现：第17点排气热电偶温度由300℃慢慢开始爬升到跳机前605℃。该单点温度的异常升高造成了TTXSP1、TTXSP2、TTXSP3同步上升，L60SP1、L60SP2、L60SP3、L60SP4都置为“1”，机组达到跳机条件。这是一起比较少见的由于单点热电偶故障，异常升温引起的跳机事件，一般，热电偶故障就是显示开路－84℃。

对此，应该在温度逻辑设计时增加一个温升率的判断，以避免此类跳机事件发生。

（4）热电偶补偿电缆损坏。

某燃机处于基本负荷运行，突然出现“燃烧故障”报警，检查为18号排气热电偶数值向上跳跃，两分钟后燃机18号排气热电偶测量数据达1170华氏度，燃机出现“排气分散度高跳闸”报警，随后跳机。

脱开燃机排气热电偶元件及MARK-Ⅴ机柜端子，用500V绝缘电阻表检查，发现热电偶补偿电缆（共36芯）半数以上补偿线接地电阻为零。检查电缆发现穿地电缆管内充满积水，电缆内部也有积水。遂更换补偿电缆，对穿地电缆管排水。检查还发现18号排气热电偶元件损坏，对其进行更换。检查就地热电偶接线箱端子有部分接地现象。拆下清洗，烘干后绝缘恢复正常。初步分析故障原因是18号排气热电偶补偿电缆绝缘损坏引起。

正常情况下，排气温度测温元件损坏后，平均排气温度计算是按照“自动剔除”处理，但对于分散度大保护算法，是不剔除任何一个温度测量信号的。18号热电偶由于补偿电缆绝缘不好，使得所测排气温度变成1170华氏度（632℃），造成排气分散度高而保护跳闸。

补偿电缆绝缘损坏原因，是由于蛇皮管靠地面处出现破损。未做电缆头，致使雨水进入电缆内部，造成绝缘损坏。更换了18号排气热电偶元件和补偿导线电缆，更换蛇皮套管之后，温度测量信号恢复正常。同时，对其他位置较低的穿地金属套管也进行了例行检查。

6. 现场仪表综合故障分析

（1）热电阻瞬间逻辑问题。

某燃机在做性能试验时，由于中压过热器进口温度B点（TE5105B）热电阻元件损坏，导致温度三值优选模块在瞬间取最大值B点。当时，该坏点为827℃，高于全速空载值426.7℃，比较后逻辑发出机组全速空载指令，该发电机解列。经处理后，发电机正常并列。

建议在类似温度判断模块出口增加几秒延时，以防止误动。

（2）励磁控制器的器件损坏。

燃机负荷330MW时，灭磁开关跳闸，联跳发电机。经检查，励磁系统M2控制器上的一个晶闸管SCR烧毁，燃机重新启动后并列。

燃机跳闸原因：由于86AUX接点干扰造成M1控制器切换到M2控制器。切换到M2控制器后，M2整流桥的硅整流器件SCR由于质量原因烧毁，造成跳闸。

（3）气路电磁阀故障。

2号冷干机在由B至A干燥塔切换过程中，由于A干燥塔进气电磁阀故障打不开，此时B干燥塔进气电磁阀已关闭。引起2号仪用气压力低至0.3MPa，仪用空气控制失灵，燃料气辅助截止阀关闭，机组跳闸。处理后机组顺利并网。

防范措施：增加冷干机出口、储罐压力低报警信号，增加仪用母管压力低启动备用冷干机连锁。

（4）伺服阀动作异常。

燃机冷态开机并网。高压进汽条件满足，高压进汽阀（CV）开启，由于CV动作反馈未能及时跟踪开度指令，突然开至24%。高压汽包水位突升，高压汽包水位高动作，机组解列。经过处理，3号机正常并列。

经检查，高压进汽阀（CV）伺服阀动作异常，主要原因是液压油有杂质，需要定期对液压油系统进行清理，确保液压油的油质和清洁度。

（5）防喘阀控制器接口断裂。

有一台燃机防喘放气阀控制器接口断裂，MARK-Ⅵ发出“防喘放气阀位置故障报警”，机组自动减负荷后，正常程序停机，更换控制器接口后，故障消除。

分析防喘放气阀控制器接口断裂原因：该管道设计布置不合理，缺少支架固定，导致管道长期处于振动状态，容易使金属疲劳发生断裂。

防范措施：

1）合理增设支架；

2）小修加强检查。

（6）差胀传感器高温脆化。

某燃机2号差胀突然增大至－12mm跳机。差胀突然增大原因分析：2号差胀探头安装位置处于高温区域，该区域超过探头正常工作温度，造成探头脆化，碎裂而损外，引起保护动作。

防范措施：

1）敷设检修压缩空气气源管路，对探头进行冷却；

2）更换耐高温探头新产品；

3）消除异常热源。

（7）吹扫排空阀开启不到位。

机组并网后出现“扫吹系统压力高报警”，机组跳闸。经检查，3号燃机D5吹扫管线排空阀位置不在全开状态。几次活动该阀，均有不到位现象。更换D5吹扫管线排空阀后，故障现象消除。

分析“吹扫系统压力高”保护动作原因，是气动气源压力不足，造成阀门的气动执行机构动作不到位。而造成气源压力不足的原因，是电磁阀“O”形圈老化卡涩所致。

防范措施：由于阀组间温度较高，易造成设备老化，需要加强检查和试验。

7. 仪表设计结构问题

某联合循环机组汽轮机氢纯度表，在两年多时间里，有3台仪表出现过无显示的问题。经检查发现，该仪表结构设计存在问题。由于仪表采用防爆设计，外壳密封严密，内部电源的散热存在问题，导致表头内24V电源长期过热而损坏，氢纯度表无法正常显示。

对仪表电源进行改造，采用可靠的外置24V电源对氢纯度表供电，避免了类似情况发生。

第三节 自动调节品质不佳案例

任何一套自动化控制系统，它的闭环调节品质，对维系热力系统平衡运转至关重要，不同的闭环控制回路，被控对象设备和介质状况不同、PID参数不同，超调量、稳定时间、静差等调节品质也不同，对被控对象的操控和工质参数调整效果也会截然不同。

1. 锅炉汽包水位调节失灵

三压中间再热型余热锅炉，汽包水位调节复杂，特别是冷炉热机启动阶段水位波动变化很大。汽包水位调节品质的优劣，直接关系到锅炉的安全运行。例如，某联合循环电厂，投运初期，因汽包水位超限，高压汽包水位高1次，低压汽包水位高2次，中压汽包水位低3次，因而引起机组启动失败达6次。

(1) 虚假水位现象。

某机组启动，升速至3000rpm时，高压汽包水位迅速由－100mm快速升高至＋288mm跳闸值，机组跳闸，启动失败。

经检查发现，机组在汽机热态下启动，锅炉温度较低。由于燃机启动点火后，余热锅炉的升温升压较快，锅炉内水容积膨胀急剧，引起水位快速升高；此时高压汽包水位自动调节在低流量、单冲量调节，反应较慢，不能克服快速启动过程中的“虚假水位”，造成了水位迅速升高达跳闸值，引起机组跳闸。

重新调整高压汽包水位的调节参数，满足机组快速启动要求，水位调节恢复正常。

(2) 调节阀过于灵敏。

某机组启动过程中，负荷升到50MW，当操作人员进行汽轮机入口压力控制（IPC IN）投入操作时，中压旁路开度由49%快速关小。而中压过热器出口压力调节阀因压力偏差量大而自动切为手动。中压汽包压力升高，水位由－30mm突降至－100mm。因中压汽包压力升高，中压旁路压力调节阀快速开启，使中压汽包水位从－100mm快速升至＋245mm，导致中压汽包水位高高而跳闸。

经检查发现，中压旁路压力调节阀关闭速度及打开速度过快，造成中压汽包压力波动过大，从而导致中压汽包水位剧烈波动。

三压中间再热型余热锅炉的中压汽包容积相对较小，水位的量程也较小，易受压力等因素影响。因此，在保证中压旁路快开及快关的前提下，应尽量限制中压旁路压力调节阀的开/关速度。加大中压过热器出口压力调节阀的自动调节范围，使中压旁路压力调节阀的开或关对中压汽包水位的波动影响降至最小。

2. 锅炉蒸汽温度调节失灵

某机组启动，高压缸进汽完成，此时燃机排气温度566℃，高压主蒸汽温度552℃，高压主蒸汽减温水为自动方式。电网要求尽快将机组的负荷带至150MW以上。为了尽快升负荷，值班员退出温度匹配程序，同时进行中压缸进汽操作。负荷上升后，燃机排气温度直线上升至640℃左右，高压主蒸汽温度也不断上升。值班人员在高压主蒸汽温度未出现报警前，就发现高压主蒸汽温度快速上升，且减温水调节阀开启速度太慢跟不上。虽然立即采取措施，解除高压主蒸汽减温水的自动控制，将减温水调节阀手动开至100%，并抬高给水压力至5MPa（减温水流量至30t/h）。但由于减温水作用有一定的滞后，高压主蒸汽温度上升至591.2℃，机组快减负荷至全速空载（FSNL）。

经过分析，机组快减负荷至全速空载（FSNL）的原因，是运行方式改变，中压缸进汽时，高压主汽减温水自动调节没跟上，减温水调节严重滞后，至使高压主蒸汽温度超限。应该完善此种运行方式下自动控制逻辑，增加减温水超前控制逻辑。必要时完善减温水工艺管路和设备，避免这类主蒸汽超温故障。

第四节　控制系统综合故障案例

控制系统是燃气轮机机组安全运行的关键设备，如果主机或者其他设备方面的隐患，机组运行到某个工况恰好暴露了问题，就会引发了运行异常或者机组跳闸。这里收集了一些燃气轮机的故障处理案例和技术问答，包含了对故障现象进行分析的过程，并拟定对应的故障处理措施，作为一种故障排查的思路提供给读者，并拟定对应的故障处理措施。

1. 逻辑设计缺陷

某燃机并网后，出现天然气供气压力低（门站供气阀未开启）。导致负荷急剧下降至2MW以下。待汇报气调后，门站将供气阀开启，天然气供气压力逐渐恢复，在加负荷过程中，发现机组FSR受限于30%负荷未上升，值长令主复位后，由于FSR值快速上升，造成负荷急剧上窜，排气温度高跳机。

从逻辑分析，该机组的逻辑设计不合理。机组运行时出现FSR受限情况，应立即进行主复位，如错过复位时机（备选FSR超过30%时），必须降低机组负荷，在FSR小于30%时进行主复位操作。需要及时修订运行规程，并组织学习。

2. 多路输入信号串接故障

某9E机组烧重油，在80MW部分负荷正常运行，机组突然跳机。报警掉牌号为Q，0244，TCEA 4 RELAY CIRCUIT FDBK（EXTRNL TRIP）。燃机遮断卡TCTG的工作原理图，见图14-6。

端子板PTBA上49端子号至56号端子通过常闭信号相连，任何一个端子断开都会引起机组外部回路遮断跳机并报警。当时实际接线情况是：端子49、50号接入的是从电气控制盘EX2100来的发电机差动保护（常闭，动作时断开）信号，端子55、56号接入的是燃机火灾保护系统控制柜火灾保护动作回路（常闭，动作时断开）信号，端子50～55短接。根据<P>模块紧急跳闸按钮接线原理，结合机组的故障现象分析，机组跳闸的原因可能有以下几个方面：

（1）从PTBA端子板的49号端子到56号端子只要有一路断开就会引起机组外部遮断跳机。

（2）PTBA端子板的49号端子到56号端子外部回路串接了常闭触点的发电机差动保护信号（L86TGT2）、火灾保护信号（L45FTX3）。其中任一个信号动作断开，通过PTBA上的带状电缆JN—2和JN—3送到TCTG卡，触发43、44继电器失电跳机。同时TCTG卡通过带状电缆JL送到TCEA卡引起L4—FB动作，发出掉牌号“244”TCEA 4 RELAY

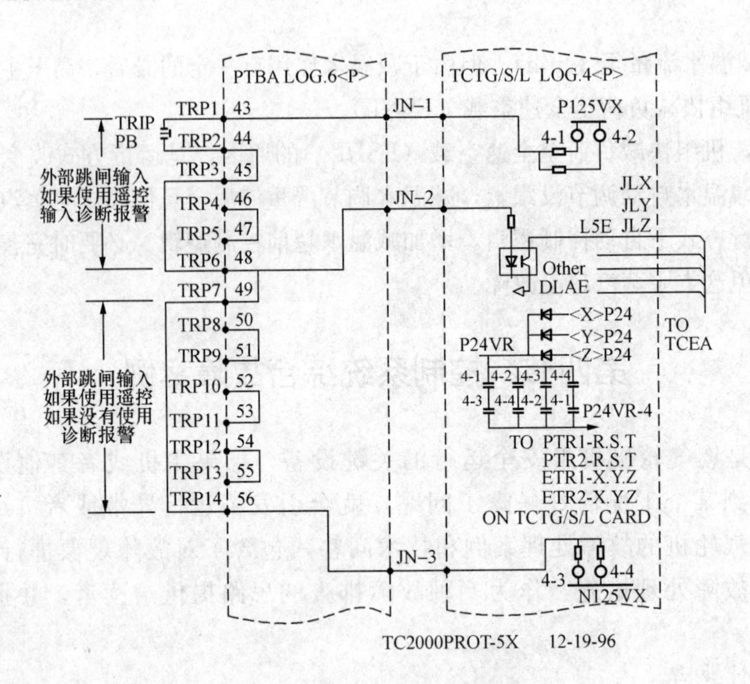

图 14-6 TCTG 遮断卡原理图

CIRCUIT FDBK（EXTRNL TRIP）报警。

（3）燃机遮断卡 TCTG 卡、PTBA 端子板、端子板到 TCTG 卡内部带状电缆等硬件故障。

（4）外部干扰。

跳机后，检查了端子板 PTBA 的各端子接线和发电机差动保护回路及火灾保护系统的有关端子，并对其进行摇动试验，未发现接线存在松动现象。对保护出口线缆进行绝缘检查也未见异常。检查发电机差动保护柜未发出发电机差动保护信号（L86TGT），该保护输出继电器的触点容量较大，其触点抖动的可能性很小。火灾保护柜未发出燃机火灾信号（L45FTX），现场检查未见异常。对遮断卡件 TCTG 也进行了外观的检查，未发现有元器件松动或过流过热的现象。

引起本次跳机原因分析，应该是外部干扰信号引起，或者是多个串接触点信号干扰聚集引起。上述端子板上多个触点信号串接设计，不利于各路信号正常工作，给现场查找故障和分析带来困难，应采用隔离单信号输入设计，也便于故障查找。

3. 画面误操作导致机组跳闸故障

某电厂 7 号、8 号燃机和 9 号汽轮机机组运行，9 号机处于滑压运行状态。8 号锅炉主蒸汽隔离阀 FV058 突然关闭。当时主蒸汽压力 5.2MPa，随着 8 号锅炉主蒸汽隔离阀 FV058 关闭，主蒸汽压力开始快速下降。8 号锅炉主蒸汽隔离阀 FV058 全关，主蒸汽压力下降至最低点：3.425MPa。9 号汽轮机调门由于主蒸汽压力低保护动作（低于 3.5MPa）开始关闭，7 号锅炉汽包水位由于主蒸汽压力下降过快而汽化，产生虚假水位，其水位迅速升高。2s 后 7 号锅炉汽包水位三高发讯，直接跳 9 号汽机。在确认 7 号锅炉及 9 号汽机正常后，9 号汽轮机再次并网。调度命令停下 8 号燃机和 8 号锅炉。

经过过程报警及曲线分析，8 号锅炉主蒸汽隔离阀 FV058 运行中关闭，是引起本起事件的首发原因。检查操作记录发现锅炉主蒸汽隔离阀 FV058 系人为操作关闭。当时，一只汽机本体疏水阀正在检修，该阀需要做关闭操作，由运行人员点击操作关闭。检查发现在该疏水画面中，疏水阀旁紧靠着锅炉主蒸汽隔离阀 FV058 弹出框，当运行人员点击该阀门时，弹出了 8 号锅炉主蒸汽隔离阀 FV058 操作面板，导致误操作关闭该阀。随后主蒸汽压力开始下降，2min 后，正在运行的 7 号锅炉汽包水位三高动作，9 号汽轮机跳闸。

另外，由于 9 号汽轮机控制系统在主蒸汽压力突降的情况下，没有自动控制压力功能。是造成本次事件进一步扩大，导致 9 号汽轮机跳闸的又一个原因。8 号锅炉主蒸汽隔离阀 FV058 打开和关闭反馈设置为 4 级报警，运行人员 2min 内未及时发现和处置。

因此，新增加对锅炉烟气挡板、进汽隔离阀、蒸汽旁路阀、主蒸汽压力下降速率和时间限制，以及相应的保护逻辑。主蒸汽压力下降速率超过 0.15bar/sec 保护动作，下降速率低于 0.02bar/sec 保护复位。延时 5s 后投入定压方式，压力设定值为当前的压力值。保护动作后退出滑压控制和定压控制方式，以 5%流量/sec 的速率关下调门，保证主蒸汽压力下降速率不至于过大。同时对报警设置进行修改，对两台锅炉的报警重新分级设置。

通过试验，燃机 60%负荷和燃机 100%满负荷，单炉运行和两炉运行四种典型工况下，通过打开旁路阀和关闭蒸汽进汽隔离阀的不同扰动试验。正在运行的汽包水位控制正常，水位波动没有达到保护动作值。试验结果统计见表 14-3。

表 14-3　试验结果统计表

序号	工况	试验前机组负荷	扰动试验	汽轮机调门开度（%）	9 号机负荷（MW）	汽包水位变化（mm）
1	8 号燃机运行	8 号燃机 63.7MW；9 号汽轮机 39.8MW	打开 8 号炉蒸汽旁路阀 50%，然后关闭	−9	−32.3	8 号炉：+105
2	8 号燃机运行	8 号燃机 107MW；9 号汽轮机 48.3MW	打开 8 号炉蒸汽旁路阀 50%，然后关闭	−11.2	−40.1	8 号炉：+88
3	两台燃机运行	两台燃机 56MW；9 号汽轮机 65.4MW	打开 7 号炉蒸汽旁路阀 50%，然后关闭	−67	−24.1	7 号炉：+39 8 号炉：+38
4	两台燃机运行	两台燃机 57MW；9 号汽轮机 66.4MW	关闭 7 号炉进汽隔离阀，7 号炉停运	−85.1	−36.1	8 号炉：+38
5	两台燃机运行	两台燃机 100MW；9 号汽轮机 95MW	打开 7 号炉蒸汽旁路阀 30%，再至 50%然后关闭	−80	−50	7 号炉：+27 8 号炉：+17
6	两台燃机运行	两台燃机 100MW；9 号汽轮机 96MW	关闭 8 号炉进汽隔离阀，8 号炉停运	−84.8	−35.9	8 号炉：+17

4. 低真空逻辑设计缺陷故障

某联合循环机组启动并网，11min 后汽轮机机组低真空跳闸。检查发现，再热器出口空气阀自动开启造成低真空。再热器出口空气阀开/关逻辑是：再热器出口空气阀在机组启动条件中，必须投“自动”，且为“关闭”状态，当机组启动到达3000r/min全速后，其控制逻辑使再热器出口空气阀自动开启。此处的控制逻辑设计有问题，因为在汽轮机高压缸进汽前，再热器与汽轮机高、中压缸相通，而汽轮机高、中压缸又与凝汽器相通。汽轮机高压缸进汽前再热器一直处于负压状态，没有排放空气的需求。但是，该阀的控制逻辑不符合机组运行要求，逻辑设计隐患，导致了机组低真空跳闸。

5. 控制系统DC 125V接地故障

燃机控制系统DC 125V接地故障频率较高。某机组共发生DC 125V接地故障20次。PG9171E型燃气轮机MARK-Ⅴ控制系统，开关量信号检测系统采用正负62.5VDC电源。由于其设计上分路电源与总电源没有采用隔离，控制系统仅对总电源上的电压进行检测。当外回路出现接地现象时，除了总的一个接地报警外，其他无任何异常，这给快速有效地查找接地故障带来一定的困难。

燃机开关量信号采样及监测回路原理中，开关量输入信号电路图如图14-7所示。107、108分别为MARK-Ⅴ端子板的正负62.5VDC端，AB间为就地开关触点。开关量信号电压的变化通过C点经过采样电阻R后，经过滞回比较器及光电耦合二极管，在D点产生高或低电平信号送MARK-Ⅴ，显示0或1两种状态。由于MARK-Ⅴ是三冗余的，所以在C点分三路分别去<R>、<S>、<T>卡进行三选二表决。

此回路的设计了就地设备接地时，控制系统仍能正确采集到开关信号的动作情况，能够确保机组安全正常运行。并且当就地设备接地时，由于电源对地不构成回路，不会造成烧卡或影响系统电源，确保了设备接地故障状态时热工自动与保护正常投入。

直流接地自诊断报警电路图见图14-8。

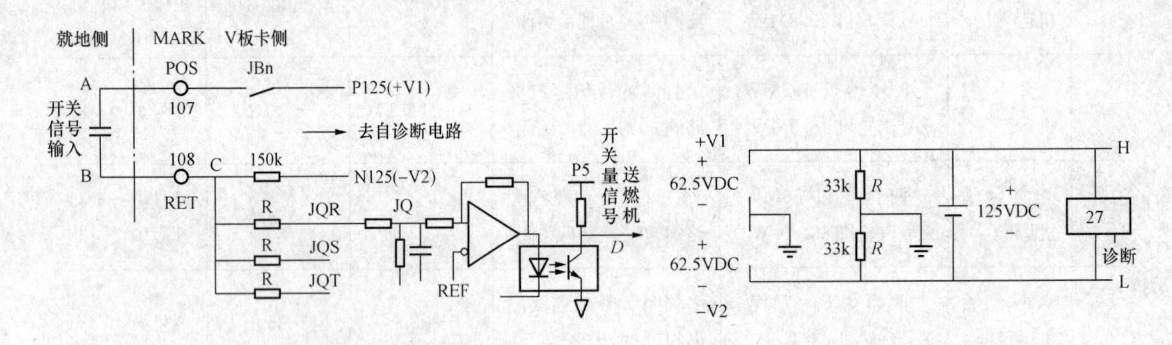

图14-7　开关量输入信号电路图　　　　图14-8　直流接地自诊断报警电路图

DC125V母线接地故障报警定值（DC0～65V）：DC31.24V，是允许的在正负极母线上所存在的最低电压绝对值，分别测出它们的对地电压，就可产生自诊断报警。如图14-7所示的V1或V2的绝对值若小于DC31.24V，则燃机的MARK-Ⅴ的DC125V直流接地自诊断报警回路，通过动作低电压继电器27，就会在MARK-Ⅴ人机界面上显示“L64D_P（_N）BATTERY DC 125V GROUND”。蓄电池正极接地或负极接地，提醒直流系统内设备接地。

根据燃机频繁发生DC125V接地故障，统计了发生接地报警频率，见表14-4。经过分析，确认燃机就地设备发生DC125V接地的主要原因是高温、潮湿、振动引起。

表 14-4　　燃机 DC125V 接地故障报警频率

序号	设　备	接地原因	次数	所占百分比（%）
1	防喘阀位置开关	高温，振动	8	40
2	负荷联轴间温度开关	高温，潮湿振动	3	15
3	透平间温度开关	高温，振动	3	15
4	框架风机压力开关	高温，潮湿	2	10
5	顶轴油压力开关	潮湿	2	10
6	发电机侧液位开关	潮湿	2	10
总计	所有设备	高温，振动，潮湿	20	100

对此，制定了相应的预防 DC125V 接地的处理措施：

1）防高温设备改造。

防喘阀位置开关原来安装于密闭的透平间内，由于中封面泄漏及附近靠近缸体，环境温度高于 200℃，中间接线盒内的接线排由于高温碎裂而使电缆搭壳接地。将接线排更换为耐高温的瓷接头；从接线盒到位置开关的金属软管破裂而使高温热气烘烤电缆，使电缆酥软而绝缘降低，选用耐高温的金属软管取代。由于透平间的恶劣环境得不到改善，将防喘阀从透平间移位至燃机箱体外，使高温造成位置开关接地的隐患彻底消除。

负荷联轴间温度开关安装于排气框架附近，由于排气框架漏气严重，高温烘烤温度开关的控制电缆而使其酥软接地。在排气框架增装了防护衬板，电缆进行了改道敷设，并将负荷联轴间内电缆更换为耐 500℃高温的控制电缆，提高了设备的健康状态。

透平间温度开关铝制接线盒改为铜接线盒，防止热胀冷缩后接线盒打不开而将其螺纹破坏，而使高温烟气进入接线盒烫伤电缆接地。风机压力开关的电缆经过排气框架，也曾因高温而烧坏电缆接地，移位改道处理。

2）防潮湿设备改造。

负荷联轴间温度开关位于露天易积水处，遇暴雨天气容易受潮接地，将其移位并安装于新的防水不锈钢接线箱内。框架风机压力开关、发电机侧液位开关在暴雨天气容易受潮接地，对其接线盒用玻璃胶密封防水处理。顶轴油压力开关的接线为插头式，由于下雨插头内受潮接地，将压力开关改型为 SOR 公司的防潮压力开关。

3）防振动设备改造。

防喘阀位置开关、透平间温度开关、负荷联轴间温度开关电缆的穿线管曾被振松脱落而使电缆被镀锌管磨破接地。增加花角铁和抱攀固定。

改造后，4 年未发生一起 DC125V 接地故障报警。

6. 燃机启动时过量燃料故障

两台燃气轮机因排气系统失控造成燃烧事件而进行拆卸维护。事件原因在于点火顺序开始时燃料流量过大，导致排气室内易燃混合物积聚。

燃机厂家认为事件有多个原因，包括：伺服控制卡件未校准、位置传感器磨损、伺服装置结垢污染液压装置、软件常量不正确和因阀门维护/保养后，组装错误造成的速比截止阀（SRV）泄漏。

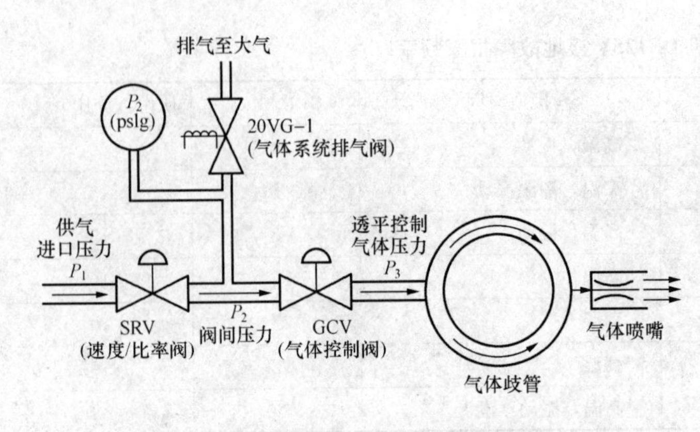

图 14-9　气体燃料控制系统示意图

这些不同原因的结果，导致 P_2 压力（速比截止阀（SRV）和气体控制阀（GCV）之间空腔内压力）失控，见图 14-9。由于气体控制阀在点火顺序期间复位开启—环路位置，P_2 压力的控制对于正确控制气体燃料流量至关重要，因此正确控制启动至关重要。

进行长期预防性维护是安全可靠运行的关键所在，包括按照 GER—3620 规定对机械、液压和电动液压系统进行计划维护检查和校准并及时维修或更换系统部件。

诊断监视：客户在启动期间应使用下列四个诊断监视指南以确保安全、可靠运行。

（1）P_2 高（高于 P_2H 压力）。

点火之前天然气便通过速比阀，说明 SRV 阀门泄漏严重。

1）紧急停止启动；

2）审查速度/比率阀、LVDT 伺服阀和 P_2 压力传感器是否校准和运行是否正常。

3）确定根本原因并于下次启动前采取改正措施。

（2）P_2 非常高（高于 P_2VH 压力）。

点火顺序期间（标称压力目标为 P_2F psig）—P_2 未正确受控。

1）紧急停止启动；

2）检查通用电气公司规范、速度/比率阀校准、气体控制阀校准、液压和伺服操作的控制常量—确定原因；

3）确定根本原因并在下次启动前采取改正措施。

（3）P_2 低：（低于 P_2L 压力）点火顺序期间持续 3～5s 不变。

P_2 在整个点火期间应连续增加。否则，可能说明系统有问题，例如液压伺服故障导致突然过调或者气体控制阀未校准/失控使得燃料流量过大。

1）紧急停止启动；

2）检查液压系统压力、伺服操作、LVDT 运行、气体控制阀校准和控制常量；

3）确定根本原因并在下次启动前采取必要的改正措施。

（4）长时间启动，对于燃烧天然气的透平来说，根据 GE 公司的机群经验可知，从点火开始到火灾指示的标称时间少于 10s。如果需要 15s 或更多时间来启动，则将其视为报警指示。长时间启动时，应对燃气轮机和气体燃料供气系统予以严格评估以便维护/采取改正措施。应将启动期间的异常噪声视为潜在问题指示并应立即调查。

GE 公司开发的自动化软件，可满足启动时的 P_2 压力和气体控制阀阀位的特性。该控制软件可在启动期间，监视 P_2 压力状况并根据需要采取改正措施。虽然该自动化软件检查已经现场试验成功，但仍须按照 GE 技术资料推荐的运行维护惯例。另外还需要监视启动期间的 P_2 压力，特别是在气体阀（速比阀/控制阀）维护/保养之后的压力。

对于已安装了该自动化软件的机组来说，可将GE公司技术资料用作运行检查更新，以确保停运后和正常启动期间系统的整体性，还可用作运行参数解释指南，运行参数在启动期间通过控制软件对高 P_2 压力进行自动保护。

旁路掉自动保护顺序来探测启动期间的高 P_2 压力，或者不按照GE公司技术资料的其他建议方法，会造成点火顺序开始时燃气流量过大风险，可能在排气室内造成易燃混合物失控事件。

故障处理建议：

1）GE公司建议在现场没有合格的GE公司技术援助人员的情况下，用户切勿更改控制常量或尝试重新加载控制逻辑；

2）GE公司建议在启动期间，严格遵照GE公司技术诊断指南，特别是在维护停运之后启动期间；该程序应该是监视并确定设备性能正常与否，异常运行报警和其他指示应在启动和运行之前予以查清；

3）对于想要做自动控制顺序检查的用户，联系当地GE公司I&FS服务经理，通过CMU过程来请求执行。

7. 压气机防喘阀可靠性升级

GE公司在2006年7月以后出厂的9FA＋e机组，其压气机防喘阀可靠性已升级，包括：改用仪表气控制，并增加三项有关控制方面的软件。

（1）自动卸载软件修改和减少跳机软件修改；

（2）仪表空气和预启动软件修改；

（3）闭合限位开关和软件修改。

8. 火灾 CO_2 系统更换部分探测器及其导线

调查显示，某些燃机电厂火灾保护系统（MLI0991）所使用的45FA-6A，6B，7A，7B探测器，其零件号为361A2285P007，不能承受316℃的高温，应该用的零件号为361A2285P114。

如果装置43MRA-1C；45FA-6A，6B，7A，7B；86MLA1C；和SLA-1C，-1D的导线其型号为368A7256或362A2370，则无须采取措施，应在导线套1～2ft处标记零件号和额定值。否则，用362A2370P015更换。定购1000英尺。用357A1760P001，50只，更换现有热探测器终端接线片，见图14-10。

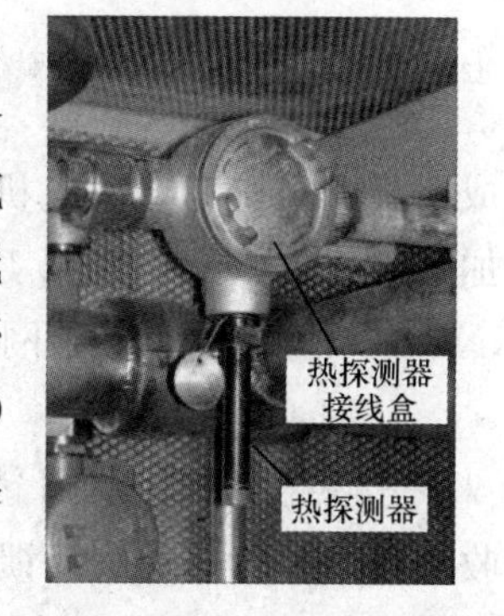

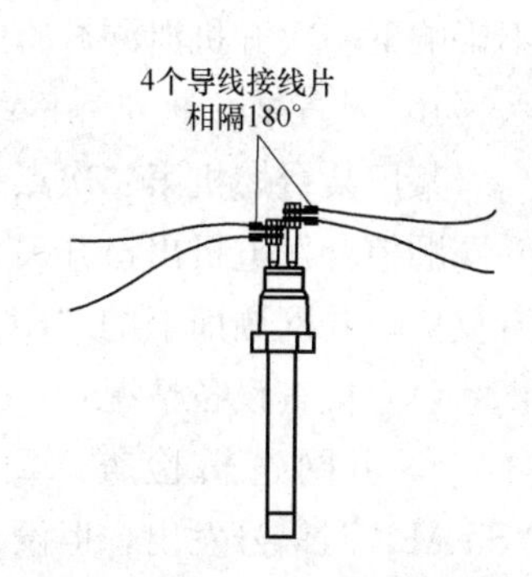

图14-10　热探测器和接线盒，导线接线片方位

9. 燃机开、停机时阀门泄漏试验

某燃机开机时，L1START _ CPB（Master start signal）置1的同时，L1X（Master control-startup permissive）置1，同时L20FGX（Gas Fuel Stop Valve Command）置1，同时L4置1。当转速45r/min以上，非点火允许，P_1 压力不低于3.068MPa（445psi），主保护L4置1，非水洗，以上所有条件同时满足时，触发启动泄漏试验。

（1）燃机开机时阀门泄漏试验步骤。

1）转速 45r/min 时，先开启辅助截止阀 SRV，关闭通风阀，计时 30s 内，SRV 阀后 P_2 压力从 0 上升到 6.895kg/cm^2（100psi）以下合格，以此检查 SRV 的严密性。否则 GAS LEAK TEST OF SRV FAILED 报警，且点火前跳机，但由于阀门的严密性很难保证，泄漏试验合格常数三台机都达到 490psi，远远超过设定值，是非常不正常的。

2）30s 后，SRV 阀开启 1s，P_2 压力上升，关闭辅助截止阀与 SRV 阀，采样 P_1 和 P_2 压力，计时 30s，P_2 压力下降不能超过 1.03MPa（150psi）为合格，以此检查通风阀与燃料气控制阀的严密性。

若 P_1 与 P_2 采样比较，$|P_1-P_2|>0.1373$MPa，则 L96FG_DIFF Fuel Gas Pressure Transmitter Difference High 置 1（5s 后置 0），触发 GAS FUEL PRESSURE TRANSMITTERS DIFFERENCE FAILURE 报警（需主复位）。

3）30s 后通风阀开，P_2 压力快速下降到接近 0。但此前（指 SRV 开启后 5s，且通风阀开启前）若 P_2 的下降值大于 1.03MPa（150psi），则 GAS LEAK TEST OF GCV/VENT FAILED 报警，需主复位）且点火前跳机。

4）30s 后，通风阀开启 1min 后，L3GRV（Gas Fuel Speed Ratio Valve Command Enable）置 1，保持 5s，SRV 开 5s，辅助截止阀保持关，P_2 压力保持接近 0。以此检查辅助截止阀的严密性。

5）若泄漏试验结束后，点火前 P_2 压力大于 0.0414MPa（6psi）（死区 1psi，即小于 5psi 后该报警消失），则延时 5s 发出：L86FPG2IH（Pre-ignition P_2 pressure High Ignition Inhibit），主保护动作，点火前跳机，且该信号需主保护复位才能解除。

（2）燃机停机时阀门泄漏试验步骤。

熄火后 10s 且转速在 20%以下且三个燃料气阀开度指令置 0，这时开始进行停机泄漏试验，程序与开机泄漏试验完全一致。

有些机组可能出现停机泄漏试验失败，通常是由于 P_2 压力释放偏慢导致压力偏高，但不影响下一次开机泄漏试验的正常进行。

10. 燃气轮机机组并网故障分析

某厂某台燃机第二次点火成功，燃机全速，发电机频率 50.2Hz。采用 UCB 并网方式，并网顺控合发电机出口开关、加励磁正常，当走到第 12 步启动同期装置时，不见同期装置有反应，并网画面上的“RUNNING”灯不闪亮，并网失败。

（1）检查设备情况：

1）并网逻辑检查：重点检查顺控第 12 步闭锁逻辑，正常，有启动同期装置的“START”信号发出，但没有收到同期装置启动的反馈信号。

2）就地电气检查：检查就地同期装置屏，未见启动同期装置继电器动作。

3）并网方式检查：在检查逻辑过程中，发现并网画面 UCB 与 GCB 的并网方式选择相互锁定互相闭锁，强行解除后正常。为检查分析不能启动同期装置的原因，改为采用 GCB 的并网方式。

当操作到合发电机主变闸刀正常后，无法合主变高压侧开关 UCB。检查逻辑，发现闭锁条件不满足，30ADA01CE016 测点（220kV 母线压变正常）没有变为“1”。短接该测点使其出“1”后，同期装置启动正常。故无法启动同期装置的原因就是该测点闭锁，见图14-11。

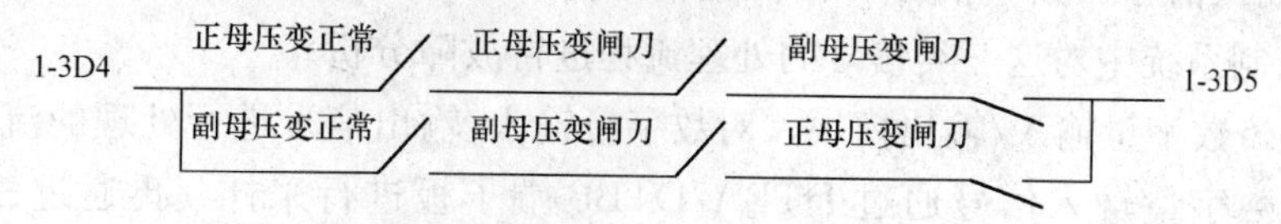

图 14-11 同期装置并网逻辑原理图一

4）测点检查：该测点由电气二期网控 3 号主变测控屏提供，反应的闭锁条件是 220kV 母线压变正常，询问 NCS 厂家技术人员，答复了该测点逻辑原理图。

当晚主变挂正母线并网时，副母压变闸刀必须拉开才能使测点闭合，实际试验的结果也是如此，而副母压变闸刀仅在压变检修时才会处于分位，显然这样闭锁逻辑不正常，不可能成功并网。

5）处理：检查电气一次设备无异常后，短接该测点，该机组并网成功。

（2）核查逻辑与处理：

1）NCS 逻辑检查：检查主变测控屏装置内部真实逻辑，与图一致。同时，检查了以往该测点的动作情况，发现以前每次开机，当主变改热备用非自动时，该测点就变为“1”，因此怀疑是电气 NCS 该测点逻辑出现问题，造成本次与以前并网的闭锁条件完全不同。“220kV 母线压变正常”测点在最初设计时并未考虑，后来增加了该测点，该逻辑见图14-12。

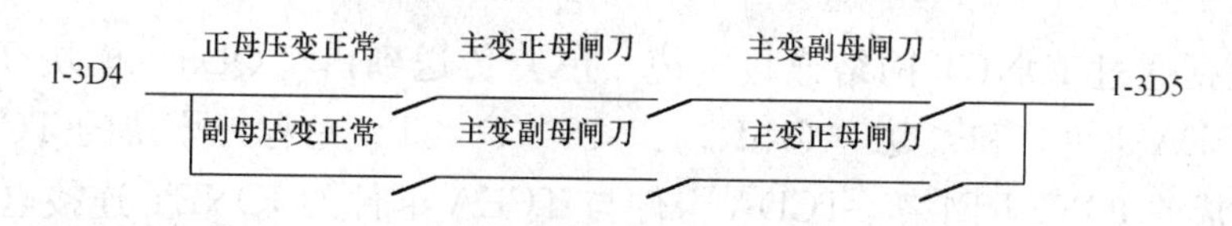

图 14-12 同期装置并网逻辑原理图二

再次检查主变测控屏装置上的逻辑，发现主变闸刀处逻辑错误。之前，NCS 厂家为解决 GPS 对时问题，对全部测控装置进行过软件升级，厂家使用了错误的软件备份。检查另外一台主变测控屏逻辑，也存在同样逻辑错误。

2）NCS 逻辑处理：对主变及另外一台主变的“220kV 母线压变正常”测点逻辑进行正确性修改，试验结果正常。

（3）防范措施：

1）每次开机前，操作到主变改热备用非自动时，必须检查测控装置及 OM 上光字牌“220kV 母线压变正常”点亮。

2）详细核对正确备份与 GPS 升级后的备份软件，确保其他间隔的逻辑正确性。

11. 9E 燃机 MARK-Ⅴ诊断报警故障

某 300MW 联合循环机组，使用两台 PG9171E 型燃气轮机，控制系统采用 MARK-Ⅴ。机组正常运行中，曾出现多个信号<R>处理器表决不匹配诊断报警现象。停机时，通过对<R>模块复位，可以消除这些诊断报警。机组再次运行，这些诊断报警又会出现，但不影响机组正常运行。

对＜R＞处理器预表决不匹配诊断报警信号进行分类，主要是数字量输入信号、输入＜P＞模块的输入信号（频率信号和模拟量信号）、由＜P＞模块硬表决后产生的报警。按MARK—Ⅴ控制系统中对这三类信号的处理流程进行故障分析。

由＜QDn＞数字量输入/输出模块，对数字量输入/输出信号进行处理的流程如图14-13所示。每一个数字量输入信号通过DTBA/DTBB端子板进行采样，再通过三组连接电缆（JQR、JRR /JQS、JRS/JQT、JRT）将采样值，分别传送到位于＜QDn＞模块中的＜R＞、＜S＞、＜T＞模块各自的TCDA卡件。TCDA卡件的处理器对数字量输入信号进行处理。

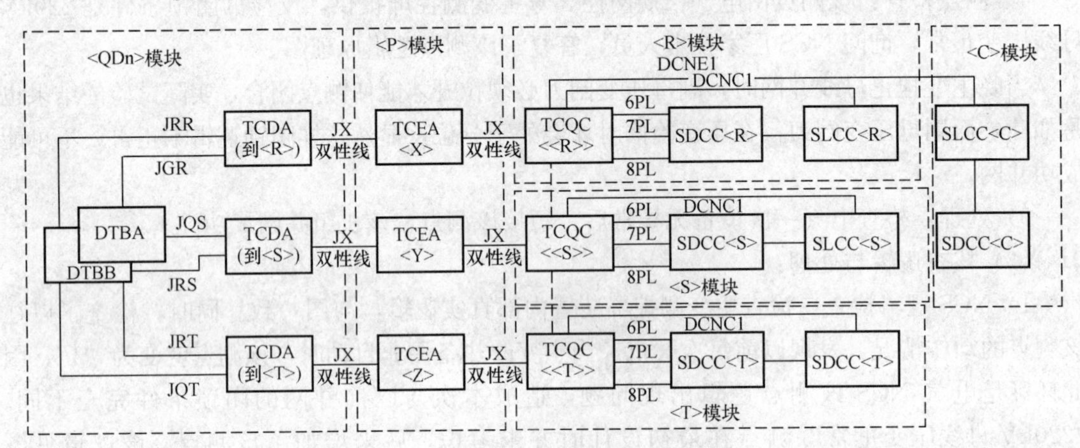

图14-13　＜QDn＞数字量输入信号处理流程图

处理后数据通过IONET网络连接电缆（JX）传送到由＜QDn＞模块TCDA卡件、＜P＞模块TCEA卡件，和＜Q＞（＜R＞、＜S＞、＜T＞总称）模块的TCQC卡件，及SDCC卡件组成的IONET网络。TCDA卡件与TCEA卡件的IONET连接电缆为双绞线，＜Q＞模块的SDCC卡件与TCQC卡件之间的IONET网络，通过连接电缆（6PL/7PL/8PL）连接。SDCC卡件从IONET网络读取输入信号，并独立进行处理和存储。未表决信号通过连接电缆（3PL）将信号输出到SLCC卡件。信号在SLCC卡件中进行独立表决处理，并将表决结果传送回SDCC卡件。同时将未表决信号输出到DENET数据交换网络。＜C＞模块通过DENET网络对＜Q＞模块的表决前数据进行读取。任何一个＜Q＞模块表决数据不匹配都将被＜C＞模块的SDCC卡件处理，并出此信号诊断报警。

输入＜P＞模块的输入信号分成三类：

（1）电气输入信号：保护发电机线电压（DV）、发电机线电流（SLV）、发电机功率（DWATT）等，输入到PTBA端子板。通过连接电缆JV将信号传送到TCEB卡件，在此卡件中进行信号降压、转换成三路信号。再由连接电缆JKX、JKY、JKZ分别传送到＜R＞、＜S＞、＜T＞各自对应的TCEA卡件。同时将此三路信号通过连接电缆JJR、JJS、JJT，传送到＜Q＞模块的TCQC卡件。

（2）火灾探头信号（频率信号）：输入到PTBA端子板的火灾探头信号，通过连接电缆JVA、JU与＜P＞模块的TCEB卡件相连接，而TCEB卡件再通过三组连接电缆JWX、JKX/JWY、JKY/ JWZ、JKZ分别从TCEA卡件（＜X＞＜Y＞＜Z＞）获取火灾探测器激励电压并将信号传送到各自TCEA卡件，完成信号采集。信号通过IONET网络将信号数据传送到各自对应的＜Q＞模块 TCQC 卡件中。

（3）转速超速保护信号：此转速保护信号也送到 PTBA 端子板。

这三类信号进入 TCQC 卡件后，信号处理流程与＜Q＞模块的数字量输入处理流程相同，任何一个＜Q＞模块预表决数据不匹配，都将由＜C＞模块的 SDCC 卡件处理，并出信号诊断报警。

＜P＞模块硬表决后产生的报警：在 MARK-Ⅴ（TMR）控制系统中，＜P＞模块配置三块独立的 TCEA 卡，分别与＜R＞、＜S＞、＜T＞相对应。机组紧急超速保护、燃机火焰探测、自动同期信号等运算方法固化在此卡的 EPROM 中。TCEA 卡各自独立运算，并将运算结果进行三取二表决。当发生由＜P＞模块触发的机组跳闸时，信号通过连接电缆（JLX、JLY、JLZ）传送到 TCTG 卡，驱动紧急跳闸继电器（ETRs），完成机组跳闸。同时连接电缆（JLX、JLY、JLZ）将主跳闸继电器，和紧急跳闸继电器的状态信号传送回 TCEA 卡，通过此卡对继电器状态进行监视。

TCEA 卡件与各自处理器＜Q＞模块的 SDCC 卡件，通过 IONET 网络进行信号交换，信号传送到 SDCC 卡件后，处理流程与数字量信号类似。＜Q＞模块的未表决信号输出到 DENET（数据交换网络），＜C＞模块通过 DENET 网络对＜Q＞模块的预表决前数据进行读取，任何一个＜Q＞模块预表决数据不匹配都将被＜C＞模块的 SDCC 卡件处理，并出此信号诊断报警。根据以上的数据处理流程分析，通过排除法查找本次诊断报警信号的可能故障点。

对于＜QDn＞数字量输入信号诊断报警，在信号诊断报警出现时，通过 MARK-Ⅴ预表决画面对报警信号进行检查，发现＜QDn＞模块的数字量信号仅仅在＜R＞处理器中状态与＜S＞、＜T＞不同，而＜S＞、＜T＞模块中预表决信号相同，因此基本可排除就地设备和端子板 DTAB/DTBB 故障。同时＜R＞模块处理的其他＜QDn＞模块的数字量输入信号无不正常，而 IONET 网络采用双绞线进行数据通信，如 IONET 网络出现故障，传送到＜R＞模块的输入信号应成批大量出现，因此可基本排除 IONET 网络组成部分的故障。同样对于 DENET 网络和＜C＞模块的数据预表决处理卡 SDCC 而言，因为通过 DENET 网络传送来的＜CD＞模块的所有信号，和＜C＞模块直接采样处理信号在＜Q＞模块中都正常，也可基本排除。可能的故障点是＜R＞模块的 SDCC 卡件、SLCC 卡件、SDCC卡与 SLCC 卡之间的连接电缆（3PL）。

对于＜P＞模块的输入信号诊断报警，因电气输入信号和火焰探测信号在＜S＞、＜T＞模块中预表决信号都正常、相互一致，同样可以排除就地信号和输入端子 PTBA 的数字量处理部分故障。而对于进入＜R＞模块的处理流程与＜QDn＞数字量输入处理相同，通过＜QDn＞数字量输入信号诊断报警分析，可能的故障点仍是 SDCC 卡件、SLCC 卡件、SDCC卡与 SLCC 卡之间的连接电缆（3PL）。同时，电气输入信号通过连接电缆 JJR 传送到＜R＞模块，火焰探测信号在＜P＞模块通过一组连接电缆 JWX 、JKX 从 TCEA 卡件（＜X＞）取火焰探测器激励电压，并将信号传送到各自 TCEA 卡件，完成信号采集。这些连接电缆可能也存在故障，造成到＜R＞模块的采集的信号数据不正常。

燃机主跳闸保护的第 2 种控制方式通过＜Q＞、＜P＞模块，分别对主跳闸继电器（PTRs）和紧急跳闸继电器（ETRs）的控制来实现。燃气轮机的失火焰、启动设备故障、排气分散度大、超温、超速、液压系统故障等保护算法在CSP程序中进行定义运算。当发生由＜Q＞触发的机组跳闸时，＜R＞、＜S＞、＜T＞模块的TCQA卡，和相对应的连接电缆（JDR、JDS、JDT）对主跳闸继电器进行控制，完成机组跳闸保护。而紧急跳闸继电器（ETRs）控制通过＜P＞模块来实现，在MARK—Ⅴ（TMR）控制系统的＜P＞模块配置有三块独立的TCEA卡（分别与＜R＞、＜S＞、＜T＞相对应），机组紧急超速保护、燃机火焰探测、自动同期信号等运算方法固化在此卡的EPROM中。TCEA卡各自独立运算，并将运算结果进行三取二表决，当发生由＜P＞模块触发的机组跳闸时，连接电缆（JLX、JLY、JLZ）将信号传送到TCTG卡，驱动紧急跳闸继电器，完成机组跳闸。同时连接电缆（JLX、JLY、JLZ）将主跳闸继电器和紧急跳闸继电器的状态信号传送回TCEA卡，通过此卡对继电器状态进行监视。

对于＜P＞模块硬表决后产生的报警，从以上控制原理分析，可以得出＜P＞模块中可能的故障点，是连接电缆（JLX、JDR）、TCTG卡件和紧急跳闸继电器（ETRs）。同时，当信号传送到＜R＞模块后，处理流程仍与＜QDn＞数字量输入处理相同，通过＜QDn＞数字量输入信号诊断报警分析可得，可能的故障点仍是SDCC卡件、SLCC卡件、SDCC卡与SLCC卡之间的连接电缆（3PL）。

综合分析，SLCC卡不仅将未表决数据传送到DENET网络，同时也进行数据处理。如果此卡出现故障，将使得在DENET网络上的＜R＞模块的信号数据故障，＜C＞模块通过DENET网络读取的＜R＞模块的预表决前数据与＜S＞、＜T＞模块不一致，＜C＞模块的SDCC卡件报出信号诊断报警，SLCC卡是最大的可能点。

最终，确认故障原因为SLCC卡件几个电阻，焊接布置位置散热效果较差，高温老化，更换SLCC卡件后，故障现象消除。

12. 燃机超速保护误动原因分析

某燃机机组，负荷为360MW时，超速保护误动，机组跳闸，首出信号为20MYB01EZ012S。机组负荷为300MW时机组再次跳闸，首出信号依然为20MYB01EZ012S。

西门子V94.3A燃机有6个转速传感器，其中1、2、3号转速传感器和3个转速卡，组成3取2的超速保护硬接线输出跳燃机，所以又叫硬超速保护回路。4、5、6号转速传感器和3个转速卡组成的3取2超速保护回路先送到95—F保护，之后再输出跳燃机信号，所以又叫软件超速保护回路。软件超速逻辑保护的原理图，见图14-14。

两次跳机之后，检查跳机时报警记录、运行曲线发现两次跳机报警基本一致，首出原因都是20MYN01EZ012S。该报警是燃机超速保护逻辑（2/3）动作后，输出的报警信息，确认是配燃机4、5、6号转速传感器系统发出的超速保护。而当时采用1、2、3号转速传感器的硬件超速保护回路没有动作输出，超速逻辑保护定值为3240r/min。当时机组在并网运行，并且查转速曲线没有超速记录，因此可以确认为超速保护误动。热控专业跳机后分别进行了如下工作：

（1）对转速卡的参数设置进行了检查，结果正常。

（2）对测速回路的电缆进行了接地、绝缘、屏蔽、接线端子连接检查，结果无异常。

（3）在第二次跳机之后，等盘车装置停下之，后对所有转速传感器的安装间隙、传感器端面清洁程度进行了检查，发现间隙符合安装标准，但是传感器整体都比较脏，端面和螺纹

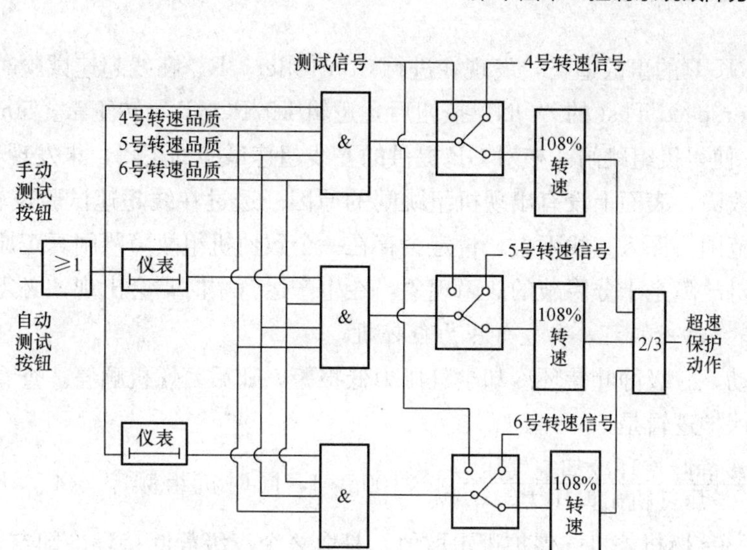

图 14-14　软件超速逻辑保护原理图

丝扣上有不同程度的油污，更换 6 号转速传感器。

（4）第二次跳机，当时燃机第 2 次点火后定速 3000r/min，没有并网，出现 6 号测速系统信号跳变不稳定、有时故障现象。在停电更换完转速卡件后，上电自检时候出现超速保护跳燃机。对转速卡件进行输入转速信号试验，验证保护逻辑和保护定值，结果正常。

超速保护动作原因，分析认为 2/3 保护逻辑正常来说可靠性很高，但在自动测试脉冲来时候（每半小时自动测试一次）。测试信号依次输入到转速卡件，并触发 108%超速保护定值。整体来说 6 号测速系统最不稳定，当 4 号或 5 号转速卡件正好在自检时候，有一个 108%超速输出。此时正好 6 号测速系统可能由于传感器油污太多、端面有杂质、器件老化等原因，使 6 号测速系统产生一个大于 108%干扰转速信号。使得 6 号超速卡件 108%保护输出，引起 2/3 超速保护逻辑动作，燃机跳机。

采取措施：探讨把自检由 30min/次延长为 24h/次的可能性，以降低自检时保护误动概率。每年冬季检修中，把燃机转速传感器的状态检查、油污清洗列为检修标准项目。

13. 机组在线超速试验跳闸故障

某联合循环机组进行在线超速试验，机组负荷 270MW，主蒸汽、再热汽温度压力，高中低压汽包水位，以及燃机运行参数一切正常。按操作票步骤做在线超速试验，当运行人员进入在线超速试验操作界面，点击“Diagnostic Reset（诊断复位）”按钮复置。画面上只显示出 POST Status＜R＞＜S＞＜T＞三个试验的方块，未显示 EOST Status＜R＞＜S＞＜T＞三个试验的方块。由于显示状态与往常不同，暂停执行在线超速试验步骤。先做高压主汽门 20%行程活动试验、中压主汽门及调门活动试验，按活动试验操作卡执行，试验正常。

各汽门活动试验结束后，重新按操作卡步骤做在线超速试验。运行人员进入在线超速试验操作界面，点击“Diagnostic Reset（诊断复位）”按钮复置。画面上显示控制器 POST Status 和 EOST Status 六个试验方块正常，显示已具备在线超速试验条件。并且 MARK-Ⅵ画面无异常情况。运行人员按 Controller＜R＞框中 Primary Overspeed Test 的“ON”按钮，机组即跳闸。

检查 MARK-Ⅵ的事故追忆，发现在进行 Controller<R>在线超速试验时，运行人员按下 Primary Overspeed Test 的“ON”按钮后，逻辑 L97POST 翻转正常。50ms 后跳闸电磁阀 ETD 动作，使得机组跳闸。核对 GE 提供的在线超速试验的逻辑，未发现异常。

发生这类故障，表面上没有出现机组跳闸的原因。透过在线超速试验逻辑和设备层面，扩大故障分析范围，深入查找下去，肯定会存在一个致使机组故障跳闸真正原因。这种“无厘头”未果跳机故障是十分隐蔽的故障现象，在生产运营中时常会出现，必须杜绝。

14. 燃机三级静叶持环冷却空气压力低停机

某燃机启动，三级静叶持环冷却空气压力低报警，随后，燃机顺停。查看三级静叶持环冷却空气压力保护逻辑是：

$\left(0.4-\dfrac{\text{三级静叶持环冷却空气压力}}{\text{压气机出口压力}}\right)\times 100>3$，同时机组频率＞47.5Hz，且天然气 ESV 打开延时 30s 燃机停机。保护逻辑取值，是取 2 个三级静叶持环冷却空气压力的小值，取两个压气机出口压力的大值，进行逻辑计算产生报警和跳机保护信号。

跳机时，检查 SOE 如下：

02：25：56，燃机三级静叶持环冷却空气压力过低；

02：25：57，燃机顺停 SGC 启动。

燃机 2 个三级静叶持环冷却空气压力测量值，2 个压气机出口压力测量值，见表 14-5。

表 14-5　压气机压力、三级静叶持环冷却空气压力参数

时间	燃机转速（Hz）	压气机出口压力 1（MPa）	压气机出口压力 2（MPa）	三级静叶持环冷却空气压力 1（MPa）	三级静叶持环冷却空气压力 2（MPa）
02：25：56	50.278	0.933	0.935	0.438	0.337
02：25：57	50.278	0.933	0.935	0.438	0.337

通过表 14-10 的参数计算，发现两个三级静叶持环冷却空气压力始终偏差 0.1MPa，而两个压气机出口压力基本差不多，按照两个三级静叶持环冷却空气压力取小值，压力低报警时逻辑计算值 3.9，大于限值 3 报警。延时 30s，压力值是 0.293MPa，逻辑计算值 6.78，远远大于动作值 3，故触发燃机顺停逻辑。

问题表现在三级静叶持环冷却空气压力上，在就地用 HART 遥控两个三级静叶持环冷却空气压力变送器，变送器工作正常，未发现零位和满度的漂移情况，随即紧固变送器各接头及取样阀接头后，开足取样阀后，压力显示值逐步显示正常。故障现象消除。

15. 电气部件腐蚀引起燃机跳机

某燃机单循环启动带 100MW 负荷，随后低旁减温水压力低故障报警，低旁保护遮断逻辑触发跳机。经检查是低旁减温水压力低保护动作引起。

检查 SOE，发现在低旁减温水阀开启后，低旁减温水压力开关 2（30MAN63CP022）正常，而低旁减温水压力开关 1（30MAN63CP021）压力低仍动作着，而此时低旁的阀位反馈已经大于 0，从而触发跳机。

低旁减温水压力低遮断逻辑为：

（1）在低旁控制阀指令大于－41％；

（2）任一低旁减温水压力开关（30MAN63CP021，30MAN63CP022）小于700kPa；

（3）上述两个条件“与”逻辑延时13.2s，跳低旁联跳燃机。

当低旁没有投入运行的时候，由于低旁控制阀指令信号>−41%的条件不可能满足，压力开关就算是误动，也不会引起整个保护回路的动作。但当低旁投入运行后，其低旁控制阀指令信号都是大于0%，此时，两个低旁减温水压力低开关的任意一个动作，低旁保护就会动作，从而导致燃机跳机。

现场拆开低旁减温水压力开关1，发现内部有较多积水，接点闭合。检查压力开关2，触点位置正常，内部也有少量水迹。为保证燃机及时启动，更换了低旁减温水压力开关1。打开压力开关2面板，以便观察防止还有污水流入。

分析低旁减温水压力开关1的常闭触点，在低旁投入运行后没有及时脱开，是导致逻辑保护动作的直接原因。该压力开关的膜片没有破损，内部积水已有较长时间，从而导致接点逐步腐蚀卡涩，引起常闭接点无法脱，见图14-15。

图14-15　原压力开关外貌和压力开关内部积水腐蚀照片

为了防止压力开关再度进水，在更换的压力开关1方加装防水防护罩。

16. 中压旁路控制阀在高负荷段突开故障

某燃机机组负荷390MW，在降负荷过程中，中压旁路控制阀突然逐渐开启。负荷300MW，开度达57.7%。曲线情况如图14-16所示。

中压过热器出口流量在本次机组运行过程中，显示值一直偏大。检查差压变送器，发现该变送器内部设置正确，正压侧管路通畅，负压侧管路有堵塞。进行三次在线的冲洗疏通，发现冷凝水排空后，管路中没有明显的蒸汽冒出。继续疏通无效，随即发现该差压变送器负压侧一次门没有完全打开。待全开该一次门，管路中有冷凝水后，中压过热器出口流量显示正常。

中压主蒸汽流量DAS点是由高压主蒸汽流量，和中压过热器出口流量相叠加而成，中压主蒸汽流量是中压调门和中旁控制阀的主要控制参数。当燃机负荷下降过程中，由于中压过热器出口流量差压变送器的负压侧测量管路未全开，导致正负压侧差压较大，流量瞬间大幅度变化。但反映在中压主蒸汽流量上扰动不是很明显，当它复归的时候，在机组主蒸汽流量没有明显变化的时候，相当于在原先的汽量上，瞬间叠加了一个虚假的中压过热器出口流量，当各调门工况都不变的情况下（高、中调门全开），这部分虚假的流量叠加就只能通过中旁来解决，所以导致了中压旁路控制阀的开启。

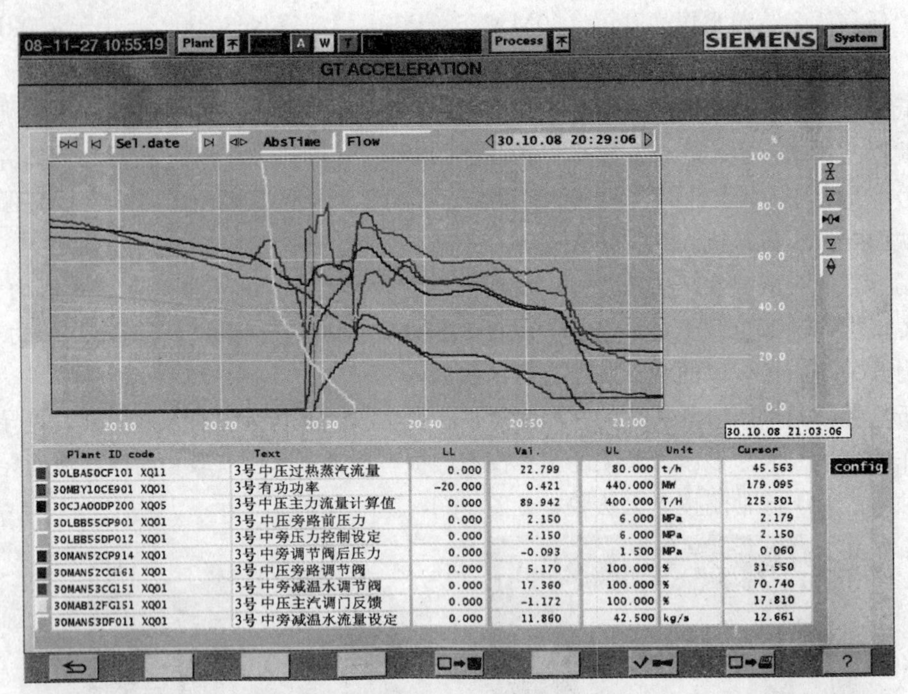

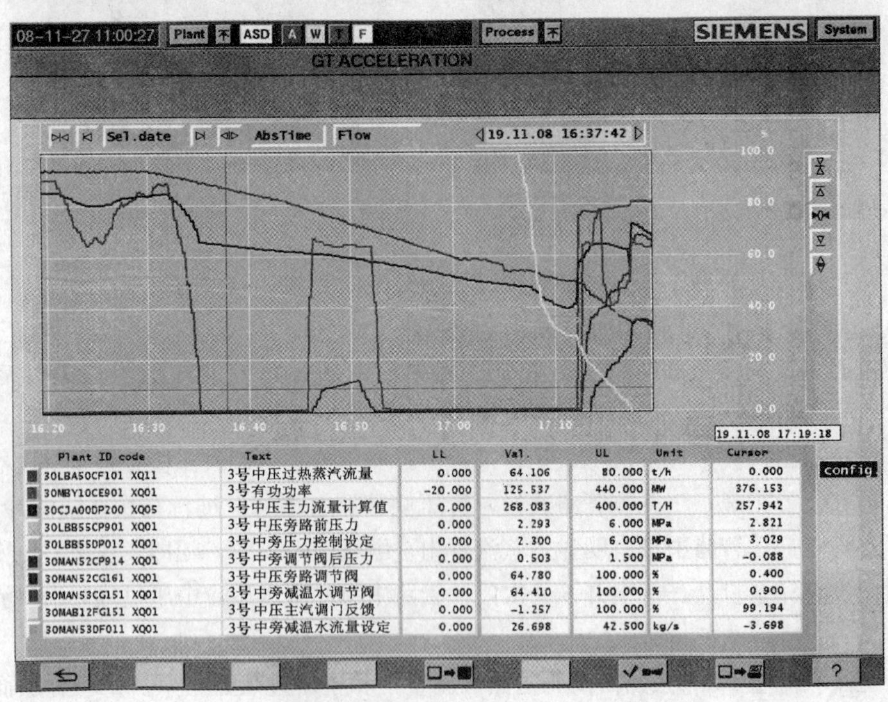

图 14-16　机组运行曲线和停机曲线

防范措施：启机前，应全面核查各流量和水位变送器一次门和二次门是否全开。在后续的起机过程中，仍需观察中压过热器出口流量对中旁控制的影响，关注在中压过热器出口流量正常情况下，再热器压力与中旁压力控制给定值之间的偏置，观察两个参数的下降斜率是否一致。

17. 燃机罩壳风机流量低跳机分析

某燃机满足 READY FOR START 条件后，开始启动 SGC，并网成功。随后，燃机罩壳风机流量低保护动作，触发燃机跳闸。整个过程中，燃机罩壳风机一直都处于运行状态。现场检查发现燃机罩壳流量开关 1 和流量开关 3 的控制器面板红灯亮，保护动作继电器动作。撤出燃机罩壳风机流量低保护，对罩壳风机流量开关 1 和 3 进行强制，机组点火并网成功。

（1）SOE 记录情况：

1）05：38：54，燃机罩壳流量开关 1，流量低动作；

2）05：44：31，燃机罩壳流量开关 3，流量低动作；

3）05：45：02，燃机罩壳风机流量低保护动作。

（2）分析和处理：

罩壳风机热式流量开关采用的是德国图尔克公司的热式流量开关。见图 14-17，流量开关有 6 个 LED 指示灯，左图为中热式流量开关，自上而下指示灯分别表示：1～4 四个绿灯：介质流速超出设定点的程度。5 号黄灯：流速等于/高于设定点。6 号红灯：低流速设定点（动作点）。

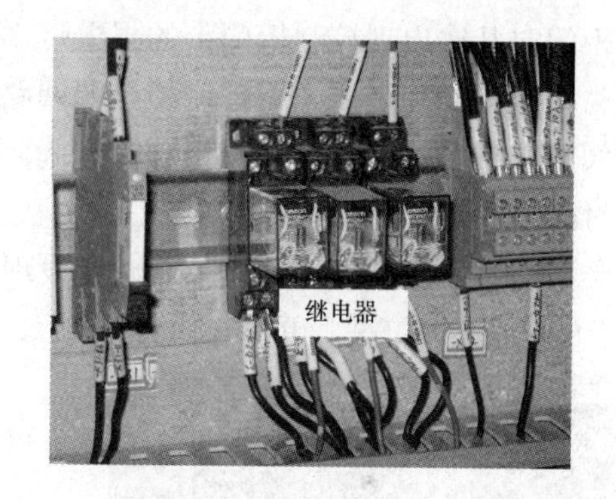

图 14-17 罩壳风机热式流量开关，和保护动作继电器照片

热式流量开关以探测流体温度变化来测量流量大小。就地圆柱形探头分左、上、右侧三点安装在燃机罩壳出口挡板门后。就地探头包括两个温度传感器，与介质保持最优的导热接触，同时彼此隔热。一只传感器加热恒温，另一只具有与介质同样的温度，当介质不运动时两只传感器的温差稳定于一个恒定值。当介质流动时会使被加热的那只传感器冷却，两只传感器温差的变化取决于流速，这个参数就用于监控指定的最小流量。

这个与温度成比例的流量值被送到比较仪，输出信号被设置到期望的流量限值，当流量没有达到这个极限值时，晶体管输出信号被触发。这种流量测量方法能快速反应管道中介质流动情况，没有一个定量值的概念，给现场整定带来了一定的难度。如果风机流量低于对应的动作值时，控制器面板状态显示灯红灯亮，同时触发相应的保护继电器动作，继而触发跳机逻辑。而在 DCS 中没有监视三个流量开关状态点，对流量开关的状态失控。

分别启停 31、32、33 号燃机罩壳风机后，观察三个罩壳风机流量开关控制器的动作情况，流量开关 2 动作快捷灵敏，流量开关 3 次之，流量开关 1 最慢。对 1 和 3 流量开关控制器进行微调，做到使三个开关动作同步，故障现象消除。

18. 辅助控制柜电源故障引起跳机

某燃机单循环运行，负荷100MW，高压旁路开度77%，运行人员发现高旁控制阀阀位反馈、高压旁路减温水控制阀阀位反馈突然失去，高压旁路控制阀控制器故障、高压旁路减温水控制阀控制器故障，同时高压旁路控制油站报警，随即燃机跳闸。

高压旁路系统跳机逻辑分析：当（1）～（4）任意一个条件，满足且（5）和（6）任意一个条件满足，延时2s，高压旁路保护动作跳余热锅炉然后跳燃机。

（1）高压旁路控制阀阀位＞2%，延时5s；

（2）高压旁路控制阀指令＞20%；

（3）高压旁路危急遮断阀未动作；

（4）高压过热蒸汽电动阀关；

（5）高压旁路指令反馈偏差＞30%，且高旁供油控制柜报警，延时15s；

（6）高压旁路后温度1值＞430℃。

就地检查发现高压旁路控制油站油泵停运，高压旁路控制柜失电。在运行人员打开高压旁路控制柜柜门时电源突然恢复，发现控制柜面板上“油压低低”、“紧急跳闸”指示灯亮，在开关柜门时几次出现控制柜门上的报警灯熄灭现象，控制柜内没有发现其他异常现象。经分析认为跳机原因为高压旁路控制柜电源回路接线松动或接触不良，电源失去后引起高压旁路控制阀阀位反馈、高压旁路减温水控制阀阀位反馈信号消失，造成燃机跳机。

在对回路进行检查和紧固后，再次启动机组并网。一段时间后，燃机单循环运行在80MW负荷时再次发生跳机，检查高压旁路控制油站发现高旁控制柜内的电源模块有异常声响，并且该电源模块上的过载报警灯亮。更换电源新模块后，燃机并网，机组恢复正常运行。

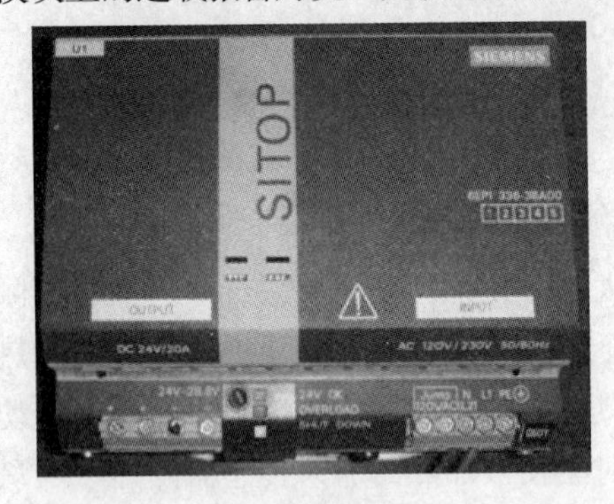

图14-18　高压旁路控制柜故障电源模块照片

对拆下的高压旁路控制柜电源模块进行测试，见图14-18。通电0.5h后电源模块温度达30℃，有异音发出，负载电流达到19.5A左右，异音增大；空载通电1.25h后，模块“过载”报警灯亮，且输出电压时有时无。

针对电源模块自身会损坏，在高压旁路控制柜内增加一个DC24V电源模块，实现冗余配置。将机柜的吸风方式改为排风方式，提高冷却效果。

19. 联合循环汽轮机跳闸故障分析

某联合循环机组运行时，“汽轮机测速探头2故障”、“汽轮机控制器故障”报警，汽轮机转速柜第二测速探头卡件显示转速为零。随后汽轮机跳闸，首出“S5-95F超速保护1跳闸”，高中低压旁路自动开启，减燃机负荷至120MW。在汽轮机解列期间，更换了汽轮机2号测速探头就地电缆。投入联合循环运行，随后“汽轮机测速探头2故障”、“汽轮机控制器故障”报警，汽轮机跳闸，首出“S5-95F超速保护1跳闸”，燃机再次减负荷至120MW。

“汽轮机测速信号2通道故障”缺陷出现后，汽轮机测速信号2通道显示为“0”，转速测量回路电源供给及频率接收模件E1518工作指示灯灭，转速显示卡E1553显示为“0”，同时SP2给定值信号灯为红色（低于40转显示红色），继电器动作卡件2231的“3”通道黄色指示灯灭正常时常亮。停机后，更换了转速测量通道的E1518卡，更换后转速显示正常。

检查换下的E1518卡，线路板上一电容有轻微凸起，初步判断E1518卡件工作不稳定导致了“汽轮机测速信号2通道故障”。

次日，汽轮机并网后，又出现“汽轮机测速探头2故障”、“汽轮机控制器故障”报警，转速柜第二测速探头卡件显示转速为零，汽轮机跳闸。汽轮机转速下降到800转后，“汽轮机测速信号2通道”恢复正常，转速卡显示正常。

根据故障现象分析，认为就地转速测量部分存在着故障，随着汽轮机转速及温度的升高，探头阻抗变大或延伸电缆的连接存在问题。技术人员判断就地测速探头2有故障，随即进行更换。在更换了汽轮机测速探头2之后，拆除了就地2号探头的延伸电缆，规避了汽轮机转速测量回路的通道自检。汽轮机冲转并恢复运行。

汽轮机超速保护分硬件和软件两部分，超速定值是3240rpm，整个测量回路由6个转速测量通道组成，1、2、3转速测量回路参与硬件超速保护，同时送SIMADYN D系统作为转速值参与调门控制。1、2、3、4、5、6都参与软件超速，信号在S5—95F系统进行处理。汽轮机超速动作逻辑：

（1）1、2、3测量回路三取二逻辑后通过硬接线直接触发跳闸回路，卸掉调门工作抗燃油。

（2）在S5—95F系统中1、2、3转速进行三取二逻辑判断，4、5、6转速进行三取二逻辑判断，两路判断值“或”逻辑输出跳闸信号触发跳闸回路，卸掉调门工作抗燃油。

（3）1、2、3转速信号在SIMADYN D系统中进行三取二逻辑判断，从燃机控制器中输出调门控制指令为“0”，从而使调门关闭。

可以看出整个超速逻辑设计比较严密，但信号分支多，转换环节多。引起汽轮机跳闸事件的原因主要有以下几点：

（1）汽轮机2号转速探头本身存在故障，高温环境下工作异常，是本次跳闸的原因。

（2）转速测量采用的是德国RBAUN公司的测量模件，为保证6个转速测量通道正常工作，西门子公司设计了一套自动自检的程序，每一小时对测量系统进行一次自检，自检是以3245rpm和3235rpm为定值，用以检测通道状况。如果在自检前1、2、3硬件回路已经有一个转速测量通道故障，则闭锁硬件回路自检程序。如果在硬件回路自检同时，1、2、3测量回路中有某一路测量通道突然故障，则三取二逻辑判断为超速保护动作，引发跳闸。4、5、6测量回路动作原理同理。

第一次汽轮机跳闸发生前3s，汽轮机2号转速通道从故障状态突然恢复到正常状态，自检程序开始执行，1s后2号转速通道又出现故障，超速保护逻辑认为有两路通道存在异常，三取二逻辑触发跳机。

防范措施：1）汽轮机转速探头耐高温性差，在高温环境下故障率高，要实施更换新型转速探头；2）超速保护的自检逻辑需进行优化，自检逻辑不应该触发误发跳机信号；3）对汽轮机转速就地探头挂牌，便于随时故障排查。

20. 防止S109FA单轴机组次同步3号瓦振动

据报道，9FA/D10单轴机群内的多台机组在T3轴承处振动剧增。这种剧增已造成振动跳闸和/或限制了机组负荷。以往机群运行经验表明高环境温度条件和高负荷运行是造成振动的关键因素。T3轴承处不合要求的振动信号在趋势图上表现为宽带宽显示特点，其后面跟着的是振幅突跃（次同步）参考图14-19。

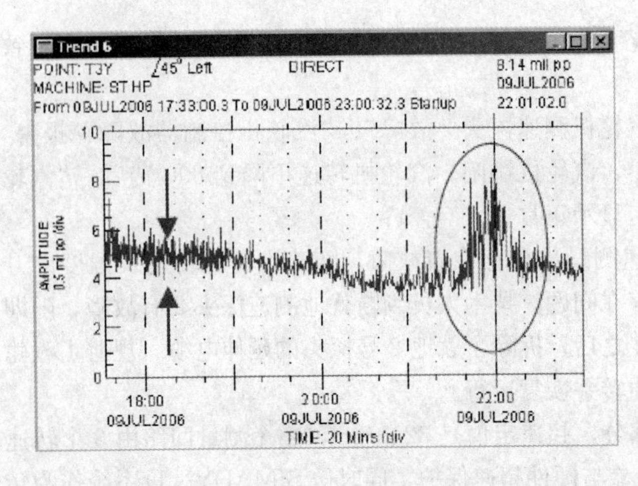

图 14-19 振动剧增的振动趋势图和次同步振幅图

注意次同步振幅内相对恒定 1X 振动部分就是发生的振动剧增部分。在从本特利振动测量记录装置 Bently-Nevada ADRE 和系统获取数据时，振动分析表明 T3 轴承特征含有的次同步部分，符合 1 号转子临界速度和油楔不稳定的轨道特征。

经技术分析，确认燃气轮机压气机端支承结构，相对于蒸汽轮机来说，垂直热生长高于期望值。压气机端支架的垂直热生长会变送至燃气轮机转子。因为燃气轮机转子标高发生变化，所以蒸汽轮机转子标高也随之变化，虽然稍有超过范围，原因在于转子和联轴器的挠性特点。由于蒸汽轮机前机架独立于燃气轮机进行支承，所以 T3 轴承上的负荷将随燃气轮机转子标高增加而减少。当 T3 轴承上负荷越来越低时，转子便会越来越接近油楔不稳定性的阈值。

现场经验表明导致所述次同步振动发生的因素有多种。在进行相关调查、诊断或维护工作期间应对以下事项加以评估，以便减少发生次同步振动风险：① 冷态对准不符合通用电气公司规范；② 轴承磨损或损坏；③ 润滑油温度/压力/流量不当；④ 安装不当或燃气轮机罩壳保温/绝缘材料恶化；⑤ 燃气轮机罩壳内含高温气体的管道和接头泄漏；⑥ 燃气轮机罩壳通风口封闭或阻塞。

抵消燃气轮机垂直热增长，增加 T3 轴承处油楔不稳定裕量，GE 公司有两种解决方案：

（1）燃气轮机前端支承脚冷却：GE 公司已开发出用于燃气轮机压气机端支承脚的冷却水夹套（类似于后脚水套）。水套要现场直接焊接至装好的前脚，可用来限制垂直热增长，并可使波动环境温度和/或高负荷运行所造成的标高变化减至最小。对相关管道进行修改，将冷却水管从后脚拆下，再使其重新流至前脚。为进行规划，水套安装和相关管道工程应花费大约 6 个班次。

（2）更换轴承：GE 公司提供 4—轴瓦、瓦间承载轴承来更换现有的 6—轴瓦、瓦上承载 T3 轴承。在给定轴承负荷时，瓦间承载设计可提供更大的油楔稳定裕量。

提示：水套和轴承更换成功与否，取决于机器是否与所有系统功能正确对准以及是否按设计要求进行维护。

21. 机组的振动分析

STAG109FA 单轴联合循环机组，由 PG9351FA 型燃机、D10 型三压再热系统的两缸双分流汽轮机、390H 型氢冷发电机和三压再热自然循环余热锅炉组成。燃气轮机、蒸汽轮机和发电机刚性地串联在一根长轴上。燃气轮机进气端输出功率，整个轴系总长 41m，整套机组共计 8 个轴承，轴配置如图 14-20 所示。

本机组有四阶临界转速，其数值分别为：971r/m、1026r/m、1683r/m、1782r/m，它有十分完善的振动分析和管理系统。大型发电机组的振动测量和评定通常使用两种不同的方式，即轴承振动的测量与评定和轴振动的测量与评定。

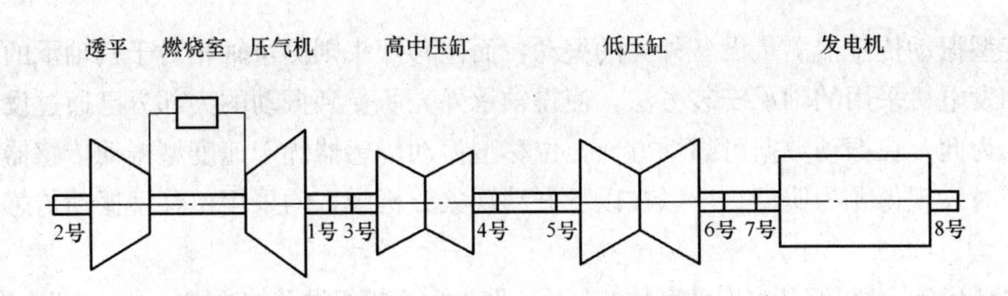

图 14-20　单轴燃机联合循环机组轴配置示意图

在轴承上作振动测量时，仅认为振动是发生在轴承或临近轴承处，通常用地震（速度）传感器测量。这种振动测量能定性反映振动应力状态和机器内部的运动情况，在中频范围内有很好的频响。它的测量单位为 in/s，或 mm/s，而按轴的振动状态来评定机组的振动状态更能反映出不平衡量的变化；反映出轴与机壳的径向动态间隙和轴与轴承的过载情况；有精确的低频响应，通常用非接触式振动传感器测量。它的测量单位为密耳（1mils ＝ 0.001in）或微米（μm）。

在 S109FA 机组轴系上，配置的速度型和位移型振动传感器见表 14-6。

表 14-6　　　　轴系配置的速度型和位移型振动传感器

传感器代号	传感器的类型	安装位置	设定的报警值
39V—1A/1B	地震（速度）传感器	燃气轮机轴承 1 号（燃气轮机进气端）	报警 12.7mm/s 跳机 25.4 mm/s 报警 12.7mm/s 跳机 25.4mm/s
39V—2A/2B	地震（速度）传感器	燃气轮机轴承 2 号（燃气轮机排气端）	
39V—4A/4B	地震（速度）传感器	发电机	
39VS—11/12	非接触式振动传感器	燃气轮机轴承 1 号（Y/X 轴）	报警 6.0 mils（0.15mm） 停机 8.5mils（0.22mm） 跳机 9.0mils（0.23mm）
39VS—21/22	非接触式振动传感器	燃气轮机轴承 2 号（Y/X 轴）	
39VS—91/92	非接触式振动传感器	发电机轴承 7 号（Y/X 轴）	
39VS—101/102	非接触式振动传感器	发电机轴承 8 号（Y/X 轴）	
VP—3X/3Y	非接触式振动传感器	汽轮机轴承 3 号（X/Y 轴）	
VP—4X/4Y	非接触式振动传感器	汽轮机轴承 4 号（X/Y 轴）	
VP—5X/5Y	非接触式振动传感器	汽轮机轴承 5 号（X/Y 轴）	
VP—6X/6Y	非接触式振动传感器	汽轮机轴承 6 号（X/Y 轴）	
77RP—11	轴角度位置指示器(鉴相器)	燃气轮机轴承 1 号	
96VC—11/12	轴向位移变送器	燃气轮机轴承 1 号	主辐推力面工作时： 报警±25mils，跳机±30mils
DEDP—1	差胀检测器 1 号	汽轮机轴承 3 号	报警－38 或＋117mils 跳机－68 或＋147mils
DEDP—1/2	差胀检测器 2 号	汽轮机轴承 4 号	报警－186 或＋343mils 跳机－216 或＋373mils
EP	转子旋转偏心率探头	汽轮机轴承 4 号	报警值 3.0mils 10.076mm
REDP—1A/1B	转子膨胀检测器 1A/1B	汽轮机轴承 6 号 （汽轮机和燃机侧各一只）	报警 －402 或 ＋1743mils 跳机－432 或 ＋1826mils
SEDP—1A	壳体膨胀探测器	安装在汽轮机中机箱的地基上	

由表 14-6 可见轴系轴承配置，燃气轮机的 1 号和 2 号轴承，蒸汽轮机的 3～6 号轴承以及发电机的 7 号和 8 号轴承上，均安装了 2 个非接触位移型探头。这 2 个探头均安装在轴承外壳上半部分。除 1 号轴承处传感器安装在外壳下半部分，一般位于垂直中心线左右 45°。

速度型振动传感器测量设备外壳的振动，而位移探头则测量轴相对于其轴承的振动。蒸汽轮机和发电机采用的轴承安装方法，使得轴承外壳所受到振动的大部分已通过设备地基得以衰减。为此，在振动数据可靠性方面，位移型振动传感器优于速度型振动传感器，在轴的转速较低时表现得尤为明显。所以在以下振动现象分析中，均采用位移型振动传感器所测得的数据。

通过对S109FA机组几次振动事故的分析，明确引起机组振动的原因，找出产生问题所在。

（1）振动的起因。

对于运行人员来说，要明了几种振动常发生的起因，并且能区分不同起因间的差别和它们的不同征兆是很重要的。燃机-汽轮机-发电机的振动问题有多种，但基本上可分为强迫振动和自激振动两种。表14-7列有振动问题的分类。表14-8为各种异常振动和它的振动频率。

表14-7　振动问题的分类

分　类	强迫振动	自激振动
种类	不平衡振动； 因脉动引起的振动； 2倍谐波振动属强迫振动	油膜回转自激振动； 气流回转自激振动； 由内部摩擦而引起的振摆回转
判断	本来是正常的，强度大时为异常振动	本质上是异常振动，要采取措施
措施	外力过大还是共振现象，需分别采取措施	对引起振动原因的轴承和密封进行改进； 增加外部减振装置

表14-8　各种异常振动和它的振动频率

振动原因	振动频率	振动特征和现象	措　施
1. 旋转体的不平衡 1）平衡不好； 2）热旋转体的翘曲； 3）由旋转部分和静止部分的接触而引起的旋转体的翘曲； 4）旋转体的磨损及腐蚀； 5）异物的附着或脱落； 6）旋转体的变形及损坏； 7）部件的松弛或连接松动	振动频率与旋转体的频率相一致	用1∶1和旋转对应振动。 由于热负荷而引起振动大小发生变化。 由于接触，振动激烈增大。 随时间的变化，振动逐渐增大。 异物的附着，使振动逐渐增加，附着物剥离后振动激增。 变形时振动缓慢增加，破损时振动激剧增加。 由于发热，配合或连接松动而引起振动	进行现场平衡调整。 启动时发生热变形，只有温度上升时才使振动增大。 考虑热补偿的变化，调整装置，使之不接触。 修复磨损及腐蚀，进行平衡调整。 除去异物，并防止异物的附着。 更换部件。 检查和处理松动处
2. 对中不好 1）不对中； 2）面不对中； 3）由于受热而引起对中不好； 4）基础下沉	一般情况下，振动频率与旋转轴振动频率相同。 特殊情况下，频率有时是旋转频率的2倍	与不对中一样，面不对中使轴承负荷不一致，易使不平衡振动的灵敏度增高。 不对中非常严重时，轴承向上浮起，使一端接触，发生油的起泡和分谐波振动。 轴承支承部分或轴承座受热而延伸，产生定中心不准。 以上都会使振动逐渐增大。	对不对中或面不对中进行修正。 考虑受热重新对中

续表

振动原因	振动频率	振动特征和现象	措　施
3. 轴系连接不好 1）连接精度不高； 2）紧固螺栓接触不均匀； 3）齿式联轴器润滑不良； 4）刚性联轴器润滑不良；	振动频率与转速一致。 伴有特异的振动发生。 伴有特异的振动发生。 伴有特异的振动发生	在齿面上有发热胶合现象发生。伴有振动加大。 有热变形	改善润滑；有发热胶合现象发生时，更换齿式联轴器。 改善润滑
4. 基础不良 1）安装地基不平； 2）地脚螺栓紧固不牢； 3）水泥浆不足； 4）地基刚性不足； 5）基础失效变化	一般情况，振动频率与转速一致	地基刚性差，即使不出现异常的振动，振动也会比较大，问题比较多。在低负荷时流动多呈紊乱，从而发生振动。因地基不同程度下沉，定中心发生偏差	重新安装混凝土模板。 拧紧螺栓。 重新灌浆
5. 旋转轴的临界转速 1）临界转速； 2）二阶临界转速	振动频率和轴的临界转速一致。 振动频率	在轴的临界转速附近，振动激烈增加	设计时，工作转速要避开各阶临界转速
6. 共振和其他 1）配管系统的共振； 2）配管的推压； 3）连接系统的共振	振动频率与轴的旋转频率相同	在管道系统中，管道等部件的固有频率接近旋转频率，将发生激烈的振动。 由于发热而引起管道延伸，配管受压，推箱体而变形或膨胀受阻。 轴系临界转速和单独轴的临界速度不同，当轴系临界转速和单独轴的临界速度一致，将发生振动	避免共振。 改变管道支撑。 应计算轴系的轴振动和轴系的扭转振动临界转速
7. 旋转失速和喘振	通常频率：$f=1/2N\upsilon$Hz 其中：N—转速 υ—失速因数	旋转失速和喘振发生在压气机内。当压气机慢速旋转时，叶栅的一部分发剩失速，失速区在圆周方向向上旋转。通常对于多级轴流压气机，失速团以压气机转速的1/2速度旋转并与动叶片的旋转方向相同，失速团有数个。当失速区发展，占满全周以后，就发展为喘振	旋转失速的频率与叶片振动频率一致时，叶片发生共振，引起疲劳破坏。 使用可转导叶，或者利用抽气方式，使机组工况点远离喘振点

续表

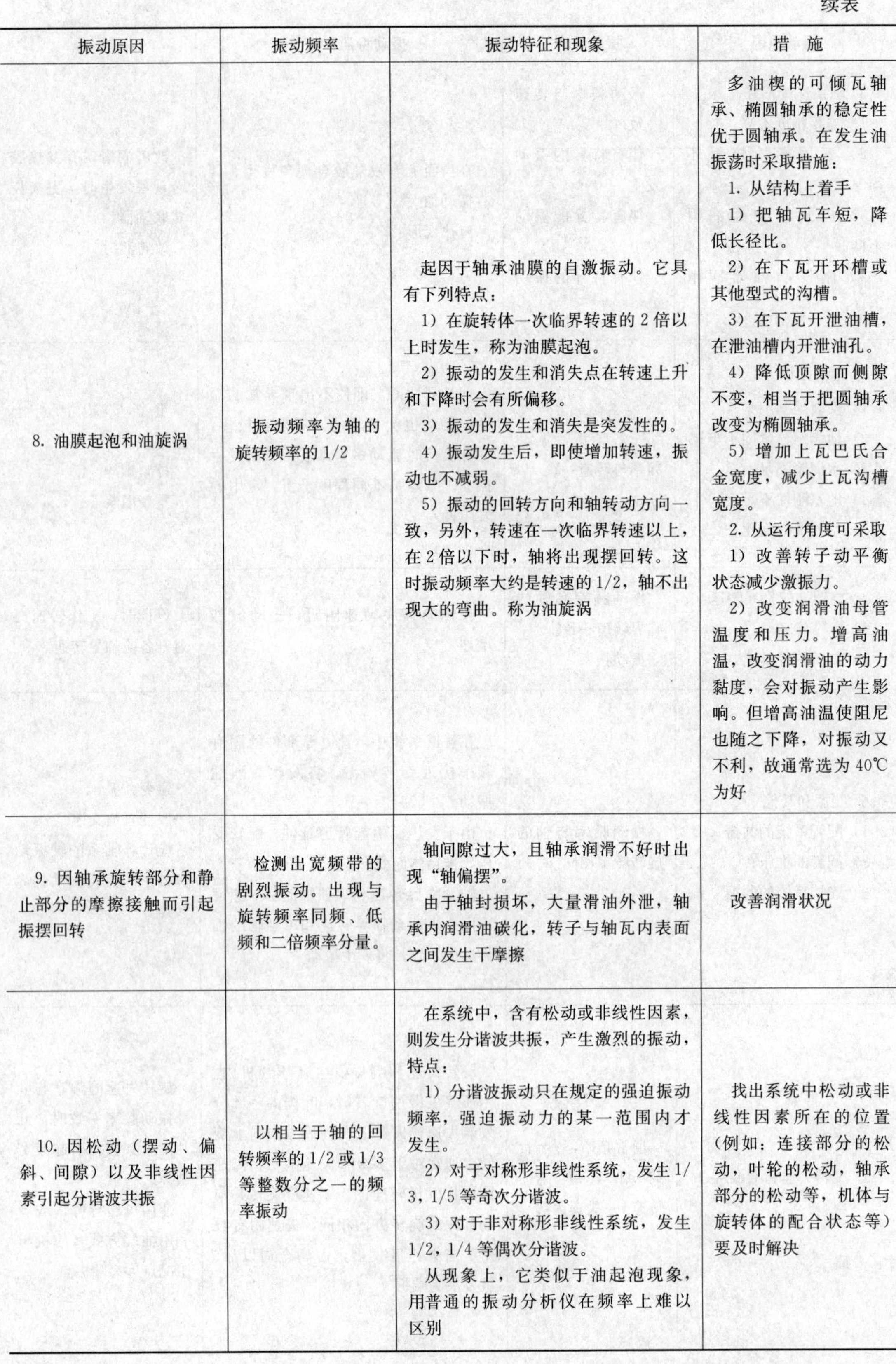

振动原因	振动频率	振动特征和现象	措 施
8. 油膜起泡和油旋涡	振动频率为轴的旋转频率的1/2	起因于轴承油膜的自激振动。它具有下列特点： 1）在旋转体一次临界转速的2倍以上时发生，称为油膜起泡。 2）振动的发生和消失点在转速上升和下降时会有所偏移。 3）振动的发生和消失是突发性的。 4）振动发生后，即使增加转速，振动也不减弱。 5）振动的回转方向和轴转动方向一致，另外，转速在一次临界转速以上，在2倍以下时，轴将出现摆回转。这时振动频率大约是转速的1/2，轴不出现大的弯曲。称为油旋涡	多油楔的可倾瓦轴承、椭圆轴承的稳定性优于圆轴承。在发生油振荡时采取措施： 1. 从结构上着手 1）把轴瓦车短，降低长径比。 2）在下瓦开环槽或其他型式的沟槽。 3）在下瓦开泄油槽，在泄油槽内开泄油孔。 4）降低顶隙而侧隙不变，相当于把圆轴承改变为椭圆轴承。 5）增加上瓦巴氏合金宽度，减少上瓦沟槽宽度。 2. 从运行角度可采取 1）改善转子动平衡状态减少激振力。 2）改变润滑油母管温度和压力。增高油温，改变润滑油的动力黏度，会对振动产生影响。但增高油温使阻尼也随之下降，对振动又不利，故通常选为40℃为好
9. 因轴承旋转部分和静止部分的摩擦接触而引起振摆回转	检测出宽频带的剧烈振动。出现与旋转频率同频、低频和二倍频率分量。	轴间隙过大，且轴承润滑不好时出现“轴偏摆”。 由于轴封损坏，大量滑油外泄，轴承内润滑油碳化，转子与轴瓦内表面之间发生干摩擦	改善润滑状况
10. 因松动（摆动、偏斜、间隙）以及非线性因素引起分谐波共振	以相当于轴的回转频率的1/2或1/3等整数分之一的频率振动	在系统中，含有松动或非线性因素，则发生分谐波共振，产生激烈的振动，特点： 1）分谐波振动只在规定的强迫振动频率，强迫振动力的某一范围内才发生。 2）对于对称形非线性系统，发生1/3，1/5等奇次分谐波。 3）对于非对称形非线性系统，发生1/2，1/4等偶次分谐波。 从现象上，它类似于油起泡现象，用普通的振动分析仪在频率上难以区别	找出系统中松动或非线性因素所在的位置（例如：连接部分的松动，叶轮的松动，轴承部分的松动等，机体与旋转体的配合状态等）要及时解决

说明：序 6 为强迫振动，序 7-10 为自激振动。

（2）2 轴振动特性。

轴振动特性与常见事故原因的关系见表 14-9。

表 14-9　　常见事故原因及轴振动特性

事故原因	最大轴位移时域变化特征	决定最大位移主要因素	轴振动频率特性	轴心轨迹	轴振动或特征
常规质量不平衡	常数	转速	同转速同频	具有特定形状的椭圆、直线或圆	正弦
热不平衡	启动后在不同的稳定工况下最大位移不同	功率及功率的变化情况			
由锈蚀、冲击污物等原因产生的不平衡	最大位移随时间缓慢变化	转速			
由弹性滞后、阻尼、气隙激振或轴承油膜不稳定产生的自激振动	最大位移产生激烈的波动	转速、功率和轴承油温等	频率和包括轴承在内的转子系统最低阶临界转速的频率相同	不规则，随机的封闭曲线	常为波动的正弦曲线
由叶片等转子零部件损坏产生的不平衡	最大位移急剧增大或减少	转速	同转速同频	具有特定形状的椭圆、直线或圆	正弦
由于联轴节安装不对中，或运转受阻产生的强迫力和轴承座松动	常数	转速和功率	转速频率或其倍频，常为两倍频	不同形状的封闭曲线，如“8”字形	周期性曲线
齿轮损坏	常数	转速和功率	主要是齿轮的啮合频率，伴随有驱动和被驱动轴的转速频率	不规则，不封闭曲线	常为周期的，但不是正弦曲线
电机和发电机的电磁干扰	常数，有时有周期性波动	功率	转速频率，主频率及两倍主频率和以调制频率出现的主频率或 2 次主频率的差频	常为椭圆曲线	正弦或相当于正弦，有时为调幅正弦曲线

（3）振动实例分析。

1）油膜自激涡动。

某 50MW 燃机电厂发电机 3 号、4 号轴承带负荷运行时，长期存在振动突升突降现象，有不断上升的趋势，危及机组安全运行，只好强迫停机。

分析结果，3 号轴瓦有半频（25Hz）振动分量，而且半频振动分量在上下波动。在燃机负荷 31MW 时，发生突升前后的振动，见表 14-10。3 号轴承已处于油膜自激涡动状态。

表 14-10　　发生突升前后的振动峰值

负荷（31MW）	状态	3号轴承	4号轴承
31	发生突升前	3.81	1.78
31	发生突升后	8.02	2.55
31	发生突降前	2.7	1.92

停机检修，采取下列措施：

① 对发电机定子、转子进行常规电气试验；

② 对发电机转子进行高速动平衡试验；

③ 更换3号、4号轴瓦，提高3号、4号轴承抗失稳能力。

检修后，3号轴承振动在1.3mm/s，4号轴承振动在0.4mm/s。

2）转子动不平衡。

某燃机大修后振动突然增大。在启动过程中过一阶临界转速时，2号瓦振动值最大达20.2 mm/s；在基本负荷时，2号瓦振动值最大达12.4mm/s，1号瓦振动值最大达9.8mm/s；在停机过程中过一阶临界转速时，2号瓦振动值最大达30.7 mm/s。

频谱分析结果：转子振动频率为85Hz，和转动频率（5100r/m）相同；振动值随转速上升而上升，随转速下降而下降。振动具有轴振的特征，垂直与水平方向的振动都较大。断定为低频、强迫振动类型，是转子动不平衡引起的。

大修时，更换了第一级动叶片，装上的是国外返修的叶片，一般来说叶片重量加工偏差在2%以内，当叶片重量变化超过30～50g时，不平衡重量对转子的振动会产生明显影响。拆缸后证实了以上的分析，第92号叶片与缸体复环擦缸。重新排序后机组振动恢复正常。

3）发电机转子绕组接地故障。

我国某南方电厂燃机（MS6001B）发电机，在机组运行中突然3号瓦振动大，机组遮断。根据有功确定，改变励磁电流时振动数据随着急剧变化的现象，可以确定振动是由于电磁原因引起的。测定接地点后修复线圈，恢复发电。以后又出现转子绕组接地故障，修复线圈，恢复发电。直到发电机大修后，运行正常。

4）燃气轮机组喘振。

某燃机电厂PG6541B燃机在停机过程中发生强烈喘振。中控室、办公楼及职工宿舍都感觉房子在振动，门窗震得哗啦作响。究其原因，是在停机过程中IGV未关和防喘阀未打开。引起IGV未关和防喘阀打不开的原因有：

① 检查IGV的动作，对IGV系统做静态试验。启动润滑油和液压油系统，在控制盘上强制打开和关闭IGV，重复几次。

② 检查防喘阀故障。

③ 检查防喘阀控制空气管路堵塞。

④ 检查防喘电磁阀故障。

经过检查，查出防喘电磁阀故障，引起防喘阀打不开而发生机组喘振。

5）由于受热而引起对中不好。

一台大型工业燃机安装涡流传感器测量的轴心轨迹，比正常情况下的更扁平，而且转速频率的两倍频振动明显增大。经分析判定冷却水没顺利进入燃机的冷却支承，引起对中不好而振动。接通冷却水后，轴心轨迹变正常，而两倍频振动也减少了。

6）轴承油封或气封失效而引起的温度升高或振动。

MS6001B机组，2号轴承温度偏高且不稳定，有时波动达10℃左右。在加负荷时，2号轴承温度不但不升高，反而有下降趋势。这是由启动过程中2号轴承密封空气故障引起的：2号轴承油封和气封间隙增大，滑油外泄量加大，轴承润滑面上的油膜压力降低，润滑效果下降，使轴承温度升高。当2号轴承密封气管线发生堵塞后，会造成密封气管线压力和流量下降，并且还会波动，从而引起润滑油泄漏量的变化，使2号轴承温度偏高且不稳定。

当加负荷后，压气机压比增加，抽气压力增加，再加上节流孔板磨损增大，使2号轴承密封空气压力和流量增大，减少了润滑油外泄量，使轴承润滑得到改善，使2号轴承温度随负荷增加反而下降。

检查发现：空气分离器内结垢，排污管堵塞；密封气管线部分堵塞，节流孔板磨损增大；解体2号轴承油封和气封，发现油封已损坏，气封齿磨损严重修复后，变正常。

7）由于连接管道受阻，受热而引起对中不好。

某CLDS—5800型能量回收机组，由烟气透平、主风机、汽轮机、齿轮箱和发电机串联而成。现场调试时发生异常振动。经过频谱分析，可见：1、2、4、6号轴承处，80Hz基频振动分量明显，二倍频、三倍频振动分量较大，特别是1、6号轴承处，二倍频频振动分量比基频振动分量还大，功率谱图的这些特点，是机组各转子间对中状态不良的较典型的反映。现场安装时，机组各转子间的对中状态良好。但在运行过程中，主风机进、排气管道变形严重，主风机缸体受到较大的管道力的作用，促使对中状态恶化，才产生机组的异常振动。

将管道的刚性支撑改为弹性支撑，并在管道上增加柔性管段，异常振动消除。

8）滑销系统的热膨胀受阻，并发油膜自激涡动。

某电厂燃机L18-3.42-2汽轮机和QWFL-18-2隐极式三相异步发电机，在1999年调试时在升负荷过程中（1～5MW）出现2号、3号轴承振动首先增大，1号、4号也相应爬升，到3～5MW时，1号轴承振动特别大，达到0.09mm以上（最大允许振动为0.10mm），并且振动发生后，即使降低负荷，振动也不减弱。相反各轴承振动继续升高，最后只得停机。在停机过程中1号轴承振动达到0.20mm以上。测量有下列现象：

①各轴承振动频谱分析具有半波涡动特性。振动突发时半频分量大幅度上升，工频分量反而有所下降而大多发生在地负荷时。发生油膜自激涡动即使降低负荷，振动也不减弱。发生油膜自激振荡的原因为，一是轴瓦瓦面的修刮没有达到弧形油楔的要求。二是汽轮机叶片不均匀顶隙产生的切向分力和迷宫轴封的汽流切向分力诱发油膜自激涡动。

②机组滑销系统在热膨胀时受阻。排汽缸中心向左侧偏移0.45mm，该值远大于汽缸导板两侧的安装间隙总和0.08mm，说明后汽缸导板有松动可能。后查明后汽缸导板在二次灌浆中未灌实，导致排汽缸左右有较大热位移值，导致转子发生对中偏摆，从而发生轴承座振动，并为油膜自激涡动提供了激发作用。采取了下列措施：

a）用样轴对各轴瓦进重新修刮，并缩小了轴瓦顶部间隙，增大偏心率，降低振动幅值，同时调整了轴瓦紧力，消除轴瓦对机组振动产生的非正常影响。

b）凿开后汽缸导板二次灌浆部分，加工了两只螺纹顶杆用于固定预埋托板，在测量和调整好后汽缸中心位置后，紧固两只螺钉，将导板固定，并对汽缸导板重新进行二次灌浆。同时顶起后汽缸支座，在滑动面上涂上适当的二硫化钼。

c）在冷态启动过程中适当增加暖机时间。

控制系统名词缩写和解释

按照燃气轮机常用名词缩写的英语字母排列次序（不分大小写），对本书中出现的名词缩写、代号给予解释。少量缩写解释可能有遗漏之处，通过现代化网络搜索技术，基本上可以找寻到理想解答。

A

AcDcEx2000

参阅直流设备（DC2000）、交流设备（AC2000）和励磁设备（EX2000），表示涉及这些设备的组合名称。在Toolbox（工具包）中，这三种设备可以使用一些相同的控制板和装置。

ActiveX

由微软公司开发的ActiveX是一组怎样应用共享信息的规则。用了ActiveX，用户可以使用按钮来询问或者应答一些问题以及用Web页面或兼容程序的其他一些方法相互配合。它不是一种编程语言，而是一种书写程序形式，所以其他程序和操作系统都可以调用它们。ActiveX技术用微软公司的因特网浏览器®像计算机程序一样查阅和运作交互式网页，而不是那种静态页面。

ActiveX control［ActiveX控制］

使用了ActiveX技术的控制（对象）就可以生成动画。ActiveX控制可以通过WEB浏览器自动下载和执行。编程器可以用各种语言，包括C，C＋＋，Visual Basic和Java等语言来开发ActiveX控制。ActiveX控制全都能够使用Windows操作系统。

Alarm Viewer［报警阅读器］

CIMPLICITY的一个独立的窗口（OCX控制），用于对报警实施监视和应答。

AMV［报警阅读器］

报警阅读器

Application［应用程序］

一个直接让用户执行特定功能的完整、独立的程序。这些应用程序不同于系统程序，它控制着计算机同时运行着某些应用程序和实用程序。

Application code [应用代码]

控制特定机械或者过程的一种软件。

APS [自动启停系统]

发电机组自动启停控制系统 Automatic Plant Start-up and Shutdown System，有时也称为自动“一键启动”控制。

AGC [自动发电控制]

发电机组自动发电控制系统 Automatic Generation Control。发电机组在规定的出力调整范围内，跟踪电力调度交易机构下发的指令。并且按照一定速率实时调整输出功率，以满足电力系统频率和联络线电功率的需求。

ARCNET

附属于资源计算机的网络（Attached Resource Computer Network）。由 Datapoint 公司开发的 LAN（局域网）通信协议。ARCNET 规定了物理有形的（同轴和芯片）和数据链（令牌网和电路板的接口）层的 2.5 MHz 通信网络，用于基本的 DLAN＋。请看 DLAN＋的解释。

Attributes [属性]

是指下列的一些信息如：位置、可视性和数据的类型等，而这些信息的设置是互不相干的。在一些信号中，属性可以是记录中的一个字段。

Automatically named signals [自动命名的信号]

设计这些信号是为了插入一些功能模块，而不是为了定义信号。这类信号的一个或者几个域具有这样的形式。

B

Balance of Plant [BOP—电厂辅助系统]

除了主机以外需要控制的电厂设备。

baud [波特]

数据传输的一个单位。波特率是每秒传输的二进制位的数量。

BIOS [基本输入输出系统]

基本输入/输出系统。完成引导任务，它包括硬件自检和文件系统加载。BIOS 存放在 EEPROM 中，它不是从工具包加载的。

block［功能块］

指令块包括了相当数量的基本控制功能，在配置成所需的计算机或者过程控制的时候就可以把它们连接在一起。功能块可以完成一些数学运算、顺序程序或者持续的控制。Toolbox（工具包）接受来自功能块库中各种功能块。

board［电路板］

用于电子线路的印刷线路板或者称电路板。

Boolean［布尔］

表示状态是真或假的数字信号，也可以称为离散数据或者逻辑信号。

breaker［线路断路器］

一种开关设备；在正常电路情况下接通、输送和断开电流，也可以按指定时间接通、输送，而在特殊不正常情况下（譬如短路时）切断电路。

＜C＞

轮机控制盘的通信模块（处理器）。

CimEdit［CIMPLICITY 编辑器］

CIMPLICITY HMI 的一个导向对象的图形编辑器工具程序，随同其运行时阅读器 CimView 而运作。它可以用动画、脚本、颜色和各种代表电厂运作的一些绘图要素制作出图形形式的屏幕页面。

CIMPLICITY HMI［人机接口］

来自 GE Fanuc Automation 基于 PC 的操作员接口软件，可以用各种各样的控制和数据采集设备进行配置。

cimproj［CIMPLICITY 项目］

用于 CIMPLICITY HMI 项目所需的子目录名称（F：\Cimproj）。在这个子目录中设置了该项目的配置工作平台（.gef）。

CimView［CIMPLICITY 阅读器］

CIMPLICITY HMI 的一种交互式图形用户接口，用文本或者各种图形对象显示数据以监视和控制电厂设备。用 CimEdit 来创建各种屏幕页面。它们包括多种交互式控制功能，这些功能可用于设置信号点数值、显示其他图形屏幕页面和启动用户自定义软件程序以及其他一些 Windows 应用程序。

client-server [客户机—服务器]

是一种软件架构，它指的是一个软件产品请求其他软件产品。例如，一种软件架构方式使得多个 PC 机的部署方式成为如下：一台成为数据获取设备而其他成为数据使用设备。

CMOS [Complementary Metal Oxide Semicondultor]

互补金属氧化物半导体。

collection [收集]

基于同一个网络里一些信号的组合。通过这种收集手段来配置 Trend Recorder（趋势记录）。

command line [命令行]

在计算机上显示出的一行，用户在这一行中键入将要由程序来执行的一些命令。这是一种基于文本的界面，像 MS-DOS 一样；相对于图形用户界面（GUI），像 Windows。

COM port [串行通信端口]

串行控制通信端口（两个）。保留 COM1 用于诊断信息和串行输入器。COM2 用于 I/O 通信。

configure [配置]

选取特定的选项；既可以通过编辑磁盘文件，也可以通过硬件跨接器的位置或者把软件参数加载到存储器来完成。

control system [控制系统]

设备可以自动调整输出电压、频率、MW 或者无功功率的设备，在这种情况下，这个设备会响应诸如电压、频率、MW 或者无功功率的一般特性。这类设备包括了，但不局限于，转速调节器和励磁机。

Control System Solutions [控制系统的解决方案]

产品软件为 GE 控制系统提供了一张 CD 光盘。例如，它包括了控制系统的 Toolbox（工具包）或者 SDB 的交换程序。

Control System Toolbox [控制系统工具包]

请看 Toolbox。

CRC [循环冗余校验]

循环冗余校验，用于检测传输数据和磁盘上文件的出错。

cross plot［交叉绘图］

双变量显示，随着时间的流逝而绘制一个对另一个值的变化，它以一种 X—Y 类型的曲线绘制所检测到信号的相互关系得以分析相关的性能。

CSDB［控制信号数据库］

控制信号数据库（Control Signal Database），用于在轮机控制盘存储控制计算用的实时过程数据。

CSF［控制系统高速公路］

用标记传送（token passing）通信网络的控制系统高速公路（Control System Freeway），通常使用 TWINAX 电缆连接，运行速率为 2.3 MHz。

D

<D>

轮机控制盘的冗余通信模块（处理器）。

data dictionary［数据词典］

系统文件，它包含着在数据库管理系统中运行数据库所需要的信息。这个文件包括了记载的基本运行资料，以及确定的数据库字段、可接受的数据的极限值和可调用的信息。对于 HMI 而言，数据词典文件容纳了特定机组控制信号数据库的信号点名信息，报警文本信息（过程和诊断两种报警）以及信号点名的显示信息（类型/单位、信息，诸如此类）。首台机组的数据词典文件为：UNITDATA.DAT，它可以创建在 HMI 的特定机组词典中。

DCS［Distributed Control System 分散式控制系统］

分散式控制系统，用以过程控制包括锅炉和其他电厂设备的控制。

deadband［死区］

数值的范围，输来的信号在这个范围内发生变化而输出不会发生改变。历史记录用这个死区来演算抉择是否作为它的压缩数据的一部分，是保存还是舍弃这个输入数据。

Demand Display［需要的显示］

HMI 的功能，它运行用户同时监视几台轮机机组的数据点以及发出运行简单的命令，可以支持多台机组。

device［装置］

过程控制系统的可配置部分。

Devcom［设备通信］

应用程序，作为在 CIMPLICITY HMI 信号点管理器和被监视设备之间服务的通信桥。

DLAN＋

GE Industrial System（GEIS-GE 工业系统）的 LAN（局域网）协议，使用了一个改进型 ARCNET 驱动程序的 ARCNET 控制器芯片。用在励磁机、驱动设备和控制器之间的一种通信，它能以 2.5MB 速率传输最多 255 个点。

download gateway［下载网关］

到 Ethernet（以太网）和 DLAN＋（局域网）通信的一种控制器，它运行专用的软件就可以下载 OC2000。

dynamic［动态］

相对于静态，突出活动的、变化的和过程的特性。

E

EGD［以太网全局数据］

以太网全局数据（Ethernet Global Data），一个由若干个控制器使用的网络协议。设备共享数据是经由周期性的 EGD 交换（数据页面）。

Ethernet［以太网］

LAN（局域网）以 10～100Mb/s 的数据速率，用以把一台或几台计算机和/或控制器连接在一起。它对于避免空间碰撞/冲突检测系统起了重要的作用。它使用符合于 IEEE 802.3 标准的 TCP/IP 和 I/O 服务层，该标准是由 Xerox（施乐）、DEC（数字设备公司）和 Intel（英特尔公司）开发的。

Event［事件］

由控制器中逻辑信号状态变化而产生的离散信号。

EX2000

GE 公司的发电机励磁控制系统，它用于调节发电机输出电压的发电机励磁电流。

F

fault code［故障代码］

从控制器到 HMI 的信息，用于表示控制器告警或故障的信息。

FB［Function Block 可组态，图形功能块］。

FCS [Field-bus Control System 现场总线控制系统]

现场总线的缩写，一种用于现场的智能测控技术。

finder [查寻器]

Toolbox 的一个子系统，该子系统用于搜索和确定在某配置中特定条目的使用情况。

firmware [固件]

可执行的软件组，它贮存在存储器芯片之中，这种芯片在失电时仍然能保存其全部内容，譬如 EPROM 或者闪存芯片。

filter [过滤器]

一种软件程序，它可以依照特定的标准来处理某些需要隔离的数据或者信号。

flash [闪存]

一种非易失性的可编程存储设备。

forcing [强制]

把某个信号置于一个特定的数值，不管这个数值是否会阻塞或者输入/输出（I/O）是否正在写该信号。

frame rate [帧频]

控制器的基本时序速率，它涵盖了控制器的一个完整的输入—计算—输出的循环过程。

function [功能]

程序功能块组件和部件的最高层次，它对应于一个 .tre 文件。

G

gateway [网关]

利用这个设备可以连接两个不同的 LAN（局域网）或者把一个 LAN（局域网）连接到一个 WAN（广域网）、PC 计算机或者某台主机。这种网关可以完成协议和带宽度的转换。

Get From Database [从数据库获取]

从某些系统数据库重新取得配置信息的举措。

Genius bus [Genius 总线]

GE Fanuc 公司的分布式网络的智能输入/输出功能块。

Genius global data [Genius 全局数据]

由总线控制器自动重复广播的数据。在同一个总线上所有其他总线控制器都能够接收这些数据，然而有一些总线控制器也可以选择不接收。该控制器可以广播全局数据并从某一些设备接收全局数据，譬如 Series 90-70 PLC 和其他一些控制器。

Graphic Window [绘图窗]

用于查看和设置实时信号的 Toolbox（工具包）的子系统，成组，请参阅 Resources（资源）的解释。

GSM [GE 的标准信息]

GE Industrial Systems 的标准信息。在网关处理后的应用级信息，将送到 DCS。网关承担了一个协议译码的角色并且可以直接和若干个过程控制器通信。只有 DCS 设备事前发出请求，网关才会发送数据。

Global Time Source [GTS—全球时间系统]

用人造卫星网络向世界范围提供的 UTC（Coordinated Universal Time—格林尼治时间）。

graphical user interface [GUI—图形用户界面]

用户和计算机之间基于图形的操作系统界面。图形用户界面（GUI）一般都使用鼠标或其他跟踪设备以及各种图标。首先由施乐公司（Xerox）作为比文本方法更易学的一种界面而开发的，继而由 Apple（苹果）公司用于 Macintosh（麦金托什机）、Microsoft（微软）公司用于 Windows 以及 UNIX 系统用作 XWindows。

H

header [标题]

文本信息，例如：题头、日期、名称或其他适当的标识信息，其位置在屏幕、专栏或页面的顶部。它们一般都会多次出现在各个地方。

Historian [历史]

基于客户机/服务器的数据档案系统，它用于动力岛和辅机过程系统的数据采集、存储和显示。它组合了轮机控制盘的高分辨率的数字事件数据和过程的模拟数据，以构成一个有利于分析导致相互影响因素的工具。

HMI [Human Machine Interface 人—机接口]

人—机接口。GE 公司的 HMI 是一个基于 Windows NT 的操作员接口，它可以连接到轮机控制器和电厂辅助设备。HMI 用 CIMPLICITY 作为操作员的界面，它支持用以查看历史数据的历史客户机程序工具。

I

icon［图标］

在图形用户界面中用一个小的图形借以代表一个文件、目录或者某些作用。当点击某个图标时，就能执行某些动作，例如打开一个目录或者中断一个文件的传送。

ICS［Integrated Control System 集成控制系统］

集成控制系统。GE 公司的 ICS 把各种类型电厂控制融合到一个简单的分布式控制系统中。

instance［实例化］

用新的定义刷新某个条目。

initialize［初始化］

在其他操作前设置一些数值（如地址、计数器、寄存器，诸如此类的数值）设置到一个起始值。

I/O drivers［输入/输出的驱动设备］

根据所使用输入/输出设备为控制器提供接口（如传感器、电磁阀和驱动器）通过选择通信网络为控制器提供接口。

I/O mapping［输入/输出映射］

不需要插入应用程序任务就可以把 I/O 信号点从一种网络形式变换到另一种形式的方法。

IONet［输入输出网络］

MARK-Ⅵ I/O 以太网（Ethernet）通信网络。

L

LAN［局域网］

Local Area Network（局域网一通信）。一般来说，一个典型的 LAN 是由位于同一所建筑内（常常位于同一楼层）的外围设备和控制器组成。

M

macro［宏］

一些指令功能块（以及其他一些宏）的一种组合，它用于完成一部分应用程序。可以保存这些 Macros（宏）以供再次使用。

MARK-Ⅳ

1983 年推出的 SPEEDTRONIC 燃气轮机控制盘。GE 公司第一套三重模块冗余（TMR）的采用容错技术的控制系统。

MARK-Ⅴ

1991 年推出的全数字式的 SPEEDTRONIC 燃气轮机和蒸汽轮机控制盘，可采用 Simplex（简化型）和 TMR（三冗余型）控制。第一套配备了基于 DOS 的个人电脑型操作员接口，以后又升级到基于 Windows NT 技术的 CIMPLICITY HMI。

MARK-Ⅴ LM

1995 年推出的 SPEEDTRONIC 燃气轮机控制盘，由 GE 公司 Aircraft Engines 开发，特别设计用于支持航空改型的干法低排放（DLE）技术的控制系统。后来发展为使用基于 Windows NT 的 CIMPLICITY HMI。

MARK-Ⅵ

以 VME 为基础的 SPEEDTRONIC 燃气轮机和蒸汽轮机控制器，含有 Simplex（简化型）和 TMR（三重冗余型）两种控制系统。配备了基于 Windows NT 技术的 CIMPLICITY HMI 和控制系统 Toolbox。

μGENI controller board［μGENI 控制器板］

IC660ELB912_. 控制器用的一种选配电路板，它是提供连接到 Genius I/O 总线的一个接口。

model［模式］

交互设置数据（recipe—凭据）自动调整流程。这项功能通常用在热轧和冷轧（请对照查阅下面 recipe 一词的解释）。

module［模块］

一个任务（task）的集合体，它具有一个规定的时序。

Modbus［串行通信协议］

串行通信协议，由 Gould Modicon 公司首先开发用在 PLC 和其他计算机之间。

N

non-volatile［非易失性］

为了即使在关闭电源时也能贮存信息而特别设计的存储器。

O

object［对象］

一般来说，是指可以单独选取并操作运行的任何实体。它可以包括能够在显示屏幕上显现的图形和图像，以及很少被我们所感知的软件实体。作为面向对象的编程中，例如一个对象就是一个自包含的实体，它由数据和处理这些数据的程序步骤两个部分组成。

OCX［OLE 用户控制］

OLE 的用户控制。一个独立的程序模块，在 Windows 环境下其他程序可以访问此程序模块。ActiveX（微软公司的下一代控制）向下兼容 OCX。

OLE［Object Linkingand Embedding 链接和嵌入对象］

链接和嵌入对象，由微软公司开发的一种复合文件标准，它允许你用应用程序创建对象，然后把它们链接或嵌入到另一个应用程序中。嵌入对象保留着它们原有的格式再链接到创建的应用程序。Windows 内包含了对 OLE 的支持。

online［在线］

在线模式提供了 CPU 完备的通信，它允许读和写数据的两种方式。当它和系统通信时，是依靠 Toolbox 的状态来保存配置信息的。同时，在下载模式时设备不需要先停机然后再重新启动的过程。

OPC［OLE for process Contral 过程控制的 OLE］

用于过程控制的 OLE ，OPC 的规范并非专利技术规范，它是在微软公司的 OLE/COM 技术基础上定义的一组标准接口。OPC 标准接口的应用程序使得自动控制/控制应用、现场系统/设备以及商务/办公室应用之间都能互操作。

P

panel［面板］

一台设备的侧面或者前面，在这上面可以安装终端或者终端组件。

Pcode［p 码］（对照查阅下面 runtime 一词的解释）

由 Toolbox 生成的一组二进制的记录，它包含了用于设备的控制器应用程序的配置。Pcode 存放在 RAM（随机存储器）和 Flash（闪速存储器）中。

period［周期］

对一个任务或对一个模块完成扫描所需的时间。它同时也是模块的一个属性，是模块中所有任务的基本周期。

period multiplier［周期倍率程序］

Task（任务）的一种属性，它允许这个任务的完成速率是它的 Module（模块）周期的若干倍。

PDH［Plant Data Highway 电厂数据总线］

以太网通信网络，连接历史计算机、HMI 服务器、HMI 阅读器、工作平台和打印机。

permissive［许可的］

允许从一个状态进行到另一个状态的条件。

pin［引脚］

功能块、宏或者模块参数生成一个用于进行互连的信号。

PLC［Programmable Logic Controllter 可编程逻辑控制器］

可编程逻辑控制器。这些逻辑控制器设计成完成机械的离散（逻辑）控制和数学（模拟量）运算功能以及执行调节控制。

plot［绘图］

通过精确地放置在屏幕或者纸上的一系列相关联的信号点，用若干条线条来绘制图形。

point［信号点］

在控制器中各种信息的基本单元，也可以作为信号来看待。

product code［产品代码，runtime—运行时］

存储在控制器的闪存中的软件，它把应用码（pcode）转换成可执行码。

put into database［置入数据库］

设备菜单中的命令，用以把配置信息增加到系统数据库里。

P&ID［Process and Instrument Diagram 管道和仪表控制流程图］

P&ID 是专门描述热力系统中各种管路和仪表测点及控制要求的图纸。

R

reactive capability［无功容量］

发电机组和其他一些无功功率源，例如，静态无功功率补偿、电容器和同步电容器；它的无功功率注入或者吸收的容量。它包含在发电机组正常运行期间它所带的无功功率。

realtime［实时］

立即响应。它引用过程控制和嵌入系统，从而对于状态发生变化必定立即响应的快速事务处理系统。

reboot［重新引导］

控制器或者个人电脑停止控制以后的重新启动。

recipe［双向交互］

生产线或造纸厂的信息，它提供了设置数据，比如速度、长度和压力（请对照参阅前述 model 一词的相关解释）。

register page［注册页］

通过网络来更新的共享存储的一种形式，可以生成注册页、在控制器中生成实例并发布到 SDB。

relay ladder diagram［RLD—继电器梯形图］

描述继电器电路的梯形图。认为电路的流向是从左边通过一个一个的触点到达右边的线圈。

resources［资源］

也就是通常所说的组。资源是系统（完成一些任务的设备、装置或工作站）或者是执行若干任务的区域。资源的配置在 CIMPLICITY 系统中起到重要的作用；它不仅能给特定的用户选择安排报警，还能筛选用户接收到的数据。

runtime［运行时］

请看 product code（产品代码）的解释。

runtime errors［运行时的出错］

通过在正面面板上编码的发光二极管闪烁以及同时在 Toolbox 的 Log View（日志查阅）中表示控制器出现的问题。

S

SAMA［Scientific Apparatus Makers Association 美国科学仪器制造协会］

SAMA 图是美国科学仪器制造协会颁发的一种制定工程组态图的约定，是实际工程中使用的控制系统图。

sample set［取样集］

当某些信号出现变化趋势时，用 Trend Recorder（趋势记录器）集拢到的数值集合。

sampling rate［取样速率］

采集数据存放到采样集的时间周期。

Sequence of Events［SOE—事件的顺序］

在电厂出现意外的时候导致高速记录触点的闭合，这样就可以对该事件进行详尽的分析。大多数轮机控制盘都具有 1μs 的数据分辨率。

Serial Loader［串行装入程序］

用 RS-232C COM 通信口把控制器连接到 Toolbox（工具包）的 PC 计算机。串行装入程序初始化控制器的闪存文件系统再设置它的 TCP/IP 地址，这样就允许它通过以太网和 Toolbox（工具包）进行通信了。

server［服务器］

一台 PC 机通过以太网从电厂设备收集数据，并且把这些数据转换成可用于称为阅读器的操作员接口计算机，简写 SRV。

setpoint［给定点］

控制变量的数值，如果偏离了这个值就使得控制器动作以期减少偏差并恢复到预期的恒稳态。

signal［信号］

控制器中变量信息的基本单位。针对不同平台的 Toolbox（工具包）上记录的信号就是存储器的定位符。

Simplex［简化型］

只需要一组控制和 I/O 的运行系统，一般也只需要使用一个通道。

simulation［仿真］

借助于软件对某些设备的变化过程建立模型而在完全没有配置输入/输出设备的情况下来运行这个系统。

SLC［子环控制］

指的是一组冗余设备的连锁控制功能，Sub Loop Control。

skew［斜移］

模块的一种属性，它允许用相同的一段时间在不同的时间片上执行其他一些模块。

skew offset [斜移的移位]

任务的一个属性，它可以允许在同一个模块中的两个任务在不同的时间片上执行。

SRTP [Secure Real-time Transport Protocol，安全实时传输协议]

请求传输的服务协议。用于轮机控制盘和 HMI 之间通信的以太网通信协议。

Stagelink [级间链]

多台控制器用的基于 ARCNET 的通信链。

Status _ S

GE 公司享有专利的通信协议；它不仅提供了一种通信的手段，并且提供了设备所必要的控制、配置和反馈的数据。经由 DLAN+ 的协议为 Status _ S。它可以采用定向、成组或者广播形式发送信息。

Status _ S pages [Status _ S 页]

设备通过 Status _ S 页来共享数据。通过系统数据库使所有在这些页面上信号点的地址都可以被其他设备识别。

symbols [符号]

它们由 Toolbox 生成并存储在该控制器中，这个符号表包括信号名称和诊断信息的解释。

synchroscope [同期检测表]

用于检测两个活动的部分是否同步的仪表。

T

tag [标记]

给过程测量点标注的名称。

task [任务]

由用户预定执行的功能块和宏指令的一种组合。

TCEA

DS200TCEA 紧急超速板（TCEA）用作高速保护电路，它安装在控制盘的保护模块 <P_1>。它一般称之为保护处理器。在 <P_1> 模块中的三块 TCEA 卡称之为 <X>、<Y> 和<Z> 处理器。这三块卡检测高低压轴的转速、火焰检测和自动同期的输入状态。

然后由 1 号位置的 TCEA 卡经过 IONET 把信号输出到 <R_1> 模块的 DS200STCA 卡。TCEA 能够把紧急遮断信号发送到轮机遮断板（DS200TCTG），每块 TCEA 都有它们自己的电源和电源诊断。

TCI［轮机控制接口］

轮机控制接口。GE 公司支持的轮机控制系统接口 HMI 的软件包。

TCP/IP

一种为了互通异构系统的网络而开发的通信协议。最初是 UNIX 系统所采用的标准，但几乎所有的系统也都能支持。TCP 控制着数据的传输，而 IP 则提供了功能路由，比如文件传输和邮件。

TDM［透平诊断管理系统］

透平诊断管理系统 Turbine diagnostic management system，属于电厂自动化控制系统中一种实时高级算法功能。在自动化专业中 TDM 还有另外一种解释：瞬态数据管理系统 Transient data management system。后一种解释适用于各行各业，本质是一致的。

time slice［时间片］

用于分割整个模块的时序周期。每一个执行周期将分成 8 个时间片。这些时间片就提供了一种手段，得以把各模块和任务开始执行的时间错开。

timetag［时间标志］

添加在数据上的信息，用以表示采集这个数据的时间（timetag 也称为 time stamp）。

TMR［三重冗余型］

三重模块冗余（Triple Modular Redundancy），这是一种用了三个同样的控制和 I/O 装置的架构，它通过表决出的结果以获得高可靠性的输出信号。

toolbox［Control System Toolbox—控制系统工具包］

基于 Windows 的软件包，它用于配置 MARK-Ⅵ 控制器、励磁机和驱动器。

trend［趋势］

基于时间的屏幕绘图显示出历史的过程数值，可以用于 Historian、HMI 和控制系统工具包。

trigger［触发器］

离散信号（逻辑信号）从 0～1，或者从 1～0 的切换，就触发启动某个动作或者启动某个程序。

Trend Recorder［趋势记录器］

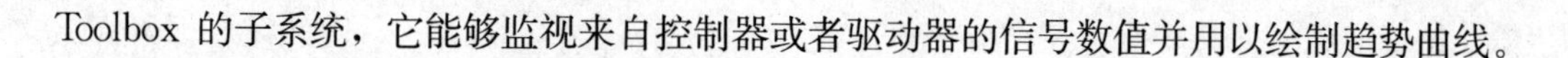
Toolbox 的子系统，它能够监视来自控制器或者驱动器的信号数值并用以绘制趋势曲线。

TrueType［微软和 Apple 公司共同研制的字型标准］

可缩放字体的技术，它能改变打印机和屏幕显示的字体。每种 TrueType 字体都包含了它特有的演算规则用以把字符外形转换成位图。

U

Unit Data Highway［UDH－机组数据总线］

把 MARK-Ⅵ 控制盘、LCI、EX2100、PLC 和其他 GE 公司提供的设备连接到 HMI 服务器。有时候也可以用级间链（Stagelink）作参考。

UTC［格林尼治时间］

格林尼治时间（Coordinated Universal Time），国际时间参考标准。

utility［实用程序］

一个小的助手程序，通常执行某个和管理系统资源相关的特定任务。这些实用程序在大小、复杂程度和功能方面不同于大多数应用程序。

V

validate［验证有效］

确定条目和设备都不存在错误，并且确证该配置已准备好编译到 pcode 中。

W

web browser［网页浏览器］

PC 软件，例如微软公司的 WEB 浏览器或者 Netscape（Navigator）公司的 WEB 浏览器，允许从服务器通过网络去查看屏幕页面和数据。

Windows NT

微软公司的新技术。微软公司用于以 386 和更高的个人电脑的 32 位操作系统。它可以运行基于 NT 特定的应用程序，也可以存入 DOS、Windows 3.x（16 位和 32 位）、OS/2 字符模式（非图形的）和 POSIX 的输入。NT 不使用 DOS，它是一个完备的自主式操作系统。

Workbench［工作平台］

CIMPLICITY HMI 程序通过一个简易的窗口查看、配置、组织和管理 CIMPLICITY 项目的各个部分。

参 考 文 献

[1] 吴革新. 燃气轮机控制系统. 南京燃气轮机研究所，1997
[2] 方洪祖. 燃气轮机的技术发展趋势. 东方电气评论，1997
[3] 姚尔昶. 黄瓯，易晖. 燃气轮机及联合循环的现状和前景. 上海汽轮机，2000
[4] 刘尚明，韦思亮，倪维斗. 从 MARK-Ⅰ到 MARK-Ⅵ控制技术发展. 燃气轮机技术，2001
[5] 杨松鹤. GE 公司重型燃气轮机系列发展分析. 燃气轮机技术，2002
[6] 李春曦，叶学民. 燃气轮机工业的发展前景. 锅炉制造，2002
[7] 赵钧锷. 西门子先进的大功率燃气轮机. 热力透平，2003
[8] 吴石贤. 燃气轮机控制系统概况. 发电设备，2003
[9] 朱飙. 燃气轮机的发展前景及技术应用. 安徽电力职工大学学报，2003
[10] 杨惠新. 燃气轮机控制系统 MARK-Ⅵ介绍. 华东电力，2004
[11] 林汝谋，金红光. 燃气轮机发电动力装置. 北京：中国电力出版社，2004
[12] 苗青. 燃气-蒸汽联合循环发电过程控制系统. 电气时代，2004
[13] 李志刚. 9F 燃气轮机 LCI 启动系统及启动过程简介. 燃气轮机技术，2005
[14] 韦思亮. 刘尚明. 倪维斗. MARK- Ⅵ燃气轮机控制系统及其应用. 电站系统工程，2005
[15] 李麟章. 大型单轴燃气-蒸汽联合循环机组控制系统及其特点. 电力系统自动化，2006
[16] 倪勤. 汽轮发电机组的大轴接地与轴电压. 安徽电力，2006
[17] 李翠荣. 大型汽轮发电机组轴电压的测量. 科技资讯，2006
[18] 李勇辉. GE 燃气轮机 MARK-Ⅵ控制系统研究及调试. 浙江大学，2007
[19] 王维俭. 电气主设备继电保护原理与应用(第 2 版). 北京：中国电力出版社，2007
[20] 张社北. 浅谈对静态励磁系统产生轴电压的防护. 河南机电学报，2007
[21] 谷文君. 浅析燃气轮机发展历程. 黑龙江科技信息，2008
[22] 李勇辉. 9FA 燃气-蒸汽单轴联合循环机组调试经验. 电力建设，2008
[23] 焦树建. 燃气轮机与燃气-蒸汽联合循环装置(上、下). 北京：中国电力出版社，2007
[24] 焦树建，倪唯斗. 燃气轮机(上、下). 北京：水利电力出版社，1978
[25] 刘晨，陈福湘. 机械产品质量与检验标准手册　动力机械与锅炉卷，第 2-3 章. 北京：机械工业出版社，1995
[26] 焦树建. 燃气-蒸汽联合循环的理论基础. 北京：清华大学出版社，2003
[27] 童国道. DLT _ W8000 型风量测量装置风洞试验报告. 江苏质检局检验报告，2009
[27] 吴革新. 大型燃气-蒸汽联合循环发电技术丛书　设备分册. 北京：中国电力出版社，2009
[28] 陈福湘. 大型燃气-蒸汽联合循环发电技术丛书　控制分册. 北京：中国电力出版社，2009
[29] 吴革新，新一代燃气轮机控制装置-MARKV 简介. 燃气轮机技术. 1995

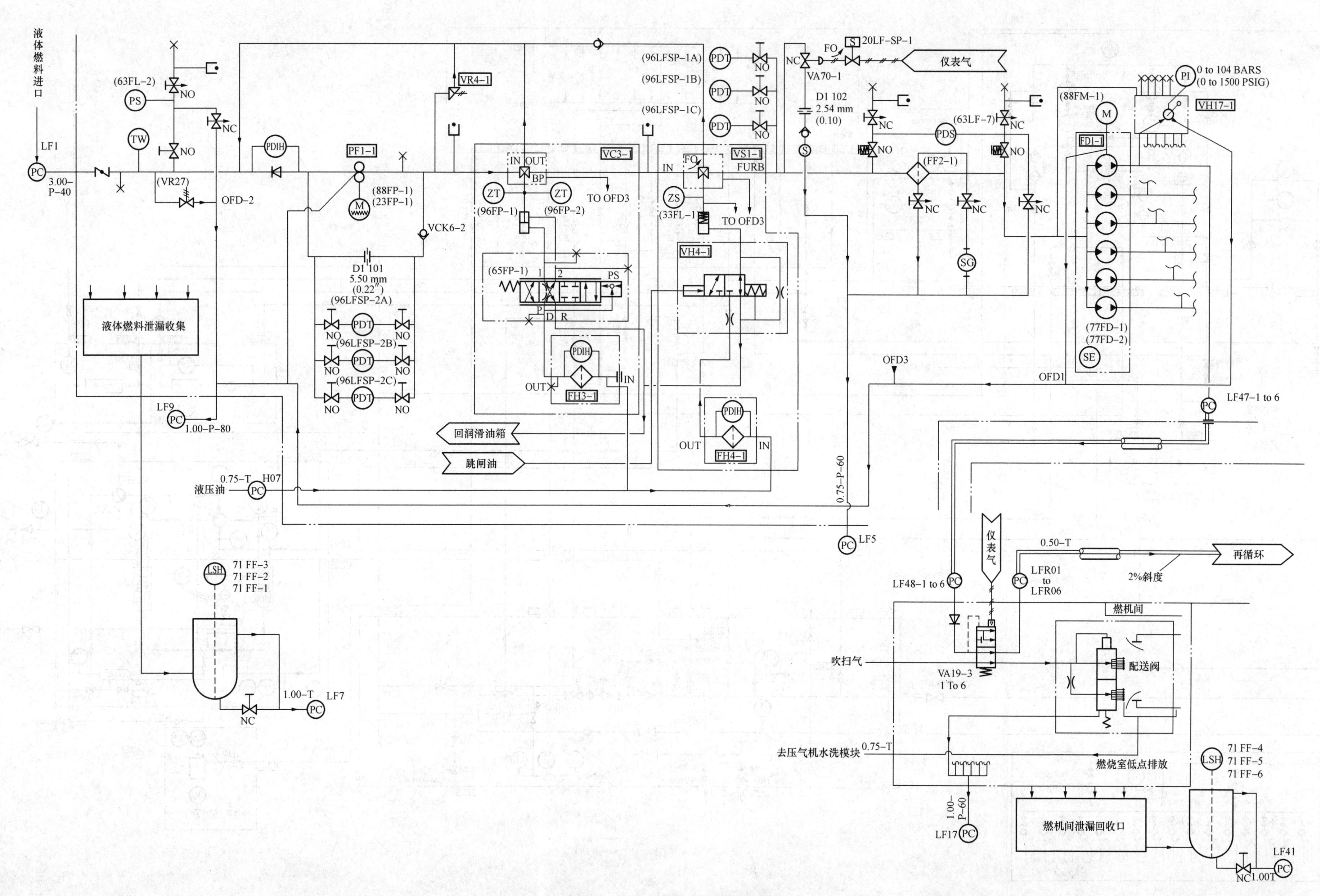

图 3-25 S106FA 燃气轮机液体燃料

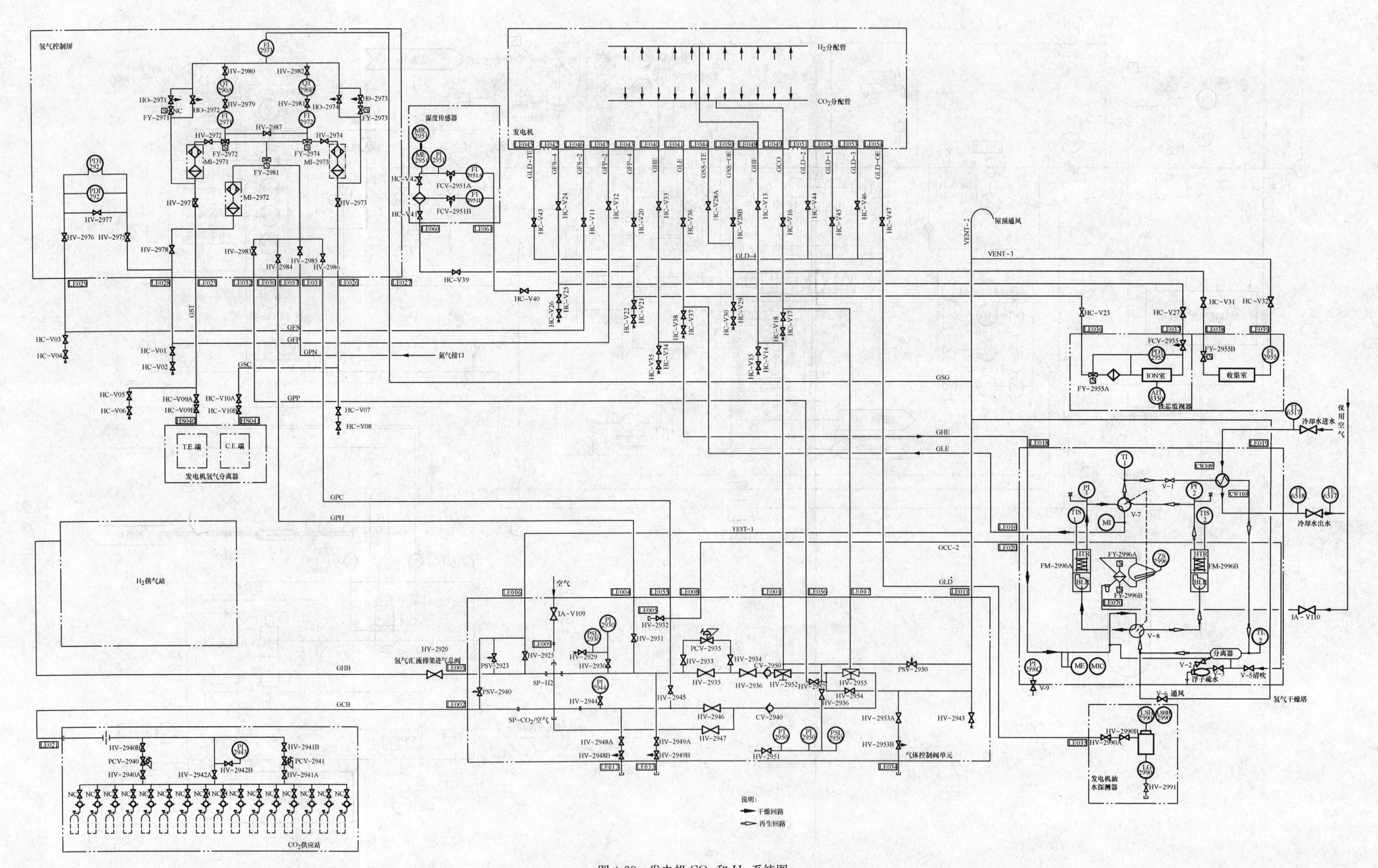

图 4-28 发电机 CO_2 和 H_2 系统图